国外计算机科学教材系列

数据结构与算法分析
（C++版）（第三版）

Data Structures and Algorithm Analysis in C++

Third Edition

［美］ Clifford A. Shaffer 著

张 铭 刘晓丹 等译

电子工业出版社·

Publishing House of Electronics Industry

北京·BEIJING

内 容 简 介

本书采用程序员偏爱的面向对象C++语言来描述数据结构和算法,并把数据结构原理和算法分析技术有机地结合在一起,系统地介绍了各种类型的数据结构,以及排序和检索的各种方法。作者非常注意对每一种数据结构的不同存储方法及有关算法进行分析比较。书中还引入了一些比较高级的数据结构与先进的算法分析技术,并介绍了可计算性理论的一般知识。书中分别给出了C++实现方法和伪码实现方法,便于读者根据情况选择。从作者维护的网站可下载相关代码、编程项目和辅助练习资料。本书已根据作者在网站提供的勘误表进行过内容更正。

本书适合作为大专院校计算机软件专业与计算机应用专业学生的教材和参考书,也适合计算机工程技术人员参考。

ISBN13：978-0-486-48582-9

ISBN10：0-486-48582-X

Data Structures and Algorithm Analysis in C++ , Third Edition

Copyright ⓒ 2011 by Clifford A. Shaffer

All right reserved.

Dover 出版社所出版的这个版本首印于 2011 年,是对 A Practical Introduction to Data Structures and Algorithm Analysis 的第三版(可从作者网站 http://people.cs.vt.edu/~shaffer/Book/下载)进行修订与更新后首次以纸质书形式出版。

版权贸易合同登记号　图字：01-2012-7753

图书在版编目(CIP)数据

数据结构与算法分析：C++版：第三版／(美)克利福德·A. 谢弗(Clifford A. Shaffer)著；张铭等译.

北京：电子工业出版社,2021.8

(国外计算机科学教材系列)

书名原文：Data Structures and Algorithm Analysis in C++, Third Edition

ISBN 978-7-121-41788-7

Ⅰ. ①数… Ⅱ. ①克… ②张… Ⅲ. ①数据结构-高等学校-教材 ②算法分析-高等学校-教材 ③C 语言-程序设计-高等学校-教材 Ⅳ. ①TP311.12 ②TP312.8

中国版本图书馆 CIP 数据核字(2021)第 159951 号

责任编辑：马　岚　　文字编辑：李　蕊
印　　刷：三河市鑫金马印装有限公司
装　　订：三河市鑫金马印装有限公司
出版发行：电子工业出版社
　　　　　北京市海淀区万寿路 173 信箱　邮编　100036
开　　本：787×1092　1/16　印张：25.5　字数：702 千字
版　　次：2002 年 6 月第 1 版(原著第 2 版)
　　　　　2021 年 8 月第 2 版(原著第 3 版)
印　　次：2021 年 8 月第 1 次印刷
定　　价：89.00 元

译　者　序

数据结构与算法分析是计算机专业十分重要的一门基础课，计算机科学各个领域及各种应用软件都要使用相关的数据结构和算法。

当面临一个新的设计问题时，设计者需要选择适当的数据结构，并设计出满足一定时间和空间限制的有效算法。本书作者把数据结构和算法分析有机地结合在一本教材中，有助于读者根据问题的性质选择合理的数据结构，并对算法的时间、空间复杂性进行必要的控制。

本书采用当前流行的面向对象C++程序设计语言来描述数据结构和算法，因为C++语言是程序员最广泛使用的语言。因此，程序员可以把本书中的许多算法直接应用于将来的实际项目中。尽管数据结构和算法在设计本质上还是很底层的东西，并不像大型软件工程项目开发那样，对面向对象方法具有直接的依赖性，因此有人会认为并不需要采用高层次的面向对象技术来描述底层算法。但是，采用C++语言能更好地体现抽象数据类型的概念，从而更本质地描述数据结构和算法。为了使本书清晰易懂，作者有意回避了C++语言的某些重要特性。

本书正文包括五部分的内容，第一部分是预备知识，介绍了一些基本概念和术语，以及基础数学知识。在本书的改版中，作者加强了面向对象的讨论，特别是增加了设计模式的相关内容，例如享元、访问者、组合和策略等设计模式。设计模式像模板那样描述了一种解决方案的框架及具体实践，又有类似于数据结构的代价和收益，需要根据不同的应用场景做出权衡。

第二部分介绍了最基本的数据结构，依次为线性表（包括栈和队列）、二叉树和树。对每种数据结构的讲解都从其数学特性入手，先介绍抽象数据类型，再讨论不同的存储方法，并且研究不同存储方法的可能算法。值得赞赏的是，作者结合算法分析来讨论各种存储方法和算法的利弊，摒弃那些不适宜的方法，这样就调动了读者的思维，使其可以从中学到考虑问题的方法。这种"授人以渔"的策略使读者在今后设计和应用数据结构时能全面地考虑各种因素，选择最佳方案。

作为最常用的算法，排序和检索历来都是数据结构讨论的重点问题。这在第三部分的第7~10章中进行了详尽的讨论。排序算法最能体现算法分析的魅力，它对算法速度要求非常高：其中内排序主要考虑的是怎样减少关键码之间的比较次数和记录交换次数，以提高排序速度；而外排序则考虑外存的特性，尽量减少访问操作，以提高排序速度。第7章证明了所有基于比较的排序算法的时间代价是 $\Theta(n \log n)$，这也是排序问题的时间代价。检索则考虑怎样提高检索速度，这往往与存储方法有关。书中介绍了几种高效的数据结构，如自组织线性表、散列表、B树和B$^+$树等，都具有极好的检索性能。

第四部分介绍了数据结构的应用与一些高级主题，其中包括图、广义表和稀疏矩阵等更复杂的线性表结构，还包括了Trie结构、AVL树等复杂树结构，以及k-d树、PR四分树等空间数据结构。

本书第三版在第五部分（第14~17章）新增了大篇幅的内容，从而加强了算法分析方面的讨论。这一部分首先介绍了求和技术、递归关系和均摊分析等算法分析技术，这些技术对于提高程序员的算法分析能力具有重要作用。然后，讨论算法和状态空间下限的概念与实例，并介绍了对抗性下限证明方法。本书系统地介绍了重要的算法模式，包括动态规划、随机算法和变换，并介绍了傅里叶变换等数值算法。最后讨论了计算复杂性理论中的难解问题，利用归约把各种问题的难度联系起来。

本书的前言及第 1～10 章由张铭翻译，第 11～17 章由刘晓丹翻译。另外，肖之屏、刘智冲、方译萌、王子琪、王晟、盛达魁、刘金宝、贺一骏、桂欢、荣小松、陈云帆、张亦弛、刘卢琛、王卓等人也参加了本书的翻译工作，在此对他们的辛勤劳动表示感谢。由于译者水平有限，书中难免有不妥之处，欢迎读者批评指正。

前　　言

人们研究数据结构的目的是学会编写效率更高的程序。现在的计算机速度一年比一年快，为什么还需要高效率的程序呢？这是由于人类解决问题的雄心与能力是同步增长的。现代计算技术在计算能力和存储容量上的革命，仅仅提供了解决更复杂问题的有效工具，而对程序高效率的要求永远也不会过时。

程序高效率的要求不会也不应该与合理的设计和简明清晰的编码相矛盾。高效率程序的设计基于良好的信息组织和优秀的算法，而不是基于"编程小伎俩"。一名程序员如果没有掌握设计简明清晰程序的基本原理，就不可能编写出有效的程序。反过来说，对开发代价和可维护性的考虑不应该作为性能不高的借口。设计中的通用准则（generality in design）应该在不牺牲性能的情况下达到，但前提是设计人员知道如何去衡量性能，并且把性能作为设计和实现不可分割的一部分。大多数计算机科学系的课程设置都意识到要培养良好的程序设计技能，首先应该强调基本的软件工程原理。因此，一旦程序员学会了设计和实现简明清晰程序的原理，下一步就应该学习有效的数据组织和算法，以提高程序的效率。

途径：本书描述了许多表示数据的技术。这些技术包括以下原则：

1. 每一种数据结构和每一个算法都有其时间、空间的代价和效率。当面临一个新的设计问题时，设计者要透彻地掌握权衡时间、空间代价和算法有效性的方法，以适应问题的需要。这就需要懂得算法分析原理，而且还需要了解所使用的物理介质的特性（例如，当数据存储在磁盘上与存储在主存中时就有不同的考虑）。

2. 与代价和效率有关的是时空权衡。例如，人们通常增加空间代价来减少运行时间，或者反之。程序员所面对的时空权衡问题普遍存在于软件设计和实现的各个阶段，因此这个概念必须牢记于心。

3. 程序员应该充分了解一些现成的方法，以免做不必要的重复开发工作。因此，学生们需要了解经常使用的数据结构和相关算法，以及程序中常见的设计模式。

4. 数据结构服从于应用需求。学生们必须把分析应用需求放在第一位，然后寻找一个与实际应用相匹配的数据结构。要做到这一点，需要应用上述三条原则。

笔者讲授数据结构多年，发现设计在课程中起到了非常重要的作用。本教材的几个版本中逐步增加了设计模式和接口。本书第一版完全没有提到设计模式。第二版有一些篇幅讲解了几个设计模式的例子，并且介绍了字典 ADT 和比较器类。编写本书第三版的基本数据结构和算法时，都直接介绍了一些相关的设计模式。

教学建议：数据结构和算法设计的书籍往往囿于下面这两种情形之一：一种是教材，一种是百科全书。有的书籍试图融合这两种编排，但通常是二者都没有组织好。本书是作为教材来编写的。我相信，了解如何选择或设计解决问题的高效数据结构的基本原理是十分重要的，这比死记硬背书本内容重要得多。因此，本书中涵盖了大多数、但不是全部的标准数据结构。为了阐述一些重要原理，也包括了某些并非广泛使用的数据结构。另外，还介绍了一些相对较新、但即将得到广泛应用的数据结构。

在本科教学体系中，本书适用于低年级（二年级或三年级）的高级数据结构课程或者高年级的算法课程。第三版中加入了很多新的素材。通常，这本书被用来讲授一些超过常规一年级的 CS2 课程，也可作为基础数据结构的介绍。读者应该已有两个学期的基本编程经验，并具备一些 C++ 基础技能。对已经熟悉部分内容的读者会有一些优势。学习数据结构的学生如果先学完离散数学课程，也颇有益处。不过，第 2 章还是给出了比较完整的数学预备知识，这些知识对理解本书的内容还是很有必要的。读者如果在阅读中遇到不熟悉的知识，可以回头看看相应的章节。

大二学生掌握的基本数据结构和算法分析的背景知识（相对于从传统 CS2 课程中获得的基础知识）并不太多，可以为他们详细地讲解第 1~11 章的内容，再从第 13 章选择一些专题来讲解，我就是这样给二年级学生讲课的。背景知识更丰富的学生，可以先阅读第 1 章，跳过第 2 章中除参考书目之外的内容，简要地浏览第 3 章和第 4 章，然后详细阅读第 5~12 章。另外，教师可以根据程序设计实习的需要，选择第 13 章以后的某些专题内容。高年级的算法课程可以着重讲解第 11 章和第 14~17 章。

第 13 章是针对大型程序设计练习而编写的。我建议所有选修数据结构的学生，都应该做一些高级树结构或其他较复杂的动态数据结构的上机实习，例如第 12 章中的稀疏矩阵。所有这些数据结构都不会比二叉检索树更难，而且学完第 5 章的学生都有能力来实现它们。

我尽量合理地安排章节顺序。教师可以根据需要自由地重新组织内容。读者掌握了第 1~6 章后，后续章节的内容就相对独立了。显然，外排序依赖于内排序和磁盘文件系统。Kruskal 最小支撑树算法使用了 6.2 节关于并查（UNION/FIND）的算法。9.2 节的自组织线性表提到了 8.3 节讨论的缓冲区置换技术。第 14 章的讨论基于本书的例题。17.2 节依赖于图论知识。在一般情况下，大多数主题都只依赖于同一章中讨论的内容。

几乎每一章都是以"深入学习导读"一节结束的。它并不是这一章的综合参考索引，而是为了通过这些导读书籍或文章提供给读者更广泛的信息和乐趣。在有些情况下我还提供了作为计算机科学家应该知道的重要背景文章。

关于 C++：本书中的所有示例程序都是用 C++ 编写的，但是我并不想难倒那些对 C++ 不熟悉的读者。在努力保持 C++ 优点的同时，使示例程序尽量简明、清晰。C++ 在本书中只是作为阐释数据结构的工具。此外，特别用到了 C++ 隐藏实现细节的特性，例如类（class）、私有类成员（private class member）、构造函数（constructor）、析构函数（destructor）。这些特性支持了一个关键概念：体现于抽象数据类型（abstract data type）中的逻辑设计与体现于数据结构中的物理实现相分离。

为了使得本书清晰易懂，我回避了 C++ 中的某些最重要特性。书中有意排除或尽量少使用一些特性，而这些特性是经验丰富的 C++ 程序员经常使用的，例如类的层次（class hierarchy）、继承（inheritance）和虚函数（virtual function），运算符和函数的重载（operator and function overloading）也很少使用。在很多情况下，更倾向于使用 C 的原始语义，而不是 C++ 所提供的一些类似功能。

当然，上述 C++ 的特性在实际程序中是合理的程序设计基础，但是它们只能掩盖而不是加强本书所阐述的原理。例如，对于程序员来说，类的继承在避免重复编码和降低程序错误率方面是一个很重要的工具；但是从教学标准的观点来看，类的继承在若干类中分散了单个逻辑单元的描述，从而使程序更难理解。因此，仅当类的继承对阐述文章的观点有明显作用时，我才使用它（见 5.3.1 节）。避免代码重复和减少错误是很重要的目标，请不要把本书中的示例程序直接复制到自己的程序中，而只是把它们看成对数据结构原理的阐释。

一个痛苦的选择是，在示例代码中是否使用模板（template）。在编写本书的第一版时，我决定不使用模板，因为考虑到它们的语义对于不熟悉 C++ 语言的人来说掩盖了代码的含义。在随后几年中，使用 C++ 的计算机科学课程急剧地增加了，因此我假设现在的读者比以前的读者更熟悉模板的语义。因此本书在示例代码中大量使用了模板。

本书中的 C++ 程序提供了有关数据结构原理的真实阐释，是对文字阐述的补充。不宜脱离相关文字阐述而孤立地阅读或使用示例程序，因为大量的背景信息包含在文字阐述中，而不是包含在代码中。代码是对文字阐述的完善，而不是相反。这不是一系列具有商业质量的类的实现。如果读者想寻找一些标准的数据结构的完整实现，或者要在你的代码中使用这些数据结构，那么应该在 Internet 上寻找。

例如，这些例子中所做的参数检查，比起商业软件要少得多，因为这种检查将降低算法的清晰度。某些参数检查和约束检查（例如是否从一个空容器中删除值）是以调用 **Assert** 的形式完成的。**Assert** 的输入是一个布尔表达式，一旦这个表达式的值为假（**false**），程序就立即终止。函数遇到一个坏参数就终止程序，这在真实程序中通常是不必要的，但有益于理解一个数据结构是怎样工作的。在实际的程序应用中，C++ 异常处理机制（exception handling features）用来处理一些输入数据错误。然而，**Assert** 提供了一种机制，既有益于阐明一个数据结构的工作条件，也有利于采用真正的异常处理机制来代替。读者可参阅附录 A 中的 **Assert** 实现。

在示例程序中，我严格区分了"C++ 实现"和"伪码"（pseudocode）。一个标明"C++ 实现"的示例程序在一个以上的编译器中被真正编译过。伪码的示例通常具有与 C++ 接近的语法，但是一般包含一行以上更高级的描述。当我发现简单的、尽管并不十分精确的描述具有更好的教学效果时，就使用伪码。

习题和项目设计：只靠读书是不能学会灵活使用数据结构的。一定要编写实际的程序，比较不同的数据结构技术，从而观察在一种给定的条件下哪一种数据结构更有效。

数据结构课程最重要的教学安排之一，就是学生应该在什么时候开始学习使用指针和动态存储分配，从而编程实现链表和树这样的数据结构。这也是学生们学习递归的时机。在教学体系中，这是学生学习重大设计（significant design）的第一门课，因为通常需要使用真实数据结构来引出重大设计练习。最后，基于内存和基于硬盘的数据访问的本质区别，必须要在编程实践中才能理解。基于以上原因，一门数据结构课程没有大量的编程环节是不能成功的。在计算机系，数据结构是课程计划中最难的一门编程课程。

学生还需要在解决问题中锻炼分析能力。本书提供了 450 个习题和编程项目，希望读者能够好好利用它们。

与作者联系的方法及相关资料的获取：本书难免有一些错误，有些方面还有待进一步研究。非常欢迎读者指正，并提出建设性意见。作者的 E-mail 地址是 **shaffer@ vt.edu**，也可以给以下的地址写信：

Cliff Shaffer

Department of Computer Science

Virginia Tech

Blacksburg, VA 24061

致谢：本书得到了许多友人的帮助。我想特别感谢其中的几位，他们对本书的出版贡献最大。对于没有被提及的朋友，在此表示歉意。

弗吉尼亚理工大学在 1994 年秋季的学术休假中使得整个出书的事情成为可能，我是从那时开始着手准备的。在编写这本书的第二版时，系主任 Dennis Kafura 和 Jack Carroll 对本书给予了重要的精神支持。Mike Keenan、Lenny Heath 和 Jeff Shaffer 对本书最初版本的内容提供了有价值的意见。尤其是 Lenny Heath 多年来一直与我深入地讨论算法设计和分析的有关问题，以及怎样把二者讲授给学生的方法。十分感谢 Steve Edwards 花了很多时间帮助我几次重写了第二版、第三版的C++代码和Java代码，并与我讨论程序设计的原则。Layne Watson 提供了有关 Mathematica 软件的帮助，Bo Begole、Philip Isenhour、Jeff Nielsen 和 Craig Struble 提供了一些技术上的帮助。感谢 Bill McQuain、Mark Abrams 和 Dennis Kafura 回答了一些有关C++和Java的问题。

对于许多评阅了本书手稿的朋友，本人欠情甚深。这些评阅者是：J. David Bezek（伊凡斯维尔大学），Douglas Campbell（杨百翰大学），Karen Davis（辛辛那提大学），Vijay Kumar Garg（得克萨斯大学奥斯汀分校），Jim Miller（堪萨斯大学），Bruce Maxim（密歇根大学迪尔本分校），Jeff Parker（Agile Networks/Harvard），Dana Richards（乔治梅森大学），Jack Tan（休斯敦大学）和 Lixin Tao（加拿大肯高迪亚大学）。要不是他们的热心帮助，本书会出现更多技术上的错误，内容也将更加浅显。

关于这本第二版的出版，我想感谢下列评阅者：Gurdip Singh（堪萨斯州立大学），Peter Allen（哥伦比亚大学），Robin Hill（怀俄明大学），Norman Jacobson（加州大学欧文分校），Ben Keller（东密歇根大学）和 Ken Bosworth（爱达荷州立大学）。另外，我要感谢 Neil Stewart 和 Frank J. Thesen 对改进本书提出的意见和建议。

第三版的评阅者包括 Randall Lechlitner（休斯敦大学 Clear Lake 分校）和 Brian C. Hipp（约克技术学院）。感谢他们的建议。

Prentice Hall 是本书第一版和第二版的出版方。没有出版社众多朋友的帮助，不可能有本书的出版，因为作者不可能自己印出书来。因此，几年来我要感谢 Kate Hargett、Petra Rector、Laura Steele 和 Alan Apt 这几位编辑。感谢本书第二版的责任编辑 Irwin Zucker，还有本书C++版的责任编辑 Kathleen Caren 和 Java 版的责任编辑 Ed DeFelippis，他们在本书接近出版的最忙乱的日子里，保持各个方面运作良好。感谢 Bill Zobrist 和 Bruce Gregory 使我着手此事。感谢 Prentice Hall 的 Truly Donovan、Linda Behrens 和 Phyllis Bregman 在本书出版过程中给予的帮助。感谢 Tracy Dunkelberger 在交回版权给我时提供的帮助。可能还有许多没有被提及的 Prentice Hall 出版社的朋友，他们也默默地提供了帮助。

本人非常感谢 Dover 出版社的 Shelley Kronzek 在第三版的出版过程中付出的一切。第三版中有许多扩展，包括 Java 和C++代码，以及一些改正。我相信这是迄今为止最好的一版。但是不知道学生会不会希望有一本免费的在线教材，或是低价的印刷版本。最终，我相信两个版本会提供更多的选择。责任编辑 James Miller 和设计经理 Marie Zaczkiewicz 为确保本书的高质量出版付出了辛勤的工作。

我十分感激 Hanan Samet 传授给我有关数据结构的知识，我从他那里学到了许多原理与知识，当然本书中可能出现的错误并不是他的责任。感谢我的妻子 Terry 对我的爱与支持，还有两个女儿 Irena 和 Kate 带给我的欢乐，可以让我从艰苦的工作中解脱出来。最后，也是最重要的，感谢这些年来选修数据结构的学生，是他们使我知道了在数据结构课程中什么是重要的而什么应该忽略，许多深入的问题也是他们提供的。谨以此书献给他们。

Clifford Shaffer

Blacksburg，Virginia

目 录

第一部分 预 备 知 识

第二部分　基本数据结构

第三部分　排序与检索

第四部分 高级数据结构

第五部分 算 法 理 论

第六部分 附 录

第一部分

预 备 知 识

第1章　数据结构和算法

得克萨斯州达拉斯市方圆 500 英里[①]之内有多少个人口超过 250 000 人的城市？一个公司里有多少人年收入超过 100 000 美元？用不超过 1000 英里长的电缆是否能把所有电话用户都连起来？现在就要正确回答类似这样的问题是不可能的，因为这里还没有给出回答这些问题所必须要了解的信息。必须以能及时找到答案的方式来有效地组织信息，才能回答上述问题。

信息表示是计算机科学的基础。大多数计算机程序的主要目标与其说是完成运算，倒不如说是存储信息和尽快地检索信息。因此，研究数据结构和算法就成为了计算机科学的核心问题。本书的目的就是帮助读者理解怎样组织信息，以便支持高效的数据处理。

本书有三个主要目的。第一个目的是介绍常用的数据结构，这些数据结构形成了一个程序员基本数据结构工具箱（toolkit）。对于许多问题，工具箱里的数据结构是理想的选择。

第二个目的是引入并加强"权衡"（tradeoff）的概念，每一个数据结构都有相关的代价和效率的权衡。本书通过列举出不同的数据结构，并指出它们应用于实际问题时的代价和效率来讨论"权衡"的概念。

第三个目的是讲解如何评估一个数据结构或算法的有效性。只有通过这样的分析，才能确定对一个新问题最合适的数据结构是工具箱中的哪一个。这种技术也使得程序员能够判断自己或别人发明的新数据结构的价值。

一个问题通常有多种解法，应该选择哪一种呢？计算机程序设计的核心有两个目标（有时它们互相冲突）：

1. 设计一个容易理解、编码和调试的算法；
2. 设计一个能有效利用计算机资源的算法。

在理想情况下，最终的程序都能实现这两个目标，有时把这样的程序称为是"完美的"。本书给出的算法和程序实例在这种意义上来说是趋于完美的。与目标 1 有关的问题不是本书的目的，它们主要涉及的是软件工程原理。而本书主要讲的是与目标 2 有关的问题。

怎样度量效率呢？第 3 章将给出估算一个算法或者一个计算机程序效率的方法，称为算法分析（algorithm analysis）。算法分析还可以度量一个问题的内在复杂程度。以后的章节中对算法的时间代价进行衡量时，都会用到算法分析方法。利用这种方法可以清楚地看到在解决同一个问题时不同算法在效率上的差异。

这一章提出与选择和使用数据结构相关的话题，通过这些话题为后面的内容做准备。本章将先审视设计者为要完成的任务选择一个合适的数据结构所经历的过程，然后讨论在程序设计中如何进行抽象，最后将探索问题、算法和程序三者之间的关系。

[①]　1 英里 = 1.609 千米。

1.1　数据结构的原则

1.1.1　学习数据结构的必要性

有人可能认为，随着计算机功能的日益强大，程序的运行效率变得越来越不那么重要。毕竟，处理器的速度和内存容量还在不断提升。为什么那些效率的问题不能使用将来的硬件来解决呢？

人们不断开发出性能更强大的计算机，历史上也能看到许多使用计算机技术来解决的复杂问题，例如更复杂的用户界面、更大的问题规模，或者以前因为计算复杂度太大无法计算的问题。更复杂的问题需要更大的计算量，这就使得对高效率程序的需求更加明显。糟糕的是，工作越复杂就越偏离人们的日常经验。当今的计算机科学家必须学习和具备彻底理解隐藏在高效率程序设计后面的一般原理的能力，因为在日常生活经历中并不会用到进行程序设计才需要的这些能力。

简单地说，一种数据结构就是一类数据的表示及其相关的操作。即使是存储在计算机中的一个整数或者一个浮点数，也是一个简单的数据结构。更一般而言，人们认为"数据结构"是一组数据项的组织或者结构。存储在数组中的一个有序整数表就是这种结构的一个例子。

如果有足够的空间来存储一组数据项，总会有可能在这个数据项集合中查找出指定的数据项、打印数据项或将这些数据项处理成任何期望得到的顺序，或者更改任何特定数据项的值。因此，就有可能对任何数据结构执行所有必要的运算。然而，选择不同的数据结构可能会产生很大的差异：同样一个程序，选择一种数据结构可能在几秒钟内就运行完毕，而选择另一种数据结构则可能需要几天时间才能完成运行。

一个算法如果能在所要求的资源限制（resource constraint）内将问题解决好，则称这个算法是有效率的（efficient）。例如，一个资源限制是：可用来存储数据的全部空间——可以分为内存空间限制和磁盘（外存）空间限制——和允许执行每一个子任务所需要的时间。一个算法如果比其他已知算法所需要的资源都少，那么这个算法也可以称为是有效率的，而不管该算法是否有其他特殊要求。一个算法的代价（cost）是指这个算法消耗的资源量。一般来说，代价是由一个关键资源（例如时间）来评估的，这意味着这个算法满足其他资源限制。

毋庸置疑，人们编写程序是为了解决问题。在选择数据结构解决特定问题时，头脑中有这个不言而喻的道理是具有重要意义的。只有通过预先分析问题来确定必须要达到的性能目标，才有希望挑选出正确的数据结构。水平不高的程序设计人员往往忽视了这一分析过程，而直接选用某一个他们习惯使用的、但是与问题不相称的数据结构，结果设计出一个低效率的程序。相反，当使用简单的设计能达到性能目标时，选用复杂的数据表示来改进这个程序也是没有道理的。

当为解决某一问题而选择数据结构时，应该完成以下几步：

1. 分析问题以确定必须支持的基本操作。基本操作的实例包括向数据结构中插入一个数据项、从数据结构中删除一个数据项和查找指定的数据项。
2. 衡量每种基本操作会遇到的资源限制。
3. 选择最接近这些代价的数据结构。

　　根据这三个步骤来选择数据结构,实际上贯彻了一种以数据为中心的设计观点。先定义数据和对数据的操作,然后确定数据的表示方法,最后是数据表示的实现。

　　某些重要的操作,例如查找、插入和删除数据记录的资源限制通常决定了数据结构的选择过程。对于这些操作相对重要性的争论焦点集中在以下三个问题中。无论什么时候,只要选择数据结构,就应该仔细考虑这三个问题:

- 开始时将所有数据项都插入数据结构,还是与其他操作混合在一起插入?静态应用(数据在一开始就被载入内存中并且不会改变)与动态应用相比,通常只需要一些简单的数据结构就可以得到比较高效率的性能。
- 数据项可以删除吗?如果可以,这会使实现更加复杂。
- 所有数据项是否按照某一个已经定义好的顺序排列?或者是否允许查找特定的数据项?"随机访问"搜索通常需要更复杂的数据结构。

1.1.2　代价与效益

　　每一个数据结构都把代价与效益联系在一起。如果有人说某个算法在所有情况下都比其他算法好,这通常在实践上是不正确的。如果一个数据结构或算法在各方面都比另一个要好,那么差的那一个肯定很久没人使用了。本书提到的几乎每一个数据结构和算法,都有一些例子,用来说明它在什么地方才是最好的选择,其中有些例子是出人意料的。

　　一个数据结构需要一定的空间来存储它的每一个数据项,需要一定的时间来执行单个基本操作,也需要一定的程序设计工作。每一个问题都有可利用的空间和时间的限制。问题的每一个解决方案都利用了一定比例的相关基本操作,数据结构的选择过程必须考虑到这一点。只有对问题的特性仔细分析之后,才能得到执行这项任务的最好的数据结构。

　　例1.1　一个银行必须支持与顾客相关的多种交易,但这里人们只考虑一个简单的情况:顾客可以新开账户、注销账户,以及从账户上存款和取款。可以从两个层面考虑这个问题:(1)银行用来与顾客交互的物理基础结构和工作处理流程的需求,(2)管理账户的数据库系统需求。

　　一般的顾客进行新开账户和注销账户的次数通常远少于从账户上取款和存款的次数。在新开账户或注销账户时,顾客可以等候许多分钟,而在进行具体的每一笔账户交易业务时,例如存款或取款,他们就不愿意进行长时间的等待。

　　银行的实际做法是提供两级服务:人工出纳或自动取款机(ATM)可以使顾客查询账面余额和进行诸如存款和取款之类的账面更改,而特殊服务一般只提供(在限定的几小时内)进行开户和销户的业务。出纳和ATM交易仅花费很短的时间,而开户和销户操作则可能花费很长的时间(或许在顾客眼里最长达到一个小时)。

　　从数据库方面来看,ATM交易业务并不会过多地更改数据库。如果简单地假设只是钱增加或减少了,则这种交易业务只是简单地改变了存储在账户记录里的值。向数据库中添加一个新账户可以允许花费几分钟的时间,而注销一个账户则可以没有时间限制,因为从顾客的角度来看,所关心的是钱都回到了自己的手中(等同于取款)。从银行的角度来看,账户可以在营业时间之后,或者是在月末处理账户时才删除。

　　在考虑管理账户的数据库系统所使用的数据结构时可以看出,一个不太考虑删除代价、查找效率极高并且具有适度插入效率的数据结构,应该符合上述问题所要求的资源限制。通过唯一的账号很容易取得账户记录(有时称之为"精确匹配查询")。符合这些要求的数据结构就是在 9.4 节描述的散列表。散列表具有非常快的精确匹配搜索速度。当修改操作不影响记录长度时,记录可以很快地修改。散列表也支持新记录的高效率插入,还能支持高效率删除,不过删除得太多会导致其他操作性能降低。然而,散列表可以定期重组,以便把系统还原到最高效率状态。这种重组应该脱机进行,以免影响 ATM 业务。

例 1.2　有一家公司正在开发一个数据库系统,该系统包含了美国城镇的信息。因为美国有数以千计的城镇,所以该系统应该允许用户根据城镇名字来查找某个地方的信息(这是精确匹配查询的另一个例子)。用户还应该能用诸如地理位置或人口数量这样的城镇特性的某个值或者某个范围值来查找与之相匹配的所有地方,这样的查询称为"范围查询"(range query)。

一个合理的数据库系统必须能够足够快地给出用户查询结果,查询所需要的时间应该保证在一般用户能够忍受的范围内。对于一个精确匹配查询,秒级等待是可以容许的。如果数据库要提供对范围查询的支持,即满足查询条件的结果可以是许多城市,那么整个查询操作花费的时间可以长一些,甚至可以到分钟级。要满足这个要求,就必须支持成批处理在查询结果范围内的城市信息,而不是一个接一个地依次处理每个城市的信息,从而高效率地处理范围查询。

在前面的一个例子中建议使用的散列表对本例的城市数据库系统就不太合适,因为它不能执行有效率的范围查询。虽然 10.5.1 节介绍的 B$^+$树支持大型数据库,也支持数据记录的插入和删除,并支持范围查询,但是数据库一旦建立后就不能再改变了,例如作为商品销售的、存放在 CD-ROM 上或通过 Web 访问的电子地图程序。而在 10.1 节中描述的简单线性索引表要更为有效一些。

1.2　抽象数据类型和数据结构

前面使用了术语"数据项"和"数据结构",却没有给出它们的确切定义。这一节将介绍术语,并描述选择数据结构的三个步骤中的设计过程。

类型(type)是一组值的集合。例如布尔类型由 **true** 和 **false** 这两个值组成。整数也构成一个类型,一个整数是一个简单的类型,因为它的值不包含子结构。一个银行账户记录一般包含多项信息,例如姓名、地址、账号和余额,这样的记录是聚合类型(aggregate type)或组合类型(composite type)的一个例子。数据项(data item)是一条信息或者其值属于某个类型的一条记录,数据项也可说成是数据类型的成员(member)。

数据类型(data type)是指一个类型和定义在这个类型上的一组操作。例如,一个整数变量是整数数据类型的一个成员,而加法是定义在整数数据类型之上的操作的一个例子。

数据类型的逻辑概念与它在计算机程序中的实现有很重要的区别。例如,线性表数据类型有两种传统的实现方式:链表(linked list)和数组(array-based list)。因此,可以在链表或者数组之间选择一种来实现线性表数据类型。但是术语"数组"(array)是一个模棱两可的概念,因为它既可以指一种数据类型,又可以指一种实现方式。"数组"在计算机程序设计中常用来指一块连续的内存空间,每一个内存空间存储一个固定长度的数据项。从这个意义上来说,数组是一个物理数据结构。然而,数组也能够表示一个由一组(通常是结构相同的)数据项组成的逻辑数据类型,每一个数据项由一个特定的索引号(即数组中的下标)来标识。这样来看,数组可以采用多种不同的方法来实现。例如,12.2 节中描述了用来实现一个稀疏矩阵(只有极少非零元素的大型二维矩阵)的数据结构,其实现就和传统的占用连续内存空间的数组大不相同。

抽象数据类型(abstract data type, ADT)是指数据结构作为一个软件构件的实现。ADT 的接口利用一个类型和这个类型上的一组操作来定义,每一个操作由它的输入和输出定义。一个 ADT 并不指定数据类型是如何实现的,这些实现细节对于 ADT 的用户是隐藏的,并且通过封装(encapsulation)这个概念来阻止外部对它的访问。

数据结构(data structure)是 ADT 的实现。在诸如C++ 之类的面向对象语言中,ADT 和它的实现共同组成了"类"(class)。同 ADT 联系在一起的每一个操作均由一个成员函数(member function)或方法(method)来实现。定义数据项所需要的存储空间的变量称为"数据成员"(data member)。"对象"(object)是类的一个实例,即它在一个计算机程序的执行期间创建,并占用一些存储空间。

术语"数据结构"常指存储在计算机内存中的数据。与其相关的术语"文件结构"(file structure)常指外存储器(如磁盘驱动器、CD)中数据的组织。

例 1.3 整数的数学概念和施加到整数的运算构成一个数据结构。C++ 的变量类型 **int** 就是对这个抽象整型的一种物理实现。**int** 变量类型加上定义在 **int** 变量之上的操作,就构成了一个 ADT。遗憾的是,由于 **int** 变量有一定的取值范围,所以它对这个抽象整型的实现并不完全正确。如果无法接受这些限制,就必须引进其他的 ADT"整型"定义,并对相关操作采用新的实现方法。

例 1.4 一个整数线性表的 ADT 应包含下列操作:

- 把一个新整数插入线性表的结尾;
- 如果线性表为空,则返回 **true**;
- 重新初始化线性表;
- 返回线性表中当前整数的个数;
- 删除线性表中特定位置上的整数。

通过上述描述,每个操作的输入/输出都清晰可见,但是线性表的实现还未详细说明。

对于使用了同一个 ADT 的两个应用程序,可能存在一个应用程序使用的 ADT 特殊成员函数比另一个多的情况,或者这两个应用程序对不同的操作有不同的时间需求。正是由于应用程序的需求存在差异,才使得一个给定的 ADT 或许有多个实现形式。

例 1.5 对于基于磁盘的大型数据库应用,两种普通的实现方法是散列表(见9.4 节)和 B$^+$ 树(见10.5 节)。这两种方法都支持高效率的记录插入和删除操作,也都支持精确匹配查询。然而,在精确匹配查询方面,散列表比 B$^+$ 树更为有效。另一方面,B$^+$ 树能够执行范围查询,而散列表在范围查询方面则非常低效。因此,如果数据库应用局限于精确匹配查询则首选散列表。反过来,如果应用程序要求支持范围查询,则 B$^+$ 树成为首选。尽管执行效率不一样,但是这两种实现方法都可以解决类似的问题:更改和检索大量的记录。

ADT 的概念甚至还有助于在处理非计算应用问题时,集中于关键问题。

例 1.6　驾驶汽车的主要操作有控制方向、加速和刹车。几乎所有汽车都通过转动方向盘控制方向，踩油门加速，踩车闸刹车。汽车的这种设计可以看成具有"控制方向盘"、"加速"和"刹车"操作的一个 ADT。两辆汽车可以利用截然不同的方式实现这些操作，但是大多数司机都能够驾驶许多不同类型的汽车，因为 ADT 提供了一致的操作方法，不需要司机去了解任何特定发动机或驱动设计的特别之处，其差异被有意地隐藏起来。

任何成功的计算机科学家都懂得一个重要原理：将复杂的问题抽象化。ADT 的概念就是这样的一个例子。计算机科学的主题是问题的复杂性和处理它的技术。为了解决复杂性，人们首先给一个物体或概念集合赋予一个称号(label)，然后用这个称号代替其实体来执行有关操作。有一位心理学家称这样的一个称号为隐喻(metaphor)。一个特定的称号可能与其他信息或者其他称号有关，这个集合被依次分配给一个称号，从而形成概念和称号的层次。称号的这种层次结构能使人们重视主要问题而忽略不必要的细节。

例 1.7　称号"硬盘驱动器"指在某种类型的存储设备上处理数据的硬件集合。称号"CPU"指控制计算机指令执行的硬件。这两个称号及其他一些称号合起来从属于称号"计算机"。由于即使小型家用计算机也要由数百万个部件组成，所以在弄清楚计算机是怎样进行工作之前，一些抽象的形式是十分必要的。

考虑一个实现和处理 ADT 的复杂计算机程序。ADT 通过一种特定的数据结构在程序的某个部分得以实现，而在设计使用 ADT 的那部分程序时，只关心这个数据类型上的操作，而不关心数据结构的实现。因此，在思考一个复杂程序时，如果不能将它简化，就没有希望理解或者实现它。

例 1.8　考虑设计一个简单的存储在硬盘上的数据库系统。通常，这类程序中存储在磁盘上的记录是通过一个缓冲池来访问的(见 8.3 节)，而不是直接访问。变长记录会使用一个内存管理器(见 12.3 节)寻找磁盘中的合适位置来存放这个记录。多重索引结构(见第 10 章)的典型用途就是支持不同的记录访问方式。因此，会定义很多类，每个类有其职责和访问权限。用户的数据库查询操作会通过查找索引结构来实现。这个索引结构通过查询缓冲池来寻找记录。如果一个记录被插入或删除，该请求会传到内存管理器，内存管理器会与缓冲池交互，从而获得对磁盘文件的访问。对于一个编程者来说，要把这些复杂逻辑都存放在大脑中不太可能。设计和实现的唯一办法是使用抽象和隐喻。在面向对象的编程中，这种抽象是通过类之间的关系来实现的。

数据项有逻辑形式(logical form)和物理形式(physical form)两个方面。利用 ADT 给出的数据项的定义是它的逻辑形式，数据结构中对数据项的实现是它的物理形式。图 1.1 说明了数据类型的逻辑形式和物理形式之间的关系。实现一个 ADT 时，是处理相关数据项的物理形式。在程序中的其他地方使用 ADT 时，则涉及相关数据类型的逻辑形式。本书的一些章节侧重于给定数据结构的一种或各种物理实现，而另一些章节则用逻辑 ADT 来实现高层任务中的数据类型。

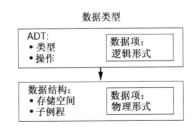

图 1.1　数据项、抽象数据类型和数据结构的关系

ADT 定义了数据类型的逻辑形式，数据结构是实现数据类型的物理形式。

例 1.9　某个特定的C++集成环境可能会提供包含有一个线性表类的库函数。线性表的逻辑形式由定义该类的公共函数集和函数的输入/输出来定义。这可能是一个程序员对于该线性表的实现所能了解的所有情况,也是需要知道的全部内容。在类的内部,可能存在线性表的多种物理实现形式。4.1 节描述了线性表的几种物理实现。

1.3　设计模式

比 ADT 更高层的抽象是对描述程序设计的抽象,即对象和类的相互关系。经验丰富的软件设计者懂得学习和重用设计模型来组合软构件,这样的技术称为设计模式(design pattern)。

对于一个重复发生的问题,设计模式使之具体化,并概括其重要的设计理念。设计模式最基本的目标是更快地将知识从有经验的设计者向新手程序员传递。另一个目标是让程序员相互进行更高效的交流。在讨论设计问题的时候,基于同一个与主题相关的技术词汇表,这样沟通起来会更加方便。

当一个特定的设计问题在一些情况中反复出现时,设计模式就应运而生。设计模式是为了解决实际问题的。设计模式有一点类似于模板:描述一个解决方案的框架,以及解决一个给定问题的具体细节。设计模式又有一点类似于数据结构:都有代价和收益,让使用者可以做出权衡。因此,一个给定的设计模式对于不同的应用可以有不同的变化,以做出当前情况下的权衡。

1.3.1　享元模式

享元(Flyweight)设计模式用于解决以下问题。假设有一个包含很多对象的应用。一些对象是相同的,即它们包含的信息和担任的角色一样。但是,这些对象会从不同的地方被访问到,而且从概念上来说它们也不一样。由于有太多的冗余信息,所以希望能够通过共享空间来减少内存消耗。以文本排版为例。字母“C”可以用一个对象来表示,该对象描述了这个字母的笔画和边界框。然而,作者并不想对文本中的每个“C”都建立一个对象。解决方法是对所有的“C”对象建立单一的对象。文本中每一个需要“C”的地方,比如字体、大小、字形等信息,都引用这个单一对象。对这个“C”对象的多个引用实例就称为享元。

采用树结构来描述页面中的文本排版。树的根结点表示整个页面。页面中有许多子结点,每一个表示一列。列结点的子结点表示行,行结点的子结点则表示每个字母。这种对字母的表示就是享元。享元包含对共享信息的引用和当前实例的特殊附加信息。例如,每个“C”的实例包含了一些共享信息,比如字体大小和笔画,同时附加了出现位置等与实例有关的特殊信息。

13.3 节的 PR 四分树结构中将使用享元模式,用来存储结点对象。PR 四分树中的许多叶结点代表空区域,因此唯一存储的信息就是表示空。这些相同的结点可以通过享元模式对一个类进行引用来节省内存,从而提高效率。

1.3.2　访问者模式

假设有一个简单的文本处理程序,采用一个对象树来描述页面布局,很可能会对上面的每个结点做一些特定的操作。本书的 5.2 节将讨论树的遍历,也就是按照特定顺序访问一棵树中每个结点的过程。这个文本处理程序可能需要统计表示这个页面的对象树中结点的个数，在调试时还可能需要打印所有结点的列表。

为了实现上述两个功能，可以在每个功能中实现单独的遍历功能，但是一个更好的办法是编写一个通用的遍历函数，然后将需要进行的操作传入，以便在每个结点上执行，这种组织方式就称为访问者(Visitor)模式。访问者模式将在 5.2 节(树的遍历)和 11.3 节(图的遍历)用到。

1.3.3　组合模式

在处理一些有层级关系的对象和一组操作的关系时，有两种基本的方法。首先考虑传统的面向过程的方法。假设有一个描述页面组成的基类及其多层子类，用来表示具体的页面元素(页面、列、行、图表、字符等)，并且有一些可以应用到这些对象组合上的动作(例如将若干对象绘制到屏幕上)。在面向过程的设计中，每个动作被实现为一个方法，该方法接受一个基类的指针作为参数。对于每个这样的动作，相应的方法都会遍历所有的对象，依次访问每个对象。每个动作的方法都会包括一些类似 **switch** 语句的结构，用来判断一个对象具体是哪个子类(页面、行、字符等)，并根据判断结果执行具体动作。可以借助访问者模式来简化代码，这样就只需要编写一次遍历代码，并将每个动作的行为写到访问者的动作中。但是，这样的访问者程序段需要包含逻辑判断，从而区分对象所属子类。

在页面编辑程序中，对于页面上的各种对象，只有有限的若干种动作需要执行。例如，完全绘制对象和只绘制对象轮廓这两种动作，如果需要增加一种可以应用到全部对象上的新动作，则并不需要修改已有动作的任何代码。然而在这个应用中，很少需要添加新的动作。另一方面，该应用存在很多种对象类型，并且会经常创建新的对象类型。遗憾的是，每添加一种新的对象类型，就需要将已有的每一种动作的代码都修改一遍。而且随着对象的增多，这些动作中的 **switch** 语句将会变得越来越长。

这里尝试另一种设计方法。在这种方法中，每种对象自身包含对各种可能动作的处理。每种子类都有执行各种动作的代码(如绘制全部内容和绘制轮廓)。之后如果要对一组对象执行一个操作，只需要调用这组对象中的第一个对象并且指定动作(即调用该对象的一个方法)。在这个表示页面布局的例子中，那些包含其他对象的对象(例如一个行对象会包含若干个字符对象)会调用每个子对象的相应方法。如果先要添加一种新的动作，就需要修改每种对象的代码，不过相对而言这种情况是很少见的。然而，添加一种新的对象(在该应用中，这比添加一种新绘制函数要常见得多)变得容易很多。只需要实现新添加的这种对象，执行每种动作的代码就可以了。

上面所说的第二种设计方法，称为组合(Composite)模式。在本书的 5.3.1 节中将看到组合模式的具体使用实例。

1.3.4　策略模式

在设计模式的最后一个例子中，将封装一系列可替换的方法，这些可变的方法会在一个更大的行为中执行。继续采用之前讨论的文字处理的例子，假设这个应用支持若干种输出设备，每种设备执行实际的绘制工作时，需要各自的代码。也就是说，文字对象都将被拆散成一些像素点或线，但是绘制这些点和线的机制根据设备的不同而不同。我们并不希望这些绘制功能被编写到那些对象本身的类中。反之，可以给具体负责绘制的子程序传递一个方法或者一个类，而后者了解在具体的输出设备上绘制的细节。换言之，希望使用合适的"策略"来负责每个对象绘制的细节。因此，称这个方法为策略(Strategy)模式。

第7章将进一步讨论策略模式。届时会把一个类传给一个排序函数，这个类称为比较器(Comparator)，该类了解对具体的待排序记录值应该如何比较大小。这样，排序函数在对记录排序时并不需要知道这个类型的记录是如何实现的。

了解设计模式的最大挑战之一，是有时两个设计模式之间只有细微的差别。例如，可能无法区分组合模式和访问者模式。组合模式处理的是将遍历的控制权交给树的结点还是树本身的问题。两种设计模式都利用了访问者模式，这将需要封装每个结点所执行的活动，以避免遍历功能的重复开发。

然而，策略模式是不是也在做相同的事情呢？访问者模式和策略模式的区别更加细微，它们的区别主要是在意图上。在这两个设计模式中，都会将一段行为予以封装，并作为一个参数传递。策略模式着重考虑的是将一大段过程中的某个可替换的子过程予以封装，以便几种不同的子过程可以相互替换。而访问者模式着重考虑的是将需要在一组对象上都要进行的动作予以封装，所以只需要实现一个通用的访问所有对象的方法，就可以完成一些不同的任务。

1.4　问题、算法和程序

程序设计人员总是需要与问题、算法和计算机程序打交道。这是三个不同的概念。

问题(problem)：从直觉上讲，问题无非是一个需要完成的任务，即对应一组输入，就有一组相应的输出。问题的定义不能包含有关怎样解决问题的限制。只有在问题被准确定义并完全理解后，才能研究问题的解决方法。然而，问题的定义应该包含对任何可行方案所需资源的限制。对于计算机要解决的任何一个问题，总有一些直接的或者间接的资源限制。例如，任何计算机程序只能使用可用的主存储器和磁盘空间，而且必须在合理的时间内完成运行。

从数学角度来看，可以把问题视为函数。函数(function)是输入(即定义域，domain)和输出(即值域，range)之间的一种映射关系。函数的输入可以是一个值或者一些信息，这些值组成的输入称为函数的参数(parameter)。参数的一组选定值称为问题的一个实例(instance)。例如，一个排序函数的输入参数是整数数组。一个特定的整数数组，具有给定的数组长度，并且数组每个位置上的值也是确定的，这就是排序问题的一个实例。不同的实例可能产生相同的输出，但是对于问题的任何一个实例，只要把它作为给定的输入，则每次函数计算得到的输出必须相同。

这种将问题视为类似数学函数的概念可能并不符合人们对计算机程序行为的直观想法。众所周知，在两种不同的情况下，给程序输入同样的值可能得到两个不同的输出结果。例如，在 UNIX 命令行中键入命令"**date**"可以得到当前的日期。即使给出的是同样的命令，不同的日子所得到的日期也不同。然而，日期程序的输入显然比运行这个程序所键入的命令要多，日期程序执行的是一个函数。也就是说，在任意一个确定的日子里，对于一个完全确定的输入，正确运行日期程序只能得到唯一的结果。对于所有的计算机程序，输出完全由程序的整个输入决定，即使是"随机数生成器"，也完全由它的输入决定(尽管一些随机函数生成系统从表面上看是一个不受用户控制的物理过程，是从一个物理随机数发生器接收随机输入)。程序和函数的关系将在 17.3 节进一步研究。

算法(algorithm)：算法是指解决问题的一种方法或者一个过程。如果将问题视为函数，那么算法就是把输入转化为输出。一个问题可以用多种算法来解决，一个给定的算法解决一个特定的问题(如计算一个特殊函数)。本书涉及了许多问题，对于其中几个问题给出了不止一种算法。对于重要的排序问题，差不多给出了 12 种算法。

知道一个问题有多种解法的好处在于：对于问题的一个特例或问题的一类特殊输入，解法 A 可能比解法 B 有效；而对于另一个特例或者问题的另一类特殊输入，解法 B 可能又比解法 A 更有效。例如，有的排序算法适合于数目较少的序列(如果需要多次进行这个操作，那么这种算法是非常重要的)，有的算法适合于数目较多的序列，而有的算法则适合于可变长度的字符串。

一个算法应该包含以下几条性质：

1. 正确性(correct)。也就是说，它必须完成所期望的功能，把每一次输入转化为正确的输出。注意每一个算法都实现了某些功能，因为这些算法都把一组输入转化为一组输出(即使输出可能就是程序崩溃)。关键问题是，一个给定的算法是否实现了所期望的功能。

2. 具体步骤(concrete step)。一个算法应该由一系列具体步骤组成。"具体"意味着每一步所描述的行为对于必须完成算法的人或机器是可读的、可执行的。每一步必须在有限的时间内执行完毕。因此，算法就好像提供了通过一系列步骤来解决问题的"工序"，其中的每一步都是力所能及的，是否能够完成每一步，依赖于谁或者什么来执行这个工序。例如，烹饪书中关于小甜饼的制作方法对于指导一位厨师是足够具体的，但是对于一个自动小甜饼加工工厂却是不够的。

3. 确定性(no ambiguity)。下一步(通常是指算法描述中的下一步)应执行的步骤必须明确。选择语句(例如C++中的 **if** 和 **switch** 语句)是任何算法描述语言的组成部分，它允许对下一步执行的语句进行选择，但是选择过程必须是确定的。

4. 有限性(finite)。一个算法必须由有限步组成。如果一个算法的描述是由无限步组成的，人们就不可能将它写出来，也不可能将它作为计算机程序来实现。大多数算法描述语言(包括自然语言或"伪码")均提供一些实现重复行为的方法(如循环)，例如C++ 中的 **while** 和 **for** 循环结构。循环结构具有简短的描述，但是实际执行的次数由输入来决定。

5. 可终止性(terminate)。算法必须可以终止，即不能进入死循环。

程序(program)：一个计算机程序被认为是使用某种程序设计语言对一个算法的具体实现。本书中几乎所有的算法都给出了全部程序或者部分程序。当然，由于使用任何一种现代计算机程序设计语言都可以实现同样的一个算法，所以可能有许多程序都是同一个算法的实现(尽管一些程序设计语言可能使得编程人员的工作容易一些)。本书在下面的内容中为了简化表达，常常混用"算法"和"程序"，尽管它们实际上是互相独立的两个概念。定义一个算法时，必须提供足够多的细节，以便必要时转化为程序。

算法必须可终止,这意味着不是所有的计算机程序都是算法。操作系统是一个程序,而不是一个算法。然而,可以把操作系统的各种任务看成一些单独的问题(每个都有相应的输入和输出),每一个问题由一部分操作系统程序通过某个算法来实现,得到输出结果后便终止。

以上内容可总结为:问题是一个函数,或者是从输入到输出的一个映射。算法是一个能够解决问题的、有具体步骤的方法。算法步骤必须无二义性。算法必须正确、长度有限,必须对所有输入都能终止。程序是算法在计算机程序设计语言中的实现。

1.5　深入学习导读

第一部数据结构和算法方面的权威性著作是 Donald E. Knuth 所著的系列丛书 *The Art of Computer Programming*,其中第 1 卷和第 3 卷是有关数据结构的研究[Knu97, Knu98]。Robert Sedgewick 所著的 *Algorithms*[Sed11]采用现代百科全书的方式组织,如果已经掌握了数据结构和算法的基本原理,这本书比较容易理解。Udi Manber 所著的 *Introduction to Algorithms: A Creative Approach*[Man89]是一部优秀的、可读性较强的高级著作,它介绍了算法、算法设计和算法分析。Cormen、Leiserson 和 Rivest 合著的 *Introduction to Algorithms*[CLRS90]采用了百科全书式的组织方法,内容比较先进。Steven S. Skiena 所著的 *The Algorithm Design Manual*[Ski10]则提供了许多用在 Web 上的数据结构和算法的实现方法。

所有现代程序设计语言可以实现同样的算法(准确地讲,应该是任何一个对于某种程序设计语言是可计算的函数,对于其他任何具备标准功能的程序设计语言也是可计算的),这是可计算性理论的一条重要结论。James L. Hein 所著的 *Discrete Structures, Logic, and Computability*[Hei09]很早就在这方面进行了介绍。

许多人致力于计算机科学中的问题求解,实际上这正是它吸引许多人进入这个领域的地方。George Pólya 所著的 *How to Solve It*[Pól57]被认为是提高问题求解能力的经典著作。如果你想成为一名好学生(同样也是一名好的问题解决者),可以参考 Folger 和 LeBlanc 合著的 *Strategies for Creative Problem Solving*[FL95],Marvin Levine 所著的 *Effective Problem Solving*[Lev94],Arthur Whimbey 和 Jack Lochhead 合著的 *Problem Solving & Comprehension*[WL99],以及 Zbigniew 和 Matthew Michaelewicz 合著的 *Puzzle-Based Learning*[MM08]。

Julian Jaynes 所著的 *The Origin of Consciousness in the Breakdown of the Bicameral Mind*[Jay 90],仔细讨论了如何利用隐喻解决复杂性问题(complexity)。与计算机教育和编程相关的文献有 Dan Aharoni 的 "Cogito, Ergo Sum! Cognitive Processes of Students Dealing with Data Structures"[Aha00],其中讨论了如何从编程情境思维转变为更高级的(更具设计导向的)不受编程限制的思维。

数据结构可以满足高层次程序设计的需要,许多人学习数据结构是为了编写出更好的程序。要想使程序正确、有效地运行,首先这个程序对于自己和合作者应该是可理解的。Kernighan 和 Pike 合著的 *The Practice of Programming*[KP99]介绍了怎样养成良好的程序设计风格。Frederick P. Brooks 所著的经典之作 *The Mythical Man-Month: Essays on Software Engineering*[Bro 95]介绍了编写大程序的困难,该书十分出色,而且富有娱乐性。

最后,要成为一个成功的 C++ 程序设计人员,手边应该有几本好的参考书。最标准的

C++ 参考书是 Bjarne Stroustrup 所著的 *C++ Programming Language*［Str00］，以及 Ellis 和 Stroustrup 合著的 *Annotated C++ Reference Manual*［ES90］，后一本书提供了更深层次的内容。几乎没有哪一个C++ 程序员不会阅读 Stroustrup 的书，因为他的书对该语言进行了准确的描述，并包含大量有关面向对象设计原则的内容。遗憾的是，该书没怎么介绍C++ 编程。由 Patrick Henry Winston 所著的 *On to C++*［Win94］是一本介绍C++ 语言基本内容的好书，而由 Deitel 所著的 *C++ How to Program*［DD08］则是一本很好的讲解C++ 编程的教材。

在掌握了程序的编写结构之后，接下来就应该熟悉程序设计。在任何学科中，要学会一流的设计都是一件困难的事情，而优秀的面向对象软件设计又是最难学的设计之一。对于初学设计者，可以通过学习已知和好用的设计模式来跳过这个学习过程。设计模式的经典参考书是 *Design Patterns：Elements of Reusable Object-Oriented Software*［GHJV95］，该书由 Gamma、Helm、Johnson 和 Vlissides 合著（遗憾的是，这是一本非常难理解的书，因为概念非常难）。很多网站也讨论了设计模式，并且有设计模式的相关书籍的指南。值得一读的另外两本讨论面向对象软件设计的书是由 Dennis Kafura 所著的 *Object-Oriented Software Design and Construction With C++*［Kaf98］和 Arthur J. Riel 所著的 *Object-Oriented Design Heuristics*［Rie96］。

1.6　习题

本章与本书其他章节的习题的不同之处在于，本章大部分习题在后面的章节中都得到了解答。但是请不要到后面的章节中寻找答案，这些习题的目的就是请读者思考一些后面将要讨论的问题，并利用当前所知道的知识尽可能地回答。

1.1 从以前用过的程序中找出一个慢得无法接受的程序，找出使程序运行速度变慢的个别操作和使程序运行得足够快的其他基本操作。

1.2 大多数程序设计语言有内建的整数数据类型。在正常情况下这种表示方法有固定的长度（表示一个整数所用的位数），因此限制了整型变量的大小。请给出一种无长度限制（除计算机可用内存的限制之外）的整数表示方法，这样存储的整型变量大小就不受限制了。请用这种表示方法简要地说明如何实现加、乘、指数操作。

1.3 为字符串定义一个 ADT，要求包含字符串的一般操作，每一个操作定义为一个函数，每一个函数由它的输入、输出来定义。然后定义字符串的两个不同的物理实现。

1.4 为一个整数线性表定义一个 ADT。首先确定该 ADT 应该提供的功能，这可以参见例 1.4。然后在C++ 中利用抽象类声明来定义该 ADT，并写出函数、函数参数和返回类型。

1.5 简要概括整型变量在计算机上是如何表示的（如果对这些不熟悉，可以在计算机科学入门教材或者"数字逻辑"教材中查阅"反码"和"补码"的定义）。为什么整数的这种表示方法符合 1.2 节中所定义的数据结构？

1.6 为二维整数数组定义一个 ADT，详细准确地说明可以在此数组上完成的操作。然后试着将它用于一个 1 000 行、1 000 列的数组，其中非零元素远少于 10 000 个。为这个数组设计两种不同的实现方法，使它们比使用标准的二维数组所需的 100 万（1 000 × 1 000）个位置的实现方法节省空间。

1.7 假设要实现一个排序算法，编写一个能实现通用功能的程序。也就是说，不用实现定义记录或者关键码的类型。描述设计这样一个简单排序算法的步骤（比如插入排序，或其他熟悉的排序算法），以及如何支持通用性。

1.8 假设要实现一个在数组中顺序查找的简单方法。希望这个查找算法越通用越好。也就是说，算法需要支持任意记录和关键码类型。请通过对查找函数进行通用化修改来支持这个目标。假设这个函数会在同一个程序中的不同数据类型上被使用多次，并且要查找的关键码也有可能是不同的。例如，一个学生的成绩记录可能会通过邮编、姓名、补助或成绩来查找。

1.9　每一个问题都有一个算法吗？

1.10　每一个算法都可以写出一个C++程序吗？

1.11　设计一个在家用计算机上运行的拼写检查程序，它能快速处理少于20页的文献。假设这个程序有一个大约20 000个单词的以 ASCII 码形式存储的字典。这个字典必须实现的原语操作是什么？每一个操作的合理时间限制是多少？

1.12　假设需要设计一个包含美国城镇信息的数据库服务系统，具体功能在例1.2中已经描述过。建议给出两个可能的实现方法。

1.13　假设有一组记录，按照每个记录都包含的一些关键码字段排序。给出两种不同的方法搜索有特定关键码值的记录，你认为哪一种更好，为什么？

1.14　怎样比较两种对一组整数进行排序的算法？特别是
　　　(a)作为比较两种排序算法的基础，使用哪种代价度量比较合适？
　　　(b)在这些代价度量方式下，使用哪种测试方法来判断这两种算法的性能？

1.15　编译器和文本编辑器的一个普遍问题是判断一个字符串中的圆括号(或其他括号)是否平衡并恰好匹配。例如，字符串"((())()())()"中的圆括号平衡且恰好匹配，但是字符串")()("中的圆括号不平衡，字符串"(())"中的圆括号不匹配。
　　　(a)给出一个算法，当字符串中的圆括号恰好平衡且匹配时返回 **true**，否则返回 **false**。提示：从左到右扫描一个合法的字符串，保证任何时候所遇到的右圆括号不比左圆括号多。
　　　(b)给出一个算法，如果字符串中圆括号不平衡或者不匹配，则返回字符串中第一个非法圆括号的位置。也就是说，如果发现一个多余的右圆括号，则返回其位置；如果有多个左圆括号，则返回第一个多余的左圆括号的位置；如果字符串平衡且恰好匹配，则返回 -1。

1.16　一个图由顶点集和边集组成，每条边连接两个顶点，任意一对顶点间只能连接一条边。至少给出两种不同的方法，表示由图的顶点和边定义的连接关系。

1.17　设想自己是一家大公司的送货员，要处理1 000张发货单，每张发货单为一页纸，在右上角写有号码。这些发货单必须按号码从小到大进行排序。尽可能多地写出完成这些发货单排序功能的不同实现方法。

1.18　如何对1 000个整数的数组按值从小到大进行排序？至少写出5种不同的实现方法。不必使用C++或伪码来编写算法，只需要用语句来描述就可以了。

1.19　考虑一个寻找(未排序)数组中最大值的算法。然后考虑在数组中寻找次大值的算法。哪个更难实现？哪个需要更长的运行时间(利用比较的次数来衡量)？现在，再考虑在数组中寻找第三大的值。最后，考虑在数组中寻找中位数的算法。这些问题中的哪个问题最难？

1.20　一个无序数组支持常数时间内的插入算法，即在末尾插入一个新的元素。遗憾的是，寻找值为 X 的元素需要在无序数组中进行顺序查找，这个算法平均需要遍历数组中一半元素。另一方面，一个有 n 个元素的有序数组可以在 $\log n$ 时间内进行二分法检索。遗憾的是，在这样一个有序数组中插入元素却需要很多时间。如何设计一个数据结构，使得插入和查找都能在 $\log n$ 时间内完成？

第2章　数学预备知识

本章介绍本书所使用的数学符号、背景知识和方法，主要用于复习和参考。在后面的章节中遇到不熟悉的符号或数学方法时，可以学习本章的相关部分。

2.7 节介绍的估计（estimate）对于许多读者来说可能比较陌生。估计不是一种数学方法，而是一种以前可能没有遇到过的工程上的通用技巧。估计对于计算机科学家的设计工作有很大用途，因为对于任何可能方案，如果它的估计资源需求超出了问题的资源限制，就可以立即放弃，将这些时间用于分析更有希望的解决方案。

2.1　集合和关系

数学意义上的集合概念在计算机科学上有广泛的用途。集合理论的符号和技术不仅用来描述和实现算法，与集合有关的抽象还有助于算法的清晰和简化。

集合（set）是由互不相同的成员（member）或者元素（element）构成的一个整体。成员取自一个更大的范围，称为基类型（base type）。集合的每个成员或者是基类型的一个基本元素（primitive element），或者它本身也是一个集合。集合中没有重复的概念。取自基类型的每个值要么在集合内，要么不在集合内。例如，集合 $\mathbf{P}$ 由整数 7、11、42 组成，此时 $\mathbf{P}$ 的成员是 7、11 和 42，基类型是整型。

图 2.1 给出了表示集合和它们之间关系的常用符号。下面给出使用这种表示方法的实例。首先定义两个集合 $\mathbf{P}$ 和 $\mathbf{Q}$：

$$\mathbf{P} = \{2,3,5\}, \qquad \mathbf{Q} = \{5,10\}$$

则有 $|\mathbf{P}| = 3$（因为 $\mathbf{P}$ 有 3 个成员），$|\mathbf{Q}| = 2$（因为 $\mathbf{Q}$ 有 2 个成员）。$\mathbf{P}$ 和 $\mathbf{Q}$ 的并（union），记为 $\mathbf{P} \cup \mathbf{Q}$，是由 $\mathbf{P}$ 或 $\mathbf{Q}$ 中的元素组成的集合，为 $\{2,3,5,10\}$。$\mathbf{P}$ 和 $\mathbf{Q}$ 的交（intersection），记为 $\mathbf{P} \cap \mathbf{Q}$，是由既在 $\mathbf{P}$ 中又在 $\mathbf{Q}$ 中的元素组成的集合，为 $\{5\}$。$\mathbf{P}$ 和 $\mathbf{Q}$ 的差（difference），记为 $\mathbf{P} - \mathbf{Q}$，是由在 $\mathbf{P}$ 中但不在 $\mathbf{Q}$ 中的元素组成的集合，为 $\{2,3\}$。注意：总有 $\mathbf{P} \cup \mathbf{Q} = \mathbf{Q} \cup \mathbf{P}$，$\mathbf{P} \cap \mathbf{Q} = \mathbf{Q} \cap \mathbf{P}$，但通常 $\mathbf{P} - \mathbf{Q} \neq \mathbf{Q} - \mathbf{P}$，本例中 $\mathbf{Q} - \mathbf{P} = \{10\}$。最后，集合 $\{5, 3, 2\}$ 和集合 $\mathbf{P}$ 是没有区别的，因为集合没有顺序的概念。同样，集合 $\{2, 3, 2, 5\}$ 与集合 $\mathbf{P}$ 也没有区别，因为集合没有重复元素的概念。

一个集合 $\mathbf{S}$ 的幂集（powerset）是指由 $\mathbf{S}$ 的所有可能子集组成的集合。例如，如果集合 $\mathbf{S} = \{a, b, c\}$，则 $\mathbf{S}$ 的幂集为

$$\{\emptyset, \{a\}, \{b\}, \{c\}, \{a,b\}, \{a,c\}, \{b,c\}, \{a,b,c\}\}$$

没有顺序的一组元素（像集合那样），但是有重复的元素，这样的元素组称为"元包"（bag）[①]。为了区分元包和集合，使用方括号来括住元包的元素。例如，元包 $[3, 4, 5, 4]$ 和元包 $[3, 4, 5]$ 是

[①]　在数学中，与这里的元包相对应的对象有时也称为多重表（multilist）。但是在本书将术语"多重表"指为可以包含子表的表（见 12.1 节）。

不同的,但集合{3,4,5,4}与集合{3,4,5}没有区别,而元包[3,4,5,4]与元包[3,4,4,5]却是相同的。

$\{1, 4\}$	由元素1和4组成的集合
$\{x \mid x$ 是一个正数$\}$	使用set形式定义的集合
	示例:所有正整数集合
$x \in \mathbf{P}$	x是集合$\mathbf{P}$的一个元素
$x \notin \mathbf{P}$	x不是集合$\mathbf{P}$的一个元素
$\emptyset$	空集
$\|\mathbf{P}\|$	基数:集合$\mathbf{P}$的大小或者集合$\mathbf{P}$中元素的数目
$\mathbf{P} \subseteq \mathbf{Q}, \mathbf{Q} \supseteq \mathbf{P}$	集合$\mathbf{P}$包含在集合$\mathbf{Q}$中
	集合$\mathbf{P}$是集合$\mathbf{Q}$的一个子集
	集合$\mathbf{Q}$是集合$\mathbf{P}$的一个超集
$\mathbf{P} \cup \mathbf{Q}$	并集:
	所有出现在集合$\mathbf{P}$或者集合$\mathbf{Q}$的元素
$\mathbf{P} \cap \mathbf{Q}$	交集:
	所有既出现在集合$\mathbf{P}$又出现在集合$\mathbf{Q}$的元素
$\mathbf{P} - \mathbf{Q}$	差集:
	所有只出现在集合$\mathbf{P}$但不在集合$\mathbf{Q}$的元素

图 2.1　集合的表示方法

序列(sequence)是指一个具有顺序的元素组,并且可以含有重复值的元素。序列有时也称为元组(tuple)或者向量(vector)。在一个序列中,存在着第 0 个元素、第 1 个元素、第 2 个元素这样的概念。采用一对尖括号括住元素来表示一个序列。例如,$\langle 3, 4, 5, 4 \rangle$是一个序列。注意序列$\langle 3, 5, 4, 4 \rangle$与序列$\langle 3, 4, 5, 4 \rangle$是有区别的,而这两个序列都与序列$\langle 3, 4, 5 \rangle$不相同。

在集合 $\mathbf{S}$ 上的关系(relation)R 是指由 $\mathbf{S}$ 生成的有序对组成的集合。例如,如果 $\mathbf{S}$ 为 $\{a, b, c\}$,则

$$\{\langle a, c \rangle, \langle b, c \rangle, \langle c, b \rangle\}$$

是一个关系,并且

$$\{\langle a, a \rangle, \langle a, c \rangle, \langle b, b \rangle, \langle b, c \rangle, \langle c, c \rangle\}$$

是一个不同的集合。如果元组$\langle x, y \rangle$在关系 R 中,可以使用中缀表示法 xRy 来表示。实际上,人们常常使用到一些关系,例如在自然数上的小于运算符" $<$ ",有序对$\langle 1, 3 \rangle$和$\langle 2, 23 \rangle$满足该关系,但是$\langle 3, 2 \rangle$或$\langle 2, 2 \rangle$就不在该集合中。往往不用有序对来表示这个关系,而通常使用中缀表示法来表示,例如写为$1 < 3$。

现在定义关系的如下属性。如果 R 是集合 $\mathbf{S}$ 上的一个二元关系,则有

- 如果对于所有的 $a \in \mathbf{S}$ 都有 aRa,则称 R 是自反的(reflexive)。
- 对于所有的 $a, b \in \mathbf{S}$,如果 aRb,则 bRa,就称 R 是对称的(symmetric)。
- 对于所有的 $a, b \in \mathbf{S}$,如果 aRb 且 bRa,则 $a = b$,就称 R 是反对称的(antisymmetric)。
- 对于所有的 $a, b, c \in \mathbf{S}$,如果 aRb 且 bRc,则 aRc,就称 R 是传递的(transitive)。

例如,对于自然数," $<$ "是反对称的和传递的(因为不可能同时满足 bRa 和 aRb)," $\leqslant$ "是自反的、反对称的和传递的," $=$ "是自反的、对称的(同时又是反对称的)和传递的。对于人来说,"同胞"关系是对称的和传递的。如果定义一个人是他自己的同胞,那么"同胞"关系就是自反的;如果定义一个人不是他自己的同胞,那么这个关系就不是自反的。

如果集合 **S** 上的关系 R 是自反的、对称的和传递的，则称 R 是一个等价关系（equivalence relation）。等价关系可以用来把一个集合划分成一些等价类（equivalence class）。如果两个元素 a 和 b 相互是等价的，就写成 $a \equiv b$。集合 **S** 的一个划分（partition）是由子集组成的集合，这些子集之间互不相交，所有子集的并集就是 **S**。在集合 **S** 上的等价关系把该集合划分为一些子集，每个子集中的元素是等价的。可以参考 6.2 节关于如何表达集合中的等价关系的讨论。11.5.2 节介绍了一个不相交集合的应用。

例 2.1　对于整数，"＝"是一个等价关系，它把每个元素划分为一个独立的子集。也就是说，对于任何整数 a，满足以下三条：

1. 有 $a = a$ 和 $a \equiv a$；
2. 如果 $a = b$ 那么 $b = a$；
3. 如果 $a = b$ 且 $b = c$，那么 $a = c$。

当然，对于不同的整数值 a、b 和 c，不会出现 $a = b$、$b = a$ 或 $c = a$ 的情况。所以，"＝"关系的对称性和传递性是无法验证的（显然不会出现这种情况）。但是，并没有违背对称性和传递性，因此"＝"关系是对称的和传递的。

例 2.2　如果定义一个人可以是他自己的同胞，那么同胞关系就是划分由人组成的集合的一个等价关系。

例 2.3　可以使用取模函数（该函数将在下一节定义）来定义一个等价关系。对于整数集合，可以使用取模函数来定义这样一个二元关系：x 和 y 是该关系的成员当且仅当 $x \bmod m = y \bmod m$。因此，对于 $m = 4$，$\langle 1, 5 \rangle$ 属于该关系，因为 $1 \bmod 4 = 5 \bmod 4$。可以看到这样的取模定义了整数上的一个等价关系，并且这个关系可以用来把整数划分成 m 个等价类。这个关系是等价关系，因为：

1. 对于所有 x，都有 $x \bmod m = x \bmod m$；
2. 如果 $x \bmod m = y \bmod m$，则 $y \bmod m = x \bmod m$；并且
3. 如果 $x \bmod m = y \bmod m$ 并且 $y \bmod m = z \bmod m$，则 $x \bmod m = z \bmod m$。

如果一个二元关系是反对称的和传递的，那么这个关系就称为一个偏序（partial order）[①]。定义了偏序的集合称为部分有序集（partially order set）或偏序集（poset）。如果一个集合的两个元素 x 和 y 在给定的关系下有 xRy 或 yRx，则称 x 和 y 是可比的（comparable）。如果偏序中的每一对不同元素都是可比的，则该偏序称为全序（total order）或线性序（linear order）。

例 2.4　对于整数，关系"＜"和"≤"各自都是一个偏序。"＜"运算是一个全序，因为对任意一对整数 x 和 y 且 $x \ne y$，都有 $x < y$ 或 $y < x$。同样，"≤"也是一个全序，因为对任意一对整数 x 和 y 且 $x \ne y$，都有 $x \le y$ 或 $y \le x$。

例 2.5　对于整数的幂集，子集运算是一个偏序（因为这是反对称的和传递的）。例如，$\{1, 2\} \subseteq \{1, 2, 3\}$，然而集合 $\{1, 2\}$ 和 $\{1, 3\}$ 对于子集运算不是可比的，因为它们互不为对方的子集。因此，子集运算不是定义在整数集合上的幂集的一个全序。

[①]　不是所有书籍都这样定义偏序。作者本人在各种文献中至少见过三种不同的定义。本书选择的定义使得"＜"和"≤"都能定义整数上的偏序，因为这样显得最为自然。

2.2　常用数学术语

计量单位：本书使用以下计量单位表示法，字节缩写为"B"，位缩写为"b"，千字节(2^{10} = 1 024字节)缩写为"KB"，兆字节(2^{20}字节)缩写为"MB"，十亿字节(2^{30}字节)缩写为"GB"，毫秒(1 毫秒为1/1000 秒)缩写为"ms"。数字与以 2 为底数的缩写单位之间不应该有空格。因此，硬盘的大小为 25 兆字节(1 兆字节 = 2^{20}字节)就记为"25 MB"。如果单位是以 10 为底数缩写的，那么它与数字之间应该有空格。因此，2 000 位记为"2 Kb"，而"2Kb"代表 2 048位。2 000 毫秒记为"2 000 ms"。本书中在计算大容量存储空间时一般都使用 2 作为底数，很少使用 10 作为底数。

阶乘函数(factorial function)：阶乘函数 $n!$ 是指从 1 到 n 之间所有整数的连乘，其中 n 为大于 0 的整数。因此，$5! = 1 \cdot 2 \cdot 3 \cdot 4 \cdot 5 = 120$。特别是 $0! = 1$。阶乘函数随着 n 的增大而迅速增长。由于直接计算阶乘函数非常耗时，所以有时候使用一个公式来做近似计算是非常有用的。Stirling 近似公式 $n! \approx \sqrt{2\pi n}\left(\dfrac{n}{e}\right)^n$，其中 $e \approx 2.718\,28$（e 是自然对数的底数）[1]。可以看到当 $n!$ 增长得比 n^n 慢时（因为 $\sqrt{2\pi n}/e^n < 1$），对任意常数 c，它都增长得比 c^n 快。

排列(permutation)：一个序列 **S** 的排列就是把这个序列 **S** 的成员按照一定的顺序组织起来。例如，整数 1 到 n 的排列可以把这些数字按照任意顺序放置。如果一个序列有 n 个不同的成员，那么这个序列就有 $n!$ 种不同的排列。因为排列中的第一个成员有 n 种选择方法，对于每一个选定的第一个成员，第二个成员有 $n-1$ 种选择方法，以此类推。有时候需要得到某个序列的一个随机排列(random permutation)，也就是说，$n!$ 种可能排列中的任意一种被选中的概率都相同。下面是一个产生随机排列的简单C++函数。序列的 n 个值存储在数组 **A** 的元素 **A**[0] 到 **A**[$n-1$] 中，函数 **swap(A, i, j)** 在数组 **A** 中交换元素 **i** 和元素 **j** 的值。函数 **Random(n)** 返回一个 0 到 $n-1$ 之间的整数(有关 **swap** 和 **Random** 的更多信息请见附录 A)，程序如下：

```
// Randomly permute the "n" values of array "A"
template<typename E>
void permute(E A[], int n) {
  for (int i=n; i>0; i--)
    swap(A, i-1, Random(i));
}
```

布尔变量(Boolean variable)：布尔变量是一个只能取值为 **true** 或 **false** 的变量(C++中的 **bool** 型变量)。这两个值常常分别与值 1 和值 0 对应，这样的规定并没有任何特殊的理由。在实际编程中把 0 与 **false** 完全对应起来是不太妥当的，因为它们在逻辑上是两个不同类型的对象。

逻辑表达式(logic notation)：有时会使用一个符号或逻辑表达式。$A \Rightarrow B$ 表示"A 蕴含 B"或者"如果 A，则 B"。$A \Leftrightarrow B$ 表示"A 当且仅当 B"或"A 等价于 B"。$A \vee B$ 表示"A 或 B"（在逻

---

[1]　符号"$\approx$"表示"约等于"。

辑表达式和布尔表达式中都有用）。$A \wedge B$ 表示"A 和 B"。$\sim A$ 和 $\overline{A}$ 都表示"非 A"，即当 A 是布尔变量时表示对 A 的否定。

取下整和取上整（floor and ceiling）：实数 x 的取下整函数（记为 $\lfloor x \rfloor$）返回不超过 x 的最大整数。例如，$\lfloor 3.4 \rfloor = 3$，与 $\lfloor 3.0 \rfloor$ 的结果相同。实数 x 的取上整函数（记为 $\lceil x \rceil$）返回不小于 x 的最小整数。例如，$\lceil 3.4 \rceil = 4$，与 $\lceil 4.0 \rceil$ 的结果相同，而 $\lceil -3.4 \rceil = \lceil -3.0 \rceil = -3$。

取模运算符（modulus operator）：取模（mod）函数返回整除后的余数。有时在数学表达式中用 $n \bmod m$ 表示，在 C++ 中取模运算符的表示为 **n % m**。从余数的定义可知，$n \bmod m$ 得到一个整数 r，满足 $n = qm + r$，其中 q 为一个整数，且 $|r| < |m|$。因此，$n \bmod m$ 的结果一定在 0 到 $m-1$ 之间，这里 n 和 m 都是正整数。例如，5 mod 3 = 2，25 mod 3 = 1，5 mod 7 = 5，5 mod 5 = 0。

还有一种计算 q 和 r 的方法。最常见的取模函数的数学定义是 $n \bmod m = n - m \lfloor n/m \rfloor$。这样，$-3 \bmod 5 = 2$。Java 和 C++ 编译器通常会使用当前处理器的指令来进行整数计算。许多计算机采用截尾操作，也就是 $n \bmod m = n - m(\text{trunc}(n/m))$。在这个定义下，$-3 \bmod 5 = -3$。

遗憾的是，对于许多应用这不是用户所期望的结果。例如，许多散列系统会以散列表长为模，对关键码进行取模来计算散列值，期望的结果是一个满足条件的合法下标值，而不是一个负数。散列函数的实现必须保证结果永远是正的，或者当结果为负时加上散列表长。

2.3　对数

以 b 为底 y 的对数（logarithm）定义为使得 b 的某次幂等于 y 的那个指数，记为 $\log_b y = x$。因此，如果 $\log_b y = x$，则 $b^x = y$，并且 $b^{\log_b y} = y$。

编程人员经常使用对数，它有两个典型的用途。

例 2.6　许多程序需要对一些对象进行编码，那么表示 n 个不同的编码至少需要多少位呢？答案为 $\lceil \log_2 n \rceil$ 位。例如，如果要存储 1 000 个不同的编码，至少需要 $\lceil \log_2 1\,000 \rceil = 10$ 位（10 位可以产生 1 024 个不同的可用编码）。

例 2.7　考虑从一个按值由低到高排序的数组中查找指定值所使用的二分法检索算法。二分法检索首先与中间元素进行比较，以确定下一步是在上半部分进行查找还是在下半部分进行查找，然后继续将适当的子数组分半，直到找到指定的值（二分法检索将在 3.5 节详细描述）。一个长度为 n 的数组被逐次分半，直到最后的子数组中只有一个元素。那么，二分法检索一共需要分多少次呢？答案是 $\lceil \log_2 n \rceil$ 次。

本书中用到的对数几乎都是以 2 为底的，这是因为数据结构和算法总是把事情一分为二，或者用二进制位来存储编码。本书中的所有 $\log n$，要么是表示 $\log_2 n$，要么表示渐近函数而不关心底数的具体值。任何不以 2 为底的对数都会把底数清楚地写出来。

对于任意正数 m、n、r 及任意正整数 a 和 b，对数有下列性质：

1. $\log (nm) = \log n + \log m$
2. $\log (n/m) = \log n - \log m$
3. $\log (n^r) = r \log n$
4. $\log_a n = \log_b n / \log_b a$

前两个性质表明两个数相乘(或相除)的对数,等于两个数分别取对数再相加(或相减)①。性质 3 是对性质 1 的推广。性质 4 表明对于变量 n 和任意两个整数变量 a 和 b,$\log_a n$ 与 $\log_b n$ 只相差常数因子 $\log_b a$,而与 n 的值无关。本书中的大多数运行时间分析都忽略常数因子。性质 4 表明这种分析与对数的底数无关,因为它们对整体开销只是改变了一个常数因子。注意 $2^{\log n} = n$。

在讨论对数时,容易与指数相混淆。性质 3 说明,$\log n^2 = 2 \log n$。那么对数的平方应该如何表示呢?应该记为 $(\log n)^2$,也习惯记为 $\log^2 n$。同样,n 的对数的对数应该记为 $\log \log n$。

还有一种用在很少见的情况下的特殊表示法,这种情况即在得到一个小于等于 1 的值之前,应该对一个数进行多少次 log 运算,记为 $\log^* n$。例如,$\log^* 1\ 024 = 4$,因为 $\log 1\ 024 = 10$,$\log 10 \approx 3.33$,$\log 3.33 \approx 1.74$,$\log 1.74 < 1$,这正好是 4 次 log 运算。

2.4　级数求和与递归

大多数程序都具有循环结构。分析循环程序的运行时间开销时,需要把每次循环执行的时间累加起来,这就是一个级数求和(summation)的例子。简单地讲,级数求和就是把函数在一定范围内取的值加起来,一般采用下面的“$\sum$”表示法:

$$\sum_{i=1}^{n} f(i)$$

这个记号表示对作用于某个(整数)范围内的值 i 的函数 $f(i)$ 之值求和,表达式的参数和初值写在 $\sum$ 符号的下面。这里,记号 $i = 1$ 表明参数是 i,其初值是 1。$\sum$ 符号的上面是表达式 n,表示参数 i 的最大值。即当 i 从 1 变到 n 时对 $f(i)$ 的值求和,也可以写成:$f(1) + f(2) + \cdots + f(n-1) + f(n)$。嵌在文本句子中的时候,求和表示法也被写为 $\sum_{i=1}^{n} f(i)$。

给出一个级数求和,希望能用一个具有相同结果的代数表达式来代替,称为“闭合形式解”(closed form solution),用“闭合形式解”替换级数的过程称为级数求解。例如,级数求和 $\sum_{i=1}^{n} 1$ 就是把数值“1”累加 n 次(注意 i 从 1 变到 n)。由于 n 个 1 的和为 n,所以这个级数求和的闭合形式解为 n。下面给出本书中出现的所有级数求和公式及其闭合形式解。

---

① 这些性质是形成计算尺的基础。两个数相加可以看成把两个长度连接起来,测量它们的总长度,而相乘却不是那么容易实现的。但是,如果先把这些数转化为它们的对数,然后相加,最后对得到的结果取反对数,就可以得出相乘的结果(这正是对数的性质 1)。计算尺计算出来的是数的对数长度,只需要滑动木条把这些长度累加起来,最后对累加的结果取反对数,就可以得到正确结果。

$$\sum_{i=1}^{n} i \;=\; \frac{n(n+1)}{2} \tag{2.1}$$

$$\sum_{i=1}^{n} i^2 \;=\; \frac{2n^3 + 3n^2 + n}{6} = \frac{n(2n+1)(n+1)}{6} \tag{2.2}$$

$$\sum_{i=1}^{\log n} n \;=\; n \log n \tag{2.3}$$

$$\sum_{i=0}^{\infty} a^i \;=\; \frac{1}{1-a} \qquad 0 < a < 1 \tag{2.4}$$

$$\sum_{i=0}^{n} a^i \;=\; \frac{a^{n+1} - 1}{a - 1} \qquad a \neq 1 \tag{2.5}$$

作为式(2.5)的特例,有

$$\sum_{i=1}^{n} \frac{1}{2^i} \;=\; 1 - \frac{1}{2^n} \tag{2.6}$$

和

$$\sum_{i=0}^{n} 2^i \;=\; 2^{n+1} - 1 \tag{2.7}$$

作为式(2.7)的推论,有

$$\sum_{i=0}^{\log n} 2^i \;=\; 2^{\log n + 1} - 1 = 2n - 1 \tag{2.8}$$

最后,

$$\sum_{i=1}^{n} \frac{i}{2^i} \;=\; 2 - \frac{n+2}{2^n} \tag{2.9}$$

从 1 到 n 的倒数之和称为调和级数(Harmonic Series),记为 $\mathcal{H}_n$,它的值介于 $\log_e n$ 到 $\log_e n + 1$ 之间。确切地说,当 n 增长时,级数趋向于

$$\mathcal{H}_n \approx \log_e n + \gamma + \frac{1}{2n} \tag{2.10}$$

γ 是欧拉(Euler)常数,其值为 $0.5772\cdots$。

这些等式中的大多数容易由数学归纳法证明(见 2.6.3 节),但是数学归纳法不能帮助推出闭合形式解,它只能证明一个闭合形式解是不是正确的。推出闭合形式解的方法将在 14.1 节进行讨论。

递归算法的运行时间最易于用递归表达式来表示,因为它包括了运行递归调用的时间。递归关系(recurrence relation)用一个表达式定义了一个函数,这个表达式包括其本身的一个或者多个(更小的)实例。一些经典的实例包括阶乘函数的递归定义:

$$n! = (n-1)! \cdot n \qquad n > 1; \quad 1! = 0! = 1$$

另一个标准的递归例子是 Fibonacci 序列:

$$\mathrm{Fib}(n) = \mathrm{Fib}(n-1) + \mathrm{Fib}(n-2), \qquad n > 2; \quad \mathrm{Fib}(1) = \mathrm{Fib}(2) = 1$$

从这个定义可以得到 Fibonacci 序列的前 7 个数是

$$1, 1, 2, 3, 5, 8, 13$$

这个定义包含两部分：Fib(n)的一般定义，初始情况 Fib(1)与 Fib(2)。同样，阶乘函数的定义也包括递归部分和初始情况。

递归关系经常用来计算递归函数的开销。例如，如果输入为 n，当 $n = 0$ 或 $n = 1$（初始情况）时，2.5 节的函数 **fact** 所要求的乘数应为 0，并且等于用 $n - 1$ 调用 **fact** 的开销加 1。这可以用下面的递归公式来定义：

$$\mathbf{T}(n) = \mathbf{T}(n-1) + 1 \quad n > 1; \quad \mathbf{T}(0) = \mathbf{T}(1) = 0$$

就级数求和而言，希望用它的闭合形式解来代替递归关系。一种方法是展开（expand）递归，即对于出现的每一个 $\mathbf{T}$，在等号右边都用 $\mathbf{T}$ 的定义来替换。

例2.8 如果按 $\mathbf{T}(n) = \mathbf{T}(n-1) + 1$ 展开递归，则得到：

$$\begin{aligned} \mathbf{T}(n) &= \mathbf{T}(n-1) + 1 \\ &= (\mathbf{T}(n-2) + 1) + 1 \end{aligned}$$

可以按照这样展开任意多步，目标是要找到某种模式，以便能够利用求和运算来重写递归。在这个例子中，可以注意到：

$$(\mathbf{T}(n-2) + 1) + 1 = \mathbf{T}(n-2) + 2$$

并且如果再展开，则有

$$\mathbf{T}(n) = \mathbf{T}(n-2) + 2 = \mathbf{T}(n-3) + 1 + 2 = \mathbf{T}(n-3) + 3$$

然后由 $\mathbf{T}(n) = \mathbf{T}(n - i) + i$，可以得到：

$$\begin{aligned} \mathbf{T}(n) &= \mathbf{T}(n-(n-1)) + (n-1) \\ &= \mathbf{T}(1) + n - 1 \\ &= n - 1 \end{aligned}$$

不能随便猜测一个形式但却不证明这是正确的闭合形式解。为了完成这个过程，必须使用归纳证明来验证所获得的这个闭合形式解是正确的（见例2.13）。

例2.9 下面是稍微复杂一点的递归：

$$\mathbf{T}(n) = \mathbf{T}(n-1) + n; \quad T(1) = 1$$

将这个递归展开几步后，可以得到：

$$\begin{aligned} \mathbf{T}(n) &= \mathbf{T}(n-1) + n \\ &= \mathbf{T}(n-2) + (n-1) + n \\ &= \mathbf{T}(n-3) + (n-2) + (n-1) + n \end{aligned}$$

进一步可以将这个递归写为下面的形式：

$$\begin{aligned} \mathbf{T}(n) &= \mathbf{T}(n-(n-1)) + (n-(n-2)) + \cdots + (n-1) + n \\ &= 1 + 2 + \cdots + (n-1) + n \end{aligned}$$

这等价于求和算式 $\sum_{i=1}^{n} i$，对于这个算式，前面已经描述过它的闭合形式解。

寻找递归关系的闭合形式解将在 14.2 节讨论。在第 14 章之前，递归关系会在本书中频繁使用，其所对应的闭合形式解和推出的过程会在使用的时候给出。

2.5　递归

如果一个算法调用自己来完成它的部分工作, 就称这个算法是递归的(recursive)。这种方法要想取得成功, 必须在比原始问题规模更小的问题上调用自己。总而言之, 一个递归算法必须有两个部分: 初始情况(base case)和递归部分。初始情况只处理可以直接解决而不需要再次递归调用的简单输入。递归部分包含对算法的一次或者多次递归调用, 每一次的调用参数都在某种程度上比原始调用参数更接近初始情况。下面给出一个计算 $n!$ 的C++递归函数。对一个较小的 n, 4.2.4 节将给出这个函数的执行过程。

```
long fact(int n) {          // Compute n! recursively
  // To fit n! into a long variable, we require n <= 12
  Assert((n >= 0) && (n <= 12), "Input out of range");
  if (n <= 1)  return 1; // Base case: return base solution
  return n * fact(n-1);  // Recursive call for n > 1
}
```

函数的前两行构成初始情况。如果 $n \leqslant 1$, 那么初始情况计算出问题的一个解函数。如果 $n > 1$, fact 调用一个知道如何得到 $(n-1)!$ 的函数。当然, 能够计算 $(n-1)!$ 的刚好是函数 fact 本身。但是应该知道设计这样一个算法到底需要多少代价。递归算法的设计总能使用下面的方法实现。首先写出初始情况, 然后考虑通过组合一个或多个较小但是类似子问题的结果来解决原问题。如果编写的算法是正确的, 那么当然可以依靠它来递归地解决规模更小的子问题。成功的秘诀在于: 不要担心递归方法是如何解决子问题的。只要简单地接受它能正确地解决子问题, 而且使用子问题的求解结果就能正确地解决原问题。还有什么方法能比这样更简单呢?

递归方法在日常生活的问题求解中没有类似的概念。因为它需要使用一种新的思维方式来考虑问题, 所以这个概念很难掌握。为了有效地使用递归, 必须强制自己尽量不用非递归方法来思考问题。只要在不超出递归调用的范围内分析递归过程, 子问题就会迎刃而解。

阶乘函数的递归实现看上去并不需要那么复杂, 因为用一个 while 循环就可以达到同样的效果。下面给出的另一个实例基于著名的“河内塔”(Tower of Hanoi)问题。它的实现有多个递归调用, 它不是那么容易就能够使用 while 循环改写的。

河内塔问题首先给出 3 根柱子和 n 个圆盘, 所有圆盘均在最左边的柱子上(记为柱 1)。各个圆盘之间大小不同, 按照大的圆盘在下面的顺序依次往上堆放, 如图 2.2(a)所示。问题是要通过一系列步骤把这些圆盘从最左边的柱子上移到最右边的柱子上(记为柱 3)。每一步只能把某根柱子最上面的一个圆盘移到另一根柱子的上面, 圆盘移到哪根柱子上不受限制, 但是任何一个圆盘都不能放到比它小的圆盘的上面。

怎样解决这个问题呢? 如果不努力去考虑细节, 这个问题是非常容易的。只要考虑所有圆盘都必须从柱 1 移到柱 3 上, 因此必须首先把最下面(最大)的圆盘移到柱 3 上。要达到这个目的, 柱 3 必须是空的, 而且柱 1 上只能有最下面的一个圆盘, 因此其余的 $n-1$ 个圆盘只能在柱 2 上, 如图 2.2(b)所示。这该如何实现呢? 假设 X 是一个函数, 可以把柱 1 上面的 $n-1$ 个圆盘移动到柱 2 的上面, 然后把柱 1 最下面的一个圆盘移动到柱 3 上; 最后, 再用函数 X 把其余的 $n-1$ 个圆盘从柱 2 移动到柱 3 上即可。在这两种情况中, “函数 X”只不过是一个调用更小问题的河内塔函数而已。

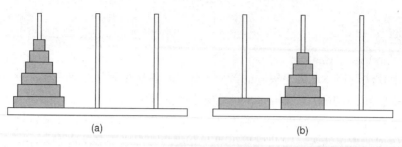

图 2.2　河内塔示例。(a)这个问题有 6 个圆盘时的初始状态；(b)得到解的过程中必须经过的一个中间步骤

　　成功的秘密在于河内塔算法为人们实现了这些操作。不必关心河内塔的子问题如何解决这些细节，只要做好两件事，问题就迎刃而解了。第一，必须有一个初始情况(如果只有一个圆盘该怎么做)，以便递归过程不会永远进行下去。第二，对河内塔问题的递归调用只能用来解决更小的问题，而且只有一种正确的形式(一种满足河内塔问题初始定义的形式，假定对柱子适当地重命名)。

　　下面给出河内塔递归算法的一种实现，函数 **move(start, goal)** 把柱 **start** 最上面的圆盘移动到柱 **goal** 上。如果函数 **move** 的功能是打印它的参数值，那么递归调用 **TOH** 的结果将给出解决此问题的圆盘移动序列。

```
void TOH(int n, Pole start, Pole goal, Pole temp) {
  if (n == 0) return;         // Base case
  TOH(n-1, start, temp, goal); // Recursive call: n-1 rings
  move(start, goal);          // Move bottom disk to goal
  TOH(n-1, temp, goal, start); // Recursive call: n-1 rings
}
```

　　把递归作为一种主要用于设计和描述简单算法的工具，对于不熟悉它的编程人员是很难接受的。递归算法通常不是解决问题最有效的计算机程序，因为它包含递归函数调用，比其他替代选择诸如 **while** 循环等，所花费的代价更大。但是，递归通常提供了一种能合理有效地解决第 3 章所讨论的问题的算法(但不总是，请参看习题 2.11)。在需要的时候，可以对递归方法进行修改，以便更快地实现算法，这部分内容将在 4.2.4 节进一步地讨论。

　　很多数据结构是自然递归的。在这种情况下，可以定义为由自相似的部分组成。很多树结构都是这样的例子。因此，处理这样的数据结构的算法通常也是用递归来描述的。许多搜索和排序算法是基于"分治法"(divide and conquer)策略的，即通过这样做来找到解决方法：把问题分解成较小的(类似)子问题，再解决这些子问题，然后组合子问题的解以形成对原问题的解。这个过程通常用递归来实现。因此，递归在本书中扮演了一个重要的角色，并且本书也给出了很多的递归函数例子。

2.6　数学证明方法

　　解决任何问题都需要两个步骤：调查与推导(investigation and argument)。学生习惯于在教材和讲座中学习推导。但是如果想在学校中成绩突出(包括在以后的生活中)，一个人应当需要在调查和推导两个部分都做得很好，并且能理解这两个部分的区别。为解决问题，必须做好调查，这意味着要努力探索直到找到解决方法。然后，要给客户一个答案(无论这个"客户"是收作业和试卷老师，或是收报告的老板），还需要做好推导，即把解决方法阐述得清晰而简洁。推导技能包括良好的写作技巧——清晰而有逻辑地论证的能力。

熟悉标准的证明方法有助于这两个步骤，知道如何去写一个好的证明过程也很有帮助。首先，它很清楚地表达了你的思考过程，从而阐述了你的解释。然后，如果使用任何一种标准的证明方法，例如反证法和数学归纳法，那么你和读者都能很容易地理解这个结构。这能减少理解证明过程的复杂度，因为他们不需要从零开始来解析这些结构。

这部分简要介绍本书中最常用的三种证明方法：（1）推理法或直接证明法；（2）反证法；（3）数学归纳法。

2.6.1 直接证明法

一般来说，直接证明法只是一个"逻辑解释"。一个直接证明通常是作为推理演绎的一个论据。这是简单的逻辑推理。写出来一般为："如果……那么……"，还可以用逻辑表达式写为"$P \Rightarrow Q$"。即使不想使用逻辑表达式，仍然能利用逻辑的基础理论来得到所需的论据。比如，如果希望证明 P 和 Q 是等价的，可以先证明 $P \Rightarrow Q$ 再证明 $Q \Rightarrow P$。

在一些领域中，证明是一系列从头到尾的状态变化。可以这样看待形式论断逻辑（formal predicate logic）：通过使用一组"逻辑规则"，把一个或一组公式变换到一个目标公式，类似于基础微积分中采用符号操作来求解积分问题，以及高中的几何证明题。

2.6.2 反证法

推翻一个定理或者命题的最简单方法就是找出一个反例。然而，支持一个定理的实例再多也不足以证明这个定理的正确性。反证法（proof by contradiction）是一种类似于使用反例进行证明的方法。要使用反证法证明一个定理，首先假设这个定理是错误的，然后找出由这个假设导致的逻辑上的矛盾。如果寻找矛盾的逻辑是正确的，那么解决矛盾的唯一方法就是纠正前面所做的关于定理错误的假设，即定理是正确的。

例 2.10 下面是使用反证法的简单证明。

定理 2.1 没有最大的整数。
证明：反证法。
第 1 步，反面假设：假设存在一个最大整数，记为 B。
第 2 步，由该假设导出矛盾：考虑 $C = B + 1$，因为 C 是两个整数的和，所以 C 也是整数，而且 $C > B$，因此导出矛盾。在推理过程中的唯一漏洞就是开始时的假设是错误的，从而得出结论：定理是正确的。

一个相关的证明技巧是提供一个反命题。可以通过 $\sim Q \Rightarrow \sim P$（非 Q 推出非 P）来证明 $P \Rightarrow Q$。

2.6.3 数学归纳法

数学归纳法（proof by mathematical induction）对许多定理都适用。数学归纳法还提供了一种考虑算法设计的有用方法，因为它促使人们从简单的子问题入手考虑问题的求解。数学归纳法有助于证明递归函数是否得到了正确的结果。理解递归是理解数学归纳法的一个重大步骤,反之亦然,因为它们在本质上是相同的。

在算法分析中,数学归纳法最重要的一个用处是作为测试一个假设的方法。正如2.4节中讲到的,在为一个求和或者递归寻找闭合形式解的时候,或许会首先猜测或者获取一个指定的公式就是正确解的证据。如果该公式确实正确,通常用数学归纳法就能很容易地加以证明。

假设Thrm是一个要证明的定理,用一个正整数参数n来表达Thrm。数学归纳法表明,如果卜面两个条件为真,那么对于参数n的任何值,Thrm都是正确的(对于$n \geq c$,c是一个较小的常量):

1. 初始情况(Base Case):$n = c$时Thrm成立。
2. 归纳步骤(Induction Step):如果$n-1$时Thrm成立,则Thrm对于n也成立。

证明初始情况通常很容易,只需要用一些较小的值(如1)代替定理中的n,然后应用一些简单的代数或简单的逻辑来证明定理即可。证明归纳步骤有时容易有时难。强归纳法(strong induction)的归纳步骤有所变化,即

2a. 归纳步骤:如果对于所有满足条件$c \leq k < n$的k,Thrm都成立,则Thrm对于n也成立。

这种强归纳法,保证归纳过程的每一步都是正确的(即初始情况对于不同的值都成立),然后得出一个完满的证明。

把构成归纳法的两个条件合起来,表明$n=2$时Thrm成立是对事实$n=1$时Thrm成立的扩展,再把这个事实和条件2或2a结合起来就得出$n=3$时Thrm也成立,以此类推。因此,只要证明了这两个条件,就有Thrm对所有的n值都成立。

数学归纳法如此强大(而且许多初学者都觉得神秘)的原因是:可以充分利用Thrm对所有小于n的值都成立的假设来帮助证明Thrm对n也成立。这个假设称为归纳假设(induction hypothesis)。有了这个假设,归纳步骤的证明要比直接处理定理容易一些。建立在归纳假设之上,可以利用这些额外的归纳信息来求解问题。

递归和归纳法有相似之处,它们都是锚定在一个或者多个初始情况上的。递归函数能够调用自己而得到此问题更小的实例下的解。同样,归纳法证明依靠归纳假设的事实来证明定理。归纳假设并不是凭空出现的,只有定理正确时假设才是正确的,因此这个假设在证明的情况中是可信的。使用归纳假设与在递归中调用子问题是一样的原理。

例2.11 下面是一个用数学归纳法证明的例子,求前n个自然数的和$\mathbf{S}(n)$。

定理2.2 $\mathbf{S}(n) = n(n+1)/2$。

证明: 数学归纳法。

1. 检查初始情况。$n=1$时,和显然为1,公式的值为$n=1$,$1(1+1)/2 = 1$。因此,对于初始情况公式成立。
2. 提出归纳假设。归纳假设为

$$\mathbf{S}(n-1) = \sum_{i=1}^{n-1} i = \frac{(n-1)((n-1)+1)}{2} = \frac{(n-1)(n)}{2}$$

3. 利用$n-1$的归纳假设,说明结果对于n也是正确的。归纳假设说明$\mathbf{S}(n-1) = (n-1)$

$(n)/2$, 并且由于 $\mathbf{S}(n) = \mathbf{S}(n-1) + n$, 可以用 $\mathbf{S}(n-1)$ 来替换:

$$\sum_{i=1}^{n} i = \left(\sum_{i=1}^{n-1} i\right) + n = \frac{(n-1)(n)}{2} + n$$

$$= \frac{n^2 - n + 2n}{2} = \frac{n(n+1)}{2}$$

所以, 由数学归纳法得出:

$$\mathbf{S}(n) = \sum_{i=1}^{n} i = n(n+1)/2$$

请仔细观察本例的推导步骤。首先把 $\mathbf{S}(n)$ 转换为本问题的较小规模: $\mathbf{S}(n) = \mathbf{S}(n-1) + n$。这非常重要, 因为求解 $\mathbf{S}(n-1)$ 时, 可以运用归纳假设, 用 $(n-1)(n) = 2$ 来代替 $\mathbf{S}(n-1)$。再次, 证明 $\mathbf{S}(n-1) + n$ 等于原来那个定理的右边等式, 这就只是简单的代数问题了。

例 2.12　下面给出另一个使用数学归纳法进行简单证明的例子, 它说明了要为数学归纳法选择一个合适的变量。想要证明前 n 个正奇数的和为 n^2。首先要有一种描述第 n 个奇数的方法, 即 $2n-1$。这样就可以得出一个级数求和的定理。

定理 2.3　$\sum_{i=1}^{n}(2i-1) = n^2$

证明: 由 $n=1$ 的初始情况得 $1 = 1^2$, 结论正确。归纳假设为

$$\sum_{i=1}^{n-1}(2i-1) = (n-1)^2$$

现在利用归纳假设来说明定理对于 n 成立。前 n 个奇数的和等于前 $n-1$ 个奇数的和加上第 n 个奇数。在下面的第 2 行, 使用归纳假设来替换部分和(即第 1 行中方括号的内容)。之后就是一些简单的代数变换:

$$\sum_{i=1}^{n}(2i-1) = \left[\sum_{i=1}^{n-1}(2i-1)\right] + 2n - 1$$

$$= [(n-1)^2] + 2n - 1$$

$$= n^2 - 2n + 1 + 2n - 1$$

$$= n^2$$

因此由数学归纳法得出 $\sum_{i=1}^{n}(2i-1) = n^2$。

例 2.13　这个例子展示可以用数学归纳法来证明一个递归关系的闭合形式解是正确的。

定理 2.4　递归关系 $\mathbf{T}(n) = \mathbf{T}(n-1) + 1$; $\mathbf{T}(1) = 0$ 有闭合形式解 $\mathbf{T}(n) = n - 1$。

证明: 由 $n=1$ 的初始情况得 $\mathbf{T}(1) = 1 - 1 = 0$, 结论正确。归纳假设为: $\mathbf{T}(n-1) = n - 2$。结合递归定义和归纳假设, 可以立即得到对于 $n > 1$ 有

$$\mathbf{T}(n) = \mathbf{T}(n-1) + 1 = n - 2 + 1 = n - 1$$

因此, 由数学归纳法证明该定理正确。

例 2.14　下面的例子使用了数学归纳法, 但不涉及级数求和, 它说明了初始情况的一种更为灵活的定义。

定理 2.5　用 2 分和 5 分的邮票可以构成任何票面金额的邮资(对于金额 $\geqslant 4$)。

证明: 首先注意定理所定义的问题是对于金额≥4的情况成立,而对于1、2和3都不成立。所以用4作为初始情况,4分的金额能由两张2分邮票组成。归纳假设金额为 $n-1$ 时可以由2分和5分邮票组合而成。现在用归纳假设说明如何推出金额为 n 的组合。金额为 $n-1$ 的组合中或者包含5分邮票,或者不包含。如果包含5分邮票,则用3个2分邮票来代替。如果不包含,那么它的组合中至少包含两张2分的邮票(因为金额至少是4,而且只含有2分邮票),这种情况下用一张5分邮票代替两张2分邮票。无论哪种情况,都可以得到金额为 n 的邮资可以由2分和5分邮票组成。因此,由数学归纳法推导出定理正确。

例2.15 下面是一个使用强归纳法的实例。

定理2.6 对于所有大于1的整数 n,n 能被某个素数整除。

证明: $n=2$ 为初始情况,2可以被素数2整除。归纳假设对于所有的值 a,$2 \leqslant a < n$,a 能被某个素数整除。为了证明定理对于 n 成立,下面要考虑两种情况。如果 n 是一个素数,那么 n 可以被它自己整除。如果 n 不是素数,则 $n = a \times b$,其中 a、b 均小于 n 且大于1。由归纳假设 a 可以被某个素数整除,因而 n 也可以被这个素数整除。因此,由数学归纳法可知,定理成立。

数学归纳法的下一个例子证明了一个几何定理。它也说明了一种数学归纳法证明技术,即原本有 n 个物体,为了使用归纳假设,要任意去掉一个物体。

例2.16 "双着色"(two coloring)是指已知一个区域集及两种颜色,要为每一个区域分配一种颜色,使得有共享边的区域不同色。例如,国际象棋棋盘就是一个"双着色"的图。图2.3显示了有三条线的平面的"双着色",假设两种颜色为黑和白。

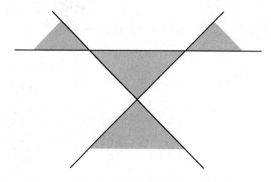

图2.3　对平面上由三条线形成的区域双着色

定理2.7 由平面上的 n 条直线形成的区域集可以实现"双着色"。

证明: 初始情况为平面上有一条直线。它将平面分为两个区域,一个区域着黑色,另一个区域着白色,这样就得到一个合法的"双着色"。归纳假设是 $n-1$ 条直线形成的区域集可以被"双着色"。为了证明定理对 n 也成立,先考虑删去 n 条直线中的任意一条,由剩下的 $n-1$ 条直线形成区域集。由归纳假设,这个区域集可以被"双着色"。现在把第 n 条直线放回来,它把平面分为两个半平面,每一个(互相独立)都实现了合法的"双着色"。但是,被第 n 条直线分割的区域却违反了"双着色"的规则。因此,把第 n 条直线一侧的所有区域的颜色都取反,现在被第 n 条直线分割的区域也符合"双着色"的规则了,因为这些区域在第 n 条直线一侧的部分为黑色,另一侧的部分为白色。因此,由数学归纳法可知,整个平面实现了"双着色"。

比较一下定理 2.7 和定理 2.5 的证明。对于定理 2.5，使用了金额为 $n-1$ 的一组邮票（由归纳假设必须有期望的性质），并由此"建立"一组金额为 n、满足限制条件的邮票，因而证明了存在一组金额为 n、满足限制条件的邮票。

对于定理 2.7，必须证明 n 条线的任意集合都满足限制条件。因此，策略是取 n 条线的一个任意集合，并且"缩小"该集合，以便得到一个满足限制条件的直线集合，因为得到的集合与归纳假设相匹配。然后，只需要反推原始的归纳过程满足限制条件即可。

对比一下，考虑如果试图建立从 $n-1$ 条直线的集合到 n 条直线的集合需要做的事情。很难证明 n 条直线的所有可能集合都被建立过程所覆盖。通过减少由 n 条线组成的一个任意集合中的直线数，就避免了这个问题。

这　节最后的例子展示了怎样使用数学归纳法来证明一个递归函数产生正确的结果。

例 2.17　证明函数 fact 确实计算阶乘。这个证明有两个不同的步骤，第 1 步证明该函数总能终止，第 2 步证明该函数返回正确的值。

定理 2.8　函数 fact 对任何值 n 都能终止。

证明：对于初始情况，当 $n \leqslant 0$ 时，fact 直接终止。归纳假设为：对于 $n-1$，fact 将终止。对于 n，有两种可能性。一种可能性是 $n \geqslant 12$，这时 fact 将直接终止，因为它在断言测试中失败。在另一种可能性下，即 $0 < n < 12$，fact 将做一次 fact(n-1) 的递归调用，根据归纳假设，fact(n-1) 必能终止。

定理 2.9　函数 fact 对 0 到 12 之间的任何值都计算阶乘。

证明：对于初始情况，当 $n = 0$ 或 $n = 1$ 时，fact(n) 都返回正确的值 1。归纳假设为：fact(n-1) 返回正确的值 $(n-1)!$。对于在合法范围内的任意值 n，fact(n) 返回 $n *$ fact(n-1)。由归纳假设，fact(n-1) $= (n-1)!$，并且因为 $n * (n-1)! = n!$，由此证明 fact(n) 产生正确的结果。

可以使用类似的过程来证明任何递归程序的正确性。通用的方法是：首先说明初始情况执行正确，然后使用归纳假设来表明递归步骤也产生正确的结果。除了正确性之外，还必须证明函数总能终止，可以使用数学归纳法来证明。

2.7　估计

可以从计算机科学训练中获得的最有用的生活技能之一，就是怎样进行快速估计。有时也称为"餐巾纸背面的计算"（back of the napkin calculation）或者"信封背面的计算"（back of the envelope calculation），这两个别名都表明只需要进行粗略的估计。估计技术是工程学课程的基本内容之一，但是在计算机科学中却常常被忽视。它不能代替对一个问题的严格细节分析，但是当严格的分析被保证实现时，可以用它来指示：如果最初的估计表明一个方法不可行，那么进一步的分析可能就没有必要了。

估计可以被形式化为以下三步：

1. 确定影响问题的主要参数；
2. 推导出一个与问题的参数有关的公式；
3. 选择参数值，由该公式得出一个估计解。

为了确保自己的估计是合理的,最好使用两种不同的方法进行估计。总体来说,如果想知道一个系统到底怎么样,可以直接对它进行估计,也可以估计系统的输入参数是什么(假设输入系统的参数,一定有相应的结果)。如果两种(相互独立的)方法得出同样的结果,那么你对于自己的估计能力一定会信心倍增。

估计时一定要保证计量单位的统一。例如,不要把英尺和英镑相加。一定要验证结果单位的正确性。时刻记住,一次计算的结果只与本次的输入参数有关。第 3 步输入的参数值越不确定,输出的值也就越不确定。然而,"信封背面的计算"通常只意味着得到一个大致正确或者 50% 正确的结果即可。因此在估计之前,应该规定一个误差允许的范围,如 10% 以内、50% 以内等。一旦估计值落在误差允许范围内,就不用再管它。如果没有必要,就不用再费力去得到一个更精确的值。

例 2.18　要存放共有 100 万页的书籍,需要多少个图书馆书架? 我估计一本 500 页的书需要在图书馆书架上占 1 英寸[①],因此 100 万页的书需要占 200 英尺[②]的书架空间。如果书架有 4 英尺宽,则需要 50 层。如果一个书架可以放 5 层书,则需要 10 个图书馆的大书架。为了得出这个结论,我需要估计每英寸空间容纳的页数、图书馆书架的宽度和每个图书馆书架的层数。我的估计可能没有一个是准确的,但是我相信我的结论有 50% 正确的可能性。(写完此例后,我去图书馆查看了一些实际的书籍和书架。书架只有 3 英尺宽,但是一个书架有 7 层共 21 英尺的可存书宽度。因此在书架的容量方面,我只有 10% 的误差,基本上是正确的,这远比我所期望或需要的更高。我选的值一个太大,而另一个又太小,因此抵消了误差。)

例 2.19　买一辆每加仑汽油可以行驶 20 英里[③]的汽车是否比买一辆每加仑行驶 30 英里但贵 3 000 美元的汽车更合算呢? 普通汽车每年大约行驶 12 000 英里。如果油价是每加仑 3 美元,则低效率的汽车每年买汽油需要花 1 800 美元,而节油的汽车则需要花 1 200 美元。如果忽略诸如把 3 000 美元存入银行得到利息等问题,需要 5 年来弥补价格上的差异。此时,买主就必须决定是否价格是唯一的标准,5 年的弥补时间是否可以接受。当然,车行驶的距离越长,弥补差异就越快,而且汽油价格的变化也会大大影响结果。

例 2.20　当你在超市购物时,你是否估算过到收银台要付多少钱? 有一种简单的估算方法,就是把购物篮中的每一件物品的价格都舍入到元,在你把每一件物品放到购物篮中时,在头脑中更新物品总额。这样得到的结果与实际需付款项之间只会有几元钱的差值。

2.8　深入学习导读

本章涉及的大多数问题都是离散数学的问题。有关这个领域的介绍请参见 Susanna S. Epp 所著的 *Discrete Mathematics with Applications* [Epp10]。Graham、Knuth 和 Patashnik 合著的 *Concrete Mathematics: A Foundation for Computer Science* [GKP94],这是一本关于在计算机科学中有用的一些数学问题的高级处理方法的书籍。

---

①　1 英寸 = 2.54 厘米。
②　1 英尺 = 0.305 米。
③　1 英里 = 1.609 千米。

IEEE Spectrum 1995 年 2 月份期刊上的文章"Technically Speaking"[Sel95]讨论了本书中用到的计算机存储单元的标准。Udi Manker 所著的 *Introduction to Algorithms*[Marn89]扩展了数学归纳法，从而使之成为一种设计算法的技术。

阅读 Eric S. Roberts 所著的 *Thinking Recursively*[Rob86]，可以得到有关递归的更深层次知识。为了正确掌握递归，应该了解一下 LISP 或者其他程序设计语言，尽管没有必要编写一个LISP 程序。特别是 Friedman 和 Felleisen 合著的"Little"系列（包括 *The Little LISPer*[FF89]和 *The Little Schemer*[FFBS95]）能够指导读者如何考虑递归，也同时教授 LISP 语言，这是一本有趣的书。

Daniel Solow 所著的 *How to Read and Do Proofs*[Sol09]是一本有关书写数学证明的好书。为提高数学问题求解能力，可以参考 Paul Zcitz 所著的 *The Art and Craft of Problem Solving*[Zei07]。Zeitz 也讨论了 2.6 节的三个证明技巧，以及求解问题中研究和推导的作用。

阅读 John Louis Bentley 撰写的 *The Back of the Envelope* 和 *The Envelope is Back*[Ben84，Ben00，Ben86，Ben88]的有关程序设计的姐妹篇著作，可以获得有关估计的技巧。James Gleick 所著的 *Genius：The Life and Science of Richard Feynman*[Gle92]，深刻地指出"信封背面的计算"对于计算机科学的重要性，它一点儿也不亚于原子弹的开发者对现代理论物理学的贡献。

2.9　习题

2.1　对于以下每个关系，解释该关系为什么满足或不满足自反、对称、反对称和传递性质。
  (a) 在自然人集合上的"兄弟"关系。
  (b) 在自然人集合上的"父子"关系。
  (c) 关系 $R = \{\langle x,y \rangle \mid x^2 + y^2 = 1\}$，$x$ 和 y 是实数。
  (d) 关系 $R = \{\langle x,y \rangle \mid x^2 = y^2\}$，$x$ 和 y 是实数。
  (e) 关系 $R = \{\langle x,y \rangle \mid x \bmod y = 0\}$，$x$ 和 $y \in \{1,2,3,4\}$。
  (f) 整数上的空关系 Ø（即没有任何有序对存在的关系）。
  (g) 空集合上的空关系 Ø（即没有任何有序对存在的关系）。

2.2　对于以下每个关系，证明该关系是等价关系或者不是等价关系。
  (a) 对于整数 a 和 b，$a \equiv b$ 当且仅当 $a + b$ 是偶数。
  (b) 对于整数 a 和 b，$a \equiv b$ 当且仅当 $a + b$ 是奇数。
  (c) 对于非零有理数成员 a 和 b，$a \equiv b$ 当且仅当 $a \times b > 0$。
  (d) 对于非零有理数成员 a 和 b，$a \equiv b$ 当且仅当 a/b 是一个整数。
  (e) 对于非零有理数成员 a 和 b，$a \equiv b$ 当且仅当 $a - b$ 是一个整数。
  (f) 对于非零有理数成员 a 和 b，$a \equiv b$ 当且仅当 $|a - b| \leqslant 2$。

2.3　指出以下关系哪些是偏序，并解释为什么是或为什么不是。
  (a) 父子关系。
  (b) 祖先关系。
  (c) 年纪大小关系。
  (d) 姐妹关系。
  (e) $\{a,b\}$ 上的 $\{\langle a,b \rangle, \langle a,a \rangle, \langle b,a \rangle\}$。
  (f) $\{1,2,3\}$ 上的 $\{\langle 2,1 \rangle, \langle 1,3 \rangle, \langle 2,3 \rangle\}$。

2.4　在一个具有 n 个元素的集合上可以定义多少个全序？并加以解释。

2.5　为整数集合定义一个 ADT(记住集合没有重复元素和元素顺序的概念)。该 ADT 应该由可以在集合上控制成员、检查大小、检查元素是否存在等函数组成,每个函数用输入和输出来定义。

2.6　为整数元包定义一个 ADT(记住元包可以包含重复元素,但没有元素顺序的概念)。该 ADT 应该由在元包上控制成员、检查大小、检查元素是否存在等函数组成,每个函数用它的输入和输出来定义。

2.7　为整数序列定义一个 ADT(记住序列可以包含重复元素,并且支持每个成员有位置这个概念)。该 ADT 应该由在序列上控制成员、检查大小、检查元素是否存在等函数组成,每个函数用它的输入和输出来定义。

2.8　一个投资家将 30 000 美元投入股票型基金,10 年后账户余额为 69 000 美元。使用对数函数和反对数函数来表示计算年平均增长率的公式。然后使用该公式计算这支基金的年平均增长率。

2.9　不使用递归,改写 2.5 节的阶乘函数。

2.10　把 2.2 节用 **for** 循环编写的、产生随机排列的函数改写为一个递归函数。

2.11　下面是一个计算 Fibonacci 序列的简单递归函数。

```
long fibr(int n) { // Recursive Fibonacci generator
  // fibr(46) is largest value that fits in a long
  Assert((n > 0) && (n < 47), "Input out of range");
  if ((n == 1) || (n == 2)) return 1; // Base cases
  return fibr(n-1) + fibr(n-2);       // Recursion
}
```

这个算法的计算速度非常慢,调用 **fibr** 的总次数多于 Fib(n) 次。把它与下面的迭代算法进行比较:

```
long fibi(int n) { // Iterative Fibonacci generator
  // fibi(46) is largest value that fits in a long
  Assert((n > 0) && (n < 47), "Input out of range");
  long past, prev, curr;  // Store temporary values
  past = prev = curr = 1;    // initialize
  for (int i=3; i<=n; i++) { // Compute next value
    past = prev;              // past holds fibi(i-2)
    prev = curr;              // prev holds fibi(i-1)
    curr = past + prev;       // curr now holds fibi(i)
  }
  return curr;
}
```

函数 **fibi** 执行 $n-2$ 次 **for** 循环。

(a) 为什么?

(b) 请解释为什么 **fibr** 比 **fibi** 慢得多。

2.12　将河内塔问题推广,初始状态每个圆盘可能在任何一根柱子上,只要没有大圆盘放在小圆盘的上面即可。编写一个递归函数解决这个问题。

2.13　修改 2.5 节河内塔的递归实现,返回解决问题所需要的移动步骤。

2.14　考虑下面的函数:

```
void foo (double val) {
  if (val != 0.0)
    foo(val/2.0);
}
```

这个函数通过每一次的递归调用向初始情况逼近。在理论上(即把 **double** 变量当成真正的实数),对于非零输入值 **val**,这个函数是否能终止? 在实际情况下(即计算机的实际实现)该函数是否能终止?

2.15　写出一个函数,对包含有 n 个不同整数值的数组,打印出该数组元素的所有排列组合。

2.16　写出一个递归算法,对由从 1 开始的前 n 个正整数值组成的集合,打印出该集合的所有子集。

2.17　两个正整数 n 和 m 的最大公约数(LCF)是能被 n 和 m 整除的最大整数。LCF(n,m) 的最小值是 1,最大值是 m,假设 $n \geqslant m$。两千年前,欧拉提出了一个高效的算法,算法基于 $n \bmod m \neq 0$,

LCF(n,m) = LCF$(m, n \bmod m)$。使用这个结论可以写出两个算法来寻找两个正整数的 LCF。第一个版本使用迭代计算，第二个版本使用递归计算。

2.18　利用反证法证明素数的个数是无限的。

2.19　(a) 使用数学归纳法证明 $n^2 - n$ 总是偶数。

　　　　(b) 请对 $n^2 - n$ 总是偶数这个问题给出一两句话的直接证明。

　　　　(c) 证明 $n^3 - n$ 总能被 3 整除。

　　　　(d) $n^5 - n$ 是否总能被 5 整除，请解释你的答案。

2.20　证明 $\sqrt{2}$ 是无理数。

2.21　解释为什么下式成立：
$$\sum_{i=1}^{n} i = \sum_{i=1}^{n}(n-i+1) - \sum_{i=0}^{n-1}(n-i)$$

2.22　使用数学归纳法证明式(2.2)。

2.23　使用数学归纳法证明式(2.6)。

2.24　使用数学归纳法证明式(2.7)。

2.25　对于下面的级数，求和找出闭合形式解并证明(使用数学归纳法)这个解是正确的。
$$\sum_{i=1}^{n} 3^i$$

2.26　证明前 n 个偶数的和为 $n^2 + n$。

　　　　(a) 通过假设前 n 个奇数的和是 n^2，进行证明。

　　　　(b) 用数学归纳法进行证明。

2.27　计算 $\sum_{i=a}^{n} i$，a 是 1 到 n 之间的整数。

2.28　证明 Fib(n) $< \left(\dfrac{5}{3}\right)^n$。

2.29　证明：当 $n \geqslant 1$ 时，
$$\sum_{i=1}^{n} i^3 = \frac{n^2(n+1)^2}{4}$$

2.30　下面的定理称为鸽笼原理(Pigeonhole Principle)。

　　　定理 2.10　$n+1$ 只鸽子要在 n 个鸽笼中栖息，那么至少有一个鸽笼中有 2 只鸽子。

　　　　(a) 用反证法证明鸽笼原理。

　　　　(b) 用数学归纳法证明鸽笼原理。

2.31　考虑这样一个问题，在一个平面上有无限多条直线，这些直线中没有三条或者三条以上的直线在一个点相交，也没有两条直线平行。

　　　　(a) 利用一个递归关系式表达 n 条直线形成的区域数目，并解释一下为什么你的递归关系式是正确的。

　　　　(b) 通过扩展递归关系式，得到它的求和公式。

　　　　(c) 给出求和公式的闭合形式解。

2.32　证明(用数学归纳法)：递归 $\mathbf{T}(n) = \mathbf{T}(n-1) + n$；$\mathbf{T}(1) = 1$ 有闭合形式解 $\mathbf{T}(n) = n(n+1)/2$。

2.33　展开下面的递归，以便找到一个闭合形式解，并用数学归纳法证明这个解是正确的。
$$\mathbf{T}(n) = 2\mathbf{T}(n-1) + 1 \qquad n > 0;\ \mathbf{T}(0) = 0$$

2.34　展开下面的递归，以便找到一个闭合形式解，并用数学归纳法证明这个解是正确的。
$$\mathbf{T}(n) = \mathbf{T}(n-1) + 3n + 1 \qquad n > 0;\ \mathbf{T}(0) = 1$$

2.35 假设有一个 n 位整数(以标准二进制表示)按照相同的概率在 0 到 $2^n - 1$ 之间取值。

(a)对于每一个比特位,它取 1 的概率是多少?取 0 的概率是多少?

(b)对于一个 n 位的随机整数,值为"1"的位平均有多少个?

(c)最左边一个为"1"的位所在位置的数学期望值是多少?也就是说,从最左边一位开始向右移动直到遇到第一个"1"时平均检查了多少位?

2.36 用公升度量,你的总体积有多大(也可以用加仑作为单位)?

2.37 一位艺术史学家有一个包含 20 000 幅全屏彩色图像的数据库。

(a)大约需要多少存储空间?存储这个数据库需要多少张 CD(一张 CD 的容量为 600MB)?请说出为推出结论你所做出的所有假设。

(b)现在假设你已经掌握了一种图像压缩技术,此时存储一幅图像只需要不压缩时所需存储空间的 1/10。如果压缩图像,整个数据库能放在一张 CD 上吗?

2.38 密西西比河每天的水流量大约是多少立方英里?请给出为了推出该结论你所做出的所有假设,不要查找答案或任何辅助事实。

2.39 分期付款购买房产时,你可以选择先付一些钱(称为"折扣点"),以获得一个较好的借款利率。假设你可以在两种 15 年期的抵押贷款中进行选择,一种为 8% 的利率,没有其他的费用,另一种为 $7\frac{3}{4}\%$ 的利率,但是要多预付房款总金额的 1% 。如果选择低利率的抵押贷款,那么总房款 1% 的费用要多长时间才能平衡?另外,请更精确地估计一下,如果选择高利率的抵押,而且把等价的总房款 1% 的费用存入利率为 5% 的银行,那么考虑付款额和利息,需要多长时间才能够得到回报?不要使用纸或计算器来演算。

2.40 当你建造一个新房屋时,有时会收到"建造贷款",然后成为你信用卡账单中的一行。在建造后期,你把所有的建造贷款换成房屋抵押。在这段建造贷款的时期,你每个月只支付贷款利息。假设你的房屋建造计划于四月初开始,六个月后结束。假设总的建房开销是 300 000 美元,包括一开始以每月 50 000 美元增长的费用。建造贷款的利息为 6% 。估计在建造贷款时期需要支付的总利息。

2.41 下面的问题用来测试有关计算机操作速度的知识。访问磁盘驱动器的时间通常是用毫秒(千分之一秒)或微秒(百万分之一秒)来度量的吗?RAM 访问一个字的时间是多于 1 微秒还是少于 1 微秒?如果计算机以最快速度不停地运行着,那么 CPU 一年中能执行多少条指令?不用纸或计算器,推出你的结论。

2.42 你家里所有的书加起来有 100 万页吗?你所在学校的图书馆的藏书总共有多少页?请说明你是怎样得到这个答案的。

2.43 本书中共有多少个单词?请说明你是怎样得到这个答案的。

2.44 100 万秒是多少小时?多少天?用心算回答这些问题。请说明你是怎样得到这个答案的。

2.45 美国有多少城市和小城镇?请说明你是怎样得到这个答案的。

2.46 从波士顿到旧金山,如果走路的话要走多少步?请说明你是怎样得到这个答案的。

2.47 一位男士开车去拜访他的亲戚。整个距离为 60 英里,他出发时的速度为 60 英里/小时。恰好行驶 1 英里后,他的旅行兴趣有所减少,所以立即减速到 59 英里/小时。再行驶 1 英里后速度降为 58 英里/小时。这样继续下去,每行驶 1 英里减速 1 英里/小时,直到走完全程。

(a)他到达亲戚家所需的时间是多少?

(b)如果速度随着距离均匀地连续减慢,行驶 1 英里正好总共减速了 1 英里/小时,那么他的旅行驾驶时间是多少?

第3章 算法分析

在完成了公司的合并计划之后，要花多长时间来处理公司的工资册呢？是否应该从 X 供应商或 Y 供应商那里购买新的工资管理程序？如果一个给定的程序执行得很慢，是因为该程序编得不好呢，还是因为它正在解决一个难解的问题？像这样的提问让人们想到了一个问题的困难程度，也会思考解决一个问题的两个或更多方法的相应效率。

本章将介绍算法分析的动机、基本符号和基本技术。将重点关注渐近算法分析（asymptotic algorithm analysis），简称渐近分析（asymptotic analysis）。算法分析可以评估一个算法所消耗的资源。可以据此对解决同一个问题的两种或两种以上算法的代价加以比较，算法设计者也可以使用这种方法在真正实现算法之前判断一种算法是否会遇到资源限制问题。学习完本章之后，读者应该掌握以下知识点：

- 增长率（growth rate）的概念，即当问题的规模增大时，算法代价增长的速度。
- 增长率的上限和下限的概念，即怎么对简单程序、算法或问题的上下限做出估算。
- 能够区分一种算法（或程序）的代价和一个问题的代价。

本章最后还讨论了通过实验方式测算程序时间代价时可能遇到的一些实际问题，并介绍了通过代码调优来改善程序效率的一些原则。

3.1 概述

如何比较两种算法解决问题的效率呢？可以用源程序分别实现这两种算法，然后输入适当的数据运行，测算两个程序各自的开销。但是这种方法并不尽如人意。第一，编写两个程序来测算两种算法将花费较多的时间和精力，而至多只需要保留其中之一。第二，仅凭实验来比较两种算法，很有可能因为一个程序比另一个"写得好"，而使得算法的真正质量没有得到很好的体现。当程序员对算法有偏见时，尤其容易发生这种情况。第三，测试数据的选择可能对其中的一个算法有利。第四，你可能会发现即使是较好的那种算法也超出了预算开销，这意味着你不得不重复一遍这样的过程——寻找一种新的算法，再编写一个程序实现它。但是，你又怎么知道存在能够满足预算开销的算法呢？很有可能这个问题就是很困难的，对于任何一种算法的开销都不可能在预算之内。

有一种办法能够解决所有这些问题，那就是渐近分析。渐近分析可以估算出当问题规模变大时，一种算法及实现它的程序的效率和开销。这种方法实际上是一种估算方法，如果两个程序中的一个总是比另一个"稍快一点"，它并不能判断那个"稍快一点"的程序的相对优越性。但是在实际应用中，它被证明是很有效的，尤其是当科学家确定某种算法是否值得实现的时候。

运行速度通常是算法代价的一个关键方面，但是也不能片面地注重运行速度，而应该同时考虑其他因素，如运行该程序所需要的空间代价（包括内存和磁盘空间）。通常需要分析一种算法(或者是实现该算法的一个程序实例)所花费的时间,以及一种数据结构所占用的空间。

许多因素都会影响程序的运行时间。有些因素与程序的编译和运行环境有关,例如计算机主频、总线和外部设备等。如果与其他用户共享计算机(或网络)资源,有时会使程序慢得像蜗牛爬行一样。程序设计使用的语言和编译系统生成的机器代码质量会对程序行速度产生很大的影响,编程人员用程序实现算法的效率也会在很大程度上影响运行速度。如果你要在一台指定的机器上,在给定的时间和空间限制下运行一个程序,以上这些因素都会对结果产生影响。但是,这些因素与两种算法或数据结构的差异无关。为了公平起见,同一个问题的两种算法所对应的两个程序,应该在同样的条件下用同一个编译器编译,在同一台计算机上运行。并且,两次编程所花费的精力也应该尽可能地相等,以使得算法的实现"等效"。做到以上几点,上面提到的那些因素就不会对结果产生影响,因为它们对每一个算法都是公平的。

如果你真想知道一种算法的运行时间,只考虑主频、编程语言、编译器之类的因素是不够的。从理论上来说,要在标准环境下测算一种算法的时间代价。然而事实上,只是在某台计算机上运行算法的载体。唯一的选择是选用另一种尺度来代替运行时间。

判断算法性能的一个基本考虑是处理一定"规模"(size)的输入时该算法所需要执行的"基本操作"(basic operation)数。"基本操作"和"规模"这两个名词的含义都是模糊不清的,而且要视具体算法而定。"规模"一般是指输入量的数目。例如,在排序问题中,问题的规模就可以很典型地用被排序的元素个数来衡量。一个"基本操作"必须具有这样的性质:完成该操作所需时间与操作数的具体取值无关。在大多数高级语言中,两个整数相加及比较两个整数的大小都是基本操作,而 n 个整数累加就不是基本操作,因为其代价(cost)依赖于 n 的值(即大小)。

例3.1   下面是查找一维 n 元整数数组中最大元素的算法。该算法依次遍历数组中的所有元素,并保存当前的最大元素,称为"最大元素顺序搜索"。下面就是使用C++语言编写的程序:

```
// Return position of largest value in "A" of size "n"
int largest(int A[], int n) {
  int currlarge = 0; // Holds largest element position
  for (int i=1; i<n; i++)   // For each array element
   if (A[currlarge] < A[i]) // if A[i] is larger
      currlarge = i;        //    remember its position
  return currlarge;         // Return largest position
}
```

其中,问题的规模为 **A.length**,这些整数存放在数组 **A** 中,基本操作是把一个整数值与现有最大整数相比较。可以认为,这样检查数组中的某个整数所需要的时间就是一定的,与该整数的大小或其在数组中的位置无关。

因为影响时间代价的最主要因素,一般来说是输入的规模,经常把执行算法所需要的时间 **T** 写成输入规模 n 的函数,记为 **T**(n)。注意,总是假设 **T**(n) 为非负值。把 **lar-gest** 函数中检查一个元素所需要的时间记为 c。现在不考虑 c 的实际值,也不考虑变量 i 增值(这是处理数组中每一个元素都要做的工作)的时间,以及函数初始化 **currlarge** 所需要的一小部分额外时间。只想得到执行该算法的一个合理的近似时间。因此,运行 **largest** 函数的总时间可以近似地认为是 cn,因为一共需要 n 步检查工作,每一步需要

时间 c。largest 函数(或者广义上来说, 即最大元素顺序搜索法)的时间代价可以用下面的等式来表示:

$$\mathbf{T}(n) = cn$$

这个等式表明了最大元素顺序搜索法时间代价的增长率。

例 3.2 把一个整数数组的第一个元素值赋给另一个变量, 只要复制这个元素的值就可以了。可以认为完成这一功能所需要的时间是固定的, 与这个元素的具体取值无关。在一台特定的计算机中, 无论这个数组有多大(只要内存和定义的数组大小允许), 复制该数组第一个元素值的时间总是确定的, 记为 c_1。因此该算法时间代价的等式就是

$$\mathbf{T}(n) = c_1$$

输入规模 n 对运行时间不会产生影响, 这称为常数运行时间(constant running time)。

例 3.3 看看下面的 C++ 程序段:

```
sum = 0;
for (i=1; i<=n; i++)
    for (j=1; j<=n; j++)
        sum++;
```

如何计算这个程序段的运行时间呢? 显然, 随着 n 的增大, 其运行时间也会增加。本例中的基本操作是变量 sum 的累加, 可以认为该操作所需要的时间是一定的, 记为 c_2(在此可以忽略初始化 sum 和循环变量 i 与 j 累加的时间。事实上, 这些时间开销都可以计入 c_2)。要执行的基本操作总数为 n^2, 因此, 运行时间函数为: $\mathbf{T}(n) = c_2 n^2$。

算法的增长率(growth rate)是指当输入的值增长时, 算法代价的增长速率。图 3.1 给出了一个运行时间函数的曲线, 每个多项式反映一个程序或者一种算法的时间代价, 图中显示了不同算法的增长率。标记为 $10n$ 和 $20n$ 的两个函数图像为直线, 表达式为 cn(c 为任意正的常数)的增长率称为线性增长率(linear growth rate)或者线性时间代价(linear time cost)。这说明当 n 增大时, 算法的运行时间以相同的比例增加。n 增大一倍, 运行时间也增大一倍。如果算法的运行时间函数中含有形如 n^2 的高次项, 则称为二次增长率(quadratic growth rate)。在图 3.1 中, 标有 $2n^2$ 的那条曲线就代表二次增长率。标有 2^n 的曲线属于指数增长率(exponential growth rate), 这是因为 n 出现在指数位置而得名。标有 $n!$ 的曲线也同样是指数增长的。

从图中可以看到, 运行时间代价分别为 $\mathbf{T}(n) = 10n$ 和 $\mathbf{T}(n) = 2n^2$ 的两种算法, 当 n 增加时, 它们的结果有着天壤之别。当 $n > 5$ 时, 相应的 $\mathbf{T}(n) = 2n^2$ 的算法已经很慢了, 尽管 $10n$ 的系数比 $2n^2$ 的系数要大。比较标有 $20n$ 和 $2n^2$ 的两条曲线, 还会发现, 改变一个函数的常数系数只改变两个曲线的交点, 当 $n > 10$ 时, 对应于 $\mathbf{T}(n) = 2n^2$ 的算法比对应于 $\mathbf{T}(n) = 20n$ 的算法要慢。该图还表明, 运行时间代价为 $\mathbf{T}(n) = 5n \log n$ 的曲线增长速度比 $\mathbf{T}(n) = 10n$ 和 $\mathbf{T}(n) = 20n$ 都稍快, 但是又比 $\mathbf{T}(n) = 2n^2$ 慢。当 a、b 为大于 1 的任意正常数时, n^a 的增长速度比 $\log^b n$ 和 $\log n^b$ 快。最后还应该指出, 即使 n 值很小, 运行时间代价为 $\mathbf{T}(n) = 2^n$ 和 $\mathbf{T}(n) = n!$ 的算法时间开销也很大。注意, 当 $a, b \geqslant 1$ 时, a^n 的增长速度比 n^b 快。

在图 3.2 中可以更深入地了解各种算法相应的增长率。该图显示了典型算法在某些典型输入值下出现的大多数增长率。再一次看到了增长率对算法消耗的资源有重大影响。

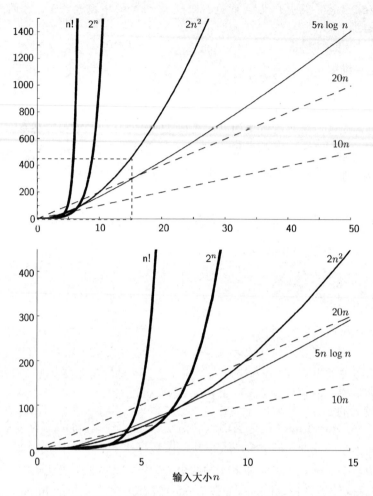

图 3.1　这是一幅图的两个视图，分别对应 6 个函数的增长率。下图是上图左下
　　　　角的放大。水平轴代表输入规模，垂直轴表示时间、空间或其他开销

n	$\log \log n$	$\log n$	n	$n \log n$	n^2	n^3	2^n
16	2	4	2^4	$4 \cdot 2^4 = 2^6$	2^8	2^{12}	2^{16}
256	3	8	2^8	$8 \cdot 2^8 = 2^{11}$	2^{16}	2^{24}	2^{256}
1024	≈ 3.3	10	2^{10}	$10 \cdot 2^{10} \approx 2^{13}$	2^{20}	2^{30}	2^{1024}
64K	4	16	2^{16}	$16 \cdot 2^{16} = 2^{20}$	2^{32}	2^{48}	$2^{64\mathrm{K}}$
1M	≈ 4.3	20	2^{20}	$20 \cdot 2^{20} \approx 2^{24}$	2^{40}	2^{60}	$2^{1\mathrm{M}}$
1G	≈ 4.9	30	2^{30}	$30 \cdot 2^{30} \approx 2^{35}$	2^{60}	2^{90}	$2^{1\mathrm{G}}$

图 3.2　大多数计算机算法典型增长率的代价

3.2　最佳、最差和平均情况

　　计算 n 的阶乘的问题，只有一个输入，即给定的"大小"（也就是说，对于每个不同的 n，都只对应一个问题）。现在考虑例 3.1 顺序查找最大元素的算法，它总是检查数组中的每一个元素。这个算法对于不同大小的 n 都适用。也就是说，对于一个给定大小的 n，可以有

很多种 n 个元素的数组。然而，不管算法查看的是哪个元素，算法的代价和查找数组中所有元素的代价都相同。

对于某些算法，即使问题规模相同，如果输入数据不同，其时间开销也不同。例如，现在要从一个 n 元一维数组中找出一个给定的 K（假设该数组中有且仅有一个元素值为 K）。顺序搜索法（sequential search）将从第一个元素开始，依次检查每一个元素，直到找到 K 为止。一旦找到了 K，算法也就完成了。这与例 3.1 的最大元素顺序搜索不同，后者必须检查每一个元素的值。

这样，顺序搜索法的时间开销可能在一个很大的范围内浮动。数组中的第一个元素可能恰恰就是 K，于是只要检查一个元素就行了。在这种情况下，运行时间很短，称为算法的最佳情况（best case），因为顺序搜索法不可能执行比检查一个元素更少的操作了。另一种情况，如果数组的最后一个元素是 K，运行时间就会相当长，因为这个算法要检查所有 n 个元素。这是算法的最差情况（worst case），因为该算法不可能检查 n 个以上的元素。如果用一个程序来实现顺序搜索法，并用该程序对许多不同的 n 元数组进行搜索，或者在同一个数组中搜索不同的 K 值，就会发现平均搜索到整个数组的一半就能找到 K。也就是说，这种算法平均要检查 $n/2$ 个元素，称之为算法的平均情况（average case）时间代价。

分析一种算法时，应该研究最佳、最差还是平均情况呢？一般来说，对最佳情况没有多大兴趣，因为它发生的概率太小，而且对于条件的考虑太过乐观了。换言之，最佳情况不能作为算法性能的代表。不过，也有一小部分情况，最佳情况分析是有用的——尤其是当最佳情况出现概率较大的时候。在第 7 章，还会看到一些排序算法的例子，可以用最佳情况运行时间来分析该算法，非常迅速而有效。

那么最差情况呢？分析最差情况有一个好处：它能让你知道算法至少能做得多快。这一点在实时系统中尤其重要，例如空运处理系统。在这个系统中，一个"绝大部分"情况下能管理 n 架飞机的算法，如果它不能在规定的时间内管理来自同一方向的 n 架飞机，那么它是不能被接受的。

在另外一些情况下——特别是想要知道程序要对许多不同的输入运行多次时的总计时间开销——最差情况分析就不适合用来衡量一种算法的性能了。通常会更希望知道平均情况的时间代价，也就是说，当输入规模为 n 时算法的"典型"表现。可惜，平均情况分析并不总是可行的。首先，它要求人们清楚程序的实际输入在所有可能的输入集合中是如何分布的。例如，上面提到过顺序搜索法在平均情况下要检查数组中一半的元素。这只在整数 K 所对应的元素在数组中每个位置出现的概率相等时才成立。如果这个假设不成立，那么算法的平均情况就不一定是检查一半的元素了。9.2 节将对这个问题做进一步的讨论。

数据分布的特点对于很多搜索算法都会有很大影响，例如 9.4 节提到的散列检索和 5.4 节给出的检索树。不正确的假设有时会给程序的时间或空间性能带来灾难性的影响。一些特殊的数据分布也会带来好处，这一点在 9.2 节的例子中得到了很好的体现。

总之，在实时系统中，比较关注最差情况算法分析。在其他情况下，通常考虑平均情况，只要知道计算平均情况所需的输入数据的分布即可。否则，就只能求助于最差情况分析了。

3.3　换一台更快的计算机，还是换一种更快的算法

　　假设你要解决一个问题，而且已经知道一种算法，其时间代价为 cn^2（c 为常数）。但是，程序运行时间比规定的时间慢了 10 倍。如果现在换一台运行速度比原有运行速度快 10 倍的计算机，这种算法是否就可行了呢？如果问题规模不变，也许这台新计算机的确可以按时完成任务，尽管你的算法的增长率很高。但是，对于大多数拥有更先进计算机的人来说，事情并不那么简单——他们并不想解决相同的问题，而是要解决更大规模的问题！假定你希望原来的计算机对 10 000 个数进行排序，因为这是一个午餐休息时间所能完成的任务，那么现在对于这台新的计算机，你可能会要求它在相同的时间里对 100 000 个数进行排序。午餐时间不会缩短，因此你希望解决一个更大规模的问题。既然新机器的运行速度快了 10 倍，你很自然希望它解决问题的规模也增大 10 倍。

　　如果你的算法增长率是线性的（即运行时间函数 $\mathbf{T}(n) = cn$，c 为常数），那么新计算机处理 100 000 个数据的时间与原来的计算机处理 10 000 个数据的时间相同。如果算法的增长率高于 cn（如 $c_1 n^2$），那么在相同的时间里就不能在一台速度提高 10 倍的计算机上完成一个规模扩大 10 倍的问题的计算。

　　那么，在给定的时间内，速度变快的机器能够处理问题的规模扩大了几倍呢？假设新的计算机的运行速度是原来的 10 倍，原有机器 1 小时能完成的问题规模为 n，那么新机器 1 小时最多可以解决的问题的规模有多大？图 3.3 给出了图 3.1 中列出的 5 个运行时间函数可以解决问题的规模。

$f(n)$	n	n'	关系	n'/n
$10n$	1 000	10,000	$n' = 10n$	10
$20n$	500	5 000	$n' = 10n$	10
$5n \log n$	250	1 842	$\sqrt{10}n < n' < 10n$	7.37
$2n^2$	70	223	$n' = \sqrt{10}n$	3.16
2^n	13	16	$n' = n + 3$	——

　　图 3.3　在规定时间内，速度是原来 10 倍的计算机所能处理问题规模的增长情况。
　　　　　第 1 栏列出了图 3.1 中给出的 5 个运行时间函数。不妨假设原来的计算机
　　　　　能在 1 小时内完成 10 000 个基本操作。第 2 栏显示了 10 000 个基本操作所
　　　　　能完成的 n 的最大值。第 3 栏是 n' 的值，即新机器解决该问题的最大值。
　　　　　第 4 栏给出了 n 与 n' 之间的函数关系。第 5 栏给出了 n' 与 n 的比值

　　从图中可以看出许多重要内容。前两个函数是线性的，只是常数系数不同。新机器处理二者时，问题规模的增长都是 10 倍。也就是说，系数大小虽然影响一定时间内能够解决问题的规模，却不能影响机器速度加快时问题规模的增长（与原问题规模之间的比值）。无论算法增长率是多少，下面这个结论总是成立的：常数系数不会改变机器速度加快时问题规模的增长倍数。

　　运行时间 $\mathbf{T}(n) = 2n^2$ 的算法问题规模增长倍数要比线性增长的算法小。后者增长了 10 倍，前者只是它的平方根：$\sqrt{10} \approx 3.16$。可见，增长率高的算法从机器升级中获益较少，能解决的问题规模也较小。随着计算机的速度加快，不同算法解决的问题规模的差别就变得更大。

$\mathbf{T}(n) = 5n \log n$ 的算法比二次增长率的算法提高较多，但是也不如线性增长。注意指数增长率的算法有一些特别。图 3.1 中显示，增长率为 2^n 的算法对应的曲线增长得很快。在图 3.3 中，新的计算机可以处理的问题的规模约为 $n + 3$（确切地说是 $n + \log_2 10$）。其问题规模的增长只是加上了一个常数，而不是乘上一个因子。原来的 n 值为 13，新的问题规模就是 16。假如明年再换一台计算机，比现在还要快 10 倍，它也不过只能处理规模为 19 的问题。假如还有另一个增长率为 2^n 的算法，某台计算机能在 1 小时内处理规模为 1 000 的问题，那么换一台速度加快 10 倍的机器，1 小时也只能解决规模是 1 003 的问题！可见，指数增长率的算法与图 3.3 中的其他算法有根本的不同。关于这种差异的意义，将在第 17 章做进一步的探讨。

看来，你不应该急着买一台新机器，而应该考虑使用另一种运行时间为 $n \log n$ 的算法来代替现有的运行时间为 n^2 的算法。在图 3.1 中，水平轴线代表时间。如果在规定时间内，两条对应不同增长率的曲线已经相交，那么增长速度较慢的那种算法就会较快。当问题规模 $n = 1024$ 时，运行时间 $\mathbf{T}(n) = n^2$ 的算法需要 $1\,024 \times 1\,024 = 1\,048\,576$ 个单位时间，$\mathbf{T}(n) = n \log n$ 的算法需要 $1\,024 \times 10 = 10\,240$ 个单位时间，两者之比远远大于 10 倍。因为 $n > 58$ 时，有 $n^2 > 10 n \log n$，所以如果问题规模大于 58，最好换一种算法，而不是换一台计算机。而且，即使购买了一台速度更快的计算机，就同一时间所能解决问题规模的增长情况而言，增长率较小的算法才能从中获益较多。

3.4 渐近分析

虽然图 3.1 中标有 $10n$ 的曲线系数较大，$2n^2$ 曲线还是在 $n = 5$ 时就超过它了。如果把这个线性方程的系数再增加一倍，结果又将如何呢？如图 3.1 所示，当 $n = 10$ 时，$20n$ 对应的曲线也被 $2n^2$ 超过。这两个线性增长率的系数并没有产生很大影响，只不过改变了交点的横坐标值。推而广之，改变其中一个函数的常系数，只改变两个曲线"在何处"相交，而不能改变它们"是否"相交。

当你拥有一台更快的计算机或者一个更快的编译系统时，一定时间内一定增长率下可以完成问题的规模增长倍数是一个定值，与运行时间函数中的系数无关。类似地，两个增长率不同的算法对应的时间曲线总是会相交的，与运行时间函数的系数无关。因此，估算一种算法运行的时间或者其他开销的增长率时，经常忽略其系数。这样能够简化算法分析，并且把注意力集中在最重要的一点上：增长率。这就是渐近算法分析。准确地说，渐近分析是指当输入规模很大，或者说达到极限（在微积分意义上）时，对一种算法进行的研究。实践证明忽略这些系数很有用，因此渐近分析也被广泛应用于算法比较。

并不是任何时候都能忽略常数。当算法要解决的问题规模 n 很小时，系数就会起到举足轻重的作用。例如，现在要对 5 个数排序，那么用来给成千上万个数排序的算法可能就并不是很适合，尽管它的渐近分析表明该算法性能良好。也有少量的例子，两种被比较的算法，其中具有较小增长率的算法，由于其较大的系数而对大多数情况不适宜。渐近分析是对算法资源开销的一种不精确的估算，是一种"信封背面的计算"。它提供了对算法资源开销进行评估的简化模型。但是千万不要忘记渐近分析的局限性，尤其是在那些系数也起到重要作用的少数情况下。

3.4.1　上限

有几个术语是专门用于描述算法时间函数的。这些术语及其符号能够准确反映函数某一方面的特性。算法运行时间的上限(upper bound)就是其中之一,用来表示该算法可能有的最高增长率。

"增长率的上限为$f(n)$"这句话太长了,但是它在分析算法时又极其常用,于是采用一种特殊的表示法,称为大O表示法(big Oh notation),读作"人欧"表示法。如果某个算法的增长率上限(在最差情况下)是$f(n)$,那么就说这种算法"最差情况下在集合$O(f(n))$中",或者直接说"最差情况下在$O(f(n))$中"。例如,如果在最差情况下$T(n)$的增长速度与n^2相同,则称算法最差情况下在$O(n^2)$中。

下面给出了上限的一个精确定义。其中$T(n)$表示算法的实际运行时间,$f(n)$则是上限的一个函数表达式。

对于非负函数$T(n)$,如果存在两个正常数c和n_0,对任意$n > n_0$,有$T(n) \leqslant cf(n)$,则称$T(n)$在集合$O(f(n))$中。

常数n_0是使上限成立的n的最小值。一般情况下n_0都很小,如取1,但是并不一定要如此。必须能够找出这样的一个常数c,而c确切是多少无关紧要。换言之,定义指出对于问题的所有(比如最差情况)输入,只要输入规模足够大(即$n > n_0$),该算法总是能在$cf(n)$步或$cf(n)$步以内完成,c是某个确定的常数。

例3.4　考虑找出数组中某个元素的顺序搜索法。如果访问并检查数组中的一个元素需要时间c_s(c_s为正数),如果待查元素在数组每个位置的出现概率均等,那么在平均情况下$T(n) = c_s n/2$。对于$n > 1$,$c_s n/2 \leqslant c_s n$。所以根据定义,$T(n)$在$O(n)$中,$n_0 = 1$,$c = c_s$。

例3.5　某一算法平均情况下$T(n) = c_1 n^2 + c_2 n$,c_1、c_2为正数。若$n > 1$,$c_1 n^2 + c_2 n \leqslant c_1 n^2 + c_2 n^2 \leqslant (c_1 + c_2) n^2$。因此取$c = c_1 + c_2$,$n_0 = 1$,有$T(n) \leqslant cn^2$。根据第二次定义,$T(n)$在$O(n^2)$中。

例3.6　把数组中的第一个元素值赋给一个变量,这个算法的运行时间是一定的,与数组大小无关。因此,在最佳、最差和平均情况下恒有$T(n) = c$。可以认为在这种情况下$T(n)$在$O(c)$中。不过,按照传统说法,运行时间上限为常数的算法在$O(1)$中。

如果有人突然问你"什么是最好的?",你最自然的反应会是"最好的什么?"。同样,当你被问及"这个问题的增长率是什么?",你应该会反问"在什么情况下?最佳情况?平均情况?或者是最差情况?"一些算法在不同情况下有相同的结果。一个例子就是在数字中寻找最大值。但是对于许多问题,不同情况下会有很大的区别,比如在一个未排序的数组中寻找某一个数。所以如果要做一个关于算法上限的论断,它应与输入规模n有关。几乎总是考虑最佳、最差、平均情况下的上限,因此不能说"这种算法增长率的上限为n^2",而应该说"这种算法平均情况下增长率的上限为n^2"。

要知道,某个算法在$O(f(n))$中只是说事情顶多能坏到某种地步,事实上也许并不是那么糟。如果知道顺序搜索法在$O(n)$中,那么也可以说它在$O(n^2)$中。但是顺序搜索法对于很大的n也是可行的,其他在$O(n^2)$中的算法就不一定如此了。人们总是试图给算法的时间代价找到一个最"紧"(即最小)的上限,因此,一般说顺序搜索法在 $O(n)$ 中。这也说明了为什么用"在 $O(f(n))$ 中"或用记号"$\in O(f(n))$"的表示方法,而不用"是 $O(f(n))$"或"$=O(f(n))$"。使用大 O 表示法没有严格的等号。$O(n)$ 在 $O(n^2)$ 中,但 $O(n^2)$ 不在 $O(n)$ 中。

3.4.2　下限

大 O 表示法描述上限。也就是说,当某一类数据的输入规模为 n 时(通常为最差情况,所有可能输入情况的平均,或最佳情况输入),一种算法消耗某种资源(通常是时间)的最大值。

相似的表示方法可以用来描述算法在某类数据输入时所需要的最少资源。与大 O 表示法类似,它也是算法增长率的一个衡量尺度。它同样可以表示任何资源,但是一般衡量最小时间代价。还有一点类似之处,对于输入规模 n,针对一些特殊的输入来估计资源开销:最差、最佳和平均情况下的资源开销。

算法(或以后将讲到的问题)的下限用符号 Ω 来表示,读作"大欧米伽"(Omega)或"欧米伽"。下面给出 Ω 的定义,它与大 O 表示法的定义极其相似。

若存在两个正常数 c 和 n_0,对于 $n > n_0$,有 $\mathbf{T}(n) \geq cg(n)$,则称 $\mathbf{T}(n)$ 在集合 $\Omega(g(n))$ 中。[①]

例 3.7　假定 $\mathbf{T}(n) = c_1 n^2 + c_2 n \, (c_1, c_2 > 0)$,则有

$$c_1 n^2 + c_2 n \geq c_1 n^2$$

因此,取 $c = c_1$,$n_0 = 1$,有 $\mathbf{T}(n) \geq cn^2$,根据定义,$\mathbf{T}(n)$ 在 $\Omega(n^2)$ 中。

也可以说例 3.7 中 $\mathbf{T}(n)$ 也在 $\Omega(n)$ 中。但是,正如大 O 表示法一样,同样希望找到一个最"紧"的可能限制(对于 Ω 表示法是最大的)。因此,一般说这个 $\mathbf{T}(n)$ 在 $\Omega(n^2)$ 中。

回忆一下在数组中寻找值为 K 的元素的顺序搜索法。在平均情况和最差情况下,这个算法在 $\Omega(n)$ 中,因为在这两种情况下,都至少要检查 cn 个元素(在平均情况下 $c = 1/2$,在最差情况下 $c = 1$)。

---

① 也可以用另一种方法定义 Ω:

　　如果存在正常数 c,有无穷多个 n 使 $\mathbf{T}(n) \geq cg(n)$ 成立,则称 $\mathbf{T}(n)$ 在集合 $\Omega(g(n))$ 中。

　　这个定义要求在无限多的情况下,该算法的时间代价超过 $cg(n)$。注意该定义与大 O 表示法的定义不太相似。当 $g(n)$ 是下限时,定义并不要求对所有大于某一常数的 n,都有 $\mathbf{T}(n) \geq cg(n)$ 成立。它只要求这种状况发生得足够频繁,特别是有无穷多个 n 满足这个条件。这种定义的优点可以在下面这个例子中发现。

　　假定某个算法表达式如下:

$$\mathbf{T}(n) = \begin{cases} n, & \text{所有奇数 } n \geq 1 \\ n^2/100, & \text{所有偶数 } n \geq 0 \end{cases}$$

$n \geq 0$ 且 n 为偶数时,$n^2/100 \geq (1/100)n^2$。取 $c = 1/100$,则有无数多个 n(偶数的 n)使 $\mathbf{T}(n) \geq cn^2$ 成立。根据定义,$\mathbf{T}(n)$ 在 $\Omega(n^2)$ 中。

　　对于 $\mathbf{T}(n)$ 的运行时间函数而言,输入规模为 n 的时间代价至少为 cn。但是,有无穷多个 n,当输入规模为 n 时,运行时间为 cn^2,因此更倾向于说该算法在 $\Omega(n^2)$ 中。但是,用第一个定义会得到下限为 $\Omega(n)$,因为不能找到常数 c 和 n_0,使任何 $n > n_0$ 都有 $\mathbf{T}(n) \geq cn^2$。而用现在这个定义的确能够得到该算法的下限为 $\Omega(n^2)$,这更符合通常的标准。幸而在现实生活中,很少有程序或算法会有如此奇怪的特性,Ω 的第一个定义一般还是能得到正确结果的。

　　从以上讨论中可以看到,渐近分析的下限表示法不是一种自然存在的规律,只不过是用以描述算法性能的有用工具而已。

3.4.3　Θ表示法

大 O 表示法和 Ω 表示法能够描述某一算法的上限(如果能找到某一类输入下开销最大的函数)和下限(如果能找到某一类输入下开销最小的函数)。当上、下限相等时,可能用 Θ 表示法,读作"西塔"(Theta)或"大西塔"。如果一种算法既在 $O(h(n))$ 中,又在 $\Omega(h(n))$ 中,则称其为 $\Theta(h(n))$。注意在 Θ 表示法中,不再说"在……中",因为两个 Θ 相同的函数有交换性,也就是说,若 $f(n)$ 是 $\Theta(g(n))$,则 $g(n)$ 是 $\Theta(f(n))$。

因为在平均情况下,顺序搜索法既在 $O(n)$ 中,又在 $\Omega(n)$ 中,所以说平均情况下它是 $\Theta(n)$。

给出一个反映某算法时间代价的算术表达式,其上、下限通常都是相等的。这是因为从某种意义上说,已经对该算法有了一个精确的分析,用运行时间函数表示出来。对于很多算法(或者其实现形式,如程序),能够很容易地写出反映它们时间代价的函数。本书所列举的绝大部分算法都很浅显易懂,并且可以做出 Θ 分析。但是,在第 17 章,将看到整整一类算法无法用 Θ 表示法分析,有的甚至不能用大 O 和 Ω 表示法分析。习题 3.14 给出了一个简短的程序,但是目前还没有人能够求出它的确切上下限。

某些教材和程序员有时说一个算法是大 O 某个代价函数的。如果具有关于该算法的足够知识,确切知道其上限和下限正好相等,则 Θ 表示法一般比大 O 表示法要好。在本书中,对算法了解较深时,一般采用 Θ 表示法,但是限于分析能力,在有的算法中还会用到大 O 或者 Ω 表示法。在极少数情况下,当明确知道讨论的是问题或算法的上限还是下限时,使用相应的表示法,而不是使用 Θ 表示法。

3.4.4　化简法则

一旦知道了算法的运行时间函数,从中推导出大 O、Ω 和 Θ 表达式并不是一件很困难的事情。并不需要严格遵循定义来推导,可以用下面的法则来求得其最简形式:

1. 若 $f(n)$ 在 $O(g(n))$ 中,且 $g(n)$ 在 $O(h(n))$ 中,则 $f(n)$ 在 $O(h(n))$ 中;
2. 若 $f(n)$ 在 $O(kg(n))$ 中,对于任意常数 $k>0$ 成立,则 $f(n)$ 在 $O(g(n))$ 中;
3. 若 $f_1(n)$ 在 $O(g_1(n))$ 中,且 $f_2(n)$ 在 $O(g_2(n))$ 中,则 $f_1(n)+f_2(n)$ 在 $O(\max(g_1(n),g_2(n)))$ 中;
4. 若 $f_1(n)$ 在 $O(g_1(n))$ 中,且 $f_2(n)$ 在 $O(g_2(n))$ 中,则 $f_1(n)f_2(n)$ 在 $O(g_1(n)g_2(n))$ 中。

法则 1 是说,如果 $g(n)$ 是算法代价函数的一个上限,则 $g(n)$ 的任意上限也是该算法代价的上限。对 Ω 表示法有类似的性质:若 $g(n)$ 是算法代价函数的一个下限,$g(n)$ 的任意下限也是该算法代价的下限,Θ 表示法同理。

法则 2 的意义在于使人们能够忽略大 O 表示法中的常数因子。对于 Ω 和 Θ 表示法同样有这样的性质。

法则 3 说明,顺序给出一个程序的两个部分(两组语句或两段代码),只需要考虑其中开销较大的部分。类似地,在 Ω 与 Θ 表示法中,也只看开销大的部分就可以了。

法则 4 用于分析程序中的简单循环。如果要有限次地重复某种操作,且每次重复的开销相等,则总开销为每次的开销与重复次数之积。对于 Ω 和 Θ 表示法结论也成立。

综合考虑前三条法则,可以在计算任何算法开销的渐近增长率时,忽略所有常数和低次项。忽略常数的优点和不足在本节前面的内容中已有论述。进行算法分析时忽略低次项也合乎情理。因为当 n 增大时，相对于高次项来说，低次项在总开销中所占比例微乎其微。因此，如果 $\mathbf{T}(n) = 3n^4 + 5n^2$，可以说 $\mathbf{T}(n)$ 在 $O(n^4)$ 中，因为 n^2 项，在 n 比较大时，对于总体开销来说无足轻重。

在本书的其他内容中讨论算法或程序的开销时，会不断使用这些化简法则。

3.4.5 函数分类

给定函数 $f(n)$ 和 $g(n)$，其增长率都采用算术公式表达，需要判断哪个增长率更快。最好的方式就是判断这两个函数比值的极限，

$$\lim_{n \to \infty} \frac{f(n)}{g(n)}$$

如果极限值趋向于 ∞，则 $f(n)$ 在 $\Omega(g(n))$ 中，因为 $f(n)$ 增长得更快。如果极限值趋向于 0，则 $f(n)$ 在 $O(g(n))$ 中，因为 $g(n)$ 增长得更快。如果极限值趋向于某个非 0 常数，则 $f(n) = \Theta(g(n))$，因为二者增长率相同。

例 3.8   如果 $f(n) = n^2$ 和 $g(n) = 2n \log n$，那么 $f(n)$ 在 $O(g(n))$、$\Omega(g(n))$ 还是 $\Theta(g(n))$ 中？因为

$$\frac{n^2}{2n \log n} = \frac{n}{2 \log n}$$

可以很容易看出

$$\lim_{n \to \infty} \frac{n^2}{2n \log n} = \infty$$

由于 n 增长得比 $2 \log n$ 更快，因此 n^2 在 $\Omega(2n \log n)$ 中。

3.5 程序运行时间的计算

这一节给出了几个简单程序段的分析。

例 3.9   首先来看一个给整型变量赋值的简单语句：
```
a = b;
```
该语句执行时间为常数级的，即 $\Theta(1)$。

例 3.10   再来看一个简单的 `for` 循环：
```
sum = 0;
for (i=1; i<=n; i++)
    sum += n;
```
第一条语句的时间代价为 $\Theta(1)$。`for` 循环重复了 n 次，第三条语句的时间代价为一常量，根据 3.4.4 节中的化简法则 4，后两行的 `for` 循环的总时间代价为 $\Theta(n)$。根据法则 3，整个程序段的代价也是 $\Theta(n)$。

例 3.11   下面是一个含有多个 `for` 循环的程序段，其中有些是嵌套的。
```
sum = 0;
for (i=1; i<=n; i++)        // First for loop
    for (j=1; j<=i; j++)    //   is a double loop
        sum++;
for (k=0; k<n; k++)         // Second for loop
    A[k] = k;
```

该程序段有三个相对独立的片段：一个赋值语句和两个 **for** 循环结构。同样，赋值语句时间代价为常量，记为 c_1；第二个 **for** 循环与例 3.10 相似，时间代价为 $c_2 n = \Theta(n)$。

第一个 **for** 循环是一个双重循环，需要一点特殊的技巧。从内层循环入手：运行 **sum ++** 需要的时间为一个常量，记为 c_3，内层循环执行 i 次，根据法则 4，时间开销为 $c_3 i$。外层循环共执行 n 次，但是每一次内层循环的时间开销都因 i 的变化而不同。可以看到，第一次执行外层循环时 $i = 1$，第二次执行时 $i = 2$。每执行一次外层循环，i 就以 1 为步长递增，直至最后一次 $i = n$。因此，总的时间开销是从 1 累加到 n 再乘以 c_3，根据式(2.1)，可以得出：

$$\sum_{i=1}^{n} i = \frac{n(n+1)}{2}$$

即 $\Theta(n^2)$，根据法则 3，总的运行时间为 $\Theta(c_1 + c_2 n + c_3 n^2)$，可简化为 $\Theta(n^2)$。

例 3.12　比较下面两段程序的算法分析：

```
sum1 = 0;
for (i=1; i<=n; i++)        // First double loop
    for (j=1; j<=n; j++)    //   do n times
        sum1++;

sum2 = 0;
for (i=1; i<=n; i++)        // Second double loop
    for (j=1; j<=i; j++)    //   do i times
        sum2++;
```

在第一个双重循环中，内层 **for** 循环总是执行 n 次。因为外层循环执行 n 次，所以 **sum1 ++** 语句显然恰好执行 n^2 次。而第二个循环与上题的例子相仿，时间代价为 $\sum_{j=1}^{n} j$，近似于 $\frac{1}{2} n^2$。因此，两个双重循环的时间代价都为 $\Theta(n^2)$，不过第二个程序段的运行时间约为第一个的一半。

例 3.13　并非所有的嵌套 **for** 循环的时间代价都是 $\Theta(n^2)$。以下面的两个嵌套循环为例：

```
sum1 = 0;
for (k=1; k<=n; k*=2)       // Do log n times
    for (j=1; j<=n; j++)    // Do n times
        sum1++;

sum2 = 0;
for (k=1; k<=n; k*=2)       // Do log n times
    for (j=1; j<=k; j++)    // Do k times
        sum2++;
```

当分析上面两段代码的时候，假定 n 是 2 的幂。第一段程序的外层 **for** 循环执行 $\log n + 1$ 次，因为每循环一次 k 就乘以 2，直至 $k > n$。由于内层循环执行次数恒为 n，所以第一段程序的总时间代价可以表示为 $\sum_{i=0}^{\log n} n$。这里有一个变量替换：$k = 2^i$。根据式(2.3)，其和为 $\Theta(n \log n)$。在第二段程序中，外层循环也执行 $\log n + 1$ 次，而内层循环重复 k 次，随着外层循环的增长而成倍递增。其总和可以表示为 $\sum_{i=0}^{\log n} 2^i$，其中 n 假定恰为 2 的幂，且 $k = 2^i$。因为外层循环执行 $\log n$ 次，而内层循环执行 i 次，i 每次都成倍递增，由式(2.8)可知，其和为 $\Theta(n)$。

那么其他控制语句又如何呢？ **while** 循环的分析方法与 **for** 循环类似。**if** 语句的最差

情况时间代价是 **then** 和 **else** 语句中时间代价较大的那一个。对于平均情况代价也是如此，假如 n 的取值与执行哪一条指令的概率无关（通常情况下都是如此，但不﹒定如此）。**switch** 语句的最差情况代价是所有分支中开销最大的那一个。子程序调用时，只要加上执行子程序的时间即可。

有少数情况，执行 **if** 或 **switch** 语句中的某一个分支的概率是输入规模的函数。例如，输入规模为 n 时，**if** 语句中的 **then** 语句执行的概率为 $1/n$。举个简单的例子，某个 **if** 语句规定，当对 n 个数中最小的那一个进行操作时，才执行 **then** 语句。对这类问题进行分析时，不能简单地将其处理成开销较大分支的时间代价。这时，均摊分析方法（amortized analysis，见 14.3 节）的技巧就很有用了。

计算一个递归子程序的执行时间是﹒件令人头疼的事情。递归过程的运行时间一般都能通过一个递归关系式很好地体现。例如，2.5 节提到的递归函数 **fact** 每递归调用自身一次，问题规模就减少 1。调用返回的结果与输入参数相乘，这个操作的运行时间是一个常量。因此，如果希望用乘数来度量代价，那么函数的时间代价就大于该乘数乘以在少量输入上执行递归调用的次数。因为在初始情况下不做乘法运算，所以代价是 0。因此，这个函数的运行时间可以表示成

$$\mathbf{T}(n) = \mathbf{T}(n-1) + 1 \qquad n > 1; \ T(1) = 0$$

由例 2.8 和例 2.13 可知，这个递归关系的闭合形式解为 $\Theta(n)$。

本节的最后一个实例是比较两个完成搜索功能的算法。在以前的学习中，已经知道当被搜索元素 K 在数组中任意一个位置出现的概率相等时，顺序搜索法的平均和最差情况代价都是 $\Theta(n)$。下面将其与二分法检索（binary search）的运行代价进行比较，假设数组元素按照从小到大的顺序存储。

二分法检索从检查数组中间位置的元素开始；把这个位置记为 mid，相应的元素值记为 k_{mid}。如果 $k_{mid} = K$，那么搜索工作就完成了。当然，这是不太可能的事情。不过，这个中间元素值还是能够给出一些有用的信息，有助于继续搜索。当 $k_{mid} > K$ 时，知道 K 不可能在 mid 后面的位置上出现，因此，在以后的搜索中不必再考虑后半部分的元素。相反，如果 $k_{mid} < K$，就可以忽略 mid 前面的部分。无论哪种情况，都可以缩小一半范围。二分法的下一步工作是检查 K 可能存在的那部分元素的中间位置。这个位置上的元素值又能缩小一半搜索范围。重复这个过程，直到找到指定的元素，或者确定值 K 不在数组中。图 3.4 给出了二分法检索的图示。图 3.5 给出了二分法检索的实现。

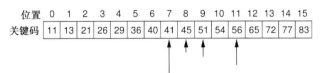

图 3.4 16 个元素的顺序数组二分法检索示意图。考察 $K = 45$ 的搜索。首先检查 7 号位置的元素。因为 $41 < K$，K 不可能存放在小于 7 的位置。第二步，二分法检查 11 号位置的元素。$56 > K$，被搜索元素（若存在）必须在位置 7 ~ 11 之间。9 号元素是下一个要检查的元素，还是太大了。最后一个要检查的是 8 号位置的元素，恰好是要搜索的元素。这样，**binary** 函数的最终返回值为 8。如果 $K = 44$，搜索过程几乎完全相同，不过检查完 8 号元素之后，**binary** 将返回一个值 n，表示搜索失败

```
// Return the position of an element in sorted array "A" of
// size "n" with value "K".  If "K" is not in "A", return
// the value "n".
int binary(int A[], int n, int K) {
  int l = -1;
  int r = n;                 // l and r are beyond array bounds
  while (l+1 != r) {  // Stop when l and r meet
    int i = (l+r)/2;   // Check middle of remaining subarray
    if (K < A[i]) r = i;      // In left half
    if (K == A[i]) return i; // Found it
    if (K > A[i]) l = i;      // In right half
  }
  return n; // Search value not in A
}
```

图 3.5　二分法检索的实现

要算出这个算法在最差情况下的代价，可以把它的运行时间模型化为递归，然后找出递归的闭合形式解。对 **binary** 的每一次递归调用都使数组减小近一半，因此可以将最差情况模型化为下面的式子，并简单地假定 n 是 2 的幂。

$$\mathbf{T}(n) = \mathbf{T}(n/2) + 1 \qquad n > 1; \quad \mathbf{T}(1) = 1$$

如果展开这个递归，就可以发现在到达初始情况之前只做 $\log n$ 次，并且每次展开代价增加 1。因此，这个递归的闭合形式解为 $\mathbf{T}(n) = \log n$。

函数 **binary** 的功能是查找 K 的(唯一)位置，并返回该位置。若 K 不在数组中，则返回一个特定信息。还可以对此算法稍加改动，使之能够返回 K 在数组中第一次出现的位置(若数组元素允许有重复)，或者当 K 不在数组中时返回小于 K 的最大元素的位置。

对比顺序检索和二分法检索，就可以看到当 n 增大时，顺序检索的平均和最差情况代价 $\Theta(n)$ 将远远大于二分法检索的代价 $\Theta(\log n)$。孤立地看，二分法比顺序检索的效率高得多。这种看法没有把用于二分法检索的常数因子大于顺序检索的因素考虑在内，而在二分法检索中转到下一个搜索位置的计算代价大于顺序检索中只在当前位置增 1 的代价。

但是，注意顺序检索的时间代价几乎相差不多，无论数组中的元素是否按照顺序保存。相反，二分法检索要求元素必须按从低到高的顺序保存。根据二分法检索使用的环境，这个排序的要求可能会对时间代价产生损害，因为要保持数组的有序性，在插入新元素时会增加时间代价。这里有一个权衡问题：使用二分法检索比较容易，但是维持一个有序的数组比较费时，怎样权衡其利弊呢？只有在解决具体问题时才能知道是否利大于弊。

3.6　问题的分析

通常，用"算法"分析的技巧来分析算法或者其对应的程序。其实，还可以用这种技巧来分析问题的代价。应该指出，一个问题代价的上限不应该超过已知最优解法的代价上限。但是一个问题代价的下限是什么意思呢？

假设对于一个问题，给定一个算法之后，输入不同的 n 能画出一个计算代价的图。定义 $\mathcal{A}$ 为解决问题的所有算法的集合(理论上来说，这样的算法有无数个)。对于集合 $\mathcal{A}$ 中的每个算法，都可以得到一个关于代价的图。那么，最差情况的下限就是所有图中最高点的最小值。

表明一个问题在 $\Omega(f(n))$ 中比表明一个算法(或程序)在 $\Omega(f(n))$ 中困难得多。因为一个问题在 $\Omega(f(n))$ 中意味着所有可能的解法都在 $\Omega(f(n))$ 中，即使是人们尚未考虑到的解法。

迄今为止，所给算法分析的例子都有明确的结果，而且大 O 与 Ω 可以统一。为了更好地理解大 O、Ω 和 Θ 三种表示法是如何描述一个问题或算法的特性的，最好来看一个你可能所知不详的问题。

现在来分析一个排序的问题。所有排序算法的最差情况代价中最小可能值是多少？一个排序算法至少必须检查输入的待排序序列中的每个元素，以便确定该序列是否已经有序了。于是，仅仅为了做输入和输出工作就至少要花 cn 时间。在很多类似的问题中，根据观察可以发现有 n 个数需要输入，于是很容易得到 $\Omega(n)$ 为一个下限。

在以前的学习中，你可能看到过最差情况代价在 $O(n^2)$ 中的排序算法。在程序设计入门课程中看到过的排序算法范例，最差情况的时间代价可能就是 $O(n^2)$。因此，$O(n^2)$ 是排序问题的一个上限。但是，$\Omega(n)$ 与 $O(n^2)$ 之间的情况又如何呢？是否存在更好的排序方法：如果不能找到最差情况代价小于 $O(n^2)$ 的算法，也不能找到一种分析方法说明排序问题最差情况代价的下限大于 $\Omega(n)$，那就不能确定是否存在一个更好的算法。

第 7 章给出了一种排序方法，时间代价在 $O(n \log n)$ 中。这使得上下限之间的差距大大缩小了。现在知道了一个下限 $\Omega(n)$ 和一个上限 $O(n \log n)$。是否还能找到更快的排序算法呢？人们为此付出了很大努力，但是徒劳无功。幸好（抑或不幸？）第 7 章中还给出了一种证明：任何排序算法的最差情况代价都在 $\Omega(n \log n)$ 中[①]。这个证明是算法分析领域的一个重要结果，它说明对于规模为 n 的排序问题，没有一种算法的运行时间比 $cn \log n$ 短。因此，可以得出结论：排序问题的最差情况代价为 $\Theta(n \log n)$，因为上限和下限重合了。

3.7 容易混淆的概念

渐近分析是计算机专业学生需要面对的最大智力挑战之一。大多数人把增长率和渐近分析相混淆，因此在概念上和术语上产生了误解。本节有助于了解易混淆概念的标准概念，以便避免混淆概念的情况发生。

区分上限和下限的一个问题是：对于大多数算法，识别出它们真正的增长率是很容易的。如果知道一个完整的代价函数，其上限和下限往往是相同的。只有在不完全清楚待处理任务时，区别上限和下限才有意义。如果对这种差别还不清楚，请重读一遍 3.6 节。使用 Θ 表示法来表示算法的上限和下限的增长率没有明显的差别（这也是一些简单算法的通常情况）。

混淆上限和下限的概念及最差情况和最佳情况的概念，这是常见的错误。最佳、最差或者平均情况给出了明确的实例，可以应用在问题中，以得到代价的衡量值。上限和下限则描述了这种代价的增长率。所以，定义一个算法或问题的增长率时，需要确定衡量指标（最佳、最差、平均情况），以及对代价增长率的描述（O，Ω，Θ）。

一个算法的上限与给定输入规模为 n 时的最差情况是不一样的。上限不是用来确定真正的代价的（对于给定的 n 值，即可确定具体的运行时间），而是用来确定代价的增长率。对于单个点，例如给定的一个 n 值，是没有增长率的概念的。增长率用于体现伴随输入规模变化的代价变化。同样，对于给定的规模 n，下限与给定输入规模 n 时的最佳情况也是不同的。

另一个常见的错误概念是：当输入规模尽可能小时出现算法的最佳情况，或者当输入规

---

① 幸运的是，可以证明这一结论；遗憾的是，排序问题是 $\Theta(n \log n)$，而非 $\Theta(n)$。

模尽可能大时出现算法的最差情况。事实上是：对每种输入规模都存在最佳和最差的情况。即对给定的一个规模(例如 i)的所有输入来说，规模为 i 的一个(或多个)输入是最佳情况，而另外一个(或多个)输入则是最差情况。通常(但不总是!)，对于一个任意规模，能给出最佳输入情况，也能给出最差输入情况。在理想情况下，当输入规模增大时，能够确定在最佳、最差和平均情况下的增长率。

　　例 3.14　对于顺序检索来说，最佳情况的增长率是多少？对于一个大小为 n 的数组，最佳情况是所找的那个数正好在数组的第一个位置。这与数组的大小无关。因此，无论 n 为多少，最佳情况都是待查数出现在 n 个位置中的第一个位置的时候，代价为 1。所以，没有必要说最佳情况出现在 $n=1$ 的时候。

　　例 3.15　对于一个在 n 个数值中寻找最大值的问题，假设要画一个当 n 增长时运算代价的图示。x 轴是 n，y 轴为代价。当 n 增长时，这是一个向右增长的对角线图(在继续阅读之前，你可以在草稿纸上画一下)。

　　现在，考虑在 20 个元素的数组中寻找最大值这个问题，画出一个代价图。x 轴的第一个位置对应最大值在数组第一个位置的概率。x 轴的第二个位置对应最大值在数组的第二个位置的概率，以此类推。当然，代价永远是 20。因此，画出来的图会是一条水平线，值为 20。你可以试着在草稿纸上画一下。

　　下面考虑在数组中做线性查找的情况。考虑一个代价图展现了所有大小为 20 的问题。第一个问题就是要找的数值在数组中的第一个位置，这样代价就为 1。第二个问题就是待找的数字在数组中的第二个位置，这样代价就为 2。如果将这些问题按照代价从小到大排序，画出来的图是一个从左下(0)到右上(20)的对角线。读者可以在草稿纸上画一下。最后，考虑 n 变大时的顺序查找问题。图会是什么样的？遗憾的是，这个问题没有一个简单的答案，因为这是在找最大值。

　　图的形状取决于是否考虑最佳情况的代价(这将会是值为 1 的水平线)，最差情况的代价(这将会是值为 i 的水平线，当 x 轴值为 i 时)和平均情况的代价(这将会是值为 $i/2$ 的水平线，当 x 轴值为 i 时)。这就是为什么说在最佳、最差、平均情况下函数 $f(n)$ 在 $O(g(n))$ 中。如果不知道问题输入是什么，那么就无法确定应该使用何种衡量代价的方法。

3.8　多参数问题

　　在有些情况下，要准确分析一个算法并给出其时间代价函数需要多个参数。为了阐释这一概念，来看看根据一幅图中各像素值出现的频率对这些值进行排序的一个算法。图通常用一个二维数组来表示，每个像素都是图的一个单元。像素的对应值是图中这个点的颜色或密度。假设每个像素的取值都可以是 0 到 $C-1$ 的任意整数。现在问题是如何计算出每种取值所对应的像素个数，并根据每种取值在图中出现的次数对其进行排序。假定该图是一个包含 P 个像素的矩形。下面是对应的算法：

```
for (i=0; i<C; i++)      // Initialize count
    count[i] = 0;
for (i=0; i<P; i++)      // Look at all of the pixels
    count[value(i)]++;   // Increment a pixel value count
sort(count, C);          // Sort pixel value counts
```

在本例中，count 是一个一维 C 元数组，用来存储每种颜色值的像素个数。函数 value(i) 返回像素 i 的颜色值。

第一个 for 循环（初始化 count）的运行时间是由颜色的种类 C 决定的。第二个 for 循环（计算每种颜色的像素个数）的运行时间是 $\Theta(P)$。最后一条语句（调用 sort 函数）的时间代价依赖于这个排序算法的运行时间。根据 3.6 节的讨论，可以认为排序算法对 P 个元素进行排序的时间代价为 $\Theta(P \log P)$。因此可以得出整个算法的代价为 $\Theta(P \log P)$。

但是这个表达式是否合理呢？真正被排序的对象是什么？不是像素，而是颜色的取值。那么如果 C 远远小于 P 时，情况如何呢？可以看到，$\Theta(P \log P)$ 这个估计太悲观了。因为事实上，被排序的对象远远少于 P。应该用 P 作为分析变量来考察每个像素的操作，而用 C 作为分析变量来研究处理颜色的运算。于是，可以得出初始化循环时间代价为 $\Theta(C)$，像素计数循环代价为 $\Theta(P)$，而排序操作的代价为 $\Theta(C \log C)$。这样，总的时间代价为 $\Theta(P + C \log C)$。

为什么不能简单地用 C 衡量输入规模，认为算法的代价为 $\Theta(C \log C)$ 呢？因为 C 总是比 P 小得多。例如，一幅图可能含有 1000×1000 像素和 256 种可能的颜色值。于是，P 等于 100 万，$C \log C$ 与之相比简直是九牛一毛。但是，如果 P 小一些，而 C 大一些（即使它可能仍小于 P），那么 $C \log C$ 就不能等闲视之了。由此可见，两个变量都有其存在的意义，缺一不可。

3.9　空间代价

除了时间代价以外，空间代价也是程序员要经常考虑的计算机资源。近年来，计算机运行速度提高的同时，其存储能力也大大增强了。虽然如此，可利用的磁盘或内存空间大小仍是对算法设计者的重要限制。

用于分析空间代价的技巧与用于分析时间代价的技巧类似。不同的是，时间代价是相对于处理某个数据结构的算法而言的，而空间代价是相对于这个数据结构本身而言的。渐近分析中增长率的概念对于空间代价同样适用。

例 3.16　一个包含 n 个整数的一维数组的空间代价是多少？如果每个整数占用 c 字节，则整个数组需要 cn 字节的空间，即 $\Theta(n)$。

例 3.17　假设要记录 n 个人互相之间的朋友关系，就可以用一个 $n \times n$ 数组来实现。数组的每一行表示某人的所有朋友，每一列则显示谁是朋友。例如，某人 j 是某人 i 的朋友，就可以在第 i 行第 j 列上做一个记号。同样，可以在第 j 行第 i 列上做一个记号，因为这种关系是相互的。对于 n 个人来说，数组总规模为 $\Theta(n^2)$。

一个数据结构的主要目的是用恰当的方法存储数据，并且能够简单而有效地对其进行访问。为此，必须在这个数据结构中加上一些附加信息，指明数据存放在何处。例如，链表中的每个元素都带有一个指针，指向链表中的下一个元素。所有这类并非真正数据的附加信息称为结构性开销（overhead）。理论上，这种结构性开销应该尽量小，而访问路径又应该尽可能多，而且有效。这种互相矛盾的目标之间的权衡正是研究数据结构的乐趣和魅力所在。

算法设计有一个重要原则：空间/时间权衡原则(space/time tradeoff)。牺牲空间或者其他替代资源，通常都可以减少时间代价。许多程序经过对信息的压缩或者加密后，都可以节省存储空间。然而，解压缩和解密的过程又需要额外的时间。这样一来，得到的程序空间代价小了，但是时间代价却大了。相反，许多程序也可以预先存放部分结果，或者对信息进行重组，以提高运行速度，但其代价是占用了较多的存储空间。在通常情况下，这些时间空间上的变化都是通过常数因子来改变的。

空间/时间权衡原则的一个经典例子是查找表(lookup table)。查找表中顶先存放了一些函数值，不必每次调用时都重新计算。例如阶乘函数，如果使用 32 位的 **int** 类型变量来存储，12! 是允许范围内的最大函数值。如果一个程序中需要多次重复计算阶乘，那么把这 12 个函数值预先存放在一个查找表中将会大大减少运行时间。程序需要 $n!$($n < 12$)的值时，只需要简单地查一下查找表就行了(如果 $n > 12$，值就太大了，将造成存储的不便)。与每次计算阶乘的时间代价相比，牺牲一点空间来存放查找表实在是太合算了。

查找表的另一个用途是存放某些具有较大开销的函数的近似值，如 sin、cos 函数等。如果只想在一定的精度要求下计算这类函数，或者允许结果在一定误差范围内，那么就可以使用查找表来存放一定精度的计算结果，而不必每次重复运行该函数。注意初始化查找表也是需要一定时间的，因此程序中使用查找表的次数应该足够多，以保证初始化过程的开销是物有所值的。

另一个空间/时间权衡的例子是程序员试图减少空间代价时经常会遇到的情形。这里有一个对整数数组排序的简单程序段。假定这样一种情况，数组中一共有 n 个整数，其值是从 0 到 $n-1$ 的一个排列。这里用到了桶排序(Binsort)，具体情况将在 7.7 节介绍。桶排序根据数组中每个值的大小来分配相应的位置。

```
for (i=0; i<n; i++)
    B[A[i]] = A[i];
```

这种做法很简单，也很迅速，其时间代价为 $\Theta(n)$。但是，它需要两个长度为 n 的数组。另一种做法是按照排列的顺序逐一定位，不过可以在一个数组内完成(因此这是一个"原地"排序)：

```
for (i=0; i<n; i++)
    while (A[i] != i)
        swap(A, i, A[i]);
```

函数 **swap(A, i, j)** 用来交换变量 **i**、**j** 的值。第二段程序对记录进行排序的过程可能不太明显。为了弄清楚其工作方式，这里要注意：每做一次 **for** 循环，至少值为 i 的整数已被放到了正确的位置，而且 **A[i]** 一定大于等于 i。程序中至多会发生 n 次 **swap** 操作，因为一旦一个记录已被放到正确的位置，就不会再移出去了，而且每执行一次 **swap** 操作至少能把一个记录放到正确的位置。因此，这个程序段的时间代价也是 $\Theta(n)$。但事实上，它的运行时间比第一段程序慢。在我的计算机上，第二种方法的时间代价比第一种方法的时间代价多两倍，不过第二种方法节省了一半的空间。

程序空间代价、时间代价相互关系的另一个原则是对存储在磁盘上的信息(外存文件信息)进行处理的程序而言的，将在第 8 章以后进一步讨论这类程序。有意思的是，基于磁盘的空间/时间权衡原则与上面所说的基于内存的空间/时间权衡原则几乎是完全相反的。

基于磁盘的空间/时间权衡原则(disk-based space/time tradeoff)是：在磁盘上的存储开销越小，程序运行得越快。这是因为从磁盘上读取数据的时间开销远远大于用于计算的时间开销。于是，几乎所有用于对数据进行解压缩的额外操作的时间开销都小于减少存储开销后节约下来的读盘时间。当然，这一原则也并不是对任何情况都成立的，不过在设计处理磁盘上数据的程序时，最好能知道这一原则。

3.10 加速你的程序

在实际工作中，时间代价分别为 $\Theta(n)$ 和 $\Theta(n \log n)$ 的两种算法之间的差别可能并不是很大。但是，时间代价为 $\Theta(n \log n)$ 和 $\Theta(n^2)$ 的两种算法之间的差别却是巨大的。在学习普通数据结构和算法的课程中，你应该已经接触过不少这样的问题了。对于这些问题，某些简明解法的时间代价为 $\Theta(n^2)$，但是还有其他解法的时间代价为 $\Theta(n \log n)$。排序和搜索——计算机的两大重要问题——都属于此类。

例 3.18 这是一个真实的故事：几年前，我的一个学生接到了一个大课题。他的论文课题中涉及基于一个庞大数据库的好几个复杂操作，而他已经进展到了最后阶段。"Shaffer 博士，"他对我说，"我正在运行这个程序，它的运行时间看来太长了。"检查了算法之后，发现它的时间代价是 $\Theta(n^2)$，可能需要一两周的时间才能运行结束。即使计算机真能不受干扰地运行那么久，他的论文和毕业日期也等不了那么久。幸运的是，发现有一种相当简单的方法可以改变算法，而使其时间代价缩短为 $\Theta(n \log n)$。第二天他改写了这个程序，几个小时之后，运行结果就出来了，他的毕业论文也按时完成了。

还有一种方法，虽然可能不如改变算法而降低增长率那么重要，但是也可以使程序的运行时间得到大幅度的改进，这就是所谓的"代码调优"（code tuning）。这是人工方式优化程序的一门艺术，从而使程序运行得更快，或者需要的空间更小。对于很多程序，代码调优可以把运行时间缩短到原来的十分之一，或者把存储开销降至原来的二分之一，甚至更少。我曾经对一个程序的关键函数进行了这样的代码调优，并没有改变其基本算法，却使其运行速度整整提高了 200 倍。当然，为了达到这个效果，我对信息的存储方式进行了很大改动，将符号编码结构转化成了数字编码结构，从而能够直接对信息进行运算。

下面是一些如何使用代码调优来提高程序运行速度的方法。首先应该明白，程序中的大多数语句对于程序的运行时间并没有太大影响。通常只是几个关键的子程序，甚至是这些关键子程序中的几行关键命令，占用了绝大部分运行时间。对于那种只占总时间 1% 的子程序进行调整，即使能使其运行时间减少一半，也是没有多大意义的，应该把精力集中在那些关键部分上。

代码调优时，注意收集好时间统计数据，许多编译器和操作系统中都带有剖视工具（profiler）和其他特殊工具，可以帮助得到有关时间、空间开销情况的数据。当需要提高程序效率时，这些都是很有用处的，因为它们可以告诉你应该对什么地方进行改进。

许多代码调优都是建立在节省工作的原则上的，而不是加速工作。下面的情况经常发生：为了节省工作而做一些测试。然而，这些测试并不是完全没有代价的。必须提防测试的代价超过整个工作的代价。如果测试代价小于节省的工作量，那么必须进行测试，测试也只能节省一部分工作时间。

例 3.19 在计算机视觉应用中一个经常需要进行的操作是，在一些复杂对象中寻找一个特定空间中的点。有许多实用的数据结构和算法可以解决这个问题及其衍生的问题，其中大多数都实现了以下代码调优步骤。直接测试一些复杂对象中是否包含问题中的点,这个代价非常高。取而代之的方式是,扫描检查这个点是否包含在一个边界框(bounding box)内。这个边界框是包含给定对象的最小长方形(长方形的边通常与 x 轴和 y 轴垂直)。如果这个点不在边界框内,那就可能不在对象中。如果这个点在边界框内,那么就把给定点与整个对象进行比较。需要注意的是,如果这个点在边界框之外,就会节省时间,因为检查边界框的代价要比把给定点与整个对象相比的代价小。但是如果这个点在边界框之内,这个检查就是多余的,因为还需要进一步的比较。一般情况下,这种检查所节省的总工作量,相比对每个对象进行检查的代价要低。

例 3.20　7.2.3 节讲解了一个排序算法,称为选择排序。这个算法的主要特点是它需要相对少的记录交换次数,就可以进行排序。然而,这个算法可能会有一些不必要的交换操作,也就是有的记录会与自己交换。这个操作其实是可以避免的,只要检查一下两个下标是否相同就可以了。然而,这种情况并不经常发生。因为检查的代价与节省的代价相比太大了,因此加入这样的检查会减慢程序而不是加快程序。

不要玩弄小技巧,使程序的可读性降低。大多数代码调优都是使写得比较粗糙的程序变得简明清晰,而不是在原来就很清晰的程序上加上一些小把戏。特别是应该更好地理解和利用先进编译器的能力来优化表达式。这里,"优化表达式"是指重新安排一些算术或逻辑表达式,使之运行得更加有效。当对表达式进行手工优化时,不要破坏了编译器自身做同类优化的能力。一定要在一套合适的基准(benchmark)输入数据下比较调整前后程序的运行时间,以检查你的"优化"是否真正使程序得到了改进。有很多次,我以为对程序进行了积极的代码调优,事实却证明适得其反,尤其是在优化表达式的时候。要比编译器做得更好实在不是一件容易的事。

但是,最巨大的时间和空间改进还是源于更好的数据结构或算法。本节的最后忠告是

先调整算法,后调整代码!

3.11　实证分析

本章着重讲解了渐近分析。这是一个分析工具,用来对算法最核心的部分进行分析,以确定随着输入规模的增长该算法的增长率。根据之前指出的,这个方法有许多局限性。包括数据规模较小时的影响,在两个具有相同增长率的算法之间的细微区别,以及对困难问题进行数学建模的传统难题。

其实除了采用理论分析方法之外,还有一个就是实证分析。最显著的实证分析方法就是运行两个程序,判断哪一个性能更好。这种方法可以克服理论分析方法的不足。

比较两个程序的时间代价是一件难事,因为结果经常受制于某些不可控制的因素(如系统负载、所使用的语言或编译器等)所引起的实验误差。最重要的一点是,你不能对其中一个程序有所偏爱,否则必然会影响其运行时间的比较结果。看一看相互竞争的软件或硬件厂商各自的广告,你就会明白这一点。这里最容易出现的陷阱就是在编写程序时,你会下意识地对其中一个代码下较大的工夫。如 3.10 节所述,代码调优常常会使时间开销缩小到十分之一。如果原来两个程序的运行时间只是相差一个常数因子(即它们的增长率

相同），那么代码调优所产生的差异很容易影响比较结果。在这种情况下，实验结果就值得怀疑了。

另外一个方法就是仿真。仿真的思想是，为了用计算机程序对问题更好地建模并且运行而得到结果。在算法分析的问题上，对两个算法进行仿真和实证的比较是不同的，因为仿真的目的是对性能进行分析。图 9.10 是一个好的例子。此图画出了在不同的冲突解决方案下，在散列表中增加和删除一个记录的代价。y 轴是散列表的槽数，x 轴表示散列表中槽被占满的百分比。曲线的数学表达式可以确定，但是并不简单。一个合理的方法是对散列表做一些变动。通过对不同负载因子的情况计算程序的代价，不难构造出类似于 9.10 的图。分析不是为了确定哪种散列冲突解决方案更加高效，所以不对两种方法做实验比较。其实，分析是为了找到合适的负载因子（loading factor），以便在更高效的散列表中平衡时间和空间（散列表大小）因素。

3.12 深入学习导读

算法分析领域的探索性著作包括 Donald E. Knuth 所著的 *The Art of Computer Programming* [Knu97, Knu98]，Aho、Hopcroft、Ullman 合著的 *The Design and Analysis of Computer Algorithms* [AHU74]。Ω 的其他定义可参见 [AHU83]。使用"$\mathbf{T}(n)$ 在 $O(f(n))$ 中"这一表示法代替传统的"$\mathbf{T}(n) = O(f(n))$"，是作者参考了 Brassard 和 Bratley 的著作 [BB96] 后引进的，不过在他们之前显然已经出现了这种表示法。对于想进一步了解算法分析技巧的读者，Gregory J. E. Rawlins 所著的 *Compare to What?* [Raw92] 是一本值得一读的好书。

Bentley [Ben88] 描述了数字分析领域的一个问题。自从 1945 年以来，该问题最著名的算法已经从 $O(n^7)$ 降到了 $O(n^3)$。对于 $n = 64$ 的输入规模来说，这一改进引起的程序运行速度的提高就几乎相当于同时期内计算机硬件方面取得的所有进展所提高速度的总和。

算法是决定程序效率最重要的方面，但是优化程序代码也是改进程序性能不容忽视的手段。正如 Frederick P. Brooks 所著的 *The Mythical Man Month* [Bro95] 一书中所说的，一位高效的程序员所设计的程序常常比低效程序员所设计的程序快 5 倍左右，即使两个人都不在优化代码方面下什么特别的工夫。如果你想看看关于如何提高代码效率的优秀文章，或者想学习优化代码的方法，不妨看一下 Jon Bentley 的著作 [Ben82, Ben00, Ben88]。例 3.18 中描述的情形是我们做 [SU92] 中报告的那个项目时出现的。

算法分析中还有一件趣事，编写一个正确的二分法检索算法居然也不是一件简单的事。Knuth [Knu98] 提到，第一个二分法检索算法早在 1946 年就出现了，但是第一个无错误、无故障的二分法检索算法却直到 1962 年才出现！Bentley 在 Writing Correct Programs [Ben00] 中提到，90% 的计算机专家不能在两小时内写出完全正确的二分法检索算法。

3.13 习题

3.1 对于图 3.1 中的 6 个表达式，给出每个表达式当 n 取值在什么范围时效率最高。

3.2 画出下列表达式的函数图，并说出当 n 取什么值时每个表达式的效率最高。

$$4n^2 \qquad \log_3 n \qquad 3^n \qquad 20n \qquad 2 \qquad \log_2 n \qquad n^{2/3}$$

3.3　按照增长率从低到高的顺序排列以下表达式:

$$4n^2 \quad \log_3 n \quad n! \quad 3^n \quad 20n \quad 2 \quad \log_2 n \quad n^{2/3}$$

在计算 $n!$ 时可参见 2.2 节的 Stirling 近似公式。

3.4　(a)假设某一个算法的时间代价为 $\mathbf{T}(n)=3\times 2^n$,对于输入规模 n,在某台计算机上实现并完成该算法的时间为 t 秒。现在另一台计算机,运行速度为第一台的 64 倍,那么 t 秒内新机器上能完成的输入规模为多大?

(b)假设又有一种算法,$\mathbf{T}(n)=n^2$,其余条件都不变,那么新机器 t 秒内能完成的输入规模是多少?

(c)如果算法 $\mathbf{T}(n)=8n$,其余条件都不变,那么在新机器上 t 秒内能够处理多少输入数据?

3.5　硬件厂商 XYZ 公司宣称他们最新研制的微处理器运行速度为其竞争对手 Prunes 公司同类产品的 100 倍。如果 Prunes 公司的计算机能在 1 小时内完成输入规模为 n 的某个程序,那么对算法增长率分别为 n、n^2、n^3、2^n 的程序,分别计算 XYZ 公司的计算机 1 小时内能完成的输入规模。

3.6　(a)寻找一个增长率,使得当输入规模翻倍时,运行时间是原来的平方。也就是说,如果 $\mathbf{T}(n)=x$,那么 $\mathbf{T}(2n)=x^2$。

(b)寻找一个增长率,使得当输入规模翻倍时,运行时间是原来的三次方。也就是说,如果 $\mathbf{T}(n)=x$,那么 $\mathbf{T}(2n)=x^3$。

3.7　使用大 O 定义来表示 $1=\mathrm{O}(1)$ 和 $1=\mathrm{O}(n)$。

3.8　根据大 O 和 Ω 的定义,写出下列表达式的上限和下限。请注意确定适当的 c 和 n_0。

(a)$c_1 n$

(b)$c_2 n^3 + c_3$

(c)$c_4 n \log n + c_5 n$

(d)$c_6 2^n + c_7 n^6$

3.9　(a)满足 $\sqrt{n}=\mathrm{O}(n^k)$ 的最小整数 k 是多少?

(b)满足 $n \log n=\mathrm{O}(n^k)$ 的最小整数 k 是多少?

3.10　(a)$2n=\Theta(3n)$ 吗?解释为什么。

(b)$2^n=\Theta(3^n)$ 吗?解释为什么。

3.11　对于下列各组函数式,$f(n)$ 与 $g(n)$ 的关系为:或者 $f(n)$ 在 $\mathrm{O}(g(n))$ 中,或者 $f(n)$ 在 $\Omega(g(n))$ 中,或者 $f(n)=\Theta(g(n))$。对于每一组函数,确定两个函数究竟是哪种关系,并简述理由,请使用 3.4.5 节讨论的方法。

(a)$f(n)=\log n^2$; $g(n)=\log n + 5$

(b)$f(n)=\sqrt{n}$; $g(n)=\log n^2$

(c)$f(n)=\log^2 n$; $g(n)=\log n$

(d)$f(n)=n$; $g(n)=\log^2 n$

(e)$f(n)=n \log n + n$; $g(n)=\log n$

(f)$f(n)=\log n^2$; $g(n)=(\log n)^2$

(g)$f(n)=10$; $g(n)=\log 10$

(h)$f(n)=2^n$; $g(n)=10n^2$

(i)$f(n)=2^n$; $g(n)=n \log n$

(j)$f(n)=2^n$; $g(n)=3^n$

(k)$f(n)=2^n$; $g(n)=n^n$

3.12　写出下列程序段在平均情况下时间代价的 Θ 表达式。假设所有变量类型都为 `int`。

(a)
```
a = b + c;
d = a + e;
```

```
(b) sum = 0;
    for (i=0; i<3; i++)
        for (j=0; j<n; j++)
            sum++;
```

```
(c) sum=0;
    for (i=0; i<n*n; i++)
        sum++;
```

```
(d) for (i=0; i < n-1; i++)
        for (j=i+1; j < n; j++) {
            tmp = A[i][j];
            A[i][j] = A[j][i];
            A[j][i] = tmp;
        }
```

```
(e) sum = 0;
    for (i=1; i<=n; i++)
        for (j=1; j<=n; j*=2)
            sum++;
```

```
(f) sum = 0;
    for (i=1; i<=n; i*=2)
        for (j=1; j<=n; j++)
            sum++;
```

(g) 假设数组 A 中含有 n 个元素，Random 花费的时间是常数值，sort 需要执行 $n \log n$ 步。

```
    for (i=0; i<n; i++) {
        for (j=0; j<n; j++)
            A[j] = Random(n);
        sort(A, n);
    }
```

(h) 假设数组 A 的元素为从 0 到 $n-1$ 的任意一个排列。

```
    sum = 0;
    for (i=0; i<n; i++)
        for (j=0; A[j]!=i; j++)
            sum++;
```

```
(i) sum = 0;
    if (EVEN(n))
        for (i=0; i<n; i++)
            sum++;
    else
        sum = sum + n;
```

3.13　请给出一些示例，说明大西塔表示法 (Θ) 定义了一组函数的等价关系。

3.14　下面是一个确定 n 的初始值的函数。尽你所能，给出该段程序的下限：

```
while (n > 1)
    if (ODD(n))
        n = 3 * n + 1;
    else
        n = n / 2;
```

你认为其上限是否与你给出的下限相等？

3.15　是否每种算法都有 Θ 时间代价？也就是说，对于任何指定的一类输入，其上下限都相等？

3.16　是否对每个问题都可以找到这样的算法：它的运行时间能用 Θ 表示法表示？即对任何问题和任何指定的一类输入，是否存在某个算法，其上下限相等？

3.17　现在有一个已排序的整数数组，请改写二分法检索子程序，使之当 K 在数组中重复出现时能返回第一个 K 出现的位置。注意保证算法代价为 $\Theta(\log n)$，即当找到某个元素值为 K 后，不要用二分法继续查找。

3.18　现在有一个已排序的整数数组，请改写二分法检索子程序，使之当 K 本身在数组中不出现时，能返回数组中小于 K 的最大元素的位置。如果数组中的所有元素都大于 K，则返回 ERROR。

3.19　改写二分法检索子程序，使之可以搜索长度不确定的数组。可以将一个已排序的数组和待查的

关键值 K 作为该程序的输入。设 n 是数组中等于或大于 K 的最小值的位置，给出一个算法确定 n 的位置。该算法最差情况下的代价在 $O(\log n)$ 中，并解释该算法为什么能满足所要求的时间代价限制。

3.20 可以改变二分法检索分割点的位置，选择不同的位置可能影响算法的性能。

(a) 如果把分割点从 $i = (l + r)/2$ 变为 $i = (l + ((r-l)/3))$，在最差情况下的渐近代价是多少？如果区别只是一个常数因子，改变后的算法与原始算法相比会慢多少或快多少？

(b) 如果把分割点从 $i = (l + r)/2$ 变为 $i = r - 2$，在最差情况下的渐近代价是多少？如果区别只是一个常数因子，改变后的算法与原始算法相比，会慢多少或快多少？

3.21 设计一个"拼图游戏"算法。假定每一块拼板都有四条边，每个拼板最终的方向已知，为 top、bottom 等。假设已有一个函数

bool compare(Piece a, Piece b, Side ad)

该函数能在常数时间内判断拼板 a 的 ad 面与拼板 b 的 bd 面是否耦合(可以拼接在一起)。算法的输入是一个随机生成的 $n \times m$ 二维数组，每个数组元素为一个拼板。算法把这些拼板放置在数组中正确的位置上。从渐近分析的角度来说，你的算法应该尽可能地有效率。写出对 n 块拼板进行拼图时该算法运行时间总和，并由此得出相应的闭合形式解。

3.22 一个算法在平均情况下的代价可能比在最差情况下的代价还差吗？在平均情况下的代价可能比在最佳情况下的代价还好吗？解释为什么。

3.23 证明：如果一个算法在平均情况下的代价为 $\Theta(f(n))$，则其在最差情况下的代价在 $\Omega(f(n))$ 中。

3.24 证明：如果一个算法在平均情况下的代价为 $\Theta(f(n))$，则其在最佳情况下的代价在 $O(f(n))$ 中。

3.14   项目设计

3.1 假设你尝试存储 32 位布尔值，并且会频繁地访问。分别用位域、字符、短整型和长整型来存储这些布尔值，比较读取这些值的时间。编写程序时请注意两个问题。首先，程序读取变量的次数应该足够多，以保证比较有意义。只进行一次操作的时间开销太小了，不能进行有效的比较。其次，应该保证程序的运行时间尽可能多地用于读取变量，而不是调用计时程序或者 **for** 循环变量增值之类的操作。

3.2 在计算机上实现顺序检索和二分法检索。对于元素个数 $n = 10^i$ 的数组(i 从 1 到你的计算机内存和编译器允许的最大值)，比较这两种算法的时间代价。数组元素从 0 到 $n-1$ 顺序存储；对于每个 n，从 0 到 $n-1$ 中随机选取一些元素作为要查找的元素进行搜索。将结果用函数曲线图表示。

3.3 完成一个程序，该程序运行习题 2.11 给出的两个 Fibonacci 数列函数，并显示出运行时间。在计算机能处理的值范围内尽可能多地取 n 的值，由此绘制出运行时间图。

第二部分
基本数据结构

第 4 章　线性表、栈和队列

如果程序需要存储一些信息（如数字、工资记录或者工作简历），最简单、最有效的方法也许是把它们放到一个线性表中。只有必须组织或检索大量数据时，才有必要使用更复杂的数据结构。（第 5 章、第 7 章、第 9 章将会学习如何组织中等规模的数据，并在其中进行查找，第 8～10 章将讨论如何处理海量数据）许多程序并不需要任何形式的检索，也不需要按什么顺序来存放对象。但是也有些应用程序需要严格按照时间顺序进行处理。例如，以对象到达的先后顺序进行处理，或者以对象到达时间的逆序进行处理。对于这些情形，一些简单的线性表结构就比较合适。

本章描述了一般线性表的表示方法，以及两种重要的线性表——栈（stack）和队列（queue）。除了介绍这些基础数据结构以外，本章的其他目标是：(1)给出例子，用 ADT 表现一个数据结构的逻辑形式，并与物理实现相分离；(2)阐述渐近分析在一些人们熟悉的简单操作中的具体用法。这样，了解渐近分析是如何工作的，就可以在不提高复杂度的情况下分析更复杂的算法和数据结构；(3)介绍一些概念和字典（dictionary）的用处。

4.1 节从定义线性表的一种抽象数据类型（ADT）出发，详细介绍了线性表 ADT 的两种实现方式：顺序表（array based list，基于数组的线性表）和链表，并且对它们的相对优点进行了讨论。4.2 节和 4.3 节分别介绍了栈和队列，对于不同的数据结构也给出了相应的样例。4.4 节介绍了字典 ADT，其用于存储和查找数据，为实现查找型数据结构提供了基础。

4.1　线性表

每个人对线性表（list）的含义都有直观的理解，要做的第一件事情就是准确定义线性表，以便由直观的理解转变为具体的数据结构和运算。与线性表相关的最重要的概念是"位置"（position），也就是线性表中有第 1 个元素、第 2 个元素等。因此，正如在 2.1 节中所做的那样，应该把线性表看成是数学序列的表现。

线性表是由称为元素（element）的数据项组成的一种有限且有序的序列。这个定义中的有序是指线性表中的每一个元素都有自己的位置。（这里的有序并不是指线性表元素按照其值的大小排序。）每一个元素也都有一种数据类型。虽然概念上并不反对线性表具有不同数据类型的元素，但是在本章讨论的简单线性表实现中，表中的所有元素都具有相同的数据类型（参见 12.1 节）。操作定义为线性表 ADT 的一部分，它并不依赖于元素的数据类型。例如，线性表 ADT 可以用来实现整数线性表、字符线性表、工资记录线性表，甚至线性表的线性表。

线性表中不包含任何元素时，称之为空表（empty list）。当前存储的元素数目称为线性表的长度（length）。线性表的开始结点称为表头（head），结尾结点称为表尾（tail）。表中元素的值与它的位置之间可以有联系，也可以没有联系。例如，有序线性表（sorted list）的元素按照值的递增顺序排列，而无序线性表（unsorted list）在元素的值与位置之间就没有特殊的联系。

本节只考虑无序线性表，有序线性表将在 4.2 节讨论。如何创建并有效地查找有序线性表的问题将在第 7 章和第 9 章进行论述。

当讲到线性表的内容时，使用的表示法与在 2.1 节中用于序列的表示法相同。为了与 C++ 中的数组用法一致，线性表中第一个位置用 0 来表示。因此，如果表中有 n 个元素，它们的位置就是从 0 到 $n-1$，如 $\langle a_0, a_1, \cdots, a_{n-1} \rangle$，这里的下标表示元素在线性表中的位置。在这种表示法中，空表记作 $\langle \rangle$。

在选择线性表的表示方法之前，程序设计人员首先应该考虑到这种表示法要支持的基本操作。根据人们对线性表的一般直觉可知，一个线性表在长度上应该能够增长和缩短。应该能够在线性表的任何地方插入或者删除元素，应该有办法获得元素的值、读出该值或者改变该值，而且必须能够生成和清除（或重新初始化）线性表。由当前结点找到它的前驱和后继元素也应该是方便的。

下一步是依据一个线性表的一组操作来定义对象的抽象数据类型（ADT）。这里将使用 C++ 中的抽象类表示法正式定义线性表 ADT。抽象类是指这样的类：其成员函数都被声明为"纯虚的"（pure virtual），即在函数声明的最后有" = 0"的符号。类 **List** 定义了这样的函数：继承该类的任何线性表实现都必须支持这些函数，并使用函数所规定的参数和返回类型。通过将其写成一个 C++ 模板就可以增加线性表 ADT 的灵活性。

使用抽象类表示法定义一个 ADT 时没有说明操作是如何实现的。后面有两个完整的实现，它们用相同的线性表 ADT 来定义自己的运算操作，但是操作的实现方式和时间、空间权衡上则有显著差别。

图 4.1 显示了线性表 ADT 的定义。类 **List** 是名为 **E**（element）的参数的模板。**E** 就像是一个占位器，可以被任何一种可能存储在线性表中的元素类型所代替。图 4.1 中的各行注释描述了每个成员函数所要做的事情。然而，基本的设计说明将在下面给出。如果希望支持序列的概念，并能访问线性表中的任何位置，那么显然需要很多成员函数，如 **insert** 和 **moveToPos**。ADT 中包含的关键设计是对当前位置（current position）的支持。例如，成员 **moveToStart** 把当前位置设置为线性表中的第一个元素，而成员函数 **next** 和 **prev** 则分别把当前位置移到下一个元素或前一个元素。其含义是指线性表的任何实现都支持当前位置这个概念。当前位置是指线性表操作（如插入和删除）将会作用的位置。

因为插入发生在当前位置，并且希望能够在线性表的前端和末端都能执行插入操作，因此当一个线性表中有 n 个元素的时候，实际上有 $n+1$ 个可能的"当前位置"。使用 ADT 定义的线性表有一个栅栏和两个分离部分，这有助于修改线性表的表示形式，也显示了栅栏的位置。本书将用一条竖线表示栅栏，例如，$\langle 20, 23 \mid 12, 15 \rangle$ 表示这个线性表的 4 个元素被栅栏分成两部分，左边部分有两个元素，右边部分也有两个元素。使用这种形式表示，若用值 10 来调用 **insert** 函数，则该线性表变成 $\langle 20, 23 \mid 10, 12, 15 \rangle$。

审视图 4.1，就会发现这些线性表函数允许用元素的任意顺序来建立线性表，并且可以访问表中的任意位置。也许注意到 **clear** 函数不是必需的，其功能可以由其他函数来实现，并且执行时间也差不多。在此，包含该函数只是一种习惯。**getValue** 函数返回一个指向当前元素的指针。这里必须要考虑到可能违反 **getValue** 函数的先决条件，也就是返回非空元素（也就是说，竖线的右边必须存在元素）。在具体实现的时候，采用 **assert** 来强制满足这个先决条件。在商业系统中，最好用 C++ 的异常机制来处理可能出现问题的情况。

```
template <typename E> class List { // List ADT
private:
  void operator =(const List&) {}        // Protect assignment
  List(const List&) {}                   // Protect copy constructor
public:
  List() {}              // Default constructor
  virtual ~List() {} // Base destructor

  // Clear contents from the list, to make it empty.
  virtual void clear() = 0;

  // Insert an element at the current location.
  // item: The element to be inserted
  virtual void insert(const E& item) = 0;

  // Append an element at the end of the list.
  // item: The element to be appended.
  virtual void append(const E& item) = 0;

  // Remove and return the current element.
  // Return: the element that was removed.
  virtual E remove() = 0;

  // Set the current position to the start of the list
  virtual void moveToStart() = 0;

  // Set the current position to the end of the list
  virtual void moveToEnd() = 0;

  // Move the current position one step left. No change
  // if already at beginning.
  virtual void prev() = 0;

  // Move the current position one step right. No change
  // if already at end.
  virtual void next() = 0;

  // Return: The number of elements in the list.
  virtual int length() const = 0;

  // Return: The position of the current element.
  virtual int currPos() const = 0;

  // Set current position.
  // pos: The position to make current.
  virtual void moveToPos(int pos) = 0;

  // Return: The current element.
  virtual const E& getValue() const = 0;
};
```

图 4.1　线性表的C++抽象类声明

可以按照如下代码的方式遍历一个线性表:

```
for (L.moveToStart(); L.currPos()<L.length(); L.next()) {
  it = L.getValue();
  doSomething(it);
}
```

本例中每一个线性表元素都会依次存入 **it**, 并传给 **doSomething** 函数。当前位置到达线性表的末端时, 循环结束。

从 **List** 类的 ADT 可以发现私有的类复制构造函数和私有的赋值运算符重载。这样做是为了防止该类被意外地复制。这里只是为了简化书中的示例代码而已, 在线性表的完整实现中将会支持对象复制和对象赋值操作。

这里给出的线性表类说明仅仅是众多可行的线性表实现中的一种。图 4.1 给出了大部分操作, 人们希望这些操作能在线性表中完成, 并且能说明与线性表数据结构的实现相关的问题。作为使用线性表 ADT 的一个例子, 可以创建一个函数, 当给定整数在表中的某个位置出现时, 该函数就返回 `true`, 否则返回 `false`。像 ADT 一样, 函数 `find` 也不需要知道线性表的具体实现。

```
// Return true if "K" is in list "L", false otherwise
bool find(List<int>& L, int K) {
  int it;
  for (L.moveToStart(); L.currPos()<L.length(); L.next()) {
    it = L.getValue();
    if (K == it) return true;   // Found K
  }
  return false;                 // K not found
}
```

尽管这个 `find` 函数可以改写成模板的形式, 从而可以处理不同的数据类型, 但是依然会受到限制。具体来说, 只有当线性表中元素的数据类型和待查元素(在该函数中的 **k**)的数据类型相同时, 并且在该数据类型重载了等价运算符" == "的情况下, 该函数才能工作。例如, 若线性表中存在一个记录, 该记录某个域的值为 **k**, 此时该函数无法工作。类似地, 还可以用线性表实现查找并返回对应于给定关键码的复合元素的函数, 但是这要涉及线性表 ADT 和 `find` 函数二者对关键码概念的约定, 以及怎样比较关键码。4.4 节将讨论这个主题。

4.1.1 顺序表的实现

线性表的实现有两种标准方法——顺序表(array based list 或 sequential list)和链表(linked list)。本节讨论的是顺序表的实现方法。4.1.2 节将讨论链表, 4.1.3 节将讨论并比较这两种实现方法的时间、空间效率。

图 4.2 是顺序表实现的类说明, 称为 **AList**。**AList** 继承了抽象类 **List**, 因此它实现了 **List** 的所有成员函数。

```
template <typename E> // Array-based list implementation
class AList : public List<E> {
private:
  int maxSize;         // Maximum size of list
  int listSize;        // Number of list items now
  int curr;            // Position of current element
  E* listArray;        // Array holding list elements

public:
  AList(int size=defaultSize) { // Constructor
    maxSize = size;
    listSize = curr = 0;
    listArray = new E[maxSize];
  }

  ~AList() { delete [] listArray; } // Destructor

  void clear() {                      // Reinitialize the list
    delete [] listArray;              // Remove the array
    listSize = curr = 0;              // Reset the size
    listArray = new E[maxSize];   // Recreate array
  }

  // Insert "it" at current position
  void insert(const E& it) {
    Assert(listSize < maxSize, "List capacity exceeded");
    for(int i=listSize; i>curr; i--)  // Shift elements up
      listArray[i] = listArray[i-1];  //   to make room
    listArray[curr] = it;
    listSize++;                       // Increment list size
  }
```

图 4.2 顺序表的实现

```
void append(const E& it) {           // Append "it"
  Assert(listSize < maxSize, "List capacity exceeded");
  listArray[listSize++] = it;
}

// Remove and return the current element.
E remove() {
  Assert((curr>=0) && (curr < listSize), "No element");
  E it = listArray[curr];            // Copy the element
  for(int i=curr; i<listSize-1; i++)  // Shift them down
    listArray[i] = listArray[i+1];
  listSize--;                        // Decrement size
  return it;
}
void moveToStart() { curr = 0; }        // Reset position
void moveToEnd() { curr = listSize; }    // Set at end
void prev() { if (curr != 0) curr--; }   // Back up
void next() { if (curr < listSize) curr++; } // Next

// Return list size
int length() const  { return listSize; }

// Return current position
int currPos() const { return curr; }

// Set current list position to "pos"
void moveToPos(int pos) {
  Assert ((pos>=0)&&(pos<=listSize), "Pos out of range");
  curr = pos;
}

const E& getValue() const { // Return current element
  Assert((curr>=0)&&(curr<listSize),"No current element");
  return listArray[curr];
}
};
```

图 4.2(续)　顺序表的实现

类 **AList** 的私有部分包含了顺序表的数据成员。数据成员包括 **listArray**，它是一个容纳顺序表元素的数组。因为 **listArray** 是一个分配固定长度的数组，因此线性表生成时数组的长度必须是已知的。注意这里为 **AList** 构造函数定义了一个可选的参数，有了这个参数，用户就可以指明线性表中允许的最大元素数。短语" = defaultSize"表示该参数是可选的。如果没有给出任何参数，则将取值 **defaultSize**，该值通常赋为一个合适的常数值。

由于每个线性表可以有不同长度的数组，因此每个表必须记住它的最大许可长度，数据成员 **maxSize** 就是用于该目的。在任何给定时刻，线性表事实上都有一定数目的元素，这个数目应该小于数组允许的最大值，这个数目值保存在 **listSize** 中。数据成员 **curr** 用来存储栅栏的位置，该栅栏把表分隔成左右两个部分。因为 **listArray**、**maxSize**、**list-Size** 和 **curr** 都声明为 **private**，所以它们只能被类 **AList** 的成员函数访问。

类 **AList** 把表中元素存储在数组中前 **listSize** 个相邻的位置上。数组的位置与元素的位置相对应。也就是表中第 i 个元素存储在数组的第 i 个单元中。表头总是在第 0 个位置，这样很容易便可对表中任意一个元素进行随机访问。给出表中的某个位置，该位置对应元素的值就可以直接获取。因此，使用 **moveToPos** 函数和 **getValue** 函数访问任意元素只需花费 $\Theta(1)$ 时间。

既然顺序表把表中的元素定义为存储在数组的相邻单元中，**insert**、**append** 和 **remove** 函数就必须能够支持这一定义。在表尾插入和删除元素是很容易的。添加操作

append 要花费 $\Theta(1)$ 时间。但是，如果想按照图 4.3 所示的那样在表头插入一个元素，那么当前表中所有元素就都必须向表尾移动一个位置，以腾出空间。如果表中已经有了 n 个元素，那么这个过程就要花费 $\Theta(n)$ 时间。如果想在有 n 个元素的表中的第 i 个位置插入，那么 $n-i$ 个元素都必须向表尾移动。从表头删除一个元素也是如此，数组中所有元素都要向前移动一个位置以填满空间；如果要删除第 i 个元素，则 $n-i-1$ 个元素都要向前移动。平均来说，插入和删除要移动一半元素，即需要 $\Theta(n)$ 时间。

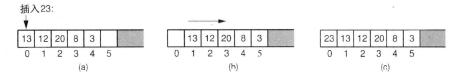

图 4.3　在顺序表的表头插入一个元素，需要表中的所有元素向表尾移动一个位置。(a)在插入值为 23 的元素之前，表中包含 5 个元素；(b)所有元素向右移动一个位置之后的表；(c)在表中第 0 个位置插入值 23，阴影部分表示数组中的未用空间

大多数类 **AList** 的成员函数都是简单地访问表中元素，或者移动栅栏的位置，这样的操作只需 $\Theta(1)$ 时间。除了 **insert** 和 **remove** 以外，其他需要常数时间的操作是构造函数、析构函数和 **clear** 函数。这三个函数使用了系统的分配和释放空间函数 **new** 和 **delete**。在 4.1.2 节中将指出，系统的分配和释放空间函数的使用也有很大代价。特别是删除 **listArray** 的代价部分取决于它存储的元素类型，以及 **delete** 操作是否需要对每个元素都调用析构函数。

4.1.2　链表

第二种实现线性表的传统方法是利用指针，这种表示法通常称为链表（link list）。链表是动态的（dynamic），也就是说，它能够按照需要为表中新的元素分配存储空间。

链表是由一系列称为表的结点（node）的对象组成的。因为结点是一个独立的对象（这一点与数组的一个元素相反），所以它能很好地实现独立的结点类。建立结点类还有一个好处，就是它能被栈和队列的链接实现方式重用（reuse），栈和队列数据结构的实现将在本章后面介绍。图 4.4 表示了结点的完整定义，称为 **Link** 类。**Link** 类中的对象包含一个存储元素值的 **element** 域和一个存储表中下一结点指针的 **next** 域。因为在由这种结点建立的链表中，每个结点只有一个指向表中下一结点的指针，所以称为单链表（singly linked list）或单向表（one-way list）。

```
// Singly linked list node
template <typename E> class Link {
public:
  E element;          // Value for this node
  Link *next;         // Pointer to next node in list
  // Constructors
  Link(const E& elemval, Link* nextval =NULL)
    { element = elemval;  next = nextval; }
  Link(Link* nextval =NULL) { next = nextval; }
};
```

图 4.4　单链表结点类的定义

Link 类非常简单。它的构造函数有两种形式，一个函数有初始化元素的值，而另一个没有。因为 **Link** 类还用于后面将要介绍的栈和队列的实现,所以它的数据成员声明为公有的。从技术的角度来看,这违反了封装原则,实际上 **Link** 类应该作为链表(或栈、队列)实现的一个私有类来实现,因此对程序其他部分是不可见的。

图 4.5(a)是存储有四个整数的链表示例。指针变量中存储的值通过指向某个地方的箭头表示。C++ 的实现使用了一个特殊的记号 **NULL** 表示不指向任何地方的指针值,如最后一个元素的 **next** 域。**NULL** 指针在图中表示为穿过指针变量方框的对角线。在图 4.5(a)中,位于标号为 23 的结点和标号为 12 的结点之间的竖线表示当前位置(栅栏的右边)。

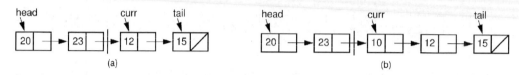

图 4.5 链表的实现示例,其中指针 **curr** 指向右边部分第一个结点。(a)插入数值 10 之前的链表;(b)插入数值 10 之后的预期结果

链表中的第一个结点通过名为 **head** 的指针访问。为了加速对链表尾端的访问,特别是为了允许 **append** 函数的执行时间为一常数值,名为 **tail** 的指针保存了链表的最后一个链。栅栏的位置则由另一个指针指示,该指针名为 **curr**。最后,因为一个简单的方法仅仅根据这三个指针来计算线性表的长度,所以线性表长度必须单独保存,并且对链表的每个修改操作都要更新它们的值。变量 **cnt** 存放线性表的长度。

类 **LList** 还包含两个私有成员函数:一个是 **init**,另一个是 **removeall**。**LList** 的构造函数、析构函数和 **clear** 函数都用到了这两个函数。

注意,**LList** 的构造函数保留了由类 **AList** 引入的、用于表示线性表最小长度的可选参数。这样做是为了这两种变量都可以同样调用构造函数;因为链表类型在创建的时候不需要定义一个固定长度的数组,因此这个参数对于链表是不必要的。在实现中往往被忽略掉。

一个链表实现的关键设计是怎样表示栅栏。最合理的选择是用来指向当前元素。但是为了操作的便利性,一般让 **curr** 指针指向当前元素的前一个元素。

图 4.5(a)中链表的 **curr** 指针指向的是右边部分的第一个元素。位于标号为 23 的结点和标号为 12 的结点之间的竖线指示了栅栏的逻辑位置。如果要在这个位置上向表中插入一个值为 10 的新结点,想想会怎样?插入后的结果应该是图 4.5(b)所示的链表。然而,这就存在一个问题,为了把包含新元素的结点"镶接"到链表中,存放 23 的结点必须使其后继指针(**next**)指向新结点。但是,这样就没有一种方便的方法可以指向 **curr** 所指结点的前驱结点了。

这个问题有一个简单的解决办法。如果将 **curr** 指向其前一个元素,那么就可以很轻易地在 **curr** 之后插入一个元素了。图 4.6 展示了 **curr** 指向实际当前结点的前一个结点。习题 4.5 将会进一步讨论,为什么将 **curr** 指向当前元素是有问题的。

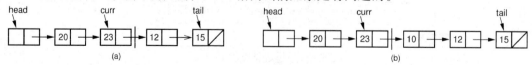

图 4.6 使用表头结点和指向链表左边部分最后一个结点的 **curr** 指针的插入图示。(a)插入前的链表,右边部分第一个结点是含有值 12 的结点;(b)插入含有值 10 的结点之后的链表

当链表为空,或者当前位置已经在线性表末端时,就会出现一些特殊情况。特别是当链表为空时,没有元素可供 **head**、**tail** 和 **curr** 来指向,而当链表左边部分为空时,**curr** 也不能指向任何元素。可以在 **insert** 和 **remove** 操作中增加一些用于处理特殊情况的代码,但是这会增加代码的复杂度、降低代码的可读性,并因此增加了程序出错的机会。

这些特例可以通过增加特殊的表头结点(header node)来解决。表头结点是表中的第一个结点,它与表中其他元素一样,只是值被忽略,不被当成表中的实际元素。因为不再需要考虑空链表或当前位置在链表末尾这些特殊情况,所以表头结点节省了源代码。这种源代码的简化增加了表头结点的空间开销,但是因为不再需要处理特殊情况而减少了源代码,使总的空间得到了节省。实际上,这种方法所节省的空间远远大于表头结点所需的那部分,节省空间的大小依赖于新建表的数目。图 4.7 显示的是使用表头结点初始化一个空链表的情形。

图 4.8 给出了链表类的定义,即 **LList**。该类继承自抽象链表类,因此实现 **List** 类的所有成员函数。

类 **list** 大多数成员函数的函数实现都是很直接的。但是 **insert** 和 **remove** 的实现就值得仔细研究了。

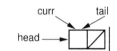

图 4.7 带有表头结点的单链表的初始状态

在链表的当前位置插入一个新元素包括三个步骤。首先,要创建一个新的结点,并且给它赋值。其次,新结点的 **next** 域要指向当前结点(**curr** 所指结点的下一个结点)。第三,**curr** 所指结点的 **next** 域指向新结点。下面是图 4.8 的 **insert** 函数中的一行语句,实际上它完成了所有这三个步骤:

```
curr->next = new Link<E>(it, curr->next);
```

操作符 **new** 创建了一个新的链表结点,并且调用了 **Link** 类有两个参数的那个构造函数。第一个参数是该元素,第二个参数是要放在链表结点 **next** 域的值,上例中新结点的 **next** 域被赋值为 **curr->next**。图 4.9 显示了这三个步骤。在此之后,如果新元素被加到链表的尾端,则 **tail** 正向移动一个位置。插入过程需要 $\Theta(1)$ 时间。

```cpp
// Linked list implementation
template <typename E> class LList: public List<E> {
private:
  Link<E>* head;         // Pointer to list header
  Link<E>* tail;         // Pointer to last element
  Link<E>* curr;         // Access to current element
  int cnt;               // Size of list

  void init() {          // Intialization helper method
    curr = tail = head = new Link<E>;
    cnt = 0;
  }

  void removeall() {    // Return link nodes to free store
    while(head != NULL) {
      curr = head;
      head = head->next;
      delete curr;
    }
  }

public:
  LList(int size=defaultSize) { init(); }    // Constructor
  ~LList() { removeall(); }                  // Destructor
  void print() const;                // Print list contents
  void clear() { removeall(); init(); }      // Clear list
```

图 4.8 链表的实现声明

```
// Insert "it" at current position
void insert(const E& it) {
  curr->next = new Link<E>(it, curr->next);
  if (tail == curr) tail = curr->next;  // New tail
  cnt++;
}

void append(const E& it) { // Append "it" to list
  tail = tail->next = new Link<E>(it, NULL);
  cnt++;
}

// Remove and return current element
E remove() {
  Assert(curr->next != NULL, "No element");
  E it = curr->next->element;          // Remember value
  Link<E>* ltemp = curr->next;         // Remember link node
  if (tail == curr->next) tail = curr; // Reset tail
  curr->next = curr->next->next;       // Remove from list
  delete ltemp;                        // Reclaim space
  cnt--;                               // Decrement the count
  return it;
}
void moveToStart() // Place curr at list start
  { curr = head; }

void moveToEnd()   // Place curr at list end
  { curr = tail; }

// Move curr one step left; no change if already at front
void prev() {
  if (curr == head) return;         // No previous element
  Link<E>* temp = head;
  // March down list until we find the previous element
  while (temp->next!=curr) temp=temp->next;
  curr = temp;
}

// Move curr one step right; no change if already at end
void next()
  { if (curr != tail) curr = curr->next; }

int length() const  { return cnt; } // Return length

// Return the position of the current element
int currPos() const {
  Link<E>* temp = head;
  int i;
  for (i=0; curr != temp; i++)
    temp = temp->next;
  return i;
}

// Move down list to "pos" position
void moveToPos(int pos) {
  Assert ((pos>=0)&&(pos<=cnt), "Position out of range");
  curr = head;
  for(int i=0; i<pos; i++) curr = curr->next;
}

const E& getValue() const { // Return current element
  Assert(curr->next != NULL, "No value");
  return curr->next->element;
}
};
```

图 4.8(续)　链表的实现声明

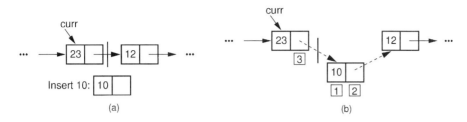

图 4.9 链表结点的插入过程。(a)插入前的链表;(b)插入后的链表。①表示新链表结点的元素域。②表示新链表结点的 **next** 域,它指向插入前原来的值为 12 的当前结点。③表示链表中当前结点的前驱结点的 **next** 域,插入前它指向含有值 12 的结点,插入后指向含有值 10 的新插入结点

从链表中删除一个结点只需要重定向待删除结点周围的适当指针即可。下面两行来自图 4.8 的 **remove** 函数:

```
Link<E>* ltemp = curr->next;   // Remember link node
curr->next = curr->next->next; // Remove from list
```

删除时必须要小心,不要"丢失"被删除结点的内存。此内存应该返回给存储器。因此,首先将要删除的指针指向临时指针 **ltemp**,然后调用 **delete** 函数释放被删除结点占用的内存。图 4.10 显示了删除过程。假定 **delete** 操作需要一个常数时间,则删除一个元素需要 $\Theta(1)$ 时间。

图 4.10 链表结点的删除过程。(a)删除结点前的链表;(b)删除结点后的链表。①表示被删除的结点,指针 **it** 指向这个结点。②表示被删除结点的前驱结点的 **next** 域,它将指向被删除结点的后继结点

成员函数 **next** 只是将 **curr** 指针向表尾移动一个位置,这需要 $\Theta(1)$ 时间。成员函数 **prev** 把 **curr** 指针向表头移动一个位置,但是它的实现方式更困难一些。在单链表中,没有指向前驱结点的指针。因此,唯一的选择就是从头开始沿链表移动,直到找到了当前结点(既然这个结点是想要的,就一定要记住它前面的结点)。这一般需要 $\Theta(n)$ 时间。在成员函数 **moveToPos** 的实现中,找到第 i 个位置需要从表头向后移动 i 个位置,花费 $\Theta(i)$ 时间。其余操作的实现都很简单,只需花费 $\Theta(1)$ 时间。

可利用空间表

C++ 空闲存储空间的分配操作 **new** 和 **delete** 相对来说较难使用。在 12.3 节将介绍一个通用存储管理器的工作方式。存储的分配和回收必须尽量处理非固定模式的分配和回收需求,这些需求所要求的内存大小悬殊,从而造成了大量负担。相对于其他更加可控的内存访问模式而言,这种通用模式更加低效。

在链表创建和删除结点时,**Link** 类的程序员能够提供简单而有效的内存管理例程,以代替系统级的存储分配和回收操作符。**Link** 类能管理自己的可利用空间表(freelist),以取代反复调用的 **new** 和 **delete**。可利用空间表存放当前那些不用的线性表结点,从一个链表中删除的结点就可以放到可利用空间表的首端。当需要把一个新元素增加到链表中时,先检

查可利用空间表,看看是否有可用的线性表结点。如果有空结点,则从可利用空间表中取走一个结点。只有当可利用空间表为空时,才会调用标准操作符 **new**。

当链表周期性地增长然后缩短时,可利用空间表是非常有用的。可利用空间表的大小绝不会超过链表的最大长度。需要增加新结点时(线性表缩短之后),可以通过可利用空间表来处理。当一个程序使用了多个线性表时,可利用空间表的效果更好。因为这些线性表不会同时增长或者缩短,因此可以让链表结点在不同的链表中被利用。

实现可利用空间表的一种方法是:在 **Link** 类实现中增加两个新函数,以替代标准的存储分配和回收管理例程 **new** 和 **delete**。这就要求用户额外编码(如图 4.8 所示的链表类实现)加以修改,以便调用这些可利用空间表函数。第二种方法是在 **Link** 类的对象上进行操作时,使用C++ 操作符重载(C++ operator overloading)替代 **new** 和 **delete**。在这种方法下,使用 **LList** 类的程序不必做任何修改就可以享受到可利用空间表带来的便利。无论 **Link** 类是通过可利用空间表来实现,还是依靠标准的存储分配和回收管理例程来实现,对链表类用户来说都是不可见的。图 4.11 是通过可利用空间表函数重载标准的存储分配和回收管理操作符重写后的 **Link** 类。可以看到这个实现变得非常简单,因为只要分别删除或添加可利用空间表中最前面的一个元素即可。**new** 和 **delete** 的可利用空间表版本的运行时间为 $\Theta(1)$,除非可利用空间表用完了,需要调用系统级的标准 **new**。在作者的计算机上,调用一次重载的 **new** 和 **delete** 操作符所需要的时间大约是系统存储分配和回收管理操作符对诸如 **int** 类型和指针这样的嵌入类型操作时间的十分之一。

```cpp
// Singly linked list node with freelist support
template <typename E> class Link {
private:
  static Link<E>* freelist; // Reference to freelist head
public:
  E element;                // Value for this node
  Link* next;               // Point to next node in list

  // Constructors
  Link(const E& elemval, Link* nextval =NULL)
    { element = elemval;  next = nextval; }
  Link(Link* nextval =NULL) { next = nextval; }

  void* operator new(size_t) {  // Overloaded new operator
    if (freelist == NULL) return ::new Link; // Create space
    Link<E>* temp = freelist; // Can take from freelist
    freelist = freelist->next;
    return temp;                 // Return the link
  }

  // Overloaded delete operator
  void operator delete(void* ptr) {
    ((Link<E>*)ptr)->next = freelist; // Put on freelist
    freelist = (Link<E>*)ptr;
  }
};

// The freelist head pointer is actually created here
template <typename E>
Link<E>* Link<E>::freelist = NULL;
```

图 4.11　使用可利用空间表的 **Link** 类实现。注意到原来的 **new** 函数被现在的 **::new** 函数代替了。这表示标准的C++ **new** 操作符被调用,而不是重载的 **new** 操作符。如果没有前面的冒号,意味着调用了 **Link** 类中定义的 **new** 操作符,从而会导致死循环。可利用空间表被一个称为 **freelist** 的静态(**static**)数据成员访问。如果一个数据成员被声明为静态的,则该类中所有对象共享同一个数据成员。这样,所有 **Link** 对象都可以引用同一个 **freelist** 变量

采用可利用空间表来实现, 还能产生额外的功效。当可利用空间表为空时, 图 4.11 的实现对于请求的每个链表结点调用一次系统 new 操作符。这些链表结点比较小, 只比元素域多几个字节。如果某个时候程序需要成千上万个链表结点, 那么就需要调用很多次系统 new 操作符来建立它们。为了解决这个问题, 可以采用调用一次系统 new 操作符时就分配很多个链表结点的方法, 以避免需要更多的结点时可利用空间表马上就空了的情况发生。调用一次 new 操作符获得 100 个结点的空间, 远比调用 100 次 new 操作符每次获得 1 个结点的空间要快。下面的语句使 ptr 指向含有 100 个链表结点的数组:

```
ptr = ::new Link[100];
```

于是 Link 类中重载 new 操作符的实现可以把这 100 个结点作为一个普通链表放在可利用空间表中。

类中的 freelist 变量使用了 static 保留字。这将导致这个变量会被该类的所有实例共享。对于同一类型的线性表, 实际上也只需要一个可利用空间表。一个程序可能需要很多个链表。如果它们的元素类型都是相同的, 也可以共享使用同一个可利用空间表。在图 4.11 中将实现这种可利用空间表。如果链表创建时的元素数据类型不同, 由于源代码只是一个模板, 编译器在编译时会发现该类使用不同的数据类型的需求, 从而分别为不同的数据类型生成相应版本的 Link 类, 因此不同数据类型的 Link 类会使用不同的可利用空间表。

4.1.3　线性表实现方法的比较

前面已经给出线性表的两种截然不同的实现方法, 人们自然要问, 哪一种方法更好呢? 如果有些任务必须使用一个线性表来完成, 那么应该选择哪一种实现方法呢?

顺序表的缺点是大小事先固定。虽然便于为数组分配空间, 但它不仅不能超过预定的长度, 而且当线性表中只有几个元素时, 浪费了相当多的空间。链表的优点是只有实际在链表中的对象需要空间, 只要存在可用的内存空间分配, 链表中元素的个数就没有限制。链表的空间需求为 $\Theta(n)$; 而顺序表的空间需求是 $\Omega(n)$, 而且还可能更多。

顺序表的优点是对于表中的每一个元素都没有浪费空间, 而链表需要在每个结点上附加一个指针。如果 element 域占据的空间较小, 则链表的结构性开销就占去了整个存储空间的一大部分。当顺序表被填满时, 存储上没有结构性开销。在可以大概估计出线性表长度的情况下, 顺序表比链表有更高的空间效率。

有一个简单的公式可以用来确定在特殊情况下, 顺序表和链表的实现中, 哪一种空间效率更高。设 n 表示线性表中当前元素的数目, P 表示指针的存储单元大小(通常为 4 字节), E 表示数据元素的存储单元大小(可任意取值, 最小为一位的布尔变量, 最大可以是几千字节的复杂记录类型), D 表示可以在数组中存储的线性表元素的最大数目, 则顺序表的空间需求为 DE。如果不考虑任何给定时刻链表中实际存储元素的数目, 则链表的空间需求为 $n(P+E)$。对于给定的 n 值, 这两个表达式中值较小的那一个对于 n 个元素的实现有着更高的空间效率。在一般情况下, 当线性表中的元素相对较少时, 链表的实现比顺序表的实现更节省空间。反之, 当数组几乎被填满时, 顺序实现方法空间效率更高。为此, 可以求出 n 的临界值, 即

$$n > DE/(P+E)$$

满足上述条件时, 在任何实际情况下顺序表的空间效率都更高。如果 $P=E$, 则临界值为

$n = D/2$。这种情况在数据域为一个 4 字节 **int** 类型或指针类型且指针域为正常指针时出现。即当数组超过半满(数组中元素个数大于数组长度的一半以上)时,顺序表就更有效率(如果链域和元素域的大小相同)。

作为一般规律,当线性表元素数目变化较大或者未知时,最好使用链表实现;而如果用户事先知道线性表的大致长度,使用顺序表的空间效率会更高。

诸如取出线性表中第 i 个元素这样的按位置随机访问,使用顺序表更快一些;通过 **next** 和 **prev** 可以很容易调整当前位置向前或者向后,这两种操作需要的时间为 $\Theta(1)$。相比之下,单链表不能直接访问前面的元素,按位置访问只能从表头(或者当前位置)开始,直到找到那个特定的位置。如果假定表中每个位置是由 **prev** 或 **moveToPos** 平均访问到的,那么访问线性表中第 i 个元素的操作所需的平均情况下时间和最差情况下时间都是 $\Theta(n)$。

给出指向链表中合适位置的指针后,**insert** 和 **remove** 函数所需要的时间仅为 $\Theta(1)$。而顺序表必须在数组内将其余元素向前或向后移动。这种方法所需的平均情况下时间和最差情况下时间均为 $\Theta(n)$。对于许多应用,插入和删除是最主要的操作,因此它们的时间效率是举足轻重的。仅就这个原因而言,链表往往比顺序表更好。

实现顺序表时,程序员可以根据实际存储的元素个数增大或缩小数组,这种数据结构称为动态数组(dynamic array)。例如,Java 和C++/STL 的 **Vector** 类就实现了动态数组。动态数组使程序员可以避免标准数组一旦创建就不能更改数组大小的限制。这也意味着使用前不用为动态数组分配空间。这种方法的缺点是需要时间来调整数组的存储空间。动态数组元素个数增长时,它的元素内容要被复制下来。一个实现得较好的动态数组将这样增长和缩小数组,使得一系列的插入、删除操作代价相对较低,尽管偶尔的一个插入、删除操作的代价可能较高。一个简单的办法就是在当前数组满时把数组长度加倍,而数组长度为空时把数组长度减半。可以用 14.3 节的均摊分析(amortized analysis)技术来分析使用动态数组操作的时间代价。

4.1.4　元素的表示

线性表的使用者必须要考虑到的一点是,是否愿意在线性表中创建和存储一个元素的副本。对于整数之类的小元素,这样做是合理的。但是如果元素是工资记录,则希望表结点存储的是指向记录的指针,而不是记录本身。这样的改变将允许多个表结点(或其他数据结构)指向同一条记录,而不是重复复制该记录的副本。这样做不仅节省空间,而且还意味着修改一个元素的值会自动影响到所有与其相关的位置。存储指向每个元素的指针的缺点是指针本身也需要存储空间。

本节中介绍的线性表C++ 实现为线性表的用户提供了一个选择:是存储元素的副本,还是存储指向元素的指针。例如,用户可以声明 **E** 是指向工资记录的指针,在这种情况下,多个表元素可以指向同一条记录;另一方面,如果用户声明 **E** 是记录本身,则当新元素要插入表中时,将创建记录的一个副本。

使用指针或者元素本身哪个更好,依赖于实际应用。一般来说,元素越大而且重复越多,使用指向元素的指针就会更好。

实现线性表类(或存储一组用户定义的数据元素的任何数据结构)面临的第二个问题是,是否要求这些元素类型相同,这在数据结构中称为同构性(homogeneity)。在某些应用中,用户可能把线性表元素定义为一个类，而不允许不同类的对象存储在该线性表中。在另一些应用中，用户又可能允许在一个线性表中存储对象的类型不同。

对于本节中给出的线性表实现，编译器要求存储在表中的所有对象类型相同。事实上，因为这些表是用模板实现的，所以编译器对每种数据类型都创建一个新类。对于希望将编译器创建类的数量减到最小的程序员来说，表中所有元素都可以存储为 **void*** 指针，由用户根据每个元素的实际类型来执行必要的强制类型转换。然而，这种方法要求用户自己进行类型检查，并确定在各种对象类型之间是强制同构，还是保留其对象类型的差别。

除了C++模板之外，其他技术也可以用于线性表类的实现，其中许多技术可以保证给定线性表的元素类型是固定的，同时又允许不同线性表存储不同的元素类型。一种方法是把具有给定类型的对象存储在线性表的头结点中（如可以把该对象作为线性表构造函数的一个参数），然后检查该线性表的所有插入操作，保证插入了相同的元素类型。

当程序设计语言编程环境没有提供垃圾自动回收机制的时候，实现线性表类就必须面对第三个问题：当线性表被删除或者调用 **clear** 函数时，存储在该表中的对象占用的内存将如何处理。表的析构函数和 **clear** 函数可能会产生问题，它们有可能被错用，由此产生内存泄漏（memory leak）。表中存储的元素类型决定了是否可能产生问题。如果元素是简单类型（如 **int**），就不需要明确地删除元素；如果元素是用户自定义类，则调用该类的析构函数。然而，如果表中元素是对象的指针，删除顺序表实现中的 **listArray**，或者删除链表实现中的链表结点，就可能只删除了指向对象的指针，而使对象占用的内存变成不可访问的（悬挂引用）。遗憾的是，对于线性表的实现，没有办法知道一个给定对象是否指向程序的另一部分。因此，线性表的用户必须负责在适当的时候删除这些对象。

4.1.5　双链表

4.1.2 节介绍的单链表只允许从一个表结点直接访问它的后继结点，而双链表（doubly linked list）可以从一个表结点出发，在线性表中随意访问它的前驱结点和后继结点。双链表存储了两个指针，使这些操作成为可能：一个指向它的后继结点（与单链表相同），另一个指向它的前驱结点。很多人喜欢使用双链表，主要是因为它实现起来比单链表容易。虽然双链表的代码实现比单链表更长，但是使用起来更加便捷，也更容易实现和调试。图 4.12 说明了双链表的结构。不管 **List** 类使用单链表实现还是双链表实现，对于用户而言都是透明的。

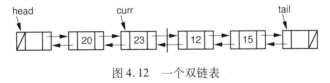

图 4.12　一个双链表

类似于单链表，双链表的实现也使用了头结点。额外在链表尾部加入一个尾结点（tailer node）。与头结点类似，它不包含任何数据信息，并且总是在链表中存在。当双链表初始化时，头结点和尾结点就会被创建。数据成员 **head** 指向头结点，**tail** 指向尾结点。增加这些结点是为了去除一些特殊情况，从而简化插入、增加和删除操作。例如，链表为空或在链表头部和链表尾部插入新元素。

对于单链表而言，因为在插入和删除操作时没有访问前驱结点的方式，因此设定 **curr** 指向包含当前元素结点的前驱结点。但是在双链表中，可以访问到前驱结点，因此 **curr** 可以指向当前结点。但是，为了保持概念的统一性，在本书中的双链表实现过程中，**curr** 依旧指向当前结点的前驱结点，与单链表一致。

图 4.13 展示了 **Link** 类的双链表实现方式。这段代码比单链表的略长，因为双链表比单链表多了一个数据成员。

```cpp
// Doubly linked list link node with freelist support
template <typename E> class Link {
private:
  static Link<E>* freelist; // Reference to freelist head

public:
  E element;          // Value for this node
  Link* next;         // Pointer to next node in list
  Link* prev;         // Pointer to previous node

  // Constructors
  Link(const E& it, Link* prevp, Link* nextp) {
    element = it;
    prev = prevp;
    next = nextp;
  }
  Link(Link* prevp =NULL, Link* nextp =NULL) {
    prev = prevp;
    next = nextp;
  }

  void* operator new(size_t) {  // Overloaded new operator
    if (freelist == NULL) return ::new Link; // Create space
    Link<E>* temp = freelist; // Can take from freelist
    freelist = freelist->next;
    return temp;                // Return the link
  }

  // Overloaded delete operator
  void operator delete(void* ptr) {
    ((Link<E>*)ptr)->next = freelist; // Put on freelist
    freelist = (Link<E>*)ptr;
  }
};

// The freelist head pointer is actually created here
template <typename E>
Link<E>* Link<E>::freelist = NULL;
```

图 4.13　双链表结点的实现

图 4.14 展示了双链表的插入、增加、删除和前驱操作的实现。双链表类定义和其他成员函数几乎与单链表完全一样。双链表的 **insert** 函数非常简单，因为在结点创建的时候完成了大多数工作。图 4.15 给出了在链表中插入一个值为 10 的结点之前和之后的情形。

```cpp
// Insert "it" at current position
void insert(const E& it) {
  curr->next = curr->next->prev =
    new Link<E>(it, curr, curr->next);
  cnt++;
}

// Append "it" to the end of the list.
void append(const E& it) {
  tail->prev = tail->prev->next =
    new Link<E>(it, tail->prev, tail);
  cnt++;
}
```

图 4.14　双链表的 **insert**、**append**、**remove** 和 **prev** 操作的实现

```
// Remove and return current element
E remove() {
  if (curr->next == tail)          // Nothing to remove
    return NULL;
  E it = curr->next->element;      // Remember value
  Link<E>* ltemp = curr->next;     // Remember link node
  curr->next->next->prev = curr;
  curr->next = curr->next->next;   // Remove from list
  delete ltemp;                    // Reclaim space
  cnt--;                           // Decrement cnt
  return it;
}

// Move fence one step left; no change if left is empty
void prev() {
  if (curr != head)  // Can't back up from list head
    curr = curr->prev;
}
```

图 4.14(续) 双链表的 insert、append、remove 和 prev 操作的实现

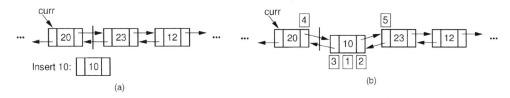

图 4.15 双链表的插入。①、②和③对应于链表结点构造函数所做的赋值操作，④表明
对 curr→next 的赋值，⑤对新插入结点 10 的后继结点的 prev 指针赋值

new 操作符的三个参数允许表结点类的构造函数分别对新结点的 element、next 和
prev 这三个域赋值，并且返回指向新建立结点的指针。new 操作符返回被创建结点的新指
针。该结点的两个指针都被更新，分别指向链表中的前驱结点和后继结点。由于头结点和尾
结点的存在，不必担心一些特殊情况的发生，例如对空链表插入结点。

append 函数更加简单。同样，在使用 new 操作符时，Link 类的构造函数为新结点设
定了其 element、prev 和 next 域。

remove 函数(如图 4.16 所示)的代码较长，但是非常直观。首先，变量 it 被赋值为将
要删除的数据值，因为该被删除数据值需要返回到上一层。下面的代码将链表连接起来。

```
Link<E>* ltemp = curr->next;     // Remember link node
curr->next->next->prev = curr;
curr->next = curr->next->next;   // Remove from list
delete ltemp;                    // Reclaim space
```

第一行用一个临时指针指向将要删除的结点，第二行把被删除结点的后继结点的 prev
指针指向其前驱结点，然后其 prev 指针的 next 指针指向其后继结点。remove 操作最后
会更新链表长度，将被删除结点归还到可利用空间表，然后将被删除元素的数据值返回。

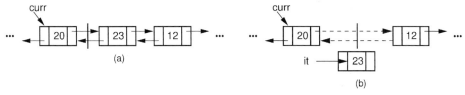

图 4.16 双链表的删除。it 存储待删除结点的元素，然后调整待删除结点相邻结点的指针

双链表与单链表相比唯一的缺点就是使用更多的空间。双链表的每一个结点需要两个指针。在上面介绍的实现方法中，它需要的结构性开销是单链表的两倍。

例4.1   有一种节省空间的方法，可以用来消除额外的空间需求，尽管它会使实现变得复杂，而且速度稍微减慢。这种方法是一个使用空间/时间权衡的例子。它基于异或(XOR)函数(在C++中用符号"^"代表异或操作)的以下性质：

$$(L^{\wedge}R)^{\wedge}R = L, \ (L^{\wedge}R)^{\wedge}L = R$$

也就是说，给出两个值，并将它们异或，则其中任何一个值都可以由另外一个值与它们异或后的结果再异或而得到。因此，双链表可以通过在一个指针域中存储两个指针值的异或结果来实现。当然，要恢复其中一个值，必须知道另外一个值。只要给出指向表中某个结点的指针，及其两个链接域中的任何一个值，就可以按照顺序访问表中所有其他结点。这是因为一个结点的指针值可以由它的前驱结点指针值与该前驱的 **next** 域异或得到。因此，只要分解链接域就能顺着链表走下去，像拉开拉链一样。具体实现留做习题。

这种方法的原理值得注意，计算机图形学中广泛利用了这一原理。例如，把计算机屏幕上的一个区域与一个矩形图像异或，可以使屏幕上该区域的图像成为高亮的，再次与这个矩形图像异或就恢复成屏幕原来的内容。另一个例子用下面的代码来说明，即不用临时变量交换两个变量的内容(以三个 XOR 操作为代价)：

```
a = a + b;
b = a - b; // Now b contains original value of a
a = a - b; // Now a contains original value of b
```

4.2 栈

栈(stack)是限定仅在一端进行插入或删除操作的线性表。虽然这个限制降低了栈的灵活性，但是也使得栈更有效，而且更容易实现。许多应用都只需要栈提供受限制的插入和删除操作形式，在这种情况下使用较简单的栈比使用一般的线性表更加有效。例如，4.1.2 节的可利用空间表实际上就是一个栈。

尽管栈受到限制，它还是有广泛的应用，因此形成了栈的一个特殊术语集。早在计算机发明之前，会计就使用过栈的记号，他们称栈为"LIFO"线性表，意思是"后进先出"(Last In First Out)。LIFO 的原则意味着栈存储和删除元素的顺序与元素到达的顺序相反。

习惯上称栈的可访问元素为栈顶(top)元素，元素插入栈称为入栈(push)，删除元素时称为出栈(pop)。图 4.17 给出了栈的 ADT 实例。

就线性表而言，实现栈的方法多种多样。这里介绍两种方法：顺序栈(array based stack)和链式栈(linked stack)，它们分别类似于顺序表和链表。

4.2.1 顺序栈

图 4.18 给出了顺序栈类的整体实现。其中，**listArray** 在建立栈时必须说明一个固定长度。在栈的构造函数中，**size** 用来表示栈的大小。成员 **top** 表示当前所在的位置值(因为当前位置总是栈的最顶端)，亦指当前栈中的元素数目。当然，当前位置总是在栈顶。

```
// Stack abstract class
template <typename E> class Stack {
private:
  void operator =(const Stack&) {}      // Protect assignment
  Stack(const Stack&) {}         // Protect copy constructor

public:
  Stack() {}                             // Default constructor
  virtual ~Stack() {}                    // Base destructor

  // Reinitialize the stack.  The user is responsible for
  // reclaiming the storage used by the stack elements.
  virtual void clear() = 0;

  // Push an element onto the top of the stack.
  // it: The element being pushed onto the stack.
  virtual void push(const E& it) = 0;

  // Remove the element at the top of the stack.
  // Return: The element at the top of the stack.
  virtual E pop() = 0;

  // Return: A copy of the top element.
  virtual const E& topValue() const = 0;

  // Return: The number of elements in the stack.
  virtual int length() const = 0;
};
```

图 4.17　栈的 ADT 实例

```
// Array-based stack implementation
template <typename E> class AStack: public Stack<E> {
private:
  int maxSize;               // Maximum size of stack
  int top;                   // Index for top element
  E *listArray;              // Array holding stack elements

public:
  AStack(int size =defaultSize)   // Constructor
    { maxSize = size; top = 0; listArray = new E[size]; }

  ~AStack() { delete [] listArray; }   // Destructor

  void clear() { top = 0; }            // Reinitialize

  void push(const E& it) {          // Put "it" on stack
    Assert(top != maxSize, "Stack is full");
    listArray[top++] = it;
  }

  E pop() {                 // Pop top element
    Assert(top != 0, "Stack is empty");
    return listArray[--top];
  }

  const E& topValue() const {    // Return top element
    Assert(top != 0, "Stack is empty");
    return listArray[top-1];
  }

  int length() const { return top; }   // Return length
};
```

图 4.18　顺序栈类的实现

　　顺序栈的实现，本质上是顺序表实现的简化。唯一重要的是，确定应该用数组的哪一端表示栈顶。可以把数组的第 0 个位置作为栈顶。根据线性表的函数，所有的插入（**insert**）和删除（**remove**）操作都在第 0 个位置的元素上进行。由于此时每次 **push** 或者 **pop** 操作都需要把当前栈中的所有元素在数组中移动一个位置，因此效率不高。如果栈中有 n 个元素，

则时间代价为 $\Theta(n)$。另一种方法是当栈中有 n 个元素时把位置 $n-1$ 作为栈顶。也就是说，向栈中压入元素，就是把它们添加到线性表的表尾。成员函数 pop 就是删除表尾元素。在这种情况下，每次 push 或者 pop 操作的时间代价仅为 $\Theta(1)$。

对于图 4.18 的实现方法，top 定义为表示栈中的第一个空闲位置。因此，空栈的 top 为 0，即第一个空闲位置。top 也可以定义为表示栈中最上面那个元素的位置，而不表示第一个空闲位置。如果这样，空线性表就应该把 top 初始化为 -1。成员函数 push 和 pop 只是从 top 指示的数组中的位置插入或删除一个元素。因为 top 表示第一个空闲位置，所以 push 首先把一个值插入栈顶位置，然后把 top 加 1。同样，pop 首先把 top 减 1，然后删除栈顶元素。

4.2.2　链式栈

链式栈的实现是对链表实现的简化。4.1.2 节的可利用空间表就是一个链式栈的实例，其元素只能在表头进行插入和删除。由于空栈或者只有一个元素的栈都不需要特殊情形的结点，所以它不需要表头结点。图 4.19 给出了链式栈的全部类实现。其中唯一的一个数据成员是 top，它是一个指向链式栈第一个结点(栈顶)的指针。

```cpp
// Linked stack implementation
template <typename E> class LStack: public Stack<E> {
private:
  Link<E>* top;              // Pointer to first element
  int size;                  // Number of elements

public:
  LStack(int sz =defaultSize) // Constructor
    { top = NULL; size = 0; }

  ~LStack() { clear(); }         // Destructor

  void clear() {                 // Reinitialize
    while (top != NULL) {        // Delete link nodes
      Link<E>* temp = top;
      top = top->next;
      delete temp;
    }
    size = 0;
  }

  void push(const E& it) { // Put "it" on stack
    top = new Link<E>(it, top);
    size++;
  }

  E pop() {                  // Remove "it" from stack
    Assert(top != NULL, "Stack is empty");
    E it = top->element;
    Link<E>* ltemp = top->next;
    delete top;
    top = ltemp;
    size--;
    return it;
  }

  const E& topValue() const { // Return top value
    Assert(top != 0, "Stack is empty");
    return top->element;
  }

  int length() const { return size; } // Return length
};
```

图 4.19　链式栈类的实现

成员 push 首先修改新产生链表结点的 next 域并指向栈顶，然后设置 top 指向新的链表结点。成员 pop 也十分简单，变量 temp 用来存储栈顶结点的值，ltemp 则是在栈顶结点被删除时用来指向该结点。栈的修改是通过把 top 指向当前栈顶的下一个结点来实现的，原来栈顶结点被返回给存储分配和回收管理例程（或可利用空间表），原来栈顶的值则作为 pop 函数的返回值。

4.2.3　顺序栈与链式栈的比较

实现顺序栈和链式栈的所有操作都只需要常数时间，所以从时间效率上来看，谁也不占明显的优势。另一个比较的基准是所需要的全部空间。下面的分析与对线性表的实现所做的分析类似。初始时顺序栈必须说明一个固定长度，当栈不够满时，些空间将被浪费掉。链式栈的长度可变，但是对于每个元素都需要一个链接域，从而产生了结构性开销。

当需要实现多个栈时，可以充分利用顺序栈单向延伸的特性。因此，可以使用一个数组来存储两个栈，每个栈从各自的端点向中间延伸，见图 4.20，这样浪费的空间就会减少。但是，只有当两个栈的空间需求有相反的关系时这种方法才奏效。也就是说，最好是一个栈增长时而另一个栈缩短。当需要从一个栈中取出元素放入另一个栈中时，这种方法非常有效。反之，如果两个栈同时增长，则数组中间的可用空间很快就会用完。

图 4.20　存储在同一数组中的两个同时增长的栈

4.2.4　递归的实现

用户也许看不到栈的最广泛应用，这就是大多数程序设计语言运行环境都有的子程序调用。子程序调用是通过把有关子程序的必要信息（包括返回地址、参数、局部变量）存储到一个栈中实现的，这块信息称为活动记录（activation record）；子程序调用再把活动记录压入栈。每次从子程序中返回时，就从栈中弹出一个活动记录。图 4.21 从编译器的角度说明了 2.5 节递归阶乘函数的实现。

考虑一下用 4 来调用 fact 时会发生什么情况。用 β 来表示程序调用 fact 的指令所在的地址。因此，在第一次调用 fact 时，必须把地址 β 存放到栈中，并且把 4 传递给 fact。程序接下来再对 fact 进行一次递归调用，这次参数值变为 3。把做这次调用的指令地址记为 β_1，该地址 β_1 连同 n 的当前值（4）被保存到栈中，此时调用函数 fact 所用的输入参数是 3。

利用类似的方式，程序继续用 2 作为输入参数，再递归调用一次 fact。这次调用指令的地址（记为 β_2）和 n 的当前值（3）被保存到栈中。最后一次递归调用所用的输入参数变成 1，栈中保存的内容是调用指令的地址（记为 β_3）和 n 的当前值（2）。

至此，程序到达了 fact 的初始情况状态，因此将开始展开递归。每一次从 fact 返回都将弹出栈所保存的 n 的当前值，以及函数调用所返回的地址。通过存储 n 的当前值，使得 fact 的返回值逐次累积，并且返回最后结果。

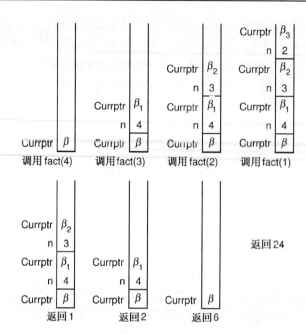

图4.21　用栈实现递归。β 值表示完成当前函数调用后，要返回到的程序指令
　　　　地址。每一次递归调用函数 **fact**（见2.5节），都需要保存返回地址
　　　　和当前的 **n** 值。每次从 **fact** 返回都要把最上面的活动记录弹出栈

　　由于需要生成一个活动记录，并把它压入栈中，所以每一次子程序调用都是一个相对耗时较多的操作。递归方法实现起来比较容易，而且清晰易懂，但是有时候希望避免因递归函数调用而产生的庞大时间和空间代价。在某些情况下（如2.5节中的阶乘函数），递归可以轻易地用迭代来代替。

　　例4.2　下例用栈代替递归实现了阶乘函数的非递归版本。

```
long fact(int n, Stack<int>& S) { // Compute n!
  // To fit n! in a long variable, require n <= 12
  Assert((n >= 0) && (n <= 12), "Input out of range");
  while (n > 1) S.push(n--);  // Load up the stack
  long result = 1;            // Holds final result
  while(S.length() > 0)
    result = result * S.pop();   // Compute
  return result;
}
```

在此，简单地把 $n-1$ 压入栈顶，同时把 n 减少1。以此类推，不断地操作，直到满足基本条件为止。然后连续地弹出栈顶元素，并把该值与结果相乘。

　　阶乘函数的迭代实现比例4.2展示的这个用栈实现的版本简单快捷得多。遗憾的是，并不是总能用迭代来代替递归。当实现有多个分支的算法时，就很难用迭代来代替递归，所以必须使用递归或者与递归等价的算法。例如，河内塔算法、遍历二叉树算法及第7章的归并排序和快速排序算法都必须使用递归。值得庆幸的是，使用栈可以模拟递归。下面来看一下河内塔函数的非递归实现，它是无法用迭代完成的。

　　例4.3　图2.2的 **TOH** 函数有两个递归调用：第一个把 $n-1$ 个圆盘与最底层的圆盘分离，另一个是把这 $n-1$ 个圆盘放回到目标柱。为了消除递归，使用栈来存储 **TOH** 所必须执行的三个操作(两个递归调用和一个移动操作)的表示。为此，要用一个类来表示这三个不同的操作，该类的对象就是存储在栈中的元素。下面是类说明。

　　图 4.22 展示了 **TOHobj** 类。首先定义一个名为 **TOHop** 的枚举类型，该枚举类型有两个常量 MOVE 和 TOH，分别指示对 **move** 函数的调用和对 **TOH** 的递归调用。类 **TOHobj** 存储了 5 个域：一个操作域(说明是移动还是新的 **TOH** 操作)、圆盘的数目和三根柱子。注意，移动操作实际只需要存储两根柱子的信息。存在两个构造函数：一个存储模拟递归调用时的状态，另一个存储移动操作的状态。

```cpp
// Operation choices: DOMOVE will move a disk
// DOTOH corresponds to a recursive call
enum TOHop { DOMOVE, DOTOH };
class TOHobj { // An operation object
public:
  TOHop op;                // This operation type
  int num;                 // How many disks
  Pole start, goal, tmp; // Define pole order

  // DOTOH operation constructor
  TOHobj(int n, Pole s, Pole g, Pole t) {
    op = DOTOH; num = n;
    start = s; goal = g; tmp = t;
  }

  // DOMOVE operation constructor
  TOHobj(Pole s, Pole g)
    { op = DOMOVE; start = s; goal = g; }
};

void TOH(int n, Pole start, Pole goal, Pole tmp,
         Stack<TOHobj*>& S) {
  S.push(new TOHobj(n, start, goal, tmp)); // Initial
  TOHobj* t;
  while (S.length() > 0) {        // Grab next task
    t = S.pop();
    if (t->op == DOMOVE)   // Do a move
      move(t->start, t->goal);
    else if (t->num > 0) {
      // Store (in reverse) 3 recursive statements
      int num = t->num;
      Pole tmp = t->tmp;  Pole goal = t->goal;
      Pole start = t->start;
      S.push(new TOHobj(num-1, tmp, goal, start));
      S.push(new TOHobj(start, goal));
      S.push(new TOHobj(num-1, start, tmp, goal));
    }
    delete t; // Must delete the TOHobj we made
  }
}
```

图 4.22　用栈实现的河内塔问题

　　这里使用了顺序栈，因为知道栈中恰好要存放 $2n+1$ 个元素。一开始，**TOH** 的新版本就把 n 个圆盘的初始状态存入栈中。函数剩余部分只是一个简单的 **while** 循环(即入栈)，并执行相应的操作。对于 **TOH** 的一个操作($n>0$ 时)，存储由递归版本运行的三个操作的栈状态。当然，这些操作必须在栈中逆序存放，才能正确地弹出。

　　递归算法能让大问题变成规模较小的问题，从而可以高效率地解决。例如，7.5 节描述了快速排序的一种基于栈的实现方法。

4.3　队列

　　同栈一样,队列(queue)也是一种受限制的线性表。队列元素只能从队尾插入(称为入队操作,enqueue),从队首删除(称为出队操作,dequeue)。队列操作像在电影院售票窗口前排队买票一样。[①] 如果没有人为破坏,那么新来者应该站到队列后端,在队列最前面的人是下一个被服务的对象。因此,队列是按照到达顺序来释放元素的。早在计算机出现之前,会计就使用过队列,他们称队列为"FIFO"线性表,即"先进先出"(First In First Out)。图 4.23 展示一个队列的 ADT。本节介绍队列的两种实现方法:顺序队列和链式队列。

```
// Abstract queue class
template <typename E> class Queue {
private:
  void operator =(const Queue&) {}      // Protect assignment
  Queue(const Queue&) {}                // Protect copy constructor

public:
  Queue() {}          // Default
  virtual ~Queue() {} // Base destructor

  // Reinitialize the queue.  The user is responsible for
  // reclaiming the storage used by the queue elements.
  virtual void clear() = 0;

  // Place an element at the rear of the queue.
  // it: The element being enqueued.
  virtual void enqueue(const E&) = 0;

  // Remove and return element at the front of the queue.
  // Return: The element at the front of the queue.
  virtual E dequeue() = 0;

  // Return: A copy of the front element.
  virtual const E& frontValue() const = 0;

  // Return: The number of elements in the queue.
  virtual int length() const = 0;
};
```

图 4.23　队列的C++ ADT

4.3.1　顺序队列

　　有效实现顺序队列(array based queue)有些棘手,因为如果只是对顺序表的实现进行简单转换,效率不会很高。

　　假设队列中有 n 个元素,实现顺序表需要把所有元素都存储在数组的前 n 个位置上。如果选择把队列的尾部元素放在位置 0,则 **dequeue** 操作的时间代价仅为 $\Theta(1)$,因为队列最前面的一个元素(要被删除的元素)是数组最后面的一个元素(处于位置 $n-1$)。但是 **enqueue** 操作的时间代价为 $\Theta(n)$,因为必须把队列中当前 n 个元素的每个元素都在数组中移动一个位置。如果反过来,把队列的尾部元素放在位置 $n-1$,则 **enqueue** 操作相当于线性表的 **append** 操作,时间代价仅为 $\Theta(1)$,但是此时 **dequeue** 操作的时间代价就为 $\Theta(n)$ 了。为了保证剩下的 $n-1$ 个队列元素仍然在数组的前 $n-1$ 个位置,所有元素都必须移动一位。

[①]　在英国,一队人称为一个"队列",进入队列等候服务称为"排队"(queuing up)。

如果放宽队列的所有元素必须处于数组前 n 个位置这一条件，就可以得到一种更有效率的实现方法。仍然保证队列的元素存储在连续的数组位置中，但是队列的内容允许在数组中移动，如图 4.24 所示。此时 **enqueue** 操作和 **dequeue** 操作的时间代价均为 $\Theta(1)$，因为队列中没有任何需要移动的元素。

图 4.24　经过多次使用后，顺序队列的元素将移动到数组的后面。(a)插入初始 4 个数　20、5、12 和 17 后的队列；(b) 先删除 20 和 5，然后插入 3、30 和 4 后的队列

但是这种实现方法有一个新的问题。假设初始时队列的头在位置 0，新元素连续插入数组中编号较高的位置上。当从队列中删除元素时，**front** 的值增加。随着时间的推移，整个队列向数组中编号较高的位置移动。尽管此时数组的低端还可能有空闲位置，即先前从队列中删除的元素所占用的位置，一旦一个元素插入数组中编号最高的位置上之后，队列的空间就用尽了。

"移动队列"问题可以通过假定数组是循环的来解决，即允许队列直接从数组中编号最高的位置延续到编号最低的位置。使用取模操作可以很容易实现。在这种方法中，数组中位置编号从 0 到 **size** -1，**size** -1 被定义为位置 0（等价于位置 **size % size**）的前趋。图 4.25 说明了这种方法。

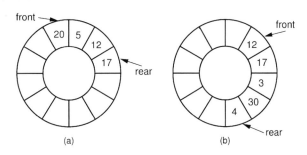

图 4.25　数组位置顺时针增长的循环队列。(a)插入初始 4 个数 20、5、12 和 17 后的队列；(b) 先删除 20 和 5，然后插入 3、30 和 4 后的队列

对于顺序队列的实现，还有一个虽然小但是却十分重要的问题，就是如何判断队列是空的还是满的。假设 **front** 存储队列中队首元素的位置号，**rear** 存储队尾元素的位置号。如果 **front** 和 **rear** 的位置相同，那么在这种策略下队列中一定只有一个元素。因此，如果 **rear** 比 **front** 小 1 就表示是空队列（考虑循环队列，位置 **size** -1 被认为比位置 0 小 1）。但是如果队列满又会怎么样呢？也就是说，当一个有 n 个可用数组位置的队列含有 n 个元素时情形会怎样呢？在这种情况下，如果队首元素在位置 0，则队尾元素一定在位置 **size** -1。这就意味着如果考虑循环队列，则 **rear** 的值比 **front** 的值小 1，即满队列和空队列无法区分。

你可能认为问题出在假设中把 **front** 和 **rear** 分别定义为记录队首元素和队尾元素的位置号，只要在定义中稍加修改就会得出结果。但是，只简单修改 **front** 和 **rear** 的定义并不能补救这个问题，因为队列可能处于许多条件或状态之中。忽略队首元素的实际位置，忽略队列中存储元素的实际值,有多少种不同状态呢? 队列中可能没有元素、有一个元素、有两个元素等。如果数组有 n 个位置,则队列中最多可以有 n 个元素。也就是说,队列有 $n+1$ 种不同的状态(可能有 0 到 n 个元素)。

如果固定 **front** 的值,则 **rear** 应该有 $n+1$ 种不同的取值来区分 $n+1$ 种状态。但是实际上 **rear** 只有 n 种可能的取值,除非为空队列发明一种特殊情形。这是习题 2.30 中定义的鸽笼原理的一个实例。鸽笼原理的意思是给定 n 个鸽笼和 $n+1$ 只鸽子,当所有的鸽子都进入笼中时,可以确信至少有一个鸽笼中的鸽子数大于 1。同理,利用 **front** 和 **rear** 的相对值, $n+1$ 种状态中必定有两种不能区分。因此,必须寻求其他途径来区分满队列和空队列。

一种显然的方法是记录队列中元素的个数,或者至少用一个布尔变量来指示队列是否为空。另一种方法是设置数组的大小为 $n+1$,但是只需存储 n 个元素。采用哪一种方法完全取决于个人兴趣,作者选择使用大小为 $n+1$ 的数组。

图 4.26 介绍了一种顺序队列类的实现方法。**listArray** 是一个指向存放队列元素数组的指针,队列的构造函数提供可选参数,以设置队列的最大长度。为了区分空队列和满队列,数组大小实际要比队列允许的最大长度大 1。成员 **maxSize** 用来控制队列的循环(它是取模操作符的基数)。方法 **rear** 表示当前队尾元素的位置,而 **front** 表示当前队首元素的位置。

```cpp
// Array-based queue implementation
template <typename E> class AQueue: public Queue<E> {
private:
  int maxSize;              // Maximum size of queue
  int front;               // Index of front element
  int rear;                // Index of rear element
  E *listArray;            // Array holding queue elements

public:
  AQueue(int size =defaultSize) {  // Constructor
    // Make list array one position larger for empty slot
    maxSize = size+1;
    rear = 0;  front = 1;
    listArray = new E[maxSize];
  }

  ~AQueue() { delete [] listArray; } // Destructor

  void clear() { rear = 0; front = 1; } // Reinitialize

  void enqueue(const E& it) {     // Put "it" in queue
    Assert(((rear+2) % maxSize) != front, "Queue is full");
    rear = (rear+1) % maxSize;      // Circular increment
    listArray[rear] = it;
  }

  E dequeue() {             // Take element out
    Assert(length() != 0, "Queue is empty");
    E it = listArray[front];
    front = (front+1) % maxSize;    // Circular increment
    return it;
  }

  const E& frontValue() const {  // Get front value
    Assert(length() != 0, "Queue is empty");
    return listArray[front];
  }

  virtual int length() const       // Return length
  { return ((rear+maxSize) - front + 1) % maxSize; }
};
```

图 4.26　顺序队列类的实现

在这种实现方法中，队首存放在数组中编号较低的位置（图 4.25 中沿顺时针方向），队尾存放在数组中编号较高的位置。因此，**enqueue** 增加 **rear** 指针的值（对 **size** 取模），**dequeue** 增加 **front** 指针的值（对 **size** 取模）。所有成员函数的实现都简单易懂。

4.3.2　链式队列

链式队列（linked queue）的实现是对链表实现做了简单的修改。图 4.27 给出了链式队列类的说明。成员 **front** 和 **rear** 分别是指向队首元素和队尾元素的指针。为了简化实现方式和相关操作，可以使用一个头结点。在初始化的时候，**front** 和 **rear** 同时指向头结点，之后 **front** 总是指向头结点，而 **rear** 指向队列的尾结点。**enqueue** 只是简单地把新元素放到链表尾部（**rear** 指向的结点），然后修改 **rear** 指针指向新的链表结点。**dequeue** 只是简单地删除队列中的第一个结点，并修改 **front** 指针。

```
// Linked queue implementation
template <typename E> class LQueue: public Queue<E> {
private:
  Link<E>* front;        // Pointer to front queue node
  Link<E>* rear;         // Pointer to rear queue node
  int size;              // Number of elements in queue

public:
  LQueue(int sz =defaultSize) // Constructor
    { front = rear = new Link<E>(); size = 0; }

  ~LQueue() { clear(); delete front; }        // Destructor

  void clear() {              // Clear queue
    while(front->next != NULL) { // Delete each link node
      rear = front;
      front = front->next;
      delete rear;
    }
    rear = front;
    size = 0;
  }

  void enqueue(const E& it) { // Put element on rear
    rear->next = new Link<E>(it, NULL);
    rear = rear->next;
    size++;
  }

  E dequeue() {                    // Remove element from front
    Assert(size != 0, "Queue is empty");
    E it = front->next->element;  // Store dequeued value
    Link<E>* ltemp = front->next; // Hold dequeued link
    front->next = ltemp->next;     // Advance front
    if (rear == ltemp) rear = front; // Dequeue last element
    delete ltemp;                  // Delete link
    size --;
    return it;                      // Return element value
  }

  const E& frontValue() const { // Get front element
    Assert(size != 0, "Queue is empty");
    return front->next->element;
  }

  virtual int length() const { return size; }
};
```

图 4.27　链式队列类的实现

4.3.3 顺序队列与链式队列的比较

实现顺序队列和链式队列的所有成员函数都需要常数时间。空间比较问题与栈实现类似。只是顺序队列不像顺序栈那样，它不能在一个数组中存储两个队列，除非总有数据项从一个队列转入另一个队列。

4.4 字典

计算机程序一般是用来存储和检索数据的。本书大部分篇幅讲解了组织数据的有效方法，以便能快速检索数据。本节中，将描述用于一个简单数据库的接口，称为字典(dictionary)。字典被定义为一个 ADT，它提供在数据库中存储、查询和删除记录的功能。本书中将一直用到该 ADT 作为一个基准，与用来实现字典的各种数据结构相比较。

在讨论字典接口之前，必须先定义关键码(key)和可比(comparable)对象的概念。如果要在数据库中查找一条给定记录，那么应该怎样描述所要查找的内容呢？一条数据库记录可以是一个简单的数字，也可能很复杂，例如具有不同类型域的工资单记录。不希望利用细节和整条记录的内容来描述待查内容——如果已经知道了该记录的所有内容，也许就没有再查找的必要了。这里希望用一个关键码来描述记录。例如，如果搜索工资单记录，可能是查找与一个具体的 ID 号相匹配的记录。在这个例子中 ID 号就是检索关键码(search key)。

为了能实现检索功能，还要求该关键码是可比的。即必须至少对于两个关键码，能正确地确定它们是否相等。有了这样的关键码，就能在一个数据库中顺序地进行搜索，并找出与给定关键码值相匹配的记录。一般来说，要求能对关键码定义一个全序(见 2.1 节)，即可以针对两个关键码比较大小。使用具有全序关系的关键码类型，就可以更好地组织数据库，以便能更有效地检索数据库。例如在一个有序序列中，就允许使用二分法检索。幸运的是，大多数的数据类型都拥有自然顺序。例如，integer、float、double 和 character string 都是有序的。为多维域定义一个顺序，就可以利用其多维特征。这个问题将在 13.3 节继续讨论。

图 4.28 展示了一个简单抽象字典类的定义。**insert** 和 **find** 函数是这个类的核心。**insert** 函数把一个记录插入字典中。**find** 函数接受一个关键码，从字典中找出能匹配这个关键码的记录。如果有多个记录匹配这个关键码，可以随意返回一个。

clear 函数把该字典重新初始化。**remove** 函数类似于 **find**，不同的是它会删除从字典中找到的记录。**size** 函数返回字典中的元素个数。

剩下的函数就是 **removeAny**。它与 **remove** 很像，不过它不接受一个关键码值，而是完全任意地选择一条记录进行 **removeAny** 操作。此函数的目的是允许用户随意遍历整个字典(当然，最终这个字典将会变成空的)。如果没有这个函数，字典用户无法得到一条其不知道关键码的记录。有了这个函数，用户可以使用下面的代码得到这个字典中的所有记录：

```
while (dict.size() > 0) {
  it = dict.removeAny();
  doSomething(it);
}
```

可能还有其他一些更加自然的方法来遍历整个字典，例如使用 **first** 和 **next**。但是，并不是所有数据结构都能让 **first** 操作拥有很高的效率。例如，散列表无法很快找到表中的最小记录。但是使用 **removeAny**，能以比较通用的方法来遍历整个表。

```
// The Dictionary abstract class.
template <typename Key, typename E>
class Dictionary {
private:
  void operator =(const Dictionary&) {}
  Dictionary(const Dictionary&) {}

public:
  Dictionary() {}              // Default constructor
  virtual ~Dictionary() {} // Base destructor

  // Reinitialize dictionary
  virtual void clear() = 0;

  // Insert a record
  // k: The key for the record being inserted.
  // e: The record being inserted.
  virtual void insert(const Key& k, const E& e) = 0;

  // Remove and return a record.
  // k: The key of the record to be removed.
  // Return: A maching record. If multiple records match
  // "k", remove an arbitrary one. Return NULL if no record
  // with key "k" exists.
  virtual E remove(const Key& k) = 0;

  // Remove and return an arbitrary record from dictionary.
  // Return: The record removed, or NULL if none exists.
  virtual E removeAny() = 0;

  // Return: A record matching "k" (NULL if none exists).
  // If multiple records match, return an arbitrary one.
  // k: The key of the record to find
  virtual E find(const Key& k) const = 0;

  // Return the number of records in the dictionary.
  virtual int size() = 0;
};
```

图 4.28　一个简单的字典 ADT

对于一个保存了很多相同类型记录的数据库,你可能希望从不同的角度对它进行检索。例如,可能想要在一个保存着工资记录的字典中按照 ID 进行检索,也可能通过名字进行检索。

图 4.29 展示了一个工资记录的实现。**Payroll** 类有很多域,每一个域都可能作为一个搜索关键码。可以简单地根据不同域数据类型的变化,使用合适的域来作为键-值(key-value)对。可以定义一个允许按照 ID 搜索的字典,也可以定义一个允许按照 **name**、**addr** 搜索的字典。图 4.30 展示了一个例子,其中 **Payroll** 对象保存在两个不同的字典中,其中一个允许使用 **ID** 进行检索,另一个允许使用 **name** 进行检索。

在字典中,一个基本操作就是找到与关键码值相对应的记录。如果想编写一个能适合任意类型的字典,那么需要一种机制,来保证关键码的类型足够泛化。一种方式是要求所有的关键码满足一种特定的方法,能够比较二者之间的大小,例如 Java 中的 **Comparable** 接口。遗憾的是,这个方法不适用于多个字典保存相同的记录、但是使用不同的关键码类型的情况。这是数据库应用的典型情况。另一种方法是实现一个类,其目的就是为了比较字典中关键码的类型。但是同样遗憾的是,这也不适用于所有的情况,因为关键码的类型过多,不可能编写出来[1]。

---

① 这种情况的一个例子,就是描述图书馆书籍的一个数据记录集合。这些记录中有一个数据域是主题关键词列表,典型的记录只存储寥寥几个关键词。字典应该实现为按照关键码排序的一个记录列表。如果一本书有三个关键词,那该书名将在记录列表中出现 3 次,每次都与一个关键词关联。然而给定一个记录,没有一种简单方法可判断表中哪个关键词触发了这个记录的出现。因此,不能写出从一个记录中抽取关键词的函数。

```
// A simple payroll entry with ID, name, address fields
class Payroll {
private:
  int ID;
  string name;
  string address;

public:
  // Constructor
  Payroll(int inID, string inname, string inaddr) {
    ID = inID;
    name = inname;
    address = inaddr;
  }

  ~Payroll() {}  // Destructor

  // Local data member access functions
  int getID() { return ID; }
  string getname() { return name; }
  string getaddr() { return address; }
};
```

图 4.29　一个工资记录的实现

```
int main() {
  // IDdict organizes Payroll records by ID
  UALdict<int, Payroll*> IDdict;
  // namedict organizes Payroll records by name
  UALdict<string, Payroll*> namedict;
  Payroll *foo1, *foo2, *findfoo1, *findfoo2;

  foo1 = new Payroll(5, "Joe", "Anytown");
  foo2 = new Payroll(10, "John", "Mytown");

  IDdict.insert(foo1->getID(), foo1);
  IDdict.insert(foo2->getID(), foo2);
  namedict.insert(foo1->getname(), foo1);
  namedict.insert(foo2->getname(), foo2);

  findfoo1 = IDdict.find(5);
  if (findfoo1 != NULL) cout << findfoo1;
  else cout << "NULL ";
  findfoo2 = namedict.find("John");
  if (findfoo2 != NULL) cout << findfoo2;
  else cout << "NULL ";
}
```

图 4.30　一个字典搜索实例。其中，工资记录存储在两个字典中，一个
按照ID组织，一个按照姓名组织。两个字典都由无序数组实现

　　最根本的问题是关键码值不是记录的类的一个基本属性，也不是类中任意的域。关键码其实只是使用记录时，一个与应用环境相关的属性。

　　在一般情况下，将关键码和值存储成相关联的关系。字典中任何一个基本元素包含了一条记录，以及与该记录相关的关键码。这就是所谓的键-值对。然而，关键码应该比值小很多，因此不会造成太大的额外结构性空间开销。图 4.31 是一个简单的键-值对的类。字典中的 **insert** 函数使用了这个类的构造函数，因为需要构造一个键-值对。

　　定义了字典 ADT，并考虑好如何存储键-值对后，现在就可以考虑实现它的方法了。可以通过两种方法实现：顺序表或链表。图 4.32 显示的是使用(无序)顺序表实现的字典。

　　检查类 **UALdict**，可以轻易看出 **insert** 操作需要一个常数时间，因为它只是简单地把新记录插入表的尾端。然而，**find** 和 **remove** 在平均情况下和最差情况下操作需要的时间都为 $\Theta(n)$，因为它们都需要做一个顺序查找。尤其是函数 **remove** 还必须访问表中的每个

元素。因为一旦找到所需要的记录，其余记录必须在表中移动，以填补空缺。函数 **removeAny** 删除表中的最后一个元素，因此需要的时间是一个常数。也可以用链表来实现字典，其实现与图 4.32 显示的十分相似，各个函数的代价也相同。

```cpp
// Container for a key-value pair
template <typename Key, typename E>
class KVpair {
private:
  Key k;
  E e;
public:
  // Constructors
  KVpair() {}
  KVpair(Key kval, E eval)
    { k = kval; e = eval; }
  KVpair(const KVpair& o)   // Copy constructor
    { k = o.k; e = o.e; }

  void operator =(const KVpair& o) // Assignment operator
    { k = o.k; e = o.e; }

  // Data member access functions
  Key key() { return k; }
  void setKey(Key ink) { k = ink; }
  E value() { return e; }
};
```

图 4.31 键-值对的实现

```cpp
// Dictionary implemented with an unsorted array-based list
template <typename Key, typename E>
class UALdict : public Dictionary<Key, E> {
private:
  AList<KVpair<Key,E> >* list;
public:
  UALdict(int size=defaultSize)   // Constructor
    { list = new AList<KVpair<Key,E> >(size); }
  ~UALdict() { delete list; }            // Destructor
  void clear() { list->clear(); }       // Reinitialize

  // Insert an element: append to list
  void insert(const Key&k, const E& e) {
    KVpair<Key,E> temp(k, e);
    list->append(temp);
  }

  // Use sequential search to find the element to remove
  E remove(const Key& k) {
    E temp = find(k); // "find" will set list position
    if(temp != NULL) list->remove();
    return temp;
  }

  E removeAny() { // Remove the last element
    Assert(size() != 0, "Dictionary is empty");
    list->moveToEnd();
    list->prev();
    KVpair<Key,E> e = list->remove();
    return e.value();
  }

  // Find "k" using sequential search
  E find(const Key& k) const {
    for(list->moveToStart();
        list->currPos() < list->length(); list->next()) {
      KVpair<Key,E> temp = list->getValue();
```

图 4.32 使用无序数组实现的字典

```
        if (k == temp.key())
          return temp.value();
      }
      return NULL; // "k" does not appear in dictionary
    }
  int size() // Return list size
    { return list->length(); }
};
```

图 4.32(续) 使用无序数组实现的字典

实现字典的另一种可选方法是使用有序线性表(sorted list,简称"有序表")。使用这种方法的优点是可以通过二分法检索来提高 **find** 操作的检索速度。下面,在 **List** ADT 上定义一个新类,并用它来实现有序表。图 4.33 显示了有序表的一个实现。有序表和无序表(unsorted list)不同,有序表不允许用户控制在什么位置上插入元素,所以一个有序表的插入操作与无序表有很大差别。另外,在有序表中不允许用户随意在表尾插入记录(**append** 操作)。由此可以看出,有序表不能通过直接继承 **List** ADT 来实现。

```
// Sorted array-based list
// Inherit from AList as a protected base class
template <typename Key, typename E>
class SAList: protected AList<KVpair<Key,E> > {
public:
  SAList(int size=defaultSize) :
    AList<KVpair<Key,E> >(size) {}

  ~SAList() {}                          // Destructor

  // Redefine insert function to keep values sorted
  void insert(KVpair<Key,E>& it) { // Insert at right
    KVpair<Key,E> curr;
    for (moveToStart(); currPos() < length(); next()) {
      curr = getValue();
      if(curr.key() > it.key())
        break;
    }
    AList<KVpair<Key,E> >::insert(it); // Do AList insert
  }

  // With the exception of append, all remaining methods are
  // exposed from AList. Append is not available to SAList
  // class users since it has not been explicitly exposed.
  AList<KVpair<Key,E> >::clear;
  AList<KVpair<Key,E> >::remove;
  AList<KVpair<Key,E> >::moveToStart;
  AList<KVpair<Key,E> >::moveToEnd;
  AList<KVpair<Key,E> >::prev;
  AList<KVpair<Key,E> >::next;
  AList<KVpair<Key,E> >::length;
  AList<KVpair<Key,E> >::currPos;
  AList<KVpair<Key,E> >::moveToPos;
  AList<KVpair<Key,E> >::getValue;
};
```

图 4.33 有序表的实现

类 **SAList**(SAL 来自"sorted array-based list")不直接继承类 **AList**,但是它把类 **AList** 作为一个受保护基类(protected base class)来使用。这样,**AList** 函数对 **SAList** 的用户并不直接有效。然而,**AList** 的许多函数对 **SAList** 的用户是有用的。因此,大多数 **AList** 函数可以不加修改地直接传递给 **SAList** 的用户。

例如，

```
AList<KVpair<Key,E> >::remove;
```

提供了可访问 **AList** 的 **remove** 方法的 **SAList** 的客户。但是 insert 函数被一个新的函数替换，并且 **AList** 的 append 函数被隐藏起来。

定义了类 **SAList** 之后，实现字典 ADT 就比较容易了。图 4.34 显示了字典 ADT 的一个程序实现。在这个实现中，函数 insert 只是简单地调用了有序表的 insert 函数。函数 find 使用了在 3.5 节介绍的二分法检索函数。对于长度为 n 的线性表，find 函数的代价为 $\Theta(\log n)$，这与无序表的 find 函数相比有很大改善。遗憾的是，insert 函数的时间代价由无序表的常数时间变为有序表的 $\Theta(n)$。字典 ADT 的有序表实现是否比无序表更有效，取决于执行 insert 和 find 的相对次数。如果 find 操作远多于 insert 操作，则值得使用有序表来实现字典。这两种情形在平均情况和最差情况下，remove 操作需要的时间都为 $\Theta(n)$，因为即使利用二分法检索减少了查找待删除记录的时间，仍然需要移动表中的其他记录，以便填补因 remove 操作而留下的空缺。

```cpp
// Dictionary implemented with a sorted array-based list
template <typename Key, typename E>
class SALdict : public Dictionary<Key, E> {
private:
  SAList<Key,E>* list;
public:
  SALdict(int size=defaultSize)    // Constructor
    { list = new SAList<Key,E>(size); }
  ~SALdict() { delete list; }          // Destructor
  void clear() { list->clear(); }      // Reinitialize

  // Insert an element: Keep elements sorted
  void insert(const Key&k, const E& e) {
    KVpair<Key,E> temp(k, e);
    list->insert(temp);
  }

  // Use sequential search to find the element to remove
  E remove(const Key& k) {
    E temp = find(k);
    if (temp != NULL) list->remove();
    return temp;
  }

  E removeAny() { // Remove the last element
    Assert(size() != 0, "Dictionary is empty");
    list->moveToEnd();
    list->prev();
    KVpair<Key,E> e = list->remove();
    return e.value();
  }

  // Find "K" using binary search
  E find(const Key& k) const {
    int l = -1;
    int r = list->length();
    while (l+1 != r) { // Stop when l and r meet
      int i = (l+r)/2; // Check middle of remaining subarray
      list->moveToPos(i);
      KVpair<Key,E> temp = list->getValue();
      if (k < temp.key()) r = i;          // In left
      if (k == temp.key()) return temp.value(); // Found it
      if (k > temp.key()) l = i;          // In right
    }
    return NULL; // "k" does not appear in dictionary
  }
  int size() // Return list size
    { return list->length(); }
};
```

图 4.34　利用有序表实现的字典

对于给定的两个关键码，没有很好的办法进行比较。一种可能的办法是简单地利用 ==、<=、>=。这在图 4.32 和图 4.34 中都用到了。如果关键码的数据类型是 **int**，这个方法可以很好地解决问题。但是，如果关键码的数据类型是字符串指针，又或者是其他一些类型，则可能无法给出人们想要的结果。例如，关键码的数据类型为字符串，可能想知道的是哪一条记录在字典序中靠前。但是直接使用上述符号所得到的结果可能是哪一条记录的内存地址在内存中靠前。遗憾的是，这一问题在编译时无法发现。

C++ 支持运算符重载，因此可以要求使用字典的用户对其给出的关键码数据类型的 ==、<=、>= 三个运算符进行重载。这个要求可能变成使用者的一种义务。而这种义务隐藏在字典类的代码中，并没有体现在字典的接口中，因此很多使用者会忽略这个义务，从而导致很多莫名其妙的错误。与此同时，编译器很有可能无法捕获到这个错误。

更灵活的解决办法是：让用户自己提供定义，用这个定义来比较关键码与记录，或者比较记录与记录。把这样的定义作为模板的一个参数，那么提供比较运算符就成为该接口的一部分。这样的设计称为"策略"设计模式，因为用户要明确提供做某些操作的策略。在某些情况下，利用比较类（comparator class）从记录中抽取关键码，比存储键-值对更合适。

下面就是一个比较类的例子，该类比较两个整数：

```
class intintCompare { // Comparator class for integer keys
public:
  static bool lt(int x, int y) { return x < y; }
  static bool eq(int x, int y) { return x == y; }
  static bool gt(int x, int y) { return x > y; }
};
```

类 **intintCompare** 提供的函数确定两个 **int** 变量是否相等（**eq**）、第一个变量是否小于第二个变量（**lt**），或者第一个变量是否大于第二个变量（**gt**）。

下面是比较两个 C 语言字符串的类，使用了标准库中的 **strcmp** 进行比较。

```
class CCCompare { // Compare two character strings
public:
  static bool lt(char* x, char* y)
    { return strcmp(x, y) < 0; }
  static bool eq(char* x, char* y)
    { return strcmp(x, y) == 0; }
  static bool gt(char* x, char* y)
    { return strcmp(x, y) > 0; }
};
```

5.5 节将会使用一个比较类来实现堆中的比较；在第 7 章将会利用比较类来实现排序算法。

4.5　深入学习导读

用于定义图 4.1 中的 **List** ADT 的函数，特别是用栅栏来分隔链表两个部分的概念，来自于俄亥俄州可重用软件研究组所做的工作样板。他们对 **List** ADT 的定义可以参见 [SWH93]。有关设计这样的类的更多信息可参见 [SW94]。

4.6　习题

4.1　假设一个线性表包含下列元素：

$$\langle\,|\,2,\,23,\,15,\,5,\,9\,\rangle$$

使用图 4.1 的 **List** ADT 编写一些 C++ 语句，删除值为 15 的元素。

4.2 使用图 4.1 的 **List** ADT 写出线性表在经过每一组操作后的形式，假定线性表 **L1** 和 **L2** 在每一组操作时都初始化为空。说明线性表中栅栏的位置。

(a) **L1.append(10);**
  L1.append(20);
  L1.append(15);

(b) **L2.append(10);**
  L2.append(20);
  L2.append(15);
  L2.moveToStart();
  L2.insert(39);
  L2.next();
  L2.insert(12);

4.3 编写一些 C++ 语句，使用图 4.1 的 **List** ADT 建立一个能存放 20 个元素而实际只存储了下列元素的线性表：

$$\langle\, 2,\ 23\ |\ 15,\ 5,\ 9\, \rangle$$

4.4 使用图 4.1 的 **List** ADT 编写一个函数，交换线性表右边部分的头两个元素。

4.5 在 4.1.2 节链表的实现中，当前位置是利用一个指针指向逻辑上当前结点的前驱结点而实现的。更加直观的设计应该是让 **curr** 指针指向当前元素所在的结点。然而，如果这样做，当前结点的前驱结点的 **next** 指针将无法进行更新，因为 **curr** 指针无法对其进行访问。一种替代方案是，在当前结点之后添加一个结点，将当前元素值复制到其中，同时将新值插入旧的当前结点中。

(a) 如果 **curr** 在链表的末尾会发生什么情况？是否还有类似的办法处理这种情况？这样得到的代码是否比 4.1.2 节介绍的代码更加简洁、高效？

(b) 如果 **curr** 指向当前结点，是否还能在常数时间内完成删除操作？特别地，是否还能连续删除若干个结点？

4.6 给 **LList** 类的实现添加一个成员函数，倒置线性表中元素的顺序。对于 n 个元素的线性表，算法的运行时间应该为 $\Theta(n)$。

4.7 编写一个函数，用于合并两个链表。输入的链表按照其元素顺序从小到大排序，输出的链表也要求按照元素的大小顺序排序。要求算法在线性时间内完成任务。

4.8 循环链表（circular linked list）是指这样的链表：链表最后一个结点的 **next** 域指向链表的第一个结点。在不考虑第一个结点和最后一个结点的绝对位置，只需要元素相对位置的情况下，这种链表非常有用。

(a) 修改图 4.8 的代码，实现循环单链表。

(b) 修改图 4.14 的代码，实现循环双链表。

4.9 4.1.3 节中说过"顺序表的空间需求是 $\Omega(n)$，而且还可能更多"。请解释这样理解的原因。

4.10 4.1.3 节介绍了一个公式，用来确定线性表的两种实现方法的空间需求临界值。其变量为 D、E、P 和 n，每个变量的单位是什么？请证明方程两边按单位平衡。

4.11 数据域、指针和顺序表数组的大小按照如下几种情况给定，使用 4.1.3 节的空间方程确定，用顺序表和链表实现线性表的各个空间临界值。说明在什么情况下链表比数组占用更小的空间。

(a) 数据域是 8 字节，指针是 4 字节，数组含 20 个元素。

(b) 数据域是 2 字节，指针是 4 字节，数组含 30 个元素。

(c) 数据域是 1 字节，指针是 4 字节，数组含 30 个元素。

(d) 数据域是 32 字节，指针是 4 字节，数组含 40 个元素。

4.12 确定在你的计算机上 **int** 变量、**double** 变量和指针的长度。如果不知道，可以使用 C++ 函数 **sizeof** 求得。

(a) 对于线性表的元素类型为 **int**、输入元素个数为 n 的线性表实现函数，计算 n 的临界值，当 n 小于该值时，在空间效率上用顺序表实现比用链表实现更高效。

(b)对于线性表的元素类型为 **double**、输入元素个数为 n 的线性表实现函数,计算 n 的临界值,当 n 小于该值时,在空间效率上用顺序表实现比用链表实现更高效。

4.13 修改图 4.18 的代码,实现如图 4.20 所示的存储一个数组中的两个栈。

4.14 修改图 4.26 顺序队列的定义,使用一个独立的布尔成员记录队列是否为空,而不必在数组中留一个空位置。

4.15 回文(palindrome)是指一个字符串从前面读和从后面读都一样。仅使用若干栈和队列的 ADT 函数及若干个 **int** 类型和 **char** 类型的变量,编写一个算法,判断一个字符串是否为回文。假设字符串从标准输入设备一次读入一个字符,算法的输出结果应为 **true** 或者 **false**。

4.16 像 4.2.4 节描述的那样,使用栈来代替递归调用,重新实现习题 2.11 的 **fibr** 函数。

4.17 编写一个递归算法计算下面递归关系的值:

$$\mathbf{T}(n) = \mathbf{T}(\lceil n/2 \rceil) + \mathbf{T}(\lfloor n/2 \rfloor) + n; \quad \mathbf{T}(1) = 1$$

然后,用栈来模拟递归调用,重新编写一个算法。

4.18 已知 Q 是一个非空队列,S 是一个空栈。仅用栈和队列的 ADT 函数和一个成员变量 X 编写一个算法,使得 Q 中的元素位置倒置。

4.19 编译器和文本编辑器普遍存在的一个问题是,判断一个字符串中的圆括号(或者其他括号)是否平衡且匹配。例如,字符串"((())()()()"中的圆括号恰好平衡而且匹配,但是字符串")()("中的圆括号不平衡,字符串"())"中的圆括号不匹配。

(a)给出一个算法,当字符串中的圆括号恰好平衡而且匹配时,返回 **true**,否则返回 **false**。用一个栈来记录当前扫描到的未匹配的左圆括号。提示:从左到右扫描一个合法的字符串,保证任何时候所遇到的右圆括号不会比左圆括号多。

(b)给出一个算法,如果字符串不平衡或者不匹配,则返回字符串中第一个非法圆括号的位置。也就是说,如果发现一个多余的右圆括号,则返回它的位置;如果有多个左圆括号,则返回第一个多余的左圆括号的位置;如果字符串平衡而且恰好匹配,则返回 -1。使用一个栈记录当前扫描到的左圆括号的数目和位置。

4.20 想象一下,你需要设计这样一个应用程序,需要提供 **Insert**、**Delete_Maximum** 和 **Delete_Minimum** 操作。对于这个应用程序而言,**Insert** 操作的时间复杂度并不重要,因为插入操作不是在关键时间段进行,但是其余两个删除操作十分关键。无论重复进行何种删除操作,都应该尽量快速。设计一种数据结构满足上述条件,并证实你的观点。在你的设计中三种操作的时间复杂度分别是多少?

4.21 编写一个函数,对一个包含 n 个元素的数组进行位置逆置。

4.7 项目设计

4.1 双端队列是一种队列,但是它的元素同时可以从队首和队尾进行插入和删除操作,编写一个双端队列,可以使用数组或者链表。

4.2 对顺序表空间被耗尽问题的一个解决办法是:当数组溢出时,用一个更大的数组替换该数组。一个比较好的规则是:当出现溢出时,数组长度加长一倍,将具有较高的时间和空间效率。重新实现图 4.2 的 **List** 类,以便满足该规则。

4.3 使用单链表实现不限大小的整数,每个结点应该存储一位数字。应实现加、减、乘和指数操作,指数运算限制为正整数,则每次操作的渐近运行时间是多少? 用每个函数的两个操作数的位数(数字的个数)来表示。

4.4 像例 4.1 所示的那样,使用 XOR 运算符把 **next** 和 **prev** 指针结合成单一值,用这种方法实现双链表。

4.5 用无序表实现一个城市数据库。每条数据库记录包括城市名(任意长字符串)和城市坐标(用整数 x 和 y 表示)。你的数据库应该允许按照名字或者坐标插入记录、删除记录或者检索记录,还应该支持打印出与指定点距离在一定范围内的所有记录。先使用顺序表实现,再用链表实现。统计这两种不同实现方法中每个操作的运行时间。这两种实现方法的相对优缺点是什么?如果按照城市名的字母顺序来存储记录,使线性表成为有序的,这样会加快还是减慢操作?

4.6 修改图 4.18,支持存储可变长度的字符串(最多 255 个字符)。栈数组应该使用 **char** 类型。一个字符串被表示成一个字符序列(每个栈元素是一个字符),按照其长度存储在栈中,如图 4.35 所示。**push** 操作应该把字符串中的所有字符一次压入栈中,同时在最后留下一个数字表示当前字符串的长度。此时 **top** 位置的数字表示最后一个字符串的长度。**pop** 操作先看 **top** − 1 位置的数字,然后依次弹出相应长度的字符,最后按照相应顺序组合起来并返回。

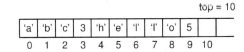

图 4.35 栈数组存储可变长度的字符串。每个位置存储一个字符或是左边字符串的长度

4.7 为元包(见 2.1 节)定义一个 ADT,并用顺序表实现,应该确保该 ADT 对元素位置无限制。然后,用该 ADT 实现来实现图 4.28 的字典 ADT。

4.8 图 4.8 中的类 **LList** 定义了一个无序链表,用这样的无序链表来实现图 4.28 的字典 ADT。尽可能使该实现具有较高的效率,并限制必须使用无序链表,而且通过其访问操作来实现该字典。并给出在该实现中字典 ADT 每个成员函数的近似时间需求。

4.9 用栈来实现图 4.28 的字典 ADT,要求在该实现中声明并使用两个栈。

4.10 用队列来实现图 4.28 的字典 ADT,要求在该实现中只使用一个队列。

第5章 二 叉 树

　　第4章讲述的线性表的实现都有一个基本限制：或者检索速度快，或者易于插入新结点，但是不能二者兼备。对于已有的数据，树结构能够进行高效的创建与更新。尤其是二叉树，应用十分广泛，并且相对容易实现。二叉树对搜索等很多应用都大有裨益。例如，使用二叉树可以加快处理速度：安排优先任务、描述数学公式和程序设计语言的句法元素，以及数据压缩等。

　　本章首先介绍二叉树的定义与主要特性。5.2 节讨论如何使数据有序地存放到树中。5.3 节介绍实现二叉树的各种方法。5.4 节到 5.6 节介绍二叉树的特殊应用：利用二叉检索树进行搜索、用堆实现优先队列，以及用于文件压缩的 Huffman 编码树。这几节给出了三种不同的数据结构，并描述了影响这些数据结构的实现和使用的独特特性。

5.1　定义及主要特性

　　一棵二叉树（binary tree）由结点（node）的有限集合组成，这个集合或者为空（empty），或者由一个根结点（root）及两棵不相交的二叉树组成，这两棵二叉树分别称为这个根结点的左子树（left subtree）和右子树（right subtree）。（不相交是指它们没有公共结点。）这两棵子树的根结点称为此二叉树根结点的子结点（children）。从一个结点到它的两个子结点都有边（edge）相连，这个结点称为其子结点的父结点（parent）。

　　如果一棵树的一串结点 $n_1, n_2, \cdots, n_k$ 有如下关系：结点 n_i 是 n_{i+1} 的父结点（$1 \leqslant i < k$），就把 $n_1, n_2, \cdots, n_k$ 称为一条由 n_1 到 n_k 的路径（path）。这条路径的长度（length）是 $k-1$。如果有一条路径从结点 R 至结点 M，那么 R 就称为 M 的祖先（ancestor），M 则称为 R 的子孙（descendant）。因此，所有结点都是根结点的子孙，而根结点是它们的祖先。

　　结点 M 的深度（depth）就是从根结点到 M 的路径长度。树的高度（height）等于最深结点的深度加 1。任何深度为 d 的结点的层数（level）都为 d。根结点的层数为 0，深度也为 0。

　　没有非空子树的结点称为叶结点（leaf）。至少有一个非空子树的结点称为分支结点或内部结点（internal node）。

　　图 5.1 解释了用来标识二叉树各个部分的术语。图 5.2 说明了二叉树结构的几个要点。由于必须区分二叉树结点的左右子结点，所以图 5.2 中表示的是两棵不同的二叉树。

　　请注意下面定义的两种特殊二叉树的名称。满二叉树（full binary tree）的每一个结点或者是一个分支结点，并恰好有两个非空子结点；或者是叶结点。完全二叉树（complete binary tree）有严格的形状要求：从根结点起每一层从左到右填充。一棵高度为 d 的完全二叉树除了 $d-1$ 层以外，每一层都是满的。底层叶结点集中在左边的若干位置上。

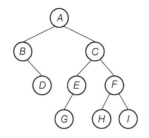

图 5.1 二叉树举例。结点 A 是根结点，结点 B、C 是 A 的子结点。结点 B 与 D 组成一棵子树。B 有两个子结点：左子结点是空树，右子结点是 D。结点 A、C 和 E 是 G 的祖先。结点 D、E 和 F 的层数为 2，结点 A 的层数为 0。从 A 到 C 到 E 到 G 的这条边形成了一条长度为 3 的路径。结点 D、G、H 和 I 是叶结点，结点 A、B、C、E 和 F 是内部结点。结点 I 的深度为 3。这棵树的高度是 4

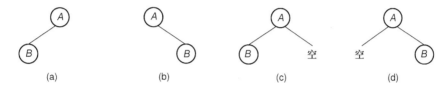

图 5.2 两棵不同的二叉树。(a) 根结点有非空左子结点；(b) 根结点有非空右子结点；(c) 明确标明了二叉树 (a) 的右子结点为空；(d) 明确标明了二叉树 (b) 的左子结点为空

图 5.3 说明了满二叉树与完全二叉树的区别。虽然本书关于满二叉树、完全二叉树的定义是最广泛使用的一种，但是它们并不是普遍被接受的，有些书中甚至可能把两个定义颠倒过来。由于"满"与"完全"这两个词的意义十分接近，所以没有比记住定义的方法能更好地区别它们了。这里介绍一种帮助记忆的方法："完全"的词义比"满"宽一些，而完全二叉树一般比满二叉树要宽，因为完全二叉树的每一层都尽可能地宽。二者之间并没有任何特别的关系。即图 5.3 中的二叉树 (a) 是满二叉树，但不是完全二叉树；(b) 是完全二叉树，但不是满二叉树。堆数据结构 (见 5.5 节) 是完全二叉树，Huffman 编码树 (见 5.6 节) 是满二叉树。

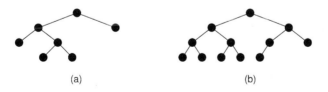

图 5.3 满二叉树与完全二叉树。(a) 满二叉树 (非完全二叉树)；(b) 完全二叉树 (非满二叉树)

5.1.1 满二叉树定理

某些二叉树的实现只用叶结点存储数据，而用分支结点存储结构信息。更一般地，二叉树的实现需要用一定的空间来存储分支结点，这个空间的大小可能与存储叶结点的空间不同。因此，为了分析这种实现方式的空间代价，知道一棵具有 n 个分支结点的二叉树的叶结点在全部结点中可能的最小与最大比例是十分有用的。一棵二叉树的叶结点数目并不是固定的。一棵有 n 个分支结点的二叉树可能只包含一个叶结点。例如，这些分支结点构成一个

链,并以一个叶结点结束(见图5.4)。在这种情况下,叶结点很少,因为每个分支结点都仅有一个非空子结点。为了使叶结点尽量多而分支结点数仍为 n,首先想到的是使每一个分支结点都有两个非空子结点,即满二叉树。但是,这并没有说明什么形状的二叉树的叶结点所占比例会达到最高百分比。不过没有关系,因为任何有 n 个分支

图5.4　包含 n 个分支结点与一个唯一叶结点的二叉树

点的满二叉树都有相同的叶结点数目。这个事实有助于计算出叶结点与分支结点占有不同空间的满二叉树的空间代价。下面的定理说明了任何有 n 个分支结点的满二叉树的叶结点数目。

定理5.1　满二叉树定理:非空满二叉树的叶结点数等于其分支结点数加1。

证明:对 n(分支结点个数)做数学归纳法。这是一个使用归纳法证明的例子:把一种参数为 n 的任意情况归约到一种参数为 $n-1$ 的特例,而参数为 $n-1$ 的情况符合归纳假设,因此定理得证。

- 初始情况:没有分支结点的非空二叉树只有一个叶结点。有一个分支结点的满二叉树 **T** 有两个叶结点,即当 $n=0$ 及 $n=1$ 时定理成立。
- 归纳假设:假设任意一棵有 $n-1$ 个分支结点的满二叉树 **T** 有 n 个叶结点。
- 归纳步骤:假设树 **T** 有 n 个分支结点,取一个左右子结点均为叶结点的分支结点 I。去掉 I 的两个子结点,则 I 成为叶结点,把新树记为 $\mathbf{T}'$,$\mathbf{T}'$ 有 $n-1$ 个分支结点,根据归纳假设,$\mathbf{T}'$ 有 n 个叶结点,现在把两个叶结点归还给 I。又得到树 **T** 有 n 个分支结点。但是 **T** 有几个叶结点呢?既然 $\mathbf{T}'$ 有 n 个叶结点,再加上两个就有 $n+2$ 个叶结点,但是在 $\mathbf{T}'$ 中结点 I 被计算为叶结点,而现在 I 则是分支结点,于是,树 **T** 就有 $n+1$ 个叶结点和 n 个分支结点。

因此,根据归纳原理,定理对任意 $n \geq 0$ 成立。

当分析二叉树的空间代价时,知道有多少个空子树是很有用的。简单的满二叉树定理的推论揭示了任意一棵二叉树中空子树的数目,无论它是否为满二叉树。有两种方法可以证明,这两种方法对理解二叉树很有帮助。

定理5.2　一棵非空二叉树空子树的数目等于其结点数目加1。

证明1:设二叉树 **T**,将其所有空子树换成叶结点,把新二叉树记为 $\mathbf{T}'$。所有原来树 **T** 的结点现在就是树 $\mathbf{T}'$ 的分支结点。由于树 **T** 中的所有分支结点都有两个子结点,并且树 **T** 中的每个叶结点在树 $\mathbf{T}'$ 中都有两个叶结点,所以树 $\mathbf{T}'$ 是满二叉树。根据满二叉树定理,新添加的叶结点数目等于树 **T** 的结点数加1,而每个新添加的叶结点对应树 **T** 的一棵空子树,因此树 **T** 中空子树的数目等于树 **T** 中结点数目加1。

证明2:根据定义,树 **T** 中每个结点都有两个子结点,因此一棵(实际上)有 n 个结点的二叉树有 $2n$ 个子结点。除了根结点以外,每个结点都有一个父结点,于是一共有 $n-1$ 个父结点,也就是有 $n-1$ 个非空子结点。既然子结点数目为 $2n$,则其中有 $n+1$ 个为空。

5.1.2 二叉树的抽象数据类型

就像链表是一个链的集合,树就是由一系列结点构成的。图 5.5 给出了一棵二叉树结点的 ADT,称为 **BinNode**。**BinNode** 类是带有参数 **E** 的模板,该参数是存储在结点中的数据记录的类型。成员函数的功能包括设置或返回元素的值、返回左右结点指针,以及标志该结点是否为叶结点。

```
// Binary tree node abstract class
template <typename E> class BinNode {
public:
  virtual ~BinNode() {} // Base destructor

  // Return the node's value
  virtual E& element() = 0;

  // Set the node's value
  virtual void setElement(const E&) = 0;

  // Return the node's left child
  virtual BinNode* left() const = 0;

  // Set the node's left child
  virtual void setLeft(BinNode*) = 0;

  // Return the node's right child
  virtual BinNode* right() const = 0;

  // Set the node's right child
  virtual void setRight(BinNode*) = 0;

  // Return true if the node is a leaf, false otherwise
  virtual bool isLeaf() = 0;
};
```

图 5.5 二叉树结点的 ADT

5.2 遍历二叉树

经常通过访问每个结点来访问整棵二叉树,每次完成一项工作,例如打印出每个结点的内容。按照一定顺序访问二叉树的结点,称为一次遍历或遍历(traversal)。对每个结点都进行一次访问并将其列出,称为二叉树结点的枚举(enumeration)。有些应用并不要求按照某种顺序访问每一个结点,尽管每一个结点都只访问一次。而另一些应用则要求必须按照一定的顺序访问。例如,可能要求先访问结点,然后访问其子结点,这种访问方法称为前序遍历(preorder traversal)。

例 5.1 把图 5.1 的二叉树按照前序遍历枚举出来的结果为

ABDCEGFHI

注意,打印的第一个结点是根结点,接下来打印所有左子树的结点,最后打印的是右子树的结点。

类似地,也可以先访问结点的子结点(包括它们的子树),再访问该结点。例如,如果要释放树中所有结点占用的存储空间,在删除结点前应该先删除该结点的子结点,再删除结点本身,但是这样做就要求子结点的子结点先被删除,以此类推。这种访问方法称为后序遍历(postorder traversal)。

例5.2　把图5.1的二叉树按照后序遍历枚举出来的结果为

DBGEHIFCA

中序遍历(inorder traversal)则先访问左子结点(包括整棵子树),然后访问该结点,最后访问右子结点(包括整棵子树)。5.4节的二叉检索树就使用了这种遍历方法。

例5.3　把图5.1的二叉树按照中序遍历枚举出来的结果为

BDAGECHFI

遍历路线可以很自然地使用递归函数来表达。函数的输入项为指向一个结点的指针,可以把该结点称为 root,因为每一个结点可以看成某棵子树的根。初始调用时传入根结点指针,然后按照既定的顺序遍历 root 及其子结点(如果存在)。例如,前序遍历要求先访问root,再访问它的子结点。这种遍历方法可以很容易地用C++语言来实现:

```cpp
template <typename E>
void preorder(BinNode<E>* root) {
  if (root == NULL) return; // Empty subtree, do nothing
  visit(root);              // Perform desired action
  preorder(root->left());
  preorder(root->right());
}
```

preorder 函数首先检查树是否为空(如果为空,则遍历完成,并且函数直接返回),否则对根结点调用 visit 函数(例如打印结点的值,或者按照需要完成某些计算)。接着对左子树递归调用本函数,访问子树中的全部结点。最后,对右子树进行同样的操作。后序与中序遍历函数是类似的,只需要适当改变对结点与子结点的访问顺序即可。

在实现对树进行操作的递归函数时,一个重要的设计抉择就是何时检查空子树。preorder 函数先检查 root 的值是否为 NULL。如果不是 NULL,则用 root 的左子结点和右子结点递归调用自身。也就是说,preorder 函数并不试图避免用空的子结点来调用自己。某些程序员喜欢先检查当前结点的左、右子结点指针,以便只用非空结点进行递归调用。下面就是这样的一个例子:

```cpp
template <typename E>
void preorder2(BinNode<E>* root) {
  visit(root);   // Perform whatever action is desired
  if (root->left() != NULL) preorder2(root->left());
  if (root->right() != NULL) preorder2(root->right());
}
```

初看起来,preorder2 的效率比 preorder 高,因为它做的递归调用次数只是后者的一半(请思考原因)。但是,preorder2 通常必须对结点的左、右子结点访问两次。这样,最后的结果是只有极少或者没有任何性能改善。

实际上,preorder2 的设计通常比 preorder 的设计差,这主要有两个原因。第一,虽然在这个例子中不那么明显,但是对于更复杂的遍历,在调用代码中包含检查 NULL 指针的语句就会显得比较笨拙。即使在这个简单的例子中,也必须检查 NULL 指针两次,而不是像在前面一个例子中只检查一次。第二,也是 preorder2 的更重要的问题,它容易出错。虽然 preorder2 的初衷是避免对空子树进行递归调用,但是如果初始调用传入的是一个 NULL 指针,那么它将失败。这种情况会在原始的树是空树时出现。要避免这个错误,preorder2 或者在一开始就对 NULL 指针进行测试(这使得对子结点的检查变成冗余的了),或者调用 preorder2 的程序保证只传入非空指针,但是这不是一个安全可靠的设计，因为最终结果是很多程序员忘记了考虑空树被遍历的可能性。而采用第一种设计（即 **preorder**）明确支持对空子树的处理，就可以避免这个问题的产生。

另一个要考虑的问题是，在设计一个遍历算法时，在什么地方定义对每个结点执行的访问处理函数。一种方法是简单地为需要的每个访问处理函数都编写一个遍历函数，这种方法的缺点是进行遍历的函数必须访问 **BinNode** 类，而好的设计要求只允许树类访问 **BinNode** 类。另一种方法是为树类提供一个通用遍历函数，它把访问处理函数作为遍历函数的一个参数或者一个模板参数。这就是著名的访问者模式。这种方法的主要问题是必须事先确定所有访问处理函数的"签名"（signature），即它们的返回类型和参数。因此，通用遍历函数的设计者必须能够充分地判断潜在的访问处理函数需要什么参数和返回类型。处理程序中不同部分的信息流是一个重要的设计难题，特别是在处理递归函数的问题上，例如树的遍历。在一般情况下，无论是传递正确的数据进入函数，从而使得其能够正常工作，还是从递归函数中返回信息，都有可能遇到这类问题。本书中将会多次出现类似情况，例如遍历树结构时的信息传入和返回问题。下面就是几个简单的示例。

先来看一个需要从递归函数中返回值的例子。

例 5.4 计算一个二叉树中的结点数目。其中，一个非空子树的结点数目等于它的根加上其左右子树的结点数目之和。那么如何计算其左右子树的结点数目呢？递归地调用函数 **count** 来完成计算，代码实现如下：

```cpp
template <typename E>
int count(BinNode<E>* root) {
  if (root == NULL) return 0;  // Nothing to count
  return 1 + count(root->left())
           + count(root->right());
}
```

在递归处理数据集合时的另一个问题是如何控制只访问那些需要访问的数据。例如，在树的遍历过程中只想遍历一些树的结点，而避免处理其他结点。习题 5.20 将在二叉检索树中解决这个问题。它要求只能访问树中结点值在一个给定区间内的结点。幸运的是，只需要添加一个简单的局部计算，就可以判断哪些结点应该被访问。

下面这个例子的难度更大一些。对于给定的一棵二叉树，判断下面的性质是否成立：对于任意一个结点 A，其左子树的所有结点值都小于 A 的结点值，其右子树的所有结点值都大于 A 的结点值？（这就是 5.4 节中二叉检索树的定义。）但是，这个问题需要获得的当前结点信息不仅仅在其父结点或子结点中，正如图 5.6 所示，并不是仅仅判断其左子结点值小于 A 的值，而右子结点值大于 A 的值。也不能简单地与其父结点相比较。实际上，需要知道对于该结点而言，怎样的值才是合理的。这个信息可能存在于任意一个祖先结点中。因此，相

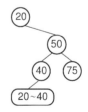

图 5.6　一棵二叉检索树，结点值为 40 的结点的左子结点的值要求在 20 到 40 之间

关的范围信息需要沿着树的结构传递下来。可以按照下面的方法实现这个函数：

```cpp
template <typename Key, typename E>
bool checkBST(BSTNode<Key,E>* root, Key low, Key high) {
  if (root == NULL) return true; // Empty subtree
  Key rootkey = root->key();
  if ((rootkey < low) || (rootkey > high))
    return false; // Out of range
```

```
    if (!checkBST<Key,E>(root->left(), low, rootkey))
      return false; // Left side failed
    return checkBST<Key,E>(root->right(), rootkey, high);
}
```

5.3　二叉树的实现

本节将介绍各种实现二叉树的方法。首先介绍利用指针来实现二叉树，接着从技术上讨论二叉树实现的空间代价。本节还包括了使用数组实现完全二叉树的内容。

5.3.1　使用指针实现二叉树

根据定义，每一个结点都有两个子结点，不论有一个为空还是二者都为空。通常，二叉树的结点都包含一个数据区，数据区所需空间大小根据需要而定。最常见的结点实现方法包含一个数据区和两个指向子结点的指针。图 5.7 给出了名为 **BSTNode** 的 **BinNode** 抽象类的简单实现。

```
// Simple binary tree node implementation
template <typename Key, typename E>
class BSTNode : public BinNode<E> {
private:
  Key k;                      // The node's key
  E it;                       // The node's value
  BSTNode* lc;                // Pointer to left child
  BSTNode* rc;                // Pointer to right child

public:
  // Two constructors -- with and without initial values
  BSTNode() { lc = rc = NULL; }
  BSTNode(Key K, E e, BSTNode* l =NULL, BSTNode* r =NULL)
    { k = K; it = e; lc = l; rc = r; }
  ~BSTNode() {}               // Destructor

  // Functions to set and return the value and key
  E& element() { return it; }
  void setElement(const E& e) { it = e; }
  Key& key() { return k; }
  void setKey(const Key& K) { k = K; }

  // Functions to set and return the children
  inline BSTNode* left() const { return lc; }
  void setLeft(BinNode<E>* b) { lc = (BSTNode*)b; }
  inline BSTNode* right() const { return rc; }
  void setRight(BinNode<E>* b) { rc = (BSTNode*)b; }

  // Return true if it is a leaf, false otherwise
  bool isLeaf() { return (lc == NULL) && (rc == NULL); }
};
```

图 5.7　二叉树结点的实现

BSTNode 类包括一个 **E** 类型的数据成员，它是模板的第二个参数。为了实现二叉检索树，需要添加一个新的域和对应的访问方式，以存储关键码值(已在 4.4 节中予以解释)。其类型将由模板的第一个参数 **Key** 决定。每个 **BSTNode** 对象都有两个指针，一个指向左子结点，另一个指向右子结点。对该类添加重载 **new** 和 **delete** 操作符以便支持 4.1.2 节描述的可利用空间表。图 5.8 给出了用指针实现的二叉树的结构图。

一些程序员喜欢添加一个指向父结点的指针，以便向上搜索。添加一个父指针与在双链表中添加指向前一结点的指针 **prev** 有一些类似。实际上，父指针通常是不必要的，并且增加了许多结构性开销。这并不仅仅是空间开销的问题。更重要的是，使用父指针会对一些程序产生错误的理解。如果你使用了父指针，考虑一下是否有更好的不使用父指针的办法来实现这个功能。

在利用指针实现的二叉树中，叶结点与分支结点是否使用相同的类定义十分重要。使用相同的类可以简化实现，但是可能导致空间上的浪费。有一些应用只需要用叶结点存储数据，还有一些应用要求分支结点与叶结点存储不同类型的数据。例如 13.3 节的 PR 四分树、5.6 节的 Huffman 树，以及本节后面介绍的表达式树（见图 5.9）。根据定义，只有分支结点有非空子结点。因此，分别定义分支结点与叶结点将节省存储空间。叶结点与分支结点分别存储不同类型数据的例子可以参见图 5.9 的表达式树。这个表达式树表示了一个代数式，其中包括双目运算符，如加、减、乘和除。分支结点存储操作符，而叶结点存储操作数。图 5.9 的表达式树表示表达式 $4x(2x+a)-c$。叶结点所需要的存储空间与分支结点不同，分支结点存储元素数目很少的操作符集合中的一个操作符，因此分支结点可以存储标识该操作符的代码或者用一个字节存储其图形符号。叶结点则存储不同的变量名或数值，所以叶结点必须有足够大的数据区来存储各种可能的值。同时，叶结点不必存储子结点的指针。

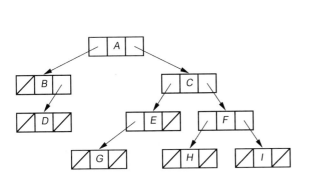

图 5.8　典型的基于指针的二叉树实现，其中
每一个结点存储两个指针和一个值

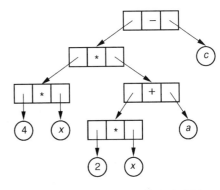

图 5.9　$4x(2x+a)-c$ 的表达式树

C++ 通过使用类继承提供了区分叶结点和分支结点的解决方案。正如在使用线性表时所做的那样，给类 **BinNode** 定义一个基类（base class），以便为对象提供一个通用的定义，并定义一个子类（subclass），以便修改基类，并添加更多细节。基类用来声明一般意义上的结点，而子类用来定义分支结点和叶结点。在图 5.10 中，基类的名字是 **VarBinNode**。它包含了一个名为 **isLeaf** 的C++ 虚成员函数，用于表示结点类型。分支结点和叶结点的子类各自实现了 **isLeaf**。分支结点存储具有基类型的子结点指针，这些指针并不知道子结点的真实类型。检查一个结点时，**isLeaf** 函数返回该结点的真实子类型。

图 5.10 包含了从 **VarBinNode** 类派生出的两个子类 **LeafNode** 和 **IntlNode**。**Intl-Node** 类通过 **VarBinNode** 类的指针指向其子结点。函数 **traverse** 说明了这些类的用法。当 **traverse** 调用方法 **isLeaf** 时，C++ 的运行环境判断当前结点 **root** 所属的子类，并调用该子类的 **isLeaf** 函数。而后，**isLeaf** 函数给出结点的真正结点类型。通过把基类指针强制转换为合适的指针，可以访问这两个派生子类的其他成员函数，这与在函数 **traverse** 中所做的类似。

可用来区分叶结点和分支结点的另一种方法是使用一个虚基类和两个独立的结点类。这是一种复合设计模式（composite design pattern）。这种方法与图 5.10 的方法有显著的不同，

图 5.10 中结点类自己实现了 **traverse** 函数的功能。图 5.11 给出了这种方法的具体实现。这里，基类 **VarBinNode** 声明了一个成员函数 **traverse**，每个子类都需要实现它。每个子类中对基类的实现可以按照自己的需求进行。整个遍历过程就是调用根结点的 **traverse** 函数，然后通过其不断调用左、右子结点的 **traverse** 函数。

```cpp
// Node implementation with simple inheritance
class VarBinNode {    // Node abstract base class
public:
  virtual ~VarBinNode() {}
  virtual bool isLeaf() = 0;      // Subclasses must implement
};

class LeafNode : public VarBinNode { // Leaf node
private:
  Operand var;                      // Operand value

public:
  LeafNode(const Operand& val) { var = val; } // Constructor
  bool isLeaf() { return true; }    // Version for LeafNode
  Operand value() { return var; }   // Return node value
};

class IntlNode : public VarBinNode { // Internal node
private:
  VarBinNode* left;                 // Left child
  VarBinNode* right;                // Right child
  Operator opx;                     // Operator value

public:
  IntlNode(const Operator& op, VarBinNode* l, VarBinNode* r)
    { opx = op; left = l; right = r; } // Constructor
  bool isLeaf() { return false; }   // Version for IntlNode
  VarBinNode* leftchild() { return left; }   // Left child
  VarBinNode* rightchild() { return right; } // Right child
  Operator value() { return opx; }  // Value
};

void traverse(VarBinNode *root) {    // Preorder traversal
  if (root == NULL) return;          // Nothing to visit
  if (root->isLeaf())                // Do leaf node
    cout << "Leaf: " << ((LeafNode *)root)->value() << endl;
  else {                             // Do internal node
    cout << "Internal: "
         << ((IntlNode *)root)->value() << endl;
    traverse(((IntlNode *)root)->leftchild());
    traverse(((IntlNode *)root)->rightchild());
  }
}
```

图 5.10　使用C++的类继承和虚函数来实现对分支结点与叶结点的不同表示

比较图 5.10 和图 5.11 给出的两种实现方法，可以看出每一种方法都有其优缺点。第一种方法不要求结点类明确支持 **traverse** 函数。使用这种方法很容易给树类添加新的操作方法，例如遍历，或者其他对树结点的操作。但是，可以发现其 **traverse** 方法的实现需要对其他子类很熟悉，并且添加新子类时需要修改 **traverse** 的代码。而图 5.11 的方法要求任何需要对树进行遍历的新操作都要在结点的子类中实现。另一方面，图 5.11 的方法使得 **traverse** 函数不必了解结点子类独特的功能细节——子类自己负责遍历的处理工作。图 5.11方法的第二个优点是，**traverse** 函数不需要明确地枚举所有不同的结点子类，直接就能做合适的操作。如果只有两个子类，这一优越性显示不出来，但是如果有很多子类，其方便之处就会很明显。这种方法的缺点是遍历操作一定不能用 **NULL** 指针来调用，因为没有办法来捕获到这个调用。这个问题可以通过空结点的轻量级(见 1.3.1 节)实现来避免。

```
// Node implementation with the composite design pattern
class VarBinNode {   // Node abstract base class
public:
  virtual ~VarBinNode() {}        // Generic destructor
  virtual bool isLeaf() = 0;
  virtual void traverse() = 0;
};


class LeafNode : public VarBinNode { // Leaf node
private:
  Operand var;                       // Operand value

public:
  LeafNode(const Operand& val) { var = val; } // Constructor
  bool isLeaf() { return true; }     // isLeaf for Leafnode
  Operand value() { return var; }    // Return node value
  void traverse() { cout << "Leaf: " << value() << endl; }
};


class IntlNode : public VarBinNode { // Internal node
private:
  VarBinNode* lc;                    // Left child
  VarBinNode* rc;                    // Right child
  Operator opx;                      // Operator value

public:
  IntlNode(const Operator& op, VarBinNode* l, VarBinNode* r)
    { opx = op; lc = l; rc = r; }    // Constructor

  bool isLeaf() { return false; }    // isLeaf for IntlNode
  VarBinNode* left() { return lc; }  // Left child
  VarBinNode* right() { return rc; } // Right child
  Operator value() { return opx; }   // Value

  void traverse() { // Traversal behavior for internal nodes
    cout << "Internal: " << value() << endl;
    if (left() != NULL) left()->traverse();
    if (right() != NULL) right()->traverse();
  }
};


// Do a preorder traversal
void traverse(VarBinNode *root) {
  if (root != NULL) root->traverse();
}
```

图 5.11   另一种使用C++的类继承和虚函数来实现对分支结点与叶结点的不
同表示的方法。在这种方法中，**traverse**的功能被嵌入结点类中

在一般情况下，如果 **traverse** 是树类的一个成员函数，并且结点子类对树类的用户是透明的，则应该优先选择图 5.10 的方法。如果有意把结点与树相互分开，不让树的用户知道结点的存在，则应该优先考虑图 5.11 的方法，因为隐藏结点内部行为变得更为重要。

复合设计模式的另一个优点是使得实现每种类型的功能更加容易。这是因为你可以只着眼于单个结点类型所需要的信息传递，以及其他行为。从而降低了递归处理复杂信息时的复杂性，而复杂性令大多数程序员头疼。

5.3.2 空间代价

本节介绍二叉树实现的结构性开销的计算。回顾一下，结构性开销是为了实现数据结构所花费的空间，即那些不是用来存储数据记录的空间。决定结构性开销大小的因素包括：哪些结点存储数据值（全部结点或者只是叶结点）、是否有父指针、叶结点是否存储子指针及是否为满

二叉树等。在简单的基于指针的二叉树中(见图5.7),每个结点都有两个指针指向其子结点(即使子结点为 **NULL**)。对于 n 个结点的树,这种实现方法需要的总空间合计为 $n(2P+D)$,其中 P 代表一个指针所占的空间大小,D 表示一个数据值所占的空间大小。整个二叉树的结构性开销是 $2Pn$。因此,结构性开销所占比例就为 $2P/(2P+D)$。这个表达式的实际值取决于指针所占空间与数据域所占空间的相对比值。如果假设 $P=D$,那么满二叉树的空间将有 2/3 被结构性开销占据。定理 5.2 说明大约一半指针浪费在存储 **NULL** 值上,仅仅是为了描述树的结构,而不是指向实际的数据。

在一种更加常见的实现方法中,往往结点中并不存储相应的数据,而是仅仅存放指向该数据的指针。这样,结构性开销所占的比例就是 $3P/(3P+D)$。如果只是叶结点存储数据,那么结构性开销在全部开销中所占的比例就取决于二叉树是否"满"。如果二叉树不满,则有可能在一串分支结点之后仅有一个叶结点。在非满二叉树中,结构性开销将占有很大比例。二叉树越接近满的程度,结构性开销所占的比例也就越低,满二叉树则达到最低。在这种情况下,大约一半结点是分支结点。在满二叉树中,去掉叶结点中的指针会省下大量空间。因为分支结点与叶结点大约各占一半,而现在只有分支结点包含结构性开销。这样,结构性开销所占比例将接近于:

$$\frac{\frac{n}{2}(2P)}{\frac{n}{2}(2P)+Dn} = \frac{P}{P+D}$$

如果 $P=D$,那就意味着结构性开销将达到全部空间的大约一半。但是,如果只有叶结点存储有用的信息,则结构性开销所占的比例大约为四分之三,因为有一半的"数据"区没有使用。

对于只在叶结点中存储数据的满二叉树来说,较好的实现方法是分支结点只存储两个指针,没有数据区,叶结点则只包含一个数据区。这种方法需要 $2Pn+D(n+1)$ 个空间单元。如果 $P=D$,则结构性开销约为 $2P/(2P+D)=2/3$。总空间数量减少而结构性开销的比例反而增高,这看起来似乎有些违背常理,但是由于实际上改变了"数据"的定义,即只有存储在叶结点中的才是数据,因此虽然结构性开销比例增高了,但需要的存储空间总量却减少了。这种分析有一个严重的缺陷。如果分别实现分支结点与叶结点,就需要有一种方法来区别两种结点类型。假如使用C++的子类来分别实现两种结点类型,运行环境会为每个对象存储信息,以便调用虚函数 **isLeaf** 时能判断其所属的子类。因此,每个结点都增加了额外的空间开销。而实际只需要一位(的空间)就可以区别这两种情形。有些实现方法将结点值区域中的一位用于表示所属的结点类型,还有一种方法则使用结点指针的一个空闲位来存储结点所属的类型。通常这是能办到的,前提是编译器要求结构与类必须从字(word)的边界开始,使得指针值的最后一位总是为零。于是,这一位就可以用来存储结点类型标志。并且,当指针被重新赋值时,这一位重新设置为零。另一种方法是,如果叶结点数据区比一个指针小,就把指向叶结点的指针换成该叶结点的值。如果空间非常有限,类似这样的技术往往是能否成功的关键。在其他情况下,应该避免使用这种"位压缩"(bit packing)技巧,因为"可读性第一,效率其次"才是所追求的目标[①]。

5.3.3 使用数组实现完全二叉树

上一节指出，在二叉树的实现中，有很大比例的空间被结构性开销所占用，而不是用于存储有用的数据。本节介绍一种简单、紧凑的实现完全二叉树的方法。回顾一下，完全二叉树的每一层(除了最底层)都是满的，并且最底层的结点从左到右填充。因此，n 个结点的二叉树只可能有一种形状。你也许认为完全二叉树极少出现，因而没有必要专门设计一种方法来实现它。事实上，完全二叉树有实际用途。最重要的用途就是 5.5 节讨论的堆数据结构。堆经常用来实现优先队列(见 5.5 节)和外排序算法(见 8.5.2 节)。假设在完全二叉树中[见图 5.12(a)]，逐层而下、从左到右，结点的位置完全由其序号确定。数组可以有效地存储二叉树的数据，把每一个数据存放在其结点对应序号的位置上。图 5.12(b)列出了图 5.12(a)中每个结点的子结点、父结点及兄弟结点。从图 5.12(b)中可以看出每个结点的亲属在数组中的位置关系，可以推导出计算每个结点亲属下标的简单公式。不需要任何指向左右子结点的指针。这就意味着如果对有 n 个结点的二叉树使用大小为 n 的数组来实现，就不存在结构性开销。

下面就是计算各亲属结点下标的公式。公式中 r 表示结点的下标，它的范围在 0 到 $n-1$ 之间。n 表示二叉树结点的总数。

- Parent$(r) = \lfloor (r-1)/2 \rfloor$，当 $r \neq 0$ 时
- Leftchild$(r) = 2r+1$ ，当 $2r+1 < n$ 时
- Rightchild$(r) = 2r+2$ ，当 $2r+2 < n$ 时
- Leftsibling$(r) = r-1$ ，当 r 为偶数时
- Rightsibling$(r) = r+1$ ，当 r 为奇数并且 $r+1 < n$ 时

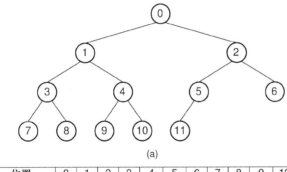

(a)

位置	0	1	2	3	4	5	6	7	8	9	10	11
Parent	−	0	0	1	1	2	2	3	3	4	4	5
Leftchild	1	3	5	7	9	11	−	−	−	−	−	−
Rightchild	2	4	6	8	10	−	−	−	−	−	−	−
Leftsibling	−	−	1	−	3	−	5	−	7	−	9	−
Rightsibling	−	2	−	4	−	6	−	8	−	10	−	−

(b)

图 5.12 完全二叉树及其数组实现。(a)有 12 个结点的完全二叉树，每个结点上均标明了其在树中的位置；(b)数组标明了每个结点之间的相互关系。符号"−"表示不存在相互关系

5.4 二叉检索树

4.4 节给出了字典的抽象数据类型定义，同时也给出了基于有序表和无序表的具体实现方法。当用无序表实现时，在字典中插入一个新记录的操作将执行得很快，只需要把该记录放在表的末端。但是，在无序表中查找一个特定记录的平均检索时间为 $\Theta(n)$。对于一个大型数据库来说，这很可能太慢了。可供选择的方法之一就是把记录存储在有序表中。如果线性表是通过链表来实现的，顺序存储记录并不会提高检索速度。如果线性表是使用数组来实现的，那么使用二分法检索记录只需要 $\Theta(\log n)$ 的时间。但是，插入记录则需要 $\Theta(n)$，因为当在有序表中找到新记录的恰当位置时，需要移动许多记录，以便为新记录腾出地方。

有没有一种组织记录的方法，能使记录的插入与检索都能很快完成呢？本节介绍了能很好地解决这个问题的二叉检索树(Binary Search Tree，BST；也可译为"二叉查找树"、"二叉排序树"等)。

BST 是满足下面所给出条件的二叉树，该条件即二叉检索树属性：对于二叉检索树的任何一个结点，设其值为 K，则该结点左子树中任意一个结点的值都小于 K；该结点右子树中任意一个结点的值都大于或等于 K。图 5.13 给出了对应一组数值的两棵二叉检索树(BST)。二叉检索树的特点是，如果按照中序遍历(见 5.2 节)将各个结点打印出来，就会得到由小到大排列的结点。

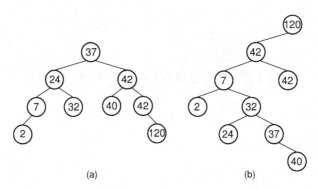

(a)   (b)

图 5.13 给定一组数值的两棵二叉检索树。按照(37，24，42，7，2，40，42，32，120)的顺序将各个结点插入，得到二叉树(a)；按照(120，42，42，7，2，32，37，24，40)的顺序将各个结点插入，则得到二叉树(b)

图 5.14 给出了二叉检索树的抽象数据类型描述，利用它可以实现字典抽象数据类型。公共函数包括所有这些字典 ADT 的需求，以及构造函数、析构函数。回顾一下 4.4 节所讨论的关键码与其相关记录的比较问题(其中提到了三种办法：将关键码与值绑定、一个特殊的比较方法和传入一个较泛化的比较函数)。BST 实现将关键码与值分别存储在树的结点中。

从根结点开始，在 BST 中检索 K 值。如果根结点存储的值为 K，则检索结束。如果不是，则必须检索树的更深一层。BST 的效率在于只需要检索两棵子树之一。如果 K 小于根结点的值，则只需要检索左子树；如果 K 大于根结点的值，则只需要检索右子树。这个过程一直持续到 K 被找到，或者遇到了一个叶结点为止。如果遇到叶结点仍旧没有发现 K，那么 K 就不在这个 BST 中。

```
// Binary Search Tree implementation for the Dictionary ADT
template <typename Key, typename E>
class BST : public Dictionary<Key,E> {
private:
  BSTNode<Key,E>* root;      // Root of the BST
  int nodecount;             // Number of nodes in the BST

  // Private "helper" functions
  void clearhelp(BSTNode<Key, E>*);
  BSTNode<Key,E>* inserthelp(BSTNode<Key, E>*,
                             const Key&, const E&);
  BSTNode<Key,E>* deletemin(BSTNode<Key, E>*);
  BSTNode<Key,E>* getmin(BSTNode<Key, E>*);
  BSTNode<Key,E>* removehelp(BSTNode<Key, E>*, const Key&);
  E findhelp(BSTNode<Key, E>*, const Key&) const;
  void printhelp(BSTNode<Key, E>*, int) const;

public:
  BST() { root = NULL; nodecount = 0; }   // Constructor
  ~BST() { clearhelp(root); }             // Destructor

  void clear()    // Reinitialize tree
    { clearhelp(root); root = NULL; nodecount = 0; }

  // Insert a record into the tree.
  // k Key value of the record.
  // e The record to insert.
  void insert(const Key& k, const E& e) {
    root = inserthelp(root, k, e);
    nodecount++;
  }

  // Remove a record from the tree.
  // k Key value of record to remove.
  // Return: The record removed, or NULL if there is none.
  E remove(const Key& k) {
    E temp = findhelp(root, k);    // First find it
    if (temp != NULL) {
      root = removehelp(root, k);
      nodecount--;
    }
    return temp;
  }
  // Remove and return the root node from the dictionary.
  // Return: The record removed, null if tree is empty.
  E removeAny() {  // Delete min value
    if (root != NULL) {
      E temp = root->element();
      root = removehelp(root, root->key());
      nodecount--;
      return temp;
    }
    else return NULL;
  }

  // Return Record with key value k, NULL if none exist.
  // k: The key value to find. */
  // Return some record matching "k".
  // Return true if such exists, false otherwise. If
  // multiple records match "k", return an arbitrary one.
  E find(const Key& k) const { return findhelp(root, k); }

  // Return the number of records in the dictionary.
  int size() { return nodecount; }

  void print() const { // Print the contents of the BST
    if (root == NULL) cout << "The BST is empty.\n";
    else printhelp(root, 0);
  }
};
```

图 5.14 二叉检索树的C++类说明

例 5.5 在图 5.13(a) 的二叉树中检索值 32。由于 32 小于根结点的值 37，检索过程进入左子树。由于 32 比 24 大，检索值 24 的右子树。此时找到了包含值 32 的结点。如果检索值为 35，则检索路径是相同的，直到找到包含值 32 的结点。由于这个结点没有子结点，因此可以判断值 35 不在这个 BST 中。

注意，在图 5.14 中，**find** 只是简单地调用私有成员函数 **findhelp**。函数 **find** 的显式参数是检索的值，其实它的隐含参数是该值所在的 BST，以及返回匹配 key 的那个记录。检索时将子树的根结点及检索的值作为参数，使用递归函数很容易实现该目的。成员 **find-help** 正是满足这种要求的递归子程序，其实现如下：

```
template <typename Key, typename E>
E BST<Key, E>::findhelp(BSTNode<Key, E>* root,
                                const Key& k) const {
  if (root == NULL) return NULL;          // Empty tree
  if (k < root->key())
    return findhelp(root->left(), k);    // Check left
  else if (k > root->key())
    return findhelp(root->right(), k);   // Check right
  else return root->element();  // Found it
}
```

当要检索的结点找到后，结点记录的信息将随着递归调用依次向上返回。如果没有找到合适的记录，函数的返回值将会是 **NULL**。

要插入一个值 k，首先必须找出它应该放在树结构的什么地方。这就会把它带到一个叶结点，或者一个在待插入的方向上没有子结点的分支结点[1]。将这个结点记为 R'。接着，把一个包含 K 的结点作为 R' 的子结点加上去。图 5.15 分析了这个操作。值 35 作为包含值 32 的结点的右子结点被加上去。下面是 **inserthelp** 的实现：

```
template <typename Key, typename E>
BSTNode<Key, E>* BST<Key, E>::inserthelp(
    BSTNode<Key, E>* root, const Key& k, const E& it) {
  if (root == NULL)  // Empty tree: create node
    return new BSTNode<Key, E>(k, it, NULL, NULL);
  if (k < root->key())
    root->setLeft(inserthelp(root->left(), k, it));
  else root->setRight(inserthelp(root->right(), k, it));
  return root;          // Return tree with node inserted
}
```

要注意 **inserthelp** 实现中的一个重要细节。**inserthelp** 为 **BSTNode** 返回一个指针。从逻辑角度来看，返回的是与原子树一样的子树，只是新子树中包含了新插入的结点。从根结点到被插入结点的父结点，该路径上的各个结点都被赋予了相应的子结点指针值。其实，除了该路径的最后一个结点之外，其他结点都不会改变子结点指针值。从这一点来说，许多赋值都是不必要的。但是由于这种方法的简捷性，这些额外的赋值是值得的。另一种解决方法是判断是否需要赋值，不过判断运算的代价可能比直接赋值大。

BST 的形状取决于各个元素被插入二叉树的先后顺序。一个新元素作为一个新叶结点被添加到二叉树中，有可能增加树的深度。图 5.13 表示对于一组给定元素的两棵不同的 BST。一棵包含 n 个结点的 BST 有可能是一条含 n 个结点的链，而树的高度是 n。例如，所有元素

---

[1] 这里假设二叉树中没有一个结点的值与被插入结点的值相同。假如确实发现某个结点的值与被插入结点的值相同，有两种选择：如果该应用不允许结点有相同的值，就必须把这个插入作为错误处理（或者对于这样的插入操作忽略不计）；如果允许有相同的值，习惯上将其插入右子树中，如成员 **inserthelp** 所做的那样。

按照已排列好的顺序插入时，就会发生这种情况。通常情况下，BST 的高度越小越好。这样可以使得 BST 操作的均摊代价尽量小。

从 BST 中删除一个结点需要一些技巧，但是如果分别考虑各种可能的情况，就不算太难。在着手解决移走一个一般结点的过程之前，首先讨论如何移走一个子树中值最小的那个结点。删除一般结点的函数将采用此方法。为了移走子树中值最小的结点，首先应该找到这个结点。只需要沿着左边的链

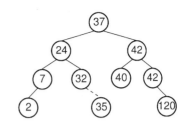

图 5.15 在 BST 中插入值为 35 的结点［见图 5.13(a)］。值为 32 的结点是包含值为 35 的新结点的父结点

不断向下移，直到已经没有左边的链可以继续下移，就可以找到值最小的结点，记为 S。要移走 S，只需要简单地把 S 的父结点中原来指向 S 的指针改为指向 S 的右子结点。可以肯定 S 没有左子结点(因为如果 S 有左子结点，它就不是值最小的结点)。这样改变指针，删除 S 结点，二叉检索树的性质仍能保持不变。完成上述删除最小值功能的函数为 deletemin，其代码如下：

```
template <typename Key, typename E>
BSTNode<Key, E>* BST<Key, E>::
deletemin(BSTNode<Key, E>* rt) {
  if (rt->left() == NULL) // Found min
    return rt->right();
  else {                      // Continue left
    rt->setLeft(deletemin(rt->left()));
    return rt;
  }
}
```

例 5.6 图 5.16 表示了 deletemin 的执行过程。从值为 10 的根结点开始，deletemin 沿着左边的链下移，直到再没有左边的链，此时到达值为 5 的结点。值为 10 的结点将指针指向了最小值结点的右子结点。在图 5.16 中用一条带箭头的线来表示。

指向含最小值结点的指针存储在参数 min 中，函数 deletemin 的返回值是含有最小值结点的将被删除的子树。像函数 inserthelp 一样，由于调用了函数 deletemin 的缘故，在回到根结点路径上的各个结点的左指针都被重新赋值指向子树。

一个有用的比较函数就是 getmin。它能返回一个指向当前子树中最小元素的结点。

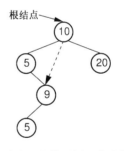

图 5.16 删除最小值示例。在这棵二叉树中，包含最小值为 5 的结点是根结点的左子结点。所以，根结点的左指针改为指向值为 5 的右子结点

```
template <typename Key, typename E>
BSTNode<Key, E>* BST<Key, E>::
getmin(BSTNode<Key, E>* rt) {
  if (rt->left() == NULL)
    return rt;
  else return getmin(rt->left());
}
```

从 BST 中删除一个值为 R 的结点，首先必须找到 R，接着将它从二叉树中删掉。因此，删除操作的第一步就是检索 R 的存在。如果找到 R，则有多种可能性。如果 R 没有子

结点,那么就将 R 的父结点指向它的指针改为 **NULL**。如果 R 有一个子结点,就将 R 的父结点指向它的指针改为指向 R 的子结点(与 **deletemin** 相似)。如果 R 有两个子结点,问题就来了。一种较简单但是代价颇高的解决办法是,让 R 的父结点指向 R 的一棵子树,然后将剩下的另一棵子树的结点一个个地重新插入。较好的解决办法是从某棵子树中找出一个能代替 R 的值。

这样就出现了一个问题:什么值能替代那个被删除的值呢?由于必须在保证树结构不发生巨大变化的同时,又保持二叉检索树的性质,因而并不是任意一个值都可以用来替换。哪个值最像被替换的值呢?答案是那些大于(或等于)被替换值中的最小者,或者那些小于被替换值中的最大者。如果用这两者之一去替换,就能保持二叉检索树的性质。

例 5.7　假设希望从图 5.13(a)的二叉检索树中删除值 37。不删除根结点,而是删除右子树中值最小的结点(使用 **deletemin** 操作),然后用这个值来代替根结点的值。在这个例子中,由于 40 是右子树中的最小值,首先删除包含值 40 的结点,接着用值 40 代替 37 作为根结点的新值。图 5.17 表明了该过程。

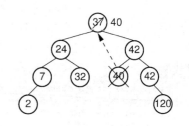

图 5.17　从二叉检索树中删除值 37 的示例。包含这个值的结点有两个子结点,用结点右子树中的最小值 40 来代替值 37

当二叉树中没有重复值出现时,用左子树中的最大值还是用右子树中的最小值来代替并没有什么区别。如果有重复值,那么就应该从右子树中选择替代者。究其原因,假设左子树中的最大值为 G,如果左子树的其他结点也有值 G,那么选择 G 作为根结点就会导致一棵二叉树的左子树中具有与子树根结点值 G 相同的结点。作为特例,假如图 5.13(b)中使用了左子树中的最大值来替换 120,就会出现这种错误。从右子树中选择最小值就不会有类似问题,因为具有相同值的结点只出现在右子树中,这样的操作不会破坏二叉检索树的性质。

综上所述,如果想把一个有两个子结点的结点值删除,只需要对其右子树调用函数 **deletemin**,并用函数的返回值代替被删除的值。图 5.18 是 **removehelp** 的源代码。

findhelp 和 **inserthelp** 的时间代价取决于结点被找到/插入的深度。**removehelp** 的时间代价取决于被删除结点的深度。如果结点有两个子结点,则取决于其右子树中包含最小值结点的深度。这样,这几个操作中任意一个的最差情况都等于该树的深度。这就是尽量保持二叉检索树平衡(也就是使其高度尽可能小)的原因。如果二叉树是平衡的,则有 n 个结点的二叉树的高度约为 $\log n$。但是,如果二叉树完全不平衡(如形成一个链表的形状),则其高度可以达到 n。因而,平衡二叉树每次操作的平均时间代价为 $\Theta(\log n)$,而严重不平衡的 BST 在最差情况下平均每次操作的时间代价为 $\Theta(n)$。假设按照逐个插入的方式创建一棵有 n 个结点的 BST,并且很幸运地遇到了每个结点的插入都使树保持平衡的情况("随机"的顺序很可能较好地实现这种目的),那么每次插入的平均时间代价为 $\Theta(\log n)$,共为 $\Theta(n \log n)$。但是,如果结点按照递增顺序插入,就会得到一条高度为 n 的链,插入时间代价为 $\sum_{i=1}^{n} i = \Theta(n^2)$。

```
// Remove a node with key value k
// Return: The tree with the node removed
template <typename Key, typename E>
BSTNode<Key, E>* BST<Key, E>::
removehelp(BSTNode<Key, E>* rt, const Key& k) {
  if (rt == NULL) return NULL;       // k is not in tree
  else if (k < rt->key())
    rt->setLeft(removehelp(rt->left(), k));
  else if (k > rt->key())
    rt->setRight(removehelp(rt->right(), k));
  else {                           // Found: remove it
    BSTNode<Key, E>* temp = rt;
    if (rt->left() == NULL) {      // Only a right child
      rt = rt->right();            //  so point to right
      delete temp;
    }
    else if (rt->right() == NULL) { // Only a left child
      rt = rt->left();              //  so point to left
      delete temp;
    }
    else {                         // Both children are non-empty
      BSTNode<Key, E>* temp = getmin(rt->right());
      rt->setElement(temp->element());
      rt->setKey(temp->key());
      rt->setRight(deletemin(rt->right()));
      delete temp;
    }
  }
  return rt;
}
```

图 5.18　BST 中 **removehelp** 函数的实现

不论该树的形状如何，遍历二叉树的时间代价为 $\Theta(n)$，每个结点恰好被访问一次，每个指针也恰好被引用一次。

下面是两个遍历的例子。第一个是成员函数 **clearhelp**，它把 BST 中的结点返回到可利用空间表中。因为一个结点的子结点必须先于结点本身释放，因此这个过程是个后序遍历。

```
template <typename Key, typename E>
void BST<Key, E>::
clearhelp(BSTNode<Key, E>* root) {
  if (root == NULL) return;
  clearhelp(root->left());
  clearhelp(root->right());
  delete root;
}
```

下一个例子中的 **printhelp** 完成二叉检索树的中序遍历，把结点的值按照从小到大的升序打印出来。注意，**printhelp** 每一行的缩进都显示了树中相应结点的深度。

```
template <typename Key, typename E>
void BST<Key, E>::
printhelp(BSTNode<Key, E>* root, int level) const {
  if (root == NULL) return;                 // Empty tree
  printhelp(root->left(), level+1);         // Do left subtree
  for (int i=0; i<level; i++)               // Indent to level
    cout << "  ";
  cout << root->key() << "\n";              // Print node value
  printhelp(root->right(), level+1);        // Do right subtree
}
```

虽然在二叉树平衡时，其实现很简单，并且效率很高，但是它成为非平衡状态的可能性却很大。许多技巧可以组织二叉树，使其形态良好，如 AVL 树和 13.2 节的伸展树（splay tree）。有一些检索树肯定是平衡的，如 10.4 节的 2-3 树。

5.5 堆与优先队列

在现实生活中和计算机应用中，存在许多需要从一群人、一系列任务或一些对象中找出"下一位最重要"目标的情况。例如，医院急诊室的大夫常常是选择"下一位最重要"的病人，而不是选择那位最先来到的病人。在多任务操作系统的作业调度中，任何时刻都可能有多个程序(通常称为作业，即 job)等待运行。操作系统往往选择具有最高优先级(priority)的那个作业。优先级是与作业有关的一个特殊值(如果作业还在等待队列中，优先级数值可以改变)。

一些按照重要性或优先级来组织的对象称为优先队列(priority queue)。在普通队列数据结构中查找具有最高优先级元素的时间代价为 $\Theta(n)$，因而普通队列不能有效地实现优先队列。在有序表或无序表中插入和删除的时间代价都是 $\Theta(n)$。可以考虑使用把记录按优先级组织的 BST(二叉检索树)，其平均情况下插入和删除操作的总时间代价为 $\Theta(n \log n)$。但是 BST 可能会变得不平衡，这将导致 BST 性能变得很差。对于这种特殊应用，希望发现一种新的数据结构，以保证较高的操作效率。

本节介绍堆(heap)[1]数据结构。堆由两条性质来定义。首先，它是一棵完全二叉树，所以往往如 5.3.3 节中用数组表示完全二叉树那样，用数组来实现。其次，堆中存储的数据是局部有序的。也就是说，结点存储的值与其子结点存储的值之间存在某种关系。有两种不同的堆，取决于这种关系的定义。

最大堆(max heap)的性质是，任意一个结点存储的值都大于或等于其任意一个子结点存储的值。由于根结点包含大于或等于其子结点存储的值，而其子结点又依次大于或等于各自子结点存储的值，所以根结点存储着该树所有结点中的最大值。

最小堆(min heap)的性质是，任意一个结点存储的值都小于或等于其任意一个子结点存储的值。由于根结点包含小于或等于其子结点存储的值，而其子结点又依次小于或等于各自子结点存储的值，所以根结点存储了该树所有结点中的最小值。

无论最小堆还是最大堆，任何一个结点与其兄弟结点之间都没有必然联系。例如，有可能根结点左子树的所有结点的值都比右子树中任意一个结点的值大。可以通过排序关系的强度大小来明显地区分 BST 和堆。一个 BST 定义了一组完全排序的结点，将树中结点的位置分成两类，"左边"结点(即那些在中序遍历中较早出现的结点)的值都比"右边"结点的值小。相比较而言，堆只实现了局部排序，当一个结点是另一个结点的子结点时，才可以确定这两个结点的相对关系。

两种堆都有其用处。例如，7.6 节的"堆排序"使用了最大堆，而 8.5.2 节的"置换选择"算法则使用了最小堆。本节以下部分都使用最大堆。

学生们经常把堆的逻辑表示与利用基于数组的完全二叉树的物理实现相混淆。二者并非同义，虽然堆的一般实现方法是使用数组，但是从逻辑角度来看，堆实际上是一种树结构。

图 5.19 给出了最大堆的类声明及其成员函数的实现。类模板有两个参数：堆的数据元素类型为 **E**，**Comp** 类是比较两个元素的类。这个类可以使用最小堆来实现，也可以通过修改 **Comp** 的定义使用最大堆来实现。**Comp** 实现了一个 **prior** 方法，返回一个布尔值。如果第一个参数应该排在第二个参数之前，就返回 **true**，否则返回 **false**。

---

[1] 术语"堆"有时也指存储池，见 12.3 节。

```cpp
// Heap class
template <typename E, typename Comp> class heap {
private:
  E* Heap;              // Pointer to the heap array
  int maxsize;          // Maximum size of the heap
  int n;                // Number of elements now in the heap

  // Helper function to put element in its correct place
  void siftdown(int pos) {
    while (!isLeaf(pos)) { // Stop if pos is a leaf
      int j = leftchild(pos);  int rc = rightchild(pos);
      if ((rc < n) && Comp::prior(Heap[rc], Heap[j]))
        j = rc;                 // Set j to greater child's value
      if (Comp::prior(Heap[pos], Heap[j])) return; // Done
      swap(Heap, pos, j);
      pos = j;                  // Move down
    }
  }

public:
  heap(E* h, int num, int max)      // Constructor
    { Heap = h;  n = num;  maxsize = max;  buildHeap(); }
  int size() const        // Return current heap size
    { return n; }
  bool isLeaf(int pos) const // True if pos is a leaf
    { return (pos >= n/2) && (pos < n); }
  int leftchild(int pos) const
    { return 2*pos + 1; }    // Return leftchild position
  int rightchild(int pos) const
    { return 2*pos + 2; }    // Return rightchild position
  int parent(int pos) const  // Return parent position
    { return (pos-1)/2; }
  void buildHeap()            // Heapify contents of Heap
    { for (int i=n/2-1; i>=0; i--) siftdown(i); }

  // Insert "it" into the heap
  void insert(const E& it) {
    Assert(n < maxsize, "Heap is full");
    int curr = n++;
    Heap[curr] = it;              // Start at end of heap
    // Now sift up until curr's parent > curr
    while ((curr!=0) &&
           (Comp::prior(Heap[curr], Heap[parent(curr)]))) {
      swap(Heap, curr, parent(curr));
      curr = parent(curr);
    }
  }

  // Remove first value
  E removefirst() {
    Assert (n > 0, "Heap is empty");
    swap(Heap, 0, --n);         // Swap first with last value
    if (n != 0) siftdown(0);  // Siftdown new root val
    return Heap[n];             // Return deleted value
  }

  // Remove and return element at specified position
  E remove(int pos) {
    Assert((pos >= 0) && (pos < n), "Bad position");
    if (pos == (n-1)) n--; // Last element, no work to do
    else
    {
      swap(Heap, pos, --n);            // Swap with last value
      while ((pos != 0) &&
             (Comp::prior(Heap[pos], Heap[parent(pos)]))) {
        swap(Heap, pos, parent(pos)); // Push up large key
        pos = parent(pos);
      }
      if (n != 0) siftdown(pos);     // Push down small key
    }
    return Heap[n];
  }
};
```

图 5.19　最大堆的实现

　　类 **maxheap** 对基于数组的实现进行了两项调整。首先,堆的结点根据其在堆中的逻辑位置指示,而不是使用指针指向。实际上,堆中的逻辑位置在数值上对应于其在数组中的物理位置。其次,指向所用数组的指针作为构造函数的参数。这种方法为使用堆提供了最大的灵活性,因为所有数据都能直接装入数组中。后面将会讲到这种方法的优点。构造函数使用一个整型参数表示堆的初始大小(取决于初始时装入数组元素的数目),另一个整型参数表示堆允许的最大结点数目(数组的大小)。

　　成员函数 **heapsize** 返回堆当时的大小。如果所处的位置 **pos** 在堆 **H** 中是叶结点,则调用 **H.isLeaf(pos)** 将返回 **true**。成员 **leftchild**、**rightchild** 和 **parent** 分别返回传入参数的左子结点、右子结点和父结点的位置(实际为数组的下标)。

　　一种建立堆的方法是把元素一个接一个地插入堆中。成员函数 **insert** 将新元素 V 插入堆中。读者可能会认为堆的插入过程与 BST 的插入过程相似,从根开始往下。但是,这种方法不大可能有效,因为堆必须保持完全二叉树的形状。也就是说,如果调用 **insert** 之前堆占用数组的前 n 个位置,调用之后则占用数组的前 $n+1$ 个位置。为此,**insert** 首先将 V 置于堆的末尾位置 n。当然,V 此时很可能不在正确的位置上,需要将其与父结点相比较,以使它移动到正确的位置。如果 V 的值小于或等于其父结点的值,则它已经处于正确的位置,**insert** 过程完成。如果 V 的值大于其父结点的值,则两个元素交换位置。V 与其父结点的比较一直持续到 V 到达其正确位置为止。

　　因为堆是一棵完全二叉树,其高度是最小的。一个具有 n 个结点的堆的高度是 $\Theta(\log n)$。直观来看,每添加一层结点几乎就会对当前已有结点的数目加倍(第 i 层结点的数目为 2^i,前 i 层结点的数目为 $2^{i+1}-1$),所以上述观点是可证的。从 1 个结点开始,只需要添加 $\log n$ 层就可以达到 n 个结点。更精确地说,一个有 n 个结点的堆的高度是对 $\lceil \log(n+1) \rceil$ 上取整。

　　插入的值可能要从树的底部移动到树的顶端,这是最长的距离。因此每次调用 **insert** 在最差情况下的时间代价为 $\Theta(\log n)$,而插入 n 个值的时间代价为 $\Theta(n \log n)$。

　　如果建立堆时全部 n 个值都已知,则可以更高效地建立堆。可以利用它们在一起这个特点来加快建立过程,而不必把值逐个插入堆中。图 5.20(a)给出了通过交换值建立堆的方法。注意,该图给出了输入数据作为完全二叉树的逻辑形式,但是读者应该清楚,这些值实际是物理地存储于数组中的。所有交换都在结点与其某一个子结点之间进行,通过交换过程形成堆。图 5.20(a)中右边那棵树对应的数组如下:

7	4	6	1	2	3	5

　　图 5.20(b)给出了另一种交换方式,同样建立堆,但是效率更高。其对应的数组表现方式如下:

7	5	6	4	2	1	3

从这个例子可以很明显地看出,对于给定的一组数,堆并不是唯一的。并且,在重新排列这些数据时,某些建堆方法比其他方法所花费的交换次数相对少一些。那么怎样选择最佳重排列方法呢?

　　有一种源于归纳法的较好算法。假设根的左、右子树都已经是堆,并且根的元素为 R。图 5.21 表示了这种情况。在这种情况下,有两种可能性:(1)R 的值大于或等于其两个子结点,此时堆结构已经完成;(2)R 的值小于某一个或全部两个子结点的值,此时 R 应该与两个子结点中值较大的那一个交换位置，结果得到一个堆，除非 R 仍然小于其新子结点的一个或两个。在这种情况下，只需要简单地继续这种"下拉"的过程，直至到达某一层，使它大于它的子结点，或者它成为叶结点。这个过程用堆类的私有成员函数 **siftdown**来实现。图 5.22 演示了 **siftdown** 的操作。

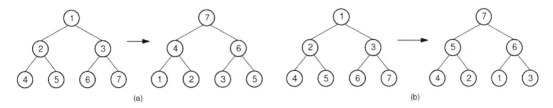

图 5.20　两种交换方法建堆。（a）这个堆通过 9 次交换建成，交换依次为（4-2），
（4-1），（2-1），（5-2），（5-4），（6-3），（6-5），（7-5），（7-6）；（b）这个
堆通过 4 次交换建成，交换依次为（5-2），（7-3），（7-1），（6-1）

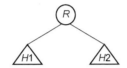

图 5.21　建堆算法的最后一个步骤。R 的两棵子树都已经是堆。
只需要把 R 向下推，直至到达它在堆中的适当层次

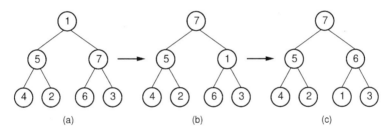

图 5.22　**siftdown** 操作。假设根的子树都已经是堆。（a）部分完成
的堆；（b）值 1 与值 7 交换；（c）值 1 与值 6 交换，最后形成堆

这种方法假设子树已经是堆，说明完整的算法可以用按照某种顺序访问结点来实现，例如在访问结点本身之前先访问其子结点。一种简单的方法是从数组的较大序号结点向较小序号结点顺序访问。实际上，建堆过程不必访问叶结点（由于它们已经在最底层，不能再往下移了），所以建堆算法从数组中部的第一个分支结点开始。图 5.20（b）表示的就是该过程的结果。成员函数 **buildHeap** 实现建堆的算法。

buildHeap 的代价如何？很显然是调用 **siftdown** 的代价之和。每个 **siftdown** 操作的最大代价是结点被向下移动到树底（叶结点层）的层数。在任意一棵完全二叉树中，大约有一半结点是叶结点，因此不需要向下移动。四分之一的结点在叶结点的上一个层次，这样的结点最多只需要移动一层。在树中每向上一层，结点的数目就为前一层的一半，而子树高度加 1（从该层结点到叶结点的高度增加了 1）。元素所需移动的最大距离是

$$\sum_{i=1}^{\log n}(i-1)\frac{n}{2^i}=\frac{n}{2}\sum_{i=1}^{\log n}\frac{i-1}{2^{i-1}}$$

根据式(2.9)，知道上面这个求和级数的复杂度为 $\Theta(n)$，因此在最差情况下该算法的复杂度为 $\Theta(n)$。这远比建立 BST 的平均时间复杂度 $\Theta(n \log n)$ 和最差时间复杂度 $\Theta(n^2)$ 要好得多。

如何在保持完全二叉树形状的前提下，把最大值(根结点)从一个包含 n 个元素的堆中移走，且剩下的 $n-1$ 个结点值仍然符合堆的性质呢？可以通过把堆中最后一个位置上的元素(数组中实际的最后一个元素)移动到根位置上的方法来保持恰当的形状。现在考虑的是少了一个元素的堆。但是，新根结点的值很可能不是新堆中的最大值。这个问题利用 **sift-down** 对堆重新排序就可以很容易解决。由于堆有 $\log n$ 层，删除最大元素的平均时间代价与最差时间代价为 $\Theta(\log n)$。

堆是前面讨论的优先队列的一种自然实现方法。需要时，作业可以添加到堆中(以其优先级值作为排序码)。操作系统选择新作业运行时，可以调用函数 **removemax**。

有些优先队列的应用要求能改变已存储于队列中的对象的优先级。这可能要改变对象在堆中的存储位置。但是，最大堆在查找一个任意值时的效率不高，它只适合于查找最大值。不管怎样，如果知道对象在堆中的下标位置，那么更改其优先级(包括改变其位置以保持堆的性质)或者将其删除都是很简单的。**remove** 成员函数传入的参数是要删除的结点在堆中的位置。可改变优先级的优先队列的一般实现方法需要一个辅助数据结构，以便高效地检索对象(如使用二叉检索树)。辅助数据结构的记录存储对象在堆中的下标，以便从堆中把对象删除，并根据其新的优先级重新插入(参看项目设计 5.5)。11.4.1 节和 11.5.1 节给出了可更改优先级的优先队列的应用。

5.6　Huffman 编码树

3.9 节的时间/空间权衡原则指出，通常可以通过牺牲运行时间代价来换取空间代价的改善。许多应用技巧都是很好的权衡方法。一个典型的例子就是把文件存储到磁盘中。如果这个文件不是经常用到，使用者就可以将其压缩，以节省空间，以后使用时再解压缩，这会花费一些时间，但是只需要做一次。

进行程序设计时，经常通过给每一个元素标记一个单独的代码来表示某一组元素。例如，标准的 ASCII 码把每个字符分别用一个 8 位二进制数来表示。这种方法使用最少的位表示了所有字符，即 7 位提供了 128 个不同的代码，以表示 ASCII 码表中的 128 种字符。ASCII 码标准是 8 位，而不是 7 位，尽管它只表示了 128 个字符。第 8 位用来校验传输中的错误，或支持扩展 ASCII 码，表示另外 128 个字符[①]。

假设所有代码都等长，则表示 n 个不同的代码需要 $\lceil \log n \rceil$ 位。例如 ASCII 码，称为固定长度编码方法(fixed length coding scheme)。如果每个字符的使用频率都相等，则固定长度编码是空间效率最高的方法。但是你可能注意到，并非每个字符的使用频率都一样。例如，不同的字母在英文语言文档中，在使用频率上有很大的差别。

图 5.23 给出了一般英语文献的字母表中各个字母出现的相对频率。通过这个表，可以看出字母"E"的出现频率为"Z"的 60 倍。在 ASCII 码中，单词"DEED"和"MUCK"需要相同

---

① ASCII 码标准是 8 位而不是 7 位，尽管只能表示 128 个字符。8 位比特一则用于监测传输错误，二则可以支持另外 128 个 ASCII 扩展码。

的空间(4 字节)。像"DEED"这样经常出现的单词似乎应该比"MUCK"这类相对较少出现的单词占用更少的空间存储，使得总存储空间变小。

字母	频率	字母	频率
A	77	N	67
B	17	O	67
C	32	P	20
D	42	Q	5
E	120	R	59
F	24	S	67
G	17	T	85
H	50	U	37
I	76	V	12
J	4	W	22
K	7	X	4
L	42	Y	22
M	24	Z	2

图 5.23　26 个字母在英语文献中出现的相对频率。频率表示
每 1 000 个字母中字母出现的次数，不区分大小写

如果某些字符比其他字符更加常用，是否有可能利用这一点来缩短代码呢？其代价也许是其他字符需要使用更长的代码来表示。如果这些字符很少出现，这样做就是值得的。这个概念就是今天广泛使用的文件压缩技术的核心。下一节介绍一种变长编码(variable length code)，称为 Huffman 编码。虽然 Huffman 编码的最简形式在文件压缩技术中并不常用(有更好的方法)，但是它给出了这种编码方法的思想。学习 Huffman 编码的一个动机是因为它会引出一种新的树结构，即字符查找树(search trie)。

5.6.1　建立 Huffman 编码树

Huffman 编码将为字母分配代码。代码长度取决于对应字母的相对使用频率或者"权重"(weight)，因此它是一种变长编码。如果预计的字母出现频率与实际资料显示的情况相符，那么所得到的代码长度将明显小于使用固定长度编码所获得的代码长度。每个字母的 Huffman 编码是从称为 Huffman 编码树(Huffman coding tree)或简称为 Huffman 树(Huffman tree)的满二叉树中得到的。Huffman 树的每个叶结点对应于一个字母，叶结点的权重就是它对应字母的出现频率。其目的在于按照最小外部路径权重(minimum external path weight)建立一棵树。一个叶结点的加权路径长度(weighted path length)定义为权重乘以深度。具有最小外部路径权重的二叉树就是，对于给定的叶结点集合，具有加权路径长度之和最小的二叉树。权重大的叶结点的深度小，因而它相对总路径长度的花费最小。因此，如果其他叶结点的权重小，就被推到树的较深处。图 5.24 给出了 8 个字母的相对使用频率。

建立 n 个结点的 Huffman 树的过程很简单。首先，创建 n 个初始的 Huffman 树，每棵树只包含单一的叶结点，叶结点记录对应的字母。将这 n 棵树按照权重(如频率)大小顺序排为一列。接着，拿走前两棵树(权重最小的两棵树)，再把它们标记为 Huffman 树的叶结点，把这两个叶结点标记为一个分支结点的两个子结点，而这个结点的权重即为两个叶结点的权重之和。把所得的新树放回序列中的适当位置，使得权重的顺序保持为升序。重复上述步骤，直至序列中只剩下一个元素，则 Huffman 树建立完毕。

字母	C	D	E	K	L	M	U	Z
频率	32	42	120	7	42	24	37	2

图 5.24   8 个字母的相对使用频率

例 5.8   图 5.25 说明了使用图 5.24 的 8 个字母建立部分 Huffman 树的过程。其中字母 D 与 L 的权重相同，可以任意排列。8 个字母根据出现频率排列如下：

频率	Z	K	M	C	U	D	L	E
频率	2	7	24	32	37	42	42	120

这些各自分离的树最终将组成一棵 Huffman 树①。头两个字母是 Z 和 K，它们首先被挑选出来组成树。二者成为一个权重为 9 的内部结点的子结点。因而，一棵根结点的权重为 9 的树被放回到序列中，占据第一位。接着把 9 与 24 取出(对应上一步建立的包含两个叶结点的子树，以及表示存储字母 M 的子树)，并将它们合并。所得到根结点的权重为 33，因此这棵树被放在权重为 32(表示字母 C)和权重为 37(表示字母 U)的树之间。这个过程一直持续到建立一个根结点权重为 306 的树为止。图 5.26 显示了这棵树。

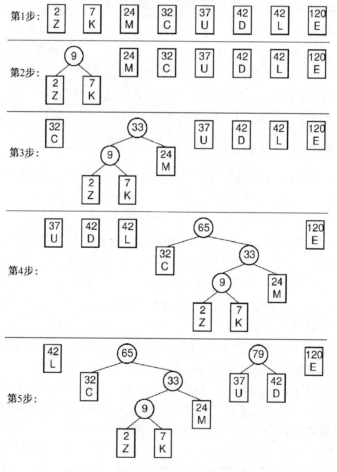

图 5.25   建立 Huffman 树的前 5 个步骤

---

① 为了清晰起见，示例使用 Huffman 树给出保存按频率排序的字母的有序表。实际中使用堆来实现优先级队列用于该例。

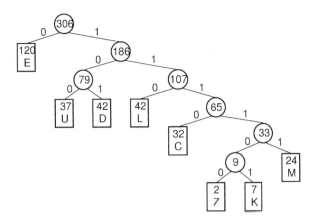

图 5.26 根据图 5.24 的字母建立的 Huffman 树

图 5.27 给出了 Haffman 树结点的实现，该实现与图 5.10 中 **VarBinNode** 的实现是类似的。实现包括了一个抽象基类 **HuffNode** 和两个子类 **LeafNode**、**IntlNode**。该实现明显反映出 Haffman 树的内部结点和叶结点包含不同的信息。

```cpp
// Huffman tree node abstract base class
template <typename E> class HuffNode {
public:
  virtual ~HuffNode() {}            // Base destructor
  virtual int weight() = 0;         // Return frequency
  virtual bool isLeaf() = 0;        // Determine type
};
template <typename E>   // Leaf node subclass
class LeafNode : public HuffNode<E> {
private:
  E it;                  // Value
  int wgt;               // Weight
public:
  LeafNode(const E& val, int freq)   // Constructor
    { it = val; wgt = freq; }
  int weight() { return wgt; }
  E val() { return it; }
  bool isLeaf() { return true; }
};
template <typename E>   // Internal node subclass
class IntlNode : public HuffNode<E> {
private:
  HuffNode<E>* lc;   // Left child
  HuffNode<E>* rc;   // Right child
  int wgt;               // Subtree weight
public:
  IntlNode(HuffNode<E>* l, HuffNode<E>* r)
    { wgt = l->weight() + r->weight(); lc = l; rc = r; }
  int weight() { return wgt; }
  bool isLeaf() { return false; }
  HuffNode<E>* left() const { return lc; }
  void setLeft(HuffNode<E>* b)
    { lc = (HuffNode<E>*)b; }
  HuffNode<E>* right() const { return rc; }
  void setRight(HuffNode<E>* b)
    { rc = (HuffNode<E>*)b; }
};
```

图 5.27 建立 Huffman 树的实现。树的内部结点和叶结点分别由
不同的类来实现,它们都是从同一个基类中派生得到的

图 5.28 是一个 Huffman 树的实现。图 5.29 是用C++写成的建树过程。

```
// HuffTree is a template of two parameters: the element
//  type being coded and a comparator for two such elements.
template <typename E>
class HuffTree {
private:
  HuffNode<E>* Root;              // Tree root
public:
  HuffTree(E& val, int freq) // Leaf constructor
    { Root = new LeafNode<E>(val, freq); }
  // Internal node constructor
  HuffTree(HuffTree<E>* l, HuffTree<E>* r)
    { Root = new IntlNode<E>(l->root(), r->root()); }
  ~HuffTree() {}                          // Destructor
  HuffNode<E>* root() { return Root; }    // Get root
  int weight() { return Root->weight(); } // Root weight
};
```

图 5.28　Huffman 树的类说明

```
// Build a Huffman tree from a collection of frequencies
template <typename E> HuffTree<E>*
buildHuff(HuffTree<E>** TreeArray, int count) {
  heap<HuffTree<E>*,minTreeComp>* forest =
    new heap<HuffTree<E>*, minTreeComp>(TreeArray,
                                        count, count);
  HuffTree<char> *temp1, *temp2, *temp3 = NULL;
  while (forest->size() > 1) {
    temp1 = forest->removefirst();   // Pull first two trees
    temp2 = forest->removefirst();   //   off the list
    temp3 = new HuffTree<E>(temp1, temp2);
    forest->insert(temp3);  // Put the new tree back on list
    delete temp1;           // Must delete the remnants
    delete temp2;           //   of the trees we created
  }
  return temp3;
}
```

图 5.29　Huffman 树构造函数的实现。函数 **buildHuff** 传入的参数 **f1** 是在组建 Huffman 树的过程中形成的部分Huffman树,初始时如图5.25中的第1步显示的那样,表元素都只是叶结点。函数 **HuffTree** 的主体主要是一个**while**循环语句。每循环一次,最前面的两棵子树就被取出,存放到变量**temp1**和**temp2**中。产生一个新的根结点(**temp3**),并把这两棵部分树作为其子结点。最后,**temp3** 被放回到**f1**中

　　Huffman 树的建立方法是贪心算法(greedy algorithm)的一个例子。每一步中,权重最小的两棵子树被结合为一棵新的子树。这使得算法简单,然而是否能得到所要的结果呢? 本节将证明 Huffman 树确实给出了给定字母的最佳排列。证明需要用到下面的引理。

　　引理5.1　一棵至少包含两个结点的 Huffman 树,会把字母使用频率最小的两个字母作为兄弟结点存储,其深度不比树中其他任何叶结点小。

　　证明: 将使用频率最低的两个字母记为 l_1 和 l_2。由于 **buildHuff** 在构造过程的第一步就选择了它们,所以它们一定是兄弟结点。假设 l_1 和 l_2 并不是二叉树中最深的结点。这样,Huffman 树或者像图 5.30 的样子,或者与之相似。当这种情况发生时,l_1 和 l_2 的父结点 V 一定会有比结点 X 更大的"权重"。否则,函数 **buildHuff** 会选择结点 V 而不是结点 X 作为结点 U 的子结点。然而,由于 l_1 和 l_2 是使用频率最低的字母,这种情况不可能发生。

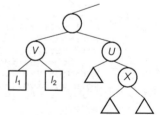

图 5.30　一棵不可能实现的 Huffman 树,权重最小的两个结点l_1和l_2不是最深的结点。三角形表示子树

定理 5.3　对于一组给定的字母，函数 **buildHuff** 实现了"最小外部路径权重"（the minimum external path weight）。

证明： 对字母个数 n 做归纳进行证明。

- 初始情况：令 $n=2$，Huffman 树一定有最小外部路径权重，因为只可能有两种树，并且两个叶结点的加权路径长度相等。
- 归纳假设：假设有 $n-1$ 个叶结点的、由函数 **buildHuff** 产生的 Huffman 树有最小外部路径权重。
- 归纳步骤：设一棵由函数 **buildHuff** 产生的 Huffman 树 **T** 有 n 个叶结点，$n \geq 2$，并假设 $w_1 \leq w_2 \leq \cdots \leq w_n$，这里 w_1 到 w_n 代表字母的权重。记 V 是频率为 w_1 和 w_2 的两个字母的父结点。根据引理，由于它们已经是树 **T** 中最深的结点，不能用深度更深而权重也较之更大的结点替换它们，以减小外部路径长度。记 Huffman 树 **T′** 与 **T** 完全相同，除了把结点 V 换为叶结点 V' 之外，V' 的权等于 $w_1 + w_2$。根据归纳假设，**T′** 具有最小的外部路径长度。把两个子结点 w_1 和 w_2 归还给 V'，还原为 **T**，则 **T** 也应该有最小外部路径长度。

因此，根据归纳原理，定理成立。

5.6.2　Huffman 编码及其用法

一旦 Huffman 树构造完成，很容易就能把各个字母用代码标记上。从根结点开始，分别把"0"或者"1"标于树的每条边上。"0"对应于连接左子结点的那条边，"1"则对应于连接右子结点的那条边。图 5.26 表示了这个过程。字母的 Huffman 编码就是从根结点到对应该字母叶结点路径的二进制代码。因此，由于从根结点到对应于 E 的叶结点的路径只是左边的一个分支，所以字母 E 对应于代码"0"。由于到对应于 K 的结点的路径为 4 条右分支，接着一个左分支，最后又是一个右分支，所以 K 的代码为"111101"。图 5.31 列出了 8 个字母的对应代码。

字母	频率	编码	位
C	32	1110	4
D	42	101	3
E	120	0	1
K	7	111101	6
L	42	110	3
M	24	11111	5
U	37	100	3
Z	2	111100	6

图 5.31　对应于图 5.24 字母的 Huffman 编码

给定字母各自的代码，将文本信息用这些代码来表示就会变得很容易，只需要简单地把字母用对应的二进制代码替换就可以了。这可以通过查表来完成。

例 5.9　通过 Huffman 树生成的代码，单词"DEED"可以用数字串"10100101"表示，而单词"MUCK"可以用数字串"111111001110111101"来表示。

对信息代码反编码的过程为：从左到右逐位判别代码串，直至确定一个字母。这可以通过对 Huffman 树使用其生成代码过程的逆过程来实现。从树的根结点开始对数字串进行反编码。根据每一位的值是"0"或者"1"确定选择左分支还是右分支——直至到达一个叶结点。这个叶结点包含的字母就是文本信息的第一个字母。然后从下一位代码开始，自根结点出发，进行下一个字母的翻译。

例 5.10　对数字串"1011001110111101"反编码，从根结点开始，由于第一位是"1"，所以选择右分支。下一位是"0"，所以选左分支。接着选择另一个右分支（因为第三位是"1"），到达叶结点对应的字母 D。这样，被编码单词的第一个字母就是 D。接着由根结点出发，从第四位开始，它是"1"，选择右分支，接着是两个左分支（因为接下来的两位是"0"），就到达了对应字母 U 的叶结点。于是第二个字母为 U。类似地，完成全部反编码发现最后两个字母是 C 和 K，它们组成单词"DUCK"。

如果一组代码中的任何一个代码都不是另一个代码的前缀，则称这组代码符合前缀特性（prefix property）。这种前缀特性保证了代码串被反编码时不会有多种可能。也就是说，在反编码的过程中，一旦到达某个代码的最后一位，就能判断出它所代表的字母。由于任何一个代码的前缀对应一个分支结点，而每个代码都对应一个字母，Huffman 代码显然符合前缀特性。例如，M 的代码为"11111"。在图 5.26 的 Huffman 树中选择 5 个右分支，就得到包含 M 的叶结点。可以肯定的是，没有一个字母代码为"111"，因为它对应树的一个分支结点。而在建立树的过程中，只把字母存放在叶结点中。

Huffman 编码的效率如何呢？从理论上讲，一旦知道实际频率，它将是一种优化编码方法。但是在实际应用中，英文字母的使用频率取决于具体文本信息的情况。例如，尽管在字母表的各个字母中 E 是英语文献中最常见的字母，但是作为单词的第一个字母，字母 T 更常见。这就是商业压缩工具都不采用 Huffman 编码作为其基本编码方式的原因。

另一个影响 Huffman 编码效率的因素是字母的相对使用频率。与固定长度编码相比，有些频率模式并不节省空间；有些则能产生极大的压缩比。在一般情况下，如果字母频率的变化范围很大，则 Huffman 编码是很有效率的，如图 5.31 所示的特殊情况。如果所编码文本的实际字母频率与预期相符，就能确定 Huffman 编码所节省的空间。

例 5.11 由于图 5.31 中频率的总和为 306，并且 E 的频率为 120，所以预计在一段包含 306 个字母的文章中 E 出现 120 次。实际文章不一定符合这个假设。字母 D、L 和 U 的代码长度为 3，在 306 个字母中预计可能出现 121 次。字母 C 的代码长度为 4，预计在 306 个字母中出现 32 次。字母 M 的代码长度为 5，预计在 306 个字母中出现 24 次。最后，字母 K 与 Z 的代码长度均为 6，预计只出现 9 次。预计平均每个字母的代码长度等于每个代码的长度 (c_i) 乘以其出现的概率 (p_i)，即

$$c_1 p_1 + c_2 p_2 + \cdots + c_n p_n$$

也可以记为

$$\frac{c_1 f_1 + c_2 f_2 + \cdots + c_n f_n}{f_T}$$

这里 $f_i(i=1, 2, \cdots, n)$ 为第 i 个字母的相对频率，而 f_T 为所有字母的总频率。在这组频率下，每个字母的期望代码长度为

$$[(1 \times 120) + (3 \times 121) + (4 \times 32) + (5 \times 24) + (6 \times 9)]/306 = 785/306 \approx 2.57$$

如果对这 8 个字母使用固定长度编码，那么每个字母需要 log 8 = 3 位，而 Huffman 编码只需要 2.57 位。因此对于这组字母，Huffman 编码预计可以节省大约 14% 的空间。

对所有 ASCII 码字符进行 Huffman 编码的效果要比这个情况好得多。图 5.31 的字母并不典型，因为相对于较少使用的字母来说，普通字母太多了。26 个字母的 Huffman 编码导致每个字母的期望代码长度为 4.29 位，而等价的固定长度编码将需要 5 位。这对于固定长度编码来说多少有些不公平，因为实际上 5 位可以提供 32 个代码，但是字母只有 26 个。更进一步来说，如

果设定 ASCII 码为每个字符 8 位，Huffman 编码对于一般文本文件将比 ASCII 码节省大约 40%
的空间。对于二进制代码文件(如可执行文件)，Huffman 编码会有极为不同的频率分布组合，
因而也会有不同的压缩比例。大多数商业压缩程序都采用 2 到 3 种编码方式，以应付各种类型
文件。

在前面的例子中，"DEED"编码为 8 位，比固定长度编码所需要的 12 位节省 33%。当
然，"MUCK"需要 18 位，比固定长度编码使用的空间多，问题在于"MUCK"是由那些预计不
常使用的字母组成的。如果文本字母频率与预计不符，编码长度当然也不会是预计的那样。

5.6.3 在 Huffman 树中搜索

当采用 Huffman 树对字符进行解码时，可以依照字符串的 0/1 代码值在树中经历相应的
路径。每个'0'位代表左子树，'1'位则代表右子树。现在来看图 5.26，考虑如何在这个结
构中查找一个指定的字符(使用其 Huffman 编码)。可以看到所有的编码以'0'开始的字符全
部在左子树，而所有编码以'1'开始的字符全部在右子树。将其类比于 BST，所有比根小的
记录都保存在左子树，所有比根大的记录都保存在右子树。

如果把保存在这两个结构任意一个中的记录当成是其关键码值空间中的一些点，就可以
发现这两种结构有着不一样的特点。BST 划分关键码值空间是随着树的深度而随机变化的。
而 Huffman 树划分关键码值空间是可预见的。可预知关键码值空间划分的检索树结构，称为
"trie"，区分于 BST 那样随机划分关键码值空间的检索树结构。Trie 结构将在第 13 章深入
讨论。

5.7 深入学习导读

请参见 Shaffer 和 Brown [SB93]给出的有关二叉树的实现分支结点指针直接存储叶结点
值的例子。

5.6.1 节中 Huffman 编码树有最小加权外部路径长度的证明选自 Knuth [Knu97]。关于
数据压缩技术的详细内容，请参考 Witten、Moffat 和 Bell 合著的 *Managing Gigabytes* [WMB99]
和 Dominic Welsh 所著的 *Codes and Cryptography* [Wel88]。图 5.23 和图 5.24 摘自[Wel88]。

关于堆数据结构的讨论及其用法，请参见 Bentely 所著的 *Programming Pearl* "*Thanks*,
Heaps"[Ben85，Ben88]。

现在有许多技术都可以处理不友好的插入与删除操作，以保持合理的平衡二叉树结构。
例如由 Adelson-Velskii 和 Landis 发明的、在 Knuth 的著作[Knu81]中讨论的 AVL 树。AVL 树
(见 13.2 节)实际上是一个 BST，在其插入与删除过程中重新组织树的结构，以保证任何结点
左右子树的高度至多相差 1。另一个例子是 13.2 节讨论的伸展树[ST85]。

5.8 习题

5.1　5.1.1 节中称满二叉树非空叶结点的比例是最高的，证明这个事实。

5.2　定义一个结点的度数(degree)为其非空子结点的数目。作为满二叉树定理的推论，用数学归纳法
　　证明任何一棵二叉树中度数为 2 的结点的数目为叶结点数目减 1。

5.3　定义二叉树的内部路径长度为所有分支结点深度的总和，外部路径长度则是所有叶结点深度的

总和。用数学归纳法证明,包含 n 个分支结点的满二叉树 **T**,如果内部路径长度为 I,外部路径长度为 E,则 $E = I + 2n$,对 $n \geqslant 0$ 成立。

5.4 请解释为何 5.2 节中的 preorder2 函数比 preorder 函数的递归次数要少一半。请解释为什么 preorder2 比 preorder 访问其左右子树的次数要多一倍。

5.5 (a) 将 5.2 节的前序遍历算法改为二叉树的中序遍历算法。
(b) 将 5.2 节的前序遍历算法改为二叉树的后序遍历算法。

5.6 编写一个递归函数 search,传入参数为一棵二叉树(不是二叉检索树)和一个值 K,如果值 K 出现在树中则返回 true,否则返回 false。

5.7 编写一个算法,传入参数为二叉树根结点的指针,并按照层次顺序将结点的值打印出来。层次顺序首先打印根结点,接着是第一层的所有结点,再接着是第二层的所有结点,以此类推。提示:前序遍历利用栈递归调用。考虑使用其他数据结构实现层次顺序遍历。

5.8 编写一个递归函数计算二叉树的高度。

5.9 编写一个递归函数计算二叉树的叶结点数。

5.10 假设一个 BST 在结点中保存整数值。编写一个递归函数,返回其所有结点的数值之和。

5.11 假设一个 BST 在结点中保存整数值。编写一个递归函数遍历这棵树,并打印出所有祖先结点(即父结点的父结点)的值是本身结点值的 5 倍的那些结点的值。

5.12 编写一个递归函数遍历整棵树,打印出所有至少有 4 个曾孙结点(即子结点的子结点的子结点)的那些结点的值。

5.13 计算下列满二叉树实现的结构性开销占总开销的比例。各空间要求如下:
(a) 所有结点都存储数据、两个子结点的指针及一个父结点的指针。数据域占 4 字节,每个指针占 4 字节。
(b) 叶结点与分支结点都存储数据和两个子结点的指针。数据域占 16 字节,每个指针占 4 字节。
(c) 叶结点与分支结点都存储数据,所有结点都存储一个父结点的指针,分支结点存储两个子结点的指针。数据域占 8 字节,每个指针占 4 字节。
(d) 只有叶结点存储数据,分支结点存储两个子结点的指针。数据域占 8 字节,每个指针占 4 字节。

5.14 为什么二叉检索树性质规定,与根结点值相同的结点只能出现在根结点的右子树中,而不是在左、右子树中都可以出现呢?

5.15 (a) 画出依次插入 15、20、25、18、16、5 和 7 之后的 BST。
(b) 写出上述树的前序遍历算法、中序遍历算法和后序遍历算法。

5.16 画出图 5.13(a) 中的 BST 加上值 5 以后的形状。

5.17 画出图 5.13(b) 中的 BST 删除值 7 以后的形状。

5.18 编写一个函数,按照结点值大小的先后顺序打印出一个 BST 中所有元素的值。

5.19 编写一个递归函数 smallcount,给定一个二叉检索树的根和值 K,返回值小于或等于 K 的结点数目。函数 smallcount 应该尽可能少地访问 BST 的结点。

5.20 编写一个递归函数 printRange,给定一个 BST 的根,一个较小的值和一个较大的值,按照顺序打印出介于这两个值之间的所有结点。函数 printRange 应该尽可能少地访问 BST 的结点。

5.21 编写一个递归函数 checkBST,给出一个二叉树,要求判断这个二叉树是否在一个 BST 中。

5.22 描述如何修改 BST,即可让其完成在均摊 $\Theta(\log n)$ 时间内找到第 K 小的元素。编写函数的伪代码完成上述功能。

5.23 一个高度为 h 的堆最大和最小元素数目各为多少?

5.24 在最小堆中,最大元素的位置可能在哪里?

5.25 画出对下列存储于数组中的值执行 buildHeap 后得到的最大堆:

10 5 12 3 2 1 8 7 9 4

5.26 (a) 画出从图 5.20(b) 的最大堆中删除最大元素后得到的堆。

(b) 画出从图 5.20(b) 的最大堆中删除元素 5 后得到的堆。

5.27 修改图 5.19 的堆定义，实现最小堆。成员函数 `removemax` 应该由新函数 `removemin` 来代替。

5.28 根据下面给定的字母和权重建立 Huffman 编码树，并给出各个字母的代码。

字母	A	B	C	D	E	F	G	H	I	J	K	L
频率	2	3	5	7	11	13	17	19	23	31	37	41

一段根据这样的分布频率包含 n 个字母的信息，其预期存储长度为多少位？

5.29 如果给定一组字母的 16 个权重都相等，Huffman 编码树将会成为什么形状？在这种情况下，每个字母的平均代码长度是多少？它与 16 个字母固定长度编码的最小可能长度差别是多少？

5.30 一组包含不同权重的字母已经有对应的 Huffman 编码，如果某一个字母对应编码 001，则

(a) 其他哪些代码不可能对应字母？

(b) 其他哪些代码肯定对应某个字母？

5.31 假设某个字母表各个字母的加权如下：

字母	Q	Z	F	M	T	S	O	E
频率	2	3	10	10	10	15	20	30

(a) 按照这个字母表，一个包含 n 个字母的字符串采用 Huffman 编码在最差情况下需要多少位？什么样的串会出现最差情况？

(b) 按照这个字母表，包含 n 个字母的字符串采用 Huffman 编码在最佳情况下需要多少位？什么样的串会出现最佳情况？

(c) 按照这个字母表，一个字母平均需要多少位？

5.32 需要保存一些数据，有以下几个选择：

(1) 元素的有序链表

(2) 无序链表

(3) 二叉检索树

(4) 元素的有序顺序表

(5) 无序顺序表

对于下面几种情形，请分析哪一种才是最好的处理方式：

(a) 记录保证已经排好顺序（例如，任意一个插入的记录，其关键码值都比前一个插入的记录的关键码值大）。一共有 1 000 次插入和 1 000 次查询。

(b) 记录没有任何顺序可言（BST 此时可能较为平衡）。1 000 000 次插入和 10 次查询。

(c) 记录没有任何顺序可言（BST 此时可能较为平衡）。1 000 次插入和 1 000 次查询。

(d) 记录没有任何顺序可言（BST 此时可能较为平衡）。1 000 次插入和 1 000 000 次查询。

5.9 项目设计

5.1 重新实现图 5.11 中的二叉树结点。采用组合设计中的轻量级策略处理 `NULL` 指针指向空结点的问题。

5.2 在二叉树中处理 `NULL` 指针问题的一种方法是利用其空间做其他事情，例如穿线二叉树（threaded binary tree）。穿线二叉树是图 5.7 的实现扩展，它的每个结点存储两个附加位，以显示成员 `lc` 和 `rc` 是正常指向子结点，还是作为线索。如果 `lc` 不是一个指向非空子结点的指针（例如，在普通二叉树中它将为 `NULL`），则它线索化地存储了其结点在中序下的前驱结点（inorder predecessor）的指针。中序下的前驱结点是指中序遍历中，在当前结点之前打印出来的结点。如果 `rc` 不是指向

子结点的指针，则它线索化地存储了该结点在中序下后继结点(inorder successor)的指针。中序下的后继结点是指中序遍历中，在当前结点之后打印出来的结点。穿线二叉树的主要优点是中序遍历操作可以不用递归或栈来实现。

请把 BST 实现为穿线二叉树，其中包括一个非递归的前序遍历函数。

5.3　利用 BST 存储数据库记录，实现一个城市数据库。每个数据库结点包含城市名称(一个任意长度的串)和以整数 x 与 y 表示的城市坐标。根据城市名称组织该 BST。这个数据库应该允许记录插入、根据名称或坐标删除、以及根据名称或坐标进行检索。另一个应该实现的操作是打印出与指定点的距离在给定值之内的所有城市记录。统计各个操作的运行时间。利用 BST 时，哪些操作的实现理所当然效率较高[例如，在平均情况下时间代价为 $\Theta(\log n)$]？如果增加一个或多个根据坐标组织的 BST，能使数据库系统变得更高效吗？

5.4　创建一个二叉树的 ADT，像 5.2 节介绍的那样，包括通用的遍历方法，含有一个访问函数 **visitor**。编写函数 **count** 和 **BSTcheck**，把它们实现为上述遍历方法中的 **visitor**。

5.5　利用图 5.19 的最大堆实现一个优先队列。对于队列的操作应该支持下列几种指令：

```
void enqueue(int ObjectID, int priority);
int dequeue();
void changeweight(int ObjectID, int newPriority);
```

函数 **enqueue** 向优先队列中插入一个 ID 号为 **ObjectID**、优先级为 **Priority** 的新对象。函数 **dequeue** 从优先队列中删除优先级最高的对象，并返回该对象的 ID 号。函数 **changeweight** 将 ID 号为 **ObjectID** 的对象的优先级改为 **newPriority**。类型 **E** 应该是一个存储对象 ID 及其优先级的类。你需要一种机制，以便获取所需对象在堆中的位置。利用一个数组，把 **ObjectID** 值为 i 的对象存放在数组位置 i 处(记住测试时应该保证 **ObjectID** 的数值在数组的边界限定之内)。你还需要对堆的实现进行修改，以存储对象在数组中的位置，使得堆中对象的修改可以在辅助数组结构中记录下来。

5.6　图 5.29 中的 Huffman 编码树中的函数 **buildHuff** 操作了一个有序序列。这样可能导致 $\Theta(n^2)$ 时间复杂度，因为替换其中一个临时的 Huffman 树需要 $\Theta(n)$ 时间。优化一下这个算法，使用最小堆实现优先队列来代替有序序列。

5.7　完成根据 5.6 节所给代码建立 Huffman 编码树的源代码。包括计算各个字母对应代码的函数，以及对信息进行编码与解码的函数。这个对象可以进一步扩展，以支持对文件的压缩。为此必须增加两个步骤：

(1)扫描整个文件，以生成文件中各个字母的实际使用频率；

(2)在编码文件的开头存储 Huffman 树，以方便解码函数的使用。如果设计这种 Huffman 树的存储表示有困难，请参考 6.5 节。

第6章 树

许多机构在人员组织上实际是分级的，如军事机构和大部分商业机构。假设一家公司有一位总裁和若干位副总裁，每位副总裁手下又有若干个下属，以此类推。如果使用一个数据结构对该公司的人员组织关系建模，可以很自然地将总裁视为一棵树的根结点，副总裁位于第一层，他们的下属则位于树的更下层，这样依次按层往下表示。

因为很可能不止有两位副总裁，所以该公司的人员结构无法简单地用二叉树来表示。需要采用树的形式，每个结点可以有任意数目的子结点。但是，这种属性使得树在实现上比二叉树要困难得多。本章将详细讨论树结构。为了与二叉树区别开来，本书采用了树（general tree，也可以译为"通用树"）这个术语。

6.1 节给出了有关树的术语。6.2 节给出一个简单的表示方法，解决了关于等价类问题的处理。6.3 节包括几个基于指针的实现方法。除了通用树和二叉树以外，还有一种 K 叉树：每个内部结点有 K 个子结点，K 为固定数字，且不为 2。6.4 节推广了二叉树的性质，介绍了 K 叉树。6.5 节给出了树的线性结构表示，以及将树结构存储在磁盘上等实际应用。

6.1 树的定义与术语

一棵树 **T** 是由一个或一个以上结点组成的有限集，其中有一个特定的结点 R 称为 **T** 的根结点。如果集合（**T** − {R}）非空，那么集合中的这些结点被划分为 n 个不相交的子集 **T**$_0$，**T**$_1$，$\cdots$，**T**$_{n-1}$，其中每个子集都是树，并且其相应的根结点 R_1，R_2，$\cdots$，R_n 是 R 的子结点。子集 **T**$_i$（$0 \leq i < n$）称为树 T 的子树（subtree）。子树可以如下排序：**T**$_i$ 排在 **T**$_j$ 之前，当且仅当 $i < j$。为了方便起见，子树从左到右排列，其中 **T**$_0$ 称为 R 的最左子结点。结点的出度（out degree）定义为该结点的子结点数目。森林（forest）定义为一棵或更多棵树的集合。图 6.1 中树的表示法是由第 5 章二叉树的表示法推广而来的。一些新增加的术语是树所特有的。

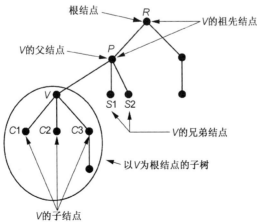

图 6.1　树的表示法。P 是 V、$S1$、$S2$ 的父结点。因此，V、$S1$ 和 $S2$ 是 P 的子结点。R 和 P 是 V 的祖先结点。V、$S1$ 与 $S2$ 互称兄弟结点。椭圆形圈住的部分是以 V 为根结点的子树

除了根结点没有父结点之外，树中每个结点都正好只有一个父结点。根据这一观察，立刻就能得出，结点为 n 的树必然有 $n-1$ 条边，因为除了根以外的每个结点都有一条边连接其父结点。

6.1.1　树结点的 ADT

在讨论树的实现之前，首先应该明确这种实现所必须支持的操作。任何实现都必须可以初始化一棵树。给出一棵树，要有直接访问根结点的操作。当然，还应该提供访问一个结点的子结点的办法。在二叉树的 ADT 里，这个问题可以通过提供直接访问最左和最右子结点指针的成员函数来实现。但是，因为不能预先知道给定的结点有多少个子结点，所以无法给出能直接访问每个子结点的函数。必须找到一种能处理数目未知的子结点的方法。

一种方法就是提供一个函数，它有一个参数，指定了子结点的序号。这个函数与另一个返回给定结点的子结点数目的函数相结合，就可以支持对任何结点的直接访问，以及对一个结点所有子结点的处理。但是，这种方法偏向于采用数组来存储所有结点，因为需要提供对所有子结点的随机访问。而实际上，通常基于链表来实现树。

另一种方法就是提供对结点的第一个(最左)子结点及下一个(右相邻)兄弟结点的访问。图 6.2 给出了基于这种方法的树和树结点的类定义。利用这两个函数，可以像链表一样，遍历结点的各个子结点。如果对位于最右边的兄弟结点寻找下一个兄弟结点，将会返回 **NULL**。

```cpp
// General tree node ADT
template <typename E> class GTNode {
public:
  E value();                        // Return node's value
  bool isLeaf();                    // True if node is a leaf
  GTNode* parent();                 // Return parent
  GTNode* leftmostChild();          // Return first child
  GTNode* rightSibling();           // Return right sibling
  void setValue(E&);                // Set node's value
  void insertFirst(GTNode<E>*);     // Insert first child
  void insertNext(GTNode<E>*);      // Insert next sibling
  void removeFirst();               // Remove first child
  void removeNext();                // Remove right sibling
};

// General tree ADT
template <typename E> class GenTree {
public:
  void clear();             // Send all nodes to free store
  GTNode<E>* root();        // Return the root of the tree
  // Combine two subtrees
  void newroot(E&, GTNode<E>*, GTNode<E>*);
  void print();            // Print a tree
};
```

图 6.2　树和树结点的类定义

6.1.2　树的遍历

5.2 节中给出了二叉树的 3 种遍历方法：前序遍历、后序遍历和中序遍历。对树而言，前序及后序遍历的定义与二叉树很相似。树的前序(先根)遍历先访问根结点，再依次从左到右对每棵子树进行先根遍历。树的后序(后根)遍历先从左到右依次对每棵子树进行后根遍历，再访问根结点。中序(中根)遍历对树不具有自然的定义。因为树的内部结点的子结点数目不确定, 可以给出一些很随意的定义。例如, 先中根遍历最左子树, 然后访问根结点, 再依次中根遍历其余子树。一般不使用树的中根遍历。

例 6.1　对图 6.3 中树的先根遍历按照顺序 *RACDEBF* 访问树的结点, 而后根遍历将按照顺序 *CDEAFBR* 访问树的结点。

要先根遍历一棵树, 必须对每一个结点(比如说结点为 *R*)都从左到右遍历其子结点。可以从 *R* 的最左子结点(假定为 *T*)开始, 从 *T* 结点转到 *T* 的右兄弟结点, 再转到 *T* 的右兄弟结点的右兄弟结点, 以此类推。

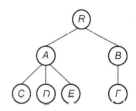

图 6.3　树的一个例子

下面给出了一个利用图 6.2 中的 ADT, 按照先根遍历顺序打印树中结点的 C++ 函数实现。函数末尾的 **for** 循环用于处理各个子结点, 从最左子结点开始, 依次处理下一个子结点, 直到查找下一个子结点的 **next** 函数返回 **NULL** 为止。

```cpp
// Print using a preorder traversal
void printhelp(GTNode<E>* root) {
  if (root->isLeaf()) cout << "Leaf: ";
  else cout << "Internal: ";
  cout << root->value() << "\n";
  // Now process the children of "root"
  for (GTNode<E>* temp = root->leftmostChild();
      temp != NULL; temp = temp->rightSibling())
    printhelp(temp);
}
```

6.2　父指针表示法

或许实现树的最简单方法就是对每个结点只保存一个指针域, 指向其父结点, 这种实现方法称为父指针(parent pointer)表示法。很明显, 这种实现方法并非出于一般性的目的, 因为它对诸如找到一个结点的最左子结点或最右兄弟结点这样的重要操作是不够的。那么用这种方法来实现树看来没有什么价值。然而, 父指针表示法精确地保存了用于解答下面这个有用问题所需的信息:"给出两个结点, 它们是否在同一棵树中?"为了解答这个问题, 只需要顺着结点的父指针链一直追溯到相应的根结点。如果两个结点到达同一个根结点, 它们一定在同 棵树中。如果找到的根结点不同, 那么这两个结点就不在同一棵树中。这种查找一个给定结点的根结点的过程称为 FIND。

父指针表示法常常用来维护由一些不相交子集构成的集合。两个不相交集合之间没有公共成员(即它们的交集为空)。几个不相交的集合可以划分一组结点, 使得每一个结点属于且只属于其中一个集合。对于不相交集合, 希望提供以下两种基本操作:

(1)判断两个结点是否在同一集合中;

(2)归并两个集合。

两个集合被合并的过程常常称为"并"(UNION), 且整个操作旨在通过归并找出两个结点是否在同一个集合中, 因此以"并查算法"(UNION/FIND, 也称并查集)命名。

并查算法用一棵树代表一个集合。如果两个结点在同一棵树中, 则认为它们在同一个集合中。树中的每个结点(除了根结点之外)有且仅有一个父结点。这样, 每个结点可以用同样大小的存储空间来表示。结点通常存储在数组中，每个数组元素代表一个结点，并存储该对象的值。每个元素还与不同的不相交树(每个不相交集合对应一棵树)中的结点相对应，因此还将结点的父指针存储在数组中。那些有子结点的结点，同时又是子树的根结点，存储了指向子树的指针。这种方式通过一个数组表示了一组树结构，便于使用 UNION 操作实现树的归并。

图 6.4 中给出了树结点和树的父指针实现，称为 **ParPtrTree**。这些类已经比图 6.2 中大大简化了，因为仅需要操作集中有限的子集。**ParPtrTree** 没有另外定义结点类，只是简单存储了一个整数数组，每个数组元素对应一个树结点，元素值为其父结点在该数组中的位置。类 **ParPtrTree** 给出了两个新成员函数 **differ** 和 **UNION**。成员函数 **differ** 检查两个结点是否在不同的集合中，成员函数 **UNION** 归并两个集合。私有成员函数 **FIND** 用来查找目标结点的根结点。

```
// General tree representation for UNION/FIND
class ParPtrTree {
private:
  int* array;                    // Node array
  int size;                      // Size of node array
  int FIND(int) const;           // Find root
public:
  ParPtrTree(int);                  // Constructor
  ~ParPtrTree() { delete [] array; } // Destructor
  void UNION(int, int);          // Merge equivalences
  bool differ(int, int);         // True if not in same tree
};

int ParPtrTree::FIND(int curr) const { // Find root
  while (array[curr] != ROOT) curr = array[curr];
  return curr;   // At root
}
```

图 6.4　树的并查算法的实现

使用并查算法的程序中应该有一个包含 n 个结点的集合，其中每个结点被赋给 0 到 $n-1$ 范围内唯一的下标值。这些下标用来索引数组中相应的父结点指针。类 **ParPtrTree** 创建并初始化并查数组，而函数 **UNION** 与 **differ** 只需要把结点下标值作为输入。

图 6.5 给出了父指针数组表示法。注意在数组内，结点可能以任意顺序出现，并且数组可以存储最多 n 棵无关的树，如图 6.5 所示，在同一数组中存储了两棵树。这样，一个数组就能存储这样的一组数据项，这些数据项分别属于数目随意变化的不同集合。

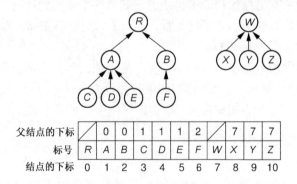

父结点的下标	/	0	0	1	1	1	2	/	7	7	7
标号	R	A	B	C	D	E	F	W	X	Y	Z
结点的下标	0	1	2	3	4	5	6	7	8	9	10

图 6.5　父指针数组表示法。每个对应于结点数组中某个位置的结点，存储其值及一个指向父结点的指针。为了简明起见，父指针表示为父结点在数组中位置的下标值。树的根结点存储**ROOT**值，在图中表示为斜线。本图表示存储在同一数组中的两棵树，一棵以 R 为根结点，另一棵以 W 为根结点

　　考虑一下把一个集合中的元素分配到称为等价类(equivalence class)的不相交子集中的问题。在 2.1 节中已经介绍过,等价关系具有自反性、对称性及传递性。因此,如果 A 和 B 是等价的,并且 B 和 C 是等价的,那么可以推出,A 和 C 也是等价的。

　　关于不相交集合和等价类的表示,有许多实际应用。例如,如图 6.6 所示,一个图包含了 10 个结点,分别标记为 A, B, C, …, J。注意结点 A 到 I,每个结点都至少有一条边与其相关联,而结点 J 是孤立于其他结点的。这样的图可以用来表示一个电路板上元件间的线路连接,还可以表示城市之间的道路连接。如果图中某两个结点之间存在一条通路,就认为这两个结点是等价的。因此,图 6.6 中的结点 A、H、E 是等价的,而结点 J 不与其他任何结点等价。图中等价边(即相连的边)集合的子集称为连通分支(connected component)。目标是快速地将结点集合划分为代表连通分支的不相交集合。另外并查集也用在计算图的最小生成树的 Kruskal 算法中(见 11.5.2 节)。

　　并查算法的输入为一系列等价对,在上述连通分支的例子中,等价对就是图中边的集合。一个等价对可能会是 A 等价于 C(即 A 与 C 在同一个子集中)。如果又有一个等价对为 A 与 B,那么由传递性可知,C 与 B 等价。这样,一个等价对归并了两个子集,其中每个子集各包含几个元素。

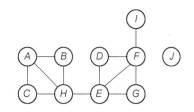

图 6.6　一个包含两个连通分支的图

　　并查算法可以很容易地解决等价类问题。开始时,每个元素都在独立的只包含一个结点的树中,而它自己就是根结点。通过使用函数 **differ** 可以检查一个等价对中的两个元素是否在同一棵树中。如果是,由于它们已经在同一个等价类中,就不需要做变动;否则就可以用 **UNION** 函数归并两个等价类。

　　例 6.2　作为等价类问题的一个例子,考虑图 6.6 中的图。首先,假定每个字符均在不同的等价类中。通过把每个字符存储为其所属树的根结点,就可以表示这种情况。图 6.7(a)就是父指针表示法数组的初始状态。现在考虑处理等价关系(A, B)时的情况。包含 A 的树的根结点为 A,包含 B 的树的根结点为 B。为了使这两个结点等价,两个结点中的一个被设置为另一个的父结点。在这种情况下,把哪一个指向另一个是没有影响的,因此可以随意选择在字母表中排在前面的字母作为根结点。在父指针数组中,只要把 B(在数组中下标为 1 的位置)的父指针设置为指向 A 即可。可以同样处理等价对(C, H),(G, F),(D, E)。当处理等价对(I, F)时,I 与 F 均为其所属树的根结点,所以 I 被设置为指向 F,请注意这也将使 G 与 I 等价。图 6.7(b)即为对这 5 个等价对的处理结果。

　　父指针表示法并不限制共享同一父结点的结点数目。为了使等价对的处理尽可能高效,每个结点到其相应根结点的距离应该尽可能小。这样,当把两个等价类归并到一起时,就可以保持树的高度较小。在理想情况下,每棵树的结点都应该直接指向根结点。为了达到这个目的,可能需要过多的附加处理,以至于得不偿失,因此只能做到尽可能缩小距离。

　　轻松降低树高度的途径应该是使两棵树合并的方式更灵活一些。一个简单的技术,称为加权合并规则(weighted union rule),在把结点较少的一棵树与结点较多的一棵树归并时,把结点较少树的根结点指向结点较多树的根结点。这样可以把树的整体深度限制在 O(log n)。因为在结点较少的树中,所有结点的深度都增加 1,并且合并后树中最深结点的深度最多只比合并前的最大深度多 1。而合并后树的结点数至少是结点较少的树的两倍。因此，当处理完 n 个等价对后，任何结点的深度最多只会增加 $\log n$ 次。

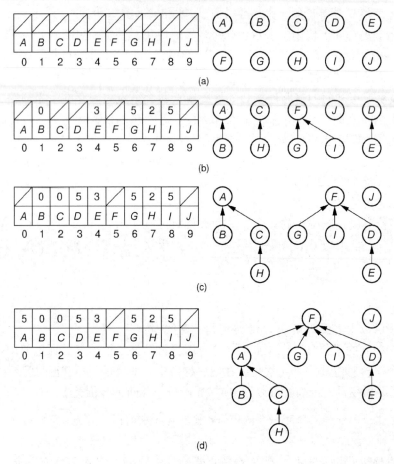

图 6.7   等价类处理的例子。(a)图 6.6 的 10 个结点分别在 10 个独立等价类中的初始结构；(b)对 5 个等价对 (A, B)、(C, H)、(G, F)、(D, E) 及 (I, F) 的处理；(c)对另外两个等价对 (H, A) 与 (E, G) 的处理；(d)对最后一个等价对 (H, E) 的处理

例 6.3   处理图 6.7(b)中的等价对 (I, F) 时，以 F 为根结点的树有两个结点，而以 I 为根结点的树只有一个结点。因此把 I 指向 F，而不是相反方向。图 6.7(c)是对另外两个等价对 (H, A) 和 (E, G) 的处理结果。在第一个等价对中，H 所属树的根结点是 C，而 A 所属树的根结点是它本身。每棵树都包含两个结点，因此哪个根结点作为归并后的根结点并没有多大关系。现在来看等价对 (E, G) 的情形。E 的根结点是 D，G 的根结点是 F，而 F 为较大树的根结点，所以 D 被设置为指向 F。

在不处理等价对时就会归并两棵树。例如，在图 6.7(c)状态下处理等价对 (F, G) 时，因为 F 已经是 G 的根结点，所以不会有任何变动。

加权合并规则有助于减小树的深度，但是还有更好的办法。路径压缩(path compression)是一种可以产生极浅的树的方法。当查找一个结点 X 的根结点时，可以采用路径压缩方法。设根结点为 R，则路径压缩把由 X 到 R 的路径上每个结点的父指针都设置为直接指向 R。首先要查找 R，然后顺着由 X 到 R 的路径把每个结点的父指针域都设置为指向 R。下面提供了一种可供选择的递归算法。函数 **FIND** 不仅返回当前结点的根结点，而且还把当前结点所有祖先结点的父指针都指向根结点。

```
// FIND with path compression
int ParPtrTree::FIND(int curr) const {
  if (array[curr] == ROOT) return curr; // At root
  array[curr] = FIND(array[curr]);
  return array[curr];
}
```

例 6.4　图 6.7(d)是只使用标准加权合并规则处理图 6.7(c)中等价对(H, E)的结果。图 6.8 所示是用路径压缩处理同一等价对的结果。在找到 H 结点的根结点后，可以用路径压缩使 H 直接指向根结点 A。类似地，E 也被设置为直接指向根结点 F。最后，A 被设置为指向根结点 F。

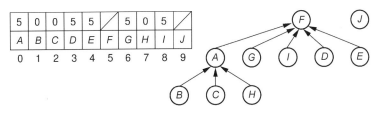

图 6.8　路径压缩的例子。对图 6.7(c)中等价对(H, E)的处理结果

注意路径压缩是在 FIND 操作中进行的，而不是在归并操作中进行的。这意味着在图 6.8 中，结点 B、C、H 仍然把 A 当成它们的父结点，而不是把它们的父结点改为 F。虽然期望这些结点能够指向 F，但是要做到这一点需要把在 FIND 操作中得到的额外信息传回给 UNION 操作。这样有点不切实际。

路径压缩使得 FIND 操作的代价接近于常数。更精确地讲，是非常接近于常数。对 n 个结点进行 n 次 FIND 操作的路径压缩代价(用加权合并规则来归并集合)约为[1] $\Theta(n \log^* n)$。$\log^* n$ 是在 $n \leqslant 1$ 之前要对 n 取对数操作的次数。例如，$\log^* 65\ 536 = 16$，$\log 16 = 4$，$\log 4 = 2$，$\log 2 = 1$，因此 $\log 65\ 536 = 4$(4 次 $\log$ 操作)。由于 $\log^* n$ 增长非常缓慢，因此，一系列 n 个 FIND 操作的代价非常接近于 $\Theta(n)$。

注意上面的讨论并不意味着处理 n 个等价对后得到的树的深度必然为 $\Theta(\log^* n)$。可以构造出一系列等价对操作，使得产生的树的深度为 $\Theta(\log n)$。但是，这个序列中许多等价对操作将只依赖于被归并的树的根结点，而且只需要很少的处理时间。所需要的总处理时间代价为 $\Theta(n \log^* n)$，对于每个等价对的操作时间接近于常数。这是均摊分析方法的一个例子，将在 14.3 节讨论。

6.3　树的实现

下面就着手给出树的表示法，并要求图 6.2 的 ADT 中所有成员函数都可以有效使用。本节给出了几种表示树的方法。每种表示法在存储每一个结点所需要的空间及关键操作的简明性方面各有优劣。

---

[1]　更准确地说，实际时间开销应该为阿克曼函数的逆函数(inverse of Ackermann's function)的常数倍，参见 6.6 节。

　　树的表示法不应该限制每个结点的子结点数目。在某些应用中,结点一旦生成,其子结点的数目便不再改变。在这种情况下,当一个结点产生时,可以基于其子结点的数目为它分配一块固定存储空间。如果子结点可以插入或删除,情况就会变得更加复杂,这要求该结点的存储空间也要进行相应的调整。

6.3.1　子结点表表示法

　　首先介绍一种子结点表(list of children)表示法。这是一种很简单的表示法,其中每个分支结点都存储其子结点形成的一个链表,如图 6.9 所示。

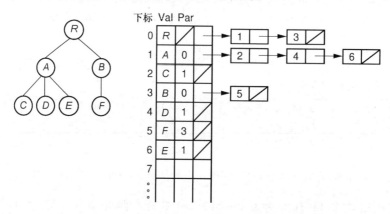

图 6.9　以子结点表表示法实现的树。最左侧的一列数标明数组的下标,值(Val)
列存储结点值,父结点(Par)列存储父结点索引(或父指针)。对于
分支结点,最后一列值存储指向子结点链表的指针。链表中的每个表项
都存储指向结点的某个子结点的指针(如图所示,即目标结点的下标)

　　子结点表表示法在数组中存储树的结点。每个结点包括结点值、一个父指针(或索引)及一个指向子结点链表的指针,链表中子结点的顺序从左到右。每个链表表项(element)都包含指向一个子结点的指针。这样,结点的最左子结点可以由链表的第一个表项直接找到。但是,找到结点的右兄弟结点要困难一些。考虑结点 M 与其父结点 P,为了找到 M 的右兄弟结点,必须沿着 P 的子结点表移动,直至找到一个表项,其中存储着指向 M 的指针。链表中的下一项存储指向 M 的右兄弟结点的指针。因此,在最差情况下,必须查找 M 的父结点的全部子结点。

　　如果两棵树分别存储在不同的数组中,使用这种表示方法会给归并这两棵树带来困难。如果两棵树存储在同一个数组中,则要添加树 T 成为结点 R 的子树,只需要将 T 的根结点添加到 R 的子结点表中即可。

6.3.2　左子结点/右兄弟结点表示法

　　子结点表表示法使得存取一个结点的右兄弟结点较为困难。图 6.10 中给出了一个改进的实现方法。每个结点都存储结点的值,以及指向父结点、最左子结点和右兄弟结点的指针。这样,抽象数据类型的基本操作可以通过读取结点中的一个值来实现。如果两棵树存储在同一个数组中,那么把其中一棵树添加为另一棵树的子树,只需要简单设置三个指针值即可。图 6.11 就是使用这种方法归并树的图示。这种表示法比子结点表表示法的空间效率更高,而且结点数组中的每个结点只需要固定大小的存储空间。

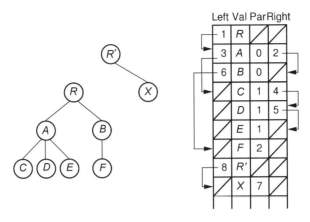

图 6.10　左子结点/右兄弟结点表示法

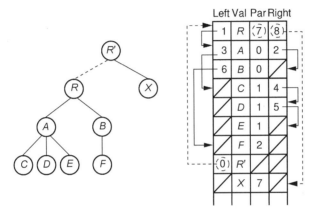

图 6.11　使用左子结点/右兄弟结点表示法对树的归并。图 6.10 中以 R 为根结
点的树成为 R' 的最左子树。结点数组中有三个指针被调整：R' 的
左子结点指针指向 R，R 的右兄弟结点指针指向 X，R 的父指针指向 R'

6.3.3　动态结点表示法

上述两种实现树的方法都是通过数组来存储结点的。下面尝试将链接表示法扩展到树。在二叉树的标准链接表示法中，每个结点存储独立的动态对象，包含其值及指向两个子结点的指针。但是，树的结点可以有任意数目的子结点，并且该数目在结点的生存周期中还可能发生变化。树结点的表示法必须支持这一特性。一种实现方法是对任意一个结点可能有的子结点数目加以限制，并且对每个结点分配确定数目的指针域。这个方法有两个主要缺点：首先，它对子结点的数目强加了不必要的限制，使得某些树无法用这种方法表示；其次，这可能会造成空间的极度浪费，因为大多数结点不会有那么多的子结点，因此有些指针的位置是空闲的。

另外一种实现方法是为每个结点分配可变的存储空间，这有两种基本途径。其一是把一个指向子结点的指针数组作为结点的一部分来分配给该结点。实质上，每个结点存储一个基于数组的子结点指针表，如图 6.12 所示。这种方法假设在一个结点生成时就已经知道它的子结点数目，这对某些应用可能适合，而对其他应用可能就不适合。当子结点的数目不变时，这种方法效果最好。如果子结点的数目发生变动（特别是增加），就必须提供一种专门的校正机制来改变子结点指针数组大小。一种可能的方法是从可利用空间中以恰当的大小分配一个新结点，然后把原来的结点返还给可利用空间，以便重新利用。这种方法可以应用在诸如 Java 这样的内置垃圾收集功能的语言中。例如，一个结点 M 起初有两个子结点，当 M 生成时，两个子结点指针的空间被分配给 M。如果第三个子结点添加到 M，则应该分配一个有三个子结点指针的新结点，把 M 的内容复制到新结点的空间中，M 被返还给可利用空间。除了依赖于系统的无用单元收集器以外，还可以实现对可变存储单元进行存储管理，这将在 12.3 节中予以讨论。另一个可能的实现是使用一系列空闲链表，每一个空闲链表对应一个数组大小，其描述参见 4.1.2 节。在图 6.12 中应该注意到当前子结点数目存储在 **size**（子结点数）域中。子结点指针存储在一个有 **size** 个元素的数组中。

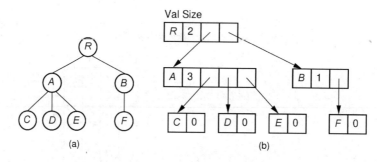

图 6.12　树的动态结点表示法(dynamic node implementation)，子结点指针存储在固定长度的数组中。(a)树；(b)树的实现。对于每个结点，在第一个域中存储其值，在第二个域中存储子结点指针数组的长度

　　另一种方法更加灵活，但是需要更多的空间（见图 6.13），每个结点存储一条子结点指针链表。这种表示法本质上与 6.3.1 节的子结点表表示法相同，但是它可以动态分配结点空间，而不是把结点分配在数组中。

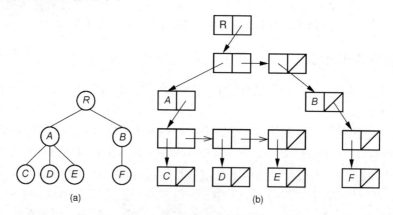

图 6.13　带有子结点指针链表的动态树表示法。(a)树；(b)树的实现

6.3.4　动态左子结点/右兄弟结点表示法

　　6.3.2 节的左子结点/右兄弟结点表示法对每一个结点存储固定数目的指针。毫无疑问，它适合于动态实现。本质上，使用二叉树来等价地表示树。左子结点/右兄弟结点表示法中的每一个结点在一棵新的二叉树结构中指向两个"子结点"。在这个新结构中，左子结点是树

中结点的最左子结点。右子结点是结点原来的右兄弟结点。还可以很容易地把这种转化推广到森林，因为森林中每棵树的根结点可以看成互为兄弟结点。图 6.14 把森林转化为一棵二叉树。这里简单地添加了指向右兄弟结点的指针，删除了除指向最左子结点以外的所有子结点的指针。图 6.15 给出了每个结点只有两个指针的情况下，左子结点/右兄弟结点实现的树的形式。图 6.13 的实现每个结点需要三个指针，而图 6.15 的实现只需要两个。而且图 6.15 的形式实现起来更加容易，空间效率也更高，并且比这一节中的其他实现方式更具灵活性。

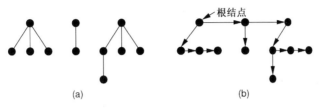

图 6.14 将森林转化为单一的二叉树。每个结点存储指向其左子结点和右兄弟结点的指针。为了进行转化，假定树的根结点为兄弟结点

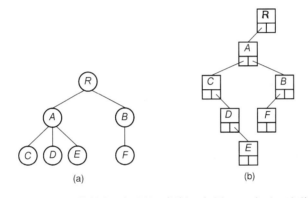

图 6.15 转化为动态"左子结点/右兄弟结点"表示的一棵树。与图 6.13 相比，这种表示法需要的空间更少

6.4 K 叉树

K 叉树(K-ary tree)的内部结点恰好有 K 个子结点。这样，二叉树就是 2-ary 树。在 13.3 节中将讨论的 PR 四分树就是四叉树的特例。与树不同的是，K 叉树的结点有 K 个子结点，子结点数目是固定的，因此相对来说更容易实现。通常 K 叉树与二叉树有许多相似之处，并且对 K 叉树结点可以使用与二叉树类似的实现方法。注意到当 K 变大时，空(**NULL**)指针的潜在数目会增加，并且叶结点与分支结点在所需要的空间大小上的差异也会更加显著。这样，当 K 增加时，对叶结点与分支结点采用不同实现方法的需求就变得更加迫切。

相应地，满(full) K 叉树和完全(complete) K 叉树与满二叉树和完全二叉树是类似的。图 6.16 中给出了 K = 3 时完全 K 叉树和满 K 叉树的表示。实际上，大多数 K 叉树的应用采用的是完全 K 叉树或满 K 叉树。

二叉树的许多性质可以推广到 K 叉树。在考虑 K 叉树中空指针的数目、K 叉树叶结点数目与分支结点数目之间的关系时，同样可以推出类似于 5.1.1 节的定理。也可以像 5.3.3 节那样，把完全 K 叉树存储在一个数组中，并使用公式计算与一个结点相关的结点。

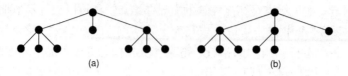

图 6.16　完全三叉树与满三叉树。(a)这棵树是满的(并不完全);(b)这棵树是完全的(并不满)

6.5　树的顺序表示法

　　下面考虑一种与前面所述有着本质区别的实现树的方法。其目的在于存储一系列结点的值,其中包含了尽可能少,但是对于重建树结构必不可少的信息,这种方法称为顺序树表示法(sequential tree implementation)。其优点是节省空间,因为不需要存储指针;缺点是对任何结点的存取,都必须顺序查找所有在结点表中排在它前面的结点,即对结点的存取必须从结点表的头部开始,按照存储顺序依次查找,直到找到指定结点为止。这样,就失去了一个本节中讨论的其他实现方法的重要优点:对树中任意结点的高效率存取[一般时间代价为$\Theta(\log n)$]。由于顺序树表示法节省空间,因此它是一种把树压缩在磁盘上以备以后使用的理想方法,而且树结构在日后需要处理时可以重建。

　　树的顺序表示法还能用来序列化(serialize)树结构。序列化就是把一个对象以一系列字节形式存储的过程,以便这种数据结构在计算机之间传输。这对于分布式处理环境中的数据结构很重要。

　　树的顺序表示法通常把结点的值按照它们在先根遍历中出现的顺序存储起来,描述树形状的充足信息同时也被存储起来。如果树的形状受到限制(如一棵满二叉树),那么需要存储的有关结构的信息就可以少一些。由于树具有比较灵活的结构,因此需要更多的附加信息来描述树的形状。树的顺序表示法有多种可选方案。可以先描述适合于二叉树的方法,然后将其推广为与一般树结构相适应的表示法。

　　由于二叉树的每一个结点或者是叶结点,或者有两个子结点(可能为空),所以可以利用这一属性隐式地实现树结构。最直接的顺序表示法是把树的结点值按照先根遍历的顺序依次列出。但是单独的结点值无法提供恢复树形状所需要的足够信息。特别是当看到一系列结点值时,无法确定哪些是叶结点。然而,可以把所有非空结点都视为有两个子结点(可能为空)的分支结点。只有空指针值 **NULL** 才被视为叶结点,而且可以很清楚地列出。这样的结点表提供了足够的信息来恢复树结构。

　　例 6.5　对于图 6.17 中的二叉树,相应的顺序表示结点表如下(假定"/"代表空指针 **NULL**):

$$AB/D//CEG///FH//I// \qquad (6.1)$$

为了重建原来的树结构,首先设置 A 为根结点。A 的左子结点为 B,B 的左子结点为空,因此 D 一定是 B 的右子结点。D 有两个空子结点,因此 C 一定是 A 的右子结点。

　　为了说明使用树的顺序表示法进行处理所遇到的困难,可以考虑查找根结点的右子结点的问题。首先必须顺序地沿着

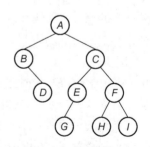

图 6.17　树的顺序表示法的二叉树示例

结点表查找完整的左子树，只有这样才能找到根结点的右子结点的值。很显然，顺序表示法在空间上是高效率的，但是沿着任意路径深度遍历的时间效率并不高。

假定每个结点的值所需的存储空间均为常量（例如，结点的值为正整数，而空指针用零值表示）。由 5.1.1 节的满二叉树定理可知，结点表的大小是结点数目的两倍（结构化开销占了 1/2），额外的空间被空指针占用了。应该能更紧凑地存储结点表，并且任何顺序表示法都要求在到达叶结点时能识别出来，也就是叶结点意味着子树的结束。实现这个目标的途径之一就是显式地在每个结点后面标识出它是叶结点还是分支结点。如果 X 是分支结点，则在结点表中紧随其后的是 X 的两个子结点（有可能为子树）。如果 X 为叶结点，则在结点表中紧随其后的是 X 的某个祖先结点的右子结点，而不是 X 的右子结点。具体地说，下一个结点是 X 的祖先结点中，尚未出现右子结点的距 X 最近的那个祖先结点的右子结点。然而，这仍然需要假定每个分支结点确实有两个子结点，即树是满的。空子结点必须在子结点表中显式地表示出来。假定分支结点加标记（′），而叶结点不加任何标记；分支结点的空子结点以"／"表示，而叶结点的空子结点不加表示。注意这种实现中满二叉树不需要存储空指针，所以需要的开销更少。

例 6.6　可以把图 6.17 中的树如下表示：

$$A'B'/DC'E'G/F'HI \tag{6.2}$$

注意这个例子中的树不是满二叉树，所以需要斜杠表示空子结点。

存储 n 位相对于存储 n 个空指针来说节省了相当多的空间。在例 6.6 中，会为每个内部结点加上标记，叶结点不加标记。这需要每个结点提供存储标记位的空间。如果结点的值使用 4 字节整型表示，实际结点的取值范围较小，没有用完所有的位，这时结点就可以用额外的位存储标记值。举个例子，假设结点的值都为正数，此时整数表示中的最高位（符号位）就可以作为标记位。

存储标记位的另一种方式是提供一个单独的位向量来表示各个结点的状态。树中的每一个结点都对应于位向量中的一位。值为"1"表示结点为分支结点，值为"0"表示结点为叶结点。

例 6.7　图 6.17 中的树对应的位向量（包含结点 B 和 E 的空子结点）如下：

$$11001100100 \tag{6.3}$$

用顺序表示法存储树需要在结点表中包含更多的显式结构信息。不仅要给出一个结点是叶结点还是分支结点，还必须给出有多少个子结点的信息。作为一种替代方法，也可以给出一个结点的子结点表结束的位置。在下面的一个例子中，对分支结点与叶结点都没有设置标记。相反，它使用特殊标记"）"来标明子结点表的结束。所有叶结点后面都跟着一个"）"（因为它们没有子结点）。如果一个叶结点是其父结点的最后一个子结点，则其后将有两个或更多连续的"）"。

例 6.8　对于图 6.3 中的树，结点表为

$$RAC)D)E))BF))) \tag{6.4}$$

注意 F 后面跟着连续三个"）"标记，这是因为它既是叶结点，也是 B 的最右子树的最后结点，同时又是 R 的最右子树的最后结点。

注意这种序列化树的表示方法不能用在二叉树上。这是因为二叉树不仅仅是子结点个数限制在最多为 2 的树。每个二叉树的结点或者有一个左子结点和一个右子结点，或者只有一个子结点，或者两个子结点都为空。举例来说，例 6.8 中的表示并不能区分图 6.17 中的结点 D 是 B 的左子结点还是右子结点。

6.6　深入学习导读

6.2 节中的表达式 $\log^* n$ 与阿克曼函数的逆函数密切相关。如果要进一步了解有关阿克曼函数及并查集的路径压缩开销的内容，请参看 Robert E. Tarjan 的文章"On the efficiency of a good but not linear set merging algorithm"[Tar75]。Galil 与 Italiano 所写的文章"Data Structures and Algorithms for Disjoint Set Union Problems"[GI91]中涵盖了等价类问题的许多方面。

Hanan Samet 所著的 *Foundations of Multidimensional and Metric Data Structures* [Sam06] 在 K 叉树的背景下对各种树的实现方法进行了详细论述，Samet 也像本章及第 5 章一样将顺序表示法、数组表示法与链接表示法均收在书中。虽然这些书表面上与空间数据结构相关，但其中涉及的许多概念对于任何需要实现树结构的应用都很适合。

6.7　习题

6.1　编写出一个算法，判断两棵树是否相同。尽可能提高算法的效率，并分析算法的运行时间代价。

6.2　编写出一个算法，判断两棵二叉树在不考虑子树顺序的前提下是否相等。例如，一棵根结点为 R、左子结点为 A、右子结点为 B 的树，与另一棵根结点为 R、左子结点为 B、右子结点为 A 的树是相等的。尽可能提高算法效率，并分析算法的运行时间代价。如果判断两棵树等价，需要怎样改进？

6.3　编写出树的后根遍历函数，类似于 6.1.2 节中给出的先根遍历函数 **preorder**。

6.4　编写出一个函数，以一棵树为输入，返回树的结点数目。要求使用图 6.2 中给出的 **GenTree** 和 **GTNode** ADT。

6.5　描述如何有效实现加权合并规则。具体描述出每个结点必须存储哪些信息，在两棵树合并时信息如何更新。修改图 6.4 中的表示法，以实现加权合并规则。

6.6　除了加权合并之外，另一种合并两棵树的合并规则称为按照高度合并。按照高度合并要求较高的树的根结点作为合并之后的根结点。请解释为什么按照高度合并会导致比加权合并更大的平均时间代价。

6.7　使用加权合并规则与路径压缩，对下列从 0 到 15 之间的数的等价对进行归并，并给出所得到的树的父指针表示法的数组表示。在初始情况下，集合中的每个元素分别在独立的等价类中。当两棵待归并的树的规模同样大时，使结点值较大的根结点作为值较小的根结点的子结点。

(0, 2)　(1, 2)　(3, 4)　(3, 1)　(3, 5)　(9, 11)　(12, 14)　(3, 9)
(4, 14)　(6, 7)　(8, 10)　(8, 7)　(7, 0)　(10, 15)　(10, 13)

6.8　使用加权合并规则与路径压缩，对下列从 0 到 15 之间的数的等价对进行归并，并给出所得到的树的父指针表示法的数组表示。在初始情况下，集合中的每个元素分别在独立的等价类中。当两棵树的规模同样大时，使结点值较大的根结点作为结点值较小的根结点的子结点。

(2, 3)　(4, 5)　(6, 5)　(3, 5)　(1, 0)　(7, 8)　(1, 8)　(3, 8)
(9, 10)　(11, 14)　(11, 10)　(12, 13)　(11, 13)　(14, 1)

6.9　给出一系列等价关系，使得一个有 16 个数据项的集合在同时使用加权合并规则与路径压缩时得到高度为 5 的树。进行这一系列操作需要变动的父指针总数是多少？

6.10　除了路径压缩之外，路径对折(path halving)也可以获得类似的性能提升。在路径对折过程中，当遍历路径为从某一个结点到根结点时，将所有从根到元素 i 路径上每隔一个结点(除根结点和其子结点)的父结点域值变为其各自的祖先结点。请写出实现路径对折版本的 **FIND**。注意 **FIND** 操作在向上遍历时将路径对折，而路径压缩则需要两边进行压缩。

6.11　分析子结点表表示法、左子结点/右兄弟结点表示法及 6.3.3 节中的两种链接实现的结构性开销比例。相比之下，它们各自的空间效率如何？

6.12　使用 6.2 节的树 ADT，编写出一个函数，它以一棵树的根结点为输入，返回一棵由图 6.14 所示的转化过程而得到的二叉树。

6.13　使用数学归纳法证明非空满 K 叉树的叶结点数目为 $(K-1)n+1$，其中 n 为分支结点数目。

6.14　利用 5.3.3 节的完全树顺序表示法存储 K 叉树，请推导出非空完全 K 叉树结点之间关系的公式。

6.15　对于满足下面空间要求的满 K 叉树实现方法，计算其结构性空间开销比例。

(a) 所有结点都存储数据、K 个子结点指针和一个父结点指针。数据域需要 4 字节，每个指针需要 4 字节。

(b) 所有结点都存储数据和 K 个子结点指针。数据域需要 16 字节，每个指针需要 4 字节。

(c) 所有结点都存储数据和一个父结点指针，并且分支结点存储 K 个子结点指针。数据域需要 8 字节，每个指针需要 4 字节。

(d) 只有叶结点存储数据，只有分支结点存储 K 个子结点指针。数据域需要 4 字节，每个指针需要 2 字节。

6.16　(a) 使用例 6.5 的编码方法，写出对图 6.18 中树的线性实现。

(b) 使用例 6.6 的编码方法，写出对图 6.18 中树的线性实现。

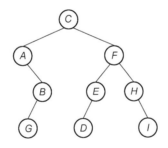

图 6.18　习题 6.16 所用的例子

6.17　对下面用例 6.5 的编码方法写出的二叉树的顺序表示，画出二叉树的形状：

$$ABD//E//C/F//$$

6.18　对下面用例 6.6 的编码方法写出的二叉树的顺序表示，画出二叉树的形状：

$$A'/B'/C'D'G'/E$$

画出这棵树的叶结点和分支结点的位向量(像例 6.7 那样)。

6.19　对下面用例 6.8 的编码方法写出的树的顺序表示，画出树的形状：

$$XPC)Q)PV)M))))$$

6.20　(a) 编写一个函数，对例 6.5 的顺序表示法所表示的二叉树进行解码。输入为结点表，输出为指向所生成的二叉树根结点的指针。

(b) 编写一个函数，对例 6.6 的顺序表示法所表示的满二叉树进行解码。输入为结点表，输出为指向所生成的二叉树的根结点的指针。

(c) 编写一个函数,对例6.8的顺序表示法所表示的树进行解码。输入为结点表,输出为指向所生成的树的根结点的指针。

6.21　给出 Huffman 树的一个顺序表示,以适用于文件压缩实用程序(见项目设计5.7)。

6.8　项目设计

6.1　使用6.3.4节中的动态左了结点/右兄弟结点表示法,实现图6.2中定义的树类。

6.2　使用图6.12中带子结点指针数组的树的链接表示法,实现图6.2中定义的树类。此实现应该只支持固定大小的结点:它们一旦生成,子结点的数目便不会再发生变化。然后,用图6.13中的子结点指针链接表示法重新实现这些类。对这两种实现从时间、空间效率及实现难度等角度进行比较。

6.3　使用图6.12中带子结点指针数组的树的链接表示法,实现图6.2中定义的树类。此实现必须能支持结点的子结点数目变化。在生成时,结点应该被分配只够存储其初始子结点集的空间。当一个新的子结点添加到结点上导致数组溢出时,从可利用空间中分配一个为原来数组两倍大的数组。

6.4　实现一个 BST(二叉检索树)的文件档案库。你的程序应该在内存中产生一棵 BST,它使用的是图5.14中的实现方法,然后把它用6.5节的某一种顺序表示法写入磁盘。它也应该能读出使用你的顺序表示法存储的磁盘文件,并在内存中产生相应的等价 BST。

6.5　使用并查算法解决下面的问题:给出一个点集,点用(x, y)坐标形式表示,把点分配到集群(cluster)中。两个距离不超过d的点定义为在一个集群中。集群是等价关系,这就是这个问题的目的(练习等价类的归并)。也就是说,点 A、B 和 C 定义为在一个集群中,如果 A 与 B 的距离小于 d,且 A 与 C 的距离小于 d,即使 B 与 C 的距离大于 d 也是成立的。为了解决这个问题,计算每一对点之间的距离,当出现两个点在特定距离内时,使用等价处理算法来归并集群。该算法的渐近复杂度如何? 处理的瓶颈在哪里?

6.6　在并查算法中,对路径压缩分别进行如下改动,看看能否提高算法性能。比较下列5种实现方法:

(a) 标准的并查算法,使用路径压缩和加权合并规则。

(b) 类似于(a),但是在 UNION 操作后再进行路径压缩,而不是在 FIND 操作中进行。这样使得遍历路径上的所有结点都直接指向规模较大的树的根结点。

(c) 使用加权合并规则和习题6.10中描述的路径对折。

(d) 使用加权合并规则和简化形式的路径压缩。在每个 FIND 操作末尾,修改结点,使之指向树的根结点(但是不修改路径中其他结点的指针)。

(e) 使用加权合并规则和简化形式的路径压缩。在 UNION 操作之后,等价类中的两个结点都直接指向较大的树的根结点。例如,考虑处理等价对(A, B),A'、B'分别是 A、B 所在的树的根结点,且以 A'为根结点的树比以 B'为根结点的树大。在进行并查操作后,结点 A、B 和 B'都直接指向 A'。

第三部分

排序与检索

第7章 内 排 序

人们经常对日常生活中的事物进行排序：玩桥牌时会整理手中的牌；也会归置账单、一摞纸张或者罐装的调料等。根据这些物体的多少及移动物体的难易程度，可以使用很多直观的排序策略。除此之外，排序也是执行得最频繁的计算任务之一。为了能有效地检索数据库中的信息，人们会对数据库中的记录进行排序。为了能方便地打印并邮寄书信，需要对这些记录按照邮政编码进行排序。排序算法也可以作为解决其他问题的算法的一部分，例如计算最小生成树时，经常会用到排序(见 11.5 节)。

正因为排序非常重要，对它的研究也很深入，从而发明了很多排序算法。其中一些算法与日常生活中的排序策略如出一辙。剩下的一些算法则与人们的思维方式大相径庭，这些算法用来对数千甚至百万量级的记录排序。虽然经过了多年研究，排序这一领域依然存在着某些尚未解决的问题。直到现在，人们依然致力于研究新的排序算法，以及对特定问题排序算法的优化。

除了介绍排序这一计算机科学领域的核心问题，这一章的另一个目的是简述算法设计与算法分析中的主要问题。例如，不同排序算法从多个角度说明了分治思想的运用。尤其是在怎样划分子问题上：归并排序将数据折半划分；快速排序将数据分成大数和小数两部分；基数排序则每次都会按照关键码中的一个数字划分数据。通过排序算法的学习也可以了解到很多算法分析技术。可以发现一个算法在平均情况下的增长率比最差情况下要小很多(例如快速排序)。也会看到一些利用其他算法中的最佳情况(例如插入排序)来改进排序算法的例子(Shell 排序和快速排序都是如此)。还有对算法进行优化，从而提高性能的例子。可以看到某些算法在特殊情况下很适合于特定应用(例如堆排序)。此外，研究排序算法将涉及求解问题下限这一重要技术。介绍排序问题也为第 8 章将介绍的文件处理进行了铺垫。

本章介绍了几种适用于在计算机内存中对一组记录进行排序的标准算法。首先对三个简单但是相对较慢的算法进行分析，它们在平均和最差情况下的时间代价是 $\Theta(n^2)$。随后会提供一些性能较好的算法，其中几个算法的最差时间代价是 $\Theta(n \log n)$。最后介绍一种在特殊条件下最差时间复杂度仅为 $\Theta(n)$ 的算法。本章还将证明排序算法一般在最差情况下的时间代价为 $\Omega(n \log n)$。

7.1 排序术语及记号

如果没有特别说明，本章中排序算法的输入都是存储在数组中的一组记录。记录之间通过一个比较器类进行比较，该类在 4.4 节已经介绍过了。为了简化讨论，这里假设每条记录内都有一个关键码(key)域，这个域的值正是比较器所用到的。比较器类中的最重要的方法是 **prior**，如果返回值为真，说明排好序之后第一个参数应该放在第二个参数之前。另外，假设对每种记录类型存在一个 **swap** 函数，用来交换数组中的两条记录的内容(详见附录 A)。

给定一组记录 $r_1, r_2, \cdots, r_n$，其关键码分别为 $k_1, k_2, \cdots, k_n$，排序问题就是要把这些记录

排成顺序为 r_{s_1} , r_{s_2} , $\cdots$, r_{s_n} 的一个序列 s , 满足条件 $k_{s_1} \leqslant k_{s_2} \leqslant \cdots \leqslant k_{s_n}$ 。换句话说, 排序问题就是要重排一组记录, 使其关键码域的值具有不减的顺序。根据定义, 排序问题中的记录可以具有相同的关键码。有些应用中要求输入没有重复关键码值的一组记录。除非特别说明, 否则本章与第 8 章的所有排序算法都适用于处理具有重复关键码值的问题。

当允许关键码值重复时, 也许具有相同关键码值的记录之间本身就有某种内在的顺序, 一般情况是基于它们在输入过程中的出现顺序。有些应用可能要求不改变具有相同关键码值的记录的原始输入顺序。如果一种排序算法不会改变关键码值相同的记录的相对顺序, 则称为稳定的(stable)。本章中的大多数(但不是全部)排序算法都是稳定的, 或者可以通过小改动而变成稳定的。

当比较两个排序算法时, 最直接的方法是对它们进行编程, 然后比较它们的运行时间。这种时间比较的例子请参见图 7.20。但是, 有些算法的运行时间依赖于原始输入记录的情况, 因此这种比较方法容易让人产生误解。特别是记录的数量、关键码和记录的大小、关键码值的可操作区域及输入记录的原始有序程度, 这些都会大大影响排序算法的相对运行时间。

分析排序算法时, 传统方法是衡量关键码之间进行比较的次数。这种方法通常与算法消耗的时间紧密相关, 而与机器和数据类型无关。但是在一些情况下, 记录也许很大, 以至于它们的移动成为影响程序整个运行时间的重要因素。在这种情况下, 应该统计算法中所使用的交换次数。在大多数情况下, 可以假设所有记录及关键码都具有固定长度, 因此做一次简单比较或者简单交换所用的时间也是固定的, 不用考虑所比较的是哪些关键码。一些特定的应用可以采取较灵活的比较方法。例如, 一个应用中的不同记录或关键码的长度差别很大(如对一个长度不同的字符串序列进行排序), 采用特殊的排序技术将会有所裨益。一些实例中只对少量记录进行排序, 但是排序操作的频率很高, 如仅对 5 个记录反复排序。在这种情况下, 进行渐近分析时常被忽略的运行时间方程中的常量就变得十分重要了。另外, 还有一些实例要求占用的内存尽量少。可以看到这些排序算法除了输入数组之外, 会占用很多额外的内存空间。

7.2　三种代价为 $\Theta(n^2)$ 的排序算法

本节介绍了三种简单的排序算法。尽管这些算法简单易懂, 而且易于实现, 但是很快就会发现, 对于待排序的记录数较多的排序算法来说, 它们的速度令人无法忍受。可是, 在某些情况下, 这些最简单的算法可能是最好的算法。

7.2.1　插入排序

试想你手中有一叠两年来的电话账单, 现在需要把它们按照时间顺序排列起来。一种直观的方法是先比较前两张账单, 并把它们按照顺序放好。然后处理第三张账单, 并把它放在正确的位置, 使得三张账单按照顺序放置, 以此类推。每当处理一张新账单时, 都需要把这张账单加到之前已经排好序的部分中。这一直观的处理过程就是本章介绍的第一种排序算法, 插入排序方法逐个处理待排序的记录。每条新记录与前面已排序的子序列进行比较, 将它插入子序列中的正确位置。下面是使用C++编写的函数, 其输入是一个记录数组 A, 数组中存放着 n 条记录。

```
template <typename E, typename Comp>
void inssort(E A[], int n) { // Insertion Sort
  for (int i=1; i<n; i++)          // Insert i'th record
    for (int j=i; (j>0) && (Comp::prior(A[j], A[j-1])); j--)
      swap(A, j, j-1);
}
```

考虑一下 inssort 处理第 i 条记录的情况，记录关键码的值设为 X。当 X 比它上面的记录的关键码值小时，就向上移动该记录。直到遇到一个关键码比它小或者与它相等的值，本次插入才完成，因为再往前就一定都比它小了。图 7.1 展示了插入排序的工作原理。

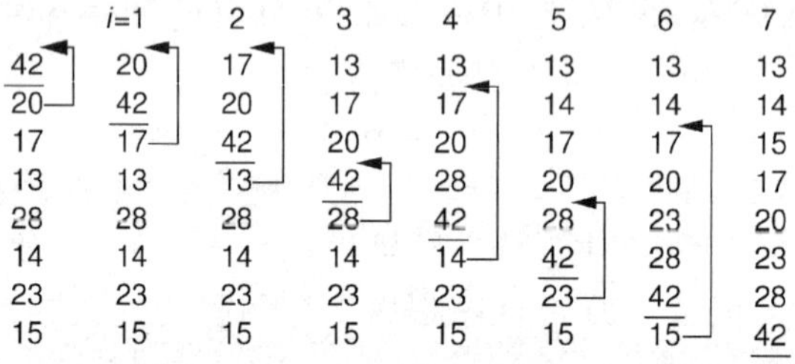

图 7.1　插入排序示例。图中每一列数值都表示以该列顶部的 i 值进行一次 for 循环后数组中的内容。每列中横线以上的记录是已排序的。每个箭头都指明了该元素应该插入的位置

插入排序的程序体是由嵌套的两个 for 循环组成的。外层 for 循环要做 $n-1$ 次；内层 for 循环次数分析起来要更困难一些，因为该循环次数依赖于第 i 条记录前面的 $i-1$ 条记录中关键码值小于第 i 条记录的关键码值的记录数。最差的情况是每条记录都必须移动到数组的顶端，如果原来数组中的原始数据是逆序的，这种情况就会发生。这时比较的次数为：第一次执行 for 循环为 1，第二次为 2，以此类推。因此，总的比较次数为

$$\sum_{i=2}^{n} i \approx n^2/2 = \Theta(n^2)$$

下面考虑最佳情况。此时数组中的关键码就是从小到大按照正序排列的。在这种情况下，每个结点刚进入内部 for 循环就退出，没有记录需要移动。总的比较次数为 $n-1$ 次，即外层 for 循环的执行次数。因此最佳情况下插入排序的时间代价为 $\Theta(n)$。

虽然最佳情况要比最差情况快得多，但是往往最差情况的性能是"典型"运行时间性能的可信指标。尽管如此，在有些情况下，待排序数据可能是已经有序的或者基本有序的。例如，一个已排序序列因为对某些元素做了加法，稍微被打乱了顺序，如果改动不是太大，最好用插入排序把它恢复成有序的。在 7.3 节的 Shell 排序及 7.5 节的快速排序中，将给出利用插入排序近似最佳情况的例子。

那么，插入排序的平均执行时间到底是多少呢？当处理到第 i 条记录时，内层 for 循环的执行次数依赖于该记录的"无序"程度。也就是说，第 i 条记录前面的 0 到 $i-1$ 条记录中，比第 i 条记录大的那些记录都会引起内层 for 循环执行一次。例如，在图 7.1 最左边一列的值 15 前面有 5 个比它大的数值。每一个这样的数值称为一个逆置(inversion)，逆置的数目(即数组中位于一个给定值之前并比它大的值的数目)将决定比较及交换的次数。需要判断对第 i 条记录来说，其平均逆置是多少。在平均情况下，在数组的前 $i-1$ 条记录中有一半关键码值比第 i 条记录的关键码值大。因此，在平均情况下时间代价就是最差情况的一半，大概是 $n^2/4$，仍然为 $\Theta(n^2)$。因此，在渐近复杂性的意义上，平均情况也并不比最差情况好多少。

　　计算比较及交换的次数所得出的结果都是相近的。每执行一次内层 **for** 循环就要比较一次，并交换一次（除了每一轮的最后一次比较找到了应该插入的位置，此时没有发生交换）。因此，总排序次数是总比较次数减去 $n-1$，它在最佳情况下为 0，在最差及平均情况下为 $\Theta(n^2)$。

7.2.2　冒泡排序

　　下面要介绍的是一种称为冒泡排序（Bubble Sort）的算法。冒泡排序常常在计算机科学的一些入门课程中作为例题介绍给程序设计初学者。这其实并不合适，因为冒泡排序并没有什么特殊价值。它是一种相对较慢的排序，不如插入排序易懂，因为在生活中没有对应的直观使用场景，而且没有较好的最佳情况执行时间。尽管如此，冒泡排序为下面将要讨论的一种更好的排序算法提供了灵感（见 7.2.3 节）。

　　冒泡排序包括一个简单的双重 **for** 循环。第一次内部 **for** 循环从记录数组的底部比较到顶部，比较相邻的关键码。如果低序号的关键码值比高序号的关键码值大，则将二者交换顺序。一旦遇到一个最小关键码值，这个过程将使它像个"气泡"似地被推到数组的顶部。第二次再重复调用上面的过程。但是，既然知道最小元素第一次就被排到了数组的最上面，因此就没有再比较最上面两个元素的必要了。同样，每一轮循环都是比较相邻关键码，但是都将比上一轮循环少比较一个关键码。图 7.2 阐明了冒泡排序的工作过程。C++ 编写的函数如下：

```
template <typename E, typename Comp>
void bubsort(E A[], int n) { // Bubble Sort
  for (int i=0; i<n-1; i++)      // Bubble up i'th record
    for (int j=n-1; j>i; j--)
      if (Comp::prior(A[j], A[j-1]))
        swap(A, j, j-1);
}
```

　　分析冒泡排序的比较次数十分简单。不考虑数组中结点的组合情况，内层 **for** 循环比较的次数总会是 i，因此时间代价为

$$\sum_{i=1}^{n} i \approx n^2/2 = \Theta(n^2)$$

冒泡排序的最佳、平均、最差情况的运行时间几乎是相同的。

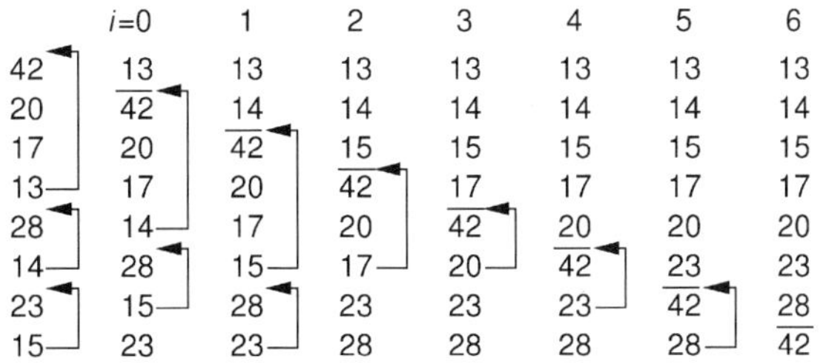

图 7.2　冒泡排序示例。图中每一列数值都表示以指定的 i 值执行外层 **for** 循环之后数组中的内容。每列横线上的值是已排序的。箭头指明一个给定循环中所发生的交换

　　一个结点比它的前一个结点的关键码值小的概率有多大就决定了交换的次数。可以假定这个概率为平均情况下比较次数的一半，因此代价为 $\Theta(n^2)$。事实上，冒泡排序的交换次数与插入排序的交换次数相同。

7.2.3　选择排序

还是考虑前面那个对一年内的电话账单进行排序的例子。另一个直观的想法是在这叠账单中查找，直到找到一月份的账单，把它抽出来。然后在剩下的账单中查找二月份的账单，找到后放在一月份账单的后面。重复这样的过程，直到所有账单都被处理完毕。这是$\Theta(n^2)$级排序算法中的最后一种方法，称为选择排序(Selection Sort)。选择排序的第i次是"选择"数组中第i小的记录，并把该记录放到数组的第i个位置上。换句话说，选择排序首先从未排序的序列中找到最小关键码值，接着是次小关键码值，以此类推；独特之处在于交换操作很少。为了寻找下一个最小关键码值，需要检索数组中整个未排序的部分，但是只用一次交换即可将待排序的记录放到正确位置上。这样需要的总交换次数是$n-1$次(把最后一个记录排好序不需要比较和交换)。

图7.3解释了如何进行选择排序。下面是用C++编写的函数：

```
template <typename E, typename Comp>
void selsort(E A[], int n) { // Selection Sort
  for (int i=0; i<n-1; i++) {    // Select i'th record
    int lowindex = i;            // Remember its index
    for (int j=n-1; j>i; j--)    // Find the least value
      if (Comp::prior(A[j], A[lowindex]))
        lowindex = j;            // Put it in place
    swap(A, i, lowindex);
  }
}
```

这里实现的选择排序本质上也是冒泡排序，注意所选最小元素的位置，最后做一次交换使它到位，而不是不断交换相邻记录，以使下一个最小记录到位。因此，比较的次数仍然是$\Theta(n^2)$，但是交换的次数要比冒泡排序少得多。对于处理那些做一次交换花费时间较多的问题，选择排序是很有效率的，例如当元素是较长的字符串或者是其他大型记录的时候。在其他情况下选择排序也比冒泡排序更有效率(通过常数因子的改进)。

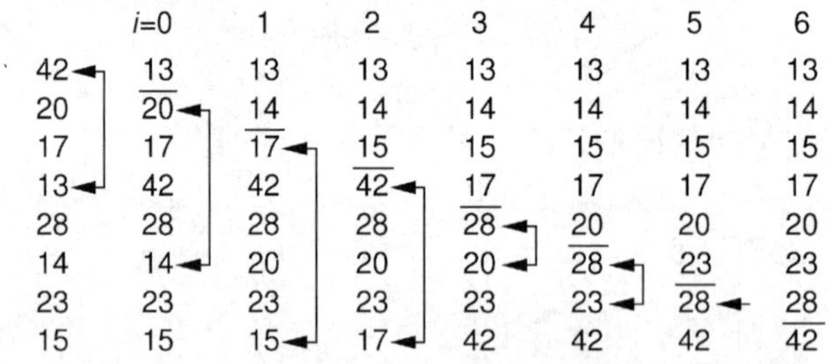

i=0	1	2	3	4	5	6
42	13	13	13	13	13	13
20	20	14	14	14	14	14
17	17	17	15	15	15	15
13	42	42	42	17	17	17
28	28	28	28	28	20	20
14	14	20	20	20	28	23
23	23	23	23	23	23	28
15	15	15	17	42	42	42

图7.3　选择排序示例。每列代表以i值为循环值的外层 for 循环执行后数组中的记录情况。每列横线上的元素是已排序的，而且都在它们的最终位置上

还有一种方法可以减少各种排序算法用于交换记录所花费的时间，尤其是当记录很大的时候，即使数组中的每个元素存储指向该元素记录的指针，而不是记录本身。在这种实现中，交换操作只需要互换指针值，记录本身并不移动。图7.4是该技术的一个示例。虽然需要一些空间来存放指针，但是换来了更高的效率。

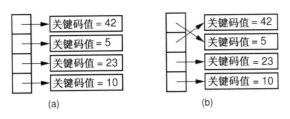

图 7.4 交换指向记录的指针的示例。(a)4 个记录的序列,关键码值为 42 的
记录排在关键码值为5的记录的前面;(b)顶端两个指针交换后的4个
记录,现在关键码值为5的记录排在关键码值为42的记录的前面

7.2.4 交换排序算法的时间代价

图 7.5 列出了插入排序、冒泡排序和选择排序分别在最佳、平均和最差情况下的比较次数与交换次数。三种方法在平均及最差情况下的时间代价皆为 $\Theta(n^2)$。

在一般情况下,本章下面要介绍的排序算法要比上述三种算法快得多。但是在继续介绍其他算法之前,有必要讨论一下这三种排序算法如此慢的原因。关键的瓶颈是只比较相邻元素。因此,比较和移动只能一步步地进行(除选择排序外)。交换相邻记录称为一次交换(exchange)。因此,有时这些排序称为交换排序(exchange sort)。任何一种交换排序的时间代价都是数组中所有记录移动到"正确"位置所要求的总步数(即每一个记录逆置的数目)。

	插入排序	冒泡排序	选择排序
比较情况:			
最佳情况	$\Theta(n)$	$\Theta(n^2)$	$\Theta(n^2)$
平均情况	$\Theta(n^2)$	$\Theta(n^2)$	$\Theta(n^2)$
最差情况	$\Theta(n^2)$	$\Theta(n^2)$	$\Theta(n^2)$
交换情况:			
最佳情况	0	0	$\Theta(n)$
平均情况	$\Theta(n^2)$	$\Theta(n^2)$	$\Theta(n)$
最差情况	$\Theta(n^2)$	$\Theta(n^2)$	$\Theta(n)$

图 7.5 三种简单排序算法的渐近复杂度比较

那么平均来说,逆置的个数是多少呢?考虑一个有 n 个元素的序列 **L**。定义 **L**$_R$ 为 **L** 中的逆置序列。**L** 中有 $n(n-1)/2$ 对不同的元素,每一对都可能是一个逆置,每种这样的对一定在 **L** 中或 **L**$_R$ 中。因此,**L** 及 **L**$_R$ 最多可能有 $n(n-1)/2$ 对逆置,而平均起来它们每个序列只有 $n(n-1)/4$ 对逆置。因此,可以说任何一种将比较限制在相邻两个元素之间进行的交换算法的平均时间代价至少是 $n(n-1)/4 = \Omega(n^2)$。

7.3 Shell 排序

接下来将要分析的算法通常称为 Shell 排序(Shell Sort),这是以它的发明者 D. L. Shell 来命名的。也有人称之为缩小增量排序(diminishing increment sort)。与插入排序和选择排序不同的是,Shell 排序在现实中并没有对应的直观解释。与交换排序不同的是,Shell 排序是在不相邻的记录之间进行比较与交换。Shell 排序利用了插入排序的最佳时间代价特性。Shell 排序试图将待排序序列变成基本有序的,然后利用插入排序来完成最后的排序工作。如果正确实现,则在最差情况下 Shell 排序的性能肯定比 $\Theta(n^2)$ 好得多。

Shell 排序是这样进行分组和排序的:把序列分成多个子序列,然后分别对子序列进行排序,最后把子序列组合起来。Shell 排序把数组元素分成多组"虚拟"子序列,对每一组子序列利用插入排序方法进行排序;对另一组子序列也是如此选取,然后排序,以此类推。

在执行每一次循环时, Shell 排序把序列分为互不相连的子序列, 并使各个子序列中的元素在整个数组中的间距相同。例如, 为了方便起见, 设数组中元素个数 n 是 2 的整数次幂。Shell 排序的一种可能实现是, 首先把原序列分成 $n/2$ 个长度为 2 的子序列, 每一个子序列中两个元素的下标相差 $n/2$。如果有数组下标为 $0 \sim 15$ 的 16 个记录, 那么首先把它分成 8 个各有两个记录的子序列, 第一个子序列元素的下标是 0 和 8, 第二个子序列元素的下标是 1 和 9, 以此类推。每一个两个元素的子序列都采用插入排序方法进行排序。

第二轮 Shell 排序要处理的子序列数量要少一些, 但是每个子序列都更长了。对于上面的例子来说, 会有 $n/4$ 个长度为 4 的子序列, 序列中的元素相隔 $n/4$。因此, 第二次划分的第一个子序列中有位于 0、4、8、12 的 4 个元素, 第二个子序列的元素位于 1、5、9、13, 以此类推。每一个四个元素的子序列仍然利用插入排序方法进行排序。

第三轮处理将对两个子序列进行排序, 其中一个包含原数组中奇数位上的元素, 另一个包含偶数位上的元素。

最后一轮将是一次"正常的"的插入排序。图 7.6 解释了一个具有 16 个元素的数组的 Shell 排序过程, 其中元素间距的增量分别为 8、4、2 和 1。图 7.7 给出了用C++ 编写的 Shell 排序函数。

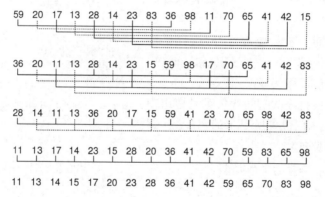

图 7.6　Shell 排序示例, 对 16 个元素进行排序。第一轮处理 8 个长度为 2 的子序列, 增量为 8;
　　　　第二轮处理 4 个长度为 4 的子序列, 增量为 4; 第三轮处理 2 个长度为 8 的子序列,
　　　　增量为 2; 第 4 轮处理长度为 16 的整个数组, 增量为 1 (一次正常的插入排序)

```cpp
// Modified version of Insertion Sort for varying increments
template <typename E, typename Comp>
void inssort2(E A[], int n, int incr) {
  for (int i=incr; i<n; i+=incr)
    for (int j=i; (j>=incr) &&
                  (Comp::prior(A[j], A[j-incr])); j-=incr)
      swap(A, j, j-incr);
}

template <typename E, typename Comp>
void shellsort(E A[], int n) { // Shellsort
  for (int i=n/2; i>2; i/=2)       // For each increment
    for (int j=0; j<i; j++)        // Sort each sublist
      inssort2<E,Comp>(&A[j], n-j, i);
  inssort2<E,Comp>(A, n, 1);
}
```

图 7.7　Shell 排序的实现

Shell 排序并不关心划分的子序列中元素的间隔(尽管最后的间隔为 1, 是一个常规的插入排序)。如果 Shell 排序总是以一个常规的插入排序结束, 又怎么会比插入排序的效率更高

呢? 希望经过每次对子序列的处理, 可以使待排序的数组更加有序。这一情况不一定确切, 但是实际上确实如此。当最后一轮调用插入排序时, 数组已经是基本有序的了, 并产生一个相对花费时间较少的最终插入排序。

选择适当的增量序列可以使 Shell 排序比其他排序方法更有效率。一般来说, 增量序列为 $(2^k, 2^{k-1}, \cdots, 2, 1)$ 时并没有多大效果, 而 "增量每次除以 3" 所选择的序列为 $(\cdots, 121, 40, 13, 4, 1)$ 时效果更好。

分析 Shell 排序是很困难的, 因此必须不加证明地承认 Shell 排序的平均运行时间是 $\Theta(n^{1.5})$ (对于选择 "增量每次除以 3" 递减)。选取其他增量序列可以减少这个上限。因此, Shell 排序确实比插入排序或者在 7.2 节讲到的任何一种运行时间为 $\Theta(n^2)$ 的排序算法要快。事实上, 当 n 为中等大小规模时, Shell 排序与下面这些将要介绍的渐近时间代价更好的排序算法相比也不算太逊色 (虽然当这些算法实现得很好时, Shell 排序算法还是会稍微慢一些)。Shell 排序说明有时可以利用一个算法的特殊性能 (如本例中的插入排序), 尽管在一般情况下该算法可能会慢得令人难以忍受。

7.4　归并排序

求解问题的一种很自然的方法就是分而治之。在排序问题上, 分治思想体现在把待排序的列表分成片段, 先处理各个片段, 再通过某种方式把片段重组。一种简单的分片方式是把待排序的数组分成两半, 对每一半进行排序, 最后再把排序好的两半归并。这就是归并排序的基本思路。

归并排序 (Mergesort) 是一种概念上最为简单的排序算法, 而且无论是理论上的渐近分析上还是实际中的运行时间, 该算法的性能都很好。虽然归并算法背后的概念很简单, 遗憾的是, 它在实际应用中仍然有一些问题。图 7.8 阐释了归并排序的实现过程。下面是一个实现归并排序的伪码框架:

```
List mergesort(List inlist) {
  if (inlist.length() <= 1) return inlist;;
  List L1 = half of the items from inlist;
  List L2 = other half of the items from inlist;
  return merge(mergesort(L1), mergesort(L2));
}
```

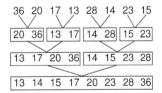

图 7.8　归并排序步骤说明。第 1 行给出的是 8 个待排序的数。归并排序将递归地把线性表分成 8 个只有一个元素的子线性表, 然后对子表进行重组。第 2 行是进行第一轮归并后 4 个长度为 2 的子线性表。第 3 行是对第 2 行的子线性表进行第二轮归并后, 形成的两个长度为 4 的子线性表。第 4 行是对第 3 行的两个子线性表进行归并后, 最终形成的一个排序好的线性表

在讨论如何进行归并排序之前, 首先考虑一下归并函数 merge。把两个已排序的数组合

并成一个有序数组是很简单的。函数 **merge** 首先对两个数组的第一条记录进行比较,并把较小的记录作为合并数组中的最小值。把这个最小值从它所在的数组中取出来,并放到输出数组的第一个位置上。继续使用这种方法,不断比较两个数组中未被处理的序列的最前端元素,并把结果中较小的元素依次放到输出数组中,直到输入元素全部处理完毕为止。

要实现归并排序仍然有一些技术上的困难。第一个困难是怎样才能重组线性表。由于归并排序并不需要随机选取中心点,所以可以很好地处理一个单链表。因此,当输入的待排序数据存储在链表中时,归并排序是一个很好的选择。把两个链表进行归并非常直接,因为只需要把待归并链表中的第一个结点取出来,然后链接到结果链表的尾部。把输入链表分成两个等长的子链表看起来有些困难,在理想情况下需要把数组分成前后两个部分。然而,即使事先知道链表的长度,也要遍历半个链表,以得到后半部分的开始结点。一个不需要知道链表长度的简单方法是,交替地将链表中的元素分配给两个子链表。链表的第一个结点分配给第一个子链表,第二个结点分配给第二个子链表,第三个结点分配给第一个子链表,第四个结点分配给第二个子链表,以此类推。这需要完全遍历输入链表来建立子链表。

当使用归并排序算法为一个数组排序时,如果事先知道数组的边界,确定两个子数组将比较容易。如果把归并结果放到另一个数组中,那么归并过程也是非常简单的。但是,这将使得归并排序的空间代价是上面所讨论的排序方法的两倍,这是归并排序的严重缺陷。不用额外的数组也可以,但是这样做起来极其困难,因此并不可取。尽管把两个数组归并后放到另一个数组中,实现起来比较容易,但是又增加了其他麻烦。归并过程结束时排序好的线性表保存在辅助数组中。考虑一下归并排序是如何把待排序的数组分成子数组的,如图 7.8 所示。归并排序一直调用分割过程,直到子数组长度为 1。一共需要 $\log n$ 次递归。这些子数组再归并成长度为 2 的子数组,然后是长度为 4,以此类推。需要避免每一次归并都使用一个新数组。尽管有一点困难,不过仍然可以设计一个算法,只使用两个数组轮换进行排序。一个较好的方法是把排序好的子数组首先复制到辅助数组中,再把它们归并回原数组。图 7.9 是一个利用这种方法编写的完整归并程序。

```cpp
template <typename E, typename Comp>
void mergesort(E A[], E temp[], int left, int right) {
  if (left == right) return;          // List of one element
  int mid = (left+right)/2;
  mergesort<E,Comp>(A, temp, left, mid);
  mergesort<E,Comp>(A, temp, mid+1, right);
  for (int i=left; i<=right; i++)     // Copy subarray to temp
    temp[i] = A[i];
  // Do the merge operation back to A
  int i1 = left; int i2 = mid + 1;
  for (int curr=left; curr<=right; curr++) {
    if (i1 == mid+1)        // Left sublist exhausted
      A[curr] = temp[i2++];
    else if (i2 > right)    // Right sublist exhausted
      A[curr] = temp[i1++];
    else if (Comp::prior(temp[i1], temp[i2]))
      A[curr] = temp[i1++];
    else A[curr] = temp[i2++];
  }
}
```

图 7.9 归并排序的标准实现

图 7.10 是一个优化归并排序方法。这个算法在开始复制时把第二个子数组中元素的顺序颠倒了一下。现在两个子数组从两端开始运行,向中间推进,使得这两个子数组的两端互

相成为另一个数组的"监视哨"（sentinel），从而不用像上面的算法那样需要检查子序列被处理完的情况。这个版本也用到了插入排序来处理较短的子数组。

```
template <typename E, typename Comp>
void mergesort(E A[], E temp[], int left, int right) {
  if ((right-left) <= THRESHOLD) { // Small list
    inssort<E,Comp>(&A[left], right-left+1);
    return;
  }
  int i, j, k, mid = (left+right)/2;
  mergesort<E,Comp>(A, temp, left, mid);
  mergesort<E,Comp>(A, temp, mid+1, right);
  // Do the merge operation.  First, copy 2 halves to temp.
  for (i=mid; i>=left; i--) temp[i] = A[i];
  for (j=1; j<=right-mid; j++) temp[right-j+1] = A[j+mid];
  // Merge sublists back to A
  for (i=left,j=right,k=left; k<=right; k++)
    if (Comp::prior(temp[i], temp[j])) A[k] = temp[i++];
    else A[k] = temp[j--];
}
```

图 7.10　归并排序的优化实现

尽管归并算法的实现是一个递归程序，对它的分析却非常直观。设 i 为两个要归并子数组的总长度，归并过程要花费 $\Theta(i)$ 时间。需要排序的数组一直不断地被分成两半，直到子数组长度为 1；然后把它们归并为长度为 2 的子数组，然后是长度为 4，以此类推，如图 7.8 所示。因此，当被排序元素的数目为 n 时，递归的深度为 $\log n$（为了简单起见，假设 n 是 2 的幂）。第一层递归可以认为是对一个长度为 n 的数组的排序，下一层是对 2 个长度为 $n/2$ 的子数组的排序，再下一层是对 4 个长度为 $n/4$ 的子数组的排序，最后一层是对 n 个长度为 1 的子数组的排序。显然，对 n 个长度为 1 的子数组归并，需要 $\Theta(n)$ 步；对 $n/2$ 个长度为 2 的子数组归并，需要 $\Theta(n)$ 步；以此类推。在所有 $\log n$ 层递归中，每一层都需要 $\Theta(n)$ 时间代价，因此总时间代价为 $\Theta(n \log n)$。该时间代价并不依赖于待排序数组中数值的相对顺序。因此，这也就是归并排序最佳、平均、最差运行时间。

7.5　快速排序

归并排序使用了一种形式明显的分治策略（将待排序列表分成两半，分别对两半进行排序），但是这并不是划分排序子问题的唯一方法。并且也可以看到，在使用数组实现时，归并排序中的归并这一步并不简单。那么采用其他策略进行分治会不会让整个排序算法更加高效呢？

快速排序（Quicksort）是个恰当的命名。因为当用得恰到好处时，它是迄今为止所有内排序算法中在平均情况下最快的一种。相比于归并排序，快速排序不需要额外的数组空间，因此空间效率也很高。快速排序应用非常广泛，典型的应用是 UNIX 系统调用库函数例程中的 **qsort** 函数。有意思的是，快速排序往往由于最差时间代价而在某些应用中无法采用。

在讲解快速排序之前，先来考虑一个用二叉检索树进行排序的实例。可以把所有要排序的数值放到一个 BST（二叉检索树）中，再按照中序方法遍历，结果得到一个有序数组。但是这种方法有许多弊端。首先，为了存储一棵二叉树要占用大量结点空间。其次，把结点插入 BST 中需要花费很多时间。但是这种方法给出了一些有用的启示：BST 的根结点（即第一个插入的结点)把待排序的列表分为两个部分,所有比它小的记录结点都在左子树中,所有比它大或等于它的记录结点都位于其右子树中。这样 BST 隐含地实现了"分治法"(divide and conquer),对其左、右子树分别进行处理。快速排序则以一种更为有效的方式实现了"分治法"的思想。

快速排序首先选择一个轴值(pivot)(在概念上这与 BST 中的根结点值类似)。假设输入的数组中有 k 个小于轴值的结点,于是这些结点被放在数组最左边的 k 个位置上,而大于轴值的结点被放在数组最右边的 $n-k$ 个位置上。这称为数组的一个划分(partition)。在给定划分中的数值不必被排序,只要求所有结点都放到了正确的分组位置中。而轴值的位置就是下标 k。快速排序再对轴值的左右子数组分别进行类似的操作,其中一个子数组中有 k 个元素,而另一个有 $n-k-1$ 个元素。那么,这些数值又是如何进行排序的呢?由于快速排序是一个好算法,可以对这两个子数组继续使用快速排序算法。

与本章前面讲到的排序算法不同,快速排序的思想并不是很"直观",因为在通常情况下人们不会按照这种划分的方式为事物排序。不过,用于对计算机中的大量抽象事物进行排序的算法不同于对少量实际物体进行排序的生活经验,这没有什么值得奇怪的。

图 7.11 展示了用C++编写的快速排序算法。参数 i 与 j 分别是待排子序列左、右两端的下标。第一次调用时的形式是 qsort(array, 0, n-1)。

```cpp
template <typename E, typename Comp>
void qsort(E A[], int i, int j) { // Quicksort
  if (j <= i) return; // Don't sort 0 or 1 element
  int pivotindex = findpivot(A, i, j);
  swap(A, pivotindex, j);      // Put pivot at end
  // k will be the first position in the right subarray
  int k = partition<E,Comp>(A, i-1, j, A[j]);
  swap(A, k, j);               // Put pivot in place
  qsort<E,Comp>(A, i, k-1);
  qsort<E,Comp>(A, k+1, j);
}
```

图 7.11　快速排序的实现

函数 partition 把记录移动到合适的分组中,然后返回值 k,这是划分后的右半部分的起始位置。注意在调用 partition 之前,轴值已经被放在数组的最后一个位置上了(位置 j)。因此,函数分割一定不会影响到数组中 j 所指的记录。然后轴值被放到下标为 k 的位置上,这就是它在最终排序好的数组中的位置。要做到这一点,必须保证在递归调用 qsort 的过程中,轴值不再移动。即使在最差情况下选择了一个不好的轴值,导致轴的一边划分出了一个空子数组,而另一个子数组中起码有 $n-1$ 个记录,也不能移动。

选择轴值有多种方法。最简单的方法是使用第一个记录的关键码。但是,如果输入数组是正序的或者是逆序的,就会把所有结点划分到轴值的一边。较好的方法是随机选取轴值。这样可以减少由于很差的原始输入对排序造成的影响。遗憾的是,随机选取轴值的开销较大,所以可以用选取数组中间点的方法来代替。下面是一个简单的 findpivot 函数:

```cpp
template <typename E>
inline int findpivot(E A[], int i, int j)
  { return (i+j)/2; }
```

现在来看函数 partition。如果事先知道有多少个元素比轴值小,则 partition 只需要把关键码值比轴值小的元素放到数组的低端,关键码值比轴值大的元素放到数组的高端。由于事先并不知道有多少关键码比中心点(轴值)小,所以可以用一种较为巧妙的方法来解决:从数组的两端移动下标,必要时交换记录,直到数组两端的下标相遇为止。图 7.12 给出了用C++编写的 **partition** 算法。

```
template <typename E, typename Comp>
inline int partition(E A[], int l, int r, E& pivot) {
  do {                          // Move the bounds inward until they meet
    while (Comp::prior(A[++l], pivot));  // Move l right and
    while ((l < r) && Comp::prior(pivot, A[--r])); // r left
    swap(A, l, r);              // Swap out-of-place values
  } while (l < r);              // Stop when they cross
  return l;       // Return first position in right partition
}
```

图7.12　快速排序的划分实现

图 7.13 阐明了 **partition** 函数的执行过程。开始时参数 **l** 和 **r** 紧挨着要划分的子数组的实际边界。每一轮执行外层 **do** 循环时,都把它们向数组中间移动,直到它们相遇为止。注意每次内层 **while** 循环时,边界下标都先移动,再与轴值进行比较。这是为了保证每个 **while** 循环都有所进展,即使当最后一次 **do** 循环中两个被交换的值都等于轴值时也做同样处理。还要注意在第二个 **while** 循环中 **r > 1**,这就保证了当轴值为该子数组的最小值(分割出来的左半部分的长度为0)时,**r** 不至于会超出数组的下界(下溢出)。函数 **partition** 返回右半部分的第一个下标的值,因此可以确定递归调用 **qsort** 的子数组的边界。图 7.14 演示了快速排序算法的全部执行过程。

```
初始情况    72  6  57 88 85 42 83 73 48 60
            |                             r

第一轮排序  72  6  57 88 85 42 83 73 48 60
            |                          r

第一轮交换  48  6  57 88 85 42 83 73 72 60
            |                          r

第二轮排序  48  6  57 88 85 42 83 73 72 60
                     |        r

第二轮交换  48  6  57 42 85 88 83 73 72 60
                     |     r

第三轮排序  48  6  57 42 85 88 83 73 72 60
                        l,r
```

图 7.13　快速排序的划分步骤。第 1 行给出了有 10 个关键码的序列初始情况。轴值是被交换到数组最后位置上的60。**do**循环执行了3次,每一次将两个下标变量向数组中央移动一格,直到第3个循环结束时相遇。于是,左边子数组有4个结点,右边子数组有6个结点。函数**qsort**最后将轴值置于数组的第4个位置上

为了分析快速排序函数的执行过程,首先分析一下对长度为 k 的子数组进行 **findpivot** 和 **partition** 操作的例子。显然 **findpivot** 花费了常数时间。**partition** 函数包含一个 **do** 循环和两个嵌套的 **while** 循环。划分操作的总时间代价取决于 **l** 和 **r** 这两个下标要向中间移动直至相遇的距离。一般来说,如果子数组的长度为 s,那么两个下标变量一共要走 s 步。但是,这并没有直接说明嵌套的 **while** 循环要花费多少时间。**do** 循环每执行一次,**l** 和 **r** 都向前移动至少一步。每一个 **while** 循环至少移动一次相应的下标(除非 **r** 下标遇到了数组的左边界,但是这种情况最多发生一次)。因此,**do** 循环最多执行 s 次,**l** 和 **r** 的总移动

的次数最多是 s 次, 并且每一个 **while** 循环最多执行 s 次。于是整个 **partition** 函数的总时间代价为 $\Theta(s)$。

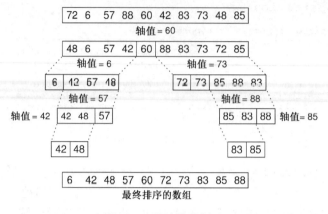

图 7.14 快速排序图示

知道了 **findpivot** 和 **partition** 的时间代价, 就可以分析快速排序的时间代价。首先分析一下最差情况。最差情况出现在轴值未能很好地划分数组的时候, 即一个子数组中没有结点, 而另一个数组中有 $n-1$ 个结点。在这种情况下, 分治策略未能很好地完成划分任务。因此, 下一次处理的子问题的规模只比原来问题的规模减少了 1 个元素。如果这种情况发生在每一次划分过程中, 那么算法的总时间代价为

$$\sum_{k=1}^{n} k = \Theta(n^2)$$

在最差情况下, 快速排序的时间代价为 $\Theta(n^2)$。这是很糟糕的, 并不比冒泡排序(能想到的结果最糟糕的排序算法)更好[①]。那么什么时候会出现这种最差情况呢? 仅仅发生在每个轴值都未能把数组划分好的时候。如果数组中的记录是随机选取的, 那么这种情况并不太可能出现。即使选取中间点作为轴值也不太可能出现。因此, 这种最差的情况并不影响快速排序的工作。

当每个轴值都把数组分成相等的两个部分时, 将出现快速排序的最佳情况。快速排序一直把数组划分下去, 直到最后, 如图 7.14 所示。在最佳情况下, 要划分 $\log n$ 次。最上层原始待排序数组有 n 条记录, 第二层划分的数组是两个长度各为 $n/2$ 的子数组, 第三层划分的子数组是 4 个长度为 $n/4$ 的子数组, 以此类推。因此, 如果快速排序找到了完美的轴值, 所有划分的步骤之和是 n, 则整个算法的时间代价为 $\Theta(n \log n)$。

快速排序的平均情况介于最佳与最差两种情况之间。平均情况应该考虑到所有可能输入情况的代价, 对各种情况下所花费的时间求和, 然后除以总情况数。这里做一个合理的简化假设: 在每一次划分时, 轴值处于最终排序好的数组中位置的概率是一样的。也就是说, 轴值把数组分成长度为 0 和 $n-1$、1 和 $n-2$, 以此类推。这些分组的概率是相等的。

在这种假设下, 平均时间代价可以推算为

$$\mathbf{T}(n) = cn + \frac{1}{n}\sum_{k=0}^{n-1}[\mathbf{T}(k) + \mathbf{T}(n-1-k)], \quad \mathbf{T}(0) = \mathbf{T}(1) = c$$

---

① 我能想到的排序算法的最差结果。

这是一个递归公式。递归关系在第 2 章和第 14 章进行讨论，在 14.2.4 节将解决这个问题。这个等式说明了在长度为 n 的数组中，数组被分割为 0 和 $n-1$、1 和 $n-2$ 等的概率都是 $1/n$。表达式"$T(k)+T(n-1-k)$"是分别递归处理长度 k 和 $n-1-k$ 的子数组时所用的时间。最前面的项 cn 是 **findpivot** 函数和 **partition** 函数所花费的时间。根据公式推算出来的时间代价为 $\Theta(n \log n)$。因此，快速排序平均要用 $\Theta(n \log n)$ 时间。

一个算法对于平均情况和最差情况的渐近增长不同，这种情况并不常见。下面考虑一下"平均情况"实际上意味着什么。对于输入规模 n，通过对每种可能的输入时间开销与该输入出现的概率的乘积求和。为了简化计算，假设每种排列等概率出现。有了这个假设，只需要计算出每种排列所对应的时间开销之和，然后除以排列总数 $(n!)$。已知在这 $n!$ 个输入中，某些开销是 $O(n^2)$。不过所有排列的总开销是 $(n!)(O(n \log n))$。

快速排序算法的运行时间是可以改进的（通过改变常数因子），并且为了优化该算法，已经做了很多研究。最明显的可改进之处与函数 **findpivot** 有关。快速排序的最差情况发生在轴值不能把数组分成长度相等的子数组的时候。如果再多花些精力寻找一个更好的轴值，这个较差轴值的影响就会减少，甚至消失。一种较好的方法是"三者取中法"，即取三个随机值的中间一个。用随机数生成器选择位置耗时较多，因此较普遍的做法是查看当前子数组中第一个、中间一个及最后一个位置的数值。使用"三者取中法"实现的 **find-pivot** 函数能在一定程度上降低轴值选得不好的可能性，而且实现很简单。相比于选取首元素或者尾元素作为轴值的做法，对于几乎正序排列或逆序排列的情况而言，这种方法的性能更好。

事实上，当 n 很小时，快速排序是很慢的，于是还可以从这个方面做一些改进。如果每一次都处理大数组，可能不需要管它，也不用关心快速排序偶尔对小数组排序时所花费的时间有多长，因为它仍能较快完成。但是应该注意到，快速排序本身就在不断地对小数组进行排序。这是分治法带来的副产品。

一个简单的改进是用能较快处理较小数组的方法来代替快速排序，如插入排序及选择排序。但是，有一种更有效也很简单的优化方法。当快速排序的子数组小于某个长度时，什么也不要做。那些子数组中的数值是无序的。但是，已知左边数组的关键码值都要小于右边数组的关键码值。因此，虽然快速排序只是大致将排序码移到了接近正确的位置，但是数组已经是基本有序的了，这样的待排序数组正适于使用插入排序。最后一步仅仅是调用插入排序来把整个数组排序。经验表明，最好的组合方式是当 n（子数组的长度）减小到 9 或者更小的值时就选择使用插入排序算法。

最后想到的缩短运行时间的方法与递归调用有关。快速排序本质上是递归的，由于每个快速排序操作都要对两个子序列排序，因此无法使用一种简单的方法把它转换成等价的循环算法。但是，当需要存储的信息不是很多时，可以使用栈来模拟递归调用，以实现快速排序。事实上，没有必要存储子数组的副本，只需要把子数组的边界保存起来。进一步观察，如果注意调整快速排序的递归调用顺序，则堆栈的深度可以保持较小。也可以把函数 **findpivot** 及 **partition** 的代码变为直接编码形式嵌入算法中，以消除不必要的函数调用。如果按照以上建议，不处理长度为 9（或更短）的子数组，就能消除 3/4 的函数调用。因此，消除其余的函数调用对提升运行速度是有限的。

7.6　堆排序

关于快速排序的讨论,是从利用二叉检索树(BST)进行排序开始的。BST 占用的空间太大,而且由于插入结点需要花费一些时间,所以它比快速排序和归并排序都慢。如果 BST 不平衡,可能导致最差运行时间 $\Theta(n^2)$。二叉树中了树的平衡与快速排序中对数组的划分很相似:快速排序的轴值与 BST 根结点的值起着相同的作用,左半部分(左子树)的值都小于轴值(根结点值),右半部分(右子树)的值都大于等于轴值(根结点值)。

人们设计了一个基于树结构的更好的排序算法。特别是希望二叉树平衡、占用的存储空间小,并且运算速度快。注意排序这种特殊应用,一开始就给出了全部应该存储而用于排序的所有值,这就意味着没必要把结点一次一个地插入二叉树中。

堆排序(Heapsort)是基于 5.5 节介绍的堆数据结构。堆排序具有许多优点。整棵树是平衡的,而且它的数组实现方式对空间的利用率也很高,可以利用有效的建堆函数 **build-heap** 一次性地把所有值装入数组中。堆排序的最佳、平均、最差执行时间均为 $\Theta(n \log n)$。在平均情况下它比快速排序要慢一个常数因子,但是堆排序更适合外排序,处理那些数据集太大而不适合在内存中排序的情况,详见第 8 章。

一个基于最大值堆(max heap)的排序算法的思想是很直接的。首先利用 5.5 节介绍的构造堆的算法,把数组转化为一个满足堆定义的序列,然后把堆顶最大元素取出来,再把剩下的数值排成堆,并取出堆顶数值,如此下去,直到堆为空。应该注意的是,每次都应该把堆顶最大元素取出来,放到数组的最后。假设 n 个元素存储在数组中的 0 到 $n-1$ 位置上。把堆顶元素取出来,并再度调整时,应该把它置于数组的第 $n-1$ 个位置,这时堆中元素的数目为 $n-1$ 个。取出新的最大值,并把这个第二大值放到数组的第 $n-2$ 个位置。依次移除剩下的元素之后,就排出了一个由小到大排列的数组。这就是要用最大值堆而不用最小值堆的原因。图 7.15 介绍堆排序的过程。下面是完整的C++ 实现:

```
template <typename E, typename Comp>
void heapsort(E A[], int n) { // Heapsort
  E maxval;
  heap<E,Comp> H(A, n, n);        // Build the heap
  for (int i=0; i<n; i++)         // Now sort
    maxval = H.removefirst();     // Place maxval at end
}
```

因为建堆要用 $\Theta(n)$ 时间(见 5.5 节),并且 n 次取堆的最大元素要用 $\Theta(\log n)$ 时间,因此整个时间代价为 $\Theta(n \log n)$,这是堆排序的最佳、平均、最差时间代价。尽管在一般情况下要比快速排序在常数因子上慢,但是堆排序有其独特的优点。建堆是很快的,只要用 $\Theta(n)$ 时间,把堆顶元素移走要用 $\Theta(\log n)$ 时间。因此,如果希望找到数组中第 k 大元素,可以用 $\Theta(n + k \log n)$ 时间。如果 k 很小,它的速度要比前面所讲的方法快得多(那些方法大多数需要先对整个数组排序)。11.5.2 节的 Kruskal 最小支撑树(MST)算法就利用了这个特点,该算法要求按照递增顺序访问带权边,因此应该用最小值堆(min heap)。但是最小支撑树一旦形成,算法就立即结束,因而只需要对为数很少的边排序。

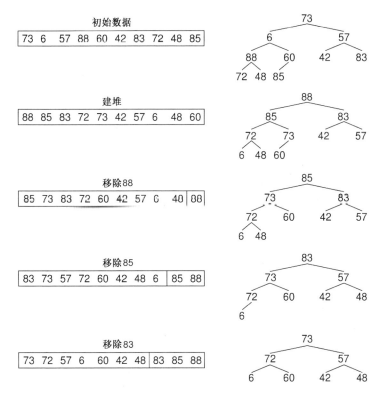

图 7.15 堆排序的步骤。第 1 行是初始数组。第 2 行是建立堆后的情形。第 3 行
给出了第一次执行 **removefirst** 操作移除最大值 88 后的情形。第 4 行显示
了第二次执行 **removefirst** 移除关键码 85 后的情形。第 5 行是第三次执行
removefirst 移除关键码 83 后的状态,此时数组中的最后三个位置按照升
序存放数组中最大的三个值。堆排序照此反复进行下去,直到整个数组有序

7.7 分配排序和基数排序

想象一下,在过去的一年中,每当你支付一笔账单,就把它与之前的那些账单合到一起。
到了年终,需要把这些账单按照类别(电话费、电费、房租等)及时间排序。一个比较直观的
解决方式是先腾出一块地方,然后在遍历这叠账单时,把电话账单归到一叠,把电费账单归
到另外一叠,以此类推。一旦所有这些原始账单都被分到了不同类别中(经过一次遍历),就
可以对每一叠账单各自按照时间排序,其中每一叠账单的数量很小。以上就是分配排序的基
本思想。

下面是 3.9 节中一段从 0 到 $n-1$ 的循环:

```
for (i=0; i<n; i++)
    B[A[i]] = A[i];
```

这里的关键码用来确定一个记录在排序中的最终位置。关键码用于把记录放到"盒子"里,是
分配排序(Binsort)的一个最基本的例子。这种算法很出色,无论初始数组的关键码顺序如
何,都只用 $\Theta(n)$ 时间代价。这比目前所讨论过的所有算法都要快很多。但是,唯一的问题
是它只能对一个从 0 到 $n-1$ 的序列进行排序。

可以对这个简单的分配排序进行扩展,使它更加有用。因为分配排序必须对关键码的值

进行直接计算(而不像之前介绍的排序算法那样,只需要知道两个记录中哪一个应该放在前面)。这里假设每条记录都使用 int 类型作为关键码。另外,假设使用名为 **getKey** 的模板参数类中的 **key** 方法,以获取一条记录的关键码。

最简单的方法是允许关键码重复。使数组元素成为可变长度的盒子,也就是把数组 **B** 变换成一个链表数组,于是所有具有关键码 i 的记录就被放到 **B**[i] 的盒子里。另一种扩展是允许关键码范围大于 n。例如,一个具有 n 个记录的数组可以有 $1 \sim 2n$ 范围内的关键码,唯一要求是每个记录在数组 **B** 中都有一个相应的盒子。扩展的分配排序如图 7.16 所示。

```
template <typename E, class getKey>
void binsort(E A[], int n) {
  List<E> B[MaxKeyValue];
  E item;
  for (int i=0; i<n; i++) B[A[i]].append(getKey::key(A[i]));
  for (int i=0; i<MaxKeyValue; i++)
    for (B[i].setStart(); B[i].getValue(item); B[i].next())
      output(item);
}
```

图 7.16　扩展的分配排序

该分配排序算法可以对关键码处于 0 到 **MaxKeyValue** -1 之间的序列进行排序。所需要的工作只是花时间把各个记录放到盒子中,然后从盒子中收集所有记录。因此,需要处理每个记录两次,每次 $\Theta(n)$ 时间代价。

遗憾的是,有一个很关键的问题忘记分析了。在分配排序中,必须检查每个盒子,以确认里面是否有记录。不管实际上哪个盒子中有记录,算法都必须处理 **MaxKeyValue** 个盒子。如果 **MaxKeyValue** 比 n 小,这不成问题。如果 **MaxKeyValue** 为 n^2,时间代价就是 $\Theta(n+n^2)=\Theta(n^2)$,这导致了一种很差的排序算法。如果 n 与 **MaxKeyValue** 相差更加悬殊,算法还会更差。另外,大的关键码范围需要使用较大的数组 **B** 来存储,因此即使是扩展的分配排序,也只适用于有限的关键码范围。

分配排序的进一步扩展是桶式排序(bucket sort)。每一个盒子并非仅与一个关键码相联系,而是与一组关键码有关。桶式排序把记录放到"桶"中,然后借助于其他排序技术对每个"桶"中的记录进行排序。其目的是用代价相对较小的分"桶"处理技术,只把较少的记录分配给每个"桶",然后用较快的"收尾排序"(cleanup sort)对每个桶中的记录进行排序。

若允许使用基于分配排序的收尾排序,下面这种方法可以尽量减少盒子的数目,并缩短排序时间。考虑关键码范围为 $0 \sim 99$ 的一个序列。假如有 10 个盒子,首先可以把记录的关键码对 10 取模的结果赋值给盒子,这样每个关键码都以其个位为标准放到 10 个不同的盒子中。然后,按照顺序从盒子中收集这些记录,并且按照最高位(十位)对它们进行排序(定义 $0 \sim 9$ 的值左补 0,也就是最高位为 0)。也就是说,将数组 **A** 中的第 i 条记录按照表达式 **A**[**i**]**/10** 的结果值再放到盒子里。图 7.17 展示了这种算法。

在这个例子中,盒子数 $r=10$,待排序的关键码数 $n=12$,关键码值介于 $0 \sim r^2-1$。由于对每一条记录和每一个盒子的处理时间是常数,因此总计算时间为 $\Theta(n)$。这是对简单分配排序的一个很大改进,因为简单分配排序需要的长度为关键码范围的数目。注意到例子中 $r=10$,这使得分配排序算法易于观察,各个元素以最低位(个位)的大小顺序放到盒子中。再按照最高位(十位)大小重排(其实用几个盒子都可以)。这是一个基数排序(Radix Sort)的例子,之所以这样说,是因为它基于对关键码的某个位来分配盒子。这种排序算法可以扩展到对任意关键码范围内的任意数量关键码进行比较。从最右边的位(个位)开始,到最左边的位(最高位)为止,每次按照关键码的某位数字把它分配到盒子中。如果关键码有 k 位数,就需要 k 次对盒子分配关键码。

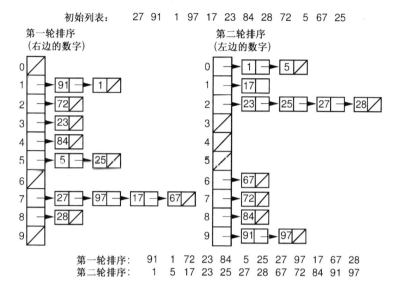

图 7.17　一个基数为 10 的 12 个两位数的基数排序例子。使用两轮分配过程完成排序

　　就像归并排序一样,基数排序也有一个棘手的问题。人们愿意对数组进行排序,以避开对链表的处理。如果事先知道每个盒子中有多少个元素,就可以使用一个长度为 r 的辅助数组。例如,如果在第一轮中第 0 个盒子接收了 3 条记录,第 1 个盒子接收 5 条记录,那么可以简单地把数组的前 3 个位置空出来,留给第 0 个盒子使用,把接下来的 5 个位置空出来,留给第 1 个盒子使用。图 7.18 所示的C++代码实现了这个思想。在每一轮分配结束时,记录都被复制回原数组。

```
template <typename E, typename getKey>
void radix(E A[], E B[],
            int n, int k, int r, int cnt[]) {
  // cnt[i] stores number of records in bin[i]
  int j;

  for (int i=0, rtoi=1; i<k; i++, rtoi*=r) { // For k digits
    for (j=0; j<r; j++) cnt[j] = 0;          // Initialize cnt

    // Count the number of records for each bin on this pass
    for (j=0; j<n; j++) cnt[(getKey::key(A[j])/rtoi)%r]++;

    // Index B: cnt[j] will be index for last slot of bin j.
    for (j=1; j<r; j++) cnt[j] = cnt[j-1] + cnt[j];

    // Put records into bins, work from bottom of each bin.
    // Since bins fill from bottom, j counts downwards
    for (j=n-1; j>=0; j--)
      B[--cnt[(getKey::key(A[j])/rtoi)%r]] = A[j];

    for (j=0; j<n; j++) A[j] = B[j];    // Copy B back to A
  }
}
```

图 7.18　基数排序算法

　　第一个内部 for 循环是初始化数组 cnt。第二个内部 for 循环计算要放到每个盒子的记录数。第三个内部 for 循环将 cnt 数组中的值设置为该盒子在数组 B 中的下标位置。注

意 **cnt[j]** 中的下标值是第 j 个盒子的最后一个下标，即从大的下标到小的下标往盒子中放置关键码。第四个内部 **for** 循环把记录分配到数组 **B** 的盒子中。最后一个内部 **for** 循环简单地把记录复制到 **A** 中，以便下一轮分配。变量 **rtoi** 存储数值 r^i，用于第 i 次迭代截取数值的计算。图 7.19 展示了该算法处理图 7.17 中输入数据的过程。

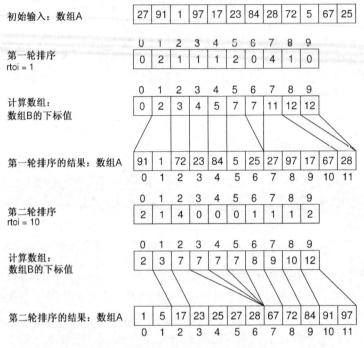

图 7.19 对于图 7.17 中的输入，函数 **radix** 的运行示例。第 1 行显示输入数组中的初始数据。第 2 行是数组 **cnt** 计算每个盒子中记录数之后的值。第 3 行是保存在数组 **cnt** 中的下标值。例如，**cnt[0]** 为 0，表示第 0 个盒子中没有记录；**cnt[1]** 为 2，表示数组 **B** 的第 0 个和第 1 个位置将保存第 1 个盒子中的记录；**cnt[2]** 为 3，表示数组 **B** 的第 2 个位置将保存第 2 个盒子中的记录(仅有 1 个)；**cnt[7]** 为 11，表示数组 **B** 的第 7 个到第 10 个位置将保存第 7 个盒子的 4 个记录。第 4 行显示第一轮基数排序后的结果。第 5 行~第 7 行展示了第二轮基数排序的类似步骤

对于 n 个数据的序列，假设基数为 r，这个算法需要 k 轮分配工作。每一轮分配的时间为 $\Theta(n+r)$，因此总时间代价为 $\Theta(nk+rk)$。这个算法与 n 的关系如何呢？因为 r 是基数，比较小，可以用 2 或者 10 作为基数。对于字符串排序，采用 26 作为基数比较好(因为有 26 个英文字母)。为了考察算法的渐近复杂性，可以把 r 看成一个常数值，而忽视它的影响。变量 k 与关键码的长度有关，它是以 r 为基数时，关键码可能具有的最大位数。在一些应用中可以认为 k 是有限的，因此也可以把它看成常数。在这种假设下，基数排序的最佳、平均、最差时间代价都是 $\Theta(n)$，这使得基数排序成为本书讨论过的具有最好渐近复杂性的排序算法。

把 k 看成常数合理吗？k 与 n 之间有关系吗？如果关键码的长度是有限的，而且关键码允许重复，那么在 k 和 n 之间也许没有任何关系。为了让差别更明显，使用 N 表示 n 条记录所使用的不同关键码值的数目。因此，$N \leqslant n$。既然用基于 r 位的 $\log_r N$ 的最小值来代表 N 个不同的关键码值，就可知 $k \geqslant \log_r N$。

现在考虑没有重复关键码的情况，如果有 n 个互不相同的关键码($n=N$)，则需要 n 个不

同的编码来表示它们。因此，$k \geqslant \log_r n$。既然至少需要 $\Omega(\log n)$ 位（在常数因子范围内）来区别这 n 个不同的关键码值，那么 k 在 $\Omega(\log n)$ 中。因此，要对 n 个不同的关键码值进行基数排序，需要花费 $\Omega(n \log n)$ 时间代价。

关键码范围可能大得多，$\log_r n$ 仅仅是对于 n 个不同排序码的最佳情况。因此，用 $\log_r n$ 来估算 k 就未免太乐观了。但是这种分析的合理之处在于，对于具有 n 个不同关键码的一般情况，基数排序的最佳时间代价为 $\Omega(n \log n)$。

基数排序还有待改进，可以使基数 r 尽量大些。考虑整型关键码的情况，令 $r = 2^i$，i 为某个整数。也就是说，r 的大小与每一轮分配时可以处理的位数（bit）有关。如果 r 增加一倍，则分配的轮数可以减少一半。当处理整型关键码时，令 $r = 256$，即一轮分配可以处理 8 个二进制位。那么处理一个 32 位关键码只需要 4 轮分配。对于大多数计算机来说，可以采用 $r = 2^{16} = 64K$，只需要两轮分配。当然，这需要一个长度为 64K 的 **cnt** 数组。只有当待排序的记录接近或超过 64K 时，算法的性能才比较好。也就是说，要使基数排序的效率更高，一定要使记录数目较之于关键码长度大得多。在许多基数排序应用中，都可以通过调整 r 的值来获得较好的性能。

对于某一位数值，基数排序要把它确定地分配到若干盒子中的一个。基数排序依赖于这种分配能力，也依赖于随机访问盒子的能力。因此，基数排序对一些数据类型来说是比较难于实现的。例如，如果关键码的数据类型为实型或不等长的字符串类型，就会需要一些特殊处理。特别是基数排序中，在确定实数的"最后一个数字"或者变长字符串的"最后一个字符"时，需要做一些处理。对于这些情形，Trie 数据结构更合适，这将在 13.1 节详细论述。

讨论到现在，一些敏锐的读者可能会产生怀疑，前面所假设的关键码比较花费常数时间正确吗？如果关键码是保存在数组中的普通整数，比如说是一个整数变量，那么它的大小与 n 相比会怎样呢？在实际排序应用中，32（Java 中 **int** 类型所占的二进制位数）几乎都比 $\log n$ 大。就这一点来说，比较两个较长整数的时间代价为 $\Omega(\log n)$。

计算机都是在特定长度的存储单元中进行算术运算的，例如采用一个 32 位的字长来运算。不管变量有多大，关键码比较都采用本机字长进行，并且比较运算使用硬件实现，因此比较运算花费常数时间。事实上，即使 32 比 $\log n$ 大很多，比较两个 32 位数值也只需要常数时间。有些比较时间的差异是由于观察者的观看差异所引起的。对计算机体系结构的门电路级来说，是比较不同的位。因此，事实上对于多数计算机，两个整数比较操作花费常数时间的假设是正确的（只需要一条定点机器指令），所以这里依赖该假设作为分析的基础。相反，基数排序必须对关键码值进行几次算术运算，计算的次数与关键码长度成比例。因此，处理 n 个不同的关键码时，基数排序的实际时间代价为 $\Omega(n \log n)$。

7.8 对各种排序算法的实验比较

哪一种算法是最快的呢？渐近复杂性分析方法可以区分 $\Theta(n^2)$ 算法和 $\Theta(n \log n)$ 算法，但它不能区分具有相同渐近复杂性的算法。渐近分析也没有指出对于比较小的序列排序，哪一种算法最好。为了回答这些问题，必须根据测试结果进行经验分析。

图 7.20 给出了本章所述各种算法的时间代价。其中包括：插入排序、冒泡排序、选择排序、Shell 排序、快速排序、归并排序、堆排序和基数排序。Shell 排序给出了 7.3 节的基本方法及"增量除以 3"的另一方法。归并排序展示了 7.4 节中的基本方法，以及改进的优化算

法,优化算法的另外一个改进是对于长度小于9的子序列调用选择排序进行处理。快速排序给出了两种算法的比较:7.5节的基本方法,以及非递归且不再分割长度小于9的子序列的方法。堆排序使用了5.5节中实现的类,优化的版本没有使用类,而是使用内联函数直接对数组进行操作。

排序	10	100	1K	10K	100K	1M	Up	Down
插入	.00023	.007	0.66	64.98	7381.0	674420	0.04	129.05
冒泡	.00035	.020	2.25	277.94	27691.0	2820680	70.64	108.69
选择	.00039	.012	0.69	72.47	7356.0	780000	69.76	69.58
Shell	.00034	.008	0.14	1.99	30.2	554	0.44	0.79
Shell/优化	.00034	.008	0.12	1.91	29.0	530	0.36	0.64
归并	.00050	.010	0.12	1.61	19.3	219	0.83	0.79
归并/优化	.00024	.007	0.10	1.31	17.2	197	0.47	0.66
快速	.00048	.008	0.11	1.37	15.7	162	0.37	0.40
快速/优化	.00031	.006	0.09	1.14	13.6	143	0.32	0.36
堆	.00050	.011	0.16	2.08	26.7	391	1.57	1.56
堆/优化	.00033	.007	0.11	1.61	20.8	334	1.01	1.04
基数/4	.00838	.081	0.79	7.99	79.9	808	7.97	7.97
基数/8	.00799	.044	0.40	3.99	40.0	404	4.00	3.99

图 7.20　在 3.4 GHz 英特尔奔腾四微处理器上运行 Linux 操作系统时,各排序算法的实验比较数据。Shell 排序、快速排序、归并排序和堆排序都给出了普通及优化算法。基数排序给出了每轮处理4位和8位时的不同算法

除了最右边的两列数据之外,每个算法都是以一个随机整数数组作为输入。这对于某些排序算法会有影响。例如,当一个记录的空间较小时,选择排序显示不出它的优势。基数排序方法自然利用了这种短关键码的好处,并且没有完成必要的对更长关键码的考察。另一方面,基数排序并没有进行这样的优化:用移位来代替除法操作,其实有些基数(如基数为 2 的幂)支持这种操作。

采用各种不同的排序算法对长度为 10、100、1 000、10 000、100 000 和 1 000 000 的序列进行了排序。在表中的最后两列是长度为 10 000 的序列分别为正序(已排序)及逆序(逆排序)时的情形。这两列显示出对某些算法的最佳情形,以及对其他算法的最差情形。从这两列也可以看出,输入的顺序对某些算法几乎没有影响。

这些数据给出了一些有趣的结果。正如想象的那样,对于大数组,时间复杂度为 $O(n^2)$ 的排序的性能很差。除了数组为逆序的情况之外,插入排序在这些算法中是最好的。Shell 排序在数组规模到达 100 的时候明显优于任何一个复杂度为 $O(n^2)$ 的排序算法。除了对 10 个元素排序的情况之外,改进的快速排序明显是所有算法中最出色的。甚至对较小的数组而言,改进的快速排序算法由于在调用插入排序之前做了一次划分,所以依然表现很好。与其他复杂度为 $O(n \log n)$ 的算法相比,由于使用了类结构,无优化版本的堆排序相当慢。即使去掉类定义,并把操作直接作用于数组之上,堆排序也依然比归并排序慢一些。从整体上来看,优化过的排序算法对于大数据量的排序工作性能都有显著提升。

总体来说,基数排序的表现差得让人吃惊。如果代码改成使用关键码值的位移动运算,则性能可能从本质上得到改善;但是这会严重限制算法所支持的元素类型的范围。

7.9　排序问题的下限

本书有许多算法分析,这些分析基本上明确了算法在最差和平均情况下的上限及下限。对于迄今为止所讲到的很多算法,算法分析都比较简单。本节有一个更为艰巨的分析,即分

析一个问题的时间代价，而不是某个具体算法的时间代价。一个问题的上限可以定义为已知算法中速度最快的渐近时间代价；其下限解决这个问题所有算法的最佳可能效率，包括那些尚未设计出来的算法。一旦问题的上限与下限相同，就可以知道，从渐近分析的意义上来说，不可能有更有效率的算法了。

一种估计问题下限的简单方法是，计算必须读入的输入长度及必须写出的输出长度。任何算法的时间代价当然都不可能小于它的 I/O 时间，于是可以知道没有任何排序算法能把时间下限降到 $\Omega(n)$ 以下，因为算法至少要花 n 步来读入 n 个待排序的数据，输出排序后的 n 个结果。除此之外，任何排序算法都必须检查输入是否满足排序要求。就实际所知，可以说排序的时间在 $\Omega(n)$ 到 $O(n \log n)$ 之间。

计算机专家们花费了许多时间和精力，希望能找到高效且通用的排序算法，但是没有一个算法能在平均情况及最差情况下比 $O(n \log n)$ 快。那么还有必要继续找更快的算法吗？或者是找到一个严格的下限，证明不可能有更快的排序算法？

本节介绍了计算机科学中最重要并且也是最有用的论证之一：没有任何一种基于关键码比较的排序算法可以把最差执行时间降低到 $\Omega(n \log n)$ 以下。这主要基于以下三个原因：首先，广泛应用的优化排序算法已令人满意，就是说没有必要死死追寻 $O(n)$ 那样快的算法（起码没有人去寻求基于关键码比较的更好算法）；其次，这个论证也是证明问题下限的重要方法之一，也就是说，这个证明提供了一个实例，说明下限要比仅仅估计 I/O 时间的 $\Omega(n)$ 严格得多，因此可以作为证明其他问题下限的一个参考模式；最后，知道了排序问题的下限，也就知道了可以用来解决排序问题的其他问题的下限。从一个问题的渐近上限、下限推导出其他问题的上限、下限，这种方法称为归约（reduction），这个概念将在第 17 章介绍。

除了基数排序及分配排序以外，本章的所有排序算法都取决于两个关键码值的直接比较。例如，插入排序不断地比较待插入关键码值与数组中元素的大小关系，直到找到正确位置。相反，基数排序并没有直接比较关键码值，而是取决于关键码值中各位数字的值，因此是一种不基于关键码值比较的可行途径。当然，基数排序最后并不比基于比较的排序算法更有效率。因此，实验数据表明，基于比较的排序算法是比较好的，实际结果比这句话的论断更具说服力。实际上，基数排序也基于比较，因而也可以用本节介绍的基数来建立模型。结论是其至像基数排序这样的算法在平均情况下的下限也是 $\Omega(n \log n)$[①]。

下面将要证明：在最差情况下，任何一种基于比较的算法都需要 $\Omega(n \log n)$ 时间代价。首先，所有的比较判断都可以用一棵树来模拟。也就是说，所有基于元素比较的算法都可以归结为一棵二叉树，树的一个内部结点对应一个比较，树的一个叶结点对应可能的结果。其次，二叉树叶结点数目最小值是 n 的阶乘。最后，具有 $n!$ 个叶结点的二叉树的最小深度是 $\Omega(n \log n)$。

在证明 $\Omega(n \log n)$ 是下限之前，首先应该定义判定树（decision tree）的概念。判定树是一棵可以模拟任何判定算法处理过程的二叉树。每个判断都是二叉树的一个分支。为了建立排序算法的判定树，把所有对关键码值的比较都当成一个判断。比较两个关键码值时，如果第一个小于第二个，那么第一个关键码就作为判定树的左分支；否则如果第一个大于第二个，那么第一个关键码就作为判定树的右分支。

[①] 真相比这个陈述所隐含的更强大。事实上，基数排序也是依赖于比较操作的，因此也可以采用本节介绍的技术来建模。结论是，$(n \log n)$ 是通常意义上的界函数，即使对基数排序也如此。

图 7.21 给出了插入排序的一棵判定树。第一个输入的是 X，第二个是 Y，第三个是 Z。初始时它们依次保存在输入数组 A 的 0、1、2 位置。请考虑一下可能的输出。刚开始时，并不知道这三个值在排序后的输出数组中将处于什么位置。正确的输出结果可能是这三个值全部排列中的任何一个。对于这三个值，有 $n! = 6$ 个排列。因此在根结点中存有 6 个排列，它们都有可能是算法的最后输出结果。

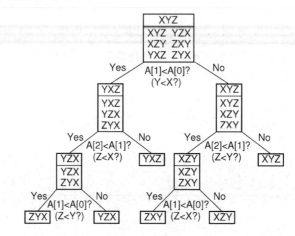

图 7.21　插入排序的判定树，对三个值 X、Y、Z 进行排序，
初始时它们分别保存在输入数组A的0、1和2位置

当 $n = 3$ 时，第一次比较在数组中的第 2 个元素(Y)与数组中的第 1 个元素(X)之间进行。有两种可能：或者 Y 比 X 小，或者 Y 不小于 X。这种判定在二叉树第一层分支分开。如果 Y 小于 X，那么取左分支，并且在最终输出中 Y 应该在 X 之前。只有三个排列满足 Y 出现于 X 之前的条件，于是左子树的根结点中列出了 YXZ、YZX、ZYX。同理，如果 Y 不小于 X，那么要取右子树，只有三个排列满足 Y 出现于 X 之后的条件，分别为 XYZ、XZY、ZXY。这些在根结点的右子树中列出。

假设 Y 小于 X，因此取左子树。在这种情况下，插入排序交换这两个值，数组中存储 YXZ。此时图 7.21 根结点左子女方框中的横线上标明为 YXZ。下一步是比较数组中第 3 个与第 2 个的关系(此时是 Z 与 X 相比)。又有两种可能：如果 Z 小于 X，那么应该交换这两个值，取左分支；如果 Z 不小于 X，那么插入排序完成了，取右分支。

注意右分支到达了一个叶结点，而叶结点中只有一个排列顺序：YXZ。这说明，如果取这条路径，只能达到这个结点，也只能得到一个结果。也就是说，插入排序已经找到了原始输入的唯一排列顺序，从而得到了排序结果。同样，如果第二步取的是左分支，那么第三次比较无论结果如何，都只有一个排列顺序。于是，插入排序也找到了排序结果。

无论输入数据有多少，所有基于比较的排序都可以用一棵判定树来模拟。于是，算法可以看成寻找正确的顺序。可以这样来看待每个基于比较的排序：基于对关键码比较的结果，再取树的分支，直至到达一个具有唯一排列顺序的结点为止。

那么判定树是如何体现最差排序时间的呢？判定树显示了针对一个给定待排序规模的所有可能输入，算法的可能判断。任何一个从根结点到叶结点的路径都表示算法的一个可能判断过程。最深结点的高度，表示算法得到一个结果所需要的最长判断路径。

有许多基于比较的排序算法，每个算法都有其特定的判定树。有些判定树较为平衡，而有些可能是不平衡的。有些判定树比其他判定树的结点多（那些多余的结点可能是做了无用的比较）。事实上，一个较差的排序算法可能会有一个结点很多的判定树，这棵树的高度也很高。无法知道最差排序算法有多慢，人们感兴趣的只是最佳排序算法在最差情况下的最小时间代价。也就是说，只想知道对于所有算法来说，树中最深结点的最小可能深度是多少。

最深结点的最小深度依赖于树中结点数目。当然希望把树中的结点"向上提"，但是这些结点之上的树空间是有限的。高度为 1 的树只能放 1 个结点（根结点），高度为 2 的树只能放 3 个结点，高度为 3 的只能放 7 个结点，等等。

- 要记住一个重要事实：一棵高度为 n 的树最多可以放 $2^n - 1$ 个结点。
- 等价地，n 个结点的树至少要 $\lceil \log(n+1) \rceil$ 层。

那么，对于某种基于比较的排序算法来说，处理 n 个结点，其判定树中最少要有多少个结点呢？由于排序算法需要决定输入的排列中哪一个将对应于排序好的序列，于是所有排序算法对每一个排列在判定树中都要有一个叶结点。n 个数有 $n!$ 个排列（参见 2.2 节）。

既然至少要有 $n!$ 个结点，可以知道树至少有 $\Omega(\log n!)$ 层。根据 2.2 节的分析，知道 $\log(n!)$ 应为 $\Omega(n \log n)$。对于任何一种基于比较的排序算法来说，判定树有 $\Omega(n \log n)$ 层结点。于是，在最差情况下，这类问题的任何算法都需要 $\Omega(n \log n)$ 次比较。

在最差情况下，任何排序算法需要 $\Omega(n \log n)$ 次比较，因此最差情况时间代价就是 $\Omega(n \log n)$。既然所有排序算法所需要的运行时间都是 $\Omega(n \log n)$，那么排序问题需要的运行时间就是 $\Omega(n \log n)$。已经知道所有排序算法都需要 $O(n \log n)$ 运行时间，因此可以推导出排序问题需要 $\Theta(n \log n)$ 运行时间。从理论上说，我们知道不基于比较的排序算法可以对现有的 $\Theta(n \log n)$ 排序算法进行改进，这种改进有可能不只是常数因子。

7.10　深入学习导读

Donald E. Knuth 所著的 *Sorting and Searching* [Knu98] 给出了关于排序的详尽讨论。该书对许多细节进行了探讨，包括对于 n 很小的情况，以及特殊用途的排序网络的优化算法。本书是对排序问题的全面（尽管有些过时的）探讨。更新的关于快速排序及其全部优化的评估，请参阅 Robert Sedgewick 所著的 *Quicksort* [Sed80]。Sedgewick 所著的 *Algorithms* [Sed11] 讨论了本章给出的大部分算法，并且注重于其有效实现。7.4 节优化版本的归并排序算法就来自 Sedgewick 的结论。

尽管 $\Omega(n \log n)$ 是排序在最差情况下的理论下限，但是在很多情况下，输入的数据往往都是接近排序的，因此利用这个特点也有可能加速排序过程。一个简单的例子是插入排序的最佳执行时间。运行时间受输入数据有序程度影响较大的排序算法称为可适应（adaptive）排序算法。关于可适应排序算法的更多信息，请参阅 Estivill-Castro 和 Wood 的文章 "A Survey of Adaptive Sorting Algorithms" [ECW92]。

7.11 习题

7.1 用数学归纳法证明：插入排序总可以把一个输入数组排序好。

7.2 编写一个处理整数关键码的插入排序。条件如下：输入是一个栈(不是数组)，并且程序中只允许使用几个整数和几个栈(不能使用无限多个整数和栈)。结束时排序结果放到栈中，栈顶元素最小。在最差情况下，算法的执行时间为 $\Theta(n^2)$。

7.3 冒泡排序的实现中有如下循环：

```
for (int j=n-1; j>i; j--)
```

考虑将它换成以下语句的影响：

```
for (int j=n-1; j>0; j--)
```

新的实现还能正常执行吗？这种改变会影响到程序的渐近复杂性吗？这种改变对运行时间有什么影响？

7.4 当实现插入排序时，二分法检索可以用来查找第 i 个元素在前 $i-1$ 个元素中的可能插入位置。为什么使用二分法检索不能改善比较的数量呢？应当如何使用这样的二分法检索来影响插入排序的渐近运行时间？

7.5 图 7.5 中给出了选择排序的最少交换次数为 $\Theta(n)$。因为算法并不检查第 i 个元素是否已经在第 i 个位置；也就是说，这可能带来不必要的交换。

(a)改进算法，使之不存在不必要的交换。

(b)你认为这种改进能加快处理速度吗？

(c)编写两个程序，验证一下原始插入排序算法和改进算法的运行时间。哪一个算法实际上运行得更快？

7.6 当待排序的序列存在多个具有相同关键码的记录时，经过排序后，如果这些记录的相对顺序仍然保持不变，则这个排序算法称为是稳定的。本章所讲的算法中哪些是稳定的，哪些不是稳定的，并说明理由。如果稍微改变一下就可以使算法变为稳定的，应该怎样修改？

7.7 当待排序的序列存在多个具有相同关键码的记录时，经过排序后，如果这些记录的相对顺序仍然保持不变，则这个排序算法称为是稳定的。如果能通过修改关键码，让先出现的重复关键码比后出现的关键码的值小，那么在任何排序算法之下，相同关键码的记录总是能保持相对顺序不变。最差情况是所有的 n 个记录具有相同的关键码。试给出一个修改关键码的算法，使得修改后的关键码值唯一，并且修改后能得到与修改前一样的排序结果，保持排序算法的稳定(对于重复关键码，需要保持它们出现的顺序)。算法应该是线性时间的，并且只使用常量大小的额外空间。

7.8 7.5 节关于快速排序的讨论给出了一个用栈来代替递归以减少函数调用次数的优化算法。

(a)那么在最差情况下栈有多深？

(b)快速排序函数中有两个递归调用。可以修改算法，调整调用顺序。怎样组织递归调用顺序？调用顺序对栈的深度有何影响？

7.9 给出一个可以出现快速排序(见 7.5 节)最差性能的 $0\sim7$ 的一个排列。

7.10 设 L 为一个数组，`length(L)` 给出数组中元素(记录)的数目，`qsort(L,i,j)` 用快速排序算法把 L 的第 `i~j` 条记录排序(结果仍然保留在 L 中)。那么下面两个程序段的平均渐近运行时间各为多少？

(a)
```
for (i=0; i<length(L); i++)
    qsort(L, 0, i);
```

(b)
```
for (i=0; i<length(L); i++)
    qsort(L, 0, length(L)-1);
```

7.11 请修改快速排序算法,使得修改后的算法能找出一个数组中最小的 k 条记录值。执行算法后,k 个最小的值应该位于数组中的前 k 个位置。函数要尽可能使操作数量最少,只排序需要排序的那个部分。

7.12 某个待排序的序列是一个可变长度的字符串序列,这些字符串一个接一个地存储在唯一的字符数组中,另一个数组存储指向这个大字符串数组的索引(存储指向特定字符串的指针)。请改写快速排序算法,对这个字符串序列进行排序。函数要修改索引数组,使得第一个指针指向最小字符串的起始位置。

7.13 在 $1 \leqslant n \leqslant 1\,000$ 范围内,画出 $f_1(n) = n \log n$、$f_2(n) = n^{1.5}$、$f_3(n) = n^2$ 的曲线图,比较它们的增长率。在一般情况下,插入排序的常数因子比 Shell 排序及快速排序要少。当 $n = 1\,000$ 时,Shell 排序要比插入排序快,那么它的常数因子与插入排序的常数因子相比,应该快多少倍呢?当 $n = 1\,000$ 时,快速排序要比插入排序快,那么它的常数因子与插入排序的常数因子相比,应该快多少倍呢?

7.14 假设有一个算法 SPLITk 可以把一个序列 $\mathbf{L}$(有 n 个元素)分成 k 个子序列,每一个子序列包含一个或者多个元素。对于 $i < j \leqslant k$,序列 i 中的所有元素都小于序列 j 中的元素。如果 $n < k$,那么 $k - n$ 个子序列为空,其余的长度为 1。设 SPLITk 的运行时间为 O($\mathbf{L}$ 的长度)。再设 k 个子序列可以在常数时间内连接起来。考虑下面的程序段:

```
List SORTk(List L) {
  List sub[k]; // To hold the sublists
  if (L.length() > 1) {
    SPLITk(L, sub); // SPLITk places sublists into sub
    for (i=0; i<k; i++)
      sub[i] = SORTk(sub[i]); // Sort each sublist
    L = concatenation of k sublists in sub;
    return L;
  }
}
```

(a) SORTk 的最差运行时间为多少?为什么?

(b) SORTk 的平均运行时间为多少?为什么?

7.15 下面是一个略有变化的排序问题。问题是把 n 个坚果放到 n 个对应大小的筛子中。设每个筛子都有一个对应的坚果与其大小相同。但是并不知道哪个坚果应该放到哪个筛子中。两个坚果或者两个筛子之间的区别难以用肉眼辨认,因此不能用直接比较大小的方式区别它们。但是可以比较坚果与筛子之间的大小关系,这只需要把坚果放入筛子中即可(假设比较只需要常数时间)。坚果或者大于筛子,或者小于筛子,或者等于筛子。那么在最差情况下,把坚果都归入各自的筛子中,需要的最少比较次数是多少?

7.16 (a) 编写一个算法,尽可能快地排序 3 个数字。那么在最佳、平均、最差情况下的比较和交换次数各为多少?

(b) 编写一个算法,尽可能快地排序 5 个数字。那么在最佳、平均、最差情况下的交换与比较次数各为多少?

(c) 编写一个算法,排序 8 个数字,算法要尽量快。那么在平均、最佳、最差情况下的比较与交换次数各为多少?

7.17 编写一个算法,对一个没有重复关键码的、数值在 0 到 30 000 范围内的序列排序。保持空间代价最小。

7.18 在下面各个操作中,哪一个最适合先进行排序处理?对于这些操作,简短地描述一个实现算法,并给出算法的渐近复杂性。

(a) 找出最小值;

(b) 找出最大值;

(c) 计算算术平均值;

(d)找出中值(即中间的值);

(e)找出模数(mode,即出现次数最多的值)。

7.19 考虑这样一个递归的归并排序,当子数组小于某个阈值时开始采用插入排序。如果归并排序调用了 n 次,那么插入排序将被调用几次?为什么?

7.20 编写一个归并排序函数(输入是一个链表)。

7.21 计数排序(假定输入记录的关键码是 0 到 $m-1$ 之间的整数)在第一遍扫描时对每一个记录的键－值对计数,从而在第二遍扫描时把各个记录按照顺序排好位置。请给出计数排序算法的实现(参考基数排序的实现思想)。m 和 n 满足怎样的相对关系时算法比较有效。如果 $m < n$,算法的运行时间是多少?

7.22 使用与 7.9 节相似的方法来证明:在一个有 n 个值的有序数组中,寻找给定元素的最差情况时间下限为 $\log n$。

7.12　项目设计

7.1 添加一个标记变量,标记当前迭代中是否有记录已经交换,可以优化冒泡排序。如果没有记录交换,那么待排表已经是排序好的,算法就可以提前终止。这一策略可以把算法在最佳情况下的复杂度提升至 $O(n)$(如果待排表已经是排序好的,那么在第一遍扫描时,不会发生迭代,算法就停止了)。

请修改冒泡排序算法的实现,添加标记和检查交换代码,并通过一系列不同的输入比较修改后的算法的效果。

7.2 双插入排序是插入排序的一种变种,它从数组的中央开始排序。每次迭代,数组中间的某些部分被排序。下一次迭代将待排序位置相邻的两个元素进行排序。如果它们与排序顺序相反,则互相交换。之后将左边的待排序记录向右移动,直到它右边的记录不小于它。将右边的待排序记录向左移动,直到它左边的记录不大于它。

如果元素个数为偶数,算法处理就从数组中间的两个元素开始;如果是奇数,算法就跳过中间元素,然后从它相邻的左右两个元素开始。

首先试着解释一下,与标准的插入排序相比,双插入排序的开销有多大?(注意同一次迭代的两个元素在经过最开始的比较与交换后,在插入过程中位置不会交叉。)

然后实现双插入排序,要求在数组长度为奇数和偶数的情况下算法都能正确执行。运行实际程序,将双插入排序与插入排序进行比较。

最后请解释一下,如果把双插入排序应用到快速排序的扫尾处理中代替插入排序,双插入排序对普通插入排序的加速,将会对快速排序扫尾串长阈值及算法的运行时间产生什么样的影响。

7.3 使用不同的增量来研究 Shell 排序。并与 7.3 节"增量除以 2"的排序函数相比较。请特别试一下"增量除以 3"的方法,该方法对长度为 n 的序列以 $n/3$、$n/9$ 等为增量。其他增量方案也能正常运行吗?

7.4 7.4 节给出的归并排序把数组作为输入并进行排序。在 7.4 节的开头,有一个用归并算法排序链表的简单伪码实现。实现基于链表的和基于数组的归并算法,比较它们的运行时间。

7.5 基于本章给出的快速排序C++代码,当输入数据的长度变化很大时,测试下面几种优化的快速排序算法的性能。对于下面几种优化方法,可以进行某些组合,尽可能找到最快的快速排序算法。

(a)在选择轴值时,多看一些值。

(b)当子序列长度小于某个阈值时,不要递归调用 `qsort`,使用插入排序方法。请测试不同的阈值。

(c)使用栈来消除递归,并使用内联函数来取消不必要的函数调用。

7.6 前面已经提到,可以优化堆的 **siftdown** 函数。设需要向下调整的值为 X。**siftdown** 函数在每一层中进行两次比较:首先是 X 的所有子结点相互比较,胜者与 X 比较。如果 X 太小,则与比较大的子结点交换,然后重复这一过程。优化策略是胜者不再与 X 进行比较,较大的子结点直接与 X 交换,直到 X 到达堆的底部。这时候很可能由于 X 值比较大而不应该放在那里。可以通过把 X 与它的父结点进行比较并交换,以"冒泡"的方式交换到合适的高度。这个过程会减少一些比较,因为大多数向下调整操作都会把元素调整到接近树的底部。实现这两个版本的 **siftdown** 函数,并且从理论上分析它们的运行时间。

7.7 典型的基数排序是支持 2 的幂的基数。这允许直接取一个整型关键码值的某些位数。例如,如果基数是 16,则 32 位关键码可以用 8 步,每步对 4 个位进行处理。这将使实现更加有效率,因为移位运算代替了 7.7 节实现的除法运算。请用移位运算代替除法运算重写 7.7 节的基数排序。比较新旧两个基数排序的运行时间。

7.8 对于本章所述算法,写出自己的程序,并比较这些程序的运行时间。尽量让每个程序运行得越快越好。你得到了与图 7.20 相同的结果吗?如果没有,请找出原因。你的结果与其他同学的结果相比较如何呢?这说明了采用实验方法在研究算法时间时有哪些困难?

第8章 文件管理和外排序

前面几章介绍了基本数据结构和算法，这些算法可以操作存储在主存中的数据。有些应用程序需要存储、处理大量数据。因为数据量太大，所以不能同时把它们放到主存中。这样就需要把全部信息放到磁盘中，每次有选择地读入其中一部分进行处理。

访问存储在主存中的数据当然要比访问存储在磁盘或其他存储设备中的数据快得多。它们在访问时间上相差很多。因此，基于磁盘的高效程序需要采用不同于以往的算法设计方法。但是，许多程序员的工作在涉及文件处理时往往不能令人满意。

本章介绍了在基于磁盘的应用程序开发中，与算法和数据结构设计有关的一些基础知识。[①] 首先描述主存储器和辅助存储器的根本差异。8.2 节介绍磁盘的物理特性。8.3 节介绍管理缓冲池的基本方法。8.4 节介绍随机访问存储在磁盘中数据的 C++ 模型。8.5 节介绍一些对大量记录进行排序的基本原则，这些记录因为数量过大而无法同时放到主存中。

8.1 主存储器和辅助存储器

一般来说，计算机存储设备分为主存储器（primary memory 或 main memory，简称主存或内存）和辅助存储器（secondary storage 或 peripheral storage，简称辅存或外存）。主存储器通常指随机访问存储器（Random Access Memory，RAM），辅助存储器指硬盘、固态硬盘（solid state drive）、可移除 USB 设备（removable USB）、CD 及 DVD 等设备。主存储器还包括寄存器（register）、高速缓存（cache）和视频存储器（video memory）。但是，由于它们的存在不会影响主存储器和辅助存储器之间的根本区别，因此在下面的讨论中不做考虑。

随着 CPU 速度的不断加快，为每一款新型计算机配置的主存也越来越多。既然主存容量不断增加，还需要较慢的磁盘存储设备吗？当然需要，因为用户还想存储、处理比原来更大的文件，而这种需求的增长速度并不比主存容量的增长速度慢。如图 8.1 所示，主存的价格和辅助存储设备的价格都在大幅度下降，然而多年来，磁盘的单位价格一直比主存低两个数量级。

介质	1996	1997	2000	2004	2006	2008	2011
主存	$45.00	7.00	1.500	0.3500	0.1500	0.0399	0.0138
硬盘	0.25	0.10	0.010	0.0010	0.0005	0.0001	0.0001
USB 存储	–	–	–	0.1000	0.0900	0.0029	0.0018
软盘	0.50	0.36	0.250	0.2500	–	–	–
磁带	0.03	0.01	0.001	0.0003	–	–	–
固态硬盘	–	–	–	–	–	–	0.0021

图 8.1 常用的可写电子数据存储介质价格比较表。表中的价格表示每兆字节的价格

现今市场上，有很多可移动介质，可用于数据传输和离线存储。这些介质包括软盘（现

[①] 计算机技术更新很快。尽管本书中列举的硬盘驱动器参数及其他硬件性能指标基本上是写作时的最新数据，但是当读者阅读本书时，这些数值可能已经过时了。不过基本原理不会改变。内存和硬盘的时间、空间及价格的参数比例 20 多年来基本保持稳定。

在大部分都已经淘汰）、可写入 CD 与 DVD、闪存和磁带等。CD 和 DVD 等光学存储介质每兆字节的价格大约是磁盘的一半，近几年已经成为主要备份存储介质。磁带比其他所有介质都要便宜得多，曾经也是备份的常用介质，不过随着其他介质价格的降低而不太流行。虽然闪存介质每兆字节的价格最高，但是由于容量和灵活性等方面的优势而取代了软盘，成为在无网络直连情况下计算机之间传送数据的首选介质。

与主存相比，辅助存储设备还有另外两个优点。最重要的一个优点是，磁盘、闪存和光学介质的存储是永久的（persistent），就是说当电源关闭后，文件不会在磁盘或磁带中被清除。然而，用作主存的 RAM 则是易失的（volatile），即其中的所有信息会随着电源关闭而丢失。第二个优点是，可以方便地把 CD 和 U 盘从一台计算机上取下来，再放到另一台计算机上使用，从而使得两台计算机之间传递信息非常方便。

尽管辅助存储器价格低，具有永久存储能力和便携性，但是需要付出的代价是访问时间更长。并不是每次磁盘访问都花费同样多的时间（后面会有更详细的说明）。在 2011 年，访问磁盘上 1 字节数据一般需要大约 9 μs（也就是千分之 9 s），感觉这不算很慢；但是如果与访问主存中的 1 字节数据相比，这就太慢了。在 2011 年，标准个人计算机中 RAM 的访问时间大约是 5 ~ 10 ns（即十亿分之 5 ~ 10 s）。这样，访问磁盘中 1 字节数据所花费的时间是访问主存时间的 6 个数量级。尽管磁盘和 RAM 的访问时间都在缩短，然而它们是以大致相同的速率缩短的。它们之间几十年前的相对速度和今天的相对速度基本上一样，访问时间的差距仍然在 10 万倍到 100 万倍之间。

为了从直觉上理解这两个速度之间的显著差距，可以假设你在本书的目录中查找磁盘条目，再翻到相应的页，想一想这个过程所花费的时间。把这个时间称为"主存储器"访问时间。如果你花 20 s 就能完成这个访问，那么 50 万倍长的访问时间就是几个月。

尽管处理速度已经大幅度地提升了，硬件价格也已经大幅度地下跌，但是在过去 15 年中磁盘和主存访问时间的提高还不到一个数量级。然而，实际情况还是比保守估计好得多。在这一期间，磁盘和主存的容量都增长了三个数量级。这样，由于这些存储设备存储密度的大幅度增加，访问时间也随之下降。

因为访问磁盘中的数据比访问主存中的数据慢，所以应用程序处理存储在磁盘中的信息时，就要多费一些心思。由于磁盘和主存的访问时间比例是 100 万比 1，这使得当设计基于磁盘的应用程序时遵循下面这条规则极其重要：**使磁盘的访问次数最少！**

一般来说，有两种方法能使磁盘的访问次数最少。第一种方法是适当安排信息位置。这样，如果需要访问辅助存储器中的数据，就能以尽可能少的访问次数得到所需要的数据，而且最好第一次访问就能得到。对于在辅助存储器中存储的数据，其数据结构就称为文件结构（file structure），文件结构的组织应当使磁盘访问次数最少。另一种减少磁盘访问次数的方法是保存之前的访问信息（或者通过少量额外的开销换取每次磁盘访问都能得到更多的数据），从而减少将来的访问需要。这需要准确地猜测出以后需要的数据，并且现在就把它们存储在主存中。这就是所谓的缓存技术。

8.2 磁盘

C++ 语言的程序员把存储在磁盘中可以随机访问的文件看成一段连续的字节，而且可以把这些字节结合起来构成记录，这称为逻辑文件（logical file）。实际存储在磁盘中的物理文件(physical file)通常不是一段连续的字节,而是成块地分布在整个磁盘中。文件管理器(file manager)是操作系统的一部分,当应用程序请求从逻辑文件中读取数据时,它把这些逻辑位置映射为磁盘中具体的物理位置。同样,当根据相对于文件开始处的某个逻辑位置写入数据时,文件管理器必须把这个逻辑位置转换成磁盘中相应的物理位置。要想对这些操作的大致时间代价有所了解,需要知道磁盘的物理结构和基本工作方式。

    磁盘通常称为直接访问(direct access)存储设备。这表示访问文件中的任何一条记录都会花费几乎相同的时间,这与磁带这样的顺序访问(sequential access)存储设备不同。顺序访问存储设备需要磁带阅读器从磁带的开始处来处理数据,直至到达需要的位置。你会看到,磁盘访问只是近似于直接访问。在任何给定时刻,总有一些记录可以被更快地访问到。

8.2.1 磁盘结构

    一块磁盘由一个或多个圆形盘片(platter)组成,这些盘片从上到下排列,与一个中心主轴(spindle)相连。盘片以恒定速率连续转动。盘片的每个可用表面都有一个读/写磁头(read/write head),或者称为I/O磁头(I/O head)。数据就是通过这些磁头进行读写的,这就像电唱机的活动臂从唱片中获得声音一样。与电唱机的针头不同的是,磁盘的读/写磁头实际上不接触盘片表面。它与盘片表面稍微有一些距离。在常规操作时,磁头与盘片的任何接触都会损伤磁盘。这个距离非常小,比一粒灰尘的高度还要小。一粒灰尘的高度与该距离的比例相当于跨越美国的5 000千米航空飞行与飞机进行一米高飞行的比例。

    如图8.2(a)所示,磁盘一般有多个盘片和多个读/写磁头。每个磁头都固定到一个回转臂(arm)的一端,回转臂的另一端与支杆(boom)相连。[①] 支杆可以把所有磁头一起向内或者向外移动。当磁头在盘片上方的某个位置时,磁头就可以直接访问相应位置的数据了。磁头在一个盘片的某个位置上可以访问的所有数据就构成了一个磁道(track),即这个盘片上与主轴具有相同距离的所有数据,如图8.2(b)所示。与主轴具有相同距离的、分布在各个盘片上的所有磁道称为一个柱面(cylinder)。因此,一个柱面中的数据就是回转臂处在某个特定位置上可以读取的所有数据。

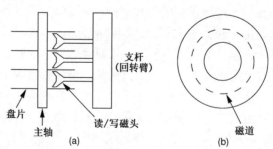

图8.2   (a)安装了一叠盘片的磁盘;(b)磁盘盘片中的一个磁道

    每个磁道分为多个扇区(sector)。两个相邻扇区之间有扇区间间隙(intersector gap),扇区间间隙内不存储数据。磁头可以通过这些间隙识别扇区的结束。每个扇区中都包含相同的

---

① 这只是磁盘的一种典型组织结构,并不是所有磁盘都具有这种结构。本章提到的几乎所有关于磁盘物理结构的内容都只是典型的工程设计方案,而不是设计原则。可以使用很多种不同的方式设计磁盘,而工程设计方案总是随时间而变化。除此之外,本书对磁盘的描述是对真实磁盘的简化,因为简化的模型更容易理解。

数据量。由于外层磁道更长一些，同样一英寸的长度，它们比内层磁道包含的位数少一些。这样，大约一半的可用存储空间就浪费了，因为只有最内层的磁道以最高的数据密度存储数据。图 8.3(a)说明了这种安排。现在的磁盘实际上会将多个磁道划分成"区域"(zone)，使得位于最内层的区域与其外层区域的数据密度相同，更外层区域以此类推。这样外层磁道可以更好地利用它们的存储能力。图 8.3(b)说明了这种安排。

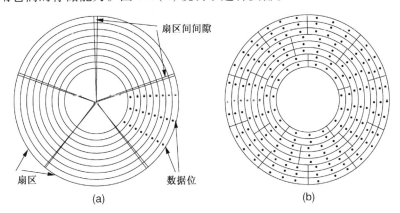

图 8.3　磁盘盘片的组织，点表示信息密度。(a)常规的安排方式从磁盘中心向外磁道的数据密度逐渐减小；(b)使用区域划分的安排方式，从磁盘中心向外，扇区的大小和数据密度周期性地变化

　　CD-ROM 与磁盘的这种物理布局不同，它们由一个单一的螺旋磁道组成。磁道内的位数据是均匀分布的，因此磁道里面部分和外面部分的数据密度相同。为了沿着螺旋磁道以相同的速率读取数据，随着 I/O 磁头向磁盘中心移动，驱动器必须加快磁盘的旋转速率。这种读取机制更复杂，而且更慢。

　　从磁盘中读取一个或者多个字节数据，可以分成三个独立的步骤。第一步，移动 I/O 磁头，把它定位到包含数据的磁道上。这个移动过程称为寻道(seek)；第二步，磁头等待包含数据的扇区旋转到磁头下面。磁盘在使用过程中总在旋转，一般以每分钟 7 200 转旋转。等待目标扇区转到 I/O 磁头下面的时间称为旋转延迟(rotational delay 或 rotational latency)；第三步是数据的实际传送(如读出或写入)。一旦第一个字节的数据旋转到了 I/O 磁头下面，读取数据花费的时间相对较少，仅仅是所有数据经过磁头下面所需要的时间。实际上，磁盘的设计并不是考虑每次请求读取一个字节的数据，而是读取一个扇区的数据。这样，一个扇区就是一次读出或写入的最小数据单位。

　　一般来说，最好把一个文件的所有扇区都放在一起，尽可能少地占用磁道。这是因为下面的两点假设：

　　1. 寻道时间慢(一般是 I/O 操作花费最大的部分)；
　　2. 如果读出了文件的一个扇区，很可能就要读出文件的下一个扇区。

　　假设 2 称为引用局部性(locality of reference)，这是一个在计算机科学中一再出现的概念。

　　多个扇区通常集结成组，称为一个簇(cluster)。簇是文件分配的最小单位，因此所有文件都是一个或几个簇的大小。簇的大小由操作系统决定。文件管理器记录每个文件是由哪些簇组成的。

　　在微软的 Windows 系统中，磁盘中有一个指定的部分，称为文件分配表(File Allocation

Table，FAT)。文件分配表中记录哪些簇属于哪个文件。而 UNIX 系统则不使用簇，在 UNIX 系统中，文件分配的最小单位和读出/写入的最小单位是一个扇区，在 UNIX 术语中称为一个块(block)。UNIX 系统维护相关信息，这些信息记录文件由哪些块组成，称为索引结点(i-node)。

　　属于同一个文件的一组物理上相连的簇称为一个区间(extent)。在理想情况下，组成一个文件的所有簇在磁盘中都是连续的(即文件由一个区间组成)。这样，访问文件不同部分需要的寻道时间最少。如果文件创建时磁盘快要满了，可能没有一个足够大的区间可以容纳这个新文件。而且，如果一个文件变大了，可能没有物理上与之相连的空闲空间。这样，一个文件就可能由分布在磁盘中的多个区间组成。磁盘越满，磁盘中的文件变化越多，文件就越零散(导致寻道时间也就越长)。文件零散存放会导致性能显著下降，因为访问数据需要额外的寻道。

　　当文件的逻辑记录长度和扇区长度不匹配时，就会出现另一类问题。如果扇区长度不是正好等于多条记录的长度(或者一条记录长度不是正好等于多个扇区的长度)，记录就不能正好放到一个(或多个)扇区中。例如，一个扇区的长度是 2 048 字节，而一条逻辑记录的长度是 100 字节。这样，一个扇区中只能存放20 条记录，而剩下48 字节。其结果是，或者浪费多余的空间，或者允许记录跨扇区边界。如果允许一条记录跨扇区边界，读出这条记录就需要两次磁盘访问。如果让剩余空间空闲，这些浪费的空间就称为内部碎片(internal fragmentation)。

　　内部碎片也可能出现在簇边界处。当文件长度不是正好等于多个簇的长度时，在最后一个簇的结尾一定会浪费一些空间。当用文件长度对簇长度进行取模计算的结果为 1 时，就会出现最糟糕的情况(例如，一个文件的长度是 4 097 字节，而一个簇的长度是 4 096 字节)。因此，需要对簇长度的选择进行权衡，一方面要考虑到大文件的顺序处理(为了减少寻道时间，簇的长度大一些更好)，另一方面还要考虑到小文件的存储空间占用(为了减少浪费的存储空间，簇的长度小一点更好)。

　　每种磁盘组织方式都要用一些磁盘空间来管理扇区、簇等。磁道内扇区布局如图 8.4 所示。必须存储在磁盘中的信息一般包括文件分配表、包含地址标识和每个扇区状态信息(是否可用)的扇区头(sector header)和扇区间间隙。扇区头中还包括错误校验码，用于验证数据是否损坏。这就是大多数磁盘有一个"名义上的"大小，它比存储在磁盘中实际使用的数据量大的原因。差距的产生在于组织磁盘中的信息也需要占用磁盘空间。甚至更多的空间会因碎片而丢失。

图 8.4　磁道内部扇区间间隙说明。每个扇区从一个扇区头开始，扇区头中包括扇区地址和该扇区内容的错误校验码。紧接着扇区头的是一个小的扇区内间隙，其后就是扇区数据。每个扇区和下一个扇区之间通过一个较大的扇区间间隙分开

8.2.2　磁盘访问代价

　　访问磁盘中信息的主要代价一般是寻道时间，这里假定必须进行寻道。当顺序读取一个文件时(如果存放文件的扇区物理上是连续的)，需要的寻道时间很少。然而，当随机访问一个磁盘扇区时，寻道时间成为数据访问的主要代价。实际寻道时间依赖于磁头当前所在的磁

道与将要访问的目标磁道之间的距离，每次寻道之间的时间变化很大，这里只考虑两个参数。一个是磁道－磁道代价，就是磁头从一个磁道移到相邻磁道的最短时间。如果一个文件在磁盘上的位置分布很好，在分析它的访问时间时使用这个参数就是非常合适的。第二个参数是一次随机访问的平均寻道时间。这两个参数通常由磁盘制造商提供，例如西部数据（Western Digital）的 Caviar 串口硬盘。制造商的规格说明书中标识磁道－磁道时间为 2.0 ms，平均寻道时间为 9.0 ms。在 2008 年这种规格的硬盘通常容量为 120GB。而 2011 年同样规格的硬盘容量已经提升到 2～3TB。不过这两个时期磁道－磁道代价和平均寻道时间参数是一样的。

多年来，磁盘的一般旋转速度是 3 600 rpm，即每 16.7 ms 转一圈。2011 年大部分磁盘的旋转速度都是 7 200 rpm 或 8.3 ms 每转。当随机读取一个扇区时，可以预计磁盘需要转半圈，使目标扇区到达 I/O 磁头之下，对一个 7 200 rpm 的磁盘来说，需要 4.2 ms。

一旦扇区到达 I/O 磁头下面，扇区中的数据就可以按照扇区旋转的速度在磁头下面传送了。如果要读取整个磁道，就需要旋转一圈（对 7 200 rpm 的磁盘来说，需要 8.3 ms），使整个磁道经过磁头下面。如果只需要读取磁道的一部分，那么相应需要的时间也就更少。例如，如果磁道中有 16 000 个扇区，而只需要读出 1 个扇区，这只要极少的时间（1/16 000 转）。

例 8.1　假定一个旧磁盘总容量（名义上）有 16.8GB，分布在 10 个盘片上，每个盘片上有 1.68GB。每个盘片上有 13 085 个磁道，每个磁道中包含 256 个扇区（经格式化），每个扇区内有 512 字节。磁道－磁道寻道时间是 2.2 ms，随机访问的平均寻道时间是 9.5 ms。假定操作系统维护的簇大小是 8 个扇区（4KB），因而每个磁道有 32 个簇。磁盘旋转速率是 5 400 rpm（11.1 ms 每转）。根据这些信息可以估计出各种文件处理操作的代价。

磁盘需要转多少圈才能读出一个磁道？在平均情况下，磁盘需要旋转半圈，才能使要读取的第一个扇区处于 I/O 磁头之下，并且再旋转一圈完成整个磁道的读取。

如果一个文件的长度是 1MB，分成 2 048 条记录，每条记录长度等于一个扇区的长度（每个扇区的长度是 512 字节），读出这个文件要花多少时间呢？这个文件存储在 256 个簇中，因为每个簇中正好有 8 个扇区。问题的答案在很大程度上依赖于文件如何存储在磁盘中，即它们是都放在一起，还是分别放在多个区间内。需要计算一下这两种情况产生的差异。

如果文件的存储方式是填充 8 个相邻磁道的所有扇区，那么读取第一个扇区的代价就是第一个扇区的寻道时间（假定需要进行随机寻道），然后等待初始旋转延迟，接下来就是读取时间（需要磁盘再旋转 1 圈）。总共需要：

$$9.5 + 11.1 \times 1.5 = 26.2 \text{ ms}$$

此时，因为假定其余 7 个磁道之间都是相邻的，故只需要磁道-磁道寻道时间，每次为

$$2.2 + 11.1 \times 1.5 = 18.9 \text{ ms}$$

因此，总时间为

$$26.2 \text{ ms} + 7 \times 18.9 \text{ ms} = 158.5 \text{ ms}$$

如果文件的簇随机分布在整个磁盘上，那么需要为每一个簇完成一次寻道，并紧接着一个旋转延迟。一旦簇的第一个扇区旋转到 I/O 磁头下，只需要很少的时间就可以读取簇，因为只有 8/256 的磁道需要旋转到磁头之下，旋转延迟和读取时间只需要 5.9 ms。这样，需要的总时间为

$$256(9.5 + 5.9) \approx 3\,942\ \text{ms}$$

或者将近 4 s。这种情况所花的时间比文件各部分在磁盘中集中放置的情况长得多。

这个例子说明，为什么防止磁盘文件零散很重要，以及为什么"磁盘碎片收集器"可以加速文件处理时间。当磁盘将要被填满时，以及每当创建或修改一个文件时，文件管理器必须搜索空闲空间，此时经常会出现文件碎片。

8.3　缓冲区和缓冲池

按照例 8.1 中的磁盘规格说明，读取一个磁道数据的平均时间代价为 $9.5 + 11.1 \times 1.5 = 26.2$ ms。读取一个扇区数据平均花费 $9.5 + 11.1/2 + (1/256) \times 11.1 = 15.1$ ms。这是一个相当大的节省(将近一半)，但是在磁道中读取的数据不到 1%。如果只读取 1 字节的数据，则与读出整个扇区的数据相比，几乎节省不了什么时间。因此，访问磁盘时，即使只请求 1 字节的数据，几乎所有磁盘驱动器都会自动读出或写入整个扇区的数据。

一旦读取了一个扇区，就把它的信息存储在主存中。这称为缓冲(buffering)或缓存(caching)信息。如果下一次磁盘请求访问同一个扇区，就不需要再从磁盘中读取，因为信息已经存储在主存中了。本章开始曾经提到过减少磁盘访问的方法，缓冲方法就是其中的一种：从磁盘中取出多余信息，以满足将来的请求。如果对文件中信息的访问是随机的，那么两次连续的磁盘请求需要同一个扇区内数据的可能性非常小。然而，实际上大多数磁盘请求的位置都接近于前一次请求的位置(至少在逻辑文件中是这样)。这说明下一次请求"命中缓存"的可能性比随机情况下的机会高很多。

这个原理说明了新磁盘的平均访问时间比过去更少的一个原因。不仅硬件比原来更快，而且现在的信息存储使用更好的算法和更大的缓存区，使得从磁盘中取出信息的次数更少了。也可以采用同样的方法在 CPU 内部的快速存储器中存储部分程序，这些快速存储器就是现代微处理器中广为使用的 CPU 缓存。

扇区级缓冲一般由操作系统提供，而且经常建立在磁盘控制器硬件中。大多数操作系统至少维护两个缓冲区，一个用于输入，另一个用于输出。考虑一下在进行逐个字节复制操作时，只使用一个缓冲区会怎样。首先把包含第一个字节的扇区读入 I/O 缓冲区中。输出操作为了写入这个字节，会破坏这个唯一的 I/O 缓冲区中的内容。然后，为了得到第二个字节，需要再次从磁盘中把数据读到缓冲区中，这些数据又将在输出时被破坏。对这个问题的简单解决方法就是使用一个缓冲区进行输入，使用另一个缓冲区进行输出。

每次收到 I/O 请求，大多数磁盘控制器都独立于 CPU 进行操作。由于在一个 I/O 操作期间 CPU 一般可以执行几百万条指令，所以这样做非常有用。最大限度地利用这种微并行机制的技术称为双缓冲(double buffering)。考虑一下顺序处理一个文件的情况。当正在读取第一个扇区时，CPU 不能处理那些信息，因此这时必须等待，或者找其他一些事情去做。一旦读出了第一个扇区，CPU 就开始进行处理。与此同时，磁盘驱动器(并行地)立即开始读取第二个扇区。如果 CPU 处理一个扇区的时间基本等于磁盘控制器读取一个扇区的时间，那么就有可能保证 CPU 持续得到文件中的数据。同样的方式也可以用于输出，在 CPU 写入主存中的一个输出缓冲区的同时，把另一个缓冲区写入磁盘中。这样，在支持双缓冲的计算机中，至少需要使用两个输入缓冲区和两个输出缓冲区。

在主存中缓存信息是一个非常好的想法，这个想法甚至经常推广为多缓冲区。操作系统或者应用程序可以在多个缓冲区中存储信息，这些信息来自后备存储设备（backing storage），如磁盘文件。把缓冲作为用户和文件中介的过程称为缓冲文件（buffering the file）。存储在一个缓冲区中的信息通常称为一页（page），这些缓冲区合起来称为缓冲池（buffer pool）。缓冲池的目标是增加主存中存储的信息量，希望对于新的信息请求，从缓冲池中得到请求信息的可能性更大，从而不必再从磁盘中读取。

只要缓冲池中还有尚未使用的缓冲区，就可以根据需要从磁盘中读出新信息，放到这个缓冲区中。当应用程序不断从磁盘中读入新信息时，最终缓冲池中所有缓冲区都会被填满。一旦出现这种情况，就需要做出选择，放弃哪些缓冲区中的信息，以便为新请求的信息提供空间。

在替换缓冲池中的信息时，目标是选择一个包含“不需要的”信息的缓冲区。也就是说，这个缓冲区中包含的信息被再次请求的可能性最小。由于缓冲池不能确切知道将来的信息请求模式会是什么样的，只能根据一些启发式规则（heuristic）进行决策。这些启发式规则都是尽可能猜测将来的信息请求模式。有多种方法可以做出决策。

一种方法是“先进先出”（FIFO）算法。这种算法简单地把缓冲区排成一个队列。如果需要新信息，就使用队列最前面的缓冲区，然后把它放到队列的最后。在这种方式下，被替换的缓冲区是保存信息时间最长的缓冲区，但愿这些信息不再需要。当处理过程基本上顺序地以稳定的速率沿着文件从前到后移动时，这是一个合理的假设。然而，许多程序反复使用某些特定的关键信息段，而信息的重要性与信息的第一次访问时间到现在有多久没有什么关系。一般来说，知道信息已经被访问过多少次，或者信息的最后访问时间到现在有多久更重要。

另一种方法称为“最不经常使用”（LFU）算法。LFU 记录缓冲池中每个缓冲区的访问次数。当需要一个缓冲区重新存储新信息时，被访问次数最少的缓冲区认为是包含“最不重要的”信息，接下来就使用这个缓冲区。尽管直觉来看 LFU 很合理，但它仍有很多缺陷。首先，需要为每个缓冲区存储和更新访问计数。其次，过去被多次引用可能与现在是否仍然会被引用并没有什么关系。这样，就经常需要一些记录“到期”的时间机制。有些缓冲区因为碰巧总未被替换掉，会缓慢地建立起很大的引用计数。另一种方法是为读过的每个扇区维护一个计数，而不仅仅是在缓冲池里的那些扇区。这种方式能避免替换掉刚刚读入并且还没有积累起来高引用计数的数据。

第三种方法称为“最近最少使用”（LRU）算法。LRU 简单地把缓冲区放到一个列表中。每当访问了一个缓冲区中的信息时，就把这个缓冲区放到列表的最前边。当需要读取新信息时，使用列表最后面的缓冲区（最近最少使用的缓冲区），根据需要丢弃其中的“老”信息，或者把这些信息写回磁盘。这是一种近似于 LFU 的非常容易实现的方法，通常就用于缓冲池管理，除非知道应用程序的信息访问模式而采用特定目的的缓冲区管理方法。

使用缓冲池主要是为了最小化磁盘 I/O。一个磁盘块的内容被修改时，可以立即将更新后的数据写回到磁盘。但是如果这个磁盘块紧接着又被修改了呢？如果每次磁盘块内容的修改都要马上写回到磁盘，会产生很多磁盘写操作，而这是可以避免的。如果等文件关闭或者缓冲区的内容被缓冲池替换时，才将内容写回，这样做效率会更高。

当缓冲区的内容要被缓冲池替换掉时，除非有必要才会将这些内容写回磁盘。只有当磁盘块的内容被读入缓冲区之后被修改过了，写回内容才是必要的。为了能确定每个块是否被修改过了,是否有必要在替换时把内容写回磁盘,需要为每个缓冲区(维护一个布尔变量通常称为脏位),当缓冲区的内容被客户程序修改过时,将该变量的值设置为真。当块被缓冲池替换掉时,只有当脏位为真时才将它写回到磁盘。

现代操作系统支持虚拟存储(virtual memory)。利用虚拟存储技术,程序员可以使用比系统实际硬件容量还要多的主存(例如 RAM)。虚拟存储利用缓冲池存储从更慢的辅助存储器(例如磁盘)中读取的数据块。而磁盘存储着虚拟存储的全部内容。根据内存访问的需要,把相应的磁盘块读入主存中。从根本上说,使用虚拟存储技术的程序比直接把数据存储在主存中的程序的执行速度要慢一些。良好的虚拟存储系统,其优点在于为编程人员提供了方便,因为可以为程序提供更多的可用内存。

例8.2 有一个大小为 10 个扇区的虚拟存储系统,缓冲池中有 5 个缓冲区(每一个缓冲区大小为一个扇区)。使用 LRU 替换策略。以下是内存访问请求序列:

$$9\ 0\ 1\ 7\ 6\ 6\ 8\ 1\ 3\ 5\ 1\ 7\ 1$$

在前五个请求之后,缓冲池一次存储着扇区 6、7、1、0、9。因为 6 号扇区已经在最前端,下一个请求可以直接响应,而不必从磁盘中读新数据,也不用修改缓冲区的顺序。对 8 号扇区的请求使得最近没有被使用的、存储着 9 号扇区内容的缓冲区清空。对 1 号扇区的请求把存储着 1 号扇区内容的缓冲区放到了最前面。图 8.5 给出了处理后续请求之后缓冲池的布局。

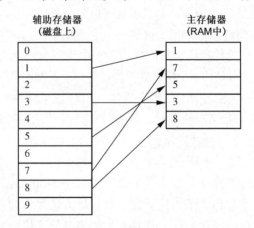

图 8.5　虚拟存储说明。全部信息都驻留在慢速的辅助存储器(磁盘)上。最近访问过的那些扇区保存在快速的主存储器(RAM)中。在这个例子中,辅助存储器中的扇区 1、7、5、3 和 8 当前存储在主存储器中。如果需要对扇区 9 进行内存访问,就必须替换当前主存储器中的一个扇区

例8.3 图 8.5 中使用了大小为 5 个块的缓冲池,提供大小为 10 个块的虚拟存储。在任意时刻,最多只有 5 个扇区能驻留在内存中。假设当前时刻,1 号、7 号、5 号、3 号和 8 号扇区按照顺序存放在缓冲池中,并使用 LRU 缓冲区替换策略。如果接下来访问 9 号扇区,那么当前缓冲池中的一个扇区会被替换出去。因为 8 号扇区最近使用得最少,因此它会被写回磁盘。然后 9 号扇区的内容会被复制到缓冲区中,并且该缓冲区会被放到缓冲池的最前面(这时存储着 3 号扇区的缓冲区变成了最近最少使用的缓冲区)。如果下一个访问请求是针对 5 号扇区,则不会从磁盘中读取数据,只需要将包含 5 号扇区的缓冲区放到缓冲池的最前面。

实现缓冲池时,如果需要在缓冲池使用者和缓冲池类本身之间传递信息,则可以采用两种方式。第一种方式是在两者之间传递消息,如下面的抽象类所示:

```
// ADT for buffer pools using the message-passing style
class BufferPool {
public:
  // Copy "sz" bytes from "space" to position "pos" in the
  //   buffered storage.
  virtual void insert(void* space, int sz, int pos) = 0;

  // Copy "sz" bytes from position "pos" of the buffered
  //   storage to "space".
  virtual void getbytes(void* space, int sz, int pos) = 0;
};
```

这个简单的类提供了一个带有两个成员函数的接口,即 **insert** 函数和 **getbytes** 函数。信息通过 **space** 参数在缓冲池使用者和缓冲池之间传递。这个参数表示的是一块存储空间,由缓冲池使用者提供至少 **sz** 字节长,缓冲池可以从中得到信息(利用 **insert** 函数),也可以把信息放到这块存储空间中(利用 **getbytes** 函数)。参数 **pos** 表示把信息放到缓冲池的什么地方。从物理实现上来看,它会从缓冲池中某个缓冲区某个字节的位置开始复制数据。这种 ADT 和 8.4 节即将讨论的 **RandomAccessFile** 类的 **read** 和 **write** 函数类似。

例 8.4　假设磁盘文件中的每个扇区(以及缓冲池中的每个缓冲区)的大小都是 1 024 字节。并且当前缓冲池的布局如图 8.5 所示。如果下一个请求是复制文件中从偏移量 6 000 开始的 40 字节,经计算这些字节应该位于 5 号扇区(偏移量为 5 120 ~ 6 143)。因为此时 5 号扇区就在缓冲池中,只需要复制扇区中偏移量为 880 ~ 919 的数据。在此之后,再把包含 5 号扇区的缓冲区放到包含 1 号扇区的缓冲区之前。

另一种方式是让缓冲池为其使用者直接提供一个指向缓冲区的指针,这个缓冲区中包含使用者需要的信息。这种方式的接口如下所示:

```
// ADT for buffer pools using the buffer-passing style
class BufferPool {
public:
  // Return pointer to the requested block
  virtual void* getblock(int block) = 0;

  // Set the dirty bit for the buffer holding "block"
  virtual void dirtyblock(int block) = 0;

  // Tell the size of a buffer
  virtual int blocksize() = 0;
};
```

如果使用这种方式,则缓冲池使用者需要知道存储空间被分成给定大小的块,块的大小就是缓冲区的大小。当使用者从缓冲池中请求某一个块时,会得到一个指向缓冲区的指针,这个缓冲区中就有被请求的块。接下来使用者就可以读出或写入这部分空间了。如果使用者向其中写入数据,则必须把这一情况通知缓冲池。其原因在于,当需要从缓冲池中清除某一个块时,如果该块已经被修改,就需要把它写回到后备存储区中。如果该块还没有被修改,就不需要把它写回去了。

例 8.5　从文件逻辑偏移处 6 000 开始写入 40 字节。假设缓冲池的布局如图 8.5 所示。使用第二个 ADT,用户需要知道数据块(缓冲区)的大小是 1 024,计算出需要访问 5 号扇区。调用 **getblock**,返回包含 5 号扇区内容的缓冲区指针。之后用户可以在扇区内偏移量

880 ~ 919 的位置写入 40 字节，然后调用 **dirtyblock** 告诉缓冲池该数据块的内容已经被修改过。

这种方式的一个变体是给 **getblock** 函数添加一个参数 **mode**，用来指定使用数据的模式。如果 **mode** 的值为 READ，缓冲池会假定缓冲区中的内容没有改变（因此如果缓冲区中的内容被换出，则不需要写回磁盘）。如果 **mode** 的值为 WRITE，缓冲池会假定用户并不会查看缓冲区中的内容，因此没有必要从文件中读取数据。如果 **mode** 的值为 READ AND WRITE，则缓冲池会从磁盘中读入这些内容，并且在数据换出缓冲区时把缓冲区中的内容写回到磁盘。使用 **mode**，可以去掉 **dirtyblock** 函数。

使用缓冲传递 ADT(buffer-passing ADT)的方式带来的另一个问题是过时指针(stale pointer)问题。在 **T**1 时刻，缓冲池的使用者得到一个指向某个缓冲区空间的指针，此时这个指针确实指向使用者需要的数据。如果此后缓冲池接到了更多的请求，则任何缓冲区中的数据都有可能被清除，并装入新数据。如果缓冲池使用者在 **T**1 时刻之后的某个 **T**2 时刻仍然根据 **T**1 时刻得到的指针引用这个指针所指向的数据，则很可能会引用无效数据，因为此时缓冲区的内容已经被替换了。在这种情况下，称指向缓冲池空间的指针为过时指针。为了保证不会使用过时指针，如果某个请求导致缓冲池空间改变，就不要再使用这个指针了。

可以通过引入用户（或者多位用户）获取缓冲区，以及完成操作后释放缓冲区的概念来解决这一问题。实现时，添加 **acquireBuffer** 和 **releaseBuffer** 函数。**acquireBuffer** 函数以数据块的 ID 值作为输入，并返回一个存储着该数据块的缓冲区指针。缓冲池保存着请求访问当前数据块的活跃用户数。调用 **releaseBuffer** 函数时，将减少访问当前数据块的活跃用户数。存放着活跃数据块的缓冲区不能被换出缓冲池。如果用户不再使用某一数据块，但是却没有释放相应缓冲区，就会出现问题。如果有超过缓冲池容量的活跃数据块，也会出现问题。不过一般来说，缓冲池在初始化时应该申请比最多同时活跃缓冲区个数还要多的缓冲区。

这里介绍的这两类 ADT 都存在着一个问题，就是当用户想要完全重写一个数据块时，并不需要从磁盘中读取该数据块的内容。但是通常缓冲池并不知道用户是否需要使用这些旧数据。在基于消息传递的方式中，当只需要覆盖数据块的一部分时更是如此。在这种情况下，尽管没有必要，然而数据块还是会被读入内存，然后新内容将原来的内容覆盖掉。

把数据块赋值给缓冲区的过程与从数据块实际读取数据的过程分离开来，可以避免这种低效情况（至少在缓冲传递方式中可以避免）。实际上，下面修改过的缓冲传递 ADT 在 **acquireBuffer** 函数中并不读取数据。希望访问旧数据块内容的用户需要使用 **readBlock** 请求，使数据从磁盘读入缓冲区中，然后使用 **getDataPointer** 请求获取能直接访问数据内容的缓冲区指针。

```cpp
// A single buffer in the buffer pool
class Buffer {
public:
  // Read the associated block from disk (if necessary) and
  // return a pointer to the data
  void *readBlock() = 0;

  // Return a pointer to the buffer's data array
  // (without reading from disk)
  void *getDataPointer() = 0;
```

```
    // Flag the buffer's contents as having changed, so that
    // flushing the block will write it back to disk
    void markDirty() = 0;

    // Release the block's access to this buffer. Further
    // accesses to this buffer are illegal.
    void releaseBuffer() = 0;
}

// The bufferpool
class BufferPool {
public:
    // Constructor: The bufferpool has "numbuff" buffers that
    // each contain "buffsize" bytes of data.
    BufferPool(int numbuff, int buffsize) = 0;

    // Relate a block to a buffer, returning a pointer to a
    // buffer object
    Buffer *acquireBuffer(int block) = 0;
}
```

同样，如果给 **acquireBuffer** 函数加上一个 **mode** 参数，则可以去掉 **readBlock** 和 **markDirty** 这两个函数。

显然，缓冲传递方式使缓冲池使用者承担很多责任。这些责任包括了解块的大小、不破坏缓冲池的存储空间，以及当修改一个块时或者不再使用该块时通知缓冲池。由于使用者承担的责任太多，使得采用这种方式很容易出错。这种方式的好处是，当把数据从缓冲池使用者传递给缓冲区时，减少了一次复制步骤。如果存储的记录不大，这一点并不是很重要。如果记录很大（尤其是如果记录的大小与缓冲区的大小相同，其实 B 树的实现就是这种情况，见 10.5 节），效率问题就显得非常重要了。然而，主存之间的复制时间总是比把缓冲区的内容写入磁盘的时间要少得多。对于有些应用程序，磁盘 I/O 才是它的瓶颈，即使在缓冲池使用者和缓冲区之间进行大量信息复制也不算什么。缓冲传递的另一个优势在于，当需要整块写入时，减少了不必要的读操作。

注意到上面的类 **BufferPool** 并没有采用模板实现。而且这里把 **space** 参数和缓冲区指针说明为 **void** *。如果一个类被说明为模板，这意味着记录的类型是任意的，但是类知道记录的类型。而如果使用 **void** * 指针指向一块空间，则不仅记录类型是任意的，甚至连缓冲池也不知道使用者的记录类型是什么。实际上，一个缓冲池可能有多个使用者，这些使用者会存储多种记录类型。

使用缓冲池时，使用者决定某个记录存放到哪里，但是对于数据如何传送回后备存储设备，却无法精确地进行控制。这就像 12.3 节描述的存储管理器一样，使用者把一条记录交给存储管理器，却对记录存放到哪里根本无法控制。

8.4　程序员的文件视图

C++ 程序员对随机访问文件的逻辑视图是一个单一的字节流。与文件的交互可以视为一种通信渠道，并可以对这个通信渠道发出下面三种指令之一：从文件的当前位置读入字节、向文件的当前位置写出字节和在文件中移动当前位置。在正常情况下，不需要知道字节如何在扇区、簇内部的存储。由文件系统负责逻辑位置和物理地址之间的映射，操作系统会自动进行扇区级缓冲。

当处理磁盘文件中的记录时,访问顺序对 I/O 时间有很大影响。随机访问(random access)过程对记录的处理与记录在文件中的逻辑顺序无关。顺序访问(sequential access)过程按照文件中记录的逻辑顺序处理记录。如果磁盘文件的物理布局与它的逻辑顺序一致,则顺序访问需要的寻道时间会少一些。如果在磁盘中创建文件时空闲空间所占的比例很高,则有可能使文件的物理布局与其逻辑布局一致。

C++ 提供了多种机制操作二进制文件。最常用的一种机制是 **fstream** 类。下面这些函数用于操作文件信息。

- **open**(**char** * **name**, **openmode flags**):打开文件进行处理。参数 **flags** 用于控制文件是否具有读取、写入权限;同时也用来指定打开文件时已经存在的文件内容是否需要删除。
- **read**(**char** * **buff**, **int count**):从文件当前位置读出 **count** 字节。随着字节的读出,文件当前位置向前移动。读出的字节内容会被写入 **buff** 中,**buff** 的长度应该至少为 **count**。
- **write**(**char** * **buff**, **int count**):向文件当前位置写入 **count** 字节(覆盖已经在这些位置的字节)。随着字节的写入,文件当前位置向前移动。要写入的字节序列的内容通过 **buff** 来指定。
- **seekg**(**int pos**)和 **seekp**(**int pos**):在文件中移动当前位置到 **pos**,这样就可以在文件中的任何一个位置读出或写入字节。实际上有两个当前位置,一个用于读出,另一个用于写入。函数 **seekg** 用于改变读出位置,函数 **seekp** 用于改变写入位置。
- **close**():处理结束后关闭文件。

这里的 ADT 与 8.3 节讨论的消息传递版本的缓冲池 ADT 类似。

8.5　外排序

如果有一组记录因数量太大而无法存放到主存中,那该怎么办呢?现在就来考虑这个问题。由于记录必须驻留在外存中,因此这些排序方法称为外排序(external sort)。这与第 7 章讨论的内排序不同,内排序假定待排序的记录都存放在主存中。对大量记录进行排序是许多应用程序的核心,如工资管理软件和其他大型商业数据库。正是由于它对程序的重要影响,才导致许多外排序算法的产生。几年前,排序算法设计者寻求对多磁带、多磁盘等特定硬件配置进行优化使用。今天,大多数计算任务在具有强大功能 CPU 的个人计算机和低端工作站上完成,但是这些计算机上一般只安装一块磁盘,最多不超过两块。这里提供的技术用于在配备一块磁盘的情况下进行优化处理。这样,就可以只关注外排序中最重要的问题,而忽略不重要的、依赖于机器细节的问题了。有些读者可能想要实现具有更高效率的外排序算法,而算法的实现需要利用复杂的硬件配置,那么请参考一下 8.6 节的深入学习导读。

如果需要排序的记录太多而不能放到主存中,那么只能把其中一些记录先从磁盘中读出来,进行重排,再把这些记录写回磁盘。这个过程不断重复下去,直到对整个文件进行了排序,其中每条记录可能被读出多次。众所周知,磁盘 I/O 的开销是很大的。显然,外排序算法的主要目标是尽量减少读、写磁盘的信息量。为了减少磁盘访问,甚至可以给 CPU 增加一些处理任务。

在介绍外排序技术之前，再考虑一下从磁盘中访问信息的基本方式。从程序员的角度来看，待排序的文件是有一定顺序的、固定大小的块（block）。为了简单起见，假定每个块中都包含数目相同、大小固定的数据记录。对于有些应用程序，一条记录可能只有几字节，其中只包含关键码和其他少量信息。而对于另一些应用程序，一条记录可能有几百字节，而记录的关键码字段很小。假定记录不会跨越块边界。对于某些特殊用途的排序应用程序，这些假定可以放宽，但是忽略这些复杂性会使原理更加清楚。

8.2 节已经说明，扇区是 I/O 的基本单位。也就是说，所有磁盘读写都是对一个或多个完整的扇区进行的。扇区的大小一般是 2 的若干次幂。对于不同的操作系统和不同大小与速度的磁盘，扇区的大小在从 512 字节到 16K 字节的范围内。外排序算法使用的块大小应当等于扇区人小，或者是扇区大小的若干倍。

按照这种模型，排序算法把一块数据读入主存的缓冲区内，对其进行一些处理，在将来的某个时刻再把它写回磁盘。参考 8.1 节，从数量级上说，从磁盘中读写一个块所花费时间是通过主存访问同样大小的块所花费时间的 100 万倍。根据这一事实，可以合理地认为，在主存中对一个块内记录采用内部排序算法排序（如采用快速排序算法）所花费的时间比读、写这个块所需要的时间更少。

在情况较好的时候，从文件中顺序读取数据块比随机读取数据块更有效率。由于寻道时间对磁盘访问的显著影响，顺序访问显然会更快。然而，更重要的是，要准确理解在什么情况下顺序文件访问实际上比随机文件访问更快，因为它会影响外排序算法的设计方法。

要使顺序访问有效率，就要使得寻道时间最短。这首先要求组成一个文件的块应该按照一定的顺序存储在磁盘中，而且放得很近，最好填充到一些连续的磁道中。至少，组成文件的区间数应当很少。在一般情况下，用户无法控制文件在磁盘中的布局。但是在空闲空间比例很高的情况下，按照顺序一次把一个文件全部写入磁盘中很有可能产生这种布局。

其次，要求在整个顺序访问过程中，磁盘的 I/O 磁头始终在这个文件上面。如果有对 I/O 磁头的争用，就不会出现这种情况。例如，在多用户分时计算机系统中，排序进程可能会与其他一些用户进程争用 I/O 磁头。即使在排序进程完全控制 I/O 磁头时，顺序处理仍然有可能效率不高。想象一下这种情况，对于单个磁盘的所有处理都已经完成，而磁盘驱动器采用的是最通常的配置，即一组读写磁头同时在一叠盘片上移动。如果排序进程需要从一个输入文件中读出数据，间或向另一个输出文件中写入数据，那么 I/O 磁头就会不停地在输入文件和输出文件之间寻道。同样，如果同时处理两个输入文件（如在一个归并过程中），那么 I/O 磁头也会不停地在这两个输入文件之间寻道。

因此，在配备单个磁盘的系统中，对数据文件的处理通常无法达到高效率的顺序访问。这样，如果排序算法完成较少的非顺序磁盘操作，而不是完成大量逻辑上的顺序磁盘操作，算法可能会更有效率。实际上，这些逻辑上的顺序磁盘操作需要进行多次寻道。

如前所述，记录的大小可能比关键码的大小大得多。例如，大型企业的工资管理条目可能存储几百字节的信息，其中包括每个雇员的姓名、ID 标识号、地址和职务等。排序关键码可能是 ID 标识号，只需要几字节。最简单的排序算法可能是把这样的一条记录作为一个整体进行处理，每当需要处理的时候就读取整条记录。然而，这会极大地增加需要进行的 I/O 操作数，因为一个磁盘块中只有很少几条记录。另一种选择是进行关键码排序（key sort）。在这种方法中，把所有关键码存储在一个索引文件（index file）中，其中每个关键码与一个指针一起存储，该指针标识相应记录在原数据文件中的位置。关键码和指针的组合应当比原始记录小很多；这样，索引文件就会比整个数据文件小很多。可以对索引文件排序，需要的I/O操作更少，这是由于索引记录比完整的原始记录小。

一旦完成了对索引文件的排序，就可以对原始文件中的记录重新排列。一般并不这样做有两点原因：第一，按照排序的次序从记录文件中读取记录需要对每条记录随机访问，这要花费大量时间，而且只有在需要按照排序的次序查看或者处理全体记录时这样做才有用(与之相对应的是检索选定的记录)；第二，数据库系统一般允许对多个关键码进行检索。例如，今天可能要求按照 ID 标识号的顺序进行处理。明天可能就需要根据工资数排序信息了。这样，对整条记录可能没有一个"单一的"排序顺序。但是，可以维护多个索引文件，每个文件针对一个排序关键码。第 10 章将深入探讨这种方法。

8.5.1 外排序的简单方法

如果你的操作系统支持虚拟存储，最简单的外排序方法是把整个文件读入虚拟存储中，然后运行一个内部排序方法，如快速排序。如果使用这种方法，虚拟存储管理器就可以通过它的缓冲池机制来控制磁盘访问了。但是，这种方法并不总是可行的。一个潜在的问题是虚拟存储的大小通常比可用磁盘空间小得多。这样，输入文件可能无法放到虚拟存储中。如果调整内部排序算法，利用自己的缓冲池，就可以克服虚拟存储大小的限制了。

调整内部排序算法使之应用于外排序，这种思路的更普遍问题在于，这样做不可能比设计一个新的、以尽量减少磁盘 I/O 为目标的算法更有效。考虑一下使用缓冲池来简单地调整快速排序算法。快速排序从处理全部记录组开始，第一次划分把索引从两端移到内部，这可以通过利用缓冲池有效地实现。下一步就是处理每一个子记录组，接着处理子记录组的子记录组，以此类推。随着子记录组越来越小，处理很快变成了对磁盘的随机访问。即使尽最大可能利用缓冲池，在平均情况下，每条记录快速排序仍然需要存取 $\log n$ 次。显然，这不是最好的办法。最终，即使虚拟存储管理器能让标准的快速排序有很好的性能，也需要占用很多系统内存，这样系统就不能让其他作业使用这部分空间了。更好的方法应该能在节省时间的同时使用更少的内存。

进行外排序的方法源于归并算法。归并算法最简单的形式是对记录顺序地完成一系列扫描。在每一趟扫描中，归并的子序列越来越大。这样，第一趟扫描把长度为 1 的子序列归并成长度为 2 的子序列，第二趟扫描把长度为 2 的子序列归并成长度为 4 的子序列，以此类推。这些被排序的子序列称为顺串(run)。这样，每一趟归并都会把一对顺串归并为更长的顺串，并且把这些顺串的内容从一个文件中复制到另一个文件中。下面是算法的概要，图 8.6 进行了说明。

1. 把原始文件分成两个大小相等的顺串文件(run file)；
2. 从每个顺串文件中取出一个块，读入输入缓冲区中；
3. 从每个输入缓冲区中取出第一条记录，把它们按照排好的次序写入一个顺串输出缓冲区；
4. 从每个输入缓冲区中取出第二条记录，把它们按照排好的次序写入另一个顺串输出缓冲区；
5. 在两个顺串输出缓冲区之间交替输出，重复这些步骤直到结束。当遇到一个输入块

的末尾时, 从相应的输入文件中读出第二个块。当一个顺串输出缓冲区已满时, 把它写回相应的输出文件;

6. 使用原始输出文件作为输入文件, 重复第 2 步到第 5 步。在第二趟扫描中, 每个输入顺串文件中的前两条记录已经排好了次序。这样, 就可以把这两个顺串归并成一个长度为 4 的顺串输出了;

7. 对顺串文件的每一趟扫描都会产生更大的顺串, 直到最后只剩下一个顺串。

例 8.6　　使用图 8.6 所示的输入, 可以首先在两个文件中建立长度为 1 的顺串。然后顺序处理这两个输入文件, 建立长度为 2 的一系列顺串。第一个顺串包含 20 和 36, 它们被输出到第一个输出文件。下一个顺串是 13 和 17, 它们被输出到第二个输出文件。顺串 14、28 被输出到第一个文件, 顺串 15、23 被输出到第二个文件, 以此类推。这一遍处理结束时, 输出文件就变成了下一遍的输入文件。之后的下一遍归并会将长度为 2 的顺串都归并为长度为 4 的顺串。顺串 20、36 和 13、17 被归并为 13、17、20、36, 输出到第一个输出文件。顺串 14、28 和 15、23 被归并为 14、15、23、28, 输出到第二个输出文件。最后一遍归并, 将这两个顺串归并为最终顺串 13、14、15、17、20、23、28、36。

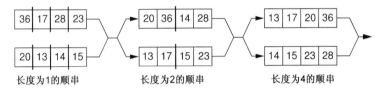

图 8.6　简单外部归并算法的说明。输入记录平均地来自两个输入文件。把来自每个输入文件的第一个顺串归并起来, 放到第一个输出文件中。把来自每个输入文件的第二个顺串归并起来, 放到第二个输出文件中。归并在这两个输出文件之间交替进行, 直到输入文件为空。然后把输入文件和输出文件的位置颠倒过来, 每一趟扫描都使得顺串长度加倍

该算法可以方便地利用 8.3 节描述的双缓冲技术。每一趟扫描都顺序地读出输入顺串文件, 然后顺序地写入输出顺串文件。然而, 要使顺序处理和双缓冲技术有效率, 需要每个文件单独使用一个 I/O 磁头。这意味着每个输入文件和输出文件必须在一个单独的磁盘上, 要想效率达到最高, 就需要 4 个磁盘。

如果一个文件有 n 条记录, 对这个文件进行刚刚描述过的外部归并排序需要 log n 趟扫描。这样, 就需要对每条记录进行 log n 次磁盘读写。仔细观察就会发现, 对于长度很小的顺串不需要使用归并排序, 就可以显著减少扫描趟数。可以采取一种简单的改进方法, 读入一块数据, 在主存中进行排序(可能采用快速排序算法), 然后作为一个已排序的顺串输出。

例 8.7　　假定块的大小是 4KB, 块中每条记录占 8 字节, 其中 4 字节是数据, 4 字节是关键码。这样, 每个块中包含 512 条记录。标准归并排序需要 9 趟扫描才能产生 512 条记录的顺串。然而, 如果把每个块作为一个处理单位, 通过内部排序算法进行处理, 一趟就能完成这个块的排序。然后可以使用标准归并算法归并这些顺串。标准归并算法处理 256K 记录需要 18 趟扫描。如果通过内部排序创建包含 512 条记录的初始顺串, 就可以缩短整个排序过程, 这个过程包括一趟初始顺串创建扫描和 9 趟归并扫描, 这 9 趟扫描把所有初始顺串放到一起。归并趟数约为标准算法的一半。

可以进一步扩展这一方法,以提高性能。通常,可用主存的大小比一个块的大小大得多。如果处理的初始顺串再大一些,归并排序需要的趟数就会更少一些。例如,大多数现代计算机都可以为排序程序提供上百兆甚至上千兆的 RAM。如果所有这些存储器(除了一小部分用于缓冲区和局部变量)都尽可能多地用于建立初始顺串,那么只用很少几趟扫描就可以处理非常大的文件了。下一节将给出产生大顺串的技术,这些大顺串一般比主存大两倍左右。

另一种减少扫描趟数的方法是在每一趟扫描中多归并几个顺串。尽管标准归并算法一次归并两个顺串,然而这个限制不是必要的。8.5.3 节讨论了多路归并技术。

这些年来提出了外排序算法的各种变体。然而所有好的外排序算法都基于下面两步:

1. 把文件分成大的初始顺串;
2. 把所有顺串归并到一起,形成一个已排序的文件。

8.5.2　置换选择排序

这一节要讨论的问题是,怎样为一个磁盘文件创建尽可能大的初始顺串,这里假定可供使用的 RAM 大小是固定的。如前所述,一种简单的方法是,把一个尽可能大的 RAM 分配给一个大数组,从磁盘中读出数据,放到这个数组中,然后使用快速排序算法为该数组排序。这样,如果分配给数组的可用主存大小是 M 条记录,那么就可以把输入文件分成长度为 M 的初始顺串。更好的方法是使用一个称为置换选择(replacement selection)的算法。在平均情况下,这种算法可以创建长度为 $2M$ 条记录的顺串。置换选择实际上是堆排序算法的一个微小变体。虽然堆排序算法比快速排序算法慢,但是在此无关紧要,这是因为 I/O 时间对任何外排序算法的总运行时间方面都起着决定性的作用。构造更长的初始顺串能减少排序总 I/O。

置换选择方法把 RAM 看成一块长度为 M 的连续数组,再加上输入缓冲区和输出缓冲区(如果操作系统支持双缓冲技术,可能还需要额外的 I/O 缓冲区,因为置换选择方法在输入、输出中都进行顺序处理)。把输入文件和输出文件都想象成记录流。置换选择方法在需要时从输入流中顺序地取出一条记录,然后一次一条记录地向输出流输出顺串。通过使用缓冲区,一次磁盘 I/O 就可以处理一个块。最初读入一个块的记录,放到输入缓冲区中。置换选择方法每次从输入缓冲区中移去一条记录,直到缓冲区为空;此时再读入下一个块的记录。向缓冲区输出也是类似的:一旦填满了输出缓冲区,就把它作为一个整体写回磁盘。这个过程如图 8.7 所示。

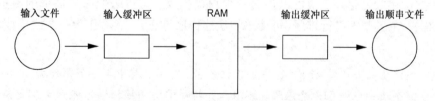

图 8.7　置换选择方法概述。按顺序处理输入记录。开始时 RAM 中放入 M 条记录。随着记录的处理,就把它们写回输出缓冲区。当缓冲区填满时,就把它写回磁盘。同时,当置换选择需要记录时,就从输入缓冲区中读取记录。每当这个缓冲区为空时,就从磁盘中读取下一个块的记录

置换选择方法的工作方式如下(假定主要处理在一个大小为 M 条记录的数组中完成):

1. 从磁盘中读出数据,放到数组中。设置 LAST = $M - 1$;
2. 建立一个最小值堆(回忆一下,最小值堆定义为每个记录结点的关键码值都小于其子孙记录结点的关键码值的完全二叉树);
3. 重复以下步骤,直到数组为空:
   (a) 把具有最小关键码值的记录(根结点)送到输出缓冲区;
   (b) 设 R 是输入缓冲区中的下一条记录。如果 R 的关键码值大于刚刚输出的关键码值,
       i. 则把 R 放到根结点;
       ii. 否则使用数组中 LAST 位置的记录代替根结点,然后把 R 放到 LAST 位置。设置 LAST = LAST − 1。
   (c) 筛出根结点,重新排列堆。

当在步骤3(b)中的判断为真时,就把一条新记录添加到堆中,最终作为顺串的一部分输出。只要来自输入文件的记录的关键码值大于最后一条输出到顺串中的记录的关键码值,就可以把这些来自输入文件的记录安全地添加到堆中。如果新到达的记录的关键码值比刚输出记录的关键码值还要小,那么这条记录就不能作为该顺串的一部分输出,因为它不符合排序顺序。必须把这些记录存放起来,将来作为另一个顺串的一部分进一步处理。然而,在这种情况下,堆会缩小一个单位,堆输出的最后一条记录所占据的地方现在就成了一块空闲空间。这样,置换选择方法就会慢慢缩小堆的大小,同时使用废弃的堆空间来存储在下一个顺串中使用的记录。一旦完成了第一个顺串(即堆变为空),数组中就会填满在形成第二个顺串过程中准备处理的记录。图 8.8 说明了置换选择方法创建的顺串的一部分。

如果堆的大小是 M,则一个顺串的最小长度就是 M 条记录,因为至少原来在堆中的那些记录将成为顺串的一部分。如果遇到的情况还好(例如,输入已经被排序),那么任意长的顺串都是有可能的。实际上,可以把整个文件作为一个顺串处理。如果遇到不好的情况(例如,输入是反向排序的),那么顺串的长度只能是 M。

置换选择方法产生的顺串的预计长度是多少呢? 可以通过一个称为扫雪机问题(snowplow argument)的类比进行推断。设想在一次降雪量很大但雪降落得很均匀的暴风雪中,扫雪机沿着一个环形道路前进。在扫雪机转了至少一圈以后,想象一下路面上雪的情况。靠近扫雪机后面的路面是空的,因为刚刚清扫过。雪覆盖得最厚的路面在扫雪机的最前面,因为这个地方被扫雪机清扫后,降雪时间最长。在任何时刻,整个路面上的雪量为 S。雪以稳定的速率在轨道上不停落下,有些雪落在扫雪机的"前面",另一些雪则落在扫雪机的"后面"(在一个环形道路上,实际上所有的雪都落在扫雪机的前面,图 8.9 说明了这一想法)。在扫雪机的下一圈清扫中,道路上所有的雪量 S 都被清除了,还加上又落下的一半。由于一切都处于稳定状态,在一圈清扫之后,在道路上仍然有雪量 S,所以在一圈清扫中一定会落下 $2S$ 的雪量,而且在一圈清扫中清除了 $2S$ 的雪量(后面留下雪量 S)。

在置换选择方法的开始,几乎所有来自输入文件的值(即"在扫雪机前面")都比这个顺串最新输出的关键码值大,因为这个顺串中的初始关键码值都很小。随着对顺串的处理,最新输出的关键码值变得越来越大,使得来自输入文件的新关键码值很可能太小(即"在扫雪机的后面");这些记录到了数组的底部。顺串总长度预计是数组长度的两倍。当然,这要假定

到来的关键码值在关键码范围内平均分布(在扫雪机类比中,假定雪在整个路面上均匀落下)。已排序的输入和反向排序的输入不符合这种预计,因此要改变顺串长度。

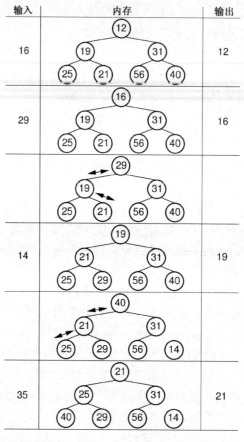

图 8.8　置换选择方法的例子。建立堆之后,输出根结点值 12,使用新来的值 16 代替它。接下来输出值 16,用新来的值 29 代替它。把堆重新排序,把值 19 升为根结点。接下来输出值 19。新来的值 14 在这个顺串中太小,被放到数组的最后,把值 40 移到根结点。重新排列堆的结果,把值 21 升为根结点,接下来就输出它

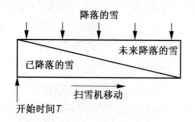

图 8.9　扫雪机类比图显示了扫雪机在环绕一圈过程中的行为。为了方便说明,环形道路变成直的,用横截面显示。在任何时刻 T,大多数雪在扫雪机前面。随着扫雪机沿着道路移动,它的前面总有同样多的雪量。随着扫雪机向前移动,在时刻 T 已经堆积在路面上的雪被清除得越来越少,而路面上正在降下的雪则越来越多

8.5.3　多路归并

外排序算法一般在第二阶段归并由第一阶段创建的顺串。假设需要归并 R 个顺串。如

果使用简单的二路归并，那么对整个文件来说，R 个顺串（不管它们的长度是多少）需要 $\log R$ 趟扫描。尽管 R 应当远远小于记录总数（由于每个初始顺串都应当包含许多条记录），仍然希望进一步减少把顺串归并到一起需要的扫描趟数。二路归并不能充分利用可用主存。由于归并是作用在两个顺串上的顺序过程，每个顺串一次只需要有一个块的记录在主存中。将一个顺串的多个块都放在内存中并不能减少归并过程中的 I/O 次数（虽然多个块一起读入主存，磁盘的顺序访问比单独读入时间要少）。这样，置换选择算法的堆使用的大多数空间（一般为多个块）并没有在归并过程中得到利用。

　　如果一次归并多个顺串，就可以更好地利用这些空间，同时还可以大大减少归并顺串所需要的扫描趟数。多路归并与二路归并类似。如果有 B 个顺串需要归并，从每个顺串中取出一个块放在主存中使用，那么 B 路归并算法仅仅查看 B 个值（每个输入顺串最前面的值），并且选择最小的一个输出。把这个值从它的顺串中移出去，然后重复这个过程。当任何一个顺串的当前块用完时，就从磁盘中读出这个顺串的下一个块。图 8.10 展示了一个多路归并。

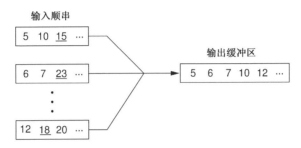

图 8.10　多路归并说明。检查每个输入顺串中的第一个值，把最小的值送到输出缓冲区
　　　　　中。从输入顺串中移去这个值，并且重复这个过程。在这个例子中，首先比较
　　　　　值 5、6 和 12。从第一个顺串中移去值 5，并且送到输出缓冲区中。接下来比较
　　　　　值 10、6 和 12。输出前 5 个值之后，每个块中的当前值就是带有下画线的那个值

　　从概念上来讲，多路归并假定每个顺串存储在一个单独的文件中。然而，实际这不是必须的。只需要知道每个顺串在某个文件中的位置，每当需要从某一个顺串中得到新数据时，就使用 **seekg** 把文件指针指向相应的块。当然，使用这种方法就不能对输入文件进行顺序处理了。然而，如果所有顺串都存储在同一磁盘中，那么处理也不可能是顺序的，因为 I/O 磁头要在多个顺串之间交替。这样，多路归并就用一趟随机访问扫描代替多趟（只是有可能）顺序扫描。如果处理不是顺序方式的（例如所有顺串都在同一个磁盘中的时候），这样做不会损失时间。

　　多路归并可以极大地减少需要的扫描趟数。如果主存中存在为每个顺串存储一个块的空间，那么一趟扫描就可以归并所有顺串。这样，置换选择方法在一趟扫描中就可以建立初始顺串，多路归并一趟扫描就可以归并所有顺串，总代价是两趟扫描。然而，对于真正的大文件，可能会由于顺串太多，从而需要放在主存中的块也太多。如果存在一个 B 路归并分配 B 个块的空间，而顺串的数目 R 比 B 大，那么就需要进行多趟扫描。也就是说，先归并前 B 个顺串，再归并 B 个顺串，以此类推。然后通过下面的过程归并这些超级顺串，一次归并 B 个超级顺串。

　　一趟扫描可以归并多大的文件呢？假定可以为置换选择方法的堆分配 B 个块（这样顺串的平均长度就是 $2B$ 个块），接下来进行一次 B 路归并，在一次多路归并中，平均可以处理具

有 $2B^2$ 个块大小的文件；在 k 个 B 路归并中，平均可以处理具有 $2B^{k+1}$ 个块大小的文件。为了理解它的增长有多快，假定有大小为 0.5MB 的工作主存可供使用，一个块的大小是 4KB。这样，在工作主存中就会有 128 个块。平均顺串长度是 1MB（是工作主存大小的两倍）。一趟扫描可以归并 128 个顺串。这样，在只有 0.5MB 的工作主存中，平均两趟扫描（一趟用于建立顺串，一趟用于进行归并）就可以处理大小为 128MB 的文件。再举个例子，假设块的大小是 1KB，工作主存为 1MB = 1 024 个块。那么一趟可以归并 1 024 个平均长度为 2MB（因此排序的总量约为 2GB）的顺串。如果工作主存的大小固定，块大一些则可以减少在一趟扫描中要处理的文件大小；块小一些或者工作主存大一些可以增加一趟扫描处理的文件大小。两趟归并能处理更大的文件。对于 0.5MB 的工作主存和 4KB 的块，两趟扫描就可以处理 16GB 大小的文件，这对于大多数应用程序已经够大了。这样，对于单磁盘的外排序来说，这是一个非常有效的算法。

图 8.11 显示了排序不同大小的文件的运行时间比较，其实现方式如下：（1）具有两个输入顺串和两个输出顺串的标准归并排序；（2）初始顺串较大的二路归并排序（根据可用内存大小分不同情况）；（3）对生成的大初始顺串进行 R 路归并排序。在每一种情况下，文件都是由一些 4 字节大小的记录组成（2 字节的关键码值和 2 字节的数据值），或者说每兆有 256K 条记录。可以看到，即使使用中等程度的内存（两个块大小）来生成初始顺串，也可以减少不少运行时间。使用 4 路归并也可以提供可观的加速比，不过继续增大归并路数，并不能使速度得到很大提高，因为这时主要时间开销在于从 R 个顺串中寻找下一个最小元素。

文件大小 (MB)	排序1	排序2 内存大小（块）				排序3 内存大小（块）		
		2	4	16	256	2	4	16
1	0.61	0.27	0.24	0.19	0.10	0.21	0.15	0.13
	4 864	2 048	1 792	1 280	256	2 048	1 024	512
4	2.56	1.30	1.19	0.96	0.61	1.15	0.68	0.66*
	21 504	10 240	9 216	7 168	3 072	10 240	5 120	2 048
16	11.28	6.12	5.63	4.78	3.36	5.42	3.19	3.10
	94 208	49 152	45 056	36 864	20 480	49 152	24 516	12 288
256	220.39	132.47	123.68	110.01	86.66	115.73	69.31	68.71
	1769K	1 048K	983K	852K	589K	1 049K	524K	262K

图 8.11 三种外排序算法的比较。利用这三种算法对不同大小的文件中的一小组记录进行排序。表中的每一项显示了排序时间，以及读取和写入块的总次数。文件大小以兆字节为单位。对于第三种排序算法，对大小为4MB的文件排序，显示在表格最后一列中的排序时间及读写块的次数，这些数据是使用32路归并的结果（该数据打上了星号）。之所以使用32路而没有使用16路归并，是因为32是文件的数据块个数的平方根（而16不是），这样能在每一次归并时都归并等量的顺串

从这个实验可以看出，建立大的初始顺串可以大大减少运行时间，比标准归并排序的三分之一还要多，具体数值与待排序文件及可用内存大小有关。使用多路归并可以进一步把时间减半。

总体来说，一种好的外排序算法会尽量做好以下几个方面：

- 建立尽可能大的初始顺串；
- 在所有阶段尽可能使输入、处理和输出并行；

- 使用尽可能多的工作主存。应用更多的主存通常会加速处理。实际上，更多的主存比更快的磁盘效果更显著。对于外排序来说，更快的 CPU 在运行时间方面不会有更大的改进，因为外排序的限制因素在于磁盘 I/O；

- 如果有可能，可以使用多块磁盘，以便 I/O 处理有更大的并行性，并且允许顺序文件处理。

8.6 深入学习导读

有关文件处理的更通用教材是 Folk 和 Zoellick 的 *File Structures：A Conceptual Toolkit*［FZ98］。关于文件处理方面的关键问题的更高级讨论是 Betty Salzberg 的 *File Structures：An Analytical Approach*［Sal88］。有关外排序方法的大量讨论可以在 Salzberg 的书中找到。本章提供的内容类似于 Salzberg 的思想。

有关磁盘模型化和度量的细节，参见 Ruemmler 和 Wilkes 的文章"An Introduction to Disk Drive Modeling"［RW94］。有关计算机硬件和组织结构的介绍，参见 Andrew S. Tanenbaum 所著的 *Structured Computer Organization*［Tan06］。关于内存和硬盘的详细介绍可以参考 Charles M. Kozierok 的网上资料"The PC Guide"［Koz05］。"The PC Guide"中还详细介绍了 Microsoft Windows 和 UNIX（Linux）的文件系统。

Megiddo 和 Modha 的"Outperforming LRU with an Adaptive Replacement Cache Algorithm"［MM04］给出了使用比 LRU 更复杂的算法进行缓冲池管理的例子。

扫雪机类比来源于 Donald E. Knuth 所著的 *Sorting and Searching*［Knu98］，其中还包括各种外排序算法。

8.7 习题

8.1 计算机存储器的价格变化很快。对照图 8.1 中列出的各种介质，查找一下它们当前的价格。你得到的信息会改变有关磁盘处理的基本结论吗？

8.2 假定一个 20 世纪 90 年代的磁盘配置如下。全部存储量将近 675MB，分成 15 个盘面。每个盘面有 612 个磁道；每个磁道有 144 个扇区；每个扇区有 512 字节；每个簇有 8 个扇区。磁盘以 3 600 rpm 转动。磁道 – 磁道寻道时间是 20 ms，平均寻道时间是 80 ms。现在假定磁盘中有一个 360KB 的文件。在平均情况下，读取文件中的所有数据要花多长时间？假定文件的第一个磁道随机位于磁盘中的某个位置，整个文件放在一组相邻的磁道内，文件完全填满它所在的磁道。每次 I/O 磁头移到一个新磁道时，必须完成一次寻道。试给出你的计算。

8.3 使用习题 8.2 给出的磁盘配置规格，计算读出整个磁道、1 个扇区、1 字节预计需要的时间。

8.4 使用习题 8.2 给出的磁盘配置规格，计算读出一个 10MB 文件需要的时间。其中假定：
（a）文件存储在一组连续的磁道内，它占据的磁道尽可能少；
（b）文件占据的位置在 4KB 的簇中随机分布。

8.5 假定一块磁盘配置如下：存储总量将近 1 033MB，分成 15 个盘面。每个盘面有 2 100 个磁道，每个磁道有 64 个扇区，每个扇区 512 字节，每个簇包括 8 个扇区。磁盘以 7 200 rpm 旋转。磁道 – 磁道寻道时间是 3 ms，平均寻道时间是 20 ms。现在假定磁盘中有一个 512 KB 的文件。在平均情况下，读取文件中的所有数据要花多少时间？假定文件中的第一个磁道随机位于磁盘上的某个位置，整个文件放在一组相邻磁道内，文件完全填满它所占据的磁道。试给出你的计算。

8.6　使用习题8.5给出的磁盘配置规格,计算读取整个磁道、1个扇区及1字节需要花费的时间。试给出你的计算过程。

8.7　使用习题8.5给出的磁盘配置规格,计算读出一个10MB文件需要的时间,其中假定:

(a)文件存储在一组连续的磁道内,它占据的磁道尽可能少;

(b)文件占据的位置在4KB簇中随机分布。

试给出你的计算过程。

8.8　2004年典型的磁盘规格如下①。可存储的数据总量为120GB,包含6个盘片,每个盘片存储20GB。每个盘片上有16K个磁道,每个磁道中有2 560个扇区(每个扇区可以存储512字节),每16个扇区算成一个簇。磁盘的转速为7 200 rpm。相邻磁道之间的移动时间为2.0 ms,平均寻道时间为10.0 ms。假设磁盘上有一个大小为6MB的文件。在平均情况下全部读取该文件需要多长时间? 假设该文件所在的第一个磁道是随机的,而整个文件存储在相邻的磁道上,并且文件数据填满这些磁道。试给出你的计算过程。

8.9　使用习题8.8给出的磁盘规格配置,计算读取整个磁道、1个扇区及1字节需要花费的时间。试给出你的计算过程。

8.10　使用习题8.8给出的磁盘规格配置,计算读出一个10MB文件需要的时间,其中假定:

(a)文件存储在一组连续的磁道内,它占据的磁道尽可能少;

(b)文件占据的位置在8KB簇中随机分布。

试给出你的计算过程。

8.11　2004年末,作者找到的磁盘规格中速度最快的是 Maxtor Atlas。该磁盘的容量一般只有73.4GB,有4个盘片(8个盘面),平均每个盘面存储9.175GB数据。假设磁盘共有16 384个磁道,平均每个磁道有1 170个扇区,每个扇区存储512字节数据②。磁盘的转速为15 000 rpm。相邻磁道的寻道时间为0.4 ms,平均寻道时间为3.6 ms。假定文件对应的第一个磁道在磁盘中的位置是随机的,并且整个文件连续存储,填满经过的所有磁道,那么读取一个大小为6MB的文件需要多长时间。试给出你的计算过程。

8.12　使用习题8.11给出的磁盘规格说明,计算读取整个磁道、1个扇区及1字节需要花费的时间。试给出你的计算过程。

8.13　使用习题8.11给出的磁盘规格说明,计算读出一个10MB文件需要的时间,其中假定:

(a)文件存储在一组连续的磁道内,它占据的磁道尽可能少;

(b)文件占据的位置在8KB簇中随机分布。

试给出你的计算过程。

8.14　证明从磁盘中随机选择的两个磁道的平均距离是磁道数量的三分之一。

8.15　一个文件中包含一百万条记录,这些记录按照关键码值排序。每一次文件查询都要给出关键码值,返回包含关键码值的一条记录。文件存储在磁盘扇区中,每个扇区包含100条记录。假定随机读取一个扇区的平均时间是10.0 ms。而读取与磁头当前位置相邻的扇区只需要2.0 ms。处理查询的"批处理"算法首先按照查询在文件中出现的顺序对查询进行排序,然后顺序读取整个文件,在读取文件的时候按照顺序处理所有查询。这个算法意味着在开始处理之前,所有查询都必须可用。"交互式"算法是按照查询到达的顺序处理每一个查询,每次都搜索请求的扇区(除非在偶尔的情况下,一行中的两个请求使用同一个扇区)。详细说明在什么情况下批处理方法比交互式方法更有效。

---

① 为了让习题的数量加倍,这里用到的规格是根据磁道和扇区的经典组织形式虚构的。扇区大小设定为512字节,盘片数量及每个磁道的数据量也都是根据容量虚构的,实际上现代磁盘都是分区域组织的,这样划分使得磁盘的数据密度从中心向外逐渐变大。至于剩下的其他参数,都与2004年的磁盘规格保持一致。

② 这里的参数同样是虚构的,而实际上现代磁盘应该是按照区域划分的。

8.16 假定使用缓冲池管理虚拟存储。缓冲池中包含 5 个缓冲区，每个缓冲区存储一个块的数据。存储器访问是根据块 ID 进行的。假定有下列一组存储器访问：

5 5 12 3 6 5 9 3 2 4 1 5 9 8 15 3 7 2 5 9 10 4 6 8 5

对于下面每一种缓冲池替换策略，说明替换最后缓冲池中的内容，并指出每个块在缓冲池中找到的次数。假定缓冲池初始为空。

(a)先进先出；

(b)最不经常使用(只保留当前主存中块的计数，当页面被移出后，页面的计数清空，并且淘汰具有最小页面计数的最旧的一项)；

(c)最不经常使用(保留所有块的计数，并且淘汰具有最小页面计数的最旧的一项)；

(d)最近最少使用；

(e)最近最多使用(冲突时替换最近最经常访问的块)。

8.17 假设一条记录长为 32 字节，一个块长为 1 024 字节(因此每个块有 32 条记录)，工作主存是 1MB(还有用于 I/O 缓冲区、程序变量等的额外存储空间)。对于使用置换选择方法和一趟扫描多路归并的最大文件，预计的大小是多少？解释你是怎样得到这个结果的。

8.18 假定工作主存大小是 256KB，分成多个块，每个块有 8 192 字节(还有其他空间用于 I/O 缓冲区、程序变量等)。对于使用置换选择方法和两趟扫描多路归并的最大文件，预计的大小是多少？解释你是怎样得到这个结果的。

8.19 判断下面的命题是否正确，并加以证明：给定主存空间中有 M 条记录大小的堆，如果对于一个文件中的任何一条记录，都不会有 M 条或者更多记录，其关键码值比这条记录的关键码值大，那么置换选择方法就会完全排序这个文件。

8.20 假定一个数据库中包含一千万条记录，每条记录有 100 字节长。估计一下在台式机或者笔记本电脑上排序这个数据库要花费多少秒。

8.21 假定一家公司的计算机配置能处理该公司每个月的工资。进一步假定工资处理的瓶颈是对所有雇员记录的排序操作，这里要使用一个外排序算法。公司的工资程序编写得很好，计划进行出租服务，为其他公司提供工资处理。总裁有一笔来自第二家公司的处理请求，其雇员数目是这家公司的 100 倍。她意识到她的计算机在可接受的时间内不能对 100 倍的记录进行排序。请描述一下，为了减少处理更大的工资数据库需要的时间，下面对计算机系统进行的改进会产生什么影响？

(a)CPU 速度增长两倍；

(b)磁盘 I/O 时间增长两倍；

(c)主存访问时间增长两倍；

(d)主存大小增长两倍。

8.22 怎样扩展本章描述的外排序算法，才能处理变长记录？

8.8 项目设计

8.1 在一个数据库应用程序中，假定从磁盘中读出一个块需要 10 ms，在主存的一个块中检索一条记录需要 1 ms，主存中有 5 个块大小的缓冲池。请求都是对记录进行的，每个请求都标识哪个块中包含它所请求的记录。如果某个请求访问了一个块，那么接下来的 10 个请求，每个请求访问这个块的可能性是 10%。对于下面每一种对系统的改进，预计的性能提高是多少？

(a)CPU 速度增长两倍；

(b)磁盘速度增长两倍；

(c)主存可以使用的缓冲池大小增加到原来的两倍。

8.2　在磁盘中,图片一般作为数据一行行地存储。考虑一下 16 色图片的情况。这样,可以使用 4 位表示一个像素。如果允许每个像素 8 位,就不需要解压缩像素处理了(由于 1 个像素对应 1 个字节,在大多数机器中,字节是最小寻址单位)。如果把两个像素压缩到 1 字节中,就能节省空间,但是必须对像素进行解压缩。对于每个像素 8 位和压缩为每个像素 4 位两种情况,哪种情况从磁盘中读取并访问图像中每个像素所花费的时间更多? 对于这两种情况进行编程,并比较需要的时间。

8.3　根据 LRU 缓冲池替代策略,实现一个基于磁盘的缓冲池类。磁盘中的块从文件的开始处连续编号,第一块的编号是 0。假定块的大小是 4 096 字节,前 4 字节用于存储对应缓冲区的块 ID。使用8.3 节给出的第一个 BufferPool 抽象类作为实现的基础。

8.4　根据本章描述的置换选择方法和多路归并算法实现一个外排序。对于大记录文件和小记录文件两种情况测试你的程序。记录多大时关键码排序最合适?

8.5　实现对磁盘中大文件的快速排序,通过在快速排序程序中使用缓冲池访问虚拟数组。也就是说,快速排序程序会调用缓冲池的相应函数来实现对数组中某条记录的读写。试比较这一实现方法与本章中基于归并的外排序实现方法的运行时间。

8.6　8.5.1 节提到对于基本的二路归并排序算法的一种简单修改,即每次把一大块数据都读入主存,并对它们进行快速排序,然后作为初始顺串写回到磁盘。这之后再对顺串进行几趟标准的二路归并。这样做的缺点是每次只使用两个内存块。每个块的读取是随机的,因为在每一趟归并中输入和输出文件是按照顺序进行处理的,不同文件的读取顺序是随机的。一种可能的改进是,在归并阶段,将可用内存分成 4 个大小相等的分区(section)。每个分区分配给 2 个输入文件和 2 个输出文件中的一个。在一趟归并中,所有的读入操作都是按照分区进行的,而不是按照每个块进行。虽然这种方法读取和写入的总块数与一般的二路归并一样多,但是由于很多块在逻辑上是相邻的,因此读取时能节省时间。请实现这一改进算法,并与标准的按照块进行读写的二路归并算法的运行时间进行比较。在实现该算法之前,请写下你所预计的这一改进对运行时间可能产生的影响。实现了这一改进算法之后,你是否发现了该改进对性能的影响?

第9章 检 索

　　组织和检索信息是大多数计算机应用程序的核心，而检索(search)当然是所有计算任务中使用最频繁的。可以把检索抽象地看成这样一个过程，这个过程确定一个具有某个值的元素是不是某集合的成员。对检索更一般的看法是，试图在一组记录中找到具有某个关键码值的记录，或者找到关键码值符合某些条件的一些记录，例如关键码值在某个值的范围内。

　　可以像下面这样形式化定义检索。假定有一个包含 n 条记录的集合 **L**，形式如下：

$$(k_1, I_1), (k_2, I_2), \cdots, (k_n, I_n)$$

其中 I_j 是与关键码 k_j 相关联的信息，$1 \leqslant j \leqslant n$。给定某个关键码值 K，检索问题(search problem)就是在 C 中定位记录 (k_j, I_j)，使得 $k_j = K$(如果存在)。检索就是定位关键码值 $k_j = K$ 的记录的系统化方法。

　　检索成功就是找到至少一条关键码值为 k_j 的记录，使得 $k_j = K$。检索失败就是找不到记录，使得 $k_j = K$(可能不存在这样的记录)。

　　精确匹配查询(exact-match query)是指检索关键码值与某个特定值匹配的记录。范围查询(range query)是指检索关键码值在某个指定值范围内的所有记录。

　　检索算法可以分成三类：

1. 顺序表和线性表方法。
2. 根据关键码值直接访问方法(散列法)。
3. 树索引方法。

　　本章和下面几章依次介绍这些方法。这些方法都可以用于实现4.4节介绍的字典 ADT。然而，每种方法在不同环境下有不同的性能表现，从而使其成为某种特定环境下的可选方法。

　　本章考虑检索存储在线性表中的数据的方法。本章中的线性表表示线性表的实现，其中包括链表或者数组。这些方法中的大多数适用于序列(例如，允许重复的关键码值)，尽管在9.3节讨论应用于集合的特定技术。本章前3节讨论的技术最适合检索存储在 RAM 中的一组记录。9.4节讨论散列技术，这一技术把数据组织到一个数组中，根据关键码值确定数组中每一条记录的位置。当记录存储在 RAM 或磁盘上时，散列技术是合适的。

　　第10章讨论基于树的信息组织方法，其中包括常用的称为 B 树的数据结构。一些程序必须组织存储在磁盘中的大量记录，几乎所有这样的程序都使用了散列技术或者 B 树的某种变体。散列方法只能用于特定的访问功能(精确匹配查询)，而且一般只有在关键码值不允许重复的时候才适用。当散列方法不合适时，基于动态磁盘的应用程序就可以选择 B 树方法。

9.1　检索未排序和已排序的数组

　　在例3.1中已经给出了检索的最简单形式：顺序检索算法。对一个未排序的线性表顺序检索，在最差情况下需要 $\Theta(n)$ 时间。线性检索算法的平均比较次数为多少呢？一个需要考

虑的主要问题是 K 是否在顺序表 $\mathbf{L}$ 中。可以通过忽略输入数据的细节来简化分析,而只考虑 K 的位置能够在 $\mathbf{L}$ 中找到。因此,有 $n+1$ 种不同的可能情况:K 处于 $\mathbf{L}$ 中从 0 到 $n-1$ 的某个位置(每个位置有各自的可能性),或者 K 根本就不在 $\mathbf{L}$ 中。可以用以下公式来表示 K 不在 $\mathbf{L}$ 中的可能性:

$$\mathbf{P}(K \notin \mathbf{L}) = 1 - \sum_{i=1}^{n} \mathbf{P}(K = \mathbf{L}[i])$$

其中 $\mathbf{P}(x)$ 是情况 x 出现的可能性。

令 p_i 为 K 在 $\mathbf{L}$ 的位置 i 的可能性(i 具体为 0 到 $n-1$ 的某个值)。对于线性表中任意位置 i,必须通过查看 $i+1$ 条记录来访问。所以当 K 位于位置 i 时,访问开销为 $i+1$。当 K 不在 $\mathbf{L}$ 中时,顺序检索将需要 n 次比较。令 p_n 为 K 不在 $\mathbf{L}$ 中的概率。则平均开销 $\mathbf{T}(n)$ 将为

$$\mathbf{T}(n) = np_n + \sum_{i=0}^{n-1}(i+1)p_i$$

假定所有的 p_i 相等(除了 p_0),上式会如何变化呢?

$$
\begin{aligned}
\mathbf{T}(n) &= p_n n + \sum_{i=0}^{n-1}(i+1)p \\
&= p_n n + p \sum_{i=1}^{n} i \\
&= p_n n + p \frac{n(n+1)}{2} \\
&= p_n n + \frac{1-p_n}{n}\frac{n(n+1)}{2} \\
&= \frac{n+1+p_n(n-1)}{2}
\end{aligned}
$$

与 p_n 的值有关,$\dfrac{n+1}{2} \leqslant \mathbf{T}(n) \leqslant n$。

对于被重复查找的庞大记录集合,顺序检索会慢得令人难以忍受。一种减少检索所需时间的办法就是把记录进行排序预处理。给定一个已排序的数组,在顺序检索基础上的一个简单改进就是检测 $\mathbf{L}$ 当前的元素是否比 K 大。如果是,则 K 不可能在之后的数组中出现,从而可以提前放弃检索。但是这种办法并没有减少最差情况下算法的开销。

通过观察可以发现,如果在已排序好的数组 $\mathbf{L}$ 中首先查看位置 1,并且发现 K 比该位置上的数值更大,则可以排除位置 0 和位置 1。因为更多的排除意味着更好的处理,那么如果观察位于 $\mathbf{L}$ 中位置 2 的元素并且发现 K 比其更大呢?这样将会通过一次比较而排除位置 0、1、2。在极端情况下,如果使用这种方法首先查看 $\mathbf{L}$ 中最后一个位置的元素并且发现 K 更大,那么一次比较就可以知道 K 不在 $\mathbf{L}$ 中出现。这非常有效,不过"应该首先看最后一个位置的元素"这个结论错在哪里呢?问题在于:尽管有时可以通过这种方法得到很多有用信息(一次比较就知道 K 不在线性表中),但是通常只能得到有限的信息(最后一个元素不是 K)。

然后就出现了这个问题:应该跳过多少个元素才进行比较?这涉及跳跃检索(Jump Search)。对于某些特定的值 j,检查 $\mathbf{L}$ 中每隔 j 个元素,也就是检查元素 $\mathbf{L}[j]$、$\mathbf{L}[2j]$ 等。只要 K 比正在检查的数值大,就继续进行。直到遇到某个 $\mathbf{L}$ 大于 K,则在长度为 $j-1$ 的块上进行顺序检索,最终得知 K 是否在线性表中。

如果定义 m 满足 $mj \leqslant n < (m+1)j$，则该算法的总开销是最多三倍的 $m+j-1$ 次比较（三倍的比较是因为在 K 和这些 $\mathbf{L}[i]$ 的每次比较中，需要知道是否 K 比 $\mathbf{L}[i]$ 小、相等或者更大）。因此，以 j 作为跳跃单位，在 n 个元素上运行该算法的开销为

$$\mathbf{T}(n, j) = m + j - 1 = \left\lfloor \frac{n}{j} \right\rfloor + j - 1$$

最佳 j 值是多少呢？希望最小化开销：

$$\min_{1 \leqslant j \leqslant n} \left\{ \left\lfloor \frac{n}{j} \right\rfloor + j - 1 \right\}$$

求导并且解 $f'(i) = 0$ 来寻找最小值，其中 $j = \sqrt{n}$。此时，在最差情况下的开销将大致达到 $2\sqrt{n}$。

本例说明了算法设计的一个基本准则。希望选择子线性表的工作，以及在子表中进行查找的工作能够达到平衡。一般来说，使子问题具有均等开销是一个很好的策略。这是分治法（divide and conquer）的一个例子。

如果把这个思想扩展到三层呢？需要跳跃一些长度为 j 的块，以找到能包含 K 值范围而长度为 $j-1$ 的子表。然后，在子表中跳过一些更小的块，例如长为 j_1 的块。最后，直到遇到能包含 K 值范围而长度为 j_1-1 的子表，在子表中进行顺序检索，从而完成这个过程。

先做两层跳跃检索，再顺序检索，这看上去似乎很费解。尽管似乎做两级算法（即跳跃检索中通过跳跃来寻找线性表，并且在线性表中进行顺序检索）有一定的道理，但三级算法基本上没有意义。相反，超过两层时，往往使用递归来推广该算法。这就引出了有序数组中经常使用的一种检索算法，即在 3.5 节中介绍的二分法检索。

如果对关键码值的分布一无所知，那么二分法检索是检索一个已排序表的最佳算法（见习题 9.2）。然而，有时候通过估算，对关键码值的分布会有所了解。考虑某个人在一部很厚的字典中查找一个名字。大多数人当然不会采用顺序检索方法。一般来说，人们会使用二分法检索的一种改进形式，至少在他们接近要查找的词之前会一直采用这种方法。检索一般不从字典的中间开始。如果要查找的词以 'S' 开头，那么查找者估计会到以 'S' 开头的条目即从字典的四分之三处开始查找。这样，他就会先翻到字典的四分之三处，然后根据所看到的内容，决定接下来向哪里翻。也就是说，人们一般根据估算的关键码值分布知识"算出"接下来向哪里翻。这种经过计算的二分法检索形式称为字典检索（dictionary search）或者插值检索（interpolation search）。在字典检索中，查找 $\mathbf{L}$ 中对应 K 值的位置 p 表示如下：

$$p = \frac{K - \mathbf{L}[1]}{\mathbf{L}[n] - \mathbf{L}[1]}$$

该公式用来计算 K 的位置，作为最小关键码与最大关键码之间的距离比例，然后用于转化成数组中同比例的位置，接着先检查该位置。与二分法检索一样，查找到的关键码值能够减少待查记录数，只需要检查大于或小于该位置数据的剩余记录。实际查到的关键码值可用于计算数组中剩余范围内的新位置。接下来的检查将基于新计算而进行。这个过程将会持续下去，直到符合要求的记录被查找到或者直到没有剩余记录可查。

一种字典检索的变种，就是所谓的二次二分法检索（Quadratic Binary Search，QBS），本章将参照具体内容对此进行分析，因为该分析往往比一般的字典检索简单一些。QBS 会首先计算 p，然后检查 $\mathbf{L}[\lceil pn \rceil]$。如果 $K < \mathbf{L}[\lceil pn \rceil]$，则 QBS 会通过线性探查到左部，也就是按照下列公式进行查找：

$$\mathbf{L}[\lceil pn - i\sqrt{n} \rceil], i = 1, 2, 3, \dots$$

直至到达一个小于或等于 K 的值。对于 $K > \mathbf{L}[\lceil pn \rceil]$ 的情况，则会通过 $\sqrt{n}$ 步查找到右部，直到访问一个大于 K 的值。现在处于包含 K 的 $\sqrt{n}$ 个位置中，假定需要固定次数的比较来确定 K 在大小为 $\sqrt{n}$ 的子表中，然后对这个子表递归地重复上述过程，也就是说，下一步计算出一个内插值，在子数组中从某处开始查找。然后适当地对其左部或右部进行 $\sqrt{\sqrt{n}}$ 步操作。

　　QBS 算法的开销是多少? 注意 $\sqrt{c^n} = c^{n/2}$，将持续对当前子表长度开平方，直到找到所要查找的元素。因为 $n = 2^{\log n}$，并且可以将 $\log n$ 缩减到 $\log \log n$ 次，所以当跳跃检索中探查的次数恒定时，开销为 $\Theta(\log \log n)$。

　　假定需要的比较次数为 i，则开销为 i(因为需要进行 i 次比较)。如果 $\mathbf{P}_i$ 是需要 i 次探查的概率，则

$$\sum_{i=1}^{\sqrt{n}} i\mathbf{P}(正好需要\,i\,次探查)$$
$$= 1\mathbf{P}_1 + 2\mathbf{P}_2 + 3\mathbf{P}_3 + \cdots + \sqrt{n}\mathbf{P}_{\sqrt{n}}$$

现在同样可以表示如下:

$$\sum_{i=1}^{\sqrt{n}} \mathbf{P}(至少需要\,i\,次探查)$$

$$\begin{aligned}
&= 1 + (1 - \mathbf{P}_1) + (1 - \mathbf{P}_1 - \mathbf{P}_2) + \cdots + \mathbf{P}_{\sqrt{n}} \\
&= (\mathbf{P}_1 + \cdots + \mathbf{P}_{\sqrt{n}}) + (\mathbf{P}_2 + \cdots + \mathbf{P}_{\sqrt{n}}) + \\
&\quad (\mathbf{P}_3 + \cdots + \mathbf{P}_{\sqrt{n}}) + \cdots \\
&= 1\mathbf{P}_1 + 2\mathbf{P}_2 + 3\mathbf{P}_3 + \cdots + \sqrt{n}\mathbf{P}_{\sqrt{n}}
\end{aligned}$$

需要至少两次探查来设置边界，所以开销为

$$2 + \sum_{i=3}^{\sqrt{n}} \mathbf{P}(至少需要\,i\,次探查)$$

　　现在利用一种已知的 Čebyšev 不等式性质。该不等式性质说明 $\mathbf{P}$(需要刚好 i 次探查)或 $\mathbf{P}_i$ 满足如下性质:

$$\mathbf{P}_i \leq \frac{p(1-p)n}{(i-2)^2 n} \leq \frac{1}{4(i-2)^2}$$

因为 $p(1-p) \leq 1/4$ 对于任意可能性 p 均成立，这里假定数据均匀分布。因此，预期探查次数为

$$2 + \sum_{i=3}^{\sqrt{n}} \frac{1}{4(i-2)^2} < 2 + \frac{1}{4}\sum_{i=1}^{\infty} \frac{1}{i^2} = 2 + \frac{1}{4}\frac{\pi}{6} \approx 2.4112$$

　　QBS 是否就比二分法检索要好呢? 理论上是这样，因为 $O(\log \log n)$ 比 $O(\log n)$ 增长得慢。然而有一种情况可以说明在某些实际情况下该模型渐近复杂性的限制。$c_1 \log n$ 的确比 $c_2 \log \log n$ 增长得快，实际上是呈指数倍增长的。尽管如此，对于实际的输入大小，绝对开销差异是相当小的，因此常数因子会起到一定作用。首先将 $\lg \lg n$ 与 $\lg n$ 进行比较。

n	$\lg n$	$\lg \lg n$	差异倍数
16	4	2	2
256	8	3	2.7
2^{16}	16	4	4
2^{32}	32	5	6.4

降低一个算法的开销增长率往往并不总是奏效。对于每个问题都有一定的适用范围，即实际希望解决的问题的输入有多大规模是有实际限制的。如果问题规模并没有足够大，那么即使把开销降低额外的 log 因子，可能并不会产生什么影响，因为两种算法中衡量开销的常数因子的差异也许比输入规模的 log log 更大。

对于这两个算法，可以进行更深入的比较，采用实际的比较数目来检验。对于二分法检索，总共需要 $\log(n-1)$ 次比较。QBS 需要大约 $2.4 \lg \lg n$ 次比较。如果对于上述观察结果给出列表，可以得到一个相对不同的结果。

n	$\lg n - 1$	$2.4 \lg \lg n$	差异倍数
16	3	4.8	最大
256	7	7.2	接近相等
64K	15	9.6	1.6
2^{32}	31	12	2.6

实际上的性能对比还没有完结，这仅仅是粗略比较的结果。二分法检索显然比 QBS 简单很多，因为二分法检索只需要在每次比较之前计算数组的中点位置，而 QBS 则需要开销更大的插值计算。所以 QBS 算法的常数因子更大。

对于 QBS，不仅常数因子在平均情况下更大，而且对数据分布的依赖性比二分法检索更高，只有在数据分布良好的情况下，QBS 才能达到较好的性能。例如，假如要在电话簿中检索名字“Young”。在一般情况下，应当到电话薄的后面去找。如果找到一个以“Z”开头的名字，就应当稍微向前翻一点。如果下一个找到的名字仍然以“Z”开头，就需要再次向前翻一点。如果这本特别的电话簿不同寻常，几乎一半的条目都以“Z”开头，那么就会多次向前移动，每次从检索中排除一些记录。在极端情况下，如果关键码值分布的计算很差，则插值检索的性能不会比顺序检索更好。

尽管事实表明，QBS 算法并不是一个很实用的算法，但是这并不是一个典型的实例。幸运的是，算法开销的增长率往往表现良好，所以算法的渐近分析实际上往往能够指明两个不同算法中哪个更好。

9.2　自组织线性表

尽管线性表在绝大多数情况下根据关键码值排列顺序，但是这并不是唯一的选择。为了进行快速检索，另外一种用于快速查找的组织线性表的方法是根据估算的访问频率排列记录。尽管线性表按照请求频率来组织所得到的好处比不上根据关键码值组织，但是（至少差不多）所需要的开销将会大幅减少，因此能够加快特定情况下顺序检索的速度。

假定知道对于每一个关键码值 k_i，带有关键码值 k_i 的记录被请求的概率是 p_i。还假定线性表的组织方式是先放置请求频率最高的记录，接下来是请求频率次高的记录，以此类推。线性表的检索可以从第一个位置开始顺序进行。经过多次检索过程，一次检索需要的预计比较数是

$$\overline{C}_n = 1p_0 + 2p_1 + \cdots + np_{n-1}$$

也就是说,访问 $\mathbf{L}[0]$ 中记录的代价是 1(因为要查看 1 个关键码值),出现这种情况的概率是 p_0。访 $\mathbf{L}[1]$ 中记录的代价是 2(因为必须查看第 1 条记录和第 2 条记录的关键码值),访问它的概率是 p_1,以此类推。对于这 n 条记录,假定所有要检索的记录都存在, p_0 到 p_{n-1} 的总和一定是 1。

特定的概率分布更容易计算出结果。

例 9.1　如果一个线性表中每一条记录被访问到的概率都相同(对一个未排序线性表的经典顺序检索),计算检索这个线性表的预计代价。设 $p_i = 1/n$,得到

$$\overline{C}_n = \sum_{i=1}^{n} i/n = (n+1)/2$$

这个结果符合预期估计,即正常顺序检索平均要访问一半记录。如果记录真有同样的访问概率,那么根据访问频率排序记录不会有什么好处。可以从 9.1 节看到更一般的情况,其中需要考虑待检索的关键码值不与数组中任何一条记录相匹配的概率(标记为 p_n)。在这种情况下,根据平均检索长度的计算方法,可以得到

$$(1-p_n)\frac{n+1}{2} + p_n n = \frac{n+1-p_n n - p_n + 2p_n n}{2} = \frac{n+1+p_0(n-1)}{2}$$

因此,根据不同的 p_0 值,可以得到 $\dfrac{n+1}{2} \leqslant \overline{C}_n \leqslant n$。

几何概率分布会带来相当不同的结果。

例 9.2　计算检索一个按照访问频率排序的线性表的预计代价,其概率定义如下:

$$p_i = \begin{cases} 1/2^i & 0 \leqslant i \leqslant n-2 \\ 1/2^n & i = n-1 \end{cases}$$

那么

$$\overline{C}_n \approx \sum_{i=0}^{n-1} (i+1)/2^{i+1} = \sum_{i=1}^{n} (i/2^i) \approx 2$$

对于这个例子,预计访问数是一个常数。这是因为访问第一条记录的概率很高(一半),第二条则比第一条低很多(四分之一),但是还是比访问第三条记录的概率高很多,以此类推。这表明,对于有些概率分布,根据访问频率排序线性表能够产生很有效率的检索技术。

在许多检索应用程序中,实际访问模式遵循一种称为 80/20 规则(80/20 rule)的经验规律。80/20 规则表明 80% 的访问都是对 20% 的记录进行的。值 80 和 20 都是估计值:每个数据访问模式都有自己的值。然而,这种性质的行为在实际中极其频繁地出现(这说明了磁盘和 CPU 厂商为了加速对慢速存储设备中数据的访问,以及浏览器为了加速网页的访问速度而采用缓存技术的成功之处;参见 8.3 节关于缓冲池的讨论)。当 80/20 规则起作用时,可以想象在一个对未排序线性表进行标准顺序检索的基础上,根据访问频率进行排序所带来的可观的性能提升。

例 9.3　80/20 规则是 Zipf 分布的例子。有些自然情况下出现的分布经常遵循 Zipf 分布。这类例子包括在自然语言(如英语)中观察到的单词使用频率,城市中的人口规模(例

如，人口相对比例相当于"使用频率"）。Zipf 分布与方程（2.10）中定义的调和级数有关。对于 n 条记录中的第 i 项，Zipf 频率定义为 $1/i\mathcal{H}_n$（例如习题 9.4）。这样，对于各项遵循 Zipf 分布的级数，预计代价就是

$$\overline{C}_n = \sum_{i=1}^{n} i/i\mathcal{H}_n = n/\mathcal{H}_n \approx n/\log_{\mathrm{e}} n$$

当频率分布遵循 80/20 规则时，在一个按照访问频率排序的线性表中检索，平均需要查看 10% ~ 15% 的记录。

记录访问方式的实际分布是一种很有用的观察。如果把记录按照访问频率进行排序，那么在进行顺序检索时平均只访问线性表的 10% ~ 15%。这就意味着，如果有一个使用顺序检索的应用程序，并且希望它运行得更快一些（常数级倍数），可以这样按照访问频率安排线性表，而不需要增加一个类似于检索树那样对系统进行重写。但前提是存在一种简单的方式来对记录按照访问频率进行排序（至少是差不多的顺序）。

在大多数应用程序中，无法事先知道数据记录被访问到的频率。如果考虑得更复杂一些，有些记录可能在一段时间内频繁地被访问到，此后就极少被访问了。这样，记录的访问概率就可能随着时间变化（在大多数的数据库系统中，这是可以预想到的）。自组织线性表（self-organizing list）就是用于解决这些问题的。

自组织线性表根据实际记录访问模式在线性表中修改记录的顺序。自组织线性表使用启发式规则决定如何重新排列线性表。这些启发式规则类似于管理缓冲池（见 8.3 节）的规则。实际上，缓冲池就是一种形式的自组织线性表。根据预计的访问频率重新排列缓冲池是一个很好的策略。因为在一般情况下，必须检索缓冲池的内容，从而确定需要的信息是否在主存中。当把缓冲区按照访问频率排序时，这时要读取一页新的信息，线性表末尾的缓冲区最适合重新使用。下面是管理自组织线性表的三个传统的启发式规则：

1. 保持一个线性表按照访问频率排序的最明显的方式是，为每一条记录保存一个访问计数，而且一直按照这个顺序维护记录，这种启发式规则称为计数方法（count）。计数方法类似于缓冲池替代策略中的最不经常使用（LFU）算法。每当访问一条记录时，如果这条记录的访问数已经大于它前面记录的访问数，这条记录就会在线性表中向前移动。因此，计数方法将按照到现在为止实际出现的记录访问频率顺序保存记录。计数方法为了保存访问计数，需要占用空间，除此之外，计数方法对记录访问频率随着时间而改变的反应也并不好。在频率计数系统中，一旦一条记录被访问了很多次，不管将来的访问历史怎么样，它都会一直在线性表的前面。

2. 如果找到一条记录就把它放到线性表的最前面，就把所有记录后退一个位置。这种算法类似于缓冲池替代策略中的最近最少使用（LRU）算法，称为移至前端（move-to-front）方法。如果使用链表来存储记录，这种启发式规则很容易实现。如果记录存储在数组中，把一条记录从数组的后面向前移动会导致大量记录（轻微地）改变位置。移至前端方法在一定意义上其开销是有限的，这是因为在至少已经完成 n 次检索时，它需要的访问次数最多是对 n 条记录进行优化静态排序（optimal static ordering）需要的访问次数的两倍。也就是说，如果事先知道检索序列（至少 n 个），而且已经按照频率顺序存储了记录，使得这些访问的总代价最小，那么这个代价将至少是移至前端启发式规则代价的一半（这将在 14.3 节使用均摊分析进行证明）。最后，移至前端方法能很

好地反应访问频率的局部变化，这是因为如果一条记录在一段时间内被频繁访问到，那么在这段时间它就会靠近线性表的前端。当对记录以线性顺序进行处理，特别是当线性顺序被重复多次时，移至前端方法表现得不好。

3. 把找到的记录与它在线性表中的前一条记录交换位置。这种启发式规则称为转置（transpose）。无论对基于链表实现的线性表，还是对基于数组实现的线性表，转置都是一种很好的方法。随着时间的推移，最常使用的记录将移动到线性表的前面。曾经被频繁访问但是以后不再使用的记录将会慢慢地落到后面。这样，它看起来好像能够很好地反应访问频率的变化。但是，有一些特别的访问序列使得转置方法的效果很差。考虑一下这种情况，首先访问线性表中的最后一条记录（称它为 X）。然后就把这条记录与倒数第二条记录（称它为 Y）交换位置，使 Y 成为最后一条记录。如果现在访问 Y，它就会与 X 交换位置。如果访问序列不断地在 X 和 Y 之间交替，检索就会总是查找到线性表的最后，这是因为两条记录都不能向前移动。然而，这种病态情况在实际中很少出现。一种变通的调换位置的方法是，可以将访问的数据向前移动固定的若干位。

例 9.4　假定有 8 条记录，其关键码值为 A 到 H，而且最初以字母顺序排列。现在考虑一下应用下面的访问模式的结果：

$$F D F G E G F A D F G E$$

假定当一条记录的访问频率计数上升时，它移到线性表的前边，成为具有这个频率计数值的最新一条记录。经过前两次访问之后，F 成为第一条记录，而 D 成为第二条记录。经过这些访问，线性表的最后结果就是

$$F G D E A B C H$$

而 12 次访问的总代价将是 45 次比较。

如果线性表根据移至前端启发式规则组织，那么最后的线性表就是

$$E G F D A B C H$$

需要的总比较次数是 54。

最后，如果线性表根据转置启发式规则组织，那么最后的线性表就是

$$A B F D G E C H$$

需要的总比较次数是 62。

尽管在一般情况下，自组织线性表不会像检索树或者已排序的线性表表现得那样好，这二者都需要 $O(\log n)$ 检索时间，然而在许多情况下，自组织线性表被证明是一种很有价值的工具。它们显著优于排序线性表的地方是不需要对线性表进行排序。这意味着插入一条新记录的代价很低。当需要频繁插入记录时，这补偿了检索的高代价。自组织线性表比检索树更容易实现，而且对于小的线性表很可能更有效率。另外，它们还不需要额外的空间。最后，对于顺序检索几乎足够快的情况，把一个未排序的线性表改变为自组织线性表可能会极大地加速应用程序的运行，而这种修改只是稍微增加一些额外的代码。

作为应用自组织线性表的一个例子，考虑一个压缩并传送消息的算法。线性表是根据移至前端规则自组织的。根据以下规则，以单词和数字的形式传送：

1. 如果单词在前面已经出现，就传送这个单词在线性表中的当前位置。把这个单词移到线性表的前面。
2. 如果单词是第一次出现，就传送这个单词。把这个单词放到线性表的前面。

发送者和接收者都以同样的方式记录单词在线性表中的位置（使用移至前端方法），这样他们就会对编码重复出现单词的数字意义达成一致。考虑下面这个要传送的例子（为了简单起见，忽略字母的大小写）：

The car on the left hit the car I left.

前三个单词以前都没有出现过，因此必须把它们作为完整的单词发送出去。第四个单词"the"是第二次出现，此时是线性表中的第二个单词。这样，只需要传送位置值"3"。接下来的两个单词都没有出现过，因此必须作为完整的单词传送出去。第七个单词是"the"的第三次出现，很巧合，仍然在第三个位置上。第八个单词是"car"的第二次出现，当前它在线性表的第五个位置上。"I"是一个新单词，最后一个单词"left"当前在第五个位置上。这样，整个传送就是

The car on 3 left hit 3 5 I 5.

这种压缩方法的思想类似于 Ziv-Lempel 编码（Ziv-Lempel coding）。Ziv-Lempel 编码是文件压缩工具中经常使用的一类编码算法。Ziv-Lempel 编码在遇到字符串的重复出现时，会使用一个指向字符串在文件中第一次出现位置的指针来代替。为了缩短检索一个前面已经出现的字符串所需的时间，可将编码存储在一个自组织线性表中。

9.3 集合检索

确定一个值是不是某个集合的元素，这是在一组记录中检索关键码的一种特殊情况。这样，本书中讨论的任何一种检索方法都可以用于检查某个值是否是集合中的元素。不仅如此，还可以利用这个问题的限制条件来发展另外一种表现形式。

在关键码值范围有限的情况下，可以存储一个位数组，为每一个可能的元素分配一个比特位位置，用来表示这个集合。如果元素确实包含在实际集合中，就把它对应的位设置为 1；如果元素不包含在集合中，就把它对应的位设置为 0。例如，0 到 15 之间的素数组成的集合，图 9.1 显示了相应的位表。要确定某个值是不是素数，只需要简单地检查对应的位。这种表示方法称为位向量（bit vector）或者位图（bitmap）。在第 11 章与图有关的算法中，多处用到的标记数组就是这种表示集合方法的一个例子。

0	1	2	3	4	5	6	7	8	9	10	11	12	13	14	15
0	0	1	1	0	1	0	1	0	0	0	1	0	1	0	0

图 9.1 从 0 到 15 中素数集合的位表。当且仅当 i 是素数时，把它所对应位置的位设置为 1

如果集合大小正好适合计算机的一个字长，那么通过逻辑上的位操作，就可以完成集合的并、交、差运算。集合 A 与 B 的并运算就是按位或 OR 函数（在 C++ 中是 | 符号）。集合 A 与 B 的交运算就是按位与 AND 函数（在 C++ 中是 & 符号）。例如，如果要计算数字 0 到数字 15 之间奇素数集合，只需要计算表达式

0011010100010100 & 0101010101010101

集合 A 与 B 的差运算 $A - B$ 在C++语言中可以使用表达式 **A& ~ B**(~ 是非运算的符号)实现。对于太大而不能放到计算机的一个字(word)中的集合,可以由采用数组而依次对组成整个位向量的字完成对应的操作。

这种根据位向量计算集合的方法有时可以用于文档检索(document retrieval)。考虑这样一个问题,从一组文档中挑选出包含某些选定关键字的文档。对于每一个关键字,文档检索系统存储一个位向量,每个文档一位。如果用户想要知道哪些文档中包含某三个关键字,就把相应的三个位向量进行 AND 操作。位置上值为 1 的位就对应所需要的文档。另外,还可以为每个文档存储一个位向量,标识在文档中出现的关键字。这种组织方法称为签名文件(signature file)。可以通过对签名的操作找到带有所需要关键字组合的文档。

9.4 散列方法

这一节提供一种完全不同的检索表的方法:根据关键码值直接访问表。可以通过一些计算,把关键码值映射到数组中的位置来访问记录,这个过程称为散列(hashing)。对于大多数散列方法,记录放在数组中的顺序应该满足地址计算的需要。这样,就不能按照值的顺序或者频率的顺序放置记录了。把关键码值映射到位置的函数称为散列函数(hash function),通常用 **h** 表示。存放记录的数组称为散列表(hash table),用 **HT** 表示。散列表中的一个位置称为一个槽(slot)。散列表 **HT** 中槽的数目用变量 M 表示,槽从 0 到 $M-1$ 编号。设计散列系统的目标是使得对于任何关键码值 K 和某个散列函数 **h**,$i = \mathbf{h}(K)$ 是表中满足 $0 \leqslant \mathbf{h}(K) < M$ 的一个槽,并且记录在 **HT**$[i]$ 存储的关键码值与 K 相等。

散列方法通常不适用于允许多条记录有相同关键码值的应用程序。散列方法一般也不适用于范围检索。也就是说,不能很方便地找到关键码值在某个范围内的所有记录(如果有)。也不能找到具有最大或最小关键码值的记录,或者按照关键码值的顺序访问记录。散列方法最适合回答这样的问题:"如果有的话,哪条记录的关键码值是 K?"对于访问仅仅涉及精确匹配查询的应用程序,散列方法通常是可供选择的检索方法。因为如果实现得正确,它的效率会非常高。然而,在本章就会看到,有许多实现散列的方法,很容易设计出效率很低的实现。散列方法既适合基于主存的检索,也适合基于磁盘的检索。组织存储在磁盘上的大型数据库有两个广为使用的方法,散列方法是其中之一(另一种方法是 B 树,将在第 10 章介绍)。

作为散列概念的简单(但不实际的)例子,考虑存储 n 条记录,每条记录都有唯一的关键码值,范围在 0 到 $n-1$。在这个简单的例子中,带有关键码值 k 的记录可以存储在 **HT**$[k]$ 中,散列函数只是 $\mathbf{h}(k) = k$(实际上,在这种情况下根本不需要把关键码值作为记录的一部分存储,因为它与索引是相同的)。要找到带有关键码值 k 的记录,只要简单地查看 **HT**$[k]$。

一般来说,关键码范围中的值比散列表中的槽要多。考虑一个更为实际的例子,假定关键码可以取 0 到 65 535 范围内的任意值(例如,关键码是一个两字节无符号整数),而且预计在任何一个给定时间段内存储 1 000 条记录左右。在这种情况下,使用一个带有 65 536 个槽的散列表是不可行的,其中大部分槽都会为空。因而,必须设计一个散列函数,允许把记录存储在一个更小的表中。由于可能的关键码范围超过表长,至少有些槽会被多个关键码值映射到。对于一个散列函数 **h** 和两个关键码值 k_1、k_2,如果 $\mathbf{h}(k_1) = \beta = \mathbf{h}(k_2)$,其中 β 是表中的一个槽,那么就说 k_1 和 k_2 对于 β 在散列函数 **h** 下有冲突(collision)。

在一个根据散列方法组织的数据库中，找到带有关键码值 K 的记录包括两个过程：

1. 计算表的位置 $\mathbf{h}(K)$；
2. 从槽 $\mathbf{h}(K)$ 开始，使用（如果需要）冲突解决策略（collision resolution policy）找到包含关键码值 K 的记录。

9.4.1　散列函数

散列方法一般用于这种情况，记录关键码值的范围很大，并且把记录存储在一个槽数目相对较少的表中。当两条记录映射到表的同一个槽中时，就会发生冲突。如果选择散列函数时很细心，或者很幸运，那么冲突的实际数目就会很少。但是，即使在最好的情况下，冲突也几乎是不可避免的[①]。例如，想象一下一间坐满学生的教室。某些学生有相同生日（即某年同一个月份的同一天，不需要同一年）的可能性是多少呢？如果有 23 个学生，那么就有可能有 2 个学生有相同的生日。尽管学生的生日可以在 365 天中的任何一天（不考虑闰年），但是大多数日期不是班级学生的生日。学生越多，具有相同生日的可能性就越大。根据学生的生日映射到日期，类似于使用生日作为散列函数，把记录分配到表（大小是 365）的槽中。这并不表示哪些学生具有相同的生日，或者在一年中的哪一天会有人有相同的生日。

考虑更为实际的情况，根据散列方法组织的数据库必须把存储的记录存放在不大的散列表中，以避免浪费过多的空间。一般要使表差不多半满。由于在这种情况下发生冲突的可能性很大（碰巧任何一条插入半满的表中的记录发生冲突的情况大概占总情况的一半），那么是否还需要考虑散列函数避免冲突的能力呢？当然需要。从技术上来说，任何能把所有可能关键码值映射到散列表槽中的函数都是散列函数。甚至在极端情况下，把所有记录都映射到同一个槽中的函数也是散列函数，但是它对于记录检索没有任何帮助。

一般来说，希望选择的散列函数能把记录以相同的概率分布到散列表的所有槽中。但是，在一般情况下，无法控制实际记录的关键码值。因此，某个具体的散列函数做得怎么样，依赖于关键码值在可允许的关键码范围内的分布。在有些情况下，数据在整个关键码范围内分布得很好。例如，如果输入是从关键码范围内大致上平均选取的一组随机数，而且散列函数映射关键码范围时使得散列表中的每个槽接收到映射的关键码范围大小相同，那么散列函数就很有可能大致上平均地把输入记录分布到表中。然而，在许多应用程序中，记录的关键码值高度聚集或者分布很差。当输入记录在整个关键码范围内分布得不好时，很难设计出一个散列函数，应把记录很好地分布在表中，特别是事先不知道输入分布的时候。

有许多原因导致数据值的分布很差。

1. 自然频率分布更倾向于下面这种模式，即实体中很少的一部分经常出现，而大多数实体相对较少出现。例如，考虑美国 100 个最大城市的人口数。如果按照人口数降序排列这

[①] 这里的例外就是完美散列（perfect hashing）。完美散列是没有散列记录冲突的系统。在为一组特定的记录选择散列函数时，在选择散列函数之前就需要确定整个记录组。完美散列很有效率，因为它总是会在散列函数计算的位置找到正要检索的记录：只需要一次访问就能找到记录。选择一个完美散列函数的代价很高，但是在需要很高的检索性能时也是值得的。一个例子就是检索只读 CD 中的数据。在这种情况下，数据库永远也不会改变，每次访问的时间代价很高，数据库设计者可以在发行 CD 之前建立散列表。

些城市,城市为横坐标,而相应的人口数为纵坐标,则大多数城市都会在较低端聚集在一起,很少的一部分在较高端突出显示。这是 Zipf 分布的一个典型事例(见9.2节)。从另一个角度来看,给定一个人,他的家乡更有可能是一个特别大的城市,而不是一个很小的城镇。

2. 收集到一起的数据很可能以某种方式被扭曲了。例如,邻域中的样本被舍入,比如接近5(即所有数字都以5或0结尾)。

3. 如果输入是一组常用英语单词,开头字母的分布就会很差。

在后两个例子中,关键码的高位或者低位的分布很差。

设计散列函数时,一般要面临下面两种情况之一:

1. 对关键码值的分布一无所知。在这种情况下,希望选择的散列函数能在散列表范围内大致平均地分布关键码值,同时避免明显的聚集可能性,如对关键码值的高位或低位敏感的散列函数。

2. 对关键码值的分布有所了解。在这种情况下,应当使用一个依赖于分布的散列函数,避免把一组相关的关键码值映射到散列表的同一个槽中。例如,如果对英文单词进行散列,就不应当对第一个字符的值进行散列,因为这样很可能使分布不均匀。

下面是说明这些观点的几个散列函数的例子。

例9.5　考虑下面这个散列函数,它把整数散列到一个有16个槽的表中。

```cpp
int h(int x) {
  return x % 16;
}
```

这个散列函数返回值只依赖于关键码值的最低四位。由于这些位的分布可能很差(例如,有相当比例为偶数,意味着较低顺序的位为0),结果分布也就可能很差。这个例子表明,表长 M 能对散列系统性能产生很大影响,因为这个值往往用于求模,从而确保散列函数产生一个从0到 $M-1$ 范围之内的数。

例9.6　有一个用于数值的很好的散列函数,称为平方取中方法(mid-square method)。平方取中方法计算关键码值的平方,取出结果的中间 r 位,给定范围为从0到 2^r-1 的值。由于关键码值的大多数位或者所有位都对结果有所贡献,因此这样做的效果很好。例如,考虑关键码是基数为10的四位数记录。目标是把这些关键码值映射到一个长度为100的表中(例如,范围为从0到99)。这个范围等价于基数为10时的两位,即 $r=2$。如果输入是4 567,对其求平方得到一个八位数20 857 489。该结果中间两位为57。所有位(当这个数用二进制来看时也是如此)对于取平方结果数值的最中间两位都产生作用。图9.2说明了这个概念。因此,这个结果并不是被该原始关键码值的起始位或终止位的分布情况所完全支配的。

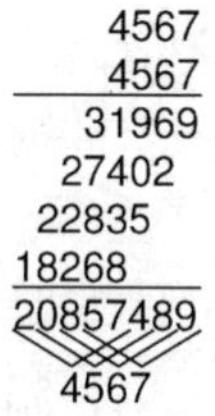

```
    4567
    4567
   31969
  27402
 22835
18268
20857489
    4567
```

图9.2　图示为平方取中方法,展示对值4567进行平方的过程中乘法的细节。底部的数字表示结果的哪些位最大程度地被操作对象的每一位影响

例9.7　下面是一个用于字符串的散列函数：

```
int h(char* x) {
  int i, sum;
  for (sum=0, i=0; x[i] != '\0'; i++)
    sum += (int) x[i];
  return sum % M;
}
```

这个函数把字符串中所有字母的 ASCII 值累加起来。如果散列表的长度 M 很小，这个散列函数就能平均地把字符串分布到散列表的槽中，因为它对所有字符都给予同样的权重。这就是利用折叠方法(folding method)设计散列函数的一个例子。要注意到字符串中字符的顺序对散列函数的结果没有影响。还有一个类似的用于整数的方法，它把组成关键码值的数字累加起来，假定有足够的数字满足(1)使得一两个分布很差的数字不会影响过程的结果，(2)产生一个比 M 还大的和。像许多散列函数一样，最后一步就是对结果进行取模运算，使用表的长度 M 在表的长度范围内产生一个值。如果和不够大，那么取模操作就会产生很差的分布。例如，因为"A"的 ASCII 值是 65，"Z"的 ASCII 值是 90，所以 10 个大写字母字符串的和总是在 650 到 900 之间。对于一个长度为 100 或者更小的散列表，会产生一个很好的分布。对于一个大小为 1 000 的散列表，分布就会极差，因为只有 650 到 900 的槽可能会成为某些关键码值所在的槽，即使这些槽中的关键码值也不是均匀分布的。

例9.8　下面是一个用于字符串的更好的散列函数：

```
// Use folding on a string, summed 4 bytes at a time
int sfold(char* key) {
  unsigned int *lkey = (unsigned int *)key;
  int intlength = strlen(key)/4;
  unsigned int sum = 0;
  for(int i=0; i<intlength; i++)
    sum += lkey[i];

  // Now deal with the extra chars at the end
  int extra = strlen(key) - intlength*4;
  char temp[4];
  lkey = (unsigned int *)temp;
  lkey[0] = 0;
  for(int i=0; i<extra; i++)
    temp[i] = key[intlength*4+i];
  sum += lkey[0];

  return sum % M;
}
```

这个函数把一个字符串作为输入。一次处理字符串的 4 字节，并且把每个 4 字节块解释为一个独立的(无符号的)长整型值。把所有 4 字节块的整型值加到一起，最后得到的和通过取模操作转化到 0 到 $M-1$ 的范围[①]。

例如，如果字符串"aaaabbbb"被传递给 **sfold**，则最开始的 4 字节("aaaa")将被解释成整数值 1 633 771 873，并且紧接着的 4 字节("bbbb")将被解释为整数值 1 650 614 882。它们的总和为 3 284 386 755(当被看成无符号数时)。如果表长是 101，那么取模操作将会把该值散列到表中的第 75 个槽。注意对于任何足够长的字符串，对于对应的整数之和，一般都会导

---

① 从 2.2 节可知，当 n 为负数时，在许多C++ 和Java编译器中执行 $n \bmod m$ 往往会产生一个负数。必须小心确保散列函数不会产生一个负数。这个问题可以避免，在计算 $n \bmod m$ 时确保 n 为正，或者当结果为负时再增加一个 m。函数 **sfold** 中的所有计算都使用了无符号数，部分原因就是防止对负数进行取模操作。

致一个32位整数出现溢出(从而损失一些高位数),因为结果数值太大了。但是当目标是计算一个散列函数时,这样做就不会有什么问题。

9.4.2 开散列方法

尽管散列函数的目标是使冲突最少,然而实际上,有些冲突是无法避免的。这样,散列方法的实现必须包括冲突解决策略。冲突解决技术可以分为两类:开散列方法(open hashing;也称为单链方法,separate chaining)和闭散列方法(closed hashing;也称为开地址方法,open addressing)[①]。这两种方法的不同之处与冲突记录的存储有关,开散列方法把冲突记录存储在表外,闭散列方法把冲突记录存储在表中另一个槽内。这一节介绍开散列方法,9.4.3节介绍闭散列方法。

开散列方法的最简单形式是把散列表中的每个槽定义为一个链表的表头,散列到一个槽的所有记录都放到这个槽的链表内。图9.3是一个散列表,这个表中的每一个槽存储一条记录,以及一个指向链表其余部分的指针。

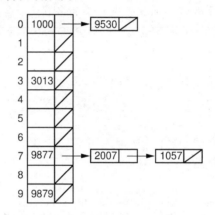

图9.3　一个有7个数的开散列方法。这7个数存储在有10个槽的散列表中,使用的散列函数是 $\mathbf{h}(K) = K \bmod 10$。数的插入顺序是9877、2007、1000、9530、3013、9879和1057。其中有两个值散列到第0个槽,1个值散列到第3个槽,3个值散列到第7个槽,1个值散列到第9个槽

槽链接的链表中的记录可以按照多种方式排列:按照插入次序排列、按照关键码值次序排列,或者按照访问频率次序排列。对于检索不成功的情况,按照关键码值排序是有好处的,因为一旦在链表中遇到一个比要检索的关键码值大的关键码,就知道应该停止检索了。如果表中的记录没有排序,或者按照访问频率排序,那么一次不成功的检索就需要访问表中的每一条记录。

如果一个表的长度为M,存储N条记录,散列函数(在理想情况下)将把记录在表中的M个位置平均分配,使得平均每个链表中有N/M条记录。假定表中的槽比存储的记录多,可以期望很少会有槽中包含一条以上的记录。在链表为空或者只有一条记录的情况下,一次检索只需要访问一次链表。这样,散列方法的平均代价就是 $\Theta(1)$。然而,如果聚集使许多记录散列到某几个槽中,那么访问一条记录的代价就会很高,因为需要检索链表中的许多元素。

如果把散列表放到主存中,用一个标准的用于主存的链表实现时,开散列方法最合适。

[①]　"开散列"与"开地址"的意义相反会引起混淆,但实际上就是这样的。

在磁盘中用一种很有效的方式存储一个开散列表是很困难的,因为一个链表中的多个元素可能存储在不同的磁盘块中。这就会导致当检索一个关键码值时需要多次访问磁盘,这与散列的目的相悖。

可以观察到,开散列方法和分配排序之间有一些类似的地方。观察开散列方法的一种方式是把每一条记录放到一个盒子里。多条记录可能会被散列到同一个盒子里,但是记录的初始分配应当极大地减少检索操作需要访问的记录数。简单的分配排序与此类似,也可以减少每个盒子中的记录数,使这些数目很少的记录可以用其他方式排序。

9.4.3 闭散列方法

闭散列方法把所有记录直接存储到散列表中。每条关键码值标记为 k_R,记录 R 有一个基槽(home position),就是 $\mathbf{h}(k_R)$,即由散列函数计算出来的槽。如果要插入一条记录 R,而另一条记录已经占据了 R 的基槽,那么就把 R 存储在表的其他槽内,由冲突解决策略确定应该是哪个槽。自然,检索时也要像插入时一样,遵循同样的策略,以便重复进行冲突解决过程,找出在基槽中没有找到的记录。

桶式散列

一种实现闭散列的方法是把散列表中的槽分成多个桶(bucket)。把散列表中的 M 个槽分成 B 个桶,每个桶中包含 M/B 个槽。散列函数把每一条记录分配到某个桶的第一个槽中。如果这个槽已经被占用,那么就顺序地沿着桶查找,直到找到一个空槽。如果一个桶全部被占满了,那么就把这条记录存储在表后具有无限容量的溢出桶(overflow bucket)中。所有的桶共享同一个溢出桶。如果实现方法较好,使用的散列函数会把记录在各个桶之间平均分布,使得进入溢出桶的记录尽可能少。图 9.4 说明的就是桶式散列方法。

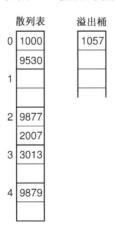

图 9.4 一个有 7 个数的桶式散列方法。这 7 个数存储在一个包含 5 个桶的散列表中,使用的散列函数是 $\mathbf{h}(K) = K \bmod 5$。每个桶包含两个槽。数值的插入顺序是 9877、2007、1000、9530、3013、9879 和 1057。其中有两个值散列到第 0 个桶,3 个值散列到第 2 个桶,1 个值散列到第 3 个桶,1 个值散列到第 4 个桶。由于第 2 个桶不能放下 3 个值,因此把第 3 个值放到溢出桶中

当检索一条记录时,第一步就是散列关键码,确定哪个桶中包含这一条记录。然后就在这个桶中检索记录。如果没有找到目标关键码值,而桶内仍然有空槽,那么就结束检索。如果桶已经满了,那么需要的记录有可能存储在溢出桶中。在这种情况下,就必须检索溢出

桶,直到找到记录,或者溢出桶中所有记录都已经被检查过了。如果溢出桶中的记录很多,这将是一个非常耗时的过程。

桶式散列的一个简单变体是把关键码值散列到散列表的某些槽中,好像没有使用桶式散列一样。如果基槽已经被占用,那么在寻找一个用来放置记录的空槽时,就把记录压向桶的后面。如果已经到达桶底,那么冲突解决例程就到桶的上面来继续查找空槽。例如,假定桶中包含 8 条记录,第一个桶由第 0 个槽到第 7 个槽组成。如果一条记录被散列到第 5 个槽,冲突解决过程就会按照 5、6、7、0、1、2、3、4 的顺序检查各个槽是否为空,试图把记录插入槽中。如果桶中所有的槽都满了,那么就把记录放到溢出桶中。这种方法的优点是减少了初始冲突,这是因为所有的槽都可以是基槽,而不仅仅是桶中的第一个槽。图 9.5 展示了这种桶式散列的一个例子。

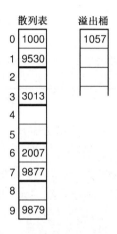

图 9.5 一个有 7 个数的桶式散列方法。这 7 个数存储在一个包含 5 个桶的散列表中,使用的散列函数是 **h**(K) = K mod 10。每个桶包含两个槽。数值的插入顺序是 9877、2007、1000、9530、3013、9879 和 1057。9877 首先散列到第 7 个槽,所以当值 2007 也尝试这么做时,它被放在另外一个与第 6 个槽相关的桶中。当插入值 1057 时,桶中不再有空槽,它被放入溢出桶中。另外的冲突在值 1000 插入第 0 个槽中后发生,导致 9530 被移至第 1 个槽

桶式散列方法适用于实现基于磁盘的散列表,因为可以把桶的大小设置为磁盘块的大小。每当进行检索或者插入时,就把整个桶读入主存中。因为整个桶被读入内存,处理插入或者检索操作只需要一次磁盘访问,除非桶已经满了。如果桶已经满了,还要从磁盘中读出溢出桶。自然,应当使溢出很小,从而使不必要的磁盘访问最少。

线性探查

现在转向最常用的散列方法:不采用桶式散列方法的闭散列,它的冲突解决策略可以使用散列表中的任何一个槽。

在插入期间,冲突解决策略的目标就是当记录的基槽已经被占用时,在散列表中找到一个空槽。可以把任何冲突解决方法都看成产生一组有可能放置记录的散列表的槽。这组槽中的第一个就是关键码的基槽。如果基槽已经被占用,冲突解决策略就会到达这个组中的下一个槽。如果这个槽也被占用了,那么就必须找到另一个槽,以此类推。这组槽就称为冲突解决策略产生的探查序列(probe sequence),而且探查序列是由称为探查函数(probe function)的函数 **p** 生成的。插入函数在图 9.6 中给出。

```
// Insert e into hash table HT
template <typename Key, typename E>
void hashdict<Key, E>::
hashInsert(const Key& k, const E& e) {
  int home;                        // Home position for e
  int pos = home = h(k);           // Init probe sequence
  for (int i=1; EMPTYKEY != (HT[pos]).key(); i++) {
    pos = (home + p(k, i)) % M; // probe
    Assert(k != (HT[pos]).key(), "Duplicates not allowed");
  }
  KVpair<Key,E> temp(k, e);
  HT[pos] = temp;
}
```

图 9.6　对于字典按照散列表进行插入的方法

方法 **hashInsert** 首先检查关键码对应的基槽是否为空。如果已经被占用了，就采用探查函数 **p**(k,i)来确定表中的一个空槽。函数 **p** 有两个参数，即关键码值 k 和计数 i，i 是探查序列中的期望位置。也就是说，在 K 对应的基槽后探查序列的第一个位置，称为 **p**($K,1$)。对于探查序列的下一个槽是 **p**($K,2$)。注意探查序列返回相对于初始位置的偏移量，而不是散列表中的一个槽。因此 **hashInsert** 方法中的 **for** 循环是通过在每次迭代过程中把探查函数返回的值加上基槽位置来计算散列表中的位置。第 i 次对 **p** 调用，返回第 i 次要用到的偏移量。

从散列表中检索记录，采用和插入记录相同的探查序列。通过这种方式，就可以找到不在基槽中的记录了。图 9.7 是用C++语言实现的检索过程。

```
// Search for the record with Key K
template <typename Key, typename E>
E hashdict<Key, E>::
hashSearch(const Key& k) const {
  int home;                      // Home position for k
  int pos = home = h(k); // Initial position is home slot
  for (int i = 1; (k != (HT[pos]).key()) &&
                  (EMPTYKEY != (HT[pos]).key()); i++)
    pos = (home + p(k, i)) % M; // Next on probe sequence
  if (k == (HT[pos]).key())      // Found it
    return (HT[pos]).value();
  else return NULL;              // k not in hash table
}
```

图 9.7　对于字典按照散列表进行检索的方法

插入和检索例程都假定每个关键码的探查序列中至少有一个槽是空的，否则它们在检索不成功时就会进入无限循环。因此，字典中应该保存一定数目的记录，并且拒绝插入一个只有一个空槽的表中。

关于桶式散列方法的讨论提供了一种简单的解决冲突的方法。如果记录的基槽已经被占用，那么就在桶中下移，直到找到一个空槽。这就是称为线性探查(linear probing)的冲突解决技术的一个例子。用于简单线性探查的探查函数是

$$\mathbf{p}(K,i) = i$$

也就是说，探查序列的第 i 次偏移量就是 i，意味着第 i 步就是在表中向下移动 i 个槽。

一旦到达表的底部，探查序列就折回到表的开始处。线性探查的优点是在探查序列回到基槽之前，表中所有的槽都可以作为插入新记录的候选位置。

线性探查可能是在考虑冲突解决办法时第一个想到的，但是它并不是唯一可行的方法。探查函数 **p** 允许人们在解决冲突时有多种选择。事实上，线性探查肯定是最差的解决办法。主要

原因在图9.8中说明。其中可以看到一个有10个槽的散列表,用来存储四位数,并且相应的散列函数为 $\mathbf{h}(K) = K \bmod 10$。在图9.8(a)中,表中已经放置了5个数,剩下的5个数待放。

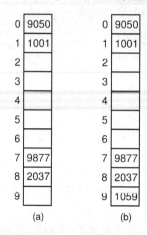

图9.8   线性探查出现问题的例子。(a)插入4个值,顺序是1001、9050、9877和2037,
使用的散列函数是 $\mathbf{h}(K) = K \bmod 10$;(b)把值1059添加到散列表中

在理想情况下,表中每个空槽都应该有相同的机会接收到下一个要插入的记录(假定初始时散列到表中每个空槽的概率都相同)。在这个例子中,散列函数给每个槽(大致)相同的可能性,使其成为下一个关键码值的基槽。然而,想一下如果下一条记录关键码的基槽是第0个槽会发生什么情况。线性探查会把记录放到第2个槽中。对于基槽在第1个槽的记录也会发生同样的情况。基槽在第2个槽的记录自然要放到第2个槽中。这样,下一条记录放到第2个槽中的概率就是3/10。类似地,可以把散列到第7、8个槽中的记录放到第9个槽中。然而,只有散列到第3个槽中的记录会存储到第3个槽内,这种情况发生的概率是1/10。同样,下一条记录放到第4个槽中的概率也是1/10,第5、6个槽也是一样。这样,结果概率就不再相等了。

更糟糕的是,如果下一条记录放到第9个槽中(这本来就比放到其他槽中的概率大),那么接下来的下一条记录放到第2个槽中的概率就是6/10,这在图9.8(b)中有所显示。线性探查这种把记录聚集到一起的倾向称为基本聚集(primary clustering)。小的聚集可能汇合成大的聚集,使问题更加糟糕。基本聚集的问题是它会导致很长的探查序列。

改进的冲突解决方法

怎样才能避免基本聚集呢?一种可能的改进方式是仍然使用线性探查,但是跳过一些槽,而且每次跳过常数 c 个而不是1个槽。这会生成探查函数

$$\mathbf{p}(K, i) = ci$$

也就是说,探查序列中的第 i 个槽将是 $(\mathbf{h}(K) + ic) \bmod M$。通过这种方式,基槽相邻的记录就不会进入同一个探查序列了。例如,如果按照常数2进行跳跃,那么从基槽开始的偏移量将会为2、4、6等。

一个好的探查序列的特性是,在回到基槽之前,探查序列把散列表的所有槽都走一遍。显然,线性探查有该特性(每次"跳跃"1)。但是,遗憾的是,并不是所有的探查函数都有这个特性。例如,如果 $c = 2$,而且表中槽的数目为偶数,则对于任何基槽在偶数槽的关键码,它的探查序列将只走遍所有偶数槽。同样,对于基槽在奇数槽的关键码,它的探查序列将走

遍所有奇数槽。这样，表的长度和线性探查常数的这种组合就有效地把记录分成了两个集合，这两个集合存储在散列表中两个不连通的部分。如果这两部分包含的记录数相同，那么这些情况并不重要。然而，有时候一部分可能会比另一部分包含更多的记录，从而使这部分冲突的可能性更高且这些记录的性能更差。

为了使探查序列走遍表中所有的槽，常数 c 必须与 M 互素，从而产生一个访问表中所有槽的线性探查序列（也就是 c 和 M 不能有公因子）。对于一个长度为 $M = 10$ 的散列表，如果 c 是 1、3、7 或 9 中的一个，那么任何关键码值的探查序列都会走遍所有的槽。当 $M = 11$ 时，c 取 1 到 10 之间的任意值，对任何关键码值都会产生一个走遍所有槽的探查序列。

考虑一下这种情况，当 $c = 2$ 时，要插入一条记录，它的关键码是 k_1，$\mathbf{h}(k_1) = 3$。k_1 的探查序列是 3、5、7、9 等。如果另一个关键码 k_2 的基槽在第 5 个槽，那么它的探查序列就是 5、7、9 等。k_1 和 k_2 的探查序列链到了一起，从而导致了聚集。也就是说，值 $c > 1$ 的线性探查不能解决基本聚集问题。希望找到一个探查函数，它不会把关键码以这种方式链到一起。最好 k_1 的探查序列在序列的第 1 步以后就不与 k_2 的探查序列相同。相反，这些探查序列应当叉开。

理想的探查函数应当在探查序列中随机地从未走过的槽中选择下一个位置，即探查序列应当是散列表位置的随机排列。但是，实际上不能随机地从探查序列中选择下一个位置，因为在检索关键码时不能建立同样的探查序列。然而，可以做一些类似于伪随机探查（pseudorandom probing）的事。在伪随机探查中，探查序列中的第 i 个槽是 $(\mathbf{h}(K) + r_i) \bmod M$，$r_i$ 是 1 到 $M - 1$ 之间的数的"随机"排列。所有插入和检索都使用相同的"随机"数序列。探查函数就是

$$\mathbf{p}(K, i) = \mathtt{Perm}[i - 1]$$

这里 $\mathtt{Perm}$ 是一个长度为 $M - 1$ 的数组，它包含从 1 到 $M - 1$ 之间的数的随机排列。

例 9.9 考虑一个长度为 $M = 101$ 的表，$\mathtt{Perm}[1] = 5$，$\mathtt{Perm}[2] = 2$，$\mathtt{Perm}[3] = 32$。假定有两个关键码 k_1 和 k_2，$\mathbf{h}(k_1) = 30$，$\mathbf{h}(k_2) = 35$。k_1 的探查序列是 30、35、32、62。k_2 的探查序列是 35、40、37、67。这样，尽管 k_2 在第 2 步就会探查到 k_1 的基槽，但这两个关键码的探查序列此后就马上分开了。

清除基本聚集的另一种技术称为二次探查（quadratic probing）。下面的探查函数在某种程度上就是二次探查函数（对于某些常数 c_1、c_2、c_3）：

$$\mathbf{p}(K, i) = c_1 i^2 + c_2 i + c_3$$

最简单的变体是 $\mathbf{p}(K, i) = i^2$（$c_1 = 1$，$c_2 = 0$，$c_3 = 0$）。接着的第 i 个值为 $(\mathbf{h}(K) + i^2) \bmod M$。在二次探查中，具有不同基槽的两个关键码具有叉开的探查序列。

例 9.10 对于一个长度为 $M = 101$ 的散列表，假定对于关键码 k_1 和 k_2，$\mathbf{h}(k_1) = 30$，$\mathbf{h}(k_2) = 29$。k_1 的探查序列是 30、31、34、39，k_2 的探查序列是 29、30、33、38。这样，尽管 k_2 会在第 2 步探查 k_1 的基槽，但这两个关键码的探查序列此后就立即分开了。

然而，二次探查的缺陷在于，散列表中有些槽不在探查序列中。使用 $\mathbf{p}(K, i) = i^2$ 将导致不协调的结果。对于许多特定长度的散列表，该探查函数将会在一个较小的数目的槽内循环。如果那个循环内所有的槽都满了，那么记录将不能插入进去。例如，如果散列表有三个槽，那么被散列到槽 0 的记录只能被探查到 0 和 1（也就是探查序列永远不会访问表中的

槽2)。因此，如果槽0和槽1都满了，即使表未满，这个记录仍然不能插入。另外一个更现实的例子是一个有105个槽的表，探查序列从任何给定的槽开始，将只会访问表中另外23个槽。如果这24个槽碰巧都满了，那么即使表中其他的槽是空的，新记录也不能插入，因为探查序列将重复在这24个槽中查找是否有空槽。

幸运的是，有可能在低开销的基础上从二次探查获得较好的结果。较好地结合表长和探查函数，能够探查访问到表中的绝大多数位置。特别是当散列表长度为素数，以及探查函数为 $\mathbf{p}(K, i) = i^2$ 时，至少能访问到表中一半的槽。因此，如果表尚未到达半满，可以确信，仍然能探查到空槽。另外，如果散列表长为2的指数，并且探查函数为 $\mathbf{p}(K, i) = (i^2 + i)/2$，那么表中所有槽都能被探查序列访问到。

伪随机探查和二次探查都能消除基本聚集，即关键码探查序列的某些段重叠在一起的问题。然而，对于上述已知的冲突解决方法，如果两个关键码散列到同一个基槽中，那么它们就会具有同样的探查序列。这是因为伪随机探查和二次探查产生的探查序列(举例来说)只是基槽的函数，而不是原来关键码值的函数。因为探查函数 $\mathbf{p}$ 所使用的冲突解决办法都不使用输入参数 K。如果散列函数在某个基槽聚集，那么伪随机探查和二次探查仍然会保持聚集。这个问题称为二级聚集(secondary clustering)。

为了避免二级聚集，需要在决策过程中让探查序列利用初始关键码值的信息。实现这种方式的一种简单技术就是使探查函数回到线性探查，但是这样会使常数依赖于第二个散列函数 $\mathbf{h}_2$。这样，探查序列的形式就是 $\mathbf{p}(K, i) = i * \mathbf{h}_2(K)$。这种方法称为双散列方法(double hashing)。

例9.11 假定散列表的长度是 $M = 101$，有3个关键码 k_1、k_2 和 k_3，$\mathbf{h}(k_1) = 30$，$\mathbf{h}(k_2) = 28$，$\mathbf{h}(k_3) = 30$，$\mathbf{h}_2(k_1) = 2$，$\mathbf{h}_2(k_2) = 5$ 而 $\mathbf{h}_2(k_3) = 5$。那么 k_1 的探查序列就是30、32、34、36等。k_2 的探查序列就是28、33、38、43等。k_3 的探查序列就是30、35、40、45等。这样关键码之间就不会共享同一段探查序列了。当然，如果第4个关键码 k_4 有 $\mathbf{h}(k_4) = 28$，$\mathbf{h}_2(k_4) = 2$，那么它就会与 k_1 有相同的探查序列。可以把伪随机探查、二次探查与双散列方法结合起来解决这个问题。

好的双散列实现方法应当保证所有探查序列常数都与表长度 M 互素，这很容易做到。一种方法就是选择 M 为一个素数，$\mathbf{h}_2$ 返回的值在 $1 \le \mathbf{h}_2(K) \le M - 1$ 范围之间。另一种方式是对于某个值 m，设置 $M = 2^m$，让 $\mathbf{h}_2$ 返回一个1到 2^m 之间的奇数值。

图9.9中利用散列表实现了字典ADT。这里使用了最简单的散列函数，并通过线性探查解决冲突问题，这些就是散列表结构的实现基础。本章后面的项目设计中会有一个建议项目，让你用其他散列函数和冲突解决策略改进这个实现。

9.4.4　闭散列方法分析

散列方法的效率怎么样呢？可以根据完成一次操作需要访问的记录数来衡量散列方法的性能。这里关心的操作主要是插入、删除和检索。把成功的检索和不成功的检索区分开是很有用处的。在删除一条记录之前，必须先找到它。这样，删除一条记录之前需要访问的记录数等于成功检索到它需要访问的记录数。要插入一条记录，必须能够沿着记录的探查序列找到一个空槽。这等于对这条记录进行一次不成功的检索(回忆一下，由于不允许两条记录具有相同的关键码值，成功检索到这条记录就会产生一个错误)。

当散列表为空的时候，插入的第一条记录总会找到空基槽。这样，找到一个空槽只需要一次记录访问。如果所有记录都存储在它自己的基槽，那么成功的检索只需要一次记录访问。随着记录不断被填入表中，记录可以被插入它的基槽的概率就减小了。如果一条记录散列到一个已被占用的槽，那么冲突解决策略必须能够找到另一个槽来存储它。如果要查找的记录没有保存在它的基槽，也需要额外的记录访问，这是因为要沿着记录的探查序列查找它。随着表被不断填充，越来越多的记录有可能被放到离其基槽很远的地方。

```
// Dictionary implemented with a hash table
template <typename Key, typename E>
class hashdict : public Dictionary<Key,E> {
private:
  KVpair<Key,E>* HT;   // The hash table
  int M;               // Size of HT
  int currcnt;   // The current number of elements in HT
  Key EMPTYKEY; // User-supplied key value for an empty slot

  int p(Key K, int i) const // Probe using linear probing
    { return i; }

  int h(int x) const { return x % M; } // Poor hash function
  int h(char* x) const { // Hash function for character keys
    int i, sum;
    for (sum=0, i=0; x[i] != '\0'; i++) sum += (int) x[i];
    return sum % M;
  }

  void hashInsert(const Key&, const E&);
  E hashSearch(const Key&) const;

public:
  hashdict(int sz, Key k){ // "k" defines an empty slot
    M = sz;
    EMPTYKEY = k;
    currcnt = 0;
    HT = new KVpair<Key,E>[sz]; // Make HT of size sz
    for (int i=0; i<M; i++)
      (HT[i]).setKey(EMPTYKEY); // Initialize HT
  }

  ~hashdict() { delete HT; }

  // Find some record with key value "K"
  E find(const Key& k) const
    { return hashSearch(k); }
  int size() { return currcnt; } // Number stored in table

  // Insert element "it" with Key "k" into the dictionary.
  void insert(const Key& k, const E& it) {
    Assert(currcnt < M, "Hash table is full");
    hashInsert(k, it);
    currcnt++;
  }
```

图 9.9　使用散列表实现的字典 ADT 的部分实现。这里使用了一个简单的散列函数和一个能够易于替换的简单冲突解决方法（线性探查）。成员函数 **hashInsert** 和 **hashSearch** 在图 9.6 和图 9.7 中单独出现

根据这些讨论，可以看到散列方法的预计代价是表填充程度的一个函数。定义表的负载因子（load factor）为 $\alpha = N/M$，其中 N 是表中当前记录数。

在假定探查序列是散列表中槽的随机排列的情况下，可以通过分析推知，插入（或者一次不成功的检索）的预计代价估计值是 α 的函数。发现基槽被占用的概率是 α。假定表中每个槽对于下一条记录有相同的概率成为其基槽，并且发现基槽被占用及探查序列中下一个槽也被占用的概率是 $N(N-1)/M(M-1)$。i 次冲突的概率是

$$\frac{N(N-1)\cdots(N-i+1)}{M(M-1)\cdots(M-i+1)}$$

如果 N 和 M 都很大，那么这大约是 $(N/M)^i$。预计的探查数是 1 加上 i 次冲突在 $i \geqslant 1$ 时的概率之和，大致上是

$$1 + \sum_{i=1}^{\infty}(N/M)^i = 1/(1-\alpha)$$

一次成功的检索（或者一次删除）的代价与插入的代价相同。然而，插入代价的预计值不是在删除时，而是在最开始插入时，依赖于 α 的值。可以通过从 0 到 α 当前值的积分推导出这个代价的一个估计（实质上是所有插入代价的一个平均值），得到结果

$$\frac{1}{\alpha}\int_0^{\alpha}\frac{1}{1-x}dx = \frac{1}{\alpha}\log_e\frac{1}{1-\alpha}$$

有一点很重要，要认识到这些方程表示预计操作的代价，使用了不合实际的假设，假设探查序列基于散列表中槽的随机排列（这样就会避免由于聚集产生的所有代价）。这样，这些代价就是平均情况下代价估计的下限。分析表明，线性探查插入和不成功检索的平均代价是 $\frac{1}{2}(1+1/(1-\alpha)^2)$，删除和成功检索的平均代价则是 $\frac{1}{2}(1+1/(1-\alpha))$。9.5 节的参考文献中可以找到这些结果的证明。

图 9.10 显示了这四个方程的曲线，帮助直观地理解基于负载因子的散列方法的预计性能。两条实线显示的是"随机"探查序列在（1）插入或不成功检索和（2）删除或成功检索的情况下的代价。根据估计，插入或不成功检索的代价增长得很快，这是因为这些操作一般沿着探查序列深入向下检索。两个虚线显示用于线性探查的相应代价。根据估计，线性探查的代价比"随机"探查的代价增长得更快。

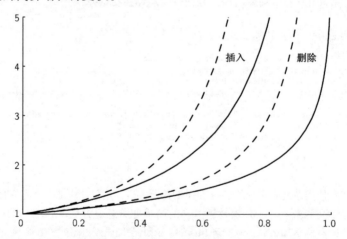

图 9.10　负载因子为 α 的预计记录访问增长图。横轴是 α 的值，纵轴是预计的散列表访问数。实线表示随机探查的代价（这个代价的理论下限），而虚线表示线性探查的代价（较差的冲突解决策略）。左边的两条线表示插入和不成功检索的代价；右边的两条线表示删除和成功检索的代价（同样，较成功的冲突解决策略）

从图 9.10 可以看到，散列方法的代价一般接近于一次记录访问，非常有效，比需要 $\log n$ 次记录访问的二分法检索要好得多。随着 α 的增长，预计代价也会增长。对于很小的 α 值，预计

代价也很低。它小于 2，直到散列表将近半满。当散列表差不多为空时，把一条新记录插入散列表中并不会增加多少未来的检索操作。然而，每个新插入操作产生的额外查找代价将在散列表接近半满时急剧增加。根据这个分析，实际经验是系统的设计要使散列表将近半满，因为超过这个点，性能就会急剧下降。这需要实现者知道在最大负载情况下散列表中可能有多少条记录，从而相应地选择散列表的长度。

可能会注意到，不让散列表大小超过半满的建议与基于磁盘的空间/时间权衡原则相抵触，这个原则通过尽量减少磁盘空间的使用来增加信息密度。散列方法代表一种不常见的情况，这么说是因为从引用局部性中得不到什么好处。从一种意义上来说，散列系统的实现者尽一切可能消除引用局部性的作用！在一个设计得很好的散列系统中，如果有一个包含最近访问过的记录的磁盘块，下一次记录操作访问同一个磁盘块的概率并不比随机情况下的概率更高，这是因为一个好的散列实现会打破检索关键码之间的关系。散列方法并不利用引用局部性来改进性能，它通过增加散列表的空间，换取记录在其基槽的概率更大。这样，散列表的可用空间越多，散列方法就越有效。

依赖于记录的访问模式，甚至在面临冲突的情况下也有可能减少访问的预计代价。回忆一下 80/20 规则：80% 的访问集中于 20% 的数据。也就是说，对一些记录的访问会更频繁一些。如果两条记录散列到同一个基槽中，哪一条放到基槽中更好呢？哪一条放到探查序列后面的那一个槽中呢？答案是访问频率最高的记录应当放到基槽中，因为这样可以减少记录访问总数。在理想情况下，记录应当沿着探查序列按照访问频率排序。

接近这个目标的一种方法是每当访问记录时，就沿着探查序列修改记录顺序。如果要检索的记录不在它的基槽中，就使用自组织线性表的启发式规则。例如，如果使用线性探查冲突解决策略，那么每当确定一条记录不在其基槽中时，就可以把这条记录与其探查序列中的前一条记录交换位置。被交换位置的那条记录现在就会离基槽更远了，希望它被访问的频率也更小了。这种方法对于这一节提供的其他冲突解决策略没有作用，这是因为为了改进对一条记录的访问而交换一对记录，可能会把另一条记录从探查序列中清除出去。

另一种方法就是保持每一条记录的访问计数，并且周期性地重新散列整个表。记录应当按照频率高低的顺序插入散列表中，保证上一次被频繁访问的记录更有机会接近基槽。

9.4.5　删除

当从散列表中删除记录时，有两点需要着重考虑：

1. 删除记录一定不能影响后面的检索。也就是说，检索过程必须仍然能通过新清空的槽，沿着探查序列到达其他记录。这样，删除过程就不能仅仅简单地把槽标记为空，因为这样会断开探查序列后面的记录。例如，在图 9.8(a) 中，关键码 9877 和 2037 都散列到第 7 个槽中。按照冲突解决策略，把关键码 2037 放到第 8 个槽中。如果从表中删除了 9877，对 2037 的检索仍然需要经过第 7 个槽，保证它探查到第 8 个槽；

2. 不希望让散列表中的位置由于记录删除而不可再用，释放的槽应该能为后来的插入操作所使用。

通过在被删除记录的位置上设置一个特殊标记，就可以解决这两个问题，这个标记称为墓碑(tombstone)。墓碑标志着一条记录曾经占用过这个槽，但是现在已经不再占用了。如果沿着探查序列检索时遇到墓碑标记,检索过程会继续下去。当在插入时遇到一个墓碑标记时,就可以用这个槽存储新记录了。然而,为了避免插入两个相同的关键码,检索过程仍然需要沿着探查序列走下去,直到找到一个真正的空位置,以确保两个相同的关键码不会同时出现在同一个散列表中。然而,新记录实际上应该被插入第一个墓碑标记所在的槽中。

通过使用墓碑标记,检索过程仍然能正常工作,并且能重新使用已删除记录的槽。然而,经过一系列交替的插入、删除操作之后,一些槽会包含墓碑标记。这将会增加一些记录本身到其基槽的平均长度,超过了在墓碑标记不存在的情况下它应该在的位置。一般的数据库应用程序会先把一组记录装入散列表中,然后进入一个交替的插入、删除阶段。在表中装入初始记录之后,前几次删除会加长到达记录的探查序列的平均长度(它将会增加墓碑标记)。随着时间的推移,平均长度会达到一个相对平衡点,这是因为插入会通过填充墓碑标记槽而减小平均长度。例如,在开始把记录装入数据库之后,平均路径长度可能是 1.2(即平均每次检索需要有 0.2 次访问在基槽之外)。在一系列插入、删除操作之后,由于墓碑标记的原因,这个平均距离可能会增加到 1.6。这看起来只是很小的增加,但是这个超出基槽的长度是删除之前超出长度的 3 倍。

这个问题有两种可能的解决方案:

1. 在删除时进行一次局部重组,试图缩小平均路径长度。例如,在删除一个关键码之后,继续深入这个关键码的探查序列,把探查序列中后面的记录交换到当前删除记录的槽中(注意不要从探查序列中清除一个关键码)。这种方法并不是对所有的冲突解决方案都有效。
2. 定期重新散列整个表。也就是说,把所有记录重新插入一个新的散列表中。这样不仅能清除墓碑标记,还为把最频繁访问的记录放到它们的基槽中提供了机会。

9.5 深入学习导读

对于各种自组织技术效率的比较,可参见 Bentley 和 McGeoch 合著的 *Amortized Analysis of Self – Organizing Sequential Search Heuristics*[BM85]。9.2 节文本压缩的例子来自 Bentley 等人合著的 *A Locally Adaptive Data Compression Scheme*[BSTW86]。有关 Ziv-Lempel 编码的更多内容,请参见 James A. Storer 编写的 *Data Compression:Methods and Theory*[Sto88]。Knuth 在 *The Art of Computer Programming*[Knu98]的第三卷介绍了自组织线性表和 Zipf 分布。

有关文档检索技术的更多信息,可以参见 Salton 和 McGill 合著的 *Introduction to Modern Information Retrieval*[SM83]。

有关完美散列的介绍和一个好的算法,可以参见 Fox 等人的论文"Practical Minimal Perfect Hash Functions for Large Databases"[FHCD92]。

有关各种冲突解决策略的深入分析,可以参见 Knuth,Volume 3[Knu98]及 Graham、Knuth 和 Patashnik 合著的 *Concrete Mathematics:A Foundation for Computer Science*[GKP94]。

这一章提供的散列方法模型用于固定长度的散列表,这里没有提到的一个问题是当散列表已满而且必须插入更多记录时应该怎么办。这就是动态散列方法讨论的问题。R. J. Enbody 和 H. C. Du 引入的主题"Dynamic Hashing Schemes"[ED88]对此有很好的介绍。

9.6 习题

9.1 给出一个图,显示在顺序检索时(见例 9.1)预计代价与未成功检索的概率,随着未成功检索概率的增加,预计代价会以什么样的数量比率增长?

9.2 修改 3.5 节的二分法检索例程,实现插值检索。假定关键码值在 1 到 10 000 范围之间,而且关键码值在这个范围内平均分布。

9.3 编写一个算法,在一个有 n 个数的未排序数组中找到第 K 个最小值($K <= n$)。算法在平均情况下应当需要 $\Theta(n)$ 时间。提示:你的算法应该看起来类似快速排序算法。

9.4 例 9.9.3 讨论了记录的相对频率符合调和级数的分布。也就是说,对于第一条记录的每次出现,第二条记录相对会有二分之一的概率出现,第三条记录相对会有二分之一的概率出现,第四条记录相对会有四分之一的概率出现,等等。第 i 条记录的实际概率被定义为 $1/(i\mathcal{H}_n)$。解释这为什么是正确的。

9.5 为方程 $\mathbf{T}(n) = \log_2 n$ 和 $\mathbf{T}(n) = n/\log_e n$ 绘图。下面两种方法哪一种性能更好,一个是对已排序的线性表进行二分法检索,另一个是对根据访问频率排序的线性表进行顺序检索,频率符合 Zipf 分布。给出时间变化的差异。

9.6 假定值 A 到 H 存储在一个自组织线性表中,开始按照升序存放。考虑三种自组织启发式规则:计数、移至前端、转置。对于计数方法,假定记录越过那些计数值小于它的记录而在线性表中向前移动,按照下面的顺序访问线性表,给出结果线性表和需要的比较总数。

$$D\ H\ H\ G\ H\ E\ G\ H\ G\ H\ E\ C\ E\ H\ G$$

9.7 对于三种自组织线性表启发式规则(计数、移至前端和转置)中的每一个,给出一组记录访问顺序,使得按照这个规则需要的比较数最多。

9.8 编写一个算法,实现频率计数自组织线性表启发式规则,假定线性表使用数组实现。特别是编写一个函数 `FreqCount`,它把要检索的值作为输入,并且相应地调整线性表。如果值不在线性表中,就把它添加到线性表的最后,其频率计数是 1。

9.9 编写一个算法,实现移至前端自组织线性表启发式规则,假定线性表使用数组实现。特别是编写一个函数 `MoveToFront`,它把要检索的值作为输入,并且相应地调整线性表。如果值不在线性表中,就把它添加到线性表的开始位置。

9.10 编写一个算法,实现转置自组织线性表启发式规则,假定线性表使用数组实现。特别是编写一个函数 `Transpose`,它把要检索的值作为输入,并且相应地调整线性表。如果值不在线性表中,就把它添加到线性表的最后。

9.11 如 9.3 节所述,一个任意长的位向量中的每个位表示某个元素是否在这个集合中。编写函数,计算集合的并、交和差,假定对于每个操作,两个向量都有相同的长度。

9.12 计算下列情况下的概率。这些概率可以通过分析计算出来,也可以编写一个计算机程序通过模拟产生概率。

(a)一个组里有 23 个学生,其中两个学生有相同生日的概率是多少?

(b)一个组里有 100 个学生,其中三个学生有相同生日的概率是多少?

(c)要使一个班中有两个同学有相同出生月份的概率至少是 50%,那么这个班要有多少个学生?

9.13 假定把关键码 K 散列到有 n 个槽(从 0 到 $n-1$ 编号)的散列表中。对于下面的每一个函数 $\mathbf{h}(k)$,这个函数作为散列函数可以接受吗?(即对于插入和检索,散列程序能正常工作吗?)如果可以,它是一个好的散列函数吗?函数 $Random(n)$ 返回一个 0 到 $n-1$ 之间的随机整数(包含这两个数在内)。

(a)$\mathbf{h}(k) = k/n$,其中 k 和 n 都是整数。

(b)$\mathbf{h}(k)=1$。

(c)$\mathbf{h}(k)=(k+\text{Random}(n))\bmod n$。

(d)$\mathbf{h}(k)=k\bmod n$,其中 n 是一个素数。

9.14　假定有一个7个槽的散列表(槽从0到6编号)。如果使用散列函数 $\mathbf{h}(k)=k\bmod 7$ 和线性探查,作用于一组数字 3、12、9、2,给出最后的结果散列表在插入值为2的关键码之后,列出每一个空槽作为下一个被填充槽的概率。

9.15　假定有一个10个槽的散列表(从0到9编号)。如果使用散列函数 $\mathbf{h}(k)=k\bmod 10$ 和线性探查,作用于一组数字 3、12、9、2、79、46,给出最后的结果散列表。在插入值为46的关键码之后,列出每一个空槽作为下一个被填充槽的概率。

9.16　假定有一个10个槽的散列表(从0到9编号)。使用散列函数 $\mathbf{h}(k)=k\bmod 10$,伪随机探查的偏移量为:5、9、2、1、4、8、6、3、7。作用于一组数字 3、12、9、2、79、44,给出最后的结果散列表,在插入值为44的关键码之后,列出每一个空槽作为下一个被填充槽的概率。

9.17　对下列字符串,运行 **sfold** 的结果是什么(见9.4.1节)?假定散列表中有101个槽。

(a) HELLO WORLD

(b) NOW HEAR THIS

(c) HEAR THIS NOW

9.18　使用闭散列和双散列方法解决冲突,把下面的关键码插入一个有13个槽的散列表中(槽从0到12编号)。使用的散列函数 H1 和 H2 在下面定义。给出插入8个关键码值后的散列表。一定要说明如何使用 H1 和 H2 进行散列。函数 $\text{Rev}(k)$ 颠倒 k 的十进制数每个位的数字,例如 $\text{Rev}(37)=73$; $\text{Rev}(7)=7$。

$H1(k)=k\bmod 13$。

$H2(k)=(\text{Rev}(k+1)\bmod 11)$。

关键码:2、8、31、20、19、18、53、27。

9.19　为散列表的删除函数编写一个算法,算法中使用特殊值标记墓碑来代替被删除的记录。修改函数 **hashInsert** 和 **hashSearch**,使其对墓碑标记能正常工作。

9.20　考虑下面的数1到6的一个排列:

$$2, 4, 6, 1, 3, 5$$

如果在一个长度为7的散列表中实现伪随机探查,分析一下使用这个排列会产生什么结果。这个排列能解决基本聚集问题吗?实现伪随机探查时,选择一个排列的意思是什么?

9.7　项目设计

9.1　请画出顺序检索(见9.1节)的期望开销与不成功检索情况概率的对照图。你能量化地分析顺序检索中期望开销的增长率与失败检索的增长率吗?

9.2　实现三个自组织线性表的启发式规则,即计数、移至前端和转置。对各种输入数据运行这三种启发式规则,比较它们的代价。代价的度量应当是检索线性表时需要的比较总数。使用的输入数据要使自组织线性表的比较更合理,也就是使数据的频率分布不均匀,这对于比较各种启发式规则是很重要的。一个好的方法是读入文本文件。线性表应当存储文本文件中的单个单词。从空线性表开始,就像对9.2节的例子所做的那样。每次在文本文件中遇到一个单词,就在自组织线性表中检索这个单词。如果在线性表中找到了这个单词,就相应地重排线性表。如果这个单词不在线性表中,就把它添加到线性表的最后,然后进行相应地重排。

9.3　实现9.2节描述的文本压缩系统。

9.4 实现一个系统, 管理文档检索。系统应该能把文档(摘要引用)插入系统中, 建立关键字与文档之间的关联, 按照给定的关键字检索文档。

9.5 用桶式散列实现一个存储在磁盘中的数据库。定义记录为 128 字节, 其中 4 字节是关键码, 120 字节是数据。其余 4 字节用于存储必要的信息来支持散列表。散列表中的一个桶是 1 024 字节, 因此每个桶内可以放 8 条记录。散列表中应当包含 27 个桶(总共 216 条记录的空间, 槽从 0 到 215 编号)。后接一个溢出桶, 在文件中的记录位置 216 中。关键码值 K 的散列函数是 $K \bmod 213$。(这意味着表中最后三个槽不作为任何记录的基槽。)冲突解决函数是在桶内折回的线性探查。例如, 如果一条记录散列到第 5 个槽中, 冲突解决过程会尝试以 5, 6, 7, 0, 1, 2, 3, 4 的顺序把这条记录插入表中。如果一个桶满了, 就把记录放到文件最后的溢出部分。

散列表应当支持 4.4 节的字典 ADT。当进行测试时, 考虑系统用于一次存储 100 条左右的记录。

9.6 利用散列表实现 4.4 节介绍的字典 ADT, 其中使用线性探查作为冲突解决策略。你可能希望以图 9.9 中的代码作为起点。通过经验模拟, 确定随着 α 的增长, 插入和删除的代价(即重新建立图 9.10 中的虚线)。然后, 使用平方探查和伪随机探查重复这个实验。总结一下这三种冲突解决策略的相对性能。

第10章 索引技术

许多大规模计算机应用程序都以大型数据库为中心，这些数据库因太大而不能放到主存中。一个经典的例子就是在一个大型数据库中，记录有多个检索关键码。除了记录检索操作之外，应用程序还需要有插入、删除和修改记录的能力。对于这种情况，散列方法提供了极好的性能。但是只有在很有限的情况下，应用程序的所有检索才有可能都是"找到关键码值为 K 的记录"这种形式。很多应用程序需要更为一般的检索能力。其中的一个例子就是范围查询检索，它查找关键码值在某个范围内的所有记录。另一种查询需要按照关键码值的顺序访问所有记录，或者寻找拥有最大关键码值的记录。对于上述这些检索，散列表都不能有效地给予支持。

这一章介绍的文件结构用于组织存储在磁盘中的大量记录。这种文件结构支持高效率的插入、删除和检索操作，其中的检索操作包括精确匹配查询、范围查询和最大值/最小值查询。

在讨论这些文件结构之前，要熟悉一些基本的文件处理术语。顺序输入文件（entry-sequenced file）按照记录进入系统的顺序把记录存储在磁盘中。顺序输入文件相当于一个磁盘中未排序的线性表，因此不支持高效率检索。一个自然的解决方法就是按照检索关键码的顺序排序记录。然而，一般的数据库，例如一家公司的一组雇员记录或者一组客户记录，可能包含多个检索关键码。要回答某个客户的问题，可能需要按照客户的名字进行检索。公司经常希望对大量邮件按照邮政编码的顺序排序，并输出记录。政府的文书工作可能需要按照社会保险号的顺序进行处理。这样，可能没有一个唯一"正确"的存储记录的顺序。

索引（indexing）是把一个关键码与它对应的数据记录的位置相关联的过程。8.5 节讨论了按照关键码排序的概念。那里创建了一个索引文件（index file），索引文件的记录是关键码和指针，它表示每个关键码和一个指针关联，指针指向主数据库文件中的完整记录。索引文件可以采用树结构来排序或组织，却不需要重新排列记录实体本身。一个数据库可能有多个相关的索引文件，每个索引文件都通过一个不同的关键码字段支持对记录的高效访问。

数据库中的每一条记录通常都有一个唯一标识，称为主码（primary key）。例如，一组人员记录的主码可能是每个人的社会保险号或者标识号。但是，标识号一般不便于检索，因为检索者不可能知道它。然而检索者可能知道目标雇员的名字。还有，检索者可能对找到工资在某个确定范围内的所有雇员感兴趣。如果这些就是一般的数据库检索请求，那么名字字段和工资字段就应当作为单独的索引。然而，名字索引和工资索引中的关键码值不可能是唯一的。

像工资这样的关键码，可能有多条记录具有相同的关键码值，称为辅码（secondary key）。大多数检索可以利用辅码来完成。辅码索引把一个辅码值与具有这个辅码值的每一条记录的主码值关联起来。此时，可以直接在整个数据库中找到具有此主码值的记录，也可以通过主码索引（primary index）找到记录本身，这个主码索引把主码值与指向磁盘中实际记录的指针关联起来。在后一种情况下，只有主码索引提供磁盘中记录的实际位置，辅码索引仅仅引用主码索引。

　　索引技术是一种重要的组织大型数据库的技术,已经开发出了多种索引方法。9.4 节已经讨论了通过散列方法直接访问记录。按照关键码排序的简单线性表也可以作为一个存储记录的文件的索引。9.1 节已经讨论了检索在主存中排序线性表的技术。下面几节讨论基于有序线性表进行磁盘文件索引的问题。然而,排序的线性表不能很好地完成插入、删除操作。

　　第三种索引方法是树形索引。树结构一般用于组织大型数据库,这些数据库必须支持记录的插入、删除和关键码范围检索。10.2 节简要描述 ISAM。对于必须支持记录的插入、删除的大型数据库,ISAM 是解决其存储问题的一个尝试性步骤,其缺陷有助于说明树形索引技术的价值。10.3 节介绍与树形索引相关的一些基本问题。10.4 节介绍 2-3 树,这种平衡树结构是 10.5 节介绍的 B 树的一种简单形式。B 树是在基于磁盘的大型数据库系统中使用得最为广泛的一种索引方法,而且已经开发出了它的许多变体。10.5 节从讨论其中的一种变体开始,这种变体一般简单地称为“B 树”。10.5.1 节给出最广泛实现的变体,即 B$^+$ 树。

10.1　线性索引

　　线性索引(linear index)的索引文件中是一组关键码/指针对,这个文件按照关键码顺序排序,指针可以(1)指向磁盘中的完整记录所在的位置,也可以(2)指向主索引中主码的位置,或者(3)指向主码的实际值。根据线性索引长度的不同,可以把线性索引的索引文件存储在主存中,也可以存储在磁盘中。线性索引有许多优点。它提供了方便访问变长数据库记录的方式,这是因为索引文件中的每一项都包含一个定长的关键码字段和一个定长的指针,这个指针指向记录(变长)的开始位置,如图 10.1 所示。它还能提供对数据库记录的高效率检索和随机访问,因为它适用于二分法检索。

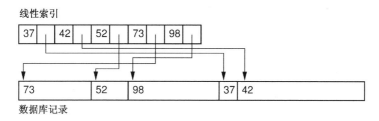

图 10.1　变长记录线性索引图示。索引文件中的每一条记录都是定长的,
其中包含一个指向数据库文件中相应记录开始位置的指针

　　如果数据库中包含了太多的记录,线性索引本身可能会因为太大而无法存储到主存中。由于检索过程中可能需要多次磁盘访问,这就使得二分法检索的代价太高。解决这个问题的一种方法是在主存中存储一个二级线性索引,以标识索引文件中的哪个磁盘块存储目标关键码。例如,磁盘中的线性索引可能放在一组 1 024 字节的块中。如果线性索引中每个关键码/指针对需要 8 字节(一个 4 字节的关键码和一个 4 字节的指针),那么每个块中可以存储 128 个关键码。主存中的二级索引是一个表,这个表存储线性索引文件中每个块的第一个位置的关键码值。这个安排如图 10.2 所示。如果线性索引需要 1 024 个磁盘块(1MB),二级索引中就只需要包含 1 024 项,每个磁盘块一项。要找到包含目标检索关键码值的磁盘块,首先检索这个 1 024 项的表,找到小于或等于检索关键码值的最大值。这样就找出了索引文件中的

相应块，然后把这个块读入主存中。此时，在这个索引文件块内进行二分法检索，就会得到一个指向数据库中实际记录的指针。在一般情况下，二级索引存储在主存中。这样，按照这种方法访问数据库就需要两次磁盘读取：一次读索引文件，另一次读数据库文件，以找到实际记录。

1	2 003	5 894	10 528

二级索引

1	2 001	2 003	5 688	5 894	9 942	10 528	10 984

线性索引：磁盘块

图 10.2　简单的二级线性索引。线性索引存储在磁盘中。较小的二级索引存储在主存中。
　　　　二级索引中的每一项存储索引文件相应磁盘块的第一个关键码值。在这个例子中，
　　　　线性索引的第一个磁盘块存储的关键码范围在1到2 001之间，第二个磁盘块
　　　　存储的关键码范围在2 003到5 688之间。这样，二级索引的第一项就是关键
　　　　码值1(线性索引第一块的第一个关键码)，而二级索引的第二项就是关键码值2 003

每当向数据库中插入一条记录或者从数据库中删除一条记录时，所有相关的二级索引都必须更新。更新线性索引的代价很高，因为数组的全部内容都要移动一个位置。另一个问题是具有相同辅码值的多条记录，每一条记录都在索引中重复那个关键码值。如果辅码域有重复的关键码值，例如字段范围有限时(例如，标识工作类别的字段可能只有很少几个值)，这种重复会浪费很多空间。

对简单排序数组的一种改进是二维数组，其中每一行对应一个辅码值。一行中包含一些主码，这些主码的记录具有标识的辅码值。图 10.3 说明了这种方法。现在没有辅码值重复，可能会节省相当大的空间。插入和删除的代价也减少了，因为表中只有一行需要调整。当添加一个新的辅码值时，就把一个新行添加到数组中。这可能会导致多条记录移动，但是在适合使用该方式的应用中，这种情况不会频繁发生。

Jones	AA10	AB12	AB39	FF37
Smith	AX33	AX35	ZX45	
Zukowski	ZQ99			

图 10.3　二维线性索引。每一行列出与某个辅码值相关的主码。在这
　　　　个例子中，辅码是一个名字，主码是一个唯一的4字符代码

这种方法的一个缺陷是，数组必须有固定的长度，从而对可能与某个辅码相关的主码的数目强加了一个上限。而且，对于那些相关记录数目比数组长度小的辅码，会浪费行中剩余的空间。一种更好的方法是有一个辅码值的一维数组，每个辅码值都与一个链表关联。如果索引存储在主存中，这样能工作得很好。但是当索引存储在磁盘中就不一样了，因为关键码的链表可能分散在多个磁盘块中。

想一下存储雇员记录的大型数据库。如果主码是雇员标识号，辅码是雇员名字，那么名字索引表中的每一条记录都把一个名字与一个或多个标识号关联起来。标识号索引则把一个标识号与一个指向磁盘中完整记录的唯一指针关联起来。这样组织起来的辅码索引也称为倒排表(inverted list)或者倒排文件(inverted file)。它把检索过程反过来，从辅码到主码，再到实际数据记录。它也可以称为一个线性表，因为每个辅码值(从概念上说)有一组主码值与之

关联。图 10.4 说明了这种组织方式。这里把名字作为辅码。主码是一个 4 个字符的唯一标识符。

图 10.5 说明了一个存储倒排表的更好的方法。一组辅码值如前所示。与每个辅码关联的是一个指向主码数组的指针。主码数组使用链表实现。这种方法把所有辅码表的存储结合到一个数组中，可能会节省空间。主码数组中的每一条记录由一个主码值和一个指向表中下一项的指针组成。从数组中插入、删除辅码很容易，这是基于磁盘的倒排文件的一个很好的实现。

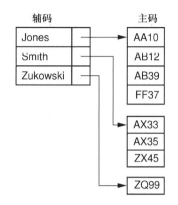

图 10.4　倒排表图示。每个辅码值存储在辅码表中。表中每个辅码值都有一个指向一组主码的指针，与这些主码相关的记录都具有这个辅码值

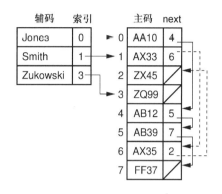

图 10.5　通过把辅码数组与主码表结合起来实现倒排表。辅码数组中的每一条记录都包含一个指向主码表中某一条记录的指针，主码表中的 **next** 字段具有这个辅码值的下一条记录

10.2　ISAM

怎样处理需要频繁更新的大型数据库呢？线性索引的主要问题是，它是一个单一的大块，不便于更新，因为一次更新就需要改变索引中每个关键码的位置。倒排表倒是减轻了这个问题的严重性，但是倒排表只适用于辅码值远少于记录数的辅码索引。如果能把线性索引分成多个块，每次更新只影响其中一部分索引，那么线性索引作为主码索引还是很好的。这种思想会贯穿本章的其余部分，最后会汇集到今天最广为使用的索引方法——B$^+$树中。但是首先必须从研究 ISAM 开始。这种方法是解决需要频繁更新的大型数据库的一个早期尝试。通过了解它的缺陷可以知道使用 B$^+$树的好处。

在有效的树形索引方法发明以前，人们使用过各种各样基于磁盘的索引方法。所有这些方法都很笨拙，这主要是因为没有合适的处理更新的方法。一般来说，更新会使索引性能降低，ISAM 就是这样一种索引。在采用 B 树之前，就被 IBM 广泛使用了。

ISAM 是基于线性索引的一种改进形式，如图 10.6 所示。记录按照主码值的顺序存储。磁盘文件分布在一组磁盘柱面中①。每个柱面中存放着一个已排序线性表扇区。初始时，每个柱面的容量并没有填满，额外空间是柱面溢出区（cylinder overflow）。在主存中有一个表，

---

① 从 8.2.1 节可以看到，一个柱面是由一些可读磁道组成的，通过磁盘驱动器上多个盘片上的磁头来读取磁道上特定位置的数据。

列出了文件每个柱面的最小关键码值,称为柱面索引(cylinder index)。当插入新记录时,就把新记录放到相应柱面的溢出区中(实际上,柱面作为桶使用)。如果柱面的溢出区完全填满了,那么就使用系统级溢出区。检索从主存中的系统级表开始,确定相应的柱面。然后从磁盘中读入柱面的块表,以确定相应的块。如果在块中找到了记录,那么检索完成,否则就检索柱面溢出区。如果溢出区也已经满了,却还没有找到记录,那么就检索系统级溢出区。

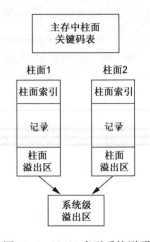

图 10.6　ISAM 索引系统说明

在数据库初始创建之后,只要没有记录的插入、删除,访问就会很有效率,因为只需要两次磁盘读取。第一次磁盘读取从目标柱面中得到块表,第二次磁盘读取得到相应的块。如果情况还好,就会找到需要的记录。经过多次插入后,溢出表会变得过大。随着柱面溢出区的填满,就会导致过长的检索时间。在极端情况下,许多检索都会到达系统级溢出区。对这个问题的"解决方法"是定期重组整个数据库。这意味着要在柱面之间重新分配记录,在每个柱面内重新排序记录,并且更新系统索引表和柱面内的块表。在 20 世纪 60 年代,这种重组对于数据库系统很普遍,而且一般在夜间完成。

10.3　基于树的索引

如果数据库是静态的,也就是说,当极少或者没有记录插入、删除时,线性索引是很有效率的。ISAM 对于有限次更新足够了,但是不适用于频繁修改。由于 ISAM 实际上是两级索引,因而对于真正的大型数据库,它也要进行分解,因为这些数据库第一级索引的柱面数太大,不能放在主存中。

一般的数据库应用程序具有以下特征:

1. 频繁更新大量记录。
2. 根据一个关键码或者多个关键码的组合进行检索。
3. 使用关键码范围查询或者最大值/最小值查询。

对于这样的数据库,需要更好的数据组织方式。一种方法是使用二叉检索树(BST)存储主码索引和辅码索引。BST 可以存储重复的关键码值,提供有效率的插入、删除,以及有效率的检索,而且还可以完成有效率的范围查询。如果主存空间足够大,BST 是实现主码索引和辅码索引的一种可行的选择。

但是,BST 会变得不平衡。即使在较好的情况下,叶结点的深度很容易成倍的变化。如果树结构存储在主存中,这可能不算是一个重要问题,因为检索和更新需要的时间仍然是 $\Theta(\log n)$。然而,如果树结构存储在磁盘中,叶结点的深度就非常关键了。每次访问一个 BST 的结点 B 时,都要访问从根结点到结点 B 的路径上的所有结点。必须从磁盘中读出这条路径上的每一个结点。每次磁盘访问都得到一个磁盘块的信息。如果一个结点与其父结点在同一个磁盘块中,那么一旦其父结点在主存中,访问这个结点的代价就微忽其微了。这样,就非常有必要把子树保存在同一个磁盘块内。但是,有很多时候,一个结点与其父结点并不是在同一个磁盘块中。因此，每次对 BST 某个结点的访问可能需要从另一个磁盘块中进行读取。如果 BST 访问表现出良好的引用局部性，使用一个缓冲池在主存中存储多个磁盘块就可以缓解磁盘访问的问题，但是这样做并不能完全解决磁盘 I/O 问题。如果 BST 不平衡，问题就更严重了，因为树中层次很深的结点可能会导致读出很多磁盘块。这样，要对基于磁盘的 BST 进行有效率的检索，有两个重要问题必须提及。第一个问题是如何保持树结构的平衡。第二个问题是如何在磁盘块中安排结点，使得从根结点到任何叶结点的路径所经过的块最少。

需要选择一种方法，既能使 BST 保持平衡，又能很好地把 BST 结点分配到块中，使访问结点需要的磁盘 I/O 最少，如图 10.7 所示。然而，面对插入和删除时，坚持这种方法是很困难的。特别是当进行一次更新时，树结构仍然应当保持平衡，这样做可能需要大量的重组操作。每次更新应当只影响一些磁盘块，否则开销会太大。从图 10.8 中可以看到，采用一种规则，例如要求 BST 是完全二叉树，会引起树结构中大量数据的重组。

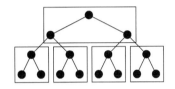

图 10.7　把 BST 分成块。BST 在磁盘块之间划分，每个磁盘块中有 3 个结
　　　　　点的空间。从根结点到任何叶结点的路径都包含在两个磁盘块中

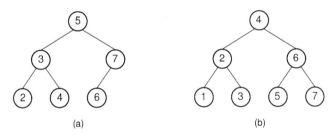

图 10.8　插入之后试图重新平衡 BST 的代价很高。(a)有 6 个结点具有完全二
　　　　　叉树形状的 BST；(b)把一个值为 1 的结点插入(a)的 BST 中。为了既
　　　　　维持完全二叉树形状，又保持 BST 的特性，需要对树进行重大重组

可以选择另一种树结构来解决这些问题，这种树结构更新之后仍然能自动保持平衡，而且适用于按块存储。有许多广泛使用的平衡树形数据结构，还有许多技术用于保持 BST 平衡。一个例子就是 13.2 节讨论的伸展树和 AVL。另一个选择就是 10.4 节给出的 2-3 树(2-3 tree)，这种树结构的特征是它的叶结点总是在同一层。这里优先讨论 2-3 树而不是其他平衡检索树的主要原因是，它会很自然地引出 10.5 节的 B 树，而 B 树是当前最为广泛使用的索引方法。

10.4　2-3 树

这一节介绍的数据结构类型称为 2-3 树。2-3 树不是一种二叉树，但是它的形状符合下面的定义：

1. 一个结点包含一个或两个关键码。

2. 每个内部结点有两个子结点(如果它包含一个关键码)或者三个子结点(如果它包含两个关键码),因此得名 2-3 树。

3. 所有叶结点都在树结构的同一层,因此树的高度总是平衡的。

除了这些形状上的特征以外,2-3 树还有一个类似于 BST 的检索树特征。对于每个结点,其左子树中所有后继结点的值都小于第一个关键码的值,而其中间子树中所有结点的值都大于或等于第一个关键码的值。如果结点有右子树(相应地,结点存储两个关键码),那么其中间子树中所有后继结点的值都小于第二个关键码的值,而其右子树中所有后继结点的值都大于或等于第二个关键码的值。为了维持这些形状特征和检索特性,在插入、删除结点时需要采取特别的操作。2-3 树有这样一个优点,它能以相对较低的代价保持树的高度的平衡。

图 10.9 中是一棵 2-3 树,结点标识为有 2 个值字段的矩形框。(这些结点实际上可以包括完整的记录或者与完整记录相链接的指针,但是图中只标出了关键码值。)只有两个子结点的右边值字段为空。叶结点可能包含一个或者两个关键码。图 10.10 是 2-3 树结点的说明。类 **TTNode** 是 2-3 树类 **TTTree** 的私有类,这样就可以使 **TTNode** 的数据成员为公有的,以简化说明。

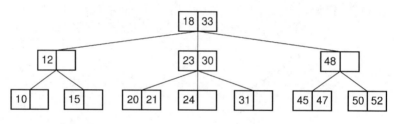

图 10.9　一棵 2-3 树

```cpp
template <typename Key, typename E>
class TTNode {          // 2-3 tree node structure
public:
  E lval;               // The node's left record
  Key lkey;             // Left record's key
  E rval;               // The node's right record
  Key rkey;             // Right record's key
  TTNode* left;         // Pointer to left child
  TTNode* center;       // Pointer to middle child
  TTNode* right;        // Pointer to right child
  TTNode() {
    center = left = right = NULL;
    lkey = rkey = EMPTYKEY;
  }
  TTNode(Key lk, E lv, Key rk, E rv, TTNode<Key,E>* p1,
           TTNode<Key,E>* p2, TTNode<Key,E>* p3) {
    lkey = lk; rkey = rk;
    lval = lv; rval = rv;
    left = p1; center = p2; right = p3;
  }
  ~TTNode() { }
  bool isLeaf() { return left == NULL; }
  TTNode<Key,E>* add(TTNode<Key,E>* it);
};
```

图 10.10　2-3 树实现的代码

这个简单的类说明并没有区分叶结点和内部结点，因此导致空间有一些浪费，这是因为每个叶结点存储三个指针。这里可以采用 5.3.1 节的技术，利用不同的类实现内部结点和叶结点。

根据 2-3 树定义的规则，可以推导出树结构结点数和其深度之间的关系。高度为 k 的 2-3 树至少有 2^{k-1} 个叶结点，因为如果每个内部结点有 2 个子结点，它就会形成完全二叉树的形状。一个高度为 k 的 2-3 树至多有 3^{k-1} 个叶结点，因为每个内部结点最多可以有 3 个子结点。

在 2-3 树中检索类似于在 BST 中检索。检索从根结点开始。如果根结点不包含检索关键码 K，那么就只在可能包含关键码 K 的子树中继续进行检索。根据存储在根结点中的值可以确定需要检索哪一个子树。例如，如果在图 10.9 的树结构中从根结点开始检索值 30，由于 30 在 18 和 33 之间，它只有可能在中间子树中。检索根结点的中间子树中的子结点就会得到所需要的关键码。如果检索值 15，那么第一步还是检索根结点。由于 15 小于 18，进入第一个（左边的）分支。在下一层，进入第二个分支，到达包含值 15 的叶结点。如果检索的关键码是 16，那么当碰到包含值 15 的叶结点时，就会发现要检索的关键码不在树中。图 10.11 就是 2-3 树检索方法的实现。

```
// Find the record that matches a given key value
template <typename Key, typename E>
E TTTree<Key, E>::
findhelp(TTNode<Key,E>* root, Key k) const {
  if (root == NULL) return NULL;          // value not found
  if (k == root->lkey) return root->lval;
  if (k == root->rkey) return root->rval;
  if (k < root->lkey)                     // Go left
    return findhelp(root->left, k);
  else if (root->rkey == EMPTYKEY)        // 2 child node
    return findhelp(root->center, k);     // Go center
  else if (k < root->rkey)
    return findhelp(root->center, k);     // Go center
  else return findhelp(root->right, k);   // Go right
}
```

图 10.11　2-3 树检索方法实现的代码

向一棵 2-3 树中插入记录类似于向一个 BST 中插入记录，新记录也放到相应的叶结点。与 BST 插入记录不同，2-3 树并不创建新的子结点来放置待插入的记录。也就是说，2-3 树不向下增长。如果关键码在树中，第一步是找到将会包含这个关键码的叶结点。如果这个叶结点只包含一个值，那么不需要对树做进一步修改，就可以把新记录添加到这个结点中，如图 10.12 所示。在这个例子中插入了关键码值为 14 的记录。从根结点开始检索，到达存储值 15 的叶结点。把 14 作为左边的值添加进来（把带有关键码值 15 的记录放到最右边的位置）。

如果要把新记录插入叶结点 L 中，而 L 中已经包含了两条记录，那么就需要创建更多的空间。考虑一下结点 L 中的两条记录和待插入的记录，不用关心哪两条记录是已经在 L 中的记录，哪一条记录是要插入的关键码值。第一步把 L 分裂成两个结点。这样，就必须从空闲存储区中创建一个新结点——称它为 L'。L 得到这三个关键码值中最小的一个，L' 得到其中最大的一个。中间的关键码值与指向 L' 的指针一起，被传回父结点，这称为一次提升（promotion）。然后把提升的关键码值插入父结点中。如果父结点当前只包含一条记录（这样只有两个子结点），那么只要简单地把提升的记录和指向 L' 的指针添加到父结点中。如果父结点已经满了,那么就重复进行分裂 – 提升过程。图 10.13 中说明了一次简单的提升。图 10.14 说明了当提升需要根结点分裂时会发生什么情况,并且向树中添加新的一层。在每一种情况下,所有叶结点仍然具有相同的深度。图 10.15 和图 10.16 给出了插入过程的实现。

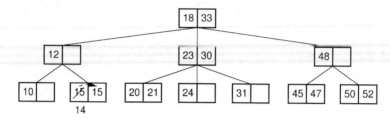

图 10.12　简单地向图 10.9 的 2-3 树中插入一条记录。值 14 插入树中包含 15 的叶结点。由于结点中有地方放第二个关键码,因此只是简单地把它添加到左边的位置,而把15移到右边的位置

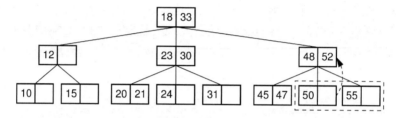

图 10.13　2-3 树的一个简单结点分裂插入过程。把值 55 添加到图 10.9 的 2-3 树中,这使得包含值50和52的结点分裂,把值52提升到父结点中

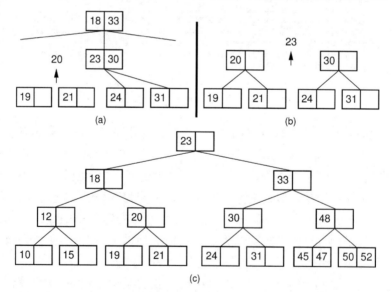

图 10.14　插入记录导致 2-3 树根结点分裂的例子。(a)把值 19 添加到图 10.9 的 2-3 树中。这引起了包含值20和21的结点分裂,提升值20;(b)这又依次引起了包含值23和30的内部结点分裂,提升值23;(c)最后,根结点分裂,被提升的值23成为新的根结点的左边记录。结果使树结构高了一层

图 10.15 的 **inserthelp** 有三个参数。第一个参数是指向当前子树根结点的指针，称
为 **rt**。第二个参数是记录要插入的值，第三个参数是记录本身。**inserthelp** 的返回值是
一个指向 2-3 树结点的指针。如果 **rt** 不变，那么返回一个指向 **rt** 的指针。如果 **rt** 被改变
了（由于插入导致结点分裂），那么返回一个指向新子树根的指针，其中关键码值（和记录值）
处于其最左边的域，中间的指针域指向（单个）子树。然后，修正的结点作为新根的子结点，
正如图 10.14 中展示的那样。

```
template <typename Key, typename E>
TTNode<Key,E>* TTTree<Key, E>::
inserthelp(TTNode<Key,E>* rt, const Key k, const E e) {
  TTNode<Key,E>* retval;
  if (rt == NULL) // Empty tree: create a leaf node for root
    return new TTNode<Key,E>(k, e, EMPTYKEY, NULL,
                             NULL, NULL, NULL);
  if (rt->isLeaf()) // At leaf node: insert here
    return rt->add(new TTNode<Key,E>(k, e, EMPTYKEY, NULL,
                                     NULL, NULL, NULL));
  // Add to internal node
  if (k < rt->lkey) {
    retval = inserthelp(rt->left, k, e);
    if (retval == rt->left) return rt;
    else return rt->add(retval);
  }
  else if((rt->rkey == EMPTYKEY) || (k < rt->rkey)) {
    retval = inserthelp(rt->center, k, e);
    if (retval == rt->center) return rt;
    else return rt->add(retval);
  }
  else { // Insert right
    retval = inserthelp(rt->right, k, e);
    if (retval == rt->right) return rt;
    else return rt->add(retval);
  }
}
```

图 10.15 2-3 树插入例程

当从 2-3 树中删除记录时，有三种情况需要考虑。最简单的情况是从包含两条记录的
叶结点中清除一条记录。在这种情况下，只是简单地清除这条记录，没有影响到其他结
点。第二种情况是叶结点中只有唯一一条记录，把这条记录清除。第三种情况是从内部结点
中清除一条记录。在第二种情况和第三种情况下，用另一条记录代替被删除的记录，这条记
录可以占据它的位置，同时还能维护树的正确次序，这类似于从 BST 中清除一个结点。如果
2-3 树过于分散，那么可能没有这样一条记录，使得所有结点仍然保持至少一条记录。在这
种情况下，需要把兄弟结点合并到一起。2-3 树的删除操作特别复杂，这里就不进一步讨论
了。下一节将给出删除操作的全面讨论，在那里将把它推广到 B 树的一个变体。

2-3 树的插入例程和删除例程不会在树的底部添加新结点。然而，它们会引起叶结点
的分裂或合并，而且可能会引起连锁效应，一直波及树结构的根结点。如果需要，树结构
的根结点也会分裂，从而创建一个新的根结点，并且使树结构更深一层。对于删除操作，
如果根结点的最后两个子结点合并，那么根结点将会被清除，并且使树结构减少一层。在
每一种情况下，所有叶结点都在同一层。当所有叶结点都在同一层时，就说一个树结构是
树高平衡的（height balanced）。由于 2-3 树是树高平衡的，而且每一个内部结点至少有 2 个
子结点，从而知道树的最大深度是 $\log n$。这样，2-3 树的所有插入、检索和删除操作都需
要 $\Theta(\log n)$ 时间。

```
// Add a new key/value pair to the node. There might be a
// subtree associated with the record being added. This
// information comes in the form of a 2-3 tree node with
// one key and a (possibly NULL) subtree through the
// center pointer field.
template <typename Key, typename E>
TTNode<Key,E>* TTNode<Key, E>::add(TTNode<Key,E>* it) {
  if (rkey == EMPTYKEY) { // Only one key, add here
    if (lkey < it->lkey) {
      rkey = it->lkey; rval = it->lval;
      right = center; center = it->center;
    }
    else {
      rkey = lkey; rval = lval; right = center;
      lkey = it->lkey; lval = it->lval;
      center = it->center;
    }
    return this;
  }
  else if (lkey >= it->lkey) { // Add left
    center = new TTNode<Key,E>(rkey, rval, EMPTYKEY, NULL,
                               center, right, NULL);
    rkey = EMPTYKEY; rval = NULL; right = NULL;
    it->left = left; left = it;
    return this;
  }
  else if (rkey > it->lkey) { // Add center
    it->center = new TTNode<Key,E>(rkey, rval, EMPTYKEY,
                                   NULL, it->center, right, NULL);
    it->left = this;
    rkey = EMPTYKEY; rval = NULL; right = NULL;
    return it;
  }
  else { // Add right
    TTNode<Key,E>* N1 = new TTNode<Key,E>(rkey, rval,
                                          EMPTYKEY, NULL, this, it, NULL);
    it->left = right;
    right = NULL; rkey = EMPTYKEY; rval = NULL;
    return N1;
  }
}
```

图 10.16   2-3 树结点的 **add** 方法

10.5 B 树

这一节介绍 B 树。B 树的研究通常归功于 R. Bayer 和 E. McCreight，他们在 1972 年的论文中描述了 B 树。到 1979 年，B 树几乎代替了除散列方法以外的所有大型文件访问方法。对于需要完成插入、删除和关键码范围检索等操作的应用程序，B 树或者 B 树的一些变体是标准的文件组织方法，在绝大多数现代文件系统中得到了广泛的应用。B 树有效地涉及了在实现基于磁盘的检索树结构时遇到的所有问题：

1. B 树总是树高平衡的，所有叶结点都在同一层；
2. 更新和检索操作只影响一些磁盘块，因此性能很好。影响的磁盘块越少，那么磁盘 I/O 请求就越少；
3. B 树把相关记录（即关键码有类似值的记录）放在同一个磁盘块中，从而利用了访问局部性原理来减少磁盘 I/O；
4. B 树保证树中至少有一定比例的结点是满的。这样能改进空间利用率，同时在检索和更新操作期间减少在一般情况下需要的磁盘读取数。

定义一个 m 阶 B 树有以下特性:

- 根要么是一个叶结点,要么至少有两个子结点;
- 除了根结点以外,每个内部结点有 $\lceil m/2 \rceil$ 到 m 个子结点;
- 所有叶结点都在树结构的同一层,因此树结构总是树高平衡的。

B 树只是 2-3 树的一种推广。从另一方面来说,2-3 树是一个 3 阶 B 树。通常,要使 B 树中结点的大小能填满一个磁盘块。B 树结点的实现一般允许 100 个甚至更多的子结点。这样,一个 B 树结点的大小就相当于一个磁盘块的大小了,存储在树结构中的"指针"值实际上是包含子结点的块号(通常是从相应磁盘文件开始的偏移量)。在一般的应用程序中,使用缓冲池和块替换方法如 LRU(见 8.3 节)来管理 B 树到文件块的访问。

图 10.17 是一个 4 阶 B 树,每个结点最多有 3 个关键码,内部结点最多有 4 个子结点。

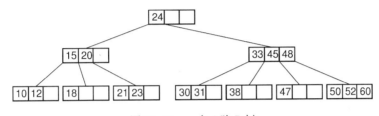

图 10.17　一个 4 阶 B 树

B 树检索是 2-3 树检索的一种推广。它是一个交替的两步过程,从 B 树的根结点开始。

- 在当前结点中对记录进行二分法检索。如果找到带有检索关键码值的记录,那么就返回这条记录。如果当前结点是叶结点,而且没有找到关键码,那么就报告检索失败。
- 否则,沿着正确的分支重复这一过程。

例如,考虑检索图 10.17 的树结构中带有关键码值 47 的记录。先检查根结点,然后进入第二个(右边的)分支。检查完第一层结点后,进入第三个分支,来到下一层,从而到达包含关键码值 47 的叶结点。

B 树插入是 2-3 树插入的推广。第一步是找到应当包含待插入关键码的叶结点,并检查是否有空间。如果这个结点中有地方,那么就插入关键码。如果没有,就把这个结点分裂成两个结点,并且把中间的关键码提升到父结点。如果父结点也已经满了,就再分裂父结点,并且再次提升中间的关键码。

插入过程保证保持所有结点至少半满。例如,当尝试向一个已满的 4 阶 B 树的内部结点插入关键码时,将会有 5 个关键码待处理。这个结点会分裂成为两个结点,每个结点包含两个关键码,这样就继续保持 B 树的特性了。5 个关键码的中间那一个将被提升到父结点。

10.5.1　B⁺ 树

前面一节提到的 B 树广泛用于实现基于磁盘的大型系统。实际上,像前面一节介绍的 B 树几乎从来都没有实现过,10.4 节介绍的 2-3 树也是一样。最普遍使用的是 B 树的一个变体,称为 B⁺ 树。当需要更高的效率时,就需要使用一个更为复杂的变体,称为 B* 树。

如果数据是静态的,线性索引可以提供非常有效率的方法进行检索。问题是如何处理那些麻烦的插入和删除操作。核心思想是,存储一个基于数组的有序线性表,并且把这个线性表分成更容易更新的可管理的块,使得该操作更加灵活。那么具体应该怎么做呢? 首先,必须决定块有多大。由于数据在磁盘上,可以使得一个索引块等于一个磁盘块的大小,或者为磁盘块的若干倍。如果下一个将要插入的记录所属磁盘块没有填满,那么正好完成插入。这样可能导致块内其他记录会稍微移动,不过没有关系,因为这并没有导致额外的磁盘访问,所有的移动都是在块内进行的。但是,如果磁盘块装满数据了该怎么办? 可以将其分成两半。如果想删除一条记录,那么应该如何处理呢? 只需要把被删除的记录从块中移出,不过并不希望存在太多快空的块。所以,如果两个相邻块的数据合并后,在一个磁盘块中能装下,那么可以把这两个块合并到一起,或者移动相邻块之间的数据,从而包含更多数据。最大的问题是,对一个给定关键码值的记录如何寻找合适的块。这些想法就是导致 B$^+$ 树出现的原因。B$^+$ 树本质上是一种管理基于数组的有序线性表的数据组织方法,其中线性表被分成很多个块。

　　B$^+$ 树和 BST,以及典型的 B 树最显著的差异是 B$^+$ 树只在叶结点存储记录,内部结点存储关键码值。但是这些关键码值只是占据位置,用于引导检索。这意味着内部结点在结构上与叶结点有着显著的差异。内部结点存储关键码来引导检索,把每个关键码与一个指向子结点的指针关联起来。叶结点存储实际记录。在 B$^+$ 树纯粹作为索引的情况下,叶结点则存储关键码和指向实际记录的指针,实际记录存储在单独的磁盘文件中。根据记录大小与关键码大小的比例,m 阶 B$^+$ 树中的叶结点可能存储多于或少于 m 条记录。只是简单地要求叶结点存储足够的记录,达到至少半满。B$^+$ 树的叶结点一般链接起来,形成一个双链表。这样,通过访问链表中的所有叶结点,就可以按照排序的次序遍历全部记录。下面就是 B$^+$ 树结点类的类似于C++的伪代码表示。叶结点和内部结点将实现这个基类。

```
// Abstract class definition for B+-trees
template <typename Key, typename E>class BPNode {
public:
  BPNode* lftptr;  BPNode* rghtptr; // Links to siblings
  virtual ~BPNode() {} // Base destructor
  virtual bool isLeaf() const =0;   // True if node is a leaf
  virtual bool isFull() const =0;   // True if node is full
  virtual int numrecs() const =0;   // Current num of records
  virtual Key* keys() const=0;      // Return array of keys
};
```

有一个重要的实现细节需要注意,尽管图 10.17 显示内部结点包含 3 个关键码和 4 个指针,但是类 **BPNode** 稍有不同,它存储关键码/指针对。图 10.17 中的 B$^+$ 树是它的传统形式。为了简化实际实现,结点确实把一个关键码和一个指针关联起来。应该假设每个内部结点最左边的位置还有一个额外的关键码,这个关键码值小于等于结点最左边子树中任何可能的关键码值。B$^+$ 树的实现一般都在最左边的叶结点存储一个额外的虚记录,这条记录的关键码值小于任何可能存在的关键码值。

　　B$^+$ 树特别适合范围查询。一旦找到了范围内的第一条记录,通过顺序处理结点中的其余记录,然后继续下去,尽可能深入叶结点链表,就可以找到范围内的其余记录。图 10.18 是 B$^+$ 树的一个例子。

　　B$^+$ 树的检索必须一直到达相应的叶结点,除此以外,它与正规 B 树的检索完全一样。即使在内部结点找到了要检索的关键码值,这个值只是占据一个位置,并不提供对实际记录的访问。要在图 10.18 的 B$^+$ 树中找到关键码值为 33 的记录,就要从根结点开始检索。存储在根结点中的值 33 只是作为占位符,表示大于或等于 33 的关键码值可以在第二个子树中找到。从根结点的第二个子结点进入第一个分支,到达包含带有关键码值 33 的实际记录(或者一个指向实际记录的指针)的叶结点。图 10.19 展示了一个 B$^+$ 树检索算法的伪代码框架。

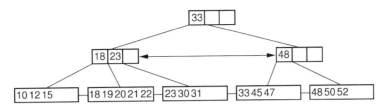

图 10.18　一棵 4 阶 B⁺ 树的例子。内部结点必须存储 2 ~ 4 个子结点。
　　　　　对于这个例子，记录的大小假定叶结点可以存储3 ~ 5条记录

```
template <typename Key, typename E>
E BPTree<Key, E>::findhelp(BPNode<Key,E>* rt, const Key k)
                                const {
  int currec = binaryle(rt->keys(), rt->numrecs(), k);
  if (rt->isLeaf())
    if ((((BPLeaf<Key,E>*)rt)->keys())[currec] == k)
      return ((BPLeaf<Key,E>*)rt)->recs(currec);
    else return NULL;
  else
    return findhelp(((BPInternal<Key,E>*)rt)->
                            pointers(currec), k);
}
```

图 10.19　B⁺ 树检索算法的伪码框架

　　B⁺ 树的插入过程类似于 B 树的插入过程。首先找到应当包含记录的叶结点 *L*。如果叶结点 *L* 还没有满，那么就把新记录添加进去，而且没有影响到 B⁺ 树的其他结点。如果叶结点已经满了，那么就把它分裂成两个结点(在两个结点之间平均分配记录)，然后在新形成的右边结点把最小关键码值的一份副本提升到父结点。就像在 2-3 树中一样，提升可能会依次引起父结点的分裂，最后可能会引起根结点的分裂，从而引起 B⁺ 树增加一层。B⁺ 树的插入能保持所有叶结点处于相同深度。图 10.20 通过多个例子说明了插入过程。图 10.21 是 B⁺ 树插入算法的类C++伪码框架。

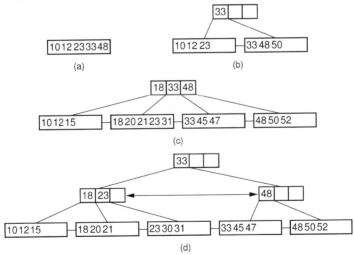

图 10.20　B⁺ 树插入的例子。(a)一个包含 5 条记录的 B⁺ 树；(b)把一个关键码值为 50 的记录插入(a)中的树之后的B⁺ 树。叶结点分裂，从而创建了第一个内部结点；(c)在(b)中的B⁺ 树经过了多次插入；(d)把一个关键码值为30的记录插入(c)中的树结构的结果。第二个叶结点分裂，从而依次引起内部结点分裂，最终创建了新的根结点

```
template <typename Key, typename E>
BPNode<Key,E>* BPTree<Key, E>::inserthelp(BPNode<Key,E>* rt,
                        const Key& k, const E& e) {
  if (rt->isLeaf()) // At leaf node: insert here
    return ((BPLeaf<Key,E>*)rt)->add(k, e);
  // Add to internal node
  int currec = binaryle(rt->keys(), rt->numrecs(), k);
  BPNode<Key,E>* temp = inserthelp(
        ((BPInternal<Key,E>*)root)->pointers(currec), k, e);
  if (temp != ((BPInternal<Key,E>*)rt)->pointers(currec))
    return ((BPInternal<Key,E>*)rt)->
                    add(k, (BPInternal<Key,E>*)temp);
  else
    return rt;
}
```

图 10.21　B⁺树插入算法的类C++伪码框架

要从 B⁺ 树中删除记录 R，首先找到包含要删除的记录 R 的叶结点 L。如果叶结点 L 超过半满，那么只需要删除记录 R，剩下的叶结点 L 仍然至少半满，图 10.22 对此进行了说明。

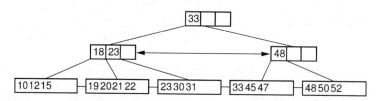

图 10.22　从 B⁺ 树中进行简单的删除。从图 10.18 的树结构中删除带有关键码值 18 的记录。由于18只是用于在父结点中引导检索的占位符，即使树结构中没有关键码值为18的记录，它的值也不需要从内部结点中删除。这样，当关键码值为18的记录从其结点中删除后，这个例子中第一层最左边的结点仍然保留关键码值18

如果删除一条记录使结点中的记录数减少到小于最低限度[称为下溢(underflow)]，那么必须采取一些措施使结点足够满。第一个选择是查看相邻的兄弟结点，确定是否有更多的记录，以填补这个空缺。如果兄弟结点的记录很多，那么就从兄弟结点转移过来足够的记录，使两个结点有同样多的记录。这样做是为了尽可能延迟由于删除而引起的结点的再一次下溢。这个过程可能需要父结点修改其占位关键码值，以反映每个结点真正的第一个关键码值。图 10.23 说明了这个过程。

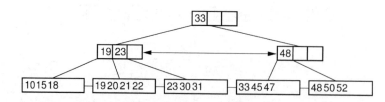

图 10.23　通过从兄弟结点借用记录的方式对图 10.18 中的 B⁺ 树进行删除。从最左边的叶结点中删除值为12的关键码，使关键码值为18的记录移到最左边的叶结点，占据它的位置。要正确标识子树中的关键码范围，必须更新父结点。在这个例子中，父结点最左边的关键码值改为19

如果没有一个兄弟结点可以把记录借给这条记录过少的结点(称它为 N)，那么结点 N 必须把它的记录让给一个兄弟结点，并且从树中删除结点 N。兄弟结点当然有空间允许这样做，因为兄弟结点最多半满（想一想它没有记录借给结点 N），而由于下溢，结点 N 的记录不足一半。这个合并过程把父结点的两棵子树合成一棵，可能会依次使父结点下溢。如果根结点的最后两个子结点合并到一起，那么树结构就会减少一层。图 10.24 说明了结点合并删除过程。图 10.25 是 B⁺树删除算法的类C++伪码框架。

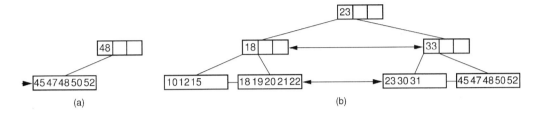

图 10.24　通过合并兄弟结点，从图 10.18 中的 B⁺树中删除关键码值为 33 的记录。(a)最右边的两个叶结点合并到一起，形成一个叶结点，可是父结点现在只有一个子结点；(b)由于左边的子树中有一个叶结点有空闲空间，就把这个叶结点转移到右边的子树中。根结点的占位关键码值和右边内部结点的占位关键码值被更新，以反映这种改变。值23移到根结点，旧的根结点值33移到最右边的内部结点

```
/** Delete a record with the given key value, and
    return true if the root underflows */
template <typename Key, typename E>
bool BPTree<Key, E>::removehelp(BPNode<Key,E>* rt,
                                const Key& k) {
  int currec = binaryle(rt->keys(), rt->numrecs(), k);
  if (rt->isLeaf())
    if (((BPLeaf<Key,E>*)rt)->keys()[currec] == k)
      return ((BPLeaf<Key,E>*)rt)->del(currec);
    else return false;
  else // Process internal node
    if (removehelp(((BPInternal<Key,E>*)rt)->
                              pointers(currec), k))
      // Child will merge if necessary
      return ((BPInternal<Key,E>*)rt)->underflow(currec);
    else return false;
}
```

图 10.25　B⁺树删除算法的类C++伪码框架

B⁺树要求所有结点至少半满（根结点除外）。这样，存储利用率必须达到至少 50% 。这对许多实现来说，已经可以满足要求了。但是如果能让结点更满，那么需要的空间就会更少（因为磁盘文件中未用的空间更少），而且处理效率也会更高（因为每个块中的信息量更大，平均来说，需要读入主存的块数也就更少）。由于 B⁺树已经广泛使用，许多人试图改进其性能。一种实现方法是使用 B⁺树的一个变体，称为 B*树。除了分裂、合并结点的规则不同以外，B*树与 B⁺树完全相同。B*树在结点上溢时不把它分成两半，而是把一些记录给它相邻的兄弟结点。如果兄弟结点也满了，那么就把这两个结点分成三个。同样，当一个结点下溢时，它就与其两个兄弟结点合并，这三个结点就减少为两个结点。这样，结点总是包含至少三分之二的记录①。

---

① 如果需要更高的空间利用率，这种思想还可以进一步扩展。然而，更新例程就会变得更加复杂。有一次我参与开发一个项目，实现了一个 3~4 个结点的分裂与合并例程。这比 B*树的 2~3 个结点的分裂与合并例程有更好的性能。然而，分裂与合并例程如此复杂，以至于其开发者在完成之后都无法理解它。

10.5.2　B 树分析

对 B 树、B⁺树和 B*树进行检索、插入和删除操作的渐近代价是 $\Theta(\log n)$，其中 n 是树结构中的记录总数。然而，对数运算的底数是树结构的(平均)分支因子。一般的数据库应用程序使用非常大的分支因子，可能是 100，或者更大。这样，B 树和它的变体在实际应用中是非常有限的。

作为一个说明，考虑一下 100 阶的 B⁺树，它的叶结点包含多达 100 条记录。一个一层 B⁺树(等于说只有一个叶结点)最多可以有 100 条记录。一个两层 B⁺树(一个根结点带着一些都是叶结点的子结点)至少要有 100 条记录(2 个叶结点，每个叶结点 50 条记录)。它最多可以有 10 000 条记录(100 个叶结点，每个叶结点 100 条记录)。一个三层 B⁺树至少要有 5 000 条记录(2 个二级结点，每个二级结点有 50 个子结点，每个子结点包含 50 条记录)，最多可以有 100 万条记录(100 个二级结点，每个二级结点有 100 个子结点，这些子结点中的记录都是满的)。一个四层 B⁺树至少有 250 000 条记录，最多可以有 1 亿条记录。这样，产生一个超过四层的 B⁺树需要极大的数据库。

B⁺树的插入和分裂规则保证每个结点(除了根结点)至少是半满的。所以平均是 3/4 满的。但是内部结点纯粹是结构性开销(overhead)，那里存储的关键码值仅仅用于检索，而不是存储实际数据。这些结构性开销浪费了可观的空间吗？答案是否定的，因为该树结构的高扇出率意味着大多数结点都是叶结点。由 6.4 节可知，一棵满 K 叉树差不多有 $1/K$ 的结点是内部结点。也就是说，虽然完全二叉树有一半内部结点，但是 100 阶 B⁺树中差不多只有 1/75 的结点是内部结点，这就意味着与内部结点相关的结构性开销并不算太高。

可以使用下面的方法进一步减少 B 树需要的磁盘读取数。首先，树结构的上面几层可以一直存储在主存中。因为树结构分叉很快，上面两层(第 0 层和第 1 层)需要的空间较少。如果 B 树只有四层深，那么到达任何给定记录的指针最多只需要两次磁盘读取(第二层的内部结点和第三层的叶结点)。

可以使用缓冲池管理 B 树中的结点。一般来说，在同一时刻，树结构中可以有多个结点在主存中。最直接的方法是使用一种标准方法进行结点替换，例如 LRU。然而，有时候可能需要在缓冲池中"锁定"某个结点，例如根结点。一般来说，如果缓冲池的大小适当(即至少是树结构深度的两倍)，那么就不需要特别的结点替换技术了，因为上层结点自然会被频繁访问。

10.6　深入学习导读

对于这一章所涉及问题的更广泛讨论，可以参见一般的文件处理教材。例如，Folk 和 Zoellick 编写的 *File Structures：A Conceptual Toolkit*［FZ98］，特别是 Folk 和 Zoellick 对主码索引和辅码索引的关系给出了很好的讨论。关于 B 树的各种实现，最全面的讨论是 Comer 的综述性论文［Com79］。有关 B 树实现的深入细节也可以参见［Sal88］。对于 B⁺树一类数据结构的缓冲池管理策略的讨论可以参见 Shaffer 和 Brown 的著作［SB93］。

10.7　习题

10.1　假定一个计算机系统有 1 024 字节的磁盘块。要存储的每一条记录中的 4 字节是关键码，4 字节是数据字段。记录已经排序，顺序地存放到磁盘文件中。

（a）假定线性索引使用 4 字节来存储关键码值，4 字节存储相关记录的磁盘块 ID 号。如果使用大小为 256KB 的线性索引，文件中最多可以有多少条记录？

（b）如果线性索引也存储在磁盘中（这样它的大小仅受二级索引限制），而且使用如图 10.2 所示的 1 024 字节（即 256 个关键码值）的二级索引时，文件中最多可以存储多少条记录？二级索引中的每个单元引用线性索引的磁盘块中最小关键码值。

10.2 假定一个计算机系统有 4 096 字节的磁盘块。要存储的每一条记录中的 4 字节是关键码，64 字节是数据字段。记录已经排序，顺序地存放到磁盘文件中。每个块中的第一条记录用于线性索引。通过线性索引访问磁盘文件中的记录。

（a）假定线性索引使用 4 字节来存储关键码值，4 字节存储相关记录的磁盘块 ID 号。如果线性索引的大小是 2MB，最多可以在磁盘文件中存储多少条记录？

（b）如果线性索引也存储在磁盘中（这样它的大小仅受二级索引限制），而且使用如图 10.2 所示的 4 096 字节（即 1 024 个关键码值）的二级索引时，文件中最多可以存储多少条记录？二级索引中的每个单元引用线性索引的磁盘块中的最小关键码值。

10.3 修改 3.5 节的 **binary** 函数，使它支持具有定长关键码的变长记录，关键码按照图 10.1 所示的简单线性索引进行索引。

10.4 假定一个数据库存储的记录由 2 字节的整数关键码和一个变长的数据字段组成，数据字段是一个字符串。给出下面一组记录的线性索引（如图 10.1 所示）：

397	Hello world!
82	XYZ
1038	This string is rather long
1037	This is shorter
42	ABC
2222	Hello new world!

10.5 下面的每一条记录都是由一个 4 位数的主码（没有重复）和一个 4 个字符的辅码（有许多重复）组成。

3456	DEER
2398	DEER
2926	DUCK
9737	DEER
7739	GOAT
9279	DUCK
1111	FROG
8133	DEER
7183	DUCK
7186	FROG

（a）给出这组记录的倒排表（如图 10.4 所示）。

（b）给出这组记录改进的倒排表（如图 10.5 所示）。

10.6 在什么情况下，ISAM 比 B$^+$ 树的实现更有效率？

10.7 证明 k 层 2-3 树的叶结点数目在 2^{k-1} 到 3^{k-1} 之间。

10.8 给出把值 55 和值 46 插入图 10.9 的 2-3 树中的结果。

10.9 给定一组记录，其关键码值是字母。记录按照下面的顺序插入：C，S，D，T，A，M，P，I，B，W，N，G，U，R，K，E，H，O，L，J。给出插入这些记录后的 2-3 树。

10.10 给定一组记录，其关键码值是字母。记录按照下面的顺序插入：C，S，D，T，A，M，P，I，B，

W, N, G, U, R, K, E, H, O, L, J。当把2-3树改进为2-3$^+$树时, 即内部结点只作为占位符, 给出插入这些记录后的2-3$^+$树。假定叶结点最多可以放2条记录。

10.11　给出把值55插入图10.17中B树的结果。

10.12　给出把值1、2、3、4、5和6(按照这个顺序)插入图10.18中B$^+$树的结果。

10.13　给出把值18、19和20(按照这个顺序)从图10.24(b)的B$^+$树中删除的结果。

10.14　给定一组记录, 其关键码值是字母。记录按照下面的顺序插入: C, S, D, T, A, M, P, I, B, W, N, G, U, R, K, E, H, O, L, J。给出插入这些记录后的4阶B$^+$树。假定叶结点最多可以放3条记录。

10.15　假定有一个B$^+$树, 它的内部结点可以存储多达100个子结点, 叶结点可以存储多达15条记录。对于1、2、3、4和5层B$^+$树, 能够存储的最大记录数和最小记录数是多少?

10.16　假定有一个B$^+$树, 它的内部结点可以存储多达50个子结点, 叶结点可以存储多达50条记录。对于1、2、3、4和5层B$^+$树, 能够存储的最大记录数和最小记录数是多少?

10.8　项目设计

10.1　对如图10.1和图10.2所示的变长记录实现一个二级线性索引。假定磁盘块的长度是1 024字节。数据库文件中记录的长度一般在20字节到200字节之间, 包括4字节的关键码值。索引文件中的每一条记录存储一个关键码值和一个字节偏移量, 这个偏移量表示相应记录的第一个字节在数据库文件中的字节偏移量。顶层索引(存储在主存中)应当是一个简单的数组, 存储索引文件相应块的最小关键码值。

10.2　实现2-3$^+$树, 即内部结点只作为占位符的2-3树。这个2-3$^+$树应当实现4.4节的字典接口。

10.3　按照10.5节介绍的B$^+$树结构, 对于一个存储在磁盘中的大文件, 实现4.4节描述的字典ADT。假定磁盘块包括1 024字节, 这样叶结点和内部结点都是1 024字节。记录应当存储一个4字节(**int**)的关键码值和60字节的数据字段。内部结点应当存储关键码值/指针对, 其中"指针"是子结点在磁盘中的实际块号。内部结点和叶结点都需要空间存储各种信息, 例如存储在这个结点中记录的计数、指向同一层下一个结点的指针等。这样, 根据你的实现, 叶结点将存储15条记录, 内部结点将有地方存储大约120～125个子结点。使用一个缓冲池(见8.3节)管理对存储在磁盘中结点的访问。

第四部分

高级数据结构

第11章 图

图在数据结构中提供了极大的灵活性。图可以用于对现实世界中的系统和抽象的问题进行建模，因此大量应用程序都用到了图。下面的几个例子，是通常用图来解决的一些问题：

1. 为计算机之间的互连与通信网络之间的互连建模；
2. 把一张地图表示为一组位置点，以及位置点之间的距离，求两个位置点之间的最短路径；
3. 为交通网络的流量状态建模；
4. 寻找从开始状态到目标状态的路径，例如人工智能中的问题求解；
5. 为计算机算法建模，显示程序状态之间的转换；
6. 为一个复杂的活动找到一个可以接受的各个子任务完成的先后顺序，例如大型建筑工程的建设任务分解；
7. 为家族、商业或军事组织和自然科学分类中的各种相互关系建模。

从 11.1 节开始，首先介绍一些图的基本术语，然后定义图的两种基本表示方法：相邻矩阵和邻接表；11.2 节介绍图的抽象数据类型 ADT 及其基于相邻矩阵和邻接表的简单实现；11.3 节介绍两种最常用的图遍历算法：深度优先搜索和广度优先搜索，以及它们在拓扑排序中的应用；11.4 节介绍解决图中最短路径问题的算法；最后，11.5 节介绍寻找最小支撑树的算法，这对于确定网络连接的最小代价非常有用。除了本身的实用性和趣味性以外，上述算法还使用了前面几章介绍过的大部分数据结构。

11.1 术语和表示法

图可以用 $G = (V, E)$ 来表示，每个图中都包括一个顶点集合 V 和一个边集合 E，其中 E 中的每条边都是 V 中某一对顶点之间的连接①。顶点总数记为 $|V|$，边的总数记为 $|E|$，$|E|$ 的取值范围是从 0 到 $|V|^2 - |V|$。边数较少的图称为稀疏图（sparse graph），边数较多的图称为密集图（dense graph），包括所有可能边的图称为完全图（complete graph）。

如果图的边限定为从一个顶点指向另一个顶点，则称这个图为有向图（directed graph 或 digraph）[如图 11.1(b)所示]。如果图中的边没有方向性，则称之为无向图（undirected graph）[如图 11.1(a)所示]。如果图中各顶点均带有标号，则称之为标号图（labeled graph）[如图 11.1(c)所示]。一条边所连接的两个顶点称为相邻的（adjacent），这两个顶点互称为邻接点（neighbor）。连接一对邻接点 U、V 的边被称为与顶点 U、V 相关联（incident）的边，记作 (U, V)。每条边都可能附带一个值，称为权（weight）。边上标有权的图称为带权图（weighted graph）[如图 11.1(c)所示]。

---

① 有一些图的应用程序中需要一对顶点之间有多条平行的边，或者一个顶点有指向自己的边。但是，本书中的任何应用程序都不需要这种特殊情况。为了简单起见，假设这些情况都不存在。

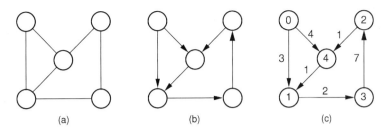

图 11.1 图及其术语示例。(a)一个图;(b)一个有向图;(c)一个有向标号图,其边上标
有权。在这个例子中从顶点0到顶点3存在一条包括顶点0、顶点1和顶点3的简
单路径。顶点0,1,3,2,4再到顶点1也构成一条路径,但不是简单路径,
因为顶点1出现了两次。顶点1,3,2,4再到顶点1构成了一条简单回路

如果顶点序列 $v_1, v_2, \cdots, v_n$ 从 v_i 到 v_{i+1}($1 \leqslant i < n$)的边均存在,则称顶点序列 $v_1, v_2, \cdots, v_n$ 构成一条长度为 $n-1$ 的路径(path)。如果路径上的各个顶点都不同,则称这个路径为简单路径(simple path)。路径长度(length)是指路径包含的边数。如果一条路径将某个顶点(如 v_1)连接到它本身,且其长度大于等于3,则称此路径为回路(cycle)。如果构成回路的路径是简单路径,除了首尾两个顶点相同以外,其他顶点均不相同,则称此回路为简单回路(simple cycle)。

子图(subgraph)**S** 是指从图 **G** 中选出其顶点集的一个子集 $\mathbf{V}_s$,以及与 $\mathbf{V}_s$ 中顶点相关联的一些边构成的子集 $\mathbf{E}_s$ 所形成的图。

如果一个无向图中的任意一个顶点到其他任意顶点都至少存在一条路径,则称此无向图为连通的(connected)。无向图的最大连通子图称为连通分量(connected component)。图 11.2 给出了一个有三个连通分量的无向图示例。

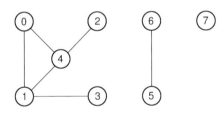

图 11.2 有三个连通分量的无向图。顶点 0,1,2,3 和顶点 4 构成一个连通分量。
顶点5和顶点6构成第二个连通分量。顶点7单独构成第三个连通分量

不带回路的图称为无环图(acyclic graph)。不带回路的有向图则称为有向无环图(directed acyclic graph,DAG)。

一个自由树(free tree)就是一个不带简单回路的连通无向图。同样还可以把一棵自由树定义为连通且有 $|\mathbf{V}|-1$ 条边的图。

图有两种常用的表示方法。图 11.3(b)是相邻矩阵(adjacency matrix)表示法的图示。图的相邻矩阵是一个 $|\mathbf{V}| \times |\mathbf{V}|$ 数组。假设 $|\mathbf{V}| = n$,各顶点依次记为 $v_0, v_1, \cdots, v_{n-1}$,则相邻矩阵的第 i 行包括所有以 v_i 为起点的边。如果从 v_i 到 v_j 存在一条边,则对第 i 行的第 j 个元素进行标记,否则不做标记。因此相邻矩阵的每个元素需要占用一个比特位。但是如果希望用数值来标记每条边,例如标记两个顶点之间的权或距离,则矩阵的每个元素必须足够大,大到可以存储这个数值。不管是哪种情况,相邻矩阵的空间代价为 $\Theta(|\mathbf{V}|^2)$。

图的第二种常见表示法称为邻接表(adjacency list),如图 11.3(c)所示。邻接表是一个以链表为元素的数组。这个数组中包含|**V**|个元素,其中第 i 个元素存储的是一个指针,它指向顶点 v_i 的边构成的链表。这个链表通过存储顶点 v_i 的邻接点来表示对应的边。因此,邻接表可以说是 6.3.1 节介绍的树结构的"子结点表"表示法的推广。

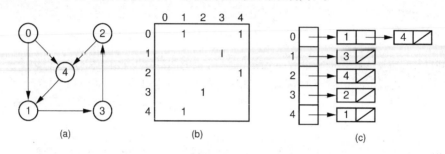

图 11.3　两种图表示方法。(a)为一个有向图;(b)为(a)图的相邻矩阵;(c)为(a)图的邻接表

例 11.1　图 11.3(c)中的顶点 0 的链表存储结点 1 和 4,因为它们是图中从顶点 0 发出的两条边对应的顶点。顶点 2 的链表存储结点 4,因为只有一条从顶点 2 到顶点 4 的边。但是没有指向顶点 3 的边,因为边是从顶点 3 指向顶点 2 的,而不是从顶点 2 指向顶点 3 的。

邻接表的空间代价与图中边的数目和顶点数目都有关系。每个顶点都要占据一个数组元素的位置(即使该顶点没有邻接点,因而表示该顶点边的链表中没有元素),而且每条边必须出现在其中某个顶点的边链表中。所以,邻接表的空间代价为 $\Theta(|\mathbf{V}| + |\mathbf{E}|)$。

相邻矩阵和邻接表都可以用于存储有向图或无向图。无向图中连接某两个顶点 U 和 V 的边可以用两条有向边来代替:一条从 U 到 V,一条从 V 到 U。图 11.4 描述了无向图的相邻矩阵和邻接表的表示方法。

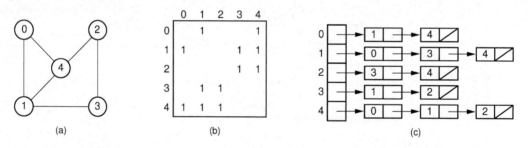

图 11.4　无向图的表示。(a)为一个无向图;(b)为(a)图的相邻矩阵;(c)为(a)图的邻接表

哪种表示方法的存储效率更高,取决于图中边的数目。邻接表仅存储实际出现在图中的边的信息,而相邻矩阵则需要存储所有可能的边,不管这条边是否实际存在。但是相邻矩阵不需要指针的结构性开销,而这可能是一笔巨大的开销,特别是在仅需要一个比特位来存储边信息以表明边存在时更是这样。图越密集,相邻矩阵的空间效率就越高。对稀疏图使用邻接表表示法,也可以获得较高的空间效率。

例 11.2　假定一个顶点索引需要 2 字节,一个指针需要 4 字节,一条边的权值需要 2 字节。图 11.3 对应的图的相邻矩阵需要 $2|\mathbf{V}^2| = 50$ 字节,而邻接表需要 $4|\mathbf{V}| + 6|\mathbf{E}| = 56$ 字节。图 11.4 对应的图的相邻矩阵需要与图 11.3 相同的空间,而邻接表则需要 $4|\mathbf{V}| + 6|\mathbf{E}| = 92$ 字节(因为此时有 12 条边,而不是 6 条边)。

与邻接表相比，相邻矩阵在图的算法中常常带来更高的渐近时间代价。其原因是：访问某个顶点的所有邻接点的操作在图算法中相当普遍。如果使用邻接表，则只需要检查连接此顶点与其相邻顶点的实际存在的边；如果使用相邻矩阵，则必须查看它的所有 $|V|$ 条可能的边，导致其总时间代价为 $\Theta(|V|^2)$；如果使用邻接表，则其时间代价就是 $\Theta(|V|+|E|)$。如果图是稀疏的，那么这是一个相当不利的方面；但如果图是几乎完全的，这就不成问题了。

11.2 图的实现

接下来讨论怎样实现一个通用的 Graph 类的问题。图 11.5 用一个抽象类来定义图的 ADT。顶点用一个索引值来描述，也就是有顶点 0、顶点 1 等。可以这样假定，一个使用图数据结构的应用程序可以在其他地方存储与某个顶点有关的感兴趣的额外信息，例如一个名字或者一个与具体应用有关的值。这个 ADT 没有使用模板实现，这是因为维护与顶点本身有关的信息是 Graph 类的使用者的责任。Graph 类不需要知道与顶点有关的任何信息内容，只需要知道顶点的索引号。

抽象类 Graph 具有返回顶点数和边数的方法（分别为方法 n 和方法 e）。函数 weight 返回一条给定边的权，这条边通过与其相连的两个顶点来标识。例如，在图 11.1(c) 的图中调用 weight(0,4)，将返回 4。如果这条边不存在，就把它的权定义为 0。所以，在图 11.1(c) 中调用 weight(0,2) 就会返回 0。

```
// Graph abstract class. This ADT assumes that the number
// of vertices is fixed when the graph is created.
class Graph {
private:
  void operator =(const Graph&) {}     // Protect assignment
  Graph(const Graph&) {}            // Protect copy constructor

public:
  Graph() {}              // Default constructor
  virtual ~Graph() {} // Base destructor

  // Initialize a graph of n vertices
  virtual void Init(int n) =0;

  // Return: the number of vertices and edges
  virtual int n() =0;
  virtual int e() =0;

  // Return v's first neighbor
  virtual int first(int v) =0;

  // Return v's next neighbor
  virtual int next(int v, int w) =0;

  // Set the weight for an edge
  // i, j: The vertices
  // wgt: Edge weight
  virtual void setEdge(int v1, int v2, int wght) =0;

  // Delete an edge
  // i, j: The vertices
  virtual void delEdge(int v1, int v2) =0;
```

图 11.5　一个图的 ADT（抽象数据类型），这个 ADT 假定当图创建时顶点数是固定的，但是边可以增加或者删除，它还支持一个标记数组，以方便图的遍历算法

```
// Determine if an edge is in the graph
// i, j: The vertices
// Return: true if edge i,j has non-zero weight
virtual bool isEdge(int i, int j) =0;

// Return an edge's weight
// i, j: The vertices
// Return: The weight of edge i,j, or zero
virtual int weight(int v1, int v2) =0;

// Get and Set the mark value for a vertex
// v: The vertex
// val: The value to set
virtual int getMark(int v) =0;
virtual void setMark(int v, int val) =0;
};
```

图 11.5(续)　一个图的 ADT(抽象数据类型)，这个 ADT 假定当图创建时顶点数是固定的，
　　　　　　　但是边可以增加或者删除，它还支持一个标记数组，以方便图的遍历算法

函数 **setEdge** 设置一条边的权，函数 **delEdge** 从图中删除一条边。同样，一条边通过与其相连的两个顶点标识。**setEdge** 不允许用户把一条边的权设置为 0，因为这个值表示边不存在。同样，也不允许把一条边的权设置为负值。函数 **getMark** 得到顶点 V 的 **Mark** 数组(下面将会介绍 **Mark** 数组)的值，而函数 **setMark** 给顶点 V 的 **Mark** 数组赋值。

本章介绍的几乎每一个图算法都需要从一个顶点出发，访问它的全部相邻顶点。这里提供了两个方法来支持这个需求，这两个方法的工作方式与访问线性表的函数类似。函数 **first** 以一个顶点 V 作为输入，返回与顶点 V 关联的第一条边(相邻顶点表按照顶点号排序)。函数 **next** 以顶点 V1 和 V2 作为输入，返回 V1 的所有边列表中在顶点 V2 之后与顶点 V1 关联的下一条边所对应的顶点编号。一旦访问了顶点 V1 中所有的边，函数 **next** 就会返回值 $n = |\mathbf{V}|$。下面的代码行出现在许多图算法中:

```
for (w = G=>first(v); w < G->n(); w = G->next(v,w))
```

这个 **for** 循环得到顶点 **v** 的第一个相邻顶点，之后遍历顶点 **v** 的其他相邻顶点，直到到达值 **G->n()**，这标志着顶点 **v** 的所有相邻顶点都已经被访问过。例如，在图 11.4 中 **first**(1)会返回 0，**next**(1,0)会返回 3，**next**(0,3)会返回 4，**next**(1,4)会返回 5，5 并不是图中的一个顶点。

用相邻矩阵或者邻接表来实现图和边的 ADT 都是非常直接的。这里给出的实现例子并没有解决图究竟如何生成的问题。使用这个图类实现的用户需要为此目的添加功能，比如从文件中读出图的描述，可以利用 ADT 提供的函数 **setEdge** 来创建图。

图 11.6 利用相邻矩阵实现图。**Mark** 数组中存储的信息供函数 **getMark** 和 **setMark** 来操作。对于一个有 n 个顶点的图，用一个 $n \times n$ 的整数数组来实现它的边矩阵。矩阵中位置 (i,j) 的元素存储边 (i,j) 的权(如果这个权存在)。如果矩阵元素 (i,j) 没有对应的边，则该位置的矩阵元素值为 0。

给定顶点 V，函数 **first** 返回与顶点 V 关联的第一条边(如果存在)在 **matrix** 中对应元素的位置。其方法是从 $(V, 0)$ 开始顺序扫描第 V 行，直到找到一条边。如果没有边与顶点 V 关联，则函数 **first** 就返回 n。

函数 **next** 定位边 (i,j) 的下一条边(如果存在)，其方法是从顶点 i 所在的那一行的第 $j+1$ 列开始，不断向右扫描第 i 行寻找边。如果这样的边不存在，**next** 就返回 n。函数 **setEdge** 和 **delEdge** 调整矩阵中相应的值。函数 **weight** 返回存储在矩阵中相应位置的值。

```
// Implementation for the adjacency matrix representation
class Graphm : public Graph {
private:
  int numVertex, numEdge; // Store number of vertices, edges
  int **matrix;           // Pointer to adjacency matrix
  int *mark;              // Pointer to mark array
public:
  Graphm(int numVert)     // Constructor
    { Init(numVert); }

  ~Graphm() {             // Destructor
    delete [] mark; // Return dynamically allocated memory
    for (int i=0; i<numVertex; i++)
      delete [] matrix[i];
    delete [] matrix;
  }

  void Init(int n) { // Initialize the graph
    int i;
    numVertex = n;
    numEdge = 0;
    mark = new int[n];      // Initialize mark array
    for (i=0; i<numVertex; i++)
      mark[i] = UNVISITED;
    matrix = (int**) new int*[numVertex]; // Make matrix
    for (i=0; i<numVertex; i++)
      matrix[i] = new int[numVertex];
    for (i=0; i< numVertex; i++) // Initialize to 0 weights
      for (int j=0; j<numVertex; j++)
        matrix[i][j] = 0;
  }

  int n() { return numVertex; } // Number of vertices
  int e() { return numEdge; }   // Number of edges

  // Return first neighbor of "v"
  int first(int v) {
    for (int i=0; i<numVertex; i++)
      if (matrix[v][i] != 0) return i;
    return numVertex;             // Return n if none
  }

  // Return v's next neighbor after w
  int next(int v, int w) {
    for(int i=w+1; i<numVertex; i++)
      if (matrix[v][i] != 0)
        return i;
    return numVertex;             // Return n if none
  }
    // Set edge (v1, v2) to "wt"
    void setEdge(int v1, int v2, int wt) {
      Assert(wt>0, "Illegal weight value");
      if (matrix[v1][v2] == 0) numEdge++;
      matrix[v1][v2] = wt;
    }

    void delEdge(int v1, int v2) { // Delete edge (v1, v2)
      if (matrix[v1][v2] != 0) numEdge--;
      matrix[v1][v2] = 0;
    }

    bool isEdge(int i, int j) // Is (i, j) an edge?
    { return matrix[i][j] != 0; }

    int weight(int v1, int v2) { return matrix[v1][v2]; }
    int getMark(int v) { return mark[v]; }
    void setMark(int v, int val) { mark[v] = val; }
};
```

图 11.6　图的相邻矩阵实现

　　图 11.7 利用邻接表来实现图。它的主要数据结构是一组链表，每一个顶点有一个链表。这些链表中存储类型为 **Edge** 的对象，这些对象中只存储边所指向的顶点的编号和边所对应的权。由于 **Edge** 类为 **Graphl** 类私有，为了方便起见使其数据成员为公有的。

```cpp
// Edge class for Adjacency List graph representation
class Edge {
  int vert, wt;
public:
  Edge() { vert = -1; wt = -1; }
  Edge(int v, int w) { vert = v; wt = w; }
  int vertex() { return vert; }
  int weight() { return wt; }
};
```

　　Graphl 的成员函数实现在原理上是非常直接的，其关键函数是 **setEdge**、**delEdge** 和 **weight**。实现方法是直接从邻接表的前头开始，一直进行下去，直到找到需要的顶点。注意 **isEdge** 函数会检查 j 是否已经是顶点 i 的邻接表中的当前邻居，因为如果顺序处理每个顶点的相邻顶点，那么这个条件经常是真的。

```cpp
class Graphl : public Graph {
private:
  List<Edge>** vertex;          // List headers
  int numVertex, numEdge;       // Number of vertices, edges
  int *mark;                    // Pointer to mark array
public:
  Graphl(int numVert)
    { Init(numVert); }

  ~Graphl() {          // Destructor
    delete [] mark; // Return dynamically allocated memory
    for (int i=0; i<numVertex; i++) delete [] vertex[i];
    delete [] vertex;
  }

  void Init(int n) {
    int i;
    numVertex = n;
    numEdge = 0;
    mark = new int[n];   // Initialize mark array
    for (i=0; i<numVertex; i++) mark[i] = UNVISITED;
    // Create and initialize adjacency lists
    vertex = (List<Edge>**) new List<Edge>*[numVertex];
    for (i=0; i<numVertex; i++)
      vertex[i] = new LList<Edge>();
  }

  int n() { return numVertex; } // Number of vertices
  int e() { return numEdge; }   // Number of edges

  int first(int v) { // Return first neighbor of "v"
    if (vertex[v]->length() == 0)
      return numVertex;       // No neighbor
    vertex[v]->moveToStart();
    Edge it = vertex[v]->getValue();
    return it.vertex();
  }

  // Get v's next neighbor after w
  int next(int v, int w) {
    Edge it;
    if (isEdge(v, w)) {
      if ((vertex[v]->currPos()+1) < vertex[v]->length()) {
        vertex[v]->next();
        it = vertex[v]->getValue();
        return it.vertex();
```

图 11.7　图的邻接表实现

```
    }
  }
  return n(); // No neighbor
}
// Set edge (i, j) to "weight"
void setEdge(int i, int j, int weight) {
  Assert(weight>0, "May not set weight to 0");
  Edge currEdge(j, weight);
  if (isEdge(i, j)) { // Edge already exists in graph
    vertex[i]->remove();
    vertex[i]->insert(currEdge);
  }
  else { // Keep neighbors sorted by vertex index
    numEdge++;
    for (vertex[i]->moveToStart();
         vertex[i]->currPos() < vertex[i]->length();
         vertex[i]->next()) {
      Edge temp = vertex[i]->getValue();
      if (temp.vertex() > j) break;
    }
    vertex[i]->insert(currEdge);
  }
}

void delEdge(int i, int j) {   // Delete edge (i, j)
  if (isEdge(i,j)) {
    vertex[i]->remove();
    numEdge--;
  }
}

bool isEdge(int i, int j) { // Is (i,j) an edge?
  Edge it;
  for (vertex[i]->moveToStart();
       vertex[i]->currPos() < vertex[i]->length();
       vertex[i]->next()) {              // Check whole list
    Edge temp = vertex[i]->getValue();
    if (temp.vertex() == j) return true;
  }
  return false;
}

int weight(int i, int j) { // Return weight of (i, j)
  Edge curr;
  if (isEdge(i, j)) {
    curr = vertex[i]->getValue();
    return curr.weight();
  }
  else return 0;
}

int getMark(int v) { return mark[v]; }
void setMark(int v, int val) { mark[v] = val; }
};
```

图 11.7(续) 图的邻接表实现

11.3 图的遍历

一般来说, 基于图的拓扑结构, 以特定的顺序依次访问图中各个顶点是非常有用的。这称为图的遍历(graph traversal), 从概念上讲图的遍历与树的遍历是类似的。回顾一下, 树的遍历是指以某种特定的顺序, 如先根遍历、中根遍历或者后根遍历, 对每个结点恰好访问一次。树的遍历存在多种顺序, 因为不同的应用程序需要以特定的方式访问结点。例如, 以升序的方式输出一个 BST 的所有结点, 要求以中序遍历, 而以其他方式遍历则会产生相反的结果。标准的图的遍历也存在类似的顺序，而且每种顺序适用于解决某些特定问题。例如，人工智能程序设计中的许多问题就使用图来建模。问题域中包括许多状态，两个状态之间会存在连接。要解决这个问题，就要从某个起始状态开始，到达某个目标状态，状态之间的迁移只能通过连接来进行。在一般情况下，起始状态和目标状态之间没有直接的连接。要解决这个问题，必须按照某种有组织的方式搜索图中的顶点。

图的遍历算法一般从一个起始顶点出发，试图访问其余顶点。它必须处理若干棘手的情况。首先，从起点出发可能到达不了所有其他顶点，非连通图就会发生这种情况。其次，有些图中存在回路，必须确定算法不会因回路而陷入无限循环。

为了避免发生上述两种情况，图的遍历算法通常为图的每个顶点保留一个标志位（mark bit）。在算法开始时，图的所有顶点的标志位清零。在遍历过程中，当某个顶点被访问时，就会设置其标志位。如果在遍历过程中遇到某个顶点被设置了标志位，就不再访问它。这样就可以避免程序遇到回路时陷入无限循环。

遍历算法一结束，就可以通过检查标志位数组来确定是否已处理了所有顶点。如果还有未被标记的顶点，可以从某个未被标记的顶点开始继续遍历。注意，这个处理过程与图是有向图还是无向图没有关系。为了保证访问到所有顶点，图 **G** 的遍历函数 **graphTraverse** 可以这样实现：

```
void graphTraverse(Graph* G) {
  int v;
  for (v=0; v<G->n(); v++)
    G->setMark(v, UNVISITED);  // Initialize mark bits
  for (v=0; v<G->n(); v++)
    if (G->getMark(v) == UNVISITED)
      doTraverse(G, v);
}
```

其中函数 **doTraverse** 可由这一节介绍的任何一种图的遍历方法实现。

11.3.1　深度优先搜索

第一种系统地进行图遍历的算法称为深度优先搜索（depth-first search，DFS）。在搜索过程中，每当访问某个顶点 V 时，DFS 就会递归地访问它的所有未被访问的相邻顶点。同样，DFS 把所有从顶点 V 出去的边存入栈中。从栈顶弹出一条边，根据这条边找到顶点 V 的一个相邻顶点，这个顶点就是下一个要访问的顶点，对这个顶点重复对顶点 V 的操作。这样做的结果就是沿着图中的一个分支一直处理下去，完成这个分支后再回溯处理下一个分支，以此类推。深度优先搜索过程将产生一棵深度优先搜索树（depth-first search tree）。这个树结构由遍历过程中所有连接某条新的（未被访问的）顶点的边组成，而不包括那些连接已访问顶点的边。DFS 适用于有向图和无向图。下面给出 DFS 算法的一种实现：

```
void DFS(Graph* G, int v) { // Depth first search
  PreVisit(G, v);              // Take appropriate action
  G->setMark(v, VISITED);
  for (int w=G->first(v); w<G->n(); w = G->next(v,w))
    if (G->getMark(w) == UNVISITED)
      DFS(G, w);
  PostVisit(G, v);             // Take appropriate action
}
```

这个实现调用了函数 **PreVisit** 和函数 **PostVisit**。这些函数标识出在搜索过程中发生了哪些活动。树的先根遍历在子树被访问前先需要对根结点进行处理。与此类似，一些图的遍历也要求在深入 DFS 分支前先对当前顶点进行处理。而另一些应用则需要在处理完分支中的顶点之后再处理当前顶点，这时就需要调用函数 **PostVisit**。这是一个利用 1.3.2 节描述的访问者设计模式的合理机会。

图 11.8 是一个图及其深度优先搜索树。图 11.9 是图 11.8(a)中图的 DFS 过程。

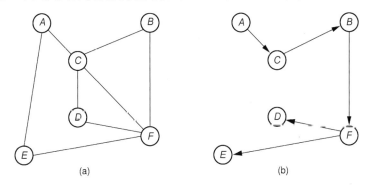

图 11.8　(a)一个图；(b)从顶点 A 开始的深度优先搜索树

图 11.9　从图 11.8(a)的顶点 A 开始的 DFS 过程的详细图示。这里描绘了引起递归栈变化的每个步骤

在有向图中，DFS 对每一条边处理一次。在无向图中，DFS 对每一条边都从两个方向处理。每个顶点一定会访问到，而且只能访问一次，因此总代价是 $\Theta(|\mathbf{V}| + |\mathbf{E}|)$。

11.3.2　广度优先搜索

第二种图遍历算法是广度优先搜索(breadth-first search，BFS)。BFS 在进一步深入访问其他顶点之前，检查起点的所有相邻顶点。除了用队列代替了递归栈以外，BFS 的实现与 DFS 类似。如果把图结构看成一个树结构，而且图的起点作为树的根结点，则 BFS 将从顶至底逐层地对各个结点进行访问(树的层次遍历)。图 11.10 给出了 BFS 算法的一个实现。图 11.11 给出了一个图及其广度优先搜索树。图 11.12 给出了图 11.11(a)中的 BFS 处理过程。

```cpp
void BFS(Graph* G, int start, Queue<int>* Q) {
  int v, w;
  Q->enqueue(start);          // Initialize Q
  G->setMark(start, VISITED);
  while (Q->length() != 0) { // Process all vertices on Q
    v = Q->dequeue();
    PreVisit(G, v);            // Take appropriate action
    for (w=G->first(v); w<G->n(); w = G->next(v,w))
      if (G->getMark(w) == UNVISITED) {
        G->setMark(w, VISITED);
        Q->enqueue(w);
      }
  }
}
```

图 11.10　BFS 算法的实现

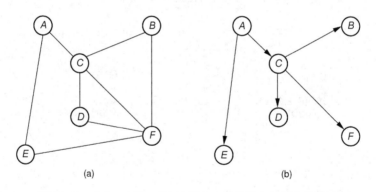

(a)　　　　　　　　　　　　　　(b)

图 11.11　(a)一个图；(b)从顶点 A 开始的广度优先搜索树

11.3.3　拓扑排序

假如要为一组任务安排进度，例如安排课程或建筑任务，只有一项任务的前置任务完成后才可以开始这项任务。希望以某种线性顺序组织这些任务，以便在能够满足所有先决条件的情况下逐个完成各项任务。可以用一个有向无环图(DAG)来为这个问题建模。因为任务之间存在先后依赖关系，即顶点之间有方向性，因此图是有向的。图还是无回路的，因为回路中隐含了相互冲突的依赖条件，从而使某些条件不可能在不违反其他任何一个依赖条件的情况下得以实现。将一个 DAG 中所有顶点在不违反前置依赖条件规定的基础上排成线性序列的过程称为拓扑排序(topological sort)。图 11.14 是前述问题的图示。这个例子的一个可行拓扑序列为 $J1, J2, J3, J4, J5, J6, J7$。

```
┌─┬──────────┐
│A│          │
└─┴──────────┘
```
在A上初始调用BFS
标记A并入队

```
┌─┬─┬────────┐
│C│E│        │
└─┴─┴────────┘
```
A出队
处理(A, C)
标记C并且C出队，打印(A, C)
处理(A, E)
标记E并且E出队，打印(A, E)

```
┌─┬─┬─┬─┬────┐
│E│B│D│F│    │
└─┴─┴─┴─┴────┘
```
C出队
处理(C, A)，忽略
处理(C, B)
标记B并且B出队，打印(C, B)
处理(C, D)
标记D并且D出队，打印(C, D)
处理(C, F)
标记F并且F出队，打印(C, F)

```
┌─┬─┬─┬──────┐
│B│D│F│      │
└─┴─┴─┴──────┘
```
E出队
处理(E, A)，忽略
处理(E, F)，忽略

```
┌─┬─┬────────┐
│D│F│        │
└─┴─┴────────┘
```
B出队
处理(B, C)，忽略
处理(B, F)，忽略

```
┌─┬──────────┐
│F│          │
└─┴──────────┘
```
D出队
处理(D, C)，忽略
处理(D, F)，忽略

```
└────────────┘
```
F出队
处理(F, B)，忽略
处理(F, C)，忽略
处理(F, D)，忽略
完成BFS

图 11.12 从图 11.11(a)顶点 A 开始的 BFS 过程的详细图示。这里描绘了引起队列变化的每个步骤

可以通过对图进行深度优先搜索来寻找拓扑序列。当访问某个顶点时，不对这个顶点进行任何处理(即函数 **PreVisit** 什么也不做)。当递归返回到这个顶点时，函数 **PostVisit** 打印这个顶点。这就会产生一个逆序拓扑序列。序列从哪个顶点开始并不重要，只要所有顶点最终都被访问到。图 11.13 是基于 DFS 算法的实现。

```
void topsort(Graph* G) {   // Topological sort: recursive
  int i;
  for (i=0; i<G->n(); i++) // Initialize Mark array
    G->setMark(i, UNVISITED);
  for (i=0; i<G->n(); i++) // Process all vertices
    if (G->getMark(i) == UNVISITED)
      tophelp(G, i);        // Call recursive helper function
}

void tophelp(Graph* G, int v) { // Process vertex v
  G->setMark(v, VISITED);
  for (int w=G->first(v); w<G->n(); w = G->next(v,w))
    if (G->getMark(w) == UNVISITED)
      tophelp(G, w);
  printout(v);                  // PostVisit for Vertex v
}
```

图 11.13 递归拓扑排序的实现

使用这个算法从 J1 开始，按照字母顺序依次访问相邻顶点，图 11.14 中图的顶点将按照 J7, J5, J4, J6, J2, J3, J1 的顺序打印出来。将其顺序颠倒之后，就得到一个合乎要求的拓扑序列 J1, J3, J2, J6, J4, J5, J7。

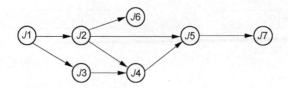

图 11.14   图的拓扑排序的示例，有向图中显示了 7 个有依赖关系的任务

也可以通过如下方法，使用队列代替递归来实现拓扑排序。首先访问所有的边，计算指向每个顶点的边数（即计算每个顶点的前置条件数目）。将所有没有前置条件的顶点放入队列，然后开始处理队列。当从队列中取出一个顶点时，把它打印出来，同时将其所有相邻顶点（那些以顶点 V 作为前置条件的顶点）的前置条件计数减 1。当某个相邻顶点的前置条件计数为 0 时，就将其放入队列。如果还有顶点没有被打印，而队列已经为空，则图中必然包含回路（即不可能在不违反任何前置条件的情况下为这些任务安排一个合理的顺序）。使用队列对图 11.14 所示的图进行拓扑排序，其顶点的打印顺序是 $J1$，$J2$，$J3$，$J6$，$J4$，$J5$，$J7$。图 11.15是算法的实现。

```cpp
// Topological sort: Queue
void topsort(Graph* G, Queue<int>* Q) {
  int Count[G->n()];
  int v, w;
  for (v=0; v<G->n(); v++) Count[v] = 0; // Initialize
  for (v=0; v<G->n(); v++)   // Process every edge
    for (w=G->first(v); w<G->n(); w = G->next(v,w))
      Count[w]++;            // Add to v's prereq count
  for (v=0; v<G->n(); v++)   // Initialize queue
    if (Count[v] == 0)       // Vertex has no prerequisites
      Q->enqueue(v);
  while (Q->length() != 0) { // Process the vertices
    v = Q->dequeue();
    printout(v);             // PreVisit for "v"
    for (w=G->first(v); w<G->n(); w = G->next(v,w)) {
      Count[w]--;            // One less prerequisite
      if (Count[w] == 0)     // This vertex is now free
        Q->enqueue(w);
    }
  }
}
```

图 11.15   基于队列的拓扑排序算法的实现

11.4   最短路径问题

在交通地图上，城市之间的公路通常标有长度。可以使用边上标记数值的有向图来为公路网建模。这些数值代表两个顶点之间的距离（或其他类型代价的度量，例如旅游所用的时间）。它们称为权（weight）、代价（cost）或长度（distance），视具体应用问题而定。对于这样一个带权的图，典型问题就是寻找两个指定顶点之间最短路径长度。这不是一个简单的问题，因为最短路径不一定恰好就是连接这两个顶点的边（如果这样的边确实存在），而可能是一条包括一个或多个中间顶点的路径。例如，在图 11.16 中，从顶点 A 经过顶点 B 到顶点 D 的路径长度为 15，直接从顶点 A 到顶点 D 的边的长度为 20，从顶点 A 到顶点 C 再经过顶点 B 到顶点 D 的路径长度为 10。这样，从顶点 A 到顶点 D 的最短路径长度就是 10（但它并不是从顶点 A 直接到顶点 D 的边）。用记号 $d(A, D) = 10$ 表示从顶点 A 到顶点 D 的最短路径长度为 10。在

图 11.16 中，从顶点 E 到顶点 B 不存在任何路径，因此令 $d(E, B) = \infty$。注意，定义 $w(A, D) = 20$ 为边 (A, D) 的权，即从顶点 A 到顶点 D 的直接连接的权。因为从顶点 E 到顶点 B 没有边，所以 $w(E, B) = \infty$。还要注意 $w(D, A) = \infty$，因为图 11.16 是有向图。假设所有的权都是正值。

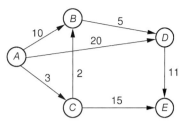

图 11.16 最短路径定义示例图

11.4.1 单源最短路径

这一节要给出一个算法，用来解决单源最短路径(single-source shortest paths)问题。在图 **G** 中给定一个顶点 S，找出从顶点 S 到 **G** 中所有其他顶点的最短路径。也许只需要找到顶点 S 与顶点 T 之间的最短路径。但是在最差情况下，在寻找从顶点 S 到顶点 T 的最短路径时，也会同时寻找从顶点 S 到其他任何一个顶点的最短路径。所以，与寻找其他所有顶点的最短路径算法相比，寻找到某一个顶点最短路径并没有更好的算法(在最差情况下)。这里介绍的算法只计算从给定顶点到其他所有顶点的最短路径长度，而不记录实际路径。记录实际路径需要对算法做一些改动，在后面的习题中将让读者自己解决这个问题。

单源最短路径问题的一个实例是关于计算机网络的问题：目标是找到一种最廉价的方式，从一台计算机向网络中所有其他计算机发送一条信息。问题中的网络可以使用一个带权的图来建模，图中的权代表向一个网络相邻顶点发送一条信息所需要的时间或者其他代价。

对于无权图(或图中所有边的权相等)，通过简单的广度优先搜索就可以找到单源最短路径。但是加权以后，BFS 不能给出正确的结果。

解决这个问题的一个方法是，当图中各边的权不相等时，用固定的顺序对顶点进行处理。把顶点依次记为 v_0 到 v_{n-1}，并记 $s = v_0$。当处理顶点 v_1 时，取连接顶点 v_0 和顶点 v_1 的边。当处理顶点 v_2 时，考虑从顶点 v_0 到顶点 v_2 的最短距离，并把它与从顶点 v_0 到顶点 v_1 再到顶点 v_2 的最短距离进行比较，取较小者为顶点 v_0 到顶点 v_2 的最短路径长度。当处理顶点 v_i 时，利用已经处理过的从顶点 v_0 到顶点 v_{i-1} 的最短路径长度。但是这样可能会产生问题：也许从顶点 v_0 到顶点 v_i 的真正最短路径要经过顶点 v_j，而 $j > i$，使用这个算法将会遗漏这种路径。不过，如果以从顶点 S 出发所到达的顶点的距离(递增)为顺序对各个顶点进行处理，就能避免这个问题了。假设已经处理了从顶点 S 出发所到达的距离最小的前 $i-1$ 个顶点，称这些顶点的集合为集合 **S**。现在准备按照这个顺序处理第 i 个顶点，称之为顶点 X，则从顶点 S 到顶点 X 的最短路径中的倒数第二个顶点一定在集合 **S** 中。因此有

$$d(S, X) = \min_{U \in \mathbf{S}}(d(S, U) + w(U, X))$$

也就是说，从顶点 S 到顶点 X 的最短路径长度为：从集合 **S** 中任取顶点 U，都有一条从顶点 S 到顶点 U 的路径，再从顶点 U 到顶点 X 的边，计算从所有顶点 U 产生的路径中的最小值。

这个方法通常称为 Dijkstra 算法。它的技巧在于为 **V** 中所有顶点 X 维护一个路径长度估计值 **D**(X)。**D** 中元素初始化为 `INFINITE`，并且按照从顶点 S 出发所到达顶点的距离(递增)顺序处理各个顶点。每当处理一个顶点 V 时，它的任意一个相邻顶点 X 的 **D**(X) 值都可能随之改变。图 11.17 是 Dijkstra 算法的一个实现。在算法结束时，数组 **D** 中将包含最短路径值。

```
// Compute shortest path distances from "s".
// Return these distances in "D".
void Dijkstra(Graph* G, int* D, int s) {
  int i, v, w;
  for (int i=0; i<G->n(); i++)        // Initialize
    D[i] = INFINITY;
  D[0] = 0;
  for (i=0; i<G->n(); i++) {          // Process the vertices
    v = minVertex(G, D);
    if (D[v] == INFINITY) return; // Unreachable vertices
    G->setMark(v, VISITED);
    for (w=G->first(v); w<G->n(); w = G->next(v,w))
      if (D[w] > (D[v] + G->weight(v, w)))
        D[w] = D[v] + G->weight(v, w);
  }
}
```

图 11.17　Dijkstra 算法的实现

在每次主 **for** 循环中寻找未访问顶点的最小 D 值是这里的一个关键问题，有两种可行的方法可以解决这个问题。第一种方法比较简单，通过扫描整个包含 $|V|$ 个元素的表来搜索最小值。程序如下：

```
int minVertex(Graph* G, int* D) { // Find min cost vertex
  int i, v = -1;
  // Initialize v to some unvisited vertex
  for (i=0; i<G->n(); i++)
    if (G->getMark(i) == UNVISITED) { v = i; break; }
  for (i++; i<G->n(); i++)  // Now find smallest D value
    if ((G->getMark(i) == UNVISITED) && (D[i] < D[v]))
      v = i;
  return v;
}
```

因为扫描需要进行 $|V|$ 次，而且每条边需要相同次数来更新 D 值，所以本方法的总时间代价是 $\Theta(|V|^2 + |E|) = \Theta(|V|^2)$，因为 $|E|$ 在 $O(|V|^2)$ 中。

第二种方法是把未处理的顶点按照距离值大小顺序保存在一个最小堆中，可以利用 $\Theta(\log|V|)$ 搜索时间找到次近顶点。每次修改 $\mathbf{D}(X)$ 值时，都可以通过先删除再重新插入的方法改变顶点 X 在堆中的位置。这是 5.5 节介绍过的在一个优先队列中进行优先更新的例子。为了实现真正的优先更新，需要把每个顶点连同它的数组下标都存储在堆中。一个更简单的方法是为一个指定的顶点添加一个（更小的）新距离值，作为堆中的新元素。一个指定顶点当前在堆中的最小值将首先被找到，而其后找到的较大值将被忽略，因为此时顶点已经被标记为 **VISITED**。重复插入距离值的唯一缺点是，在最差情况下，它将使堆中的元素数目由 $\Theta(|V|)$ 增加到 $\Theta(|E|)$，时间代价为 $\Theta((|V| + |E|)\log|E|)$，因为处理每条边时都必须对堆进行一次重新排序。因为存储在堆中的对象需要知道它的顶点号和它的距离值，为此创建一个简单的类，名为 **DijkElem**，其程序如下所示。**DijkElem** 类与邻接表表示法中的 **Edge** 类非常类似。

```
class DijkElem {
public:
  int vertex, distance;
  DijkElem() { vertex = -1; distance = -1; }
  DijkElem(int v, int d) { vertex = v; distance = d; }
};
```

图 11.18 是利用优先队列实现的 Dijkstra 算法。

在密集图中，即当 $|E|$ 接近 $|V|^2$ 时，使用 **MinVertex** 扫描顶点表来寻找最小值的效率更高。而对于稀疏图，使用优先队列更加有效，因为它的时间代价是 $\Theta((|V| + |E|)\log|E|)$。但是对于密集图而言，这个代价将大到 $\Theta(|V|^2\log|E|) = \Theta(|V|^2\log|V|)$。

```
// Dijkstra's shortest paths algorithm with priority queue
void Dijkstra(Graph* G, int* D, int s) {
  int i, v, w;               // v is current vertex
  DijkElem temp;
  DijkElem E[G->e()];        // Heap array with lots of space
  temp.distance = 0; temp.vertex = s;
  E[0] = temp;               // Initialize heap array
  heap<DijkElem, DDComp> H(E, 1, G->e()); // Create heap
  for (int i=0; i<G->n(); i++)    // Initialize
    D[i] = INFINITY;
  D[0] = 0;
  for (i=0; i<G->n(); i++) {               // Now, get distances
    do {
      if (H.size() == 0) return; // Nothing to remove
      temp = H.removefirst();
      v = temp.vertex;
    } while (G->getMark(v) == VISITED);
    G->setMark(v, VISITED);
    if (D[v] == INFINITY) return;     // Unreachable vertices
    for (w=G->first(v); w<G->n(); w = G->next(v,w))
      if (D[w] > (D[v] + G->weight(v, w))) { // Update D
        D[w] = D[v] + G->weight(v, w);
        temp.distance = D[w]; temp.vertex = w;
        H.insert(temp);    // Insert new distance in heap
      }
  }
}
```

图 11.18　利用优先队列实现的 Dijkstra 算法

图 11.19 是 Dijkstra 算法的图示。起始顶点为顶点 A。除了顶点 A 以外，其余各个顶点的最短路径长度初始值均赋初值为 ∞。处理完顶点 A 后，它的相邻顶点的最短路径长度估计值被更新为到顶点 A 的直接距离。处理完顶点 C（离顶点 A 最近的顶点）后，顶点 B、顶点 E 的估计值被更新为相应的经过顶点 C 的最短路径长度。其余顶点按照顶点 B、顶点 D、顶点 E 的顺序处理。

	A	B	C	D	E
初始值	0	∞	∞	∞	∞
处理A	0	10	3	20	∞
处理C	0	5	3	20	18
处理B	0	5	3	10	18
处理D	0	5	3	10	18
处理E	0	5	3	10	18

图 11.19　Dijkstra 算法用于图 11.16 时各个处理步骤，起始顶点为顶点 A

11.5　最小支撑树

最小支撑树（minimum-cost spanning tree，MST）问题的输入是一个连通的无向图 **G**，图中的每一条边都有附带的长度或权值。MST 是一个包括图 **G** 中的所有顶点及其一部分边的图，这些边是图 **G** 所有边集合的子集，这些边满足下列条件：

（1）这个子集中所有边的权之和为所有子集中最小的；

（2）子集中的边能保证图是连通的。

解决 MST 问题的方法可以用于以下应用问题：怎样使电路板上一系列接头连接起来所需焊接的线路最短，或者怎样使几个城市之间建立电话网所需的线路最短。

MST 中没有回路。如果提供的 MST 中有回路，显然可以通过去掉回路中某条边而得到代价更小的 MST。因此，MST 是一个有 $|\mathbf{V}|-1$ 条边的自由树结构。之所以称之为最小支撑树，是因为一方面满足 MST 要求的边集所构成的树结构支撑起了所有的顶点（即把它们连接起来）。另一方面，它的边集代价最小。图 11.20 给出了一个图及其 MST 的图示。

11.5.1　Prim 算法

下面介绍两个求最小支撑树的算法。
第一个算法通常称为 Prim 算法，这个算
法非常简单。从图中任意一个顶点 N 开
始，初始化 MST 为 N。选出与顶点 N 相
关联的边中权最小的一条边，设其连接
顶点 N 与另一个顶点 M。把顶点 M 和
边 (N, M) 加入 MST 中。接下来，选出
与顶点 N 或顶点 M 相关联的边中权最
小的一条边，设其连接另一个新顶点，
将这条边和新顶点添加到 MST 中。反

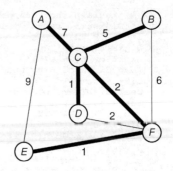

图 11.20　一个图及其 MST。所有的边都是原图的边，MST中的边用粗线表示，原图中边的子集组成MST。注意，如果使用边 (D, F) 代替边 (C, F)，可以得到另一个代价相同的MST

复进行这样的处理，每一步都选出一条边来扩展 MST，这条边是连接当前已经在 MST 中的某
个顶点与一个不在 MST 中的顶点组成的边集合中代价最小的那条边。

　　Prim 算法与寻找单源最短路径的 Dijkstra 算法十分相似，主要区别在于 Prim 算法不是要
寻找下一个离起始顶点最近的顶点，而是下一个与 MST 中某个顶点距离最近的顶点。因此
把 Dijkstra 算法中的一行：

```
if (D[w] > (D[v] + G->weight(v, w)))
  D[w] = D[v] + G->weight(v, w);
```

替换为 Prim 算法中的一行：

```
if (D[w] > G->weight(v, w))
  D[w] = G->weight(v, w);
```

　　图 11.21 给出了 Prim 算法的实现，它通过搜索距离矩阵来找到下一个最近顶点。对于每
一个顶点 I，当 Prim 算法在处理顶点 I 时，一条指向顶点 I 的边被加入正在构造的 MST 中。
数组 V[I] 存储刚被访问过的离顶点 I 最近的顶点，这样就可以知道当处理顶点 I 时应该加入
MST 的是哪条边。图 11.21 的实现中同样包含了对 **AddEdgetoMST** 的调用，这个调用用来
标识实际加入 MST 中的是哪一条边。

```
void Prim(Graph* G, int* D, int s) { // Prim's MST algorithm
  int V[G->n()];                     // Store closest vertex
  int i, w;
  for (int i=0; i<G->n(); i++)       // Initialize
    D[i] = INFINITY;
  D[0] = 0;
  for (i=0; i<G->n(); i++) {         // Process the vertices
    int v = minVertex(G, D);
    G->setMark(v, VISITED);
    if (v != s)
      AddEdgetoMST(V[v], v);         // Add edge to MST
    if (D[v] == INFINITY) return;    // Unreachable vertices
    for (w=G->first(v); w<G->n(); w = G->next(v,w))
      if (D[w] > G->weight(v,w)) {
        D[w] = G->weight(v,w);       // Update distance
        V[w] = v;                    // Where it came from
      }
  }
}
```

图 11.21　Prim 算法的实现

　　也可以像图 11.22 中那样，用一个优先队列来寻找下一个最近顶点，从而用另一种方法实现
Prim 算法。就像使用优先队列实现的 Dijkstra 算法一样，堆的 **Elem** 类型存储 **DijkElem** 对象。

Prim 算法是贪心算法(greedy algorithm)的一个实例。每执行一次 **for** 循环,就选出一条连接已标记顶点和未标记顶点的具有最小权的边。Prim 算法并没有检查 MST 是否真正地包含这些边。这就导致了一个重要问题:Prim 算法是正确的吗? 显然,它会生成一棵支撑树(因为每次 **for** 循环都将一个未标记顶点加入支撑树中,直到所有顶点都被添加进去为止),但是这个树结构的总代价是最小的吗?

```cpp
// Prim's MST algorithm: priority queue version
void Prim(Graph* G, int* D, int s) {
  int i, v, w;                 // "v" is current vertex
  int V[G->n()];               // V[I] stores I's closest neighbor
  DijkElem temp;
  DijkElem E[G->e()];          // Heap array with lots of space
  temp.distance = 0; temp.vertex = s;
  E[0] = temp;                 // Initialize heap array
  heap<DijkElem, DDComp> H(E, 1, G->e()); // Create heap
  for (int i=0; i<G->n(); i++)        // Initialize
    D[i] = INFINITY;
  D[0] = 0;
  for (i=0; i<G->n(); i++) {          // Now build MST
    do {
      if(H.size() == 0) return; // Nothing to remove
      temp = H.removefirst();
      v = temp.vertex;
    } while (G->getMark(v) == VISITED);
    G->setMark(v, VISITED);
    if (v != s) AddEdgetoMST(V[v], v); // Add edge to MST
    if (D[v] == INFINITY) return;      // Ureachable vertex
    for (w=G->first(v); w<G->n(); w = G->next(v,w))
      if (D[w] > G->weight(v, w)) {    // Update D
        D[w] = G->weight(v, w);
        V[w] = v;              // Update who it came from
        temp.distance = D[w]; temp.vertex = w;
        H.insert(temp);  // Insert new distance in heap
      }
  }
}
```

图 11.22 使用优先队列实现的 Prim 算法

定理 11.1 Prim 算法生成最小支撑树。

证明:可以使用反证法证明本定理。假设对于图 $G = (V, E)$,不能通过 Prim 算法生成最小支撑树。根据 Prim 算法中各个顶点加入 MST 的顺序,依次定义图 G 中的各顶点为:v_0, $v_1, \cdots, v_{n-1}$。令 e_i 代表边 (v_x, v_i),其中 $x < i$ 且 $i \geq 1$,令 e_j 为 Prim 算法添加的序号最小的那一条(第一条)出现以下情况的边:加入 e_j 后的边集不能被扩展而构成图 G 的一个 MST。也就是说,e_j 是 Prim 算法发生错误的第一条边。设 **T** 为"真正的"MST。令 $v_p(p < j)$ 为边 e_j 所关联的顶点,即 $e_j = (v_p, v_j)$。

因为 **T** 是一个树结构,所以树 **T** 中将存在一条连接 v_p 和 v_j 的路径,且此路径中一定会存在某条边 e' 连接 v_u 和 v_w,其中 $u < j$, $w \geq j$。因为 e_j 不是树 **T** 的一部分,所以把 e_j 加入树 **T** 中会构成一个回路。又因为 Prim 算法不能生成一个 MST,所以 e' 的权比 e_j 的权更小。这种情形在图 11.23 中给出了图示。但是,Prim 算法应该选择可能的最小代价的边,它一定会选择 e',而不是 e_j。这与 Prim 算法选错了边 e_j 的假设相矛盾。因此,Prim 算法一定是正确的。

例 11.3 对于图 11.20 所示的图来说,假设从标记顶点 A 开始。从顶点 A 出发权最小的边连接着顶点 C。把顶点 C 和边 (A, C) 加入 MST 中。此时,图中剩余的候选边(连接顶点 A 和顶点 C)为 (A, E)、(C, B)、(C, D) 和 (C, F)。在这些选择中,从 MST 中现有顶点出发的最小代价的边是 (C, D)。所以,将顶点 D 加入 MST 中。在下次迭代中,候选边为 (A, E)、$(C,$

B)、(C, F)和(D, F)。因为边(C, F)与边(D, F)的权恰巧相等,选择哪条边都可以。假设选择了(C,F)。下一步标记顶点E,把顶点E和边(F, E)加入MST中。按照这种方法继续下去,顶点B[通过边(C, B)]被标记,此时算法结束。

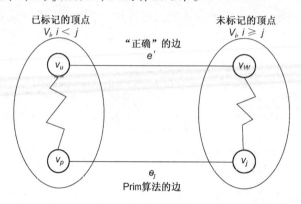

图11.23　Prim算法证明过程图示。左边的椭圆中包括Prim算法产生的MST和"真正"
的MST相吻合的那部分图。右边的椭圆中包括图中未做标记处理的剩余
部分。图的两部分(至少)由边e_j(根据Prim算法的选择应属于MST的边)
和e'("真正"应属于MST的边)连接。注意,从v_w到v_j的路径中不
能包括任何已标记的顶点v_i,其中$i \leqslant j$,因为这样将构成一个回路

11.5.2　Kruskal 算法

下一个要介绍的 MST 算法通常称为 Kruskal 算法,它也是一个简单的贪心算法。首先将顶点集合分为|$\mathbf{V}$|个等价类(见6.2节),每个等价类中包括一个顶点。然后按照权的大小顺序处理每一条边。如果一条边连接属于两个不同等价类的顶点,那么就把这条边添加到 MST 中,并把这两个等价类合并为一个等价类。反复执行这个过程,直到最后只剩下一个等价类。

例11.4　图11.24演示了在图11.20上进行 Kruskal 算法的前三个步骤。因为边(C,D)的权值最小,并且它们分别处于不同的 MST 中,所以把它们合并到一个等价类中。接着选择边(E,F)进行处理,把这些顶点合并到一个等价类中。第三条需要处理的边是(C,F),这使得包含顶点 C 和顶点 D 的 MST 和包含顶点 E 和顶点 F 的 MST 合并。下一条要处理的边是(D,F)。但是因为顶点 D 和顶点 F 当前在同一个 MST 中,所以放弃处理这条边。算法继续进行,把边(B,C)和边(A,C)放到 MST 中。

可以用最小值堆来实现按照权的大小顺序处理每一条边。这一般比先对边进行排序更快,因为在实际过程中完成 MST 之前仅需要访问一小部分边。这是一个在列表中查找少数最小元素的例子,已经在7.6节介绍过了。

算法中唯一需要技巧的部分是确定两个顶点是否属于同一个等价类。幸运的是,有一个可以实现这个目标的理想算法,即简单地使用6.2节介绍的树结构的基于父指针表示法的并查(UNION/FIND)算法。图11.25是 Kruskal 算法的一个实现,其中 **KruskalElem** 类用于在最小值堆中存储边。

Kruskal 算法的代价由处理每一条边所需要的时间来确定。如果应用了路径压缩和带权合并,则 **differ** 函数和 **UNION** 函数的时间代价几乎接近于常数。这样,在最差情况下,即当几

乎所有的边都会在找到生成树和算法终止前被处理时，算法的总时间代价为 $\Theta(|\mathbf{E}|\log|\mathbf{E}|)$。在更一般的情况下，生成树的边都是较短的边，只有近似于 $|\mathbf{V}|$ 条边需要处理。如果是这样，在一般情况下，代价则接近于 $\Theta(|\mathbf{V}|\log|\mathbf{E}|)$。

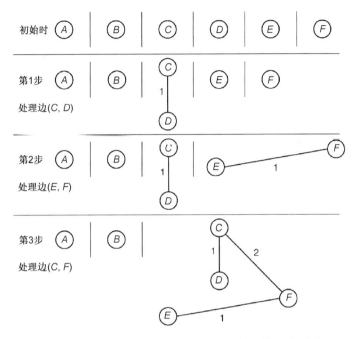

图 11.24 用于图 11.20 所示的 Kruskal 算法前三步图示

```
class KruskElem {          // An element for the heap
public:
  int from, to, distance; // The edge being stored
  KruskElem() { from = -1;  to = -1; distance = -1; }
  KruskElem(int f, int t, int d)
    { from = f; to = t; distance = d; }
};

void Kruskel(Graph* G) {   // Kruskal's MST algorithm
  ParPtrTree A(G->n());    // Equivalence class array
  KruskElem E[G->e()];     // Array of edges for min-heap
  int i;
  int edgecnt = 0;
  for (i=0; i<G->n(); i++) // Put the edges on the array
    for (int w=G->first(i); w<G->n(); w = G->next(i,w)) {
      E[edgecnt].distance = G->weight(i, w);
      E[edgecnt].from = i;
      E[edgecnt++].to = w;
    }
  // Heapify the edges
  heap<KruskElem, Comp> H(E, edgecnt, edgecnt);
  int numMST = G->n();          // Initially n equiv classes
  for (i=0; numMST>1; i++) { // Combine equiv classes
    KruskElem temp;
    temp = H.removefirst(); // Get next cheapest edge
    int v = temp.from;  int u = temp.to;
    if (A.differ(v, u)) {  // If in different equiv classes
      A.UNION(v, u);         // Combine equiv classes
      AddEdgetoMST(temp.from, temp.to);  // Add edge to MST
      numMST--;              // One less MST
    }
  }
}
```

图 11.25 Kruskal 算法的实现

11.6 深入学习导读

可以利用 Stanford Graphbase 中的程序来研究图的许多有趣的性质,其中有一组基准数据库和图处理程序。有关 Stanford Graphbase,请参见文献[Knu94]。

11.7 习题

11.1 利用归纳法证明有 n 个顶点的图最多只能有 $n(n-1)/2$ 条边。

11.2 证明下述关于自由树的描述:

(a)一个没有简单回路的连通无向图有$|V|-1$条边;

(b)一个有$|V|-1$条边的无向图一定是连通的。

11.3 (a)画出图 11.26 所示图的相邻矩阵表示。

(b)画出这个图的邻接表表示。

(c)如果每一个指针需要 4 字节,每一个顶点的标号占用 2 字节,每一条边的权需要 2 字节,这个图采用哪种表示方法需要占用的空间更多?

(d)如果每一个指针需要 4 字节,每一个顶点的标号占用 1 字节,每一条边的权需要 2 字节,这个图采用哪种表示方法需要占用的空间更多?

11.4 对于图 11.26 所示的图,给出从顶点 1 开始的 DFS 树。

11.5 编写一段伪代码表示的算法,为一个无向连通图构建一棵从给定顶点 V 开始的 DFS 树。

11.6 对于图 11.26 所示的图,给出从顶点 1 开始的 BFS 树。

11.7 编写一段伪代码表示的算法,为一个无向连通图构建一棵从给定顶点 V 开始的 BFS 树。

11.8 BFS 拓扑排序算法在遇到回路时会返回,报告"存在回路"信息。修改这个算法,使之能打印回路(如果存在)中遇到的各个顶点。

11.9 解释一下,为什么在最差情况下,Dijkstra 算法和任何寻找从顶点 I 到顶点 J 的最短路径算法的效率(渐近复杂性)相同。

11.10 对于图 11.26 中的图,给出从顶点 4 出发,使用 Dijkstra 最短路径算法产生的最短路径。请像图 11.19 那样,每处理一个顶点时给出其相应的 D 值。

11.11 修改单源最短路径算法,使它实际存储并返回最短路径,而不是仅仅计算其长度。

11.12 一个 DAG 的根是指某个顶点 R,这个 DAG 中的任意一个顶点都可以从顶点 R 出发,通过有向路径到达。给出一个算法,使之以一个有向图作为输入,确定这个图的根(如果有根)。算法的运行时间应当是 $\Theta(|V|+|E|)$。

11.13 编写一个算法,查找一个 DAG 中的最长路径。这里的路径长度由该路径包含的边数确定。算法的渐近复杂度是多少?

11.14 编写一个算法,确定一个有$|V|$个顶点的有向图是否包含回路。算法的时间代价应该是 $\Theta(|V|+|E|)$。

11.15 编写一个算法,确定一个有$|V|$个顶点的无向图是否包含回路。算法的时间代价应该是 $\Theta(|V|)$。

11.16 有向图的单目标最短路径(single-destination shortest path)问题是在这个图中找出从各个顶点出发到某一个指定顶点 V 的最短路径。编写一个算法解决这个问题。

11.17 对于图 11.26 中的图,给出从顶点 3 出发使用 Prim 的 MST 算法时各个边的访问顺序,并给出最终的 MST。

11.18 对于图 11.26 中的图,给出使用 Kruskal 的 MST 算法时各个边的访问顺序,每当把一条边添加到 MST 中时,显示等价类数组中的结果(如图 6.7 所示显示数组内容)。

11.19 写出求最大支撑树的算法，即这个支撑树有最大可能代价。

11.20 在什么情况下 Prim 算法和 Kruskal 算法生成不同的 MST？

11.21 证明如果图 **G** 的所有边的代价都不相等，那么它只存在一个 MST。

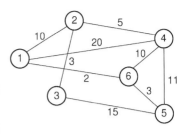

11.22 如果图中有一部分边的权值为负值，那么 Prim 算法或 Kruskal 算法是否能正常运行？

11.23 考虑 Dijkstra 最短路径算法选择的从图中起始顶点到其他顶点的最短路径中的边，这些边是否生成一棵支撑树（不论代价是否最小）？它是否生成一棵 MST 呢？请说明理由。

图 11.26　第 11 章习题的例图

11.24 证明一个树结构是一个二部图①。

11.25 证明任何一棵树（有向无环连通图）都是二色的（如果图中每个顶点都被两种颜色中的一种染色，并且没有相邻顶点为同一种颜色，那么该图是二色的）。

11.26 编写一个程序，判断任意一个无向图是否为二部图。如果一个图是二部图，那么算法应该能够识别每个顶点属于哪一部分。

11.8　项目设计

11.1 设计一种存放图的信息的文件格式。再实现两个函数，一个函数从文件中将图信息读入程序。另一个函数将程序中的图信息写入文件。检验这两个函数：实现一个完整的 MST 程序，从一个文件中读入一个无向图信息，构造 MST，再把表示这个 MST 的有向图信息写入另一个文件。

11.2 一个无向图不需要通过存储两个分离的有向边来表示一个单独的无向边。一种方法是只保存无向边 (I, J) 来表示顶点 I 和顶点 J 相连。但是，如果一个用户查询边 (J, I) 该怎么办呢？可以通过总是以顶点 I 和顶点 J 中较小的顶点先出现的方式来存储这条边。这样，如果有一条连接顶点 5 和顶点 3 的边，对于边 $(5, 3)$ 和边 $(3, 5)$ 的请求都会对应到边 $(3, 5)$，因为 $3 < 5$。
观察相邻矩阵，可以看到只有矩阵的下三角部分被用到。这样，就可以把相邻矩阵的空间需求从 $|V|^2$ 减少到 $|V|(|V| - 1)/2$。阅读 12.2 节的三角矩阵。用三角矩阵重新实现图 11.6 的无向图的相邻矩阵表示。

11.3 尽管具体的实现方法（相邻矩阵或者邻接表）隐藏在图的 ADT 中，这两种实现会对程序效率产生影响。对于 Dijkstra 最短路径算法，11.4.1 节给出了两种不同的实现，用于在算法的每次迭代中确定最近的顶点。这两种变体的代价优劣取决于图是稀疏的还是密集的。它们也同样取决于图是由相邻矩阵实现的，还是由邻接表实现的。设计并实现一个研究程序，比较以下 3 种情况的效果：(1) 两种图的表示方式（邻接表和相邻矩阵）；(2) Dijkstra 最短路径算法的两种实现（搜索顶点距离表或者使用优先队列追踪距离）；(3) 稀疏图和密集图的对比。确保你测试用的图足够多，这样可以使得不同算法的运行时间差别有意义。

11.4 DFS 和 BFS 的示例应用展示了对 **PreVisit** 和 **PostVisit** 的调用。重新实现 BFS 和 DFS 的函数，使用访问者设计模式来解决 pre/post 访问功能。

11.5 编写一个程序，标记一个无向图的各个连通分量。也就是说，第一个分量中的所有顶点都被赋给第一个分量的标记，第二个分量中的所有顶点都被赋给第二个分量的标记，以此类推。算法应当这样工作：把一条边连接的两个顶点定义为同一个等价类中的成员。一旦处理了所有的边，就会把一个等价类中的所有顶点连接起来。使用 6.2 节的并查算法实现等价类。

---

① 二部图（bipartite graph，又称二分图、偶图）是图论中的一种特殊模型。设 $G = (V, E)$ 是一个无向图，如果顶点 V 可分割为两个互不相交的子集 (A, B)，并且图中的每条边 (i, j) 所关联的两个顶点 i 和 j 分别属于这两个不同的顶点集（i in A, j in B），则称图 **G** 为一个二部图。无向图 **G** 为二部图的充分必要条件是，**G** 至少有两个顶点，且其所有回路的长度均为偶数。

第12章 线性表和数组高级技术

使用简单的线性表和数组就可以完成许多应用程序。而其他情况则需要对一些操作提供支持,这些操作不能使用第4章的标准线性表有效地实现。本章涵盖的主题非常广泛,其主线索是与线性表和数组类似的数据结构。这些结构解决了简单的链表表示方法和连续数组表示方法的一些问题。本章的介绍还起到强调逻辑表示与物理实现分离的概念的作用,因为有些"线性表"的实现有非常不同的内部组织方式。

12.1 节描述了广义表的一些表示方法,广义表是可以包含子表的表。12.2 节讨论稀疏矩阵的表示方法,稀疏矩阵是大多数元素值都为 0 的大型矩阵。12.3 节讨论存储管理技术,它实质上是从大数组中分配变长部分的一种方式。

12.1 广义表

回忆一下第4章,线性表是一个形如$\langle x_0, x_1, \cdots, x_{n-1} \rangle$的有限的、已排序的项的序列,其中 $n \geq 0$。可以用 **NULL** 或者$\langle \rangle$表示一个空线性表。在第4章,假定线性表的所有元素都有相同的数据类型。这一节把这个线性表的定义加以扩展,允许元素是任意的。一般来说,线性表的元素是以下两种类型之一:

1. 一种类型元素是原子(atom)。原子是某种类型的数据记录,例如一个数值、一个符号或者一个字符串;
2. 另外一种类型元素是线性表,称为子表(sublist)。

一个包含子表的线性表可以写成

$$\langle x1, \langle y1, \langle a1, a2 \rangle, y3 \rangle, \langle z1, z2 \rangle, x4 \rangle$$

在这个例子中,线性表有 4 个元素。第 2 个元素是子表$\langle y1, \langle a1, a2 \rangle, y3 \rangle$,第 3 个元素是子表$\langle z1, z2 \rangle$。子表$\langle y1, \langle a1, a2 \rangle, y3 \rangle$还包含一个子表。如果表 **L** 有一个或多个子表,那么就称表 **L** 是一个广义表(multilist)。没有子表的表就称为线性表(linear list)或者链(chain)。注意,广义表的这个定义很符合定义 2.1 中集合的定义,其中集合的成员可以是一个基本元素,也可以是另一个集合。

根据广义表的形状是树结构、DAG(有向无环图)还是一般的图,可以使用各种方法限制广义表的子表。纯表(pure list)是这样一种表结构,它的图对应于一个树结构,如图 12.1 所示。也就是说,从根结点到任何一个结点只有一条路径,这等于说没有任何对象可以在表中出现多于一次。在纯表中,每对括号都对应树结构的一个内部结点。表的成员对应于结点的子结点。表中的原子对应于叶结点。

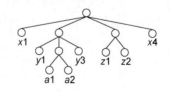

图 12.1 用树表示广义表的例子

可重入表（reentrant list）是这样一种表结构，它的图对应于一个 DAG。从根结点开始，可以通过多条路径访问一个结点。这等于说只要不形成回路，对象（包括子表）可能会在表中出现多次。所有的边都向下指，从表示表或子表的结点指向它的元素。图 12.2 就是一个可重入表。要用括号表示法写出这个表，可以根据需要重复结点。这样，图 12.2 中表的括号表示法可以写成

$$\langle\langle\langle a,b\rangle\rangle,\langle\langle a,b\rangle,c\rangle,\langle c,d,e\rangle,\langle e\rangle\rangle$$

为了简便起见，可以采用一种约定，允许对子表和原子进行标号，例如 "$L1:$"。每当一个标号重复出现时，就可以用这个标号对应的元素来代替它。这样，图 12.2 中表的尖括号表示法可以写成

$$\langle\langle L1:\langle a,b\rangle\rangle,\langle L1,L2:c\rangle,\langle L2,d,L3:e\rangle,\langle L3\rangle\rangle$$

循环表（cyclic list）是这样一种表结构，它的图对应于一个有向图，这个有向图中可能包含回路。图 12.3 就是这样一个表。为了用尖括号表示法写出这样一个表，需要使用标号。下面是图 12.3 中表的尖括号表示法：

$$\langle L1:\langle L2:\langle a,L1\rangle\rangle,\langle L2,L3:b\rangle,\langle L3,c,d\rangle,L4:\langle L4\rangle\rangle$$

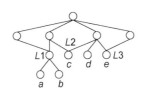 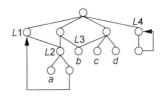

图 12.2　可重入广义表的例子。表结构的　　　　　图 12.3　循环表的例子。这种结
　　　　　形状是一个 DAG（所有边都向下指）　　　　　　　　构的形状是一个有向图

可以采用多种方式实现广义表。从本书前面对线性表、树和图等数据结构的实现中，可以熟悉广义表的大多数实现方式。

简单的方法是使用一个简单的数组来表示这个线性表。这对具有定长元素的链很有效，它相当于第 4 章的基于数组的简单线性表。可以把嵌套的子表看成变长元素。要使用这种方法，需要标识每个子表的开始和结尾。实际上，这是使用 6.5 节讨论的顺序树来实现的。这没有什么奇怪的，因为纯表等价于一般的树结构。但是，就像任何顺序表的表示法一样，必须从表的开始处按顺序地访问第 n 个子表。

因为纯表等价于树结构，也可以使用链接分配方法支持对表的子表的直接访问。简单线性表可以用链表表示。纯表也可以使用链表表示，但是要有一些附加的标记字段，用来标识这个结点是原子还是子表。如果是子表，它的数据字段就会指向子表的第一个元素，如图 12.4 所示。

另一种方式是使用存储两个指针字段的链结点来表示表中除了原子以外的所有元素。原子中只包含数据，这就是 LISP 程序设计语言使用的系统。图 12.5 说明了这种表示方法。可以在指针中包含一个标记位，用来标识它指向什么，也可以在被指向的对象中存储一个标记位，用来标识它自己是什么。可以通过标记把原子结点和表结点区分开。这种实现可以方便地支持可重入表和循环表，因为非原子结点可以指向任何其他结点。

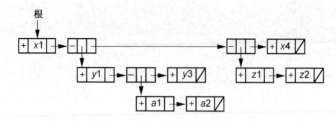

图12.4　图12.1中纯表的链表表示。每个链结点中的第一个字段存储一
　　　　　个标记位。如果标记位存储"+",那么数据字段存储一个原子。
　　　　　如果标记位存储"−",那么数据字段就存储一个指向子表的指针

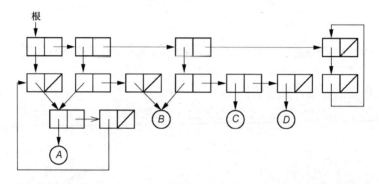

图12.5　图12.3中循环广义表的类 LISP 链表表示。每个链结点存储
　　　　　两个指针,一个指针既可以指向一个原子,也可以指向
　　　　　另一个链结点。链结点用两个框表示,原子用圆圈表示

12.2　矩阵的表示方法

有时候需要表示一个大型二维矩阵,矩阵中许多元素的值都是0。一个例子是下三角矩阵,它源于求解联立方程组。下三角矩阵在位置$[r, c]$ ($r<c$)存储0值,如图12.6(a)所示。这样,矩阵的右上三角部分总是0。另一个例子是用相邻矩阵表示无向图(见项目设计11.2)。因为顶点i和顶点j之间的边在两个方向上都有,不需要存储两个方向上的边。只需要存储从索引值大的顶点指向索引值小的顶点的那些边。在这种情况下,只有矩阵的下三角有非零值。

$$
\begin{array}{cccc}
a_{00} & 0 & 0 & 0 \\
a_{10} & a_{11} & 0 & 0 \\
a_{20} & a_{21} & a_{22} & 0 \\
a_{30} & a_{31} & a_{32} & a_{33}
\end{array}
$$

(a)

$$
\begin{array}{cccc}
a_{00} & a_{01} & a_{02} & a_{03} \\
0 & a_{11} & a_{12} & a_{13} \\
0 & 0 & a_{22} & a_{23} \\
0 & 0 & 0 & a_{33}
\end{array}
$$

(b)

图12.6　三角矩阵。(a)下三角矩阵;(b)上三角矩阵

可以利用这个情况来节省空间。不需要用一个$n \times n$数组存储需要的$n(n+1)/2$份信息,使用一个长度为$n(n+1)/2$的线性表就会节省很多空间。如果能找到某种方法,在线性表中能够方便地找到对应于原来矩阵位置$[r, c]$的元素,这样做就是可行的。

还需要推导出一个公式,将位置$[r, c]$转换为一维线性表中的一个位置,在这个一维线性表中存储着下三角矩阵。下三角矩阵的第0行只有一个非0值,第1行有2个非0值,以

此类推。这样，第 r 行前面共有 r 行，总共有 $\sum_{k=1}^{r} k = (r^2 + r)/2$ 个非 0 元素。为了把原来下三角矩阵中的位置 $[r, c]$ 转换为线性表中的正确位置，在前 r 行元素数的基础上再加上 c 就可以到达第 r 行的第 c 个位置，从而得到下面的方程：

$$\text{matrix}[r, c] = \text{list}[(r^2 + r)/2 + c]$$

可以使用类似方法为上三角矩阵转换坐标，上三角矩阵就是一个在位置 $[r, c]$（$r > c$）有 0 值的矩阵，如图 12.6(b) 所示。在这种情况下，对于一个 $n \times n$ 上三角矩阵，将矩阵坐标转换为线性表位置的方程就是

$$\text{matrix}[r, c] = \text{list}[rn - (r^2 + r)/2 + c]$$

一个更为复杂的情况是存储在一个 $n \times m$ 矩阵中的大量元素值都是 0，但是没有规则限制哪些位置是 0，哪些位置不是 0。这种类型的矩阵称为稀疏矩阵（sparse matrix）。

一种表示稀疏矩阵的方法是把横坐标和纵坐标结合（或者合并）成一个单一的值，把它作为散列表的关键码。这样，如果想要知道矩阵中某个位置的值，就在散列表中按照相应的关键码进行检索。如果没有找到这个位置上的值，就认为它是 0。如果对矩阵的所有查询都是对指定位置的访问，这当然是一种理想的方法。然而，如果要在指定行找到第一个非 0 元素，或者在指定列中当前元素下面找到下一个非 0 元素，那么散列表就需要顺序检查一些行或列中所有可能的位置。

实现矩阵的另一种方法称为正交表（orthogonal list）。观察下面的稀疏矩阵：

$$
\begin{array}{ccccccc}
10 & 23 & 0 & 0 & 0 & 0 & 19 \\
45 & 5 & 0 & 93 & 0 & 0 & 0 \\
0 & 0 & 0 & 0 & 0 & 0 & 0 \\
0 & 0 & 0 & 0 & 0 & 0 & 0 \\
40 & 0 & 0 & 0 & 0 & 0 & 0 \\
0 & 0 & 0 & 0 & 0 & 0 & 0 \\
0 & 0 & 0 & 0 & 0 & 0 & 0 \\
0 & 32 & 0 & 12 & 0 & 0 & 7 \\
\end{array}
$$

这个稀疏矩阵对应的正交表如图 12.7 所示。这里有一组行首，每个行首包含一个指向矩阵元素链表的指针。另一组是列首，每个列首也包含一个指向矩阵元素链表的指针。每个非 0 矩阵元素都存储 4 个指针，指向它在这一行前后的非 0 邻居，和它在这一列前后的非 0 邻居。这样，每个非 0 元素都存储着它本身的值、它在矩阵中的位置信息和 4 个指针。通过遍历一行或者一列，就可以找到这一行或一列中的所有非 0 元素。一个指定行的第一个非 0 元素可能出现在任何一列；同样，任何一行或一列中的相邻非 0 元素可能出现在数组的任何（更高的）行或列中。这样，每个非 0 元素都必须明确地存储它的行列位置信息。

要知道矩阵中某个位置是否为非 0 元素，就要遍历相应的行或列。例如，要查找第 7 行第 1 列的元素，既可以遍历第 7 行，也可以遍历第 1 列。当遍历一行或一列时，如果遍历到某个元素，那么这个元素的值就不是 0。如果碰到一个位置更高的元素，那么就表示要查找的元素不在稀疏矩阵中。在这种情况下，矩阵元素的值就是 0。例如，当遍历图 12.7 中矩阵的第 7 行时，首先到达第 7 行、第 1 列的元素。如果这就是要查找的元素，那么检索就可以停止了。如果要查找第 7 行、第 2 列的元素，那么检索就沿着第 7 行继续前行，接下来到达第 3 列的元素。这时就知道正交表中没有存储稀疏矩阵第 7 行、第 2 列的元素。

插入、删除操作可以按照类似的方式完成，都是在相应的行和列中进行元素的插入、删除操作。

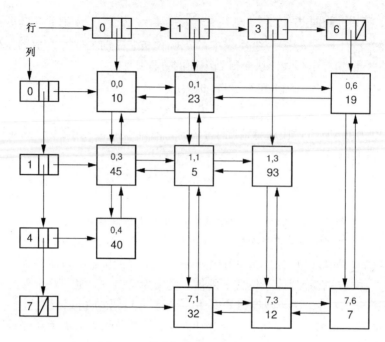

图 12.7　稀疏矩阵的正交表表示方法

使用稀疏矩阵表示方法存储的每个非 0 元素都比简单的 $n \times n$ 矩阵中的元素占用更多的空间。那么，什么时候稀疏矩阵表示方法比标准矩阵表示方法的空间效率更高呢？要计算出结果，就需要确定标准矩阵表示方法需要多少存储空间，稀疏矩阵表示方法需要多少存储空间。稀疏矩阵的大小依赖于非 0 元素的数目(将这个值记为 NNZ)，而标准矩阵的大小是不变的。还需要知道指针和数据值的(相对)大小。为了简单起见，计算忽略行首和列首占用的空间(它们受稀疏矩阵中元素数目的影响不大)。

作为例子，假设有一个数据值、一个行位置索引、一个列位置索引、一个指针，它们每一个都需要 4 字节。一个 $n \times m$ 矩阵需要 $4nm$ 字节。稀疏矩阵中每个非 0 元素需要 28 字节(4 个指针、2 个元素位置索引和 1 个数据值)。设 X 为非 0 元素的百分比，可以计算出 X 值小于多少时稀疏矩阵表示方法在空间上更有效率。使用方程

$$28mnX = 4mn$$

解出 X，发现当 $X < 1/7$ 时，也就是说，当少于 14% 的元素为非 0 值时，使用稀疏矩阵实现方法在空间上更有效率。对于这两种实现方式效率方面的比较，数据值、指针或矩阵位置索引相对大小的各种不同值能够导致显著不同的分界点。

处理稀疏矩阵需要的时间理论上依赖于 NNZ。当检索一个元素时，其代价是目标元素所在的行或列中目标元素前面元素的数目。当一个矩阵存储 n 个非 0 元素、另一个矩阵存储 m 个非 0 元素时，在最差情况下两个矩阵相加之类的操作代价就是 $\Theta(n + m)$。

另一种稀疏矩阵表示方法有时称为 Yale 表示法。MATLAB 使用的就是类似的表示方法，主要的差异在于 MATLAB 使用的是列优先顺序。MATLAB 表示法用三个线性表存储稀疏矩阵[①]。第一个线性表中存储所有非 0 元素，以列优先方式存储。第二个线性表存储第一个线

---

① 用于科学计算的软件包倾向于采用列优先的方式来处理矩阵，因为在矩阵操作中列处理占据着主导地位。

性表中每一列的起始元素位置。第三个线性表中存储第一个线性表中每个对应的非 0 元素的行位置。在 Yale 表示法中，图 12.7 的矩阵可以表示为

　　值：　　　　　　10 45 40 23 5 32 93 12 19 7

　　列起始位置：　0 3 5 5 7 7 7 7

　　行位置：　　　0 1 4 0 1 7 1 7 0 7

如果一个矩阵有 c 列，那么总共所需的空间大小与 $c + 2NNZ$ 成比例。从空间角度来说，这是很好的。这样对每一列的访问都非常快，并且处理每一列的非 0 元素都非常容易。但是，这种表示法不能很好地沿着行访问元素的值，并且当需要从表示法中添加或者删除元素的值时，会更糟糕。幸好，当处理两个稀疏矩阵的加法或者乘法时，处理输入矩阵和构造输出矩阵可以非常有效率。

12.3　存储管理

大多数数据结构的设计用于存储和访问大小相同的对象，一个典型的例子是在一个线性表或队列中存储整数。一些应用需要存储变长记录的能力，例如一个任意长的字符串。一种解决方法是在线性表或队列中存储指向变长字符串的固定长度的指针。这对于存储在内存中的数据结构来说是可行的。但是，如果这些字符串存储在硬盘中，就需要考虑这些字符串存放的准确位置。并且，即使存储在内存中，也必须有方法判断是否还有可用的字节用来存储字符串。可以简单地在队列或堆栈中记录变量大小，因为在队列或堆栈中对插入、删除的严格顺序使得这些问题很容易处理。但是在 C++ 或者 Java 等编程语言中，程序会使用 **new** 操作符，以一种复杂的方式分配和释放空间。这些空间从何处来？本章讨论存储管理技术，这些技术用于处理变长空间请求这个一般性的问题。

存储管理的基本模型是有一（大）块连续的存储位置，称为存储池（memory pool）。为了在存储池中得到一些空间，程序会发出一些存储空间请求。存储管理器必须在存储池的某个位置找到一块连续的位置，它的大小至少等于请求的大小。响应这样的一次请求就称为一次存储分配（memory allocation）。存储管理器一般会返回一些信息给请求程序，使请求程序能根据这些信息访问刚刚被存储管理器存储的数据，这些信息称为句柄（handle）。经过一段时间以后，曾经被请求过的空间可能不再需要使用了，此时就可以把这些空间交还给存储管理器重新使用。这个操作称为内存回收（memory deallocation）。存储管理器要能够重新使用这些空间，从而满足以后的存储请求。可以按照图 12.8 的方式定义存储管理器的 ADT。

```
// Memory Manager abstract class
class MemManager {
public:
  virtual ~MemManager() {} // Base destructor

  // Store a record and return a handle to it
  virtual MemHandle insert(void* info, int length) =0;

  // Get back a copy of a stored record
  virtual int get(void* info, MemHandle h) =0;

  // Release the space associated with a record
  virtual void release(MemHandle h) =0;
};
```

图 12.8　一个简单的存储管理器 ADT

MemManager ADT 的使用者提供了一个指针(在参数 **info** 中),用来指向存储或检索的记录与消息的空间。这与8.4节的C++基础文件读/写方法类似。它的基本思想是,客户程序向存储管理器提供需要安全存放的消息。存储管理器以 **MemHandle** 对象的形式返回一个"收据"。当然为了实用性,一个 **MemHandle** 必须要小于一般的存储消息。客户程序持有 **MemHandle** 对象,直到它想要再次得到消息。

在 **insert** 方法中,客户程序告诉存储管理器要存储的消息的长度和内容。这个 ADT 认为存储管理器会记住与一个给定句柄相关的消息长度(可能在句柄自身内部)。这样,**get** 方法就不包括一个长度参数,而是返回实际存储的消息长度。客户程序利用 **release** 方法告诉存储管理器释放存储一个给定消息的空间。

当所有的存储请求和释放都遵循一种简单的模式,例如后请求先释放(栈顺序),或者先请求先释放(队列顺序),那么存储管理就非常容易了。这一节考虑更一般的情况,可以按照任意顺序请求和释放任意大小的块,这称为动态存储分配(dynamic storage allocation)。动态存储分配的一个例子是为编译器的运行时刻环境管理空闲存储区,例如C++语言中的系统级 **new** 操作符和 **delete** 操作符。另一个例子是在多任务操作系统中管理内存。这里,一个程序可能需要一定大小的空间,存储管理器必须记录哪个程序正在使用哪一块内存。还有一个例子就是磁盘的文件管理器。当创建、扩展或删除一个磁盘文件时,文件管理器必须分配或回收磁盘空间。

利用这种方式管理的一块存储器或磁盘空间,有时也称一个堆(heap)。这里使用的术语"堆"与5.5节讨论的堆数据结构不同。这里的"堆"表示动态存储管理方法访问的空闲存储区。

在本节其余部分,首先研究用于动态存储管理的技术。然后处理这样一个问题,当存储池中没有一个足够大的存储块以满足请求时应该如何处理。

12.3.1　动态存储分配

为了进行动态存储分配,把存储器看成一个数组,这个数组在一组内存请求和释放之后会变成一组变长的块,其中一些块是空闲的(free),另一些块则是保留的(reserved)或者已经分配用于存储消息。存储管理器一般用一个链表来追踪空闲块,这些空闲块形成一个可利用空间表(freelist),以满足将来的存储请求。图 12.9 说明了经过一系列存储分配和回收之后出现的情况。

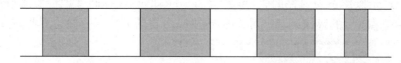

图 12.9　动态存储分配模型。存储区由一组变长的块组成,有些已经分配出去,
有些仍然空闲。在这个例子中,阴影区域表示当前已经分配出去的
存储区,没有阴影的区域表示尚未使用的存储区,用于将来的分配

当存储管理器收到一个存储请求之后,就要在可利用空间表中找到足够大的块以满足请求。如果找不到这样的块,那么存储管理器就要求助于 12.3.2 节讨论的失败处理策略(failure policy)。

如果有一个请求要得到 m 个字,但是没有一个块的大小正好是 m,那么就要用一个更大的块来满足请求。在这种情况下,一种可能的办法是把整个块都交给存储分配的请求者。当块的大小只比请求的大小稍微大一点时,这样做是合适的。这是因为节省一个过小以至于未来内存请求用不到的块是没有意义的。还有另一个办法,对于一个大小为 k 的块,有 $k > m$,存储管理器保留 $k - m$ 大小的空间,以形成一个新的空闲块,而其余的空间则用于满足请求。

存储管理器会遇到两种类型的碎片,这两种类型都源于太小的未使用空间。如果一系列的存储请求和释放导致小的空闲块,就会产生外部碎片(external fragmentation)。而当把多于 m 个字的存储空间分配给要得到 m 个字大小的请求时,就会浪费空闲存储空间,从而产生内部碎片(internal fragmentation)。这相当于以文件簇大小为单位为文件分配空间时产生的内部碎片。内部碎片和外部碎片的区别如图 12.10 所示。

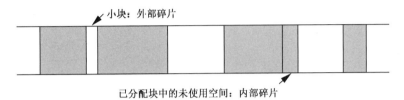

图 12.10 内部碎片和外部碎片说明。小的标记为外部碎片的白色块
是小于一次内存需求的块。小的标记为内部碎片的灰色块
是分配给其左边的灰色块,它们实际不存储任何信息

有些存储管理方法牺牲了内部碎片的空间,使存储管理更简单(可能会减少外部碎片)。例如,在以簇为单位分配文件空间的文件管理系统中不会产生外部碎片。另一个例子是这一节后面讨论的伙伴方法(buddy method),它通过牺牲空间产生内部碎片,使得存储管理更简单。

有一种方法是在存储池中找到一个足够大的块来满足存储请求,可能要把其余的空间作为空闲块,这种方法称为顺序适配(sequential fit)方法。

顺序适配方法

顺序适配方法试图找到一个"好的"块来满足存储请求。这里描述的三种顺序适配方法都假定空闲块被组织成双链表,如图 12.11 所示。

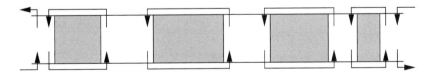

图 12.11 存储管理器看到的空闲块双链表。阴影区域代表已分配
的存储区。没有阴影的区域是可利用空间表的一部分

有两种基本方法实现可利用空间表。简单一点的方法是使可利用空间表的存储独立于存储池。也就是说,可以使用类似于第 4 章介绍的简单链表实现可利用空间表,链表中的每个结点包含一个指针,指向存储池中的一个空闲块。如果能找到独立于存储池的空间存储可利用空间表,这种方法是可行的。

第二种存储可利用空间表的方法复杂一些,但是节省空间。由于空闲块是空的,存储管理器可以利用它来完成自己的工作;也就是说,存储管理器暂时"借用"空闲块中的空间来维护自己的双链表。为此,每个未分配的块都必须足够大,以保存这些指针。除此之外,存储管理器在一个保留块中增加一些字节空间,用于它自己的目的,这样做也是值得的。也就是说,对于一个需要 m 字节空间的请求,存储管理器可能会分配稍微多于 m 字节的空间,额外的字节由存储管理器自己使用,而不是供请求者使用。所有存储块都像图 12.12 那样组织,带有存放标记和链表指针的空间。这里,根据块的开始和结尾的标记位来区别空闲块和保留块,原因下面解释。除此之外,空闲块和保留块都在块开始处紧接着标记位有一个长度标识,用来标识这个块有多大。空闲块在块结尾处标记位前有另外一个长度标识。最后,空闲块有左指针和右指针,指向它在可利用空间表中的相邻块。

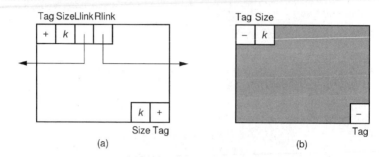

图 12.12   存储管理器看到的块。每个块中都包括一些附加信息,如可利用空间
表的链指针、开始标记、结尾标记和长度字段。(a)空闲块的布局。
块的开始处有一个标记字段、一个块长度字段和两个可利用空间表的
指针。块的结尾处包含另一个标记字段和另一个块长度字段;(b)一个
有 k 字节的保留块。存储管理器除了分配这 k 字节以外,还在块开
始处加上标记字段、长度字段,在块结尾处加上另一个块标记字段

通过查看与每个块相关的信息字段,存储管理器就能根据需要分配和回收块。当一个请求到来,要求得到 m 个字的存储区时,存储管理器检索空闲块链表,直到找到一个"合适"的块用于分配。下面讨论它怎样确定一个块是否合适。如果一个块正好包含 m 个字(加上用于存储标记字段和长度字段的空间),那么就把它从可利用空间表中移除出来。如果块(大小为 k)足够大,那么剩余的 $k-m$ 个字就作为可利用空间表中的一个块保留在当前位置。

当回收一个块 F 时,必须把它合并到可利用空间表中。如果不合并相邻的空闲块,那么回收过程就是简单地向空闲块双链表中插入的过程了。然而,有必要把相邻的块合并起来,因为这样就使存储管理器能够满足尽可能大的存储请求。由于有存储在每个块最后的标记字段和长度字段,合并很容易完成,如图 12.13 所示。这里,存储管理器首先检查块 F 前面的存储单元,看一看前一个块(称它为 P)是不是空闲的。如果是,那么 P 标记位前面的单元就存储块 P 的大小,这里也就标识了这个块在存储器中的开始位置。然后,就可以简单地扩展块 P 的长度,让它包含块 F。如果块 P 不是空闲的,那么就只把块 F 添加到可利用空间表中。最后,还要检查跟在块 F 后面的标记字段。如果这个标记字段标识下一个块(称它为 S)是空闲的,那么就把块 S 从可利用空间表中移除,并且相应地扩展块 F 的长度。

现在考虑如何选择一个"合适的"空闲块来满足存储请求。为了说明这个过程,假定有一个大小为 200 个单元的存储池。在一系列的分配请求和释放后,空闲表中有 4 个大小依次为 25、35、32 和 45 的空间块。假定有一个需要 30 单元存储空间空闲块的请求。在这个例子中,忽略上面讨论的标记字段、链指针和长度字段的额外开销。

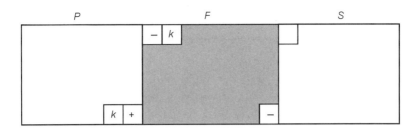

图 12.13　把块 F 添加到可利用空间表中。存储池中在 F 开始处前面的字存储前
一个块 P 的标记位。如果块 P 是空闲的，就把块 F 合并到块 P 中。使
用块 F 的长度字段可以找到块 F 的结尾处。同样，紧接着块 F 结尾的
字就是块 S 的标记字段。如果块 S 是空闲的，就把它合并到块 F 中

选择一个块最简单的方法就是沿着可利用空间表向下找，直到找到一个大小至少为 30 的块。这个块中剩余的空间都留在可利用空间表中。如果从表的开始处进行检索，向下找到大小至少为 30 的第一个空闲块，就会选择长度为 35 的块。30 单元的存储空间被分配出去，剩下 5 单元的空闲块。由于这种方法是选择空间足够大的第一个块，就称它为首先适配（first fit）。一种可以改进性能的简单变体是，不是固定从可利用空间表的表头开始，而是从前一次检索最后到达的位置开始。当检索到达可利用空间表的结尾时，再从可利用空间表的表头开始继续检索。这样修改就不必再检索上一次检索过的一些小块。

首先适配有一个潜在的缺陷：它可能会因把大块分成小块而"浪费"大块，所以无法满足以后的大块请求。避免使用不必要的大块的策略称为最佳适配（best fit）。最佳适配查看整个可利用空间表，在其中找出一个至少和请求的大小一样大的最小块（即请求"最佳"或者最近适配）。继续考虑前面那个例子，对于长度为 30 的块的请求，最佳适配是选择大小为 32 的块，剩下大小为 2 的空间。最佳适配的问题是它需要检索整个表。另一个问题是最佳适配块的剩余部分可能很小，这样对将来的请求就没有什么用处了。也就是说，最佳适配有可能使外部碎片问题更严重，而同时使得无法满足一个偶尔的大块请求的可能性最小。

与最佳适配相反的一种策略可能会行得通，因为它尽量将外部碎片问题的影响最小化。这种方法称为最差适配（worst fit）。最差适配总是分配表中最大的块，希望块的剩余部分能用于满足将来的请求。在这个例子中，最差适配选择长度为 45 的块，留下长度为 15 的空间。如果有一些不常见的大块请求，这种方法满足这些请求的可能性很小。如果请求通常倾向于有相同的大小，那么这可能是一种有效的策略。像最佳适配一样，最差适配也需要为每一个存储请求检索整个表，以找到最大的块。另外，也可以使用优先队列实现方式对可利用空间表从大到小排序空闲块。

那么，哪一个策略最好呢？这依赖于存储请求类型。如果请求的块的大小差异很大，那么最佳适配可能完成得很好。如果请求的块都是大小相差不大的块，很少有大块或小块请求，首先适配或最差适配都可能完成得很好。但是，总是会有一种请求模式，使得三种顺序适配方法中有一种能完成得很好，而另外两种效果不佳。例如，如果请求序列是 600，650，900，500，100，可利用空间表中包含块 500，700，650，900（按照这个顺序），首先适配可以满足所有请求，但最佳适配却不能。而对于同一个可利用空间表，最佳适配可以满足请求序列 600，500，700，900，首先适配却不能。

伙伴方法

顺序适配方法依赖于空闲块链表,每次存储请求时都必须检索这个链表,以查找一个合适的块。这样,对于一个包含 n 个块的可利用空间表,在最差情况下查找一个合适空闲块的时间就是 $\Theta(n)$。合并相邻空闲块有些复杂。最后,可以利用额外的存储空间存放链表,也可以利用存储池中的空间支持存储管理器的操作。在第二种情况下,空闲块和保留块都需要标记字段和长度字段。空闲块中的字段不占用任何空间(因为它们存放在没有使用的存储器中),但是保留块中的字段却会带来额外的开销。

伙伴系统解决了大部分问题。它对于检索合适大小的块很有效,合并相邻的空闲块很简单,不需要把标记字段或其他信息字段存储在保留块中。伙伴系统假定存储空间的大小是 2^N,对于某个整数 N。空闲块和保留块的大小都是 2^k,$k \leqslant N$。在任何给定时间,都可能有各种大小的空闲块和保留块。伙伴系统为每一种大小的空闲块都单独保留一个列表。最多可能有 N 个这样的列表,因为只有 N 种不同的大小。

当到达一个需要 m 个字的请求时,首先确定使得 $2^k \geqslant m$ 的 k 的最小值。如果能够在可利用空间表中找到一个大小为 2^k 的块,就从可利用空间表中选择它。伙伴系统不担心内部碎片问题:大小为 2^k 的整个块都能分配出去。

如果没有大小为 2^k 的块,就找一个更大一些的块。把这个块分成两半(如果需要可以重复下去),直到创建一个大小为 2^k 的目标块。在这个分割过程中作为副产品产生的任何其他块都放到相应的可利用空间表中。

伙伴系统的问题是它允许内部碎片。例如,一个 257 个字的请求需要一个大小为 512 的块。伙伴系统的主要好处是(1)外部碎片极少;(2)检索一个大小合适的块的代价比最佳适配等方法更少,因为只需要在大小为 2^k 的可利用空间表中找到第一个可用的块;(3)合并相邻空闲块很容易。

这种方法称为伙伴系统的原因在于合并发生的方式。任何一个大小为 2^k 的块的伙伴(buddy)是另一个同样大小的块,地址中除了第 k 位相反以外其余位都相同。例如,图 12.14(a)中开始地址为 0000、长度为 8 的块有一个地址为 1000 的伙伴。同样,在图 12.14(b)中,地址为 0000、长度为 4 的块有一个地址为 0100 的伙伴。如果按照地址值对空闲块进行排序,通过检索正确的块长度表就可以找到伙伴。合并只需要把结合的伙伴移到可利用空间表中,形成一个更大的块。

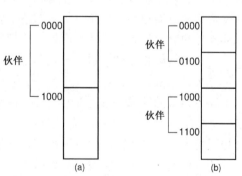

图 12.14 伙伴系统的例子。(a)长度为8的块;(b)长度为4的块

其他存储分配方法

除了顺序适配和伙伴方法以外,还有许多特殊的存储管理方法。如果应用程序非常复杂,可能需要把可用存储器分成多个存储区(memory zone),每一个存储区采用不同的存储管理方法。例如,有些存储区可能使用一种简单的存储访问模式,如先进先出方式。因此使用简单的栈结构就可以对这个存储区进行有效的管理。有些存储区可能仅仅分配定长记录,所以可以用 4.1.2 节介绍的简单的空闲表来管理。其他存储区可能需要这一节讨论的用于一般

目的的存储分配方法。分区管理的好处是可以对存储器的一些部分进行更有效的管理。其问题是如果存储区的大小选择不当，那么一个存储区可能已经填满，而另一个存储区却有过多的空闲存储空间。

存储管理的另一种方法是对所有存储请求都强加一个标准大小。在磁盘文件管理中已经看到了这种方法的一个例子，其中所有文件都以簇为单位进行分配。这种方法会导致内部碎片，但是管理由簇组成的文件比管理任意大小的文件更容易。以簇为单位分配的方法还可以放宽存储请求需要由一个连续存储块来满足的限制。大多数磁盘文件管理器和操作系统的内存管理器都采用簇或页式系统。块的管理通常使用一个缓冲池来完成，以便在内存中有效地分配可用的块。

12.3.2　失败处理策略和无用单元收集

在处理一系列请求中的某一时刻，存储管理器可能会遇到一个无法满足的存储请求。在有些情况下，可能什么都不能做：没有足够的空闲存储空间来满足请求，而应用程序却需要立即满足请求。在这种情况下，存储管理器别无选择，只能返回一个错误，可能因而导致应用程序执行的失败。然而在许多情况下，除了返回错误以外还有其他选择，这些可能的选择称为失败处理策略(failure policy)。

在有些情况下，可能有足够的空闲存储空间来满足请求，但是这些存储空间却分散成多个小块。当使用顺序适配存储分配方法时就可能会发生这种情况，外部碎片是一些小块，收集起来就可以满足请求。在这种情况下，可以通过移动保留块来压缩(compact)存储空间，以便将空闲存储空间结合成一个块。这种方法的一个问题是应用程序必须能够面对这样一个情况，它的所有数据现在都已经移到了不同的地方。如果应用程序以某种方式依赖于数据的绝对位置，就会引起严重的后果。处理这个问题的一种方法是使用存储管理器返回的句柄。句柄是对应存储位置的二级间接指针。存储分配程序不会返回一个指向存储块的指针，而是返回一个指向句柄的指针，这个句柄则能获取存储空间。句柄从不移动它的位置，但是可以移动存储块的位置，并且因此修改句柄的值。当然，这需要存储管理器追踪句柄，并且知道句柄如何与存储块关联。图 12.15 说明了这种方法。

在某些应用程序中采用的另一种失败处理策略是延迟响应存储请求，直到有足够的存储空间可用。例如，一个多任务操作系统可能要采用这样一种策略，它一直等到一个进程有足够的存储空间可用时才允许这个进程运行。尽管这种延迟可能会使用户很烦，然而它总比终止整个系统要好。这里假定其他进程最终都会终止，并释放存储空间。

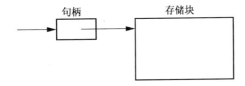

图 12.15　使用句柄进行动态存储管理。存储管理器返回句柄的地址来响
应一个存储请求，句柄中存储实际存储块的地址。通过这种
方式，不影响应用程序就可以移动存储块(修改句柄中的地址)

另一种选择就是为存储管理器分配更多的空间。在一个分区存储分配系统中，存储管理器是更大系统的一部分，这是一个可行的选择。在一个实现自己的存储管理器的 C++ 程序

中,有可能从系统级 **new** 操作符中得到更多的存储空间,如4.1.2节可利用空间表所做的那样。

最后一种失败处理策略是无用单元收集(garbage collection),考虑下面一组语句:

```
int* p = new int[5];
int* q = new int[10];
p = q;
```

在 Java 语言中,这些语句没有问题(因为自动垃圾回收)。在C++等语言中,这是一种非常差的程序,这是因为第三条赋值语句使得原来分配给指针 **p** 的空间丢失了。程序不能再使用这块空间了,这种丢失的存储空间称为无用单元(garbage),也称为内存泄漏(memory leak)。如果没有一个程序变量指向一块空间,那么以后就不可能再访问这块空间了。当然,如果首先已经赋值另一个变量指向指针 **p** 所指向的空间,那么重新赋值指针 **p** 就不会产生无用单元。

有些程序设计语言采取不同的方法对待无用单元。特别是 LISP 语言,它采用图 12.5 中的广义表表示方法,其存储形式要么是原子,要么是带有两个指针的内部结点。图 12.16 中是一组典型的 LISP 结构,这些结构以变量 A、B、C 为头,后面是一个可利用空间表。

在 LISP 语言中,表对象总是作为临时变量以各种方式放到一起。当不再需要这些变量时,对它们的引用就全部丢失了。这样,在 LISP 语言中,无用单元是很普遍的,在通常的处理中是无法避免的。当 LISP 耗尽所有内存时,它就会求助于失败处理策略来恢复无用单元占用的存储空

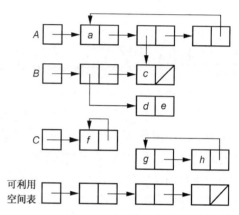

图 12.16　LISP 中表变量的例子,其中包括系统的可利用空间表

间。无用单元收集的过程包括检查正在管理的存储池,确定哪些部分正在使用,哪些部分是无用单元。特别是有一个表保存所有程序变量,从其中任何一个变量都无法到达的存储位置就被视为无用单元。当无用单元收集器工作的时候,所有未使用的存储位置都被放到空闲存储区中,以供将来使用。这种方法的好处是能够方便地收集无用单元。但它也有问题,从用户的角度来看,每当进行无用单元收集时系统必须终止。例如,在 Emacs 文本编辑器中,无用单元收集是很明显的现象,这个编辑器一般使用 LISP 实现。偶尔用户必须等待,因为这时存储管理系统正在完成无用单元收集。

Java 语言也进行无用单元收集。就像在 LISP 语言中一样,在 Java 语言中经常会进行动态存储空间分配,以后再取消所有对这块存储空间的引用。无用单元收集器会根据需要回收这些未使用的空间。当运行程序的时候,这可能需要花费额外的时间。但是这使程序员更容易进行程序设计。与此相反,许多用C++编写的大型应用软件(包括普遍使用的商业软件)存在内存泄漏,使得程序有时会崩溃。

传统上有许多算法用于无用单元收集。一种是引用计数(reference count)算法。这里,每一个动态分配的存储块都包含一个计数字段。每当一个指针指向一个存储块时,其引用计数就会加1。无论什么时候当指针不再指向这个块时,其引用计数就会减1。如果引用计数变为0,那么就认为这个存储块是无用单元,立即放回到空闲存储区中。这种算法的好处是它

不需要一个明显的无用单元收集阶段，因为每当存储单元成为无用单元就立即把它放到空闲存储区中。

　　UNIX 文件系统就使用引用计数。文件可以有多个名字，称为链。文件系统为每个文件保持一个链数目计数。每当一个文件被"删除"时，实际上是把它的链字段简单地减 1。如果还有另一个链指向这个文件，那么文件系统就不会回收空间。当链数减少到 0 时，就把文件空间回收，重新利用。

　　引用计数算法有许多问题。首先，必须为每一个存储对象维护一个引用计数。当对象很大时，例如一个文件，这样会工作得很好。然而，在一个像 LISP 这样的系统中，其中的存储对象一般包括两个指针或一个值（一个原子），它就不会工作得很好。当存在无用单元循环引用时，就会出现另一个严重问题。考虑一下图 12.17，这里每个存储对象都被指向一次，但是对象集合仍然是无用单元，因为没有指针指向对象集合。这样，当存储对象没有循环地链接在一起时，引用计数才能工作。例如在 UNIX 文件系统，其中文件只能组织成一个 DAG。

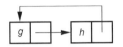

图 12.17　无用单元循环引用的例子。循环中的所有存储单元都有非
0 引用计数，因为每个单元都有一个指针指向它，但整
体上它们都是无用单元（在程序中没有静态变量指向它）

　　无用单元收集的另外一种算法称为标记/清除（mark/sweep）算法。在这种算法中，每一个存储对象只需要一个标记位，而不是一个引用计数字段。当空闲存储区用完时，就会进入下面独立的无用单元收集阶段：

1. 清除所有标记位。
2. 从静态变量表中的每一个变量开始，沿着指针进行深度优先搜索。对于 DFS 期间遇到的每一个存储单元，都将设置它的标记位。
3. 访问所有存储单元，对存储池进行"清除"。所有未标记的单元就认为是无用单元，可以放到空闲存储区中。

　　标记/清除算法的好处是它比引用计数算法需要的空间更少，而且对于循环引用情况也能工作。然而，它有一个很大的问题，就是进行处理所需要的"隐藏"空间需求。DFS 是一个递归算法：要么必须利用递归实现，在这种情况下编译器的运行系统维护一个栈，要么存储管理器维护它自己的栈。如果所有存储空间都包含在一个链表中会发生什么情况呢？那么递归的深度（或者栈的大小）就是存储单元的数目。但是，DFS 需要的空间必须在可以想象的最差时刻是可用的，即当存储空间已经完全用尽的时候。

　　幸而有一种聪明的技术使得 DFS 得以完成，而不需要额外的栈的空间。与前面的方法不同，它使用被遍历的结构保存栈。在遍历中每深入一步，不需要向栈中存储一个指针，而是"借用"即将深入的那个指针，把它设置为指向前一步刚经过的结点，如图 12.18 所示。每一个借用的指针存储一个附加位，标记进入被指向的链结点的左分支或右分支。在任何时刻只能从根结点深入一条路径，而且可以沿着指针的踪迹返回。在返回时（相当于弹出递归栈），设置指针指回原来的位置，以便将结构还原为原来的情况，这称为 Deutsch-Schorr-Waite 无用单元收集算法。

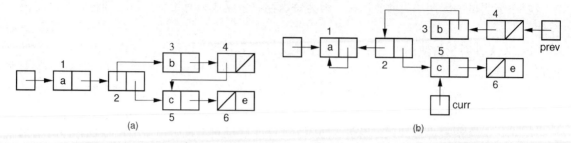

图 12.18　Deutsch-Schorr-Waite 无用单元收集算法的例子。(a)初始广义表结构；
(b)当无用单元收集算法正在处理链结点5时(a)的广义表结构。从 **prev**
变量到结构头结点的指针链已经被无用单元收集算法(临时)创建了

12.4　深入学习导读

有关 LISP 的信息请参见 Friedman 和 Felleisen 合著的 *The little LISPer*［FF89］。另一个好的 LISP 参考书是 Guy L. Steele 所著的 *Common LISP：The Language*［Ste90］。Emacs 是一个优秀的文本编辑器和一个已经开发得很成熟的程序设计环境，有关它的信息请参见 Richard M. Stallman 所著的 *GNU Emacs Manual*［Sta11b］。从 Ken Arnold 和 James Gosling 合著的 *The Java Programming Language*［AG06］中，可以得到关于 Java 无用单元收集系统的更多信息。

有关稀疏矩阵表示法的更多信息，如 Yale 表示法可参阅 Eisenstat、Schultz 和 Sherman 的描述［ESS81］。MATLAB 稀疏矩阵表示法可参阅 Gilbert、Moler 和 Schreiber 的描述［GMS91］。

操作系统教材中有许多与存储管理问题相关的主题，其中包括磁盘中的文件布局和内存中的信息缓存。这里涉及的有关存储管理、缓冲池和页式分配的所有主题都与操作系统实现相关，可参阅 William Stallings 所著的 *Operating System*［Sta11a］。

12.5　习题

12.1　为以下每个尖角括号表示法，画出如图 12.2 所示的等价广义表：

(a)〈$a,b,〈c,d,e〉,〈f,〈g〉,h〉$〉

(b)〈$a,b,〈c,d,L1:e〉,L1$〉

(c)〈$L1:a,L1,〈L2:b〉,L2,〈L1〉$〉

12.2　(a)给出图 12.19(a)的尖括号表示法。

(b)给出图 12.19(b)的尖括号表示法。

(c)给出图 12.19(c)的尖括号表示法。

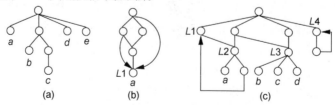

图 12.19　广义表的一些例子

12.3 给定一个纯表的链接表示方法如下:
$$\langle x_1, \langle y_1, y_2, \langle z_1, z_2 \rangle, y_4 \rangle, \langle w_1, w_2 \rangle, x_4 \rangle$$
编写一个逆置算法, 在所有级别逆置子表, 包括最高级。对于这个例子, 结果将是对应于
$$\langle x_4, \langle w_2, w_1 \rangle, \langle y_4, \langle z_2, z_1 \rangle, y_2, y_1 \rangle, x_1 \rangle$$
的链接表示方法。

12.4 对于 12.2 节的稀疏矩阵表示方法, 当数据值需要 8 字节、数组索引需要 2 字节、指针需要 4 字节的时候, 要使它比标准的二维矩阵表示方法在空间上更有效率, 矩阵中值为 0 的元素需要占多大比例?

12.5 编写一个函数, 把一个元素添加到 12.2 节稀疏矩阵表示方法中一个指定的位置。

12.6 编写一个函数, 从 12.2 节稀疏矩阵表示方法中一个指定的位置删除一个元素。

12.7 编写一个函数, 把一个使用 12.2 节稀疏矩阵表示方法表示的矩阵转置。

12.8 编写一个函数, 把两个使用 12.2 节稀疏矩阵表示方法表示的矩阵相加。

12.9 编写存储管理分配和回收例程, 其中所有请求和释放都遵循后请求、先释放(栈)的顺序。

12.10 编写存储管理分配和回收例程, 其中所有请求和释放都遵循先请求、先释放(队列)的顺序。

12.11 给出按照首先适配方法从大小为 1000 的存储池中分配如下块的方法。标出不能满足的请求。
(a)分配 300(称这个块为 A), 分配 500, 释放 A, 分配 200, 分配 300。
(b)分配 200(称这个块为 A), 分配 500, 释放 A, 分配 200, 分配 300。
(c)分配 500(称这个块为 A), 分配 300, 释放 A, 分配 300, 分配 200。

12.12 给出按照最佳适配方法从大小为 1000 的存储池中分配如下块的方法。标出不能满足的请求。
(a)分配 300(称这个块为 A), 分配 500, 释放 A, 分配 200, 分配 300。
(b)分配 200(称这个块为 A), 分配 500, 释放 A, 分配 200, 分配 300。
(c)分配 500(称这个块为 A), 分配 300, 释放 A, 分配 300, 分配 200。

12.13 给出按照最差适配方法从大小为 1000 的存储池中分配如下块的方法。标出不能满足的请求。
(a)分配 300(称这个块为 A), 分配 500, 释放 A, 分配 200, 分配 300。
(b)分配 200(称这个块为 A), 分配 500, 释放 A, 分配 200, 分配 300。
(c)分配 500(称这个块为 A), 分配 300, 释放 A, 分配 300, 分配 200。

12.14 假定存储池中包含 3 块空闲存储空间, 其大小分别是 1300、2000 和 1000。给出符合下列情况的存储请求的例子:
(a)首先适配方法能完成, 但是最佳适配和最差适配方法不能。
(b)最佳适配方法能完成, 但是首先适配和最差适配方法不能。
(c)最差适配方法能完成, 但是首先适配和最佳适配方法不能。

12.6　项目设计

12.1 实现 12.2 节描述的稀疏矩阵的正交表, 实现应当支持矩阵的下列操作:

- 在给定位置向矩阵中插入一个元素
- 从矩阵中给定位置删除一个元素
- 返回矩阵中给定位置元素的值
- 将一个矩阵转置
- 两个矩阵相加
- 两个矩阵相乘

12.2 实现 12.2 节最后描述的稀疏矩阵的 Yale 模型, 实现应当支持矩阵的下列操作:

- 在给定位置向矩阵中插入一个元素
- 从矩阵中给定位置删除一个元素
- 返回矩阵中给定位置元素的值
- 将一个矩阵转置
- 两个矩阵相加
- 两个矩阵相乘

12.3　实现12.3节开始给出的 **MemManager** ADT。使用一个单独的链表实现可利用空间表。实现应当支持三种顺序适配方法：首先适配、最佳适配和最差适配。测试一下实现的系统，根据经验确定在什么情况下每种方法完成得最好。

12.4　实现12.3节开始给出的 **MemManager** ADT。不要使用单独的链表实现可利用空间表，而是像图12.12中那样，把可利用空间表嵌入存储池中。实现应当支持三种顺序适配方法：首先适配、最佳适配和最差适配。测试一下实现的系统，根据经验确定在什么情况下每种方法完成得最好。

12.5　使用12.3.1节的伙伴方法实现12.3节开始给出的 **MemManager** ADT。系统应当支持对一个给定大小的块的请求和对以前请求块的释放。

12.6　实现图12.18中说明的 Deutsch-Schorr-Waite 无用单元收集算法。

第13章 高级树结构

这一章介绍在特定应用程序中使用的几种树结构。13.1 节介绍的 Trie 结构一般用于存储和检索字符串。它还可以用于说明关键码空间分解的概念。13.2 节介绍的 AVL 树和伸展树是 BST 的变体,它们都是自平衡检索树的例子。不管记录的插入顺序是什么,它们都能有很好的性能保证。13.3 节介绍了几种空间数据结构,用于组织用 x-y 坐标表示的点数据。

对于每一种数据结构,这里都给出其基本操作的描述。本章的目的是为课程项目提供编程练习的机会,所以具体实现留给读者。

13.1 Trie 结构

之前曾提到过,二叉检索树(BST)的形状依赖于数据记录的插入顺序。记录插入顺序的一种排列可能产生一个平衡树结构,而另一种排列则可能产生一个不平衡的树结构,甚至在极端情况下形成一个链表结构。原因在于存储在根结点中的关键码值把关键码范围分成两个部分:小于根结点关键码值的关键码,大于根结点关键码值的关键码。其结果是,BST 可能是平衡的,也可能是不平衡的,这依赖于树结构中根结点关键码值和其他结点关键码值分布之间的关系。这样,BST 就是一种基于对象空间分解(object space decomposition)而组织起来的数据结构。之所以这样说,是因为关键码范围分解是由存储在树结构中的对象(即数据记录中的关键码值)驱动的。

如果不希望进行对象空间分解,另外一种选择就是对树结构中每一个结点在关键码范围内预定义划分位置。也就是说,应当预先定义根结点,把关键码范围划分成相等的两半,而不管数据记录的具体值或者数据记录的插入顺序。关键码值在关键码范围中数值比较小的那部分记录存储在左边的子树中,而关键码值在关键码范围中数值比较大的那部分记录存储在右边的子树中。尽管这样的分解规则不一定会产生平衡树结构(如果记录在关键码范围内分布得不好,则树结构也可能不平衡),至少树结构的形状不依赖于记录的插入顺序。进而,树的深度还受到关键码范围精度的限制,即树结构的深度决不会比存储一个关键码值需要的位数更大。例如,如果关键码是 0 到 1023 之间的整数,那么关键码的存储精度就是 10 位。这样,只有到了第 10 位才能确定两个关键码值是否相同。在最差情况下,两个关键码将沿着树结构中同样的路径,直到第 10 个分支才分开。其结果是,树结构的深度不会超过 10 层。与其不同的是,包含 n 条记录的 BST 就有可能有 n 层深。

基于关键码范围预定子划分的分解称为关键码空间分解(key space decomposition)。在计算机图形学中,一种相关的技术称为图像空间(image space)分解,这个术语有时也用于数据结构中。基于关键码空间分解的数据结构称为一个 Trie 结构。"trie"这个词源于"retrieval"。然而,这并不表示这个词发音为"tree",从而与单词"tree"的正常使用相混淆。"trie"实际上发音为"try"。

就像 B⁺ 树一样，Trie 结构只在叶结点中存储数据记录。内部结点只是作为占位符占据位置，引导检索过程，但是因为划分点是预先确定的，内部结点不需要存储"进展方向"的关键码值。图 13.1 说明了 Trie 结构的概念。为了计算关键码范围的中间值，必须给关键码值强加上下限。由于这个例子中插入的最大值是 120，假定范围从 0 到 127，因为 128 是大于 120 的 2 的幂次中的最小值。通过关键码的二进制值，确定检索过程中在某个给定点选择左边的分支还是右边的分支。确定分支方向时最重要的位在根结点。图 13.1 给出了一个二叉 Trie 结构(binary trie)，这样说是因为在这个例子中把关键码值解释为二进制数值，而 Trie 结构就是基于这个二进制数值确定分支方向，从而形成一个二叉树。

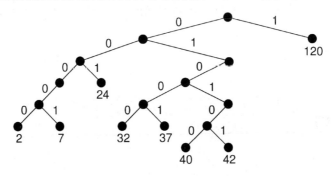

图 13.1　值(2，7，24，32，37，40，42，120)集合的二叉 Trie 结构，所有数据值都
　　　　　存储在叶结点中。每条边都用一个比特位的值来标记，这些值用于确定每
　　　　　一个结点的分支方向。关键码值的二进制形式确定到达记录的路径，
　　　　　假定每个关键码都表示成一个7位的值，这个值表示0到127之间的一个数

5.6 节的 Huffman 编码树(Huffman coding tree)是二叉 Trie 结构的另一个例子。Huffman 树中的所有数据值都在叶结点，每一个分支结点都把可能的字母代码范围分成两半。Huffman 编码实际上根据 Trie 结构中的字母位置进行重构。

这些都是二叉 Trie 结构的例子，但是 Trie 结构可以用任何分支因子建立。通常，分支因子通过所使用的字母表来确定。对于二进制数，它的字母表是{0，1}，结果就是一个二叉 Trie 结构。其他字母表会产生其他分支因子。

Trie 结构的一个应用是存储字典中的单词。这样的一个 Trie 结构称为字母表 Trie 结构(alphabet trie)。为了简单起见，下面的例子忽略字母大小写。这里在 26 个标准英文字母表中加入特殊符号($)，$符号表示字符串的结束。这样，每个结点的分支因子高达 27。一旦建立了字母表 Trie 结构，就可以用它确定一个单词是否在字典中。考虑一下在图 13.2 的字母表 Trie 结构中检索一个单词。检索单词的第一个字母确定从根结点进入哪一个分支，检索第二个字母确定在下一层进入哪一个分支，以此类推。只有能到达一个单词的字母才在分支中显示。在图 13.2 (b)中，Trie 结构的叶结点存储实际单词的一份副本。而在图 13.2 (a)中，单词是根据与每个分支相关联的字母建立起来的。

要实现字母表 Trie 结构中的结点，一种方式是把这个结点实现为一个数组，这个数组的下标按照字母索引，有 27 个指针。由于大多数结点的分支只能指向字母表中的一小部分字母，另外一种实现方式就是使用一个指针链表指向子结点，如图 6.9 所示。

在图 13.2 (b)所示的字母表 Trie 结构中，叶结点的深度与 Trie 结构中的结点数目没有关系，甚至与对应字符串的长度也没有关系。但是，结点的深度却依赖于把这个结点的单词与其他结点的单词区分开所需要的字符数。例如，如果单词"anteater"和单词"ante-lope"都存储在 Trie 结构中，那么直到第 5 个字母才能区分开这两个单词。这样，这两个单词的存储至少需要 5 层深。一般来说，字母表 Trie 结构中结点深度的限制因素是存储单词的长度。

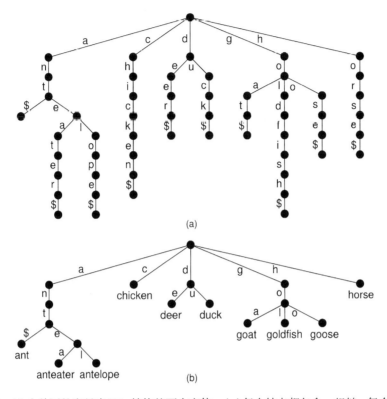

图 13.2　10 个单词的字母表 Trie 结构的两个变体。(a)每个结点都包含一组链，每个链对应一个字母，而且单词中的每个字母都有一个对应的链。"$"用于标识单词结束。内部结点用于引导检索，并且一个字母一个字母地拼出单词。不需要显式地存储单词。"$"用于标识一个单词既可以单独存在，又可以作为其他单词的前缀，例如这里的单词 ant。(b)这里对 Trie 结构进行扩展，以分辨出两个单词。Trie 结构的每个叶结点存储一个完整的单词。内部结点只用于引导检索

如果大量使用某个前缀，就会导致平衡性差和结块等现象。例如，在一个存储英语中常用单词的字母表 Trie 结构中，在树结构的"th"分支有许多单词，但是在"zq"分支就没有单词。

通过把一个 Trie 结构的字母表用等价的二进制编码来代替，就可以把任何一个多路分支 Trie 结构用一个二叉 Trie 结构代替。另外，还可以使用 6.3.4 节把一般树结构转换成二叉树结构的技术，把一个一般的 Trie 结构转换成一个二叉 Trie 结构，而不必改变其字母表。

图 13.1 和图 13.2 的 Trie 结构的实现可能非常低效，因为某些关键码集合可能产生大量只有一个子女的结点。Trie 结构的一种变体称为 PATRICIA，它表示"Practical Algorithm To Retrieve Information Coded In Alphanumeric"。如果字母表是二进制字母表，PATRICIA Trie 结构(后文称为 PAT Trie 结构)是一个完全二叉树，它把数据记录存储在叶结点，而使用内部结点存储关键码位模式中的位置，用于确定下一个分支方向。通过这种方式，只有一个子结点

的内部结点(即关键码中不区分任何当前子树的关键码值的码位)就都被消除了。图 13.3 中显示了对应于图 13.1 中的值的 PAT Trie 结构。

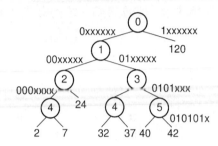

图 13.3　值(2, 7, 24, 32, 37, 40, 42, 120)的 PAT Trie 结构。与图 13.1 中的二叉 Trie 结构不同,这里所有的数据值都存储在叶结点中,而内部结点存储用于确定分支方向的位的位置,假定每一个关键码都用一个7位二进制值表示,这个值表示0到127之间的一个数。PAT Trie结构中的一些分支已经被标记,以标识子树中所有值的二进制表示。例如,标号为0的结点的左子树的所有值必须是值0xxxxxx(其中x表示既可以为0、也可以为1的位)。标号为3的结点的右子树的所有结点一定有值0101xxx。然而,这个子树可以跳过第2位的分支,因为当前存储的所有值在这个位的值都是0

例 13.1　当在图 13.3 的 PAT Trie 结构中检索值7(二进制值为 0000111)时,根结点标识首先检查位置0的位(最左边的位)。由于值7的第0位是0,因此进入左分支。在第1层,分支依赖于第1位的值,这个值也是0。在第2层,分支依赖于第2位的值,这个值还是0。在第3层,存储在结点中的索引是4,这表示接下来检查关键码的第4位(第3位的值无关紧要,因为子树中的所有关键码值在第3位的位置都有相同的值)。这样,图 13.1 中的等价结点扩展出来的单一分支就被略过了。对于关键码值7,第4位的值是1,因此进入最右边的分支。由于这样就进入了叶结点,于是把检索关键码与存储在那个叶结点中的关键码进行比较。如果它们匹配,就找到了需要的记录。

在检索过程中,关键码中只有1位和每个内部结点比较。这是非常重要的,因为检索关键码可能很大。PAT Trie 结构的检索只需要一次完全的关键码比较,这只有在到达叶结点时才会发生。

例 13.2　设想存储一个 DNA 序列库。一个 DNA 序列是一组连续的字母,通常有上千个字符长,这个字符串只包括 4 个字母,分别代表组成 DNA 序列的四种氨基酸。相似的 DNA 序列字符串可能有很长一部分都是相同的。利用 PAT 树,就可以避免在搜寻一个特殊的序列时,多次做全关键码匹配。

13.2　平衡树

前面已经多次看到,BST 非常有可能变得不平衡,导致检索操作和更新操作的代价非常高。这个问题的一种解决方法是采用其他检索树结构,例如 2-3 树和二叉 Trie 结构。另一种选择是以某种方式修改 BST 的访问函数,以保证树结构有效发挥作用。这是一个很有吸引力的想法,它对于堆结构确实很适合,堆的访问函数使堆结构保持完全二叉树的形状。但是,如果要求 BST 总是保持完全二叉树形状,则需在更新操作时对树结构做大量修改,这已经在10.3 节讨论过。

如果对树结构平衡性要求不那么严格，就可以得到另一个更新例程，它既照顾到更新操作的代价，又兼顾完成操作后树结构的平衡性。AVL 树就是这样做的，它的插入、删除例程不同于 BST 的插入、删除例程，无论对哪一个结点进行操作，这两个例程都能保证其左右子树的深度最多差 1 层，13.2.1 节描述 AVL 树。

改进 BST 性能的另一种方法是，不必总是要求树结构保持平衡，而是努力使 BST 在每次访问时都更加平衡。这有点像 6.2 节的并查算法中使用的路径压缩的思想。这种折中的一个例子就是伸展树(splay tree)。13.2.2 节描述伸展树。

13.2.1　AVL 树

AVL 树(得名于其发明者 Adelson-Velskii 和 Landis)应当看成具有下面附加特性的 BST：对于树结构中的每一个结点，其左右子树的高度最多相差 1 层。只要树结构维持这个特性，如果树结构中包含 n 个结点，那么它的深度最大为 $O(\log n)$。其结果是，检索任何结点的代价是 $O(\log n)$。如果更新操作的代价正比于插入、删除结点的深度，那么即使在最差情况下，更新操作的代价也是 $O(\log n)$。

要使 AVL 树能很好地工作，其关键在于适当地修改插入、删除例程，以便维护它的平衡性。当然，为了实用，必须改进更新例程，使其代价为 $\Theta(\log n)$。

考虑在图 13.4 中插入一个值为 5 的结点会发生什么情况。左边的树结构符合 AVL 树的平衡性要求。插入这个结点之后，有两个结点不再符合要求。由于原来的树结构符合要求，新的树结构中结点不平衡的情况最多在子树中差 2 级。对于最底层的不平衡结点，称之为 S，有 4 种情况：

1. 额外的结点是 S 左子女的左子女；
2. 额外的结点是 S 左子女的右子女；
3. 额外的结点是 S 右子女的左子女；
4. 额外的结点是 S 右子女的右子女。

第 1 种情况和第 4 种情况是对称的，第 2 种情况和第 3 种情况也是对称的。要注意的是，不平衡的结点一定在从根结点到新插入结点的路径上。

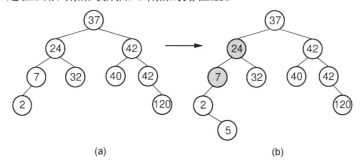

(a)　　　　　　　　　(b)

图 13.4　插入操作违反 AVL 树平衡性的一个例子。在插入操作之前，树结构中的所有结点都是平衡的(也就是说，每一个结点的左右子树的深度最多相差 1 层)。在插入值为 5 的结点之后，值为 7 的结点和值为 24 的结点就不再保持平衡了

现在的问题是如何在 $O(\log n)$ 时间使树结构保持平衡。可以使用一系列称为旋转(rotation)的局部操作来解决这个问题。第 1 种情况和第 4 种情况可以通过单旋转(single rotation)

来解决，如图 13.5 所示。第 2 种情况和第 3 种情况可以通过双旋转(double rotation)来解决，如图 13.6 所示。

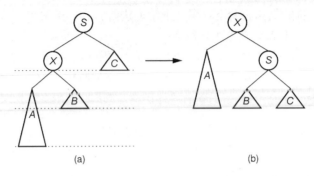

图 13.5　AVL 树的单旋转。当额外结点(在子树 A 中)是标记为 S 的不平衡结点的左子
　　　　结点的左子结点时就会采取这种操作。通过按照图中的方法重组结点，
　　　　可以保持 BST 的特性，并且能重新平衡树结构以保持 AVL 树的平衡性。
　　　　当额外结点在不平衡结点的右子结点的右子结点中时，处理方法相同

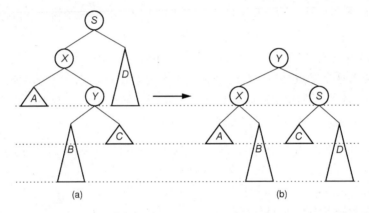

图 13.6　AVL 树的双旋转。当额外结点(在子树 B 中)是标记为 S 的不平衡结点的左子
　　　　结点的右子结点时就会采取这种操作。通过按照图中的方法重组结点，
　　　　可以保持 BST 的特性，并且能重新平衡树结构以保持 AVL 树的平衡性。
　　　　当额外结点在结点 S 的右子结点的左子结点中时，处理方法相同

　　AVL 树的插入算法从通常的 BST 插入操作开始。然后随着递归操作使树结构伸展，对已经发现不平衡的结点完成相应的旋转。删除操作也是类似的；但是对不平衡结点的考虑必须从 **deletemin** 操作的层次开始。

　　例 13.3　在图 13.4(b)中，最底层的不平衡结点的值是 7，额外结点(值是 5)在值为 7 的结点的左子结点的右子树中，这是前面的第 2 种情况。这种情况需要采用双旋转来进行修正处理。完成旋转操作之后，值为 5 的结点变成值为 24 的结点的左子结点，值为 2 的结点变成值为 5 的结点的左子结点，值为 7 的结点变成值为 5 的结点的右子结点。

13.2.2　伸展树

　　伸展树和 AVL 树一样，它实际上也不是一个独立的数据结构，而是重新实现 BST 的插入、删除和检索操作，以改进 BST 性能的一组规则。改进这些操作的目的是对完成这些操

作需要的时间提供保证,从而避免标准 BST 操作在最差情况下的线性时间代价。伸展树不能保证每一个单个操作是有效率的。但是,伸展树的访问规则保证对于一个有 n 个结点的树结构,完成 m 次操作,当 $m \geq n$ 时,其代价为 $O(m \log n)$ 时间。这样,一次插入或检索操作可能花费 $O(n)$ 时间。然而,m 次这样的操作能够保证总共需要 $O(m \log n)$ 时间,每次访问操作的平均代价为 $O(\log n)$。对于任何检索树结构,这是一个非常值得期望的性能保证。

与 AVL 树不同的是,伸展树不能保证树的高度是平衡的。它只能保证所有访问的总代价不高。最终,这一系列操作的代价才是有价值的,而不是树的高度是否平衡。保持树结构高度的平衡,是为了达到时间效率的目标。

伸展树访问函数的操作使人想起 9.2 节自组织线性表的移至前端规则,以及 6.2 节管理父指针树的路径压缩技术。这些访问函数总体上趋向于使树结构更加平衡,但是单独一次访问不一定会使树结构更加平衡。

每当访问一个结点 S 时(例如,当结点 S 被插入、删除或者作为检索目标时),伸展树就完成一次称为展开(splaying)的过程。展开处理把结点 S 移到 BST 的根结点。当删除结点 S 时,展开过程就把结点 S 的父结点移到根结点。就像在 AVL 树中一样,结点 S 的一次展开包括一组旋转(rotation)。一次旋转通过调整结点 S 相对于其父结点和祖先结点的位置,把它移到树结构中的更高层。旋转的另外一个作用是它具有使树结构变得更加平衡的趋势。旋转有三种类型。

只有当结点 S 是根结点的子结点时,才完成单旋转(single rotation)。单旋转如图 13.7 所示,它基本上在保持 BST 特性的基础上把结点 S 和它的父结点交换位置。尽管图 13.7 与图 13.5 有些不同,但实际上伸展树的单旋转与 AVL 树的单旋转是一样的。

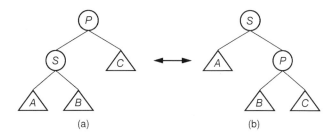

图 13.7　伸展树的单旋转。只有当展开的结点是根结点的子结点时才会发生这种旋转。这里,结点 S 被提升到根结点,结点 P 也相应地旋转。由于结点 S 的值小于结点 P 的值,因此结点 P 必须成为结点 S 的右子结点。子树 A、子树 B 和子树 C 的位置也相应地改变,以保持 BST 的特性,但是这些子树的内容是不变的。(a)开始树结构以结点 P 作为父结点;(b)旋转发生以后的树结构。再完成一次单旋转就可以把树结构恢复到原来的形状。同样,如果(b)是树结构的初始形状(即结点 S 是根结点,结点 P 是它的右子结点),那么(a)就是一次单旋转的结果,通过这次单旋转把结点 P 旋转到根结点

与 AVL 树不同的是,伸展树需要两种类型的双旋转(double rotation)。双旋转涉及结点 S、结点 S 的父结点(称为结点 P)和结点 S 的祖先结点(称为结点 G)。双旋转的结果是把结点 S 在树结构中向上移动两层。

第一种双旋转称为之字形旋转(zigzag rotation)。当出现以下两种情况之一时,就会发生之字形旋转:

1. 结点 S 是结点 P 的左子结点,结点 P 是结点 G 的右子结点;
2. 结点 S 是结点 P 的右子结点,结点 P 是结点 G 的左子结点。

也就是说,当结点 G、结点 P、结点 S 形成一个"之"字形时就进行之字形旋转。图 13.8 说明了之字形旋转。

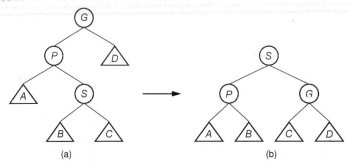

图 13.8 伸展树的之字形旋转。(a) 开始,结点 S、结点 P、结点 G 为之字形树结构;(b) 旋转发生之后的树结构。子树 A、子树 B、子树 C 和子树 D 的位置进行了相应改变,以保持 BST 的特性

另一种双旋转称为一字形旋转(zigzig rotation)。当出现以下两种情况之一时,就会发生一字形旋转:

1. 结点 S 是结点 P 的左子结点,结点 P 是结点 G 的左子结点;
2. 结点 S 是结点 P 的右子结点,结点 P 是结点 G 的右子结点。

这样,在之字形旋转不合适的时候就会出现一字形旋转。图 13.9 说明了一字形旋转。尽管图 13.9 与图 13.6 有些不同,但实际上一字形旋转与 AVL 树的双旋转是一样的。

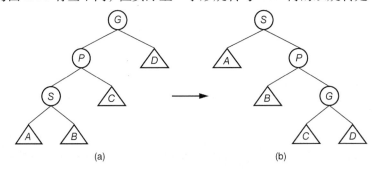

图 13.9 伸展树的一字形旋转。(a) 开始,结点 S、结点 P、结点 G 为一字形树结构;(b) 旋转发生之后的树结构。子树 A、子树 B、子树 C 和子树 D 的位置进行了相应改变,以保持 BST 的特性

之字形旋转趋向于使树结构更加平衡,因为它使子树 B 和子树 C 上升一层,而使子树 D 下降一层。结果经常是使树结构的高度减 1。一字形提升旋转和单旋转一般不会降低树结构的高度,它只是把新访问的记录向根结点移动。

展开结点 S 包括一系列双旋转,直到结点 S 到达根结点或者根结点的子女。然后,如果

需要，再进行一次单旋转就会使结点 S 成为根结点。这个过程趋向于使树结构重新平衡。即使不考虑树的平衡性，结点展开过程都会使访问最频繁的结点靠近树结构的顶层，从而减少访问代价。证明伸展树确实能够保证 $O(m \log n)$ 时间超出了本书的讨论范围，13.4 节的参考书目中有这样的例子。

例 13.4 考虑在图 13.10(a) 的伸展树中检索值 89。伸展树中的检索与 BST 中的检索完全一样。然而，一旦找到了这个值，就把它通过展开过程移到根结点。在这个例子中需要三次旋转。第一次是一个一字形旋转，其结果如图 13.10(b) 所示。第二次是一个之字形旋转，其结果如图 13.10(c) 所示。最后一步是一个单旋转，其结果是图 13.10(d) 中的树结构。注意展开过程使树结构的层次更浅了。

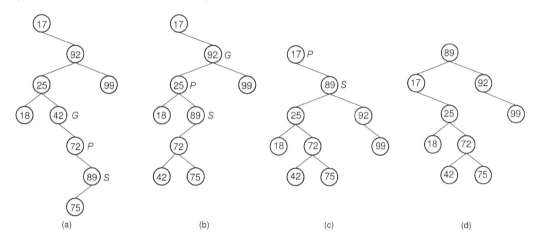

图 13.10 在伸展树中完成一次检索以后再展开的例子。在找到关键码值为 89 的结点后，通过完成三次旋转，这个结点就被展开到根结点了。(a) 初始的伸展树；(b) 在 (a) 的树结构中对关键码值为 89 的结点完成一次一字形旋转之后的结果；(c) 在 (b) 的树结构中对关键码值为 89 的结点完成一次之字形旋转之后的结果；(d) 在 (c) 的树结构中对值为 89 的结点完成一次单旋转之后的结果。如果检索的值为 91，检索结果将会返回失败，最后一个访问到的结点为存储关键码值 89 的结点。在这种情况下，会进行同样的旋转操作

13.3 空间数据结构

到现在为止讨论的所有检索树——BST、AVL 树、伸展树、2-3 树、B 树和 Trie 结构，都被设计为用于检索一个一维关键码。典型的例子是整数关键码，它的一维范围可以直观地看成一个数轴。可以把这些数据结构看成将一维数据划分为多块。

有些数据库需要支持多个关键码，即可以根据多个关键码中的任何一个字段检索记录，如名字或者 ID 号。一般来说，每个这样的关键码都有自己的一维索引，任何给定的检索查询都相应地检索这些相互独立的索引中的一个或几个。

多维关键码检索是一个非常不同的概念。想象有一个城市记录数据库，其中每一个城市都有一个名字和一个 x-y 坐标。BST 或伸展树为基于城市名字的检索提供了很好的性能，城市名字是一维关键码。可以用两个分开的 BST 索引 x 坐标和 y 坐标。利用这些数据结构可以完成插入、删除城市的操作，并能按照名字或者一个坐标定位城市。然而，在一个二维空间

检索两个坐标中的一个并不是一种自然地看待检索的方式。另外一种选择是把 x-y 坐标结合成一个单一的关键码。也就是把这两个坐标结合起来,根据结果关键码在 BST 中索引城市。这样就允许根据坐标进行检索了,但是这样做不允许有效的二维范围查询(range query),例如检索在一个指定点的给定范围内的所有城市。问题是 BST 只对一维关键码非常适合,而坐标是二维关键码,其中的一维并不比另一维更重要。

多维范围查询是空间应用程序(spatial application)的显著特性。由于一个坐标给出了空间的一个位置,所以称它为一个空间属性(spatial attribute)。要有效地实现空间应用程序,就需要使用空间数据结构(spatial data structure)。空间数据结构存储根据位置组织的数据对象,是地理信息系统、计算机图形学、机器人学和许多其他应用中使用的一类重要数据结构。

这一节为存储二维或更多维点数据提供了两个空间数据结构。它们是 k-d 树(k-d tree)和 PR 四分树(PR quadtree)。k-d 树是 BST 向多维的自然扩展。它是一个二叉树,根据关键码的各个维交替做出分支决策。就像 BST 一样,k-d 树利用对象空间分解的思想。PR 四分树利用关键码空间分解的思想,因此是 Trie 结构的一种形式。它只有在一维关键码的情况下才是一棵二叉树(在这种情况下,它是一个有二进制字母表的 Trie 结构)。对于 d 维关键码,它有 2^d 个分支。这样,在二维情况下,PR 四分树有 4 个分支(因此得名"四分树"),实际上在每一个分支把空间划分成 4 个大小相等的部分。13.3.3 节简要提及这些数据结构的其他一些变体,即二分树(bintree)和点四分树(point quadtree)。这四种数据结构包含了在对象与关键码分解中选择和在多层二叉树和 2^d 个方向的分支上选择这四种组合情况。13.3.4 节简要介绍了利用空间数据结构存储其他类型空间数据的情况。

13.3.1 k-d 树

k-d 树是对 BST 的一种改进,从而能够对多维关键码进行更有效的处理。k-d 树不同于 BST 的地方在于 k-d 树的每一层都根据这一层的某个特定检索关键码做出分支决策,这个检索关键码就称为识别器(discriminator)。原则上,k-d 树能够在任意关键码集合(如姓名和邮编)上进行全局关键码搜索。但是在实际问题中,总是用它来进行多维坐标检索,例如二维和三维空间定位。对于 k 维关键码,在第 i 层把识别器定义为 i mod k。例如,假定存储的数据按照 x-y 坐标组织。这里 k 是 2(有两个坐标),x 坐标字段指定为关键码 0,而 y 坐标字段指定为关键码 1。在每一层,交替选择 x、y 作为识别器。这样,第 0 层的一个结点 N(根结点)把 x 值小于 N_x 的结点放到它的左子树中(因为 x 是检索关键码 0,而 0 mod 2 = 0)。右子树中将包含 x 值大于 N_x 的所有结点。第 1 层的一个结点 M 将把 y 值小于 M_y 的结点放到它的左子树中,而对 M_x 和结点 M 的后继结点的 x 值之间的关系则没有限制,因为在结点 M 的分支决策只依据 y 坐标。图 13.11 给出了一个例子,说明一组二维点怎样存储在一个 k-d 树中。

在图 13.11 中,包含点的区域(特定地)限制在 128 × 128 的方块中,而每个内部结点都对检索空间进行划分。每个划分用一条线显示,竖线用于使用 x 作为识别器的结点,横线用于使用 y 作为识别器的结点。根结点把空间划分成两部分;它的子女进一步把空间划分成更小的部分。子女的划分线不会穿过根结点的划分线。这样,k-d 树中的每个结点都有助于把空间分解为矩形,显示结点可能落到的各个子树的范围。

在 k-d 树中检索一个指定 x-y 坐标的记录就像在 BST 中检索一样,只有一点不同,k-d 树的每一层与某个识别器相关联。

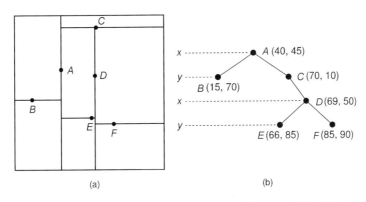

图 13.11　k-d 树的例子。(a) k-d 树对一个包含 7 个数据点的
128 × 128 单元区域的分解;(b)区域(a)的k-d树

例 13.5　考虑在 k-d 树中检索一个位于点 $P = (69, 50)$ 的记录。首先把 P 与存储在根结点的点(在图 13.11 中是记录 A)进行比较。如果 P 的位置匹配记录 A 的位置,那么检索就成功了。在这个例子中位置不匹配[A 的位置(40, 45)不是(69, 50)],检索必须进入更深的层。把 A 的 x 值与 P 的 x 值进行比较,确定进入哪个分支。由于 A 的 x 值 40 小于 P 的 x 值 69,进入右子树(x 值大于或等于 40 的所有城市都在右子树中),A 的 y 值在这一层对进入哪一条路径的决策不产生影响。在第二层,P 不匹配记录 C 的位置,因此必须再选择一个分支深入进去。然而,在这一层根据 P 的 y 值和 C 的 y 值的相对关系决定进入哪一个分支(因为 $1 \bmod 2 = 1$,对应于 y 坐标)。由于 C_y 的值 10 小于 P_y 的值 50,进入右边的分支。在这一点,P 与位置 D 进行比较。匹配正确,检索成功。

如果检索过程到达一个 **NULL** 指针,那么检索的点就不包含在树结构中。下面是 k-d 树检索的一个实现,它相当于 BST 类中的 **findhelp** 函数。其中 KD 类的私有成员 D 存储关键码的维数。

```
// Find the record with the given coordinates
bool findhelp(BinNode<E>* root, int* coord,
              E& e, int discrim) const {
  // Member "coord" of a node is an integer array storing
  // the node's coordinates.
  if (root == NULL) return false;      // Empty tree
  int* currcoord = (root->val())->coord();
  if (EqualCoord(currcoord, coord)) { // Found it
    e = root->val();
    return true;
  }
  if (currcoord[discrim] < coord[discrim])
    return findhelp(root->left(),coord,e,(discrim+1)%D);
  else
    return findhelp(root->right(),coord,e,(discrim+1)%D);
}
```

向 k-d 树插入新结点类似于向 BST 插入新结点。一直进行 k-d 树的检索过程,直到找到一个 **NULL** 指针,它标识插入新结点的合适位置。

例 13.6　在图 13.11 的 k-d 树的位置(10, 50)插入一条记录首先需要进行一次检索,到达包含记录 B 的结点。在这里,新记录插入 B 的左子树中。

从 k-d 树中删除结点类似于从 BST 中删除结点,但是稍微有一些困难。就像从 BST 中删除结点一样,第一步是找到要删除的结点(称它为结点 N)。然后要找到结点 N 的一个子结点,在树结构中用这个子结点来代替结点 N。如果结点 N 没有子结点,那么用一个 **NULL** 指针代替结点 N。如果结点 N 有一个子结点,而这个子结点还有自己的子结点,那么就不能像在 BST 中那样使结点 N 的父结点指向结点 N 的子结点。这样做会改变子树中所有结点的层次,从而用于检索的识别器也会改变。结果是这个子树不再是一个 k-d 树了,因为一个结点的子结点现在可能会破坏识别器的 BST 特性。

类似于 BST 的删除,存储在结点 N 中的记录要么被结点 N 的右子树中识别器与结点 N 接近的最小值记录代替,要么被结点 N 的左子树中识别器与结点 N 接近的最大值记录代替。假定结点 N 在奇数层,因而 y 是识别器。结点 N 被它的右子树中的最小 y 值(称它为 Y_{min})记录代替。问题是 Y_{min} 不一定是最左边的结点,而在 BST 中它却是最左边的结点。这样,必须使用一个改进的检索过程在右子树中找到最小 y 值。图 13.12 是 **findmin** 的实现。对删除例程的递归调用就会从树结构中移除 Y_{min}。最后,Y_{min} 的记录代替了结点 N 中的记录。

```
// Return a pointer to the node with the least value in root
// for the selected descriminator
BinNode<E>* findmin(BinNode<E>* root,
                        int discrim, int currdis) const {
  // discrim: discriminator key used for minimum search;
  // currdis: current level (mod D);
  if (root == NULL) return NULL;
  BinNode<E> *minnode = findmin(root->left(), discrim,
                               (currdis+1)%D);
  if (discrim != currdis) { // If not at descrim's level,
                            // we must search both subtrees
    BinNode<E> *rightmin =
        findmin(root->right(), discrim, (currdis+1)%D);
    // Check if right side has smaller key value
    minnode = min(minnode, rightmin, discrim);
  } // Now, minnode has the smallest value in children
  return min(minnode, root, discrim);
}
```

图 13.12　k-d 树的 **findmin** 方法。在使用最小值识别器的树层,分支向左。在其他层,所有子树都要访问到。函数 **min** 以两个结点和一个识别器作为输入,返回识别器值较小的结点

只有在结点的右子树存在的情况下,才可以用右子树中的最小值结点代替要删除的结点。如果结点的右子树不存在,那么就要在结点的左子树中找到一个合适的替代者。然而,使用结点的左子树中相应识别器具有最大值的记录代替结点 N 并不令人满意,因为这个新值可能重复。如果是这样,那么在结点 N 的左子树中相对于识别器将具有相等的值,这将违反 k-d 树的排序规则。幸运的是,对这个问题有一个简单的解决方法。首先移动结点 N 的左子树,使其成为右子树(即简单地交换结点 N 的左右子结点指针的值)。这时,再继续进行正常的删除过程,使用当前结点 N 的右子树中在这个识别器上的最小值记录,代替要删除的结点 N 的记录。

假定要找出在一个指定点 P 的某个距离 d 范围内的所有记录。这里使用欧氏距离,即

$$\sqrt{(P_x - N_x)^2 + (P_y - N_y)^2} \leqslant d$$

就定义点 P 在点 N 的距离 d 之内。① 图 13.13 给出了计算欧氏距离的函数 **InCircle**。

---

① 一个更有效率的计算公式是 $(P_x - N_x)^2 + (P_y - N_y)^2 \leqslant d^2$,这样就避免了求平方根。

如果检索过程到达某个结点, 这个结点识别器的关键码值与检索关键码中相应值之差的绝对值大于 d, 那么结点右子树中的任何记录都不可能在检索关键码的距离 d 之内, 因为这一维中的所有关键码值都太大了。类似地, 如果当前结点识别器关键码值与检索关键码值之差的绝对值小于 d, 那么左子树中也没有记录会在范围内。在这些情况下, 就不需要检索待查的子树了, 从而节省了大量时间。一般来说, 在进行范围查询时必须访问的结点数与在查询半径内的结点数为线性关系。

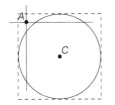

图 13.13　函数 **InCircle** 必须计算记录和查询点之间的欧氏距离。有可能记录 A 的 x 坐标和 y 坐标都在查询点 C 的查询距离之内, 而记录 A 本身却在检索半径之外

例 13.7　现在要在图 13.14 的 k-d 树中找到与点 $(25, 65)$ 的距离小于 25 个单位的所有城市。检索从根结点开始, 根结点中包含记录 A。由于 $(40, 45)$ 距离检索点正好是 25 个单位, 应当把它报告出来。然后, 检索过程确定要进入树结构的哪一个分支。检索范围扩展到 A 的 (垂直) 划分线的左边和右边, 所以树结构的两个分支都要检索。先处理左子树。在这里, 检查记录 B, 发现它在检索半径内。由于存储记录 B 的结点没有子结点, 左子树的处理就这样完成了。再处理结点 A 的右子树。检查记录 C 的坐标, 发现它不在检索半径内。这样, 就不报告它。然而, 即使记录 C 不在半径内, 记录 C 的子树中的城市也有可能在半径内。因为记录 C 在第一层, 这一层的识别器是 y 坐标。由于 $65 - 25 > 10$, 记录 C 的左子树中没有记录 (即大于 C 的记录) 可能在检索半径内。这样, 就不需要检索记录 C 的左子树 (如果有) 了。但是, 记录 C 的右子树中的城市有可能在检索半径内。这样, 检索就进行到包含记录 D 的结点了。同样, 记录 D 在检索半径之外。由于 $25 + 25 < 69$, 记录 D 的右子树中没有记录可能在检索半径之内。这样, 就只需要检索记录 D 的左子树了。这就需要把记录 E 的坐标与检索半径进行比较。记录 E 在检索半径之外, 处理结束。由此可见, 只需要搜索对应矩形落在检索半径内的子树。

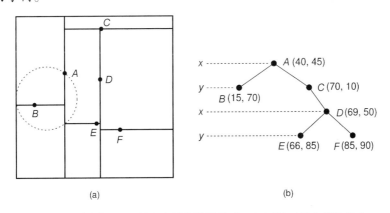

图 13.14　在图 13.11 的 k-d 树中进行检索。(a) 将 k-d 树分解为包含
7 个数据点的 128×128 单元的区域; (b) 区域 (a) 的 k-d 树

图 13.15 是区域检索方法的实现。当访问一个结点时, 使用函数 **InCircle** 检查结点记录和查询点之间的欧氏距离。简单地检查 x 坐标之间和 y 坐标之间的差是否小于查询距

离是不够的, 因为即使这两个差都小于查询距离, 记录仍然有可能在查询半径之外, 如图13.13所示。

```
// Print all points within distance "rad" of "coord"
void regionhelp(BinNode<E>* root, int* coord,
                int rad, int discrim) const {
  if (root == NULL) return;        // Empty tree
  // Check if record at root is in circle
  if (InCircle((root->val())->coord(), coord, rad))
    cout << root->val() << endl;   // Do what is appropriate
  int* currcoord = (root->val())->coord();
  if (currcoord[discrim] > (coord[discrim] - rad))
    regionhelp(root->left(), coord, rad, (discrim+1)%D);
  if (currcoord[discrim] < (coord[discrim] + rad))
    regionhelp(root->right(), coord, rad, (discrim+1)%D);
}
```

图 13.15　k-d 树区域检索方法的实现

13.3.2　PR 四分树

在点 – 区域四分树(Point-Region Quadtree)(以后称为 PR 四分树)中, 每个结点要么正好有4个子结点, 要么是 1 个叶结点[即它在形状上是一个完全四叉(4-ary)树]。PR 四分树代表二维平面上的一组数据点, 它把包含这些数据点的区域四等分, 每个小区域再进行四等分, 以此类推, 直到叶结点不会包含多于一个点。也就是说, 如果一个区域包含 0 个或 1 个数据点, 就用由一个叶结点组成的 PR 四分树来表示它。如果这个区域包含多于一个数据点, 就把这个区域四等分。相应的 PR 四分树就包含一个内部结点和四个子树, 每个子树代表区域的四分之一, 可能会继续对各部分进行四等分。PR 四分树的每个内部结点代表对二维区域的一个划分。区域的四个部分(或者等价地即相应子树)被依次称为 NW、NE、SW 和 SE。对每个包含多个点的区域继续进行四等分, 直到 PR 四分树的每个叶结点最多包含一个点。

例如, 考虑图 13.16(a)的区域和图 13.16(b)对应的 PR 四分树。分解过程要求有一个固定的关键码范围。在这个例子中, 区域假定是 128 × 128。PR 四分树的内部结点只用于标识区域的划分, 不存储数据记录。因为划分线是预先确定的(如通过关键码空间分解), 所以 PR 四分树是一个 Trie 结构。

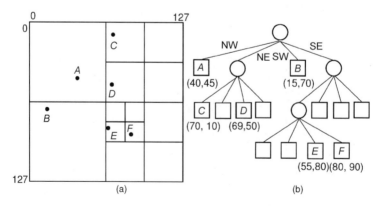

图 13.16　一个 PR 四分树的例子。(a)数据点图,把区域定义成正方形,其原点在左上角,边长为128;(b)为(a)中的点的PR四分树。图(a)还显示了PR四分树对这个区域进行的划分

在 PR 四分树中检索一个匹配点 Q 的记录很直接。从根结点开始，不断进入包含点 Q 的部分，直到到达叶结点。如果根结点就是叶结点，那么只要检查这个结点的数据记录是否匹配点 Q。如果根结点是内部结点，继续进行下去，直到到达包含检索坐标的子结点。例如，图 13.16 的 NW 区域包含的点的 x 值和 y 值都在 0 到 63 之间。NE 区域包含点的 x 值在 64 到 127 之间，而 y 值在 0 到 63 之间。如果根结点的子结点是叶结点，那么就检查这个子结点，看看是否能够找到点 Q。如果这个子结点是另一个内部结点，就继续对树结构进行检索，直到找到一个叶结点。如果这个叶结点存储一条记录，这条记录的位置与点 Q 匹配，那么检索就成功了；否则点 Q 就不在树结构中。

要把记录 P 插入 PR 四分树中，首先要找到包含 P 的位置的叶结点。如果这个叶结点为空，那么就把 P 存储在这个叶结点中。如果这个叶结点中已经包含 P（或者一个具有 P 的坐标的记录），那么就报告记录重复。如果叶结点已经包含另一条记录了，那么就必须继续分解这个结点，直到已存在的记录和记录 P 分别进入不同的结点。图 13.17 显示了这样的一次插入过程。

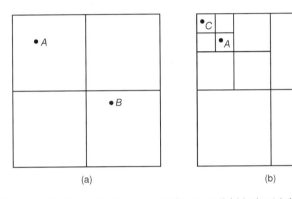

图 13.17　PR 四分树插入的例子。(a)初始 PR 四分树包含两个数据点；(b)插入点 C
　　　　　 后的结果。包含点 A 的块必须被分成4个子块。如果只进行一次分解，
　　　　　 点 A 和点 C 将仍然在同一个块中，因此需要进行第二次分解，把它们分开

要删除一条记录 P，首先也要在 PR 四分树中找到包含记录 P 的结点 N。然后使结点 N 为空。接下来看一看结点 N 的三个兄弟结点。如果它们中只包含一个点，那么必须把结点 N 和它的兄弟结点结合起来，形成一个单独的结点 N'。这个合并过程持续下去，直到到达某一层，在这一层中至少有两个点包含在结点 N' 和它的兄弟结点表示的子树中。例如，如果要从图 13.17(b)表示的 PR 四分树中删除点 C，结果结点必须与它的兄弟结点合并，这个更大的结点再与其兄弟结点合并，把 PR 四分树恢复到图 13.17(a)的状态。

对 PR 四分树进行区域检索很容易。要找到以查询点 Q 为中心、半径为 r 的范围内的所有点，从根结点开始进行。如果根结点是一个空叶结点，那么就找不到数据点了。如果根结点是包含一个数据记录的叶结点，那么就检查这个数据点的位置，确定它是否在半径内。如果根结点是一个内部结点，那么就递归地完成这个过程，但是只对那些包含部分检索半径的子树进行。

现在考虑 PR 四分树的结构对结点表示方法设计的影响。PR 四分树实际上是一种 Trie 结构，13.1 节介绍了 Trie 结构。对于内部结点，不管数据点实际上落在哪里，分解都发生在中点。数据点的位置分布能够确定是否对一个结点进行分解，但是不能确定在哪里对数据点进行分解。PR 四分树的内部结点和叶结点非常不同,内部结点有子结点(叶结点没有子结点),叶结点有数据字段(内部结点没有数据字段)。这样,内部结点和叶结点采用不同的表示方法更好一些。结果,几乎一半的叶结点都没有包含数据字段。

　　另一个需要考虑的问题是:一个遍历 PR 四分树的例程怎样才能得到表示当前结点的块的坐标呢?一种可能的方法是每个结点都存储它的空间描述(例如左上角的位置坐标和宽度高度)。但是,这样做会占用很多空间,大致上相当于数据记录需要的空间,具体多少依赖于存储什么样的信息。

　　另一种方法是当进行递归调用时传递坐标。例如,考虑一个检索例程。开始,检索例程访问树结构的根结点。树结构的起始点在(0, 0)点,它的边长是覆盖空间的边的全长。当访问相应子结点时,检索例程确定这个结点的起始点是很容易的,而它所对应的块的宽度只是其父结点宽度的一半。传递一个结点的边长和位置信息不仅可以节省相当多的空间,而且还可以避免在结点中存储这些信息,从而可以为空叶结点的实现选择一个好方法,下面就会讨论这个问题。

　　怎样表示空叶结点呢?在一般情况下,PR 四分树中有一半叶结点是空的(即不存储数据点)。一种实现选择是在内部结点中使用 **NULL** 指针表示空叶结点。这样可以解决空间需求过度的问题。但是有一个不良的副作用,它需要 PR 四分树的处理方法理解这个约定。也就是说,现在打破了结点表示方法的封装,因为树结构现在必须知道结点是如何实现的。对于这个具体的应用,这一问题并不可怕,因为可以认为结点类是树类的私有类,在这种情况下结点的实现对外界是不可见的。但是,如果有其他更好的选择,最好不要这样做。

　　幸亏还有一种更好的选择。这种方式称为享元设计模式(Flyweight Design Pattern)。在 PR 四分树中,享元只是一个单个空叶结点,可以把它用在任何需要空叶结点的地方。可以使所有子结点为空叶结点的内部结点指向同一个结点对象。这个结点对象只在程序开始的时候创建一次,而且永不清除。结点类根据指针值可以识别出正在访问享元,从而采取相应的动作。

　　注意,当使用享元设计时,不能在结点中存储它的坐标。这正是内在状态和外在状态概念的例子。一个对象的内在状态是存储在对象内部的状态信息。如果把结点的坐标存储在结点对象中,这些坐标就是内在状态。如果把一个对象的状态信息放在环境中的其他地方,例如存储在全局变量中或传递给方法,这种状态信息就称为外在状态。如果处理树结构的递归调用通过参数传递当前结点的坐标,那么坐标就是外在状态。只有当享元的信息对它的所有实例都是准确的时,这些信息才能成为它的内在状态。很明显,坐标信息不满足这一要求,因为每个空叶结点都有它自己的位置。因此,如果要使用享元,必须通过参数传递坐标。

　　另一个设计选择是:谁控制这项工作?是结点类,还是树类?例如,在插入操作中,可以让树类控制,沿着树结构向下处理,查看(查询)结点,了解它的类型,并进行相应的处理。这就是 5.4 节 BST 操作使用的方法。另一种方法是让结点类完成这一工作,即结点有自己的插入方法。如果结点是内部结点,它会把城市记录传递给相应的子结点(递归地)。如果结点是一个享元,它将用一个新叶结点代替自己。如果结点已满,就用一个子树代替自己。这是组合设计模式的一个例子,这一模式已经在 5.3.1 节讨论过了。如果使用 **NULL** 指针表示空叶结点,使用组合设计模式就会遇到困难。因此,当使用组合设计模式时,PR 四分树的插入和删除方法实现起来会更简单。

13.3.3　其他点状数据结构

k-d 树和 PR 四分树之间的区别说明了建立空间数据结构时遇到的许多设计选择。k-d 树提供了区域的对象空间分解，而 PR 四分树提供了关键码空间分解（因此，它是一个 Trie 结构）。k-d 树在所有结点中都存储记录，而 PR 四分树只在叶结点中存储记录。最后，这两种树结构在结构上是完全不同的。k-d 树是二叉树（不需要是满二叉树），而 PR 四分树是一棵有 2^d 个分支的满多叉树（在二维情况下，$2^2 = 4$）。考虑一下把这个概念扩展到三维的情况。一个三维 k-d 树将把 x 坐标、y 坐标和 z 坐标交替作为识别器，而对应的 PR 四分树的三维情况有 2^3 即 8 个分支。这样的一棵树称为八分树（octree）。

也可以设计出一个基于二维关键码空间分解的二叉 Trie 结构，或者一个使用对象空间分解的二维等价四分树。二分树（bintree）是一个类似于 k-d 树、使用关键码空间分解、在每一层交替识别器的二叉 Trie 结构。图 13.11 中的点的二分树如图 13.18 所示。另外，还可以使用以数据点为中心的四路空间分解。按照这样的分解得到的树结构称为点四分树（point quadtree）。图 13.11 中的数据点的点四分树如图 13.19 所示。

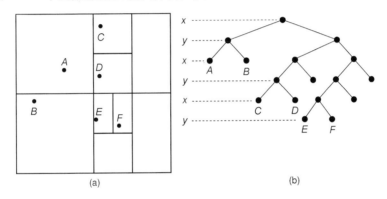

图 13.18　一个二分树的例子。二分树是使用关键码空间分解的二叉树，它的识别器在各个维之间交替。把它与图 13.11 的 k-d 树和图 13.16 的 PR 四分树进行比较

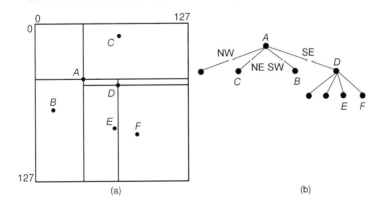

图 13.19　一个点四分树的例子，它是使用对象空间分解的四叉树。把它与图 13.11 中的 PR 四分树进行比较

13.3.4　其他空间数据结构

这一节只是简单地涉及了空间数据结构领域。现在已经提出了许多不同的空间数据结

构,其中许多都有变体和不同的实现。空间数据结构用来存储点以外的许多其他形式的空间结构。它们之间的最重要差别是树结构(二叉或者非二叉、常规分解或者非常规分解)和分解规则,当数据包含在区域中时要使用分解规则确定分支,因为区域中的数据非常复杂,所以还要将区域细分。

一个这样的空间数据结构是区域四分树,用来存储像素值趋于块状的图像,比如世界地图中的国家。区域四分树使用一种类似于 PR 四分树的四路常规分解规则。分解规则只是简单地划分包含多种颜色或值的像素的结点。

空间数据结构可以用来存储线性对象、矩形对象或者任意形状(比如二维平面中的多边形和三维空间中的多面体)对象。可以从 PR 四分树导出一个简单、有效的存储矩形或任意多边形的数据结构。设定一个阈值 c,如果一个区域包含多于 c 个对象,则将其细分成四份。当有多于 c 个对象相交的情况则需要特殊处理。

一些最有趣的开发与基于磁盘的应用程序采用空间数据结构有关。但是,所有这些基于磁盘的实现都归结为用 B 树或散列方法的变体来存储空间数据结构。

13.4　深入学习导读

在 Frakes 和 Baeza-Yates 等人合著的 *Information Retrieval：Data Structures & Algorithms* 中讨论了 PATRICIA Trie 结构和其他 Trie 结构的实现[FBY92]。

有关 AVL 树的讨论请参见 Knuth 的著作[Knu97]。有关伸展树的进一步阅读,请参见 Sleator 和 Tarjan 的文章"Self-adjusting Binary Search"[ST85]。

空间数据结构领域的内容非常丰富,而且发展很快。要得到这方面的相关信息,请参见 Hanan Samet 所著的 *Foundations of Multidimensional and Metric Data Structures* [Sam06],这也是有关 PR 四分树的最好的参考书。k-d 树是由 John Louis Bentley 发明的。有关 k-d 树的进一步信息,除了[Sam06]之外,还可以参见[Ben75]。有关使用四分树来存储任意多边形对象的进一步信息,请参见[SH92]。

有关两路与多路分支的相对空间需求的讨论,请参见 Shaffer、Juvvadi 和 Heath 的文章"A Generalized Comparison of Quadtree and Bintree Storage Requirements"[SJH93]。

与存储空间数据结构紧密相关的是存储多维数据(本质上不一定需要是空间的)的数据结构。R 树是一种存储此类数据的数据结构,它由 Guttman [Gut84]首先提出。

13.5　习题

13.1　对于下面一组值: 42, 12, 100, 10, 50, 31, 7, 11, 99, 给出它们的二叉 Trie 结构(如图 13.1 所示)。

13.2　对于下面一组值: 42, 12, 100, 10, 50, 31, 7, 11, 99, 给出它们的 PAT Trie 结构(如图 13.3 所示)。

13.3　为图 13.1 编写二叉 Trie 结构的插入例程。

13.4　为图 13.1 编写二叉 Trie 结构的删除例程。

13.5　(a)给出在图 13.4(a)所示的 AVL 树中插入值 39 后的结果(包括合适的旋转)。

　　　(b)给出在图 13.4(a)所示的 AVL 树中插入值 300 后的结果(包括合适的旋转)。

(c)给出在图 13.4(a)所示的 AVL 树中插入值 50 后的结果(包括合适的旋转)。

(d)给出在图 13.4(a)所示的 AVL 树中插入值 1 后的结果(包括合适的旋转)。

13.6　给出在图 13.10(d)的伸展树中检索值 75 得到的伸展树。

13.7　给出在图 13.10(d)的伸展树中检索值 18 得到的伸展树。

13.8　一些应用不允许两条记录有相同的关键码值。在这种情况下,向此类数据结构(如伸展树)中插入一个重复关键码值的记录会导致插入失败。当插入例程插入一个重复关键码值的记录时,伸展树应该采取什么动作才合适?

13.9　给出从图 13.11 的 k-d 树中删除点 A 的结果。

13.10　(a)对于下面一组值,给出它们的 k-d 树结果(按顺序插入)。$A(20,20)$,$B(10,30)$,$C(25,50)$,$D(35,25)$,$E(30,45)$,$F(30,35)$,$G(55,40)$,$H(45,35)$,$I(50,30)$。

(b)给出从(a)中构造的树删除点 A 的结果。

13.11　(a)给出在图 13.16 的 PR 四分树中删除记录 F 的结果。

(b)给出在图 13.16 的 PR 四分树中删除记录 E 和 F 的结果。

13.12　(a)对于下面的一组值,给出它们的 PR 四分树结果(按顺序插入)。假设该树代表一个 64×64 的单元。$A(20,20)$,$B(10,30)$,$C(25,50)$,$D(35,25)$,$E(30,45)$,$F(30,35)$,$G(45,25)$,$H(45,30)$,$I(50,30)$。

(b)给出从(a)中构造的树结构中删除点 C 的结果。

(c)给出从(b)中构造的树结构中删除点 F 的结果。

13.13　在一般情况下,PR 四分树中有多少叶结点为空?请解释原因。

13.14　当对一个 PR 四分树进行区域检索时,只需要检索内部结点的一些子树,这些子树对应的区域在查询半径之内。通过把查询半径中的 x、y 范围与对应子树区域的 x、y 范围进行比较,就可以很容易地计算出来哪些子树的区域在查询半径内。然而,如图 13.13 所示,它们的 x、y 范围可能重叠,而查询半径与子树区域实际上不相交。编写一个函数,准确地确定一个查询半径是否与一个子树区域相交。

13.15　(a)对于下面一组值,给出它们的二分树结果(按顺序插入)。假设该树代表一个 64×64 单元。$A(20,20)$,$B(10,30)$,$C(25,50)$,$D(35,25)$,$E(30,45)$,$F(30,35)$,$G(45,25)$,$H(45,30)$,$I(50,30)$。

(b)给出从(a)中构造的树结构中删除点 C 的结果。

(c)给出从(b)中构造的树结构中删除点 F 的结果。

13.16　根据内部结点数、非空叶结点数、空叶结点数和两个树结构的总深度,比较习题 13.12 和习题 13.15 构造的树结构。

13.17　对于下面一组值,给出它们的点四分树结果(按顺序插入)。假设该树代表一个 64×64 的单元。$A(20,20)$,$B(10,30)$,$C(25,50)$,$D(35,25)$,$E(30,45)$,$F(31,35)$,$G(45,26)$,$H(44,30)$,$I(50,30)$。

13.6　项目设计

13.1　使用 Trie 数据结构设计一个程序,对变长字符串进行排序,程序的运行时间应当正比于所有字符串中的字母总数。有些字符串可能很长,而大多数则很短。

13.2　一个字符串 S 的后缀字符串(suffix string)集合包括这个 S 本身,S 去掉第一个字符得到的字符串,S 去掉前两个字符得到的字符串,等等。例如,"HELLO"的后缀字符串集合是

{HELLO, ELLO, LLO, LO, O}

一个后缀树(suffix tree)是对于一个给定字符串,包含它的所有后缀字符串的 PAT Trie 结构。后

缀树的好处是它允许使用通配符(wildcard)对字符串进行检索。例如,检索关键码"TH *"表示找到所有前缀为"TH"(即前两个字符为"TH")的字符串。这可以很容易地使用一个正规 Trie 结构实现。在一个正规 Trie 结构中检索" * TH"的效率很低,但是在一个后缀树中却是高效的。对于一个字典中的单词或短语实现后缀树。

13.3　改进 5.4 节的 BST 类,使其使用 AVL 树的旋转。新实现不应当改变原来 BST 类的 ADT。通过大量输入数据,比较 AVL 树实现和标准 BST 树实现。在什么情况下,AVL 树能节省时间?

13.4　改进 5.4 节的 BST 类,使其使用伸展树的旋转。新实现不应当改变原来 BST 类的 ADT。通过大量输入数据,比较伸展树和标准 BST 树实现。在什么情况下,伸展树能节省时间?

13.5　使用 k-d 树实现一个城市数据库。每个数据库记录都包含城市的名字(一个任意长度的字符串)和使用整数 x 和 y 表示的城市坐标。数据库应当允许按照名字或坐标插入、删除记录,以及按照名字或坐标检索记录。数据库还应当支持区域查询,即请求打印在一个指定点的给定距离范围内的所有记录。

13.6　使用 PR 四分树实现一个城市数据库。每个数据库记录都包含城市的名字(一个任意长度的字符串)和使用整数 x 和 y 表示的城市坐标。数据库应当允许按照名字或坐标插入、删除记录,以及按照名字或者坐标检索记录。数据库还应当支持区域查询,即请求打印在一个指定点给定距离范围内的所有记录。

13.7　实现并且测试 PR 四分树,使用组合设计模式来实现插入、检索和删除操作。

13.8　使用二分树实现一个城市数据库。每个数据库记录都包含城市的名字(一个任意长度的字符串)和使用整数 x 和 y 表示的城市坐标。数据库应当允许按照名字或坐标插入、删除记录,以及按照名字或坐标检索记录。数据库还应当支持区域查询,即请求打印在一个指定点给定距离范围内的所有记录。

13.9　使用点四分树实现一个城市数据库。每个数据库记录都包含城市的名字(一个任意长度的字符串)和使用整数 x 和 y 表示的城市坐标。数据库应当允许按照名字或坐标插入、删除记录,以及按照名字或坐标检索记录。数据库还应当支持区域查询,即请求打印在一个指定点给定距离范围内的所有记录。

13.10　使用 PR 四分树实现习题 6.5 的一个有效的解决方法,即在一个 PR 四分树中存储点的集合。对于每一个点,使用 PR 四分树找出在距离 D 之内等价的那些点。这个解决方法的渐近复杂性是什么?

13.11　选择这一章描述的任意两个点表示方法(即从 k-d 树、PR 四分树、二分树和点四分树中选择两个)。实现选择出来的两种方法,并通过大量数据集对其进行比较。描述一下哪种方法更容易实现,哪种方法在空间上更有效率,哪种方法在时间上更有效率。

13.12　程序实现基于四分树的常规分解的矩形表示方法。假定所表示的空间高和宽均为 2 的幂次。假定矩形有整数坐标和整数宽和高。选定一个 c,并且当区域中含有多于 c 个矩形时,对区域使用分解规则,将其细分为四个大小相等的区域。一个特殊情况是所有矩形在当前区域的某些点上相交(因为分解这样的结点永远无法终止)。在这种情况下,此结点就简单地存储指向多于 c 个矩形的指针。把你的实现尝试应用于可变 c 值的矩形数据集上。

第五部分

算 法 理 论

第14章 分析技术

在一般情况下，可以很容易地建立一个公式，用来为算法或数据结构建模。如果公式中包括递归或者累加求和，那么导出公式的闭合形式解也很容易。但是有些时候分析过程却是特别困难的，需要睿智的深入洞察才能设计出正确的模型，例如分析置换选择问题（见8.5.2节）的平均串长度的扫雪机类比。在这个例子中，一旦理解了扫雪机类比，自然而然就理解了结果公式。有时候，开发出模型很直接，但是分析结果公式却不是那么直接。一个例子就是快速排序算法的平均情况分析。7.5节给出的公式只对关键位置列出了所有可能的情况，把对快速排序递归调用相应代价累加起来。然而，对结果递归关系推导出闭合形式解并不容易。

许多迭代算法需要通过求和来确定循环的代价。14.1节给出找到求和公式闭合形式解的技术。许多基于递归的算法的代价通过递归关系进行建模都非常好。14.2节给出解决递归问题的技术的讨论。这些章节的内容建立在2.4节介绍的求和概念和递归概念的基础之上，相信读者应该已经熟悉这些内容了。

14.3节介绍均摊分析（amortized analysis）的相关内容。均摊分析处理一组操作的相关代价。可能这组操作中某个操作的代价很高，但是其结果却导致其他操作的代价得到了控制。均摊分析已经成功地应用于分析本书前面章节提到的许多算法，其中包括一组并查操作的代价（见6.2节），快速排序算法中分割的代价（见7.5节）、一组伸展树操作的代价（见13.2节）和一组自组织线性表操作的代价（见9.2节）。14.3节详细介绍这个主题。

14.1 求和技术

考虑下面这个简单的求和公式：

$$\sum_{i=1}^{n} i$$

2.6.3节通过归纳方法证明，这个求和公式广为人知的闭合形式解是 $n(n+1)/2$。但是，尽管数学归纳法是证明一个已知的闭合形式解是否正确的好方法，然而怎样才能找到一个候选待证明的闭合形式解进行验证呢？这里首先从基本点上彻底想清楚这个问题，尽管以前从来没有遇到过这个问题。

分析求和公式的一个好的切入点是对于一个给定的 n，给出结果值的一个估算。通过观察发现，这个求和公式最大的项是 n，而且有 n 项需要累加，因此总和一定会小于 n^2。实际上，大多数项都比 n 小很多，而且项的数目是线性增长的。如果根据各个项建立一个条形图，条形图的各个高度就会形成一条线，可以把整个条形图包围在一个 n 个单位宽、n 个单位高的盒子中。从这里很容易发现，求和公式的一个近似估算是 $(n^2)/2$。现在手头有了这个估算，这对于确定准确的闭合形式解是很有帮助的，因为如果所给的解是彻底错误的，则很容易被发现。

现在考虑这样一些方法，通过这些方法有可能找到求和公式闭合形式解的准确形式。可以采用的一个非常聪明的方法是观察第一项和最后一项之间的配对组合，第二项和倒数第二项之间的配对组合，以此类推。每一对组合的结果都是 $n+1$，配对组合的总数是 $n/2$。这样，最后的解就是 $n(n+1)/2$。非常棒，结果无疑是正确的。但问题是这种方法不是解决其他许多求和问题的方法。

现在尝试把这种方法推广一下。已经发现，因为最大的项是 n，最后的和比 n^2 要小。如果幸运，闭合形式解将是一个多项式。把它作为一个工作假设，可以构想出一个新技术，称为猜试法（guess-and-test）。可以猜测这个求和公式的闭合形式解是一个多项式，其形式为 $c_1 n^2 + c_2 n + c_3$，其中 c_1、c_2、c_3 为某个常数。如果这个猜测是正确的，那么就可以通过计算某些特定情况下的求和结果来反推得到这些常数值。对于这个例子，把 n 代入 0、1、2，得到三个联立方程式。因为当 $n=0$ 时求和的结果也是 0，c_3 一定是 0。对于 $n=1$ 和 $n=2$，可以得到以下两个方程式：

$$c_1 + c_2 = 1$$
$$4c_1 + 2c_2 = 3$$

从而得到 $c_1 = 1/2$，$c_2 = 1/2$。因此，如果求和公式的闭合形式解是一个多项式，那么它只能是

$$1/2 n^2 + 1/2 n + 0$$

一般写成

$$\frac{n(n+1)}{2}$$

此时，仍然需要做猜试法中的"测试"工作。可以用数学归纳法证明候选闭合形式解是否正确。在这个例子中，它确实是正确的，如例 2.11 所示。数学归纳法证明是必需的，因为初始假设求和问题的闭合形式解是多项式，可能是错误的。例如，真正的解有可能包含一个对数项，例如 $c_1 n^2 + c_2 n \log n$。这里展示的过程实质上是用一条曲线拟合一些固定数目的点。因为总是有一个 n 阶多项式拟合 $n+1$ 个点，如果没有数学归纳法的证明，那么前面的猜测工作就不足以确定结果就是正确的。

当闭合形式解是多项式表达式的时候，猜试法非常有用。尤其可以采用类似的推理解决 $\sum_{i=1}^{n} i^2$，或者更一般的 $\sum_{i=1}^{n} i^c$（对于任意正整数 c）。那为什么这不是解决求和问题的通用方法呢？因为许多求和问题没有多项式形式的闭合形式解。

一个更通用的方法基于减猜法（subtract-and-guess）或者分猜法（divide-and-guess）策略。一种形式的减猜法称为移位法（shifting method）。移位法从结果之和中减去结果之和的一个变体。如何选择这个变体呢？这个变体要保证大部分中间项被消去。要求得和 f，选择一个已知函数 g，并且找到一个模式符合 $f(n) - g(n)$ 或者 $f(n)/g(n)$。

例 14.1　利用"分猜法"找到公式 $\sum_{i=1}^{n} i$ 的闭合形式解。用两个例子函数说明分猜法：分成 n 份，分成 $f(n-1)$ 份。目标是找到一种模式，用于猜测闭合形式的表达式作为候选，再通过推理证明对其进行测试。为了有助于找到这样一个模式，建立如下表格，显示每个方程的前几行，以及用一个方程去分割另一个的结果。

n	1	2	3	4	5	6	7	8	9	10
$f(n)$	1	3	6	10	15	21	28	36	46	57
n	1	2	3	4	5	6	7	8	9	10
$f(n)/n$	2/2	3/2	4/2	5/2	6/2	7/2	8/2	9/2	10/2	11/2
$f(n-1)$	0	1	3	6	10	15	21	28	36	46
$f(n)/f(n-1)$		3/1	4/2	5/3	6/4	7/5	8/6	9/7	10/8	11/9

用 n 和 $f(n-1)$ 去除正好给出了有用的模式，$\dfrac{f(n)}{n}=\dfrac{n+1}{2}$ 和 $\dfrac{f(n)}{f(n-1)}=\dfrac{n+1}{n-1}$。当然，其他许多对函数 g 的猜测不能使用。例如，$f(n)-n=f(n-1)$。知道了 $f(n)=f(n-1)+n$ 对于确定这个求和公式的闭合形式解没有用处，再考虑一下 $f(n)-f(n-1)=n$。再一次知道 $f(n)=f(n-1)+n$ 没有用处。找到方程的正确形式就如大海捞针。

在第一个例子中，可以直接看到闭合形式解是什么样子的。因为 $\dfrac{f(n)}{n}=\dfrac{n+1}{2}$，显然 $f(n)=n(n+1)/2$。

用 $f(n-1)$ 去除 $f(n)$ 不能给出非常明显的结果，但是却提供了另一个有用的说明。

$$
\begin{aligned}
\frac{f(n)}{f(n-1)} &= \frac{n+1}{n-1} \\
f(n)(n-1) &= (n+1)f(n-1) \\
f(n)(n-1) &= (n+1)(f(n)-n) \\
nf(n)-f(n) &= nf(n)+f(n)-n^2-n \\
2f(n) &= n^2+n=n(n+1) \\
f(n) &= \frac{n(n+1)}{2}
\end{aligned}
$$

再一次发现，无法证明 $f(n)=n(n+1)/2$。为什么呢？因为既不能证明 $f(n)/n=(n+1)/2$，也不能证明 $f(n)/f(n-1)=(n+1)/(n-1)$。只能通过查看一些项来进行假设。幸运的是，很容易通过归纳法检查假设是否正确。

例14.2　求解下面的求和公式：

$$\sum_{i=1}^{n}1/2^i$$

首先画出下面的表格，在其中列出前几个值，看看能否发现一些模式。

n	1	2	3	4	5	6
$f(n)$	$\frac{1}{2}$	$\frac{3}{4}$	$\frac{7}{8}$	$\frac{15}{16}$	$\frac{31}{32}$	$\frac{63}{64}$
$1-f(n)$	$\frac{1}{2}$	$\frac{1}{4}$	$\frac{1}{8}$	$\frac{1}{16}$	$\frac{1}{32}$	$\frac{1}{64}$

通过直接检查表格的第 2 行，就可以识别模式 $f(n)=\dfrac{2^n-1}{2^n}$。通过简单的归纳法可以证明这个公式是正确的。另外，如果没有注意到 $f(n)$ 的这个形式，还可以观察到 $f(n)$ 逐渐趋近于 1。在每一种情况下，都会考虑查看 $f(n)$ 和预期渐近线之间的距离。这个结果显示在表格的最后一行，这一行的模式非常明显，第 i 项是 $1/2^i$。从这里可以很容易地得到一个猜测，$f(n)=1-\dfrac{1}{2^n}$。可以再次通过归纳法验证这个猜测。

例 14.3 求解下面的求和公式：

$$f(n) = \sum_{i=0}^{n} ar^i = a + ar + ar^2 + \cdots + ar^n$$

这个求和公式称为几何级数。目标是为 $f(n)$ 找到某个变差 $g(n)$，使得从一个减去另一个 $f(n) - g(n)$ 能得到一个易于操作的方程。由于求和的各项之间相差 r 倍，如果把整个表达式都乘以 r，就可以移项：

$$rf(n) = r \sum_{i=0}^{n} ar^i = ar + ar^2 + ar^3 + \cdots + ar^{n+1}$$

现在可以用一个公式减去另一个公式，如下所示：

$$
\begin{aligned}
f(n) - rf(n) = a \quad &+ \quad ar + ar^2 + ar^3 + \cdots + ar^n \\
&- \quad (ar + ar^2 + ar^3 + \cdots + ar^n) - ar^{n+1}
\end{aligned}
$$

相减的结果只留下最后一项：

$$
\begin{aligned}
f(n) - rf(n) &= \sum_{i=0}^{n} ar^i - r \sum_{i=0}^{n} ar^i \\
(1-r)f(n) &= a - ar^{n+1}
\end{aligned}
$$

这样，就得到结果：

$$f(n) = \frac{a - ar^{n+1}}{1-r}$$

其中 $r \neq 1$。

例 14.4 移位方法的第 2 个例子，解决

$$f(n) = \sum_{i=1}^{n} i2^i = 1 \cdot 2^1 + 2 \cdot 2^2 + 3 \cdot 2^3 + \cdots + n \cdot 2^n$$

通过乘以 2 就可以达到目的：

$$2f(n) = 2 \sum_{i=1}^{n} i2^i = 1 \cdot 2^2 + 2 \cdot 2^3 + 3 \cdot 2^4 + \cdots + (n-1) \cdot 2^n + n \cdot 2^{n+1}$$

$2f(n)$ 的第 i 项是 $i \cdot 2^{i+1}$，而 $f(n)$ 的第 $i+1$ 项是 $(i+1) \cdot 2^{i+1}$。用一个表达式减去另一个表达式就可以得到 2^i 的和，以及一些消不去的项：

$$
\begin{aligned}
2f(n) - f(n) &= 2 \sum_{i=1}^{n} i2^i - \sum_{i=1}^{n} i2^i \\
&= \sum_{i=1}^{n} i2^{i+1} - \sum_{i=1}^{n} i2^i
\end{aligned}
$$

在第二个求和中移位第 i 个值，用 $i+1$ 代替 i：

$$
= n2^{n+1} + \sum_{i=0}^{n-1} i2^{i+1} - \sum_{i=0}^{n-1} (i+1)2^{i+1}
$$

把第二个求和分成两部分：

$$
= n2^{n+1} + \sum_{i=0}^{n-1} i2^{i+1} - \sum_{i=0}^{n-1} i2^{i+1} - \sum_{i=0}^{n-1} 2^{i+1}
$$

消去相似的项：

$$= \quad n2^{n+1} - \sum_{i=0}^{n-1} 2^{i+1}$$

再在求和公式中移位第 i 个值，用 i 代替 $i+1$：

$$= \quad n2^{n+1} - \sum_{i=1}^{n} 2^{i}$$

用一个已经知道的解代替新的求和：

$$= \quad n2^{n+1} - (2^{n+1} - 2)$$

最后，重新组织方程：

$$= \quad (n-1)2^{n+1} + 2$$

14.2　递归关系

递归关系经常用于对递归函数的代价建模。例如，标准归并排序(见7.4节)对一个长度为 n 的线性表进行处理，把线性表分成两半，对每一半分别进行归并排序，最后用 n 步把两个子表合并到一起。可以把它的代价建模为

$$\mathbf{T}(n) = 2\mathbf{T}(n/2) + n$$

也就是说，在输入长度为 n 的情况下，算法的代价是输入长度为 $n/2$ 时代价的两倍(对归并排序的两个递归调用)再加上 n(把两个子表合并在一起的时间)。

有许多处理递归关系的方法，这里简要介绍其中的三种方法。第一种方法是估算技术：猜测递归关系的上下限，使用归纳法证明这个上下限，然后根据需要收紧上下限。第二种方法是扩展递归关系，把它转换成求和问题，然后利用求和技术。第三种方法是当递归是某种特定形式时利用已经证明的定理。特别是一般的分治算法，如归并排序，产生的递归形式符合已经有现成解决模式的形式。

14.2.1　估算上下限

解决递归问题的第一种方法是猜测答案，然后试着证明它的正确性。如果给出了一个正确的上下限估算，经过归纳证明很容易就可以验证这个估算是否正确。如果证明成功，那么就试着收紧上下限。如果证明失败，那么就放松限制再试着证明。一旦上下限符合要求，就完成任务了。当只是寻找渐近复杂性时，这是一种很有用的技术。当寻找一种精确的闭合形式解时(即寻找表达式常量时)，这个方法的工作量就有可能过大了。

例 14.5　使用猜测技术找出归并排序的渐近限制，其运行时间用下面的方程描述：

$$\mathbf{T}(n) = 2\mathbf{T}(n/2) + n; \quad \mathbf{T}(2) = 1$$

可以从猜测这个递归公式有一个上限 $\mathrm{O}(n^2)$ 开始，更准确地，假定

$$\mathbf{T}(n) \leq n^2$$

通过归纳法证明这个猜测是正确的。在这个证明中，为了使计算更简便，假定 n 是2的乘方。对于初始情况，$\mathbf{T}(2) = 1 \leq 2^2$。对于归纳步骤，要证明能够从 $\mathbf{T}(n) \leq n^2$ 得到 $\mathbf{T}(2n) \leq (2n)^2$，

对于所有的 $n = 2^N$, $1 \leqslant N$。归纳假设是

$$\mathbf{T}(i) \leqslant i^2, \ i \leqslant n$$

接下来

$$\mathbf{T}(2n) = 2\mathbf{T}(n) + 2n \leqslant 2n^2 + 2n \leqslant 4n^2 \leqslant (2n)^2$$

这就是想要证明的。这样，$\mathbf{T}(n)$ 就在 $\mathrm{O}(n^2)$ 中了。

$\mathrm{O}(n^2)$ 是一个好的估算吗？在倒数第二步从 $n^2 + 2n$ 到达了更大的 $4n^2$。这表明 $\mathrm{O}(n^2)$ 是一个很高的估算。如果猜测得更小一些，例如对于某个常数 c，$\mathbf{T}(n) \leqslant cn$，很明显这样做是不行的，因为 $c2n = 2cn$，没有为额外的代价 n 留出余地，使得这两块合并到一起。这样，真正的代价一定在 cn 和 n^2 之间。

现在试一试 $\mathbf{T}(n) \leqslant n \log n$。对于初始情况，递归定义设置 $\mathbf{T}(2) = 1 \leqslant (2 \log 2) = 2$。假定（归纳假设）$\mathbf{T}(n) \leqslant n \log n$。那么，

$$\mathbf{T}(2n) = 2\mathbf{T}(n) + 2n \leqslant 2n \log n + 2n \leqslant 2n(\log n + 1) \leqslant 2n \log 2n$$

这就是想要证明的。类似地，可以证明 $\mathbf{T}(n)$ 在 $\Omega(n \log n)$ 中。这样，$\mathbf{T}(n)$ 也是 $\Theta(n \log n)$。

　　例 14.6　阶乘方程是呈指数增长的。如果将其与 2^n 进行比较，与 n^n 进行比较，它们增长得一样快吗（在渐近意义上）？可以从观察最初的一些项开始研究。

n	1	2	3	4	5	6	7	8	9
$n!$	1	2	6	24	120	720	5040	40320	362880
2^n	2	4	8	16	32	64	128	256	512
n^n	1	4	9	256	3125	46656	823543	16777216	387420489

可以通过递归关系来观察这些方程。

$$n! = \begin{cases} 1 & n = 1 \\ n(n-1)! & n > 1 \end{cases}$$

$$2^n = \begin{cases} 2 & n = 1 \\ 2(2^{n-1}) & n > 1 \end{cases}$$

$$n^n = \begin{cases} n & n = 1 \\ n(n^{n-1}) & n > 1 \end{cases}$$

　　在这一点上，直觉会清晰地给出这三个方程的相对增长速率。可是如何正式地证明哪一个增长得最快呢？如何确定差距是在渐近意义上很显著的，还是仅仅是常数倍数的差距？

　　利用对数运算有助于了解这些方程的相对增长速率。显然，$\log 2^n = n$。同样可以清晰地看出，$\log n^n = n \log n$。由此可以容易地看到 2^n 是 $\mathrm{O}(n^n)$ 的，也就是 n^n 在渐近意义上比 2^n 增长得更快。

　　$n!$ 又怎么样呢？可以再一次利用对数运算的优势。显然 $n! \leqslant n^n$，所以知道 $\log n!$ 是 $\mathrm{O}(n \log n)$ 的。但是阶乘方程的下限是什么呢？考虑下面的公式：

$$\begin{aligned} n! &= n \times (n-1) \times \cdots \times \frac{n}{2} \times \left(\frac{n}{2} - 1\right) \times \cdots \times 2 \times 1 \\ &\geqslant \frac{n}{2} \times \frac{n}{2} \times \cdots \times \frac{n}{2} \times 1 \times \cdots \times 1 \times 1 \\ &= \left(\frac{n}{2}\right)^{n/2} \end{aligned}$$

因此

$$\log n! \geq \log(\frac{n}{2})^{n/2} = (\frac{n}{2})\log(\frac{n}{2})$$

也就是说，$\log n!$ 在 $\Omega(n \log n)$ 范围内。这样，$\log n! = \Theta(n \log n)$。

这一点并不表示 $n! = \Theta(n^n)$。因为 $\log n^2 = 2\log n$，可见 $\log n = \Theta(\log n^2)$，但是 $n \neq \Theta(n^2)$。在处理渐近性问题时，取对数通常作为"平滑器"。也就是说，只要 $\log f(n)$ 是 $O(\log g(n))$ 的，就知道 $f(n)$ 是 $O(g(n))$ 的。但是知道 $\log f(n) = \Theta(\log g(n))$，并不一定表明 $f(n) = \Theta(g(n))$。

例 14.7 Fibonacci 数列的增长速率是多少？定义 Fibonacci 数列 $f(n) = f(n-1) + f(n-2)$，$n \geq 2$；$f(0) = f(1) = 1$。

在这个例子中，比较 $f(n)$ 和 $f(n-1)$ 的比率是有用的。下面的表格显示了最初的一些值。

n	1	2	3	4	5	6	7
$f(n)$	1	2	3	5	8	13	21
$f(n)/f(n-1)$	1	2	1.5	1.666	1.625	1.615	1.619

如果继续写出更多的项，这一比率将收敛于一个稍大于 1.618 的值。假设随着 n 的增长，$f(n)/f(n-1)$ 确实收敛于一个固定的值，可以确定那个值应该是多少。

$$\frac{f(n)}{f(n-2)} = \frac{f(n-1)}{f(n-2)} + \frac{f(n-2)}{f(n-2)} \rightarrow x+1$$

对于某个值 x，这是从 $f(n) = f(n-1) + f(n-2)$ 得来的。除以 $f(n-2)$ 来消去 $f(n-2)$ 这一项，同时还从第一项中得到了有用的东西。这样操作的目的是得到一个 $f(n)$ 的非递归方程。

对于较大的 n，也可以观察到

$$\frac{f(n)}{f(n-2)} = \frac{f(n)}{f(n-1)}\frac{f(n-1)}{f(n-2)} \rightarrow x^2$$

随着 n 增大。这是由 $f(n)/f(n-2)$ 乘以 $f(n-1)/f(n-1)$ 并整理得到的。

如果 x 存在，那么 $x^2 - x - 1 \rightarrow 0$。利用二次方程，唯一大于 1 的解是

$$x = \frac{1+\sqrt{5}}{2} \approx 1.618$$

这一表达式命名为 ϕ。关于 Fibonacci 数列的增长率，这说明了什么呢？它是呈指数增长的，有 $f(n) = \Theta(\phi^n)$。更精确地，$f(n)$ 收敛于

$$\frac{\phi^n - (1-\phi)^n}{\sqrt{5}}$$

14.2.2 扩展递归

如果只需要一个近似答案，上下限估算就是有效的。但是如果要找到准确解，就需要更精确的技术了，其中一种技术就是扩展(expanding)递归。在这种方法中，方程右边较小的项根据定义被依次代替，这就是扩展步。这些项会被再次扩展，依次下去，直到到达一个没有递归结果的完整序列。这样就会得到一个求和问题，接下来就可以使用解决求和问题的技术了。2.4 节给出了一些简单的扩展递归的例子，下面给出更复杂的例子。

例 14.8 为下面的公式找到解:
$$\mathbf{T}(n) = 2\mathbf{T}(n/2) + 5n^2; \quad \mathbf{T}(1) = 7$$

为了简单起见,假定 n 是 2 的乘方,因此可以把它重新写为 $n = 2^k$。递归关系可以像下面这样进行扩展:

$$
\begin{aligned}
\mathbf{T}(n) &= 2\mathbf{T}(n/2) + 5n^2 \\
&= 2(2\mathbf{T}(n/4) + 5(n/2)^2) + 5n^2 \\
&= 2(2(2\mathbf{T}(n/8) + 5(n/4)^2) + 5(n/2)^2) + 5n^2 \\
&= 2^k\mathbf{T}(1) + 2^{k-1} \cdot 5\left(\frac{n}{2^{k-1}}\right)^2 + \cdots + 2 \cdot 5\left(\frac{n}{2}\right)^2 + 5n^2
\end{aligned}
$$

可以用下面的求和公式把最后一个表达式很好地表示出来:

$$7n + 5\sum_{i=0}^{k-1} n^2/2^i$$

$$= 7n + 5n^2 \sum_{i=0}^{k-1} 1/2^i$$

根据方程(2.6),有

$$
\begin{aligned}
&= 7n + 5n^2\left(2 - 1/2^{k-1}\right) \\
&= 7n + 5n^2(2 - 2/n) \\
&= 7n + 10n^2 - 10n \\
&= 10n^2 - 3n
\end{aligned}
$$

这就是 n 是 2 的乘方时递归问题的精确解。这时,应当用简单的归纳法证明这个解确实是正确的。

例 14.9 下一个例子对建堆算法进行建模。回忆一下在 5.5 节中建立一个堆,首先对两个子堆进行建堆,然后把根结点下移到合适的位置。其代价为

$$f(n) \leqslant 2f(n/2) + 2\log n$$

现在寻找这个递归公式的闭合形式解,通过多次进行扩展递归可以看到

$$
\begin{aligned}
f(n) &\leqslant 2f(n/2) + 2\log n \\
&\leqslant 2[2f(n/4) + 2\log n/2] + 2\log n \\
&\leqslant 2[2(2f(n/8) + 2\log n/4) + 2\log n/2] + 2\log n
\end{aligned}
$$

由此可以推导出,这一递归公式等价于下面的求和公式及其推导:

$$
\begin{aligned}
f(n) &\leqslant \sum_{i=0}^{\log n - 1} 2^{i+1} \log(n/2^i) \\
&= 2\sum_{i=0}^{\log n - 1} 2^i(\log n - i) \\
&= 2\log n \sum_{i=0}^{\log n - 1} 2^i - 4\sum_{i=0}^{\log n - 1} i2^{i-1} \\
&= 2n\log n - 2\log n - 2n\log n + 4n - 4 \\
&= 4n - 2\log n - 4
\end{aligned}
$$

14.2.3 分治法递归

解决递归问题的第三种方法是利用已知的定理，这些定理提供了一类递归问题的解。一个特殊的实际应用是给出一类称为分治法(divide and conquer)递归的定理。这类问题具有形式：

$$\mathbf{T}(n) = a\mathbf{T}(n/b) + cn^k; \quad \mathbf{T}(1) = c$$

其中 a、b、c 和 k 都是常数。一般来说，这个递归问题描述了如何把大小为 n 的问题分解成 a 个大小为 n/b 的子问题，而 cn^k 是合并各个部分解需要的工作量。归并排序算法就是分治法的一个例子，而且它的递归符合这种形式。二分法检索也是这样的例子。使用扩展递归方法为分治法递归推导出一般形式的解，假定 $n = b^m$。

$$
\begin{aligned}
\mathbf{T}(n) &= a\mathbf{T}(n/b) + cn^k \\
&= a(a\mathbf{T}(n/b^2) + c(n/b)^k) + cn^k \\
&= a(a[a\mathbf{T}(n/b^3) + c(n/b^2)^k] + c(n/b)^k) + cn^k \\
&= a^m\mathbf{T}(1) + a^{m-1}c(n/b^{m-1})^k + \cdots + ac(n/b)^k + cn^k \\
&= a^m c + a^{m-1}c(n/b^{m-1})^k + \cdots + ac(n/b)^k + cn^k \\
&= c\sum_{i=0}^{m} a^{m-i} b^{ik} \\
&= ca^m \sum_{i=0}^{m} (b^k/a)^i
\end{aligned}
$$

注意

$$a^m = a^{\log_b n} = n^{\log_b a} \tag{14.1}$$

这个求和是一个几何级数，它的和依赖于比率 $r = b^k/a$。下面讨论三种情况。

1. $r < 1$。根据方程(2.4)，

$$\sum_{i=0}^{m} r^i < 1/(1-r), \text{一个常数}$$

这样，

$$\mathbf{T}(n) = \Theta(a^m) = \Theta(n^{\log_b a})$$

2. $r = 1$。由于 $r = b^k/a$，可以知道 $a = b^k$。从对数的定义立即可以知道 $k = \log_b a$。从方程(14.1)还注意到 $m = \log_b n$。这样，

$$\sum_{i=0}^{m} r = m + 1 = \log_b n + 1$$

因为 $a^m = n \log_b a = n^k$，有

$$\mathbf{T}(n) = \Theta(n^{\log_b a} \log n) = \Theta(n^k \log n)$$

3. $r > 1$。根据方程(2.5)，

$$\sum_{i=0}^{m} r = \frac{r^{m+1} - 1}{r - 1} = \Theta(r^m)$$

这样，

$$\mathbf{T}(n) = \Theta(a^m r^m) = \Theta(a^m (b^k/a)^m) = \Theta(b^{km}) = \Theta(n^k)$$

可以把上面的推导概括为下面的定理，有时又称为主定理(Master Theorem)。

定理 14.1(主定理)　对于形如 $\mathbf{T}(n) = aT(n/b) + cn^k$、$\mathbf{T}(1) = c$ 的任何一个递归关系，下面的关系成立：

$$\mathbf{T}(n) = \begin{cases} \Theta(n^{\log_b a}), & a > b^k \\ \Theta(n^k \log n), & a = b^k \\ \Theta(n^k), & a < b^k \end{cases}$$

每当合适的时候就可以应用这个定理，而不需要重新推导递归问题的解。

例 14.10　应用主定理解决

$$\mathbf{T}(n) = 3\mathbf{T}(n/5) + 8n^2$$

因为 $a=3$、$b=5$、$c=8$ 和 $k=2$，可以发现 $3<5^2$。应用定理的第三种情况，$\mathbf{T}(n) = \Theta(n^2)$。

例 14.11　应用主定理解决归并排序的递归关系：

$$\mathbf{T}(n) = 2\mathbf{T}(n/2) + n; \quad \mathbf{T}(1) = 1$$

因为 $a=2$、$b=2$、$c=1$ 和 $k=1$，可以发现 $2=2^1$。应用定理的第二种情况，$\mathbf{T}(n) = \Theta(n \log n)$。

14.2.4　快速排序平均情况分析

在 7.5 节，确定快速排序的平均情况分析具有以下递归关系：

$$\mathbf{T}(n) = cn + \frac{1}{n} \sum_{k=0}^{n-1} [\mathbf{T}(k) + \mathbf{T}(n-1-k)], \quad \mathbf{T}(0) = \mathbf{T}(1) = c$$

cn 项是 `findpivot` 和 `partition` 步骤的上限。这个公式源于这样一个假设，任何一个位置 k 都有同样的可能性成为划分元素。通过观察还发现，两个递归项 $\mathbf{T}(k)$ 和 $\mathbf{T}(n-1-k)$ 是等价的，因为一个是从 $T(0)$ 累加到 $T(n-1)$，另一个是从 $T(n-1)$ 累加到 $T(0)$，从而可以简化这个递归关系式，得到

$$\mathbf{T}(n) = cn + \frac{2}{n} \sum_{k=0}^{n-1} \mathbf{T}(k)$$

这种形式是全历史(full history)递归。解决这种递归问题的关键是消去累加项。可以利用求和问题的移位法完成这个任务。把方程两边都乘以 n，从 $n\mathbf{T}(n+1)$ 的公式减去结果，得到

$$n\mathbf{T}(n) = cn^2 + 2\sum_{k=1}^{n-1} \mathbf{T}(k)$$

$$(n+1)\mathbf{T}(n+1) = c(n+1)^2 + 2\sum_{k=1}^{n} \mathbf{T}(k)$$

从两边减去 $n\mathbf{T}(n)$，得到

$$(n+1)\mathbf{T}(n+1) - n\mathbf{T}(n) = c(n+1)^2 - cn^2 + 2\mathbf{T}(n)$$

$$(n+1)\mathbf{T}(n+1) - n\mathbf{T}(n) = c(2n+1) + 2\mathbf{T}(n)$$

$$(n+1)\mathbf{T}(n+1) = c(2n+1) + (n+2)\mathbf{T}(n)$$

$$\mathbf{T}(n+1) = \frac{c(2n+1)}{n+1} + \frac{n+2}{n+1}\mathbf{T}(n)$$

这时已经消去了累加项，现在可以利用通常的方法解决递归问题，以得到一个闭合形式解。注意到 $\dfrac{c(2n+1)}{n+1} < 2c$，这样就可以简化结果。扩展递归关系，可以得到

$$
\begin{aligned}
\mathbf{T}(n+1) &\leqslant 2c + \frac{n+2}{n+1}\mathbf{T}(n) \\
&= 2c + \frac{n+2}{n+1}\left(2c + \frac{n+1}{n}\mathbf{T}(n-1)\right) \\
&= 2c + \frac{n+2}{n+1}\left(2c + \frac{n+1}{n}\left(2c + \frac{n}{n-1}\mathbf{T}(n-2)\right)\right) \\
&= 2c + \frac{n+2}{n+1}\left(2c + \cdots + \frac{4}{3}\left(2c + \frac{3}{2}\mathbf{T}(1)\right)\right) \\
&= 2c\left(1 + \frac{n+2}{n+1} + \frac{n+2}{n+1}\frac{n+1}{n} + \cdots + \frac{n+2}{n+1}\frac{n+1}{n}\cdots\frac{3}{2}\right) \\
&= 2c\left(1 + (n+2)\left(\frac{1}{n+1} + \frac{1}{n} + \cdots + \frac{1}{2}\right)\right) \\
&= 2c + 2c(n+2)\left(\mathcal{H}_{n+1} - 1\right)
\end{aligned}
$$

其中 $\mathcal{H}_{n+1}$ 是调和级数。根据式（2.10），$\mathcal{H}_{n+1} = \Theta(\log n)$，因此最终结果是 $\Theta(n \log n)$。

14.3　均摊分析

这一节给出均摊分析（amortized analysis）的概念。均摊分析是对一组操作的整体分析。特别是均摊分析允许处理这样一种情况，n 个操作在最差情况下的代价小于任何一个操作在最差情况下的代价的 n 倍。均摊分析并不是把注意力集中到每个操作的单独代价，再把它们累加到一起，而是看到整个一组操作的代价，再把整体代价分摊到每一个单独操作上。

可以把均摊分析技术应用到对一个未排序数组进行一组顺序检索的情况中。对于 n 次随机检索，每次检索在平均情况下的代价是 $n/2$，因此对于这一组检索，预计总代价是 $n^2/2$。但是，在最差情况下所有检索都到达数组的最后一项。在这种情况下，每一次检索的代价是 n，总的最差情况下的代价是 n^2。把这种情况与另外一组 n 次检索的代价进行比较，这组检索对于数组中的每一项正好检索一次。在这种情况下，有些检索的代价一定很高，还有一些检索的代价则一定很低。在最佳、平均和最差情况下，这个问题的检索总数一定是 $\sum_{i=i}^{n} i \approx n^2/2$，这只是悲观代价分析的一半。在悲观代价分析中，组内每一个操作的代价都是最差情况下的代价。

作为均摊分析的另一个例子，考虑一个二进制计数器自增（加 1）的过程。算法要把低位（最右边）向高位（最左边）移动，把 1 变成 0，直到碰到第 1 个 0，把这个 0 变成 1，这样加 1 操作就完成了。下面是实现自增操作的 C++ 代码，假定一个长度为 n 的二进制数存储在一个长度为 n 的数组 **A** 中。

```
for (i=0; ((i<n) && (A[i] == 1)); i++)
  A[i] = 0;
if (i < n)
  A[i] = 1;
```

如果从 0 到 2^n-1 计数(需要一个至少 n 位的计数器)，按照处理位数，自增操作的平均代价是多少？简单的最差情况分析认为，如果所有 n 位都是 1(除了最高位以外)，那么 n 位都需要处理。这样，如果有 2^n 次自增操作，那么代价就是 $n2^n$。然而，这个代价太高了，因为很少有这么多位需要处理的情况。实际上，有一半的时间最低位是 0，因此只有这个位需要处理。有四分之一的时间低两位是 01，因此只有低两位需要处理。看待这个问题的另一种方式是低位总是要翻转，其左边的位有一半的时间需要翻转，下一位有四分之一的时间需要翻转，以此类推。可以通过求和得到(从右到左计算位的代价)

$$\sum_{i=0}^{n-1} \frac{1}{2^i} < 2$$

也就是说，每次自增操作翻转位的平均数是 2，对于一组 2^n 次自增操作，其总代价只有 $2 \cdot 2^n$。

栈数据结构的一个简单变体，也是一个用于说明均摊分析的有用概念。简单地修改 pop 函数，使它带有第 2 个参数 k，标识完成 k 次弹出操作。这个修改过的 pop 函数称为 multi-pop。如下所示：

```
// pop k elements from stack
void multipop(int k);
```

如果栈中有 n 个元素，multipop 的"局部"最差情况分析是 $\Theta(n)$。这样，如果调用 push 操作 m_1 次，调用 multipop 操作 m_2 次，那么对于这组操作，简单的最差情况代价就是 $m_1 + m_2 \cdot n = m_1 + m_2 \cdot m_1$，这个分析过于悲观。显然不可能每次调用 multipop 操作都弹出 m_1 个元素。注意力集中于单个操作的分析不能处理这种全局性限制，因此转向均摊分析，对整体操作组进行建模。

对这个问题进行均摊分析的关键在于势(potential)的概念。在任何一个给定时刻，栈中都有一定数目的元素。multipop 操作的代价不会多于这些元素的数目。每一次调用 push 函数都把另一个元素放到栈中，只需要一次 multipop 操作就可以把它们都清除掉。这样，每次调用 push 函数都会使栈的势增加 1 个元素。对 multipop 的所有调用的代价总和决不会超过栈的总势(除了对 multipop 本身每次调用相关的一个固定时间代价以外)。

对于任何一组 push 和 multipop 操作的均摊代价都是三种代价之和。首先，每一次 push 操作都要花费固定的时间。其次，每一次 multipop 操作也都要花费额外的固定时间，不管这次调用弹出多少项。最后，计算所有 multipop 操作扩展的势的总和，它最多为 m_1，即 push 操作的数目。因此总代价可以表示为

$$m_1 + (m_2 + m_1) = \Theta(m_1 + m_2)$$

一个类似的情况来自在快速排序算法中对分割方程的分析(见 7.5 节)。尽管在 while 循环的任意一次处理中，左指针或右指针可能会从剩余部分一直移动到分割点，这样做可以降低 while 循环执行的次数。

最后一个例子使用均摊分析证明下面两者之间的关系，一个是 9.2 节的移至前端自组织线性表启发式规则的代价，另一个是线性表的最优静态排序的代价。

回忆一下，对于一组检索操作，当线性表的记录按照访问频率排序时，就会得到一个静

态线性表的最小代价。如果不允许记录位置改变，这就是对记录的最优排序，因为最常访问的记录在最前面(因而代价最小)，接下来是访问频率稍低的记录，以此类推。

定理 14.2　对于一个长度为 n、使用移至前端启发式规则的自组织线性表进行 n 次或更多次检索的任意一组检索序列 S 需要的比较总数，不会超过当把这组检索序列 S 应用于以最优静态顺序排序的线性表时需要的比较总数的两倍。

证明：检索关键码与线性表中每一条记录的每一次比较可能成功，也可能失败。对于 m 次检索，无论是自组织线性表还是静态线性表，一定有 m 次成功的比较。自组织线性表中不成功比较的总数是所有互不相同的关键码之间相互比较次数的总和。

考虑某一对关键码 A 和 B。对于任意检索序列 S，A 和 B 之间(不成功)比较的总数等同于只检索 A 或 B 的 S 的子序列需要的 A 和 B 之间的比较数。把这个子序列称为 S_{AB}。也就是说，包含对其他关键码的检索不影响 A 和 B 的相对位置，因此也不会影响 A 和 B 之间不成功比较的总代价的相对贡献。

移至前端启发式规则对子序列 S_{AB} 进行的 A 和 B 之间不成功比较数，最多是当把 S_{AB} 应用于线性表的最优静态排序时需要的 A 和 B 之间不成功比较数的两倍。要明白这一点，假定 S_{AB} 包含 i 个 A、j 个 B，其中 $i \leqslant j$。在最优静态排序下，需要 i 次不成功的比较，因为在线性表中 B 一定出现在 A 的前面(因为它的访问频率更高)。每当请求序列从 A 变到 B 或者从 B 变到 A 时，移至前端方法都会产生一次不成功的比较。这些可能改变的总数是 $2i$，因为每一次改变都要涉及一个 A，而每一个 A 最多是两次改变的一部分。

因为对于任何给定的关键码对，移至前端方法需要的不成功比较总数最多是最优静态排序的两倍，对于所有关键码对，移至前端方法需要的不成功比较总数也最多是最优静态排序方法的两倍。因为这两种方法的成功比较数是相同的，所以移至前端方法需要的比较总数小于最优静态排序方法需要的比较总数的两倍。

14.4　深入学习导读

解决递归关系问题的一本很好的介绍性书籍是 Fred S. Roberts 所著的 *Applied Combinatorics* [Rob84]。更高级的内容请参见 Graham、Knuth 和 Patashnik 合著的 *Concrete Mathematics* [GKP94]。

有关完成均摊分析的各种方法，Cormen、Leiserson 和 Rivest 在 *Introduction to Algorithms* [CLRS09] 中提供了很好的讨论。有关伸展树在 $m > n$ 时需要 $m \log n$ 时间对 n 个结点完成一组 m 个操作的均摊分析，请参见 Sleator 和 Tarjan 合著的 *Self-Adjusting Binary Search Trees* [ST85]。定理 14.2 的证明来自 Bentley 和 McGeoch 的文章"Amortized Analysis of Self-Organizing Sequential Search Heuristics" [BM85]。

14.5　习题

14.1　使用猜测多项式并推导出系数的方法，解决下面的求和问题：

$$\sum_{i=1}^{n} i^2$$

14.2 使用猜测多项式并推导出系数的方法, 解决下面的求和问题:

$$\sum_{i=1}^{n} i^3$$

14.3 使用猜测多项式并推导出系数的方法, 解决下面的求和问题:

$$\sum_{i=a}^{b} i^2$$

14.4 利用减猜法或分猜法求解下面求和公式的闭合形式解。首先要找到一个模式, 根据这一模式推导出一个潜在的闭合形式解, 然后证明这个解是正确的。

$$\sum_{i=1}^{n} i/2^i$$

14.5 使用移位法解决下面的求和问题:

$$\sum_{i=1}^{n} i^2$$

14.6 使用移位法解决下面的求和问题:

$$\sum_{i=1}^{n} 2^i$$

14.7 使用移位法解决下面的求和问题:

$$\sum_{i=1}^{n} i2^{n-i}$$

14.8 考虑下面的程序片段:
```
sum = 0; inc = 0;
for (i=1; i<=n; i++)
  for (j=1; j<=i; j++) {
    sum = sum + inc;
    inc++;
  }
```
(a) 确定一个求和公式, 把变量 **sum** 的最终值定义为 n 的函数。

(b) 给出这个求和公式的闭合形式解。

14.9 一个巧克力公司计划推销其巧克力块, 买一块巧克力可以得到一张优惠券。一块巧克力的价格是 1 美元, c 张优惠券可以免费换一块巧克力。因此依赖于 c 的数值, 考虑到优惠券的价值, 花费 1 美元的所得要多于 1 块巧克力。1 美元值多少块巧克力(给出关于 c 的函数)?

14.10 写出并求解一个递归关系式, 计算习题 2.11 中在 **Fibr** 函数中 **Fibr** 被调用的次数。

14.11 给出并证明递归关系式 $\mathbf{T}(n) = \mathbf{T}(n-1) + 1$, $\mathbf{T}(1) = 1$ 的闭合形式解。

14.12 给出并证明递归关系式 $\mathbf{T}(n) = \mathbf{T}(n-1) + c$, $\mathbf{T}(1) = c$ 的闭合形式解。

14.13 利用归纳法证明递归关系式

$$\mathbf{T}(n) = 2\mathbf{T}(n/2) + n; \quad \mathbf{T}(2) = 1$$

的闭合形式解是 $\Omega(n \log n)$。

14.14 对于下面的递归关系式, 给出其闭合形式解。这个解要以渐近形式而不是精确形式给出(例如, 应用 Θ 表示法)。可以假定 n 是 2 的乘方, 并证明其正确性。

$$\mathbf{T}(n) = \mathbf{T}(n/2) + \sqrt{n} \quad n > 1; \quad \mathbf{T}(1) = 1$$

14.15 通过扩展递归关系方法, 对于

$$\mathbf{T}(n) = 2\mathbf{T}(n/2) + n; \quad \mathbf{T}(2) = 2$$

找到它的精确闭合形式解(最好假设 n 是 i 的幂)。

14.16 5.5 节提供了对 **buildHeap** 函数最差情况下代价的一个渐近分析。给出 **buildHeap** 最差情况下代价的精确分析。

14.17 对下面每一个递归关系式，求解并证明(利用推导)一个精确的闭合形式解。如果方便，可以假设 n 是 2 的乘方。

(a) $\mathbf{T}(n) = \mathbf{T}(n-1) + n/2$, $n > 1$, $\mathbf{T}(1) = 1$

(b) $\mathbf{T}(n) = 2\mathbf{T}(n/2) + n$, $n > 2$, $\mathbf{T}(2) = 2$

14.18 利用定理 14.1 证明二分法检索需要 $\Theta(\log n)$ 时间。

14.19 当一个散列表将要超过半满时，它的性能就会急剧下降。对这个问题的一种解决方法是，把散列表中的所有元素插入一个是原来两倍大小的新散列表中。假定插入一个散列表的(预计)平均情况下代价是 $\Theta(1)$，证明当采用重新插入策略时，插入的平均情况代价仍然是 $\Theta(1)$。

14.20 有一个带有 N 个结点的 2-3 树，证明 M 次插入额外结点需要 $O(M+N)$ 次结点分裂。

14.21 实现基于数组的长度不确定线性表的一种方法是让数组可以增长与收缩，这称为动态数组(dynamic array)。需要时，可以通过把数组内容复制到新数组中的方法来实现数组的增长与收缩。如果对新数组的长度精心考虑，复制操作的次数就会很少，从而不会影响操作的均摊代价。

(a)如果数组的初始长度为 1，每当需要的数组元素数超过数组长度时，就把数组长度变成 2 倍，那么把元素插入线性表的均摊代价是多少？假定每次插入操作本身的代价是 $O(1)$ 时间，因此只要关心如何使得把数组复制到新数组中需要的时间最少。

(b)考虑一下每当数组不到一半时把数组长度减半的下溢策略。给出一个说明这种策略会导致很差的均摊代价的例子。而且，这里只对度量数组复制操作时间感兴趣。

(c)给出一个比(b)中建议更好的下溢策略，目标是找到一种策略，它的均摊分析显示对于包含 n 个操作的一组操作，数组复制需要 $O(n)$ 时间。

14.22 如果无向图中的两个顶点有一个路径相连，那么它们就在同一个连通子图中。在无向图中找到一个连通子图有一个很好的算法，它从第一个顶点调用 DFS 开始，DFS 到达的所有顶点都在同一个连通子图中，因此把它们标记起来。然后查看一遍顶点的 **mark** 数组，直到找到一个未标记的顶点 i。再对 i 调用 DFS，从 i 可以到达的所有顶点都在第二个连通子图中，再查看顶点的 **mark** 数组，直到所有顶点都在某个连通子图中。下面是算法的一个框架：

```
void DFS_component(Graph* G, int v, int component) {
  G->setMark(v, component);
  for (int w=G->first(v); w<G->n(); w = G->next(v,w))
    if (G->getMark(w) == 0)
      DFS_component(G, w, component);
}

void concom(Graph* G) {
  int i;
  int component = 1;    // Counter for current component
  for (i=0; i<G->n(); i++) // For n vertices in graph
    G->setMark(i, 0); // Vertices start in no component
  for (i=0; i<G->n(); i++)
    if (G->getMark(i) == 0) // Start a new component
      DFS_component(G, i, component++);
}
```

使用均摊分析中势的概念说明为什么这个算法的总代价是 $\Theta(|V| + |E|)$。(由于这个算法不允许任意一组 DFS 操作，而只是固定地为每一个顶点单独调用一次 DFS，因而这不是一个真正的均摊分析。)

14.23 给出一个证明，类似于定理 14.2，说明对于一个长度为 n、使用计数启发式规则的自组织线性表进行 n 次或更多次检索的任意一组检索序列 S 需要的比较总数，不会超过当把这组检索序列 S 应用于以最优静态顺序排序的线性表时需要的比较总数的两倍。

14.24 使用数学推导证明

$$\sum_{i=1}^{n} Fib(i) = Fib(n-2) - 1, \qquad n \geqslant 1$$

14.25 使用数学推导证明，$Fib(i)$ 是偶数当且仅当 n 可以被 3 整除。

14.26 使用数学推导证明，当 $n \geqslant 6$ 时，$Fib(n) > (3/2)^{n-1}$。

14.27 找出下面每一个递归公式的闭合形式解。

(a) $F(n) = F(n-1) + 3$；$F(1) = 2$

(b) $F(n) = 2F(n-1)$；$F(0) = 1$

(c) $F(n) = 2F(n-1) + 1$；$F(1) = 1$

(d) $F(n) = 2nF(n-1)$；$F(0) = 1$

(e) $F(n) = 2^n F(n-1)$；$F(0) = 1$

(f) $F(n) = 2 + \sum_{i=1}^{n-1} F(i)$；$F(1) = 1$

14.28 找出下面每一个递归关系式的 Θ。

(a) $T(n) = 2T(n/2) + n^2$

(b) $T(n) = 2T(n/2) + 5$

(c) $T(n) = 4T(n/2) + n$

(d) $T(n) = 2T(n/2) + n^2$

(e) $T(n) = 4T(n/2) + n^3$

(f) $T(n) = 4T(n/3) + n$

(g) $T(n) = 4T(n/3) + n^2$

(h) $T(n) = 2T(n/2) + \log n$

(i) $T(n) = 2T(n/2) + n \log n$

14.6 项目设计

14.1 使用路径压缩和权重合并两种规则实现 6.2 节的并查算法。计算一下各组等价情况需要的结点访问总数，确定算法的实际性能是否符合预期代价 $\Theta(n \log^* n)$。

第 15 章　下　　限

当面对一个问题时，怎样才能知道是否有一个好的算法来解决这个问题呢？如果算法的运行时间是 $\Theta(n \log n)$，这个算法是一个好算法吗？如果问题是排序存储在数组中的记录，这当然是个好算法。但如果问题是检索数组中的最大值元素，那么这个运行时间就很差了。算法的价值一定与问题本身的复杂性密切相关。

在 3.6 节，把问题的上限定义为已经知道的解决该问题的最佳算法的时间上限，把问题的下限定义为可以证明的解决该问题的所有算法中最紧时间下限。尽管通常可以识别一个给定算法的时间上限，然而找到问题所有可能算法的最紧时间下限却是非常困难的，尤其是当问题的时间下限不仅仅由必须处理的输入量确定时更是这样。

找到一个问题的强下限的意义非同寻常。尤其是当界定问题的上下限时，这意味着在理论意义上真正理解了当前面对的问题。如果通过问题的时间上下限可以知道不可能再有更好的算法时，就不必再花精力去探索（在渐近意义上）更有效率的算法了。

确定一个问题下限最有效的方法，通常是找出这个问题到另一个问题的归约，而那个新问题是知道下限的。这是第 17 章的主题。然而，当找不到一个适当的"类似问题"时，这种方法就不能用了。本章的关注点是根据第一原则确定并证明问题的下限。到现在为止，关于问题下限证明的最重要的例子是 7.9 节排序问题在最差情况下的时间是 $O(n \log n)$。

15.1 节回顾了问题下限的概念，并且提供了找到解决问题的好算法的基本"算法"。15.2 节介绍有序线性表和无序线性表检索问题的下限。15.3 节处理在线性表中找到最大值问题，并且提供了一个基于构建偏序集的模型以供选择。15.4 节介绍对抗性下限证明的概念。15.5 节说明了状态空间下限的概念。15.6 节介绍在线性表中找到第 i 个最大值的线性时间在最差情况下的算法。15.7 节继续讨论需要的绝对比较次数最少的线性表排序算法。

15.1　下限证明简介

一个问题的下限是可以证明的、解决这个问题的所有可能算法中的最紧（最高）下限[①]，这可是一个难题，这是因为不可能找到任意一个问题的所有算法，原因在于从理论上来说解决一个问题的算法数目是无限多的。然而，经常可以基于一个问题必须检查的输入值数量来识别这个问题的一个简单下限。例如，可以说在一个无序线性表中找到最大值元素问题的下限一定是 $\Omega(n)$，这是因为任何一个算法都必须检查所有的输入值，以确定它确实找到了最大值。

对于查找最大值问题，事实上知道有一个简单的算法，它的运行时间是 $O(n)$，还知道任何算法都需要 $\Omega(n)$ 时间，这些都是非常重要的。因为上下限相交（在一个常数因子范围

---

① 在这个讨论中，在任何提及上下限的时候都需要表明其相关的输入是哪一类的。是在最差情况下输入时的上下限吗？还是考虑所有输入情况的平均代价？不管考虑哪一类输入，提出的所有情况都同样适用。

内），所以知道有一个好的算法来解决这个问题。有可能有人开发出一个比现在已发现的算法更快一点（一个常数因子）的算法。但是不可能开发出一个在渐近意义上更快的算法。

然而，对于如何解释最后一句话，一定要非常仔细。快速排序的发明肯定促进了问题的解决，尽管那时候归并排序已经可用。快速排序算法在渐近意义上并不比归并排序算法更好，但也不仅仅只是对归并排序算法的一个"调整"。快速排序算法在本质上是一个十分不同的排序算法。因此即使问题的上下限相交，找到一个新的、更聪明的算法仍然有很多益处。

因此，现在对于"怎么才能知道是否还有更好的解决问题的算法"这个问题有了一个答案。如果算法的上限匹配问题的下限，则称该算法是好的（在渐近意义上）。如果算法的上限和问题的下限匹配，就不用再去寻找（在渐近意义上）更快的算法了。那么如果（已知的）算法的上限与（已知的）问题的下限不匹配该怎么办呢？在这种情况下，可能不知道要做什么。也许算法的上限是错误的，还有更快的算法。也许是问题的下限太弱，真正的问题下限更强。也许算法不是最佳的。

现在非常明确地知道在设计一个算法时的目标：要找到一个算法，其运行上限与问题的下限相匹配。把当前知道的关于算法的情况归拢一下，可以把思路梳理成下面的"算法设计的算法"。[①]

> 如果　上下限匹配，
> 那么　停止，
> 否则　如果　上下限接近或者问题不重要，
> 　那么　停止，
> 　否则　如果　问题的定义不对，
> 　　那么　重新定义问题，
> 　　否则　如果　算法太慢，
> 　　　那么　找到一个更快的算法，
> 　　　否则　如果　问题的下限太弱，
> 　　　　那么　生成一个更强的下限。

可以重复这个过程，直到满意或者没有精力再继续下去为止。

下面要开始面对分析中最困难的一个任务了。大家都知道，下限证明是非常难以建立的。与这个问题随之而来的是真正全面覆盖任何算法可能解决的所有事情。最通常的谬论是有些好算法实际能做到的，任何其他算法也一定能做到。这当然是不对的，对于任何关于某个特定行为一定发生的下限证明，一定要用怀疑的眼光去看待。

再考虑一下河内塔问题。回忆一下 2.5 节，基本算法是把 $n-1$ 个盘子（递归地）移动到中间的柱子上，把最下面的盘子移动到第 3 个柱子上，再把 $n-1$ 个盘子（再次递归地）从中间柱子上移动到第 3 个柱子上。这个算法产生了递归表达式 $T(n)=2T(n-1)+1=2^n-1$。因此，算法的上限是 2^n-1。但是，这个算法是解决问题的最好算法吗？问题的下限是什么？

对于下限证明的第一次尝试，一个显而易见的下限是必须把每个盘子至少移动一次，其最小代价为 n。通过更仔细的观察，发现要把最底下的盘子放到第 3 个柱子上，其他的每一个盘子要至少移动两次（一次是把它们从最底下的盘子上面移开，另一次是把它们放到第 3 个

---

① 这里是对 Gregory J. E. Rawlins 的 *Compared to What* 一书中"算法"一词的微小改写。

柱子上)。其代价是 $2n-1$，这和算法还是不匹配。其中的问题是出在算法上，还是出在问题下限上呢?

通过下面的推理可以得到正确的下限: 要想把最大的盘子从第 1 个柱子上移动到第 3 个柱子上，必须先移开其他 $n-1$ 个盘子，移开其他 $n-1$ 个盘子唯一的方法是把它们移动到中间的柱子上[其代价至少是 $\mathbf{T}(n-1)$]。然后移动最底下的那个盘子(其代价至少是 1)。之后，必须把其余的 $n-1$ 个盘子从中间的柱子上移动到第 3 个柱子上[其代价至少是 $\mathbf{T}(n-1)$]。这样，没有任何算法能够在 2^n-1 步解决这个问题。因此，算法就是最优的。[①]

当然，对于一个问题，还有其他的变体。问题定义的变化可能会、也可能不会导致问题下限的变化。标准的河内塔问题的两个变体是:

- 并不是所有的盘子开始都放在第 1 个柱子上
- 一次可以移动多个盘子

第一种变体不会改变问题的下限(至少在渐近意义上不会)，第二种变体则会改变问题的下限。

15.2　线性表检索的下限

在 7.9 节，给出了一个重要的下限证明，在最差情况下排序问题的下限是 $\Theta(n \log n)$。在第 9 章，讨论了几个检索有序线性表和无序线性表的算法，但是却没有对这个重要的问题提供任何下限证明。在本节，通过研究有序线性表检索和无序线性表检索的下限来扩展下限证明的技术手段。

15.2.1　无序线性表的检索

给定一个(无序)线性表 $\mathbf{L}$，其中有 n 个元素，检索关键码是 K，希望找到 $\mathbf{L}$ 中关键码值为 K 的元素(如果在 $\mathbf{L}$ 中存在这样的元素)。在后面的讨论中，假定 $\mathbf{L}$ 中各个元素的关键码值是唯一的，假定所有可能的关键码值都是全序的(即对于所有关键码值对都定义了 $<$、$=$ 和 $>$ 操作)，并且还假定比较操作是找到两个关键码相对顺序的唯一方式。目标是通过比较次数最少的方式解决问题。

根据这里对检索的定义，很容易想出标准顺序检索算法，也能够看到问题的下限"显然"是 n 次比较。(记住关键码值 K 可能实际上并不出现在线性表中。)然而，问题的下限证明很容易令人疏忽，看一看如何出错是非常有益的。

定理 15.1　无序线性表检索问题的下限是 n 次比较。

这里是我们第一次尝试证明这个定理。

证明 1: 利用反证法进行证明。假定存在一个算法 A，这个算法只需要把 K 和 $\mathbf{L}$ 中的元素进行 $n-1$ 次(或者更少次数)比较。因为 $\mathbf{L}$ 中有 n 个元素，对于某些值 i，算法 A 一定要避免把 K 与 $\mathbf{L}[i]$ 进行比较。可以把算法在位置 i 给定一个输入 K，这样一个输入在模型中是合法的，因此算法是不正确的。

[①]　回忆一下这个建议，任何关于某个行为一定发生的下限证明都是值得怀疑的，对这样的证明要亮红灯。然而，在这个特定的情况下，问题的限制非常严格，以至于对这个特定的事件序列没有其他(更好的)选择。

这个证明是正确的吗？不是。首先，任何一个给定的算法不一定需要在它的 $n-1$ 次检索中跳过任何给定位置 i。例如，不需要所有算法都把线性表从左到右检索一遍。甚至不需要所有的算法每次遍历线性表时都检索同样的 $n-1$ 个位置。

可以试一试对证明做如下修饰。

证明 2：对于算法任何给定的一次运行，如果已经有 $n-1$ 个元素与 K 进行了比较，那么某个元素位置（称为位置 i）被错过了。有可能此时 K 就在位置 i 而没有被找到。因此，算法需要 n 次比较。

然而，还有另外一个错误需要处理。不是解决这个问题的所有算法都需要把 $\mathbf{L}$ 中的元素和 K 进行比较。算法可以通过把 $\mathbf{L}$ 中的元素互相比较来取得有用的进展。例如，如果比较 $\mathbf{L}$ 中的两个元素，然后把其中较大的一个元素和 K 进行比较，发现这个元素比 K 还小，就知道另一个元素也比 K 还小。从直觉上观察，这样的比较不会产生更快的算法。但是怎么才能确定这一点呢？需要把证明进行扩展来说明这种方法。

现在提供一个有用的抽象，表达一组对象值之间关系的知识状态。全序（total order）定义为一组对象之间的关系，对于这组对象中的任何一对，其中一个对象都比另一个对象大。偏序集（partially ordered set 或 poset）是这样一个集合，在集合中只定义了偏序。也就是说，其中有些元素对，无法确定其中的哪一个元素更大。根据这里的目的，偏序就是这样一种当前知识状态，知道在集合的任意两个对象之间有零个到多个顺序关系。可以通过画出有向无环图（DAG）来显示已知的关系，如图 15.1 所示。

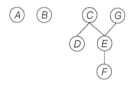

图 15.1　图示用偏序关系把一组对象之间关系的当前知识进行建模。用一个有向无环图（DAG）
　　　　画出偏序（假定所有边的方向都是向下的）。在这个例子中，不知道 A 或者 B 是否
　　　　与其他对象有关系。然而，可以知道 C 和 G 比 E 和 F 大，还知道 C 比 D 大，E 比 F 大

证明 3：最初，对 $\mathbf{L}$ 中元素之间的顺序关系或者元素和 K 之间的关系一无所知。因此在开始阶段，可以把 $\mathbf{L}$ 中的 n 个元素看成 n 个独立的偏序关系。$\mathbf{L}$ 中任何两个元素之间的比较都可能影响偏序结构。这有点像用父指针树实现的并查算法，参看 6.2 节的描述。

现在，$\mathbf{L}$ 中的每一次比较在最佳情况下都可能把两个偏序关系合并到一起。K 和 $\mathbf{L}$ 中任何一个元素的比较，比如说 $\mathbf{L}$ 中的元素 A，在最佳情况下能去除包含 A 的偏序关系。这样，如果对 $\mathbf{L}$ 中的元素进行 m 次比较，就至少有 $n-m$ 个偏序关系。每一个这样的偏序关系至少需要一次与 K 的比较，以保证 K 不在偏序关系中的某个地方出现。这样，任何一个算法在最差情况下至少需要 n 次比较。

15.2.2　有序线性表检索

现在假定线性表 $\mathbf{L}$ 是已经排序的。在这种情况下，顺序检索仍然是最优的吗？显然不是，但是原因呢？因为同无序线性表相比，现在有了更多的知识。标准二分法检索在最差情

况下的代价是 $O(\log n)$。还能做得比这更好吗？可以证明在最差情况下二分法检索是最佳选择，证明的方法类似于排序问题下限的证明。

再次用决策树为算法建模。与检索无序线性表不同，$\mathbf{L}$ 中元素之间的比较并没有揭示出关于它们相对顺序的更多信息，因此只考虑 K 和 $\mathbf{L}$ 中一个元素之间的比较。在决策树的根结点，已知的信息排除不了 $\mathbf{L}$ 中的任何位置，因此所有结点都是潜在的候选者。随着根据 K 与 $\mathbf{L}$ 中元素比较的结果，深入决策树的分支，逐渐排除一些潜在的候选者。最终到达树结构的一个叶结点，这个结点表示 $\mathbf{L}$ 中包含 K 的一个位置。树结构中至少有 $n+1$ 个结点，因为有 $n+1$ 个不同的位置，K 可以在这些位置中（$\mathbf{L}$ 中的所有位置，加上 $\mathbf{L}$ 中根本没有的位置）。树结构中有些路径的深度至少是 $\log n$，树结构中最深的结点表示算法的最差情况。这样，已排序线性表的任何算法在最差情况下都需要至少 $\Omega(\log n)$ 次比较。

可以修改这个证明，找到平均代价的下限。再次用决策树为算法建模。现在不对树结构的最深结点（表示最差情况）的深度感兴趣，也不对最浅结点的深度感兴趣。感兴趣的是叶结点平均深度的最小可能值。把全路径长度（total path length）定义为树中所有结点级别的总和。结果代价是对应结点的级别加 1。算法的平均代价是结果的平均代价（全路径长度/n）。具有最小平均深度的树结构是什么样的？这等价于对应于二分法检索的树结构。这样，二分法检索在平均情况下就是最优的。

尽管当检索一个已排序的线性表的时候，在最差情况下和平均情况下二分法检索确实是最优算法，在有些情况下还是需要选择其他算法。一种可能的情况是知道线性表中数据分布的相关信息。在 9.1 节看到，如果 $\mathbf{L}$ 中的每一个位置都有相同的可能性存放 X（同样，数据在全关键码范围内分布良好），那么插值检索在一般情况下的代价就是 $\Theta(\log \log n)$。如果数据未经排序，那么要应用二分法检索，就要先把数据进行排序，这只有在需要对线性表进行多次 [至少 $O(\log n)$ 次] 检索时才有价值。二分法检索也需要线性表（即使已经排序）使用数组或者其他支持所有元素随机访问的数据结构来实现。最后，如果事先知道所有检索请求，那么更倾向于根据检索频率进行排序，对于极端检索分布则更倾向于进行线性检索，就像 9.2 节介绍的那样。

15.3　查找最大值

在一个已排序的线性表中如何查找第 i 个最大值？显然，只要去第 i 个位置就可以了。但是对于未排序的线性表该怎么办呢？如果不是先排序这个线性表，还有更好的办法吗？如果只是查找最小值或者最大值，肯定有比先排序线性表更好的方法。那么如果是查找第 2 大的值，也是这样吗？查找中值呢？在后面的章节中将研究这些问题。在本节重新考虑在无序线性表中查找最大值这个简单问题，继续研究这个问题的下限证明。

下面是找到线性表中最大值的一个简单算法。

```cpp
// Return position of largest value in "A" of size "n"
int largest(int A[], int n) {
  int currlarge = 0; // Holds largest element position
  for (int i=1; i<n; i++)    // For each array element
   if (A[currlarge] < A[i]) // if A[i] is larger
      currlarge = i;        //   remember its position
  return currlarge;         // Return largest position
}
```

显然这个算法需要 n 次比较。这个算法是最优的吗？直观看起来显然是这样的，下面试着证明一下。（在阅读下面的内容之前，请你先写出自己的证明。）

证明 1：最大值必须与所有其他元素进行比较，因此一定需要 $n-1$ 次比较。

这个证明显然是错误的，因为最大值并不需要直接与其他所有元素进行比较。例如，标准体育淘汰赛需要 $n-1$ 次比赛，获胜者不需要与每一个对手进行比赛。所以，再试一试其他方法。

证明 2：只有最大值在比较时才不会被筛掉，被筛掉的元素有 $n-1$ 个。一次比较产生（最多）一个（新的）被筛掉的元素。因此，一定有 $n-1$ 次比较。

这个证明是正确的。然而，后面通过引入偏序集的概念来提炼出这个思路会更有用，就像在 15.2.1 节中所看到的一样。可以这样看待查找最大值问题，从一个关系个明的偏序集开始，集合中的每一个成员都在它自己独立的只有一个元素的 DAG 中。

证明 2a：要找到最大值，从一个有 n 个 DAG 的偏序集开始，每个 DAG 中只有一个元素。必须构建一个把所有元素都包含在一个 DAG 中的偏序集，这样就只有一个最大值（隐含有 $n-1$ 个被筛掉的元素）。希望用最少的连接数把偏序集中的元素都连接到一个 DAG 中，这需要至少 $n-1$ 个连接，而一次比较最多提供一个新的连接。这样，至少需要进行 $n-1$ 次比较。

函数 `largest` 的平均代价是多少？因为总是需要进行相同次数的比较，显然代价是 $n-1$ 次比较。也可以考虑函数 `largest` 必须进行的赋值次数。函数 `largest` 在 `for` 循环的每一次迭代中都要进行一次赋值。

因为这个事件可能发生，也可能不发生，如果不清楚数值的分布，那么只能在一次比较之后猜测赋值发生的概率是 50%，但这显然是错误的。实际上，当且仅当 $\mathbf{A}[i]$ 是前 i 个元素中的最大值时，函数 `largest` 才在第 i 次迭代进行一次赋值。假定各个排列的可能性都相等，这种情况成立的概率为 $1/i$。这样，赋值操作的平均值就是

$$1 + \sum_{i=2}^{n} \frac{1}{i} = \sum_{i=1}^{n} \frac{1}{i}$$

这是 $\mathcal{H}_n$ 的调和级数（Harmonic Series）。$\mathcal{H}_n = \Theta(\log n)$。更清楚地说，$\mathcal{H}_n$ 接近于 $\log_e n$。

这个平均值有多"可靠"？也就是说，程序一次运行的实际代价与代价均值有多大偏差？根据切比雪夫（Čebyšev）不等式，一次观察在至少 75% 的时间里与均值的偏差在两个标准差范围内。对于 `largest` 函数，方差是

$$\mathcal{H}_n - \frac{\pi^2}{6} = \log_e n - \frac{\pi^2}{6}$$

这样，标准差就是 $\sqrt{\log_e n}$。因此，75% 的观察在 $\log_e n - 2\sqrt{\log_e n}$ 和 $\log_e n + 2\sqrt{\log_e n}$ 之间。这个范围是宽还是窄呢？与均值比较起来，这个范围还是很宽的，这意味着在程序的多次运行过程中，每一次运行中赋值次数变化很大。

15.4 对抗性下限证明

下一个问题是在一组数值对象中找到次大值。考虑一下标准淘汰赛的情况。尽管假定冠军队会赢得每一场比赛，那么亚军队只是会输掉最后一场比赛吗？这可不一定。可能认为亚军队一定会输给冠军队，但是他们随时都可能会相遇。

再回顾一下标准的"寻找算法的算法"。首先提出一个算法,然后给出一个问题下限,再看看算法和下限是否匹配。这一次和大多数问题的分析不同,要计算出参与比较的确切数值,并且尝试使这个数值最小。一个查找次大值的简单算法是首先找到最大值(需要 $n-1$ 次比较),把这个最大值丢弃,然后在剩余元素中查找最大值(需要 $n-2$ 次比较),总代价是 $2n-3$ 次比较。这是最优算法吗?看起来疑点重重,现在就尝试证明一个查找次大值问题的下限。

定理 15.2　查找次大值问题的下限是 $2n-3$。

证明: 如果一个元素和最大值以外的所有其他元素比较时都没有对方大,那么这个元素肯定不是次大值。因此,次大值的候选者就是那些只比最大值小的元素。函数 **largest** 把最大值元素和其他 $n-1$ 个元素进行比较。这样,还需要 $n-2$ 次额外的比较才能找到次大值。

这个证明是错误的。它展示了必要性谬误(necessity fallacy):"我们的算法是这样做的,因此其他解决这个问题的算法也一定是这样做的。"

这样现在就出现了最佳下限的说法,找到次大值问题的下限至少要和找到最大值问题的下限一样大,也就是 $n-1$ 次比较。现在尝试寻找一个更好的算法,这次采用分治法。如果把线性表分成两个分组,对每一分组运行 **largest** 函数会怎么样呢?接下来只需要从两个分组中找出最大值进行比较(现在只进行了 $n-1$ 次比较),然后把最终的最大值从它的分组中丢弃。对获胜分组再运行 **largest** 函数,得到其中的次大值。把这个次大值和另一个分组中的最大值进行比较,得到真正的次大值。总的代价是 $\lceil 3n/2 \rceil - 2$。那么这个结果是最优的吗?如果把线性表一分为四又会怎样呢?一分为四后的最优代价将是 $\lceil 5n/4 \rceil$。如果把线性表一分为八呢?其最优代价将是 $\lceil 9n/8 \rceil$。把线性表分的分组越多,各个分组产生的最大值之间的比较就成了一个问题。

用另一种方式来看看这个问题,次大值的候选元素只是在大小比较中输给了最后的最大值,目标是让输给最大值的候选元素尽可能少一些。因此需要记录与(最终)最大值获胜元素直接比较落败的那些元素的集合。可以观察到,当已经知道待比较的两个元素比其他一些元素的数值大时,从这次比较中得到的信息量最大。因此要安排一下比较操作,使得在大小相当的元素之间进行比较。可以通过二项树(binomial tree)来进行这样的比较。二项树是高度为 m、有 2^m 个结点的树结构。二项树可能只有一个结点(如果 $m=0$),也可能有两棵高度为 $m-1$ 的二项树,其中一个树结构的根结点是另一个树结构的根结点的子结点。图 15.2 显示了有 8 个结点的二项树是如何构造出来的。

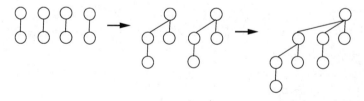

图 15.2　一个构造二项树的例子。把各对元素组合起来,从每个部分的父结点中选出
　　　　一个作为组合后的二项树的根结点。给定两个结点数为4的二项树,选择其
　　　　中一个根结点作为组合后的二项树的根结点,组合后的二项树有8个结点

结果算法从原理上非常简单：对所有 n 个元素建立二项树，然后比较根结点的 $\lceil \log n \rceil$ 个子结点找到次大位置。可以把二项树存储为一个显式的树结构，很容易使得构建时间与比较次数呈线性关系，因为每一次比较需要增加一个链接。由于对二项树的形状有严格的约束，也可以隐式地把二项树保存到线性表中，就像在堆中所做的一样。假定有两个树结构，每一个树结构都有 2^k 个结点，都存放在线性表中。第一个树结构的结点存放的位置从 1 到 2^k，第二个树结构的结点存放的位置从 2^k+1 到 2^{k+1}。每棵子树的根结点都在这棵子树的线性表位置上。

要把两个树结构结合起来，只需要比较子树的根结点。如果需要，交换子树的位置，以便根结点元素较大的树结构成为第二棵子树。这是在空间（只需要存储数据值的空间，不需要存储结点指针的空间）和时间[在最差情况下，所有数据交换的代价是 $O(n \log n)$，尽管这并不影响需要的比较次数]二者之间的权衡。对于有些应用，线性表中的数据交换并不需要比较，这一观察结果很重要。如果一次比较只是两个整数之间的一次检查，那么在线性表中移动一半数值的代价实在是太昂贵了。但是如果一次比较需要在两个球队之间举行一次比赛，那么记录一次（甚至许多次）比分的代价就显得微不足道了。

因为二项树的根结点有 $\log n$ 个子结点，构建一个树结构需要 $n-1$ 次比较，算法需要的比较次数就是 $n+\lceil \log n \rceil -2$。这显然比前面的算法更好，这不是更优化了吗？

现在回去尝试实现一下下限证明。实现这一点，要引进对抗性（adversary）的概念。所谓对抗性，就是使算法的代价尽可能地高一些。想象一下，利用对抗性建立一个保存所有可能输入的一个列表。把这个算法视为得到关于算法输入信息的对抗性。对抗性永远不会说谎，其原因在于它的答案必须与前面的答案一致。但是它允许"重新安排"输入，因为它要让算法的总代价尽可能高一些。尤其当算法问一个问题时，对抗性必须按照与至少一个剩余的输入相一致的方式回答。然后，对抗性删除了所有与答案不一致的输入。在计算机程序中没有一个真正的实体称为对抗性，实际上也不需要修改程序。对抗性仅仅作为一个分析工具来操作，帮助对程序进行推理。

作为对抗性概念的一个例子，考虑标准的猜单词（Hangman）[①]游戏。参与者 A 选择一个单词，并且告诉参与者 B 这个单词中有多少个字母。参与者 B 猜测各个字母。如果参与者 B 猜到了单词中的一个字母，那么参与者 A 就得说明这个字母在单词的第几个位置上。参与者 B 在认输之前可以多次猜错不在单词中的字母。

---

① 　Hangman 即"吊小人"，实际上是一种猜单词的双人游戏。出谜人给出一个单词并按照单词长度画一排横线，猜谜人尝试猜出该单词中的每一个字母。如果猜其中一个字母，则出谜人要在单词横线中对应的所有位置上写上该字母。如果所猜字母没有在单词中出现，出谜人便会画出吊颈公仔的其中一笔。游戏会在以下情况中结束：

- 猜谜人猜完所有字母，或猜中整个单词；
- 出谜人画出整幅图。

在猜单词游戏的例子中，可以把对抗性想象为手握一本字典，其中的单词都是某个选定的长度。每次参与者猜一个字母，对抗性都请教字典，并且决定是否删除更多单词来接受这个字母(并且提示它在哪个位置上)，或者说明这个字母不在单词中。对抗性可以做它选择的任何决策，只要字典中有一个单词与前面的所有决策保持一致。通过这种方式，对抗性期望游戏参与者猜测尽可能多的字母。

在说明对抗性在下限证明中起到怎样的作用之前，首先观察至少 $n-1$ 个数值必须失败至少一次，这需要至少 $n-1$ 次比较。除此之外，至少 $k-1$ 个数值一定输给次大值。也就是说，有 k 次是获胜者和失败者之间比较，这一定至少有 $n+k-2$ 次比较。问题是：可以使 k 低到什么程度？

把比元素 $A[i]$ 小的(已知的)元素的个数，称为 $A[i]$ 的强度(strength)。如果 $A[i]$ 的强度是 a，$A[j]$ 的强度是 b，那么它们两个比较之后获胜者的强度就是 $a+b+1$。算法知道每个元素的(当前)强度，它需要选择接下来比较哪两个元素。对抗性决定谁赢得一次给定的比较。对抗性采取什么策略才能引导算法从给定的比较中得到的知识最少呢？它将使得所有元素提高强度的速率最低。它可以把元素与前面比较中有最大强度的元素进行比较，从而达到目的。这是对抗性非常"公平"的使用，因为它代表了对于该算法最差情况下输入的结果。

为了使最差情况下行为的效果最小化，算法的最佳策略是通过平衡两个比较元素的强度，尽量使得最小强度提升得最大。从算法的角度来看，最好的结果是一个元素强度加倍。当 $a=b$ 时就会出现这种情况，a 和 b 是被比较的两个元素的强度。所有元素在开始时强度都是 0，因此当 $2^{k-1}<n\leqslant 2^{k}$ 时，获胜者一定进行了至少 k 次比较。这样，最后一定至少有 $n+\lceil\log n\rceil-2$ 次比较，因此算法是最优的。

15.5 状态空间下限证明

现在考虑从一个(无序)数值列表中同时找到最大值和最小值的问题。如果想知道需要绘制的一组数据的范围，出于绘图精度的考虑，这个问题是非常有用的。当然，可以通过 $2n-2$ 次比较独立地找到这两个值。也可以对这个方法做一些修改，首先通过 $n-1$ 次比较找到最大值，把最大值从列表中移除，再通过 $n-2$ 次比较找到最小值，总共 $2n-3$ 次比较。还有比这更好的算法吗？

在继续进行下去之前，把这个查找最大值和最小值问题与上一节的问题比较一下，即比较查找次大值问题(当然也隐含地找到了最大值)。这两个问题哪一个更难一些呢？对你来说，哪一个问题困难一些，哪一个问题容易一些，可能根本不是那么显而易见的。对于每一种情况，都可能有一定的直观感受。一方面，从直观上可能认为查找最大值的过程可能对找到次大值的过程有所帮助，至少比查找最小值过程的帮助要大。另一方面，任何一次给定的比较，都会告诉你哪一个值是最大值的候选结果，哪一个值是最小值的候选结果，这样就使得进展向两个方向进行。

首先考虑简单的分治法，用来解决最大值和最小值问题。把线性表分成两部分，对于每一部分都找到其最大值和最小值。然后比较这两个最大值和两个最小值，通过这两次额外的比较找到最终结果。算法如图 15.3 所示。

这个算法的代价可以通过下面的递归公式建模。

$$\mathbf{T}(n) = \begin{cases} 0, & n = 1 \\ 1, & n = 2 \\ \mathbf{T}(\lfloor n/2 \rfloor) + \mathbf{T}(\lceil n/2 \rceil) + 2, & n > 2 \end{cases}$$

这是一个非常有趣的递归关系,它的解在 $3n/2 - 2$(当 $n = 2^i$ 或 $n = 2^i \pm 1$ 时)和 $5n/3 - 2$(当 $n = 3 \times 2^i$ 时)之间。由此可以推断分割线性表的方法会影响算法的性能。例如,如果线性表中有 6 项数值会怎样呢?如果把线性表分成两个子表,每个子表有 3 个元素,算法的代价就是 8。如果把列表分成两个子表,但是一个子表有 2 个元素,另一个子表有 4 个元素,那么算法的代价就是 7。

```
// Return the minimum and maximum values in A
// between positions l and r
template <typename E>
void MinMax(E A[], int l, int r, E& Min, E& Max) {
  if (l == r) {            // n=1
    Min = A[r];
    Max = A[r];
  }
  else if (l+1 == r) {  // n=2
    Min = min(A[l], A[r]);
    Max = max(A[l], A[r]);
  }
  else {                  // n>2
    int Min1, Min2, Max1, Max2;
    int mid = (l + r)/2;
    MinMax(A, l, mid, Min1, Max1);
    MinMax(A, mid+1, r, Min2, Max2);
    Min = min(Min1, Min2);
    Max = max(Max1, Max2);
  }
}
```

图 15.3 在线性表中查找最大值和最小值的递归算法

通过分治法,最佳算法是工作量最小的算法,而不是把输入数据大小均衡分割的算法。从这个例子中得到的一个教训是,关注当 n 很小时发生的情况非常重要,因为对线性表的任何分割最终都会产生许多小线性表。

可以用下面的递归公式为这个问题所有可能的分治法策略建模。

$$\mathbf{T}(n) = \begin{cases} 0, & n = 1 \\ 1, & n = 2 \\ \min_{1 \le k \le n-1}\{\mathbf{T}(k) + \mathbf{T}(n-k)\} + 2, & n > 2 \end{cases}$$

也就是说,要找到一种分割线性表的方法,使得总工作量最小。如果研究分割小线性表的各种方法,最终会认识到如果把线性表分成两个子表,一个子表大小为 2,另一个子表大小为 $n-2$,那么产生的结果总是会和其他分割方法一样好。根据这个策略可以得到下面的递归公式。

$$\mathbf{T}(n) = \begin{cases} 0, & n = 1 \\ 1, & n = 2 \\ \mathbf{T}(n-2) + 3, & n > 2 \end{cases}$$

这个递归公式(及其对应的算法)需要 $\mathbf{T}(n) = \lceil 3n/2 \rceil - 2$ 次比较。这个结果是最优结果吗?现在引入另一个下限证明技术工具:状态空间证明。

定义状态(state)为算法在任何给定时刻所处的情况,通过状态的定义来为算法建模。然后就可以定义开始状态、结束状态和算法支持的状态之间的转换。这样,就可以根据算法从开始状态到结束状态所经历的最少状态数,达到状态空间下限。

在任何给定时刻，都可以追踪下列四类元素：

- 未测试元素：还没有测试比较的元素；
- 获胜元素：在比较中至少已经赢过一次，而且尚未输过的元素；
- 失败元素：在比较中至少输过一次，而且尚未赢过的元素；
- 中间元素：在比较中有赢有输的元素，输赢至少一次。

当前状态定义为有 4 个值的向量 (U, W, L, M)，各自代表未测试元素数、获胜元素数、失败元素数和中间元素数。对于一个有 n 个元素的集合，算法的初始状态是 $(n,0,0,0)$，最终状态是 $(0,1,1,n-2)$。这样，算法的每一次运行一定是从状态 $(n,0,0,0)$ 到状态 $(0,1,1,n-2)$。还可以观察到，一旦一个元素被识别为中间元素，就可以把它忽略，因为它既不是最大值，也不是最小值。

已知有 4 种类型元素，有 10 种类型的比较。与中间元素比较不会比其他比较更有效率，因此忽略这些比较，只留下 6 种感兴趣的比较。每一种类型的比较结果列举如下。如果当前在状态 (i,j,k,l)，然后进行一次比较，接下来的状态变化如下。

$$
\begin{array}{llcccc}
U:U & (i-2, & j+1, & k+1, & l) \\
W:W & (i, & j-1, & k, & l+1) \\
L:L & (i, & j, & k-1, & l+1) \\
L:U & (i-1, & j+1, & k, & l) \\
\text{或} & (i-1, & j, & k, & l+1) \\
W:U & (i-1, & j, & k+1, & l) \\
\text{或} & (i-1, & j, & k, & l+1) \\
W:L & (i, & j, & k, & l) \\
\text{或} & (i, & j-1, & k-1, & l+2)
\end{array}
$$

现在，考虑一下对于各种比较，对抗性会做什么。对抗性会确保算法在向目标状态推进的过程中每一次比较会做可能性最少的工作。例如，把获胜元素和失败元素进行比较没有任何价值，因为在最差情况下的结果是没有新内容的（获胜元素还是获胜者，失败元素还是失败者）。这样，只有下面的 5 种转换令人感兴趣：

$$
\begin{array}{llccc}
U:U & (i-2, & j+1, & k+1, & l) \\
L:U & (i-1, & j+1, & k, & l) \\
W:U & (i-1, & j, & k+1, & l) \\
\hline
W:W & (i, & j-1, & k, & l+1) \\
L:L & (i, & j, & k-1, & l+1)
\end{array}
$$

只有最后两个变换类型增加了中间元素数，因此一定有 $n-2$ 个这样的元素。未测试元素数一定要变成 0，第一个变换是达到这个目标最有效率的方法。这样，需要 $\lceil n/2 \rceil$ 个这样的元素。结论是最小可能变换（比较）数是 $n+\lceil n/2 \rceil-2$。因此，该算法就是最优的。

15.6　查找第 i 大元素

现在处理在一个线性表中查找第 i 大元素的问题。根据前面的观察，一种解决方法是把线性表排序，然后简单地找到第 i 个位置。然而，相对于要解决的问题而言，这个过程提供了更多的信息。需要知道的最小信息量如图 15.4 所示。也就是说，所有需要知道的信息是，有 $i-1$ 项比要找的值小，有 $n-i$ 项比这个值大。并不关心比目标值小的那一组数值之间的相对顺序,也不关心比目标值大的那一组数值之间的相对顺序。因此,能找到一种比排序更快的方法来解决这个问题吗?考虑一下问题的下限,可以收紧约束,超越 n 次比较那个普通下限吗?将目光聚焦于找到中位数问题这个特定问题(也就是元素的位置为 $n/2$),这是因为可以很容易修改结果算法,对于任意的 i,找到第 i 大的数值。

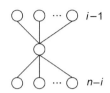

图 15.4 代表最小值信息的偏序集,这个信息用于确定线性表中的第 i 个元素。需要知道哪个元素有 $i-1$ 个值比它小,有 $n-i$ 个值比它大,但是不需要知道比第 i 个元素小和大的元素之间的关系

回顾一下快速排序(Quicksort)算法,这会给解决中位数问题提供一些借鉴。快速排序算法选择一个轴值(pivot),把数组中的数据分为小于轴值的数据组和大于轴值的数据组,然后把轴值移动到数组的合适位置。如果轴值在位置 i,那么问题就解决了。如果不是,通过考虑其中的一个子表来递归解决这个子问题。也就是说,如果轴值的位置 $k>i$,那么通过在左边的子数组中找到第 i 个元素来解决问题。如果轴值的位置 $k<i$,那么在右边的子数组中找到第 $i-k$ 个元素来解决问题。

算法在最差情况下的代价是什么呢?就像快速排序一样,如果把轴值放到第一个元素或者最后一个元素,就会得到最差的性能,这可能会导致 $O(n^2)$ 性能。然而,如果轴值总是把数值一分为二,那么算法的代价就要用递归公式 $\mathbf{T}(n)=\mathbf{T}(n/2)+n=2n$ 或者 $O(n)$ 来建模。

找到平均情况下的代价需要使用具有全部历史的递归方法,类似于用于建模快速排序代价的方法。如果这样做,就会发现 $\mathbf{T}(n)$ 在平均情况下就是 $O(n)$。

可以改进算法使得在最差情况下的代价达到线性时间吗?要想达到这个目标,就需要找到一个轴值,这个轴值能够确保丢弃固定的一部分元素。不能随机选择轴值,因为这样做就达不到要求了。理想情况是每次选择轴值都能选到中位数的位置。但是这个问题和开始要解决的问题本质上是同样的问题。

然而,如果选择任意常数 c,然后从一个大小为 n/c 的样本中选择中位数,那么就能确保丢弃至少 $n/2c$ 个元素。实际上,可以做得比这更好,方法是选择常数大小(因此每一次都可以在常数时间内找到中位数)的小子集,然后得到这些中位数的中位数。图 15.5 说明了这个思想。这个观察直接引出下面的算法。

- 从线性表的 5 元素数据组中选出 $n/5$ 个中位数,从 5 个元素中选出中位数可以在常数时间内完成;
- 从 $n/5$ 个 5 元素数据组的中位数中再递归选出中位数 M;
- 把列表中的元素分成大于 M 的部分和小于 M 的部分。

尽管通过这种方式选择中位数确保去除了一部分元素(留下最多 $\lceil(7n-5)/10\rceil$ 个元素),仍然需要确定递归方法是一个线性时间算法。利用下面的递归表达式为算法建模。
$$\mathbf{T}(n) \leqslant \mathbf{T}(\lceil n/5 \rceil) + \mathbf{T}(\lceil(7n-5)/10\rceil) + 6\lceil n/5 \rceil + n - 1$$
$\mathbf{T}(\lceil n/5 \rceil)$ 项源于计算 5 元素数据组的中位数,$6\lceil n/5 \rceil$ 项源于计算 5 元素数据组的代价(对于

每一个5元素数据组正好是6次比较)，$\mathbf{T}(\lceil(7n-5)/10\rceil)$项源于其余可能剩下的(达到)70%元素的递归调用。

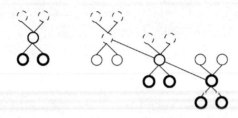

图 15.5　找到轴值分割线性表的方法，这个方法保证至少固定的一部分子表被分割到其中的一个部分。把线性表分配到有5元素数据组中，找到每个组的中位数。然后递归找到这$n/5$个中位数的中位数。5个元素的中位数保证每一部分至少包括2个元素。来自15个元素的3个中位数的中位数保证每一部分至少包含5个元素

接下来证明这个递归表达式是线性的，方法是假定对于某个常数r是正确的，然后显示对于大于某个限制的所有的n，都有$\mathbf{T}(n)\leqslant rn$。

$$
\begin{aligned}
\mathbf{T}(n) &\leqslant \mathbf{T}(\lceil\frac{n}{5}\rceil)+\mathbf{T}(\lceil\frac{7n-5}{10}\rceil)+6\lceil\frac{n}{5}\rceil+n-1 \\
&\leqslant r(\frac{n}{5}+1)+r(\frac{7n-5}{10}+1)+6(\frac{n}{5}+1)+n-1 \\
&\leqslant (\frac{r}{5}+\frac{7r}{10}+\frac{11}{5})n+\frac{3r}{2}+5 \\
&\leqslant \frac{9r+22}{10}n+\frac{3r+10}{2}
\end{aligned}
$$

对于$r\geqslant 23$并且$n\geqslant 380$，这是正确的。这提供了一个基础情况，使得可以应用归纳法证明对于$\forall n\geqslant 380$，$\mathbf{T}(n)\leqslant 23n$。

实际上，这个算法并不可行，因为它的常数因子代价过大。为了保证线性时间性能需要做的工作太多了，以至于在一般情况下凭运气选择轴值更有效率，可以随机选择轴值，也可以从当前子表中选择中间值。

15.7　优化排序

这一节通过努力得出结论，找到绝对可能比较次数最少的排序算法。这个结果对于一般排序算法可能并不实用。但是回忆一下前面与运动场比赛的类比。在运动场上，两个队或者两个人之间的一次比较需在两者之间进行一次比赛。这代价是非常昂贵的(至少与在计算机中记录比赛结果比较起来是这样的)，因此增加更多的记录工作而减少比赛场次是非常值得的。如果想要举行一次锦标赛，得到所有参赛队的准确排名，并且要使得比赛场次最少，那该怎么做呢？当然，假定每次比赛的结果是"精确"的，也就是说，不仅A队和B队的比赛结果是相同的(至少在锦标赛期间不会变化)，而且队与队之间的比赛名次具有传递性。在实际情况中这些都是不切实际的假设，但是这些假设都隐含成为许多比赛组织的一部分。就像大多数比赛组织者一样，仅仅接受这些假设。基于这些条件提出一个比赛算法，根据比赛结果给出各个队的排名顺序。

回忆一下插入排序，要把第i个元素插入前面$i-1$个元素已排序的子表中。如果修改标

准插入排序算法,应用二分法检索在已排序的子表中定位第 i 个元素,那会怎么样呢?这个算法称为二分插入排序(binary insert sort)算法。作为一个通用插入排序算法,这个算法其实并不实用,因为要在已排序的子表中(在平均情况下)移动 $i/2$ 个元素,来为新插入的元素腾地方。但是如果只计算比较次数,那么二分插入排序算法还是非常好的。而且可以应用二分插入排序算法的一些思想,接近那些需要绝对比较数最少的排序算法。

考虑一下对 5 个元素运行二分插入排序算法会出现什么情况。需要做多少次比较?用一次比较就可以插入第二个元素,用两次比较就可以插入第三个元素,并且用两次比较就可以插入第四个元素。当要把第五个元素插入前四个元素已排序的线性表中时,在最差情况下需要进行三次比较。注意在进行这次插入时会发生什么情况。把第五个元素与第二个元素进行比较。如果第五个元素更大一些,把它与第三个元素进行比较。如果还是第五个元素更大,再把它与第四个元素比较。总体上来说,二分插入排序算法什么时候最有效率呢?当线性表中有 $2^i - 1$ 个元素的时候。当线性表中有 2^i 个元素的时候它的效率是最低的。因此如果能够安排一下插入过程,尽可能避免把数据插入有 2^i 个元素的线性表中,那么情况就会好一些。

图 15.6 说明了可以做到的一个不同的组织比较的方式。首先把第一个元素和第二个元素进行比较,把第三个元素和第四个元素进行比较。再把两个获胜者进行比较,产生一个二项树。把它看成一个有 3 个元素的(已排序的)链,元素 A 直接挂到根结点上。如果把元素 B 插入由 3 个元素组成的已排序的链中,最后就会得到图 15.6 右侧所示的两个偏序集中的一个,其代价是两次比较。然后把元素 A 合并到链中,其代价是两次比较(因为已经知道它比一个元素的分支或两个元素的分支都小,实际上是把它合并到一个两个元素分支或三个元素分支的线性表中)。这样,排序 5 个元素需要的比较总数最多就是 7 次,而不是 8 次。

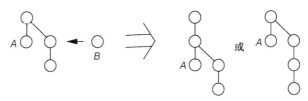

图 15.6 对 5 个元素列表排序中的比较操作进行组织。首先排列两对元素的顺序,然后比较两个获胜元素,形成一个有 4 个元素的二项树。挂在根结点的最初的失败元素标记为 A,其余 3 个元素形成一个排序的链。然后把元素 B 插入已排序的链中。最后,把元素 A 放到结果链中,得到最终的排序表

如果有 10 个元素要排序,首先把它们分成 5 对元素(进行 5 次比较),然后用刚刚描述过的算法(使用 7 次或者更多次的比较)对 5 个获胜元素进行排序。现在需要做的全部事情就是处理最初的失败元素。可以把这个过程推广到任意多个元素:

- 通过 $\lfloor \frac{n}{2} \rfloor$ 次比较配对所有结点;

- 递归排序比较获胜元素;

- 处理失败元素。

采用二分插入算法放置失败元素。然而,可以自由选择最佳插入顺序,要知道二分法检索对于从 2^i 到 $2^{i+1} - 1$ 个元素具有同样的代价。例如,二分法检索对于长度为 4、5、6、7 的

线性表在最差情况下都需要 3 次比较。因此轴值选择插入顺序来优化二分法检索，这意味着选择一个顺序来避免子表长度增长得太多，以至于需要额外的比较。这种排序算法称为合并插入排序算法(merge insert sort)，也称为 Ford and Johnson 排序算法。

　　对于 10 个元素，给定如图 15.7 所示的偏序集，按照元素 3、元素 4、元素 1、元素 2 的顺序折起最后 4 个元素(标记为 1 到 4)。要把元素 3 插入长度为 3 的线性表中，代价是两次比较。根据元素 3 插入表中位置的不同，元素 4 将被插入长度为 2 的表中，或者长度为 3 的表中。在每一种情况下，其代价都是两次比较。根据元素 3 和元素 4 插入表中位置的不同，元素 1 可能被插入长度为 5 的表中，也可能被插入长度为 6 或者为 7 的表中。要把线性表排列好顺序，这些情况都需要三次比较。最后，元素 2 被插入长度为 5、6 或者 7 的表中。

　　合并插入排序算法非常好，但它是最优算法吗？回忆一下 7.9 节介绍过，没有一种排序算法比 $\Omega(n \log n)$ 更快。更精确地说，排序算法可以证明其信息理论下限 (information theoretic lower bound) 是 $\lceil \log n! \rceil$。也就是说，可以证明下限正好是 $\lceil \log n! \rceil$ 次比较。合并排序算法对于 n 达到 12 的所有值的比较次数都等于信息理论下限。当 $n = 12$ 时，合并排序算法需要 30 次比较，而信息理论下限仅仅是 29 次比较。然而，对于元素数目较少的情况，还可以对比较的每一种可能安排做一个彻底的研究。看起来当 $n = 12$ 时实际上不可能安排比较，使得下限小于 30 次比较。这样，信息理论下限在这种情况下是一个低估，因为 30 次比较是可以达到的最好情况。

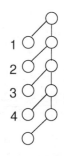

图 15.7　10 个元素的合并插入排序。首先把 5 对元素进行比较。接下来把 5 个获胜元素进行排序。这样把标记为 1 到 4 的元素排序到由其余 6 个元素组成的链中

　　把 n 个元素在最差情况下最优化排序的代价记为 $S(n)$。可知 $S(n+1) \leqslant S(n) + \lceil \log(n+1) \rceil$，因为可以把 n 个元素进行排序，然后对最后一个元素使用二分插入排序算法。对于所有的 n 和 m，$S(n+m) \leqslant S(n) + S(m) + M(m,n)$，其中 $M(m,n)$ 是合并两个已排序线性表的最优时间。对于 $n = 47$，可以做得更好，其方法是把线性表分成长度为 5 和 42 的两个部分，然后合并到一起。这样，合并排序算法并不是最优算法。但是它仍然是非常好的，对于元素数比较少的时候也接近最优了。

15.8　深入学习导读

　　本书中的许多内容也包含在其他关于数据结构和算法的教材中。与其他许多教材最大的不同是，本书中包括非常详尽的下限证明内容，如本章内容所述。这些内容聚焦于同样的几个示例问题(检索和选择)，因为这些例子告诉人们关于相关主题一些非常严格、非常吸引人的内容，而且展示了下限证明的主要技术。两本相关的教材是 Baase 和 Van Gelder 合著的 *Computer Algorithms* [BG00] 及 Gregory J. E. Rawlins 所著的 *Compared to What?* [Raw92]。Brassard 和 Bratley 合著的 *Fundamentals of Algorithmics* [BB96] 也包括下限证明的内容。

15.9　习题

15.1　考虑一下 15.1 节中所谓的"算法的算法"。它真是一个算法吗？回顾一下 1.4 节关于算法的定义。定义的哪些部分可以应用，哪些部分不能用？"算法的算法"是找到一个好的算法的启发式规则吗？为什么？

15.2　单淘汰制比赛的赛程安排的困难程度广为人知。想象一下你要组织一次有 n 个篮球队参加的比赛（你可以假定 $n = 2^i$，对于某个整数 i）。可以进一步简化，假定每次比赛时间不超过一个小时。如果需要，每个篮球队每小时都可以安排一次比赛。（注意这里所说的关于篮球赛的每一件事，对于解决查找最大值问题的并行算法的运行处理器也是正确的。）

　　(a) 如果要让总比赛时间最少，而且要保证每一个球队都参加比赛，需要进行多少场比赛？

　　(b) 在这种情况下所有比赛总共要持续多长时间？

　　(c) 可用的比赛小时数是多少？比赛占用的小时总数是多少？还有多少比赛小时数没有利用起来？

　　(d) 把算法修改一下，减少需要的比赛总数，只要有可能就不让每一个球队参加比赛。这将会增加赛程的总小时数，但是要让这种增长尽可能低。对于你的新算法，赛程要持续多长时间？需要进行多少次比赛？有多少比赛小时数可用？有多少比赛小时数被利用起来了？还有多少比赛小时数没有被利用起来？

15.3　说明为什么把一个包含 6 个元素的线性表分成两个各自包含 3 个元素的子表，用来解决最大值和最小值问题的代价是 8 次比较，而把这个包含 6 个元素的列表分成两个包含两个元素和 4 个元素的子表来解决问题的代价是 7 次比较。

15.4　编写一个表格，列出查找最大值和最小值问题在 $n \le 13$ 时所有值的所有分支需要的比较数。

15.5　提供一个关于下限证明的对抗性证据，说明在最差情况下找到 n 个值中的最大值需要 $n-1$ 次比较。

15.6　提供一个关于下限证明的对抗性证据，说明在最差情况下找到 n 个值中值为 X 的元素（如果确实存在）需要 n 次比较。

15.7　15.6 节宣称选择一个轴值，这个轴值总是从剩余数组中丢弃至少一个固定部分 c 元素，结果算法是线性的。请说明为什么这是正确的。提示：可以采用主定理（见定理 14.1）。

15.8　说明查找中位数的任何基于比较的算法一定至少需要 $n-1$ 次比较。

15.9　说明从 n 个值中查找次小值的任何基于比较的算法也可以扩展为查找最小值算法，而且不需要额外的比较。

15.10　说明关于排序的任何基于比较的算法都可以这样修改：解决去掉重复数值的问题，而不需要更多的比较。

15.11　说明从一个列表中去掉重复数值的任何基于比较的算法一定需要 $\Omega(n \log n)$ 次比较。

15.12　给定一个有 n 个元素的线性表，表中的一个元素如果出现次数超过 $n/2$ 次，就称这个元素为众数（majority）。

　　(a) 假定输入是一列整数。设计一个算法，这个算法的代价在最差情况下与整数之间的比较次数是线性关系，算法解决的问题是当众数存在时找到并报告这个元素，如果不存在则报告没有众数。

　　(b) 假定输入的一组元素之间没有相关顺序，例如水果或者颜色。因此当你比较两个元素的时候，只能确定它们之间相同还是不同。设计一个算法，这个算法的代价在最差情况下与元素之间的比较次数是线性关系，算法解决的问题是当众数存在时找到并报告这个元素，如果不存在则报告没有众数。

15.13 给定一个无向图 G，问题是确定图 G 是否连通的。用一个对抗性证据证明在最差情况下需要查看所有 $(n^2-n)/2$ 条可能的边。

15.14 (a)写出一个公式，描述查找中位数问题在平均情况下的代价。

(b)求解你在(a)中给出的公式。

15.15 (a)写出一个公式，描述查找数组中第 i 小值问题在平均情况下的代价。这个公式应该是 n 和 i 的函数，$\mathbf{T}(n,i)$。

(b)求解你在(a)中给出的公式。

15.16 假定你手里有 n 个物体，其重量都是相同的，只有一个比其他几个略重一些。你有一个天平，可以把物体放在天平的两端，看看哪一端重一些。你的目标是找到稍重的那个物体，而且要使得使用天平的次数最少。找到这个问题的上下限，并证明它。

15.17 想象一下你正在组织一个有 10 支球队参加的篮球比赛。你知道合并插入排序算法会给出 10 支球队的完全排名，而且比赛次数最少。假定每次比赛的时间都不超过一个小时，而且任何一支球队在一轮中根据需要都可以参加多次比赛。给出这个比赛的比赛日程安排，使得比赛小时总数和赛场使用次数都是最少的。如果你需要在这两者之间进行权衡，那么尝试使赛场空闲的小时总数最少。

15.18 为 15.7 节描述的合并插入排序算法写出完整的算法。

15.19 这里是关于什么是真正的优化排序算法的建议。对于长度为 2 的输入线性表选择最佳比较集合。然后对于长度为 3、4、5 等的输入线性表选择最佳比较集合。用一个大的案例描述把它们合并到一个程序中，这是一个算法吗？

15.10 项目设计

15.1 实现 15.6 节的查找中位数算法。然后，修改这个算法使得对于任何数值 $i<n$，算法都可以找到第 i 大元素。

第16章 算 法 模 式

本章描述与算法理论相关的几个基本主题。其中包括动态规划(见 16.1 节)、随机算法(见 16.2 节)和变换的概念(见 16.3.5 节)。这些都可以看成算法模式的例子,算法模式广泛应用于各种应用程序中。除此之外,16.3 节提供了一些数值算法。16.2 节的随机算法包括了跳跃表(见 16.2.2 节)。跳跃表是概率数据结构,可以用于实现字典 ADT。跳跃表并不比 BST 复杂,但是它的性能却经常超出 BST,因为跳跃表的效率与所存储的数据集中的具体数值或者数据的插入顺序无关。

16.1 动态规划

回头再看一下计算 Fibonacci 数列中第 n 个数的递归算法。

```
long fibr(int n) { // Recursive Fibonacci generator
  // fibr(46) is largest value that fits in a long
  Assert((n > 0) && (n < 47), "Input out of range");
  if ((n == 1) || (n == 2)) return 1; // Base cases
  return fibr(n-1) + fibr(n-2);       // Recursion
}
```

这个算法的运行时间代价(根据函数调用)是第 n 个 Fibonacci 数的数值本身的大小,根据 14.2 节的分析,这个数值是指数形式的(近似等于 1.62^n)。为什么这个运行时间代价这么高呢? 其主要原因在于函数的两个递归调用,其中的工作在很大程度上是重复的。也就是说,这两个调用的每一个都在其子调用中重复计算数列中的大多数数值。这样,函数中较小的值被重复计算了许多次。如果能够消除这些重复计算,运行时间代价将会极大地减少。这种方法也可以改进由于需要公共子程序重复计算而消耗大量时间的其他任何算法。

实现这个目标的一种方法是保持一个数值列表,在计算数值之前先查找这个数值列表,看看是否可以避免重复计算。下面就是这种方法的一个直接例子。

```
int fibrt(int n) {
  // Assume Values has at least n slots, and all
  // slots are initialized to 0
  if (n <= 2) return 1;              // Base case
  if (Values[n] == 0)
    Values[n] = fibrt(n-1) + fibrt(n-2);
  return Values[n];
}
```

这个新版本的算法每个值只计算一次,因此它的运行时间代价是线性的。当然,实际上并不需要用一个列表存储所有的值,因为后面的计算不需要访问所有前面的子程序。反之,从 0 和 1 开始,一直到 n,对数值进行计算,而不是反过来从 n 回到 0 和 1。这样自底向上计算,函数只需要存储前面两个数值,如下面的迭代版本所示。

```
long fibi(int n) { // Iterative Fibonacci generator
  // fibi(46) is largest value that fits in a long
  Assert((n > 0) && (n < 47), "Input out of range");
```

```
    long past, prev, curr;  // Store temporary values
    past = prev = curr = 1;    // initialize
    for (int i=3; i<=n; i++) { // Compute next value
      past = prev;             // past holds fibi(i-2)
      prev = curr;             // prev holds fibi(i-1)
      curr = past + prev;      // curr now holds fibi(i)
    }
    return curr;
  }
```

在许多算法中都有子程序重复计算的问题。在 **Fibi** 计算中采用的存储前面几个结果数值的方法并不是很通用的。这样，在很多情况下存储中间结果全列表的方法就非常有用了。

这种存储子程序结果列表的算法设计方法就称为动态规划(dynamic programming)。这个名字有点神秘，因为从名字上看不出存储子程序中间结果列表这个过程的任何端倪。然而，这个名字最初来源于动态控制系统领域，这个领域的起源甚至比计算机程序设计还早。把预先计算好的数值放到一个列表中供将来重新使用，在这个领域就称为"规划"。

在标准的分治原则之外，动态规划提供了另一个强有力的选择。在分治原则之下，一个问题被分解为多个子问题，先(独立地)解决各个子问题，再把结果组合起来，从而解决原来的问题。如果在解决问题的时候，(1)每次都要重复解决子问题，(2)可以找到一种合适的方法进行必要的中间记录存储，那么应用动态规划方法就很合适了。在应用动态规划方法时，一般并不是简单地把递归子问题的结果存储到一个列表中(像 **Fibrt** 中那样向前回溯)。这样算法的一般实现方法反而是自底向上建立子问题数值列表。这样，**Fibi** 就是比 **Fibrt** 更好地体现了动态规划的一般形式，尽管它不使用全列表的方法而是采用滚动存储。

16.1.1　背包问题

接下来，考虑一个在许多商业环境中以各种形式出现过的问题。在许多情况下，都需要把多个物品高效率地打包到一起。描述这个问题的一个基本方法就是把多个物品放到一个背包里，因此称这类问题为背包问题(Knapsack Problem)。首先定义背包问题的一个特定形式，然后基于动态规划方法研究一种算法来解决这个问题。在本章的习题和第 17 章中，会看到背包问题的其他形式。

假定有一个背包，背包中有一定的空间，空间的容积用一个整数值 K 来定义。有 n 件物品，每一件物品都有一定的体积，第 i 件物品的体积记为整数 k_i。背包问题是，是否存在这 n 件物品的一个子集，这个子集中物品的体积之和正好为 K。例如，如果背包的容积 $K=5$，两件物品的体积为 $k_1=2$ 和 $k_2=4$，那么这个子集就是不存在的。但是如果还有第 3 件物品 $k_3=1$，那么就找到了一种填满背包的方法，选择第 2 件物品和第 3 件物品。可以正式定义背包问题如下：找出 $S \subset \{1,2,\cdots,n\}$，这样

$$\sum_{i \in S} k_i = K$$

例16.1　假定有一个背包，背包容积 $K=163$。有 10 件物品，每件物品的体积为 4，9，15，19，27，44，54，68，73，101。是否能找到物品的一个子集，使得包含在子集中的物品正好填满背包？在继续读下去看到答案之前，可以花几分钟时间试着找一找。

这个问题的答案是：19，27，44，73。

例 16.2　前面已经解决了容积为 163 的背包问题,现在能不能解决容积为 164 的背包问题呢? 可惜,知道如何解决容积为 163 的背包问题对解决容积为 164 的背包问题没有任何帮助。容积为 164 的背包问题的答案是: 9, 54, 101。

如果尝试着解决这几个例子问题,就会发现做了很多试错和回溯工作。要想得到解决背包问题的算法,需要整理一下思路,遍历多个可能子集。能否使这个问题变得小一些,以便可以使用分治法来解决呢? 问题的输入实际上包括两个部分: 背包的容积 K 和 n 件物品。把背包分成多块,分别解决每一块的方法可能对解决问题没什么帮助(因为已经知道容积为 163 的背包问题的答案对于解决容积为 164 的背包问题没有任何帮助)。

因此,有没有第 n 件物品,对于解决这个问题有什么意义呢? 通过这个思路,似乎能够找到分解问题的方法。如果第 n 件物品对于解决问题没有必要(即通过前面 $n-1$ 件物品就可以解决问题),那么有第 n 件物品的时候当然可以解决问题了(只要忽略第 n 件物品就可以了)。另一方面,如果确实需要第 n 件物品作为结果子集中的一个元素,那么现在需要对于容积为 $K-k_n$ 的背包,针对前 $n-1$ 件物品解决背包问题(因为第 n 件物品在背包中占用的空间为 k_n)。

为了清楚地梳理这个过程,通过两个参数来定义这个问题: 背包容积 K 和物品数量 n。用 $P(n,K)$ 表示问题的一个指定实例。那么认为 $P(n,K)$ 有一个解,当且仅当 $P(n-1,K)$ 或者 $P(n-1,K-k_n)$ 至少其中之一有一个解。也就是说,只有解决了两个子问题之一(一个子问题是结果子集中包含第 n 件物品,另一个子问题是结果子集中不包含第 n 件物品),就可以解决 $P(n,K)$。当然,物品的放入顺序是任意的。仅仅需要给定物品一个顺序,使得问题更直接。

继续深入这个思路,要解决物品数量为 $n-1$ 的子问题,就需要解决物品数量为 $n-2$ 的子问题。一直继续下去,直到分解到只剩下一个物品,这个物品要么放到背包里,要么不放到背包里。这样,解决问题所花费的时间代价自然可以表示为递归关系式 $T(n)=2T(n-1)+c=\Theta(2^n)$。这个代价是相当高的。

但是,人们很快就意识到,只有 $n(K+1)$ 个子问题需要解决。显然,可能有许多子问题被多次重复解决了。这自然要应用动态规划。需要构造一个大小为 $n \times K+1$ 的数组来存放所有子问题 $P(i,k)$ 的解,其中 $1 \le i \le n$, $0 \le k \le K$。

实际上,有两种方法可以解决这个问题。一种方法是从 $P(n,K)$ 开始,利用递归调用解决各个子问题,每次在解决一个子问题时,先到数组中检查一下,看看这个子问题是否已经解决过了,如果发现当前要解决的子问题在数组中还没有答案,那么解答这个子问题之后就把它的答案放到数组中。另一种方法是从第 1 行开始填充数组(当背包容积为 k_1 时的解)。然后从 $i=2$ 到 n,从左到右填充接下来的行,具体如下所示:

　　如果 $P(n-1,K)$ 有一个解,
　　　那么 $P(n,K)$ 有一个解,
　　　否则,如果 $P(n-1,K-k_n)$ 有一个解,
　　　　那么 $P(n,K)$ 有一个解,
　　　　否则 $P(n,K)$ 无解。

也就是说,数组中的一个新槽通过查看其前一行的两个槽来计算它的解。由于填充数组中每一个槽需要花费的时间是一个常数,算法的总代价就是 $\Theta(nK)$。

例16.3　解决 $K=10$ 的背包问题，其中5件物品的体积为9，2，7，4，1。建立下面的数组：

	0	1	2	3	4	5	6	7	8	9	10
$k_1=9$	O	–	–	–	–	–	–	–	–	I	–
$k_2=2$	O	–	I	–	–	–	–	–	–	O	–
$k_3=7$	O	–	O	–	–	–	I	–	I/O	–
$k_4=4$	O	–	O	–	I	–	I	O	–	O	–
$k_5=1$	O	I	O	I	O	I	O	I/O	I	O	I

其中：－：$P(i,k)$ 无解；O：$P(i,k)$ 的解中不包括第 i 件物品；I：$P(i,k)$ 的解中包括第 i 件物品；I/O：$P(i,k)$ 的解中可以包括也可以不包括第 i 件物品。

例如，$P(3,9)$ 存储的值为 I/O，存储 O 是因为 $P(2,9)$ 有一个解，存储 I 是因为 $P(2,2)=P(2,9-7)$ 有一个解。由于 $P(5,10)$ 标记为 I，它有一个解。可以确定解的具体内容，方法是通过识别它包含第5件物品(体积为1)，进而到查看 $P(4,9)$ 的解。$P(4,9)$ 又有一个不包含第4件物品的解，因而再看 $P(3,9)$。此时，可以使用第3个物品，也可以不用第3个物品。只要通过一个分支就可以找到解。可以进入所有可能的分支，从而找到所有的解。

16.1.2　全局最短路径

接下来考虑找到图中所有结点间最短距离的问题，这称为全局最短路径问题(all-pairs shortest-paths)。准确地说，对于每一个 $u,v \in \mathbf{V}$，计算 $d(u,v)$。

一种方法是运行 Dijkstra 算法 $|\mathbf{V}|$ 次(见 11.4.1 节)，找到确定起点最短路径，每次从一个不同的起点计算最短路径。如果 $\mathbf{G}$ 是稀疏图(即 $|\mathbf{E}| = \Theta(|\mathbf{V}|)$)，那么这是一个很好的解决方法。因为对于基于优先队列的 Dijkstra 算法，算法的总代价是 $\Theta(|\mathbf{V}|^2 + |\mathbf{V}||\mathbf{E}|\log|\mathbf{V}|) = \Theta(|\mathbf{V}|^2\log|\mathbf{V}|)$。对于稠密图，基于优先队列的 Dijkstra 算法的代价是 $\Theta(|\mathbf{V}|^3\log|\mathbf{V}|)$，但是如果使用 **MinVertex** 方法的 Dijkstra 算法，其代价就是 $\Theta(|\mathbf{V}|^3)$。

另一种方法称为 Floyd 算法，就是不管有多少条边，把处理时间限制到 $\Theta(|\mathbf{V}|^3)$。这也是动态规划的一个例子。解决全局最短路径问题的核心在于合理组织可能结果集的搜索过程，以便不需要重复解决相同的子问题。利用 k-path 方法进行组织。k-path 定义为从顶点 v 到顶点 u 的任意路径，路径中的中间结点数(不包括顶点 v 和顶点 u)不会超过 k。0-path 就是从顶点 v 到顶点 u 直接的边。图16.1 说明了 k-path 的概念。

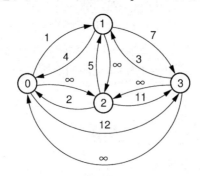

图 16.1　Floyd 算法中 k-path 的例子。根据定义，路径 1，3 是 0-path，路径 3，0，2 不是 0-path，而是 1-path(也是 2-path、3-path 和 4-path)，因为最大的中间顶点是0。路径 1，3，2 是 4-path，但不是 3-path，因为中间顶点是3。图中所有路径都是 4-paths

把 $D_k(v,u)$ 定义为从顶点 v 到顶点 u 的最短 k-path 长度。假定已经知道从顶点 v 到顶点 u 的最短 k-path，那么最短 $(k+1)$-path 要么通过顶点 k，要么不通过顶点 k。如果通过顶点 k，那么 $(k+1)$-path 的最佳路径就是从顶点 v 到顶点 k 的最佳 k-path，然后是从顶点 k 到顶点 u 的最佳 k-path。否则，前面就应该已经看到 k-path 了。Floyd 算法仅仅在一个三角循环中检查所有可能性。这里是 Floyd 算法的一个实现。在算法的最后，数组 D 中存储全局最短路径。

```
// Floyd's all-pairs shortest paths algorithm
// Store the pair-wise distances in "D"
void Floyd(Graph* G) {
  for (int i=0; i<G->n(); i++) // Initialize D with weights
    for (int j=0; j<G->n(); j++)
      if (G->weight(i, j) != 0) D[i][j] = G->weight(i, j);
  for (int k=0, k<G->n(); k++) // Compute all k paths
    for (int i=0; i<G->n(); i++)
      for (int j=0; j<G->n(); j++)
        if (D[i][j] > (D[i][k] + D[k][j]))
          D[i][j] = D[i][k] + D[k][j];
}
```

很明显，这个算法需要 $\Theta(|\mathbf{V}|^3)$ 运行时间。对于稠密图来说，它是最佳选择，因为它（相对来说）比较快，也比较容易实现。

16.2 随机算法

本节将考虑如何在算法中引入随机性，以加快算法的运行，尽管这有可能降低算法的准确性。但是人们通常会把算法出错的可能性尽量降低，同时仍然使得算法运行得非常快。

16.2.1 查找最大值的随机算法

在 15.1 节，确定了在一个无序线性表中查找最大值问题的代价下限是 $\Omega(n)$。这是确定找到最大值过程中需要的最少时间。但是如果把确定性要求放宽一点会怎么样呢？第 1 个问题：这里确定性的具体含义是什么？确定性包括多方面的意义，也有多种方法可以放宽这个要求。

在很多情况下，要求算法找到最大值 X，但是真正的最大值却是 Y。这里我们就要求 X 等于 Y。这就是解决问题的准确性或者确定性算法。可以放宽这一要求，仅仅要求 X 在数量级上和 Y 接近（或许有一个固定的差异或者差异百分比），即近似算法。也可以要求 X 在通常情况下等于 Y，也就是概率算法。最后，还可以要求 X 在数量级上在通常情况下接近 Y，这就是启发式算法。

如果要牺牲结果的可靠性来换取速度，有许多方法可以选择。这些类型的算法包括：

1. **拉斯维加斯（Las Vegas）算法**：总是会保证找到最大值，在通常情况下也会很快找到它。这类算法保证能够找到结果，但是不能保证快速运行时间。

2. **蒙特卡罗（Monte Carlo）算法**：要么快速找到了最大值，要么什么都没找到（但是很快）。尽管这种类型的算法运行得很快，但是结果没有保证。

下面这个算法例子能够找到一个很大的值，但是不能保证找到最大值，然而可以改进算法的运行时间。这是概率算法（probabilistic algorithm）的一个例子，因为它包括了受随机（random)事件影响的步骤。随机选择 m 个元素,从中选择最大的一个作为结果。在原始集合元素数量 n 非常大的时候,如果 $m \approx \log n$,那么结果是非常好的,其运行时间代价是 $m - 1$ 次比较(因为必须找到 m 个值中的最大值)。但是不能确切知道能够得到什么。然而,可以估计级别是 $\frac{mn}{m+1}$。例如,如果 $n = 1\ 000\ 000$,$m = \log n = 20$,那么预期随机选取的 20 个值中的最大值将在 n 个值的前 5% 以内。

接下来,考虑一个略有不同的问题,这个问题的目标是从 n 个值的前半部分中选出一个值。从前 $(n+1)/2$ 个值中选择一个最大值,这需要 $n/2$ 次比较。还能做得更好吗?如果要保证结果的准确性,那么就没有其他更好的方法了。但是如果人们期望得到的是近似准确而不是绝对准确,那么在速度上就有很多提高的办法了。

作为另一种选择,考虑一下概率算法。选出两个数,选择其中较大的一个。这个较大的数值在列表前半部分的概率是 3/4(因为只有当随机选出的两个数都在后半部分的时候,这个较大的数值才不在前半部分)。3/4 的概率还不够好吗?那么选出更多的数值。如果选出 k 个数值,其中的最大值在前半部分的概率是 $1 - 1/2^k$,不管总体集合的大小 n 有多大,只要 n 比 k 大很多就行了(否则结果会更好)。如果选择 10 个数值,那么失败的机会只是 $2^{10} = 1/1\ 024$。如果希望得到准确的结果,那怎么办呢?因为有些时候从前半部分选择一个数可能事关重大。如果选出 30 个数值,那么失败的概率是一亿分之一。如果选出的数值足够多,那么选择失败的概率甚至比计算机运行出错的概率还要低。如果选择 100 个数值,那么失败的概率是 $1/10^{100}$,远比计算机运行过程中发生崩溃的概率要低。

16.2.2 跳跃表

本节介绍一个概率检索结构,称为跳跃表(Skip List)。和 BST 一样,设计跳跃表是用来克服线性表和链表的一些基本限制:要么检索操作,要么更新操作,需要线性时间。跳跃表是概率数据结构的一个例子,因为它的有些决策是随机做的。

跳跃表提供了除 BST 和其他树结构之外的另一种选择。BST 的一个基本问题是它很容易变得不平衡。第 10 章介绍的 2-3 树能保证树结构的平衡,而不管数据值按照什么顺序插入,但是这种数据结构实现起来非常复杂。第 13 章介绍的 AVL 树和伸展树能保证提供很好的性能,但是同 BST 相比增加了复杂性。同已经知道的平衡树结构相比,跳跃表更易于实现。跳跃表不能保证提供很好的性能[很好的性能定义为 $\Theta(\log n)$ 检索、插入、删除时间],但是它提供很好性能的概率是非常高的(而 BST 提供很差性能的概率是非常高的)。这样,跳跃表就在实现复杂性和运行性能之间找到了一个很好的平衡。

图 16.2 说明了跳跃表的核心概念。图 16.2(a)是一个简单的链表,链表的结点按照键值排序。要检索一个已排序的链表,需要沿着链表一次一个结点地向下移动,在一般情况下需要访问 $\Theta(n)$ 个结点。如果增加一个指针,指向当前结点的下一个结点,如图 16.2(b)所示,那会怎么样呢?把单指针结点定义为 0 级跳跃表结点,把双指针结点定义为 1 级跳跃表结点。

在检索的时候,沿着 1 级跳跃表结点下行遍历,直到找到一个比检索键值大的值,这时回到前一个 1 级跳跃表结点,以此结点为基础开始 0 级跳跃表结点的遍历。如果需要,再向前访问一个结点。这样就有效地使得工作量减半了。可以继续使用这种方法,有选择地对一些结点增加指针,每 4 个结点增加第 3 个指针,每 8 个结点增加第 4 个指针,以此类推,直到对于

有 n 个结点的链表, 在首结点和部分中间结点达到最终的 $\log n$ 个指针, 如图 16.2(c)所示。在检索的时候, 首先从最下面的一行指针开始, 尽可能地向前推进, 这样一次可以跳过多个结点。然后, 根据需要切换到上面的指针, 向前推进的步幅越来越短。在这种方法中, 最差情况下的访问数是 $\Theta(\log n)$。

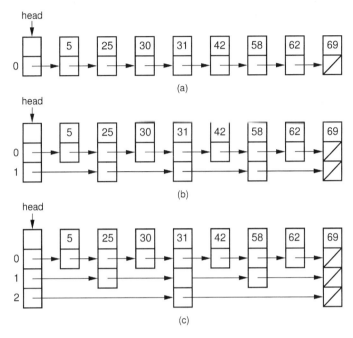

图 16.2 跳跃表概念说明。(a)一个简单的链表; (b)扩展链表, 每隔 1 个结点增加 1 个指针。要找到值为 62 的结点, 需要访问值为 25、31、58 和 69 的结点, 然后从值为 58 的结点移动到值为 62 的结点; (c)理想的跳跃表, 保证 $O(\log n)$ 检索时间。要找到值为62 的结点, 按照31、69、58 然后回到 69 的顺序访问结点, 最后到达值为62 的结点

对于每一个跳跃表结点, 把它的指针存储到 **forword** 数组中, 如图 16.2(c)所示。位置 **forward[0]** 中存储 0 级指针, **forward[1]** 中存储 1 级指针, 以此类推。跳跃表对象中的数据成员 **level** 存储跳跃表当前结点的最高级别。跳跃表的首结点名为 **head**, 它的指针级数为 **level**。图 16.3 中是 **find** 函数。

```
E find(const Key& k) const {
SkipNode<Key,E> *x = head;            // Dummy header node
for (int i=level; i>=0; i--)
  while ((x->forward[i] != NULL) &&
         (k > x->forward[i]->k))
    x = x->forward[i];
x = x->forward[0];  // Move to actual record, if it exists
if ((x != NULL) && (k == x->k)) return x->it;
return NULL;
}
```

图 16.3 跳跃表 **find** 函数的实现

在图 16.2(c)的跳跃表中从首结点开始, 检索值为 62 的结点。从首结点的 **level** 级开始, 在例子中是第 2 级。这个指针指向值为 31 的结点。因为 31 小于 62, 从值为 31 的结点的 **forward[2]** 指针到达值为 69 的结点。因为 69 比 62 大, 不能继续向前, 而需要把当前指针级数减到 1。接着尝试值为 31 的结点的 **forward[1]** 指针, 到达值为 58 的结点。因为 58 比

62 小, 沿着值为 58 的 **forward[1]** 指针到达值为 69 的结点。因为 69 太大, 沿着值为 58 的结点的第 0 级指针到达值为 62 的结点。因为 62 不小于 62, 跳出 **while** 循环, 再向前一步到达值为 62 的结点。

图 16.2(c) 中理想的跳跃表已经经过组织, 使得半数结点只有一个指针(不包括首结点和尾结点), 四分之一的结点有两个指针, 八分之一的结点有三个指针, 以此类推。距离是平均间隔的, 实际上这是完美平衡的跳跃表。在正常的插入和删除过程中维持这样一个平衡的代价是很高的。跳跃表设计的关键之处是并不需要关心这个问题。每当插入一个结点, 就给它分配一个级数(即指针数)。分配是随机的, 利用几何分布产生的结果是 50% 的结点有一个指针, 25% 的结点有两个指针, 以此类推。下面的函数根据这样一个分布确定级数:

```
// Pick a level using an exponential distribution
int randomLevel(void) {
  int level = 0;
  while (Random(2) == 0) level++;
  return level;
}
```

一旦确定了结点的合适级数, 下一步就是找到结点的插入位置, 在所有级数上进行适当的链接。图 16.4 中显示了在跳跃表中插入新值的实现方法。

```
void insert(const Key& k, const E& it) {
  int i;
  SkipNode<Key,E> *x = head;   // Start at header node
  int newLevel = randomLevel(); // Select level for new node
  if (newLevel > level) {      // New node is deepest in list
    AdjustHead(newLevel);      // Add null pointers to header
    level = newLevel;
  }
  SkipNode<Key,E>* update[level+1]; // Track level ends
  for(i=level; i>=0; i--) {    // Search for insert position
    while((x->forward[i] != NULL) && (x->forward[i]->k < k))
      x = x->forward[i];
    update[i] = x;             // Keep track of end at level i
  }
  x = new SkipNode<Key,E>(k, it, newLevel);   // New node
  for (i=0; i<=newLevel; i++) {    // Splice into list
    x->forward[i] = update[i]->forward[i]; // Where x points
    update[i]->forward[i] = x;     // What points to x
  }
  reccount++;
}
```

图 16.4　跳跃表 **insert** 函数的实现

图 16.5 说明了跳跃表的插入过程。在这个例子中, 首先把一个值为 10 的结点插入空跳跃表中。假设 **randomLevel** 返回的值为 1(结点的级数为 1, 有两个指针)。因为空跳跃表没有结点, 跳跃表的级数(这样就是首结点的级数)一定要设为 1。插入新结点, 产生如图 16.5(a) 所示的跳跃表。

接下来, 插入值为 20 的结点。假设此时 **randomLevel** 返回 0, 检索过程走到值为 10 的结点, 新结点被插入其后, 如图 16.5(b) 所示。第 3 个插入的是值为 5 的结点, 再次假定 **randomLevel** 返回 0, 这时产生的跳跃表如图 16.5(c) 所示。

第 4 个插入的是值为 2 的结点, 假设 **randomLevel** 返回 3。这意味着跳跃表的级数必须升高, 引起首结点增加了两个(**NULL**)指针。此时, 新结点被添加到跳跃表的前边, 如图 16.5(d) 所示。

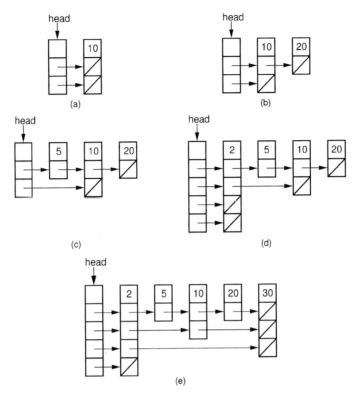

图 16.5　跳跃表插入过程说明。(a)在第 1 级插入初始值为 10 的结点之后的
跳跃表;(b)在第0级插入值为20的结点之后的跳跃表;(c)在第0级
插入值为 5 的结点之后的跳跃表;(d)在第3级插入值为2的结点之
后的跳跃表;(e)在第2级插入值为30的结点之后的最终跳跃表

　　最后,插入一个值为 30、级数为 2 的结点。这一次,仔细看一看数组 **update** 的使用。在检索新结点的合适位置时,它在每一级指针存储可以到达的最远结点。检索过程从级数为 3 的首结点开始,到达值为 2 的结点。因为这个结点的 **forward[3]** 是 **NULL**,在这一级不能继续下去。这样 **update[3]** 中存储一个指向值为 2 的结点的指针。同样,在第 2 级也不能继续前进,**update[2]** 中也存储一个指向值为 2 的结点的指针。在第 1 级,**update[1]** 中存储一个指向值为 10 的结点的指针。最后,在第 0 级,在值为 20 的结点结束。此时,可以把值为 30 的新结点添加进来。对于每一个值 **i**,新结点的 **forward[i]** 指针被设置为 **update[i] -> forward[i]**,存储在 **update[i]** 中的结点从 0 到 2 改变它的 **forward[i]** 指针,指向新结点。这样就在各个级上把新结点拼接到跳跃表中了。

　　跳跃表的 **remove** 函数留做练习。它和插入过程很相似,因为在检索待删除记录的过程中,也要构造 **update** 数组。接下来 **update** 数组中标识的结点的 **forward** 指针就要进行调整,以跳过被删除的结点。

　　randomLevel 可以为新插入的结点生成很高的级数,也可以生成很低的级数。有可能跳跃表中的很多结点都有很多指针,这会导致不必要的插入代价,在检索的时候也会产生很差的性能(即 $\Theta(n)$),因为没有跳过很多结点。相反的情况,就是很多结点的级数很低。在最差情况下,所有结点的级数都是 0,这相当于一个常规链表。如果是这样,检索代价还是需

要 $\Theta(n)$ 时间。然而，性能很差的概率是非常低的。一行中 10 个结点的级数都是 0 的概率只有 1/1 024。像跳跃表这样的概率数据结构的理念就是"不必担心，一切都会好的"。只需要简单地接受 **randomLevel** 的结果，并期待概率最终会使结果向有利的方向发展就可以了。这种方法的优势就是算法简单，在一般情况下所有操作都只需要 $\Theta(\log n)$ 时间。

在实际中，跳跃表有可能比 BST 有更好的性能。由于数据插入顺序的原因，BST 可能会有很差的性能表现。例如，如果 n 个结点以键值升序顺序插入 BST 中，那么 BST 就像一个链表，最深层的结点有 $n-1$ 层。跳跃表的性能不依赖于不同键值结点的插入顺序。随着跳跃表中结点数的增加，碰到最差情况的概率大幅度地降低。这样，跳跃表就体现出了在理论上的最差情况[在这种情况下，跳跃表的操作需要 $\Theta(n)$ 时间]和实际中快速达到一般情况性能[$\Theta(\log n)$]的高概率两者之间的一种张力，这就是概率数据结构本身的特点。

16.3　数值算法

本节介绍与数学中数值计算相关的一些算法。其中的例子包括两个数相乘，或者一个数的乘方。特别是人们关注在内置的整型或者浮点型数据的操作不能使用的情况，这是因为需要操作的数值实在太大。同样还关注多项式操作和矩阵操作。

由于不能依赖硬件在单个常数时间内处理输入操作，人们关注如何最有效地实现操作，使得时间代价最小。这依赖于另一个问题，应当如何在输入规模的增长率方面应用一般渐近代价进行测量。首先，加法或者乘法的实例是什么？操作数的每一个值都会产生一个不同的问题实例。当两个数相乘时，输入规模是什么意思？如果认为输入规模是 2(由于输入的是两个数)，那么与输入增长率相比，任何非常数时间算法都有一个无限高的增长率。这是没有意义的，尤其是从小学算术可知，两个数的相加和相乘随着数值的增大会更难。实际上，从小学算术中可知标准加法算法的时间代价与参与运算数值的数字位数是线性相关的。当把一个 m 位数与另一个 n 位数相乘时，乘法的代价是 $n \times m$。

当完成一个对输入数据大小敏感的数值算法时，操作数的位数确实是一个重要的考虑因素。数值数据的位数是数值本身的对数(如果对数的底取得合适)。这样，为了计算算法的渐近增长率，可以认为输入数值的"规模"是输入数值的对数。根据这种观点，有许多特性与这样的操作相关。

- 对于值很大的数据进行算术操作的代价不低；
- 数值 n 只有一个实例；
- 长度小于等于 k 的实例有 2^k 个；
- 数值 n 的规模(长度)是 $\log n$；
- 当 n 的数值增加时，一个特定算法的代价可能减小(例如当一个值从 $2^k - 1$ 到 2^k 再到 $2^k + 1$ 时)，但是当 n 的位数增加时，代价一般是增加的。

16.3.1　幂运算

首先考虑一下如何完成幂运算，从这里开始对标准数值算法进行研究。也就是说，考虑一下如何计算 m^n？可以把 m 乘以自己 $n-1$ 次。除此之外还有更好的方法吗？当然，有一个简单的分治法可以使用。注意到，当 n 是偶数时，$m^n = m^{n/2} m^{n/2}$。当 n 是奇数时，$m^n = m^{\lfloor n/2 \rfloor} m^{\lfloor n/2 \rfloor} m$。

这就引出了下面的递归算法：

```
int Power(base, exp) {
  if exp = 0 return 1;
  int half = Power(base, exp/2); // integer division of exp
  half = half * half;
  if (odd(exp)) then half = half * base;
  return half;
}
```

函数 Power 的递归关系是

$$f(n) = \begin{cases} 0 & n = 1 \\ f(\lfloor n/2 \rfloor) + 1 + n \bmod 2 & n > 1 \end{cases}$$

它的解是

$$f(n) = \lfloor \log n \rfloor + \beta(n) - 1$$

其中 β 是 n 的二进制表示中 1 的个数。

这个代价和问题规模相比会怎么样呢？原来的问题规模是 $\log m + \log n$，需要的乘法运算次数是 $\log n$。这比运行 $n - 1$ 次乘法运算要好很多（实际上是非常好）。

16.3.2　最大公约数

接下来介绍找到两个整数的最大公约数（LCF）的欧几里得（Euclid）算法。最大公约数是能够整除两个输入数值的最大整数。

首先做如下观察：如果 k 能整除 n 和 m，那么 k 就能整除 $n - m$。显然这是正确的，因为如果 k 整除 n，那么存在某个整数 a，使得 $n = ak$；如果 k 整除 m，那么存在某个整数 b，使得 $m = bk$；因此，$\mathrm{LCF}(n, m) = \mathrm{LCF}(n - m, n) = \mathrm{LCF}(m, n - m) = \mathrm{LCF}(m, n)$。

现在，对于任意数值 n，存在 k 和 l，使得

$$n = km + l \qquad \text{当 } m > l \geqslant 0$$

根据 mod 函数的定义，可以得出如下事实：

$$n = \lfloor n/m \rfloor m + n \bmod m$$

由于 LCF 是 n 和 m 的因子，而且 $n = km + l$，因此 LCF 一定是 km 和 l 的因子，也是这里每一项的最大公约数。因而，$\mathrm{LCF}(n, m) = \mathrm{LCF}(m, l) = \mathrm{LCF}(m, n \bmod m)$。

这一观察引出了一个简单算法。假设 $n \geqslant m$。在每一次替换过程中，用 m 代替 n，用 $n \bmod m$ 代替 m，直到把 m 变成 0。

```
int LCF(int n, int m) {
  if (m == 0) return n;
  return LCF(m, n % m);
}
```

要想确定算法运行代价的高低，需要知道算法运行的每一步有怎样的进展。注意，经过两次替换，已经用 $n \bmod m$ 替换 n 了。因此问题的关键就是：与 n 相比，$n \bmod m$ 有多大？

$$
\begin{aligned}
n \geqslant m &\Rightarrow n/m \geqslant 1 \\
&\Rightarrow 2\lfloor n/m \rfloor > n/m \\
&\Rightarrow m\lfloor n/m \rfloor > n/2 \\
&\Rightarrow n - n/2 > n - m\lfloor n/m \rfloor = n \bmod m \\
&\Rightarrow n/2 > n \bmod m
\end{aligned}
$$

这样，不超过两次替换，函数 LCF 就有了它的第一个参数。算法的总代价就是 $O(\log n)$。

16.3.3　矩阵相乘

两个 $n \times n$ 矩阵相乘的标准算法需要 $\Theta(n^3)$ 时间。通过各种方法重新安排和合并乘法运算，就可以把事情做得更好，其中的一个例子就是 Strassen 矩阵相乘算法。

为了简单起见，假定 n 是 2 的乘方。下面，A 和 B 是 $n \times n$ 数组，而 A_{ij} 和 B_{ij} 表示大小为 $n/2 \times n/2$ 的数组。利用这种表示法，可以按照下面的方式利用分治法考虑两个矩阵相乘：

$$\begin{bmatrix} A_{11} & A_{12} \\ A_{21} & A_{22} \end{bmatrix}\begin{bmatrix} B_{11} & B_{12} \\ B_{21} & B_{22} \end{bmatrix} = \begin{bmatrix} A_{11}B_{11} + A_{12}B_{21} & A_{11}B_{12} + A_{12}B_{22} \\ A_{21}B_{11} + A_{22}B_{21} & A_{21}B_{12} + A_{22}B_{22} \end{bmatrix}$$

当然，这个方程右边的相乘和相加都是递归调用一半大小的数组之间的相乘和相加。这个算法的递归关系是

$$T(n) = 8T(n/2) + 4(n/2)^2 = \Theta(n^3)$$

通过应用 14.1 节的主定理，就可以很容易地获得这种闭合形式解。

Strassen 算法仔细重组了各个项之间的相加和相乘方式。它是用一种特定的次序做到的，如下面的方程所示：

$$\begin{bmatrix} A_{11} & A_{12} \\ A_{21} & A_{22} \end{bmatrix}\begin{bmatrix} B_{11} & B_{12} \\ B_{21} & B_{22} \end{bmatrix} = \begin{bmatrix} s_1 + s_2 - s_4 + s_6 & s_4 + s_5 \\ s_6 + s_7 & s_2 - s_3 + s_5 - s_7 \end{bmatrix}$$

也就是说，可以通过一组 $n/2 \times n/2$ 矩阵的相加和相乘，实现 $n \times n$ 矩阵的相乘。两个子矩阵的相乘也可以使用 Strassen 算法，两个子矩阵的相加需要 $\Theta(n^2)$ 时间。上式中的子因式定义如下：

$$\begin{aligned} s_1 &= (A_{12} - A_{22}) \cdot (B_{21} + B_{22}) \\ s_2 &= (A_{11} + A_{22}) \cdot (B_{11} + B_{22}) \\ s_3 &= (A_{11} - A_{21}) \cdot (B_{11} + B_{12}) \\ s_4 &= (A_{11} + A_{12}) \cdot B_{22} \\ s_5 &= A_{11} \cdot (B_{12} - B_{22}) \\ s_6 &= A_{22} \cdot (B_{21} - B_{11}) \\ s_7 &= (A_{21} + A_{22}) \cdot B_{11} \end{aligned}$$

经过一些工作，就可以验证这个特定的运算组合确实可以得到正确的结果。

现在看一看这一列计算 s 因式的运算，然后算一下得到最终答案需要的加/减运算量，可以发现总共需要 7 次矩阵相乘和 18 次矩阵加/减才能完成这项工作。这引出了下面的递归关系式：

$$\begin{aligned} T(n) &= 7T(n/2) + 18(n/2)^2 \\ T(n) &= \Theta(n^{\log_2 7}) = \Theta(n^{2.81}) \end{aligned}$$

再次应用主定理，就可以得到这个闭合形式解。

然而，尽管 Strassen 算法比标准算法实际上减少了渐近复杂度，但是大量的数据加减运算的代价却极大地增加了运算量的常数因子。这意味着要在实际应用中使得 Strassen 算法有实用价值，就需要非常大的数组。

16.3.4　随机数

16.2 节介绍的那些随机算法的成功应用依赖于对一个好的随机数生成器的访问。尽管现代计算机中很有可能自带一个可应用于大多数情况下的随机数生成器，然而理解随机数生成器的工作原理，甚至在你不相信随机自带的随机数生成器的使用效果时，可以建立自己的随机数生成器，这些对你都是有帮助的。

首先考虑一下什么是随机序列？在下面的数列中，哪一个看起来像随机数的序列？

- $1, 1, 1, 1, 1, 1, 1, 1, 1, \cdots$
- $1, 2, 3, 4, 5, 6, 7, 8, 9, \cdots$
- $2, 7, 1, 8, 2, 8, 1, 8, 2, \cdots$

实际上，所有这三组数列都是某个序列的开始，可以按照序列的模式产生更多的数值（如果你还没有发现，那么注意一下，第 3 个序列是无理数中的常数 e 的初始数字）。如果把序列作为一个数字列来看，在理想情况下每一个可能的序列都有相同的概率被生成（包括上面这三个序列）。实际上，随机性的定义一般有如下特性：

- 无法预测下一项，这个序列是不可预测的（unpredictable）；
- 除了简单罗列之外，无法更简要地描述序列，这是序列的等分布性（equidistribution）。

实际上根本没有随机数序列，只有"尽可能随机"的序列。如果无法根据前面的各项在多项式时间内预测未来各项，那么这个序列就称为伪随机序列（pseudorandom）。

大多数计算机系统使用确定性算法选择伪随机数[1]。历史上最广为应用的方法是线性同余法（Linear Congruential Method，LCM）。LCM 方法很简单，首先选择一个种子，称为 $r(1)$。然后，根据下面公式计算后面的项：

$$r(i) = (r(i-1) \times b) \bmod t$$

其中的 b 和 t 都是常数。

根据 **mod** 函数的定义，所有生成的数字一定是在 0 到 $t-1$ 之间。现在，考虑一下对于值 i 和 j，当 $r(i) = r(j)$ 的时候会发生什么？当然，$r(i+1) = r(j+1)$，这意味着有一个重复的循环。

由于来自随机数生成器的值在 0 到 $t-1$ 之间，最长循环长度的期望是 t。实际上，由于 $r(0) = 0$，它甚至不可能这么长。要得到一个好的结果，为 b 和 t 选择出一个好的值非常重要。这是为什么呢？请看下面的例子。

例 16.4　给定 t 的值是 13，而由于选择不同的 b 值，可以得到非常不同的结果，非常难以预测。

$$r(i) = 6r(i-1) \bmod 13 =$$
$$..., 1, 6, 10, 8, 9, 2, 12, 7, 3, 5, 4, 11, 1, ...$$
$$r(i) = 7r(i-1) \bmod 13 =$$
$$..., 1, 7, 10, 5, 9, 11, 12, 6, 3, 8, 4, 2, 1, ...$$

---

[1]　另一种方法是利用计算机芯片，根据系统中的热量噪声生成随机数。经过时间的检验，可以知道这种方法是否能代替确定性方法。

$$r(i) = 5r(i-1) \bmod 13 =$$
$$..., 1, 5, 12, 8, 1, ...$$
$$..., 2, 10, 11, 3, 2, ...$$
$$..., 4, 7, 9, 6, 4, ...$$
$$..., 0, 0, ...$$

显然，在这个例子中 b 的值是 5，比 b 的值是 6 或 7 要差很多。

如果你要编写一个简单的 LCM 随机数生成器，根据下面的公式可以得到一个非常有效的结果。

$$r(i) = 16807r(i-1) \bmod 2^{31} - 1$$

16.3.5 快速傅里叶变换

根据本节开始所述，乘法比加法要难得多。两个 n 位数相乘的代价是 $O(n^2)$，而两个 n 位数相加的代价是 $O(n)$。

回忆一下 2.3 节提到的对数的一个性质：

$$\log nm = \log n + \log m$$

这样，如果取对数操作和取反对数操作的代价很低，就可以把乘法运算归约为加法运算，方法是先对两个操作数取对数，把取对数后的结果相加，再把相加之和取反对数操作。

在通常情况下，取对数操作和取反对数操作的代价很高，因此这种归约并不实用。然而，这种归约正是计算尺工作的基础。计算尺使用对数刻度去测量两个数值的长度，实际上是自动进行了对数变换。然后把这两个长度相加，长度之和的反对数通过另一个对数刻度读出。通常认为运算代价很高的部分（取对数操作和取反对数操作）现在代价都很低，因为计算尺是用机械方式实现的。这样，就可以通过很低的运算代价把乘法操作归约到加法操作。在电子计算器出现之前，科学家和工程师一般用计算尺完成这类基本计算。

现在考虑多项式乘法问题。一个有 n 个数值的向量可以唯一表示为 $n-1$ 阶多项式，表示方法如下：

$$P_{\mathbf{a}}(x) = \sum_{i=0}^{n-1} \mathbf{a}_i x^i$$

此外，一个多项式还可以通过 n 个不同的点组成的一组数值唯一地表示出来。找到一个多项式在一个给定点上的值称为求解（evaluation）。给定 n 个点的值找到多项式系数的过程称为插值（interpolation）。

两个 $n-1$ 阶多项式 A 和 B 系数相乘通常需要花费 $\Theta(n^2)$ 时间。然而，如果求解两个多项式（在同一个点上），仅仅需要把对应的值对相乘，得到多项式 AB 中对应的值。

例 16.5　多项式 A：$x^2 + 1$
多项式 B：$2x^2 - x + 1$
多项式 AB：$2x^4 - x^3 + 3x^2 - x + 1$
当在点 0、1 和 -1 将两个多项式的解相乘时，得到下面的结果：

$$AB(-1) = (2)(4) = 8$$
$$AB(0) = (1)(1) = 1$$
$$AB(1) = (2)(2) = 4$$

结果与在这些点上直接求解多项式 AB 的结果相同。

在 0 点求解任何多项式都很简单。如果在 1 和 -1 点上求解，那么在这两个求解过程中的许多工作可以共享。但是要确定多项式 AB 却需要 5 个点，这是因为它是 4 阶多项式。幸运的是，对于任何数值对 c 和 -c，可以加速处理过程。这看起来似乎存在一些方法可以加快多项式的求解过程。但是，就像求解一个点一样，在几乎相同的时间求解两个点仅仅能使过程加速一个常数因子。有没有方法使得这里的观察更通用，进一步加速问题的求解过程呢？即使找到一种方法，可以快速求解多个点，也需要 5 个值的插值，以得到 AB 的系数。

因此可以看到，如果能找到一种快速方法对 $2n-1$ 个点进行求解和插值，就可以在 $\Theta(n^2)$ 时间完成两个多项式的乘法运算。在进一步考虑如何实现之前，再观察一下针对数值 c 和 -c 求解多项式两者之间的关系。在一般情况下，可以写出 $P_a(x) = E_a(x) + O_a(x)$，其中 E_a 是多项式的偶次项，O_a 是多项式的奇次项。因而：

$$P_a(x) = \sum_{i=0}^{n/2-1} a_{2i}x^{2i} + \sum_{i=0}^{n/2-1} a_{2i+1}x^{2i+1}$$

这个公式的重要性在于当对数值对 c 和 -c 进行求解的时候，得到

$$E_a(c) + O_a(c) = E_a(c) - O_a(-c)$$
$$O_a(c) = -O_a(-c)$$

这样，只需要计算各个 E 项和各个 O 项一次而不是两次，即可得到求解结果。

快速多项式乘法的关键是为求解和插值找到合适的点，使得整个过程高效。特别是要利用对称性，就像在求解 x 和 -x 的过程中一样。但是如果不仅要使工作量减半，还希望做得更多，就要找到更多的对称性。不仅要找出数值对之间的对称性，而且还要找出数值对的结对之间的对称性，甚至是结对的结对之间的对称性，以此类推。

回忆一下，复数 z 有一个实部，一个虚部。如果用 x 轴表示复数的实部，用 y 轴表示复数的虚部，就可以看到复数 z 在数轴上的位置。现在，定义 n 次基本单位根（primitive nth root of unity）如下：

1. $z^1 = 1$
2. $z^k \neq 1$，$0 < k < n$

z^0，z^1，…，z^{n-1} 称为 n 次单位根。例如，当 $n=4$ 时，$z=i$ 或者 $z=-i$。在一般情况下，有下面的性质：$e^{i\pi} = -1$，而且 $z^j = e^{2\pi i j/n} = -1^{2j/n}$。这里公式的意义在于可以在一个单位圆中找到需要的足够多的点（见图 16.6）。但是这些点的特殊之处在于可以利用它们进行合适的必要计算，以得到需要的对称性，从而加速整个过程，一次求解多个点。

下一步是定义计算如何完成。定义一个有 i 行、j 列的 $n \times n$ 矩阵 A_z 如下：

$$A_z = (z^{ij})$$

方法是每一个根有一行（第 i 行是 z^i），列在多项式中对应 x 值的指数幂。例如，当 $n=4$ 时有 $z=i$。这样，数组 A_z 如下所示：

$$A_z = \begin{bmatrix} 1 & 1 & 1 & 1 \\ 1 & i & -1 & -i \\ 1 & -1 & 1 & -1 \\ 1 & -i & -1 & i \end{bmatrix}$$

令 $a = [a_0, a_1, \cdots, a_{n-1}]^T$ 是存储待求解多项式的系数向量。可以把矩阵 A_z 和系数向量相乘，

计算多项式的 n 次单位根。结果向量 F_z 称为多项式的离散傅里叶(Fourier)变换(DFT)。

$$F_z = A_z a = b$$

$$b_i = \sum_{k=0}^{n-1} a_k z^{ik}$$

当 $n = 8$ 时,$z = \sqrt{i}$,因为 $\sqrt{i}^8 = 1$。所以,对应的矩阵如下:

$$A_z = \begin{bmatrix} 1 & 1 & 1 & 1 & 1 & 1 & 1 & 1 \\ 1 & \sqrt{i} & i & i\sqrt{i} & -1 & -\sqrt{i} & -i & -i\sqrt{i} \\ 1 & i & -1 & -i & 1 & i & -1 & -i \\ 1 & i\sqrt{i} & -i & \sqrt{i} & -1 & -i\sqrt{i} & i & -\sqrt{i} \\ 1 & -1 & 1 & -1 & 1 & -1 & 1 & -1 \\ 1 & -\sqrt{i} & i & -i\sqrt{i} & -1 & \sqrt{i} & -i & i\sqrt{i} \\ 1 & -i & -1 & i & 1 & -i & -1 & i \\ 1 & -i\sqrt{i} & -i & -\sqrt{i} & -1 & i\sqrt{i} & i & \sqrt{i} \end{bmatrix}$$

仍然还有两个问题需要解决。当进行矩阵和向量相乘时,需要找到比标准矩阵向量相乘更快的方法,否则求解的代价仍然是 n^2 次乘法。即使能够以很低的代价完成矩阵和向量的相乘,仍然需要一个逆过程。也就是说,通过求解把两个输入多项式变换后,然后把求解的点结对相乘,必须把这些点插值,得到原始输入多项式相乘对应的结果多项式。

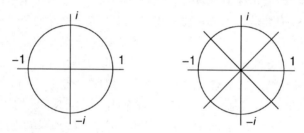

图 16.6　4 阶和 8 阶单位根的例子

插值步骤与求解步骤几乎完全相同:

$$F_z^{-1} = A_z^{-1} b' = a'$$

需要找到 A_z^{-1},这很容易计算出来,定义如下:

$$A_z^{-1} = \frac{1}{n} A_{1/z}$$

也就是说,插值(逆变换)需要进行和求解相同的计算,除了用 $1/z$ 替换 z(最后用 $1/n$ 相乘)以外。因此,如果能够很快地完成一件事,也能很快地完成另一件事。

如果研究一下例子 A_z 矩阵,当 $n = 8$ 时就会看到矩阵中的对称性。例如,矩阵的上半部分和下半部分相同,除了某些行或列的符号需要改变。矩阵的左半部分和右半部分也是一样的。可以找到一个有效的分治算法,可以在 $\Theta(n \log n)$ 时间完成求解和插值运算,称为离散傅里叶变换。这是一个递归过程,通过求解 n 次单位根来得到对称性,再利用对称性把矩阵乘法运算分解。算法如下:

```
Fourier_Transform(double *Polynomial, int n) {
  // Compute the Fourier transform of Polynomial
  // with degree n. Polynomial is a list of
  // coefficients indexed from 0 to n-1. n is
  // assumed to be a power of 2.
```

```
double Even[n/2], Odd[n/2], List1[n/2], List2[n/2];

if (n==1) return Polynomial[0];

for (j=0; j<=n/2-1; j++) {
  Even[j] = Polynomial[2j];
  Odd[j] = Polynomial[2j+1];
}
List1 = Fourier_Transform(Even, n/2);
List2 = Fourier_Transform(Odd, n/2);
for (j=0; j<=n-1, J++) {
  Imaginary z = pow(E, 2*i*PI*j/n);
  k = j % (n/2);
  Polynomial[j] = List1[k] + z*List2[k];
}
return Polynomial,
}
```

这样，利用傅里叶变换实现的多项式 A 和 B 相乘的全过程如下：

1. 用一个 $2n-1$ 行组成的系数向量代表一个 $n-1$ 阶多项式：

$$[a_0, a_1, \cdots, a_{n-1}, 0, \cdots, 0]$$

2. 对于代表 A 和 B 的向量完成 **Fourier_Transform** 变换；

3. 把结果结对相乘，得到 $2n-1$ 个数值；

4. 完成 **Fourier_Transform** 变换的逆变换，得到 $2n-1$ 阶多项式 AB。

16.4　深入学习导读

如果要进一步了解跳跃表的相关信息，请参见 William Pugh［Pug90］的文章"Skip Lists：A Probabilistic Alternative to Balanced Trees"。

16.5　习题

16.1　利用动态规划方法解决河内塔问题。

16.2　在 Floyd 算法中，下面的代码行有 6 种可能的排列。哪一种能给出正确的算法？

```
for (int k=0; k<G.n(); k++)
  for (int i=0; i<G.n(); i++)
    for (int j=0; j<G.n(); j++)
```

16.3　对于图 11.26 中的图，给出运行 Floyd 全局最短路径算法的结果。

16.4　16.1.2 节给出的 Floyd 算法的实现对于邻接表是无效率的，因为当初始化数组 **D** 的时候访问边的次序很差。邻接表初始化步骤的代价是什么？如何改进初始化步骤，使得它在最差情况下的代价是 $\Theta(|\mathbf{V}|^2)$？

16.5　对于全局最短路径问题，说明最可能的下限，并且证明你的答案。

16.6　给出插入下列值后的跳跃表结果。在每次插入之后画出跳跃表。对于每一个值，假设其对应结点的深度如下表所示。

值	深度
5	2
20	0
30	0

2	0
25	1
26	3
31	0

16.7 如果有一个从来不需要修改的链表,可以用一个比跳跃表更简单的方法加速访问过程。其核心思想和跳跃表是一样的,在链表的结点中增加指针,以便更有效地访问链表中的第 i 个元素。在单链表中,如何增加第二个指针,使得访问任意元素的时间为 O($\log n$)?

16.8 跳跃表结点的预期(平均)指针数是多少?

16.9 编写一个函数,从跳跃表中删除一个具有给定值的结点。

16.10 编写一个函数,在跳跃表中找到第 i 个结点。

16.6 项目设计

16.1 完成 16.2.2 节中的基于跳跃表的字典的实现。

16.2 实现标准矩阵相乘算法($\Theta(n^3)$)和 Strassen 矩阵相乘算法(见 16.3.3 节)。通过经验测试,对于两个算法的运行时间方程估算一下常数因子。n 要有多大,才能使得 Strassen 算法比标准算法更有效率?

第 17 章　计算的限制

本书中包括了许多数据结构和高效算法的例子，利用这些数据结构可以解决各种各样的问题。一般来说，检索算法在最差情况下检索一条记录的时间复杂度是 $O(\log n)$，而排序算法是 $O(n \log n)$。有一些算法的渐近复杂度更高一些，Floyd 的全局最短路径算法和标准矩阵相乘算法的时间复杂度都是 $\Theta(n^3)$ [尽管这两个例子处理数据所需要的时间代价都是 $\Theta(n^2)$]。

人们能够有效地解决许多问题，原因在于(选择使用了)高效的算法。对于一些可以用算法解决的问题，有些人就会编写出一个低效的算法来"解决"这个问题。例如，考虑这样一个算法，它测试其输入的每一种可能排列，直到找到一个已排序线性表的那个排列。这个算法的运行时间代价简直高得无法忍受，因为它的时间代价与被排列数据的个数成正比。对于 n 个输入，其输入数据的排列数是 $n!$。当解决最小支撑树问题时，如果测试边的每一个子集，看一看哪一个子集能形成最小支撑树，对于一个边数为 $|E|$ 的图，工作量将正比于 $2^{|E|}$。对于这些问题，都有更智能的算法，可以(相对来说)更快地找到答案。

但是，实际生活中也有许多计算问题，即使用最好的算法也要花费很长的运行时间。一个简单的例子是河内塔问题。对于一个 n 层盘子的河内塔问题，需要移动 2^n 次盘子才能解决问题。任何计算机程序都不可能用少于 $\Omega(2^n)$ 时间来解决这个问题，因为必须要把许多移动的动作打印出来。

除了这些算法必须花费很长时间运行的问题以外，还有一些问题，甚至不知道是否有高效率的算法。对于这类问题，当前知道的最好的算法都运行得很慢，但是可能还有更好的算法，这有待于发现。当然，解决问题的算法的运行时间代价太高确实令人头疼，但是这总比根本找不到解决问题的算法要好一些。找不到算法的问题确实存在，17.3 节就介绍了其中的一些内容。

这一章对算法代价很高的问题和不可解问题的理论给出了一个简要的介绍。17.1 节给出归约的概念，归约是问题难度分析的核心工具(与算法代价分析相对应)。利用归约，可以把各种问题的难度联系起来，这样做比对每一个问题都从头分析要容易得多。17.2 节讨论难解问题，所谓难解问题是指需要或者至少看起来需要花费与输入规模呈指数关系的时间代价来解决的问题。最后，17.3 节考虑这样一些问题，这些问题通常易于定义和理解，但是实际上无法利用计算机程序进行解决。这类问题的一个经典例子是停机问题(halting problem)，即当任意一个计算机程序处理一个指定的输入时，确定它是否会进入无限循环。

17.1　归约

为了更好地理解问题之间的关系，可以从一个重要的概念开始，这个概念就是归约(reduction)。利用归约，可以通过一个问题解决另一个问题。同样重要的是，理解一个问题的难度时，可以利用归约对问题代价的上下限做出相关表述(与算法或程序不同)。

由于这一章广泛讨论问题的概念，因而需要利用表示法来简化问题的描述。在这一章，把问题定义为从输入到输出的一个映射。问题的名字全部用大写字母给出。这样，排序问题（SORTING）的完整定义如下。

SORTING：
　　输入：一组整数 $x_0, x_1, x_2, \cdots, x_{n-1}$。
　　输出：这组整数的一个排列 $y_0, y_1, y_2, \cdots, y_{n-1}$，使得每当 $i < j$ 时，$y_i \leqslant y_j$。

一旦你购买或者编写出一个程序来解决问题，例如排序问题，你就可以利用它来帮助解决另一个不同的问题。在软件工程中，这称为软件复用（software reuse）。为了说明这一点，下面考虑另外一个问题。

PAIRING：
　　输入：两组整数 $X = (x_0, x_1, \cdots, x_{n-1})$ 和 $Y = (y_0, y_1, \cdots, y_{n-1})$。
　　输出：两组数的元素配对，X 中的最小值配对 Y 中的最小值，X 中的次小值配对 Y 中的次小值，以此类推。

图 17.1 说明了配对问题（PAIRING）。解决配对问题的一种方法是使用一个已存在的排序程序，首先排序两组整数，然后根据它们的排序位置进行配对。从技术上说，配对问题被归约到排序问题，因为可以利用排序问题解决配对问题。

归约是一个三步过程。第一步把一个 PAIRING 实例转换成两个 SORTING 实例。在这个例子中转换步骤没有什么意思；它只是得到每一个序列，并且把序列赋值给一个数组，把这个数组传递给 SORTING 问题。第二步是排序这两个数组（即把 SORTING 应用于每一个数组）。第三步是把 SORTING 的输出转换为 PAIRING 的输出。这可以通过配对每个数组的第一个元素、第二个元素等完成。

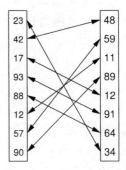

图 17.1　PAIRING 问题说明。这两个表中的数搭配起来，使得两个表中最小值配成一对，次小值配成一对，以此类推

通过从 PAIRING 到 SORTING 的归约，可以建立 PAIRING 代价的一个上限。根据渐近表示法，假定可以找到一种方法"足够快地"把 PAIRING 的输入转换为 SORTING 的输入，假定还能找到第二种方法"足够快地"把 SORTING 的结果转换回 PAIRING 的结果，那么 PAIRING 的渐近代价就不会比 SORTING 的渐近代价更高。在这种情况下，从 PAIRING 向 SORTING 的转换需要做的工作极少，而且从 SORTING 的结果转换回 PAIRING 的结果要做的工作也极少，因而这种方法的主要代价是完成排序操作。这样，PAIRING 的上限就是 O($n \log n$)。

有一点需要注意，配对问题不需要对两个序列中的元素进行排序。排序只不过是解决这个问题的一种方法。配对问题只需要把序列的元素正确配对。还有其他方法吗？当然，如果使用排序方法解决配对问题，算法需要 Ω($n \log n$) 时间。但是，可能还有另外一种更快的方法。

除了利用老算法解决新问题（并且为新问题建立一个上限）以外，归约还有另外一个用途。这就是证明新问题代价的下限，方法就是说明新问题可以作为一个老问题的解法，而这个老问题已经知其下限。

假如走另一条路，"足够快地"把 SORTING 转换为 PAIRING，这对了解 PAIRING 的最小代价有什么帮助呢？从 7.9 节可以知道，SORTING 在最差情况下和平均情况下的代价是 $\Omega(n \log n)$。也就是说，解决排序问题最佳算法也至少需要 $n \log n$ 时间。

假定 PAIRING 问题可以在 $O(n)$ 时间完成，那么创建排序算法的一种方法就是把 SORTING 转换成 PAIRING，再运行 PAIRING 算法，最后再把结果转换回 SORTING 的结果。如果可以在 SORTING 和 PAIRING 之间"足够快地"进行来回转换，那样就会为排序问题产生一个 $O(n)$ 算法！由于这与人们所知道的 SORTING 的下限矛盾，推理中唯一有问题的地方就是 PAIRING 能够在 $O(n)$ 时间完成的初始假设。从而可以得出结论：PAIRING 没有 $O(n)$ 时间算法。这个推理过程表明，PAIRING 的代价至少和 SORTING 的代价一样高，因此它本身一定有一个下限 $\Omega(n \log n)$。

为了完成这个关于 PAIRING 下限的证明，现在需要找到一种方法，把 SORTING 归约到 PAIRING，这很容易做到。首先得有 SORTING 的一个实例（例如，一个有 n 个元素的数组 A）。接下来建立第二个数组 B：对于 $0 \le i < n$，把 i 存储到第 i 个位置。把这两个数组传递给 PAIRING。取出配对的结果集，使用配对中来自 B 数组的值来确定 A 数组的元素应当在已排序的数组中位于哪个位置；也就是说，可以使用 B 数组中对应的值作为排序关键码运行简单的 $\Theta(n)$ 的 Binsort（分配排序），重新排列 A 数组中的记录。SORTING 向 PAIRING 的转换可以在 $O(n)$ 时间完成。同样，PAIRING 的输出也可以在 $O(n)$ 时间转换成 SORTING 的输出。这样，这个"排序算法"的代价主要就是 PAIRING 的代价。

考虑两个问题，可以找到从一个问题到另一个问题的合适归约。对于第一个问题的任意一个输入实例，把它命名为 I，然后把 I 转换成一个结果，称之为 SLN。对于第二个问题的任意一个输入实例，称之为 I'，然后把 I' 转换成一个结果，称之为 SLN'。可以规范地把归约定义为一个三步过程：

1. 把第一个问题的任意一个实例转换成第二个问题的一个实例。也就是说，必须有一个变换，把第一个问题的任意一个实例 I 转换成第二个问题的一个实例 I'；
2. 对第二个问题的实例 I' 应用算法，产生结果 SLN'；
3. 把 SLN' 转换成 I 的结果，称为 SLN。要使归约可以接受，SLN 实际上必须是 I 的正确结果。

图 17.2 是一般归约过程的一个图形化表示，它体现出了两个问题和两次转换在整个过程中的位置。图 17.3 中是一个类似的图，它体现了从 SORTING 到 PAIRING 的归约过程。

有一点很重要，归约过程本身不能给出解决这两个问题的算法。它只是在已经知道第二个问题解法的情况下，给出一种解决第一个问题的方法。本章其余部分讨论更重要的主题，即归约给出了通过一个问题理解另一个问题的上下限的一种方法。尤其在转换效率很高的情况下，第一个问题的上限至多是第二个问题的上限。反过来，第二个问题的下限至少是第一个问题的下限。

作为归约的第二个例子，考虑一下两个 n 位数相乘这样一个简单的问题。标准的乘法方法是把第一个数的最后一位与第二个数相乘[代价为 $\Theta(n)$ 时间]，把第一个数的倒数第二位与第二个数相乘（再花费 $\Theta(n)$ 时间），对于第一个数中 n 位的每一位都以此类推。最后，把中间结果加起来。把长度为 M 和 N 的两个数相加可以很容易地在 $\Theta(M+N)$ 时间完成。由于第一个数的每一位都与第二个数的每一位相乘，这个算法需要 $\Theta(n^2)$ 时间。已经知道有更快（但是更复杂）的渐近算法，但是没有 $O(n)$ 时间的算法。

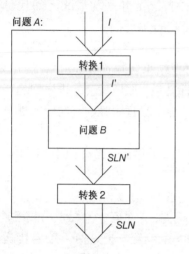

图 17.2   用盒图表示的一般归约过程

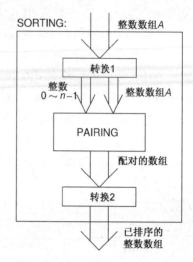

图 17.3   用盒图表示的从 SORTING 到 PAIRING 的归约

接下来提出这样一个问题：对一个 n 位数平方也像两个 n 位数相乘一样难吗？希望在这个特定情况下的某个算法会比一般的两个数相乘问题的算法更快一些。然而，通过简单的归约证明表明，平方问题与相乘问题一样难。

这个归约的关键是下面的公式：

$$X \times Y = \frac{(X+Y)^2 - (X-Y)^2}{4}$$

这个公式的意义在于它允许把任意两个数相乘的问题转换成一组操作，其中包括三次加/减法（每一次加/减法都可以在线性时间完成）、两次平方及一次除以 4 操作。除以 4 操作可以在线性时间完成（只需要把十进制数转换成二进制数，右移两位，再把二进制数转换成十进制数）。

这个归约表明，如果能找到平方问题的线性时间算法，就可以用它建立乘法问题的线性时间算法。

归约的另一个例子是两个 $n \times n$ 矩阵的乘法。对于这个问题，假定存储在矩阵中的数值都是简单的整数，两个整数相乘花费的时间代价是一个常数时间（因为两个 **int** 型数值相乘需要执行的机器指令数是固定的）。两个矩阵相乘的标准算法是，把第一个矩阵的第一行与第二个矩阵第一列各个对应元素相乘，再把各个结果相加，作为结果矩阵第一行、第一列的元素值，这就要花费 $\Theta(n)$ 时间。其他 n^2 个元素以此类推，总共需要 $\Theta(n^3)$ 时间。现在已经知道有更快的算法（见 16.3.3 节 Strassen 算法的讨论），但是没有达到 $O(n^2)$ 的算法。

现在考虑两个对称矩阵相乘的问题。所谓对称矩阵，就是矩阵第 i 行、第 j 列的值等于矩阵第 j 行、第 i 列的值。也就是说，矩阵的右上三角是矩阵的左下三角的映像。那么对矩阵加上这么严格的限制，两个对称矩阵相乘是否会比两个一般矩阵相乘更快呢？答案是否定的，这一点可以从下面的归约中看到。假定有两个 $n \times n$ 矩阵 A 和矩阵 B，对于任意矩阵 A，可以构建一个 $2n \times 2n$ 矩阵如下：

$$\begin{bmatrix} 0 & A \\ A^{\mathrm{T}} & 0 \end{bmatrix}$$

这里 0 表示所有值为 0 的 $n \times n$ 矩阵，矩阵 A 是原始矩阵，矩阵 A^{T} 是矩阵 A 的转置矩阵[①]。这里构造的结果矩阵是对称矩阵。同样，可以利用矩阵 B 构造一个对称矩阵。如果对称矩阵之间的乘法可以快速完成[特别是如果两个对称矩阵相乘花费 $\Theta(n^2)$ 时间]，那么利用下面的方法，就可以实现任意两个 $n \times n$ 矩阵相乘在 $\Theta(n^2)$ 时间完成：

$$\begin{bmatrix} 0 & A \\ A^{\mathrm{T}} & 0 \end{bmatrix} \begin{bmatrix} 0 & B^{\mathrm{T}} \\ B & 0 \end{bmatrix} = \begin{bmatrix} AB & 0 \\ 0 & A^{\mathrm{T}}B^{\mathrm{T}} \end{bmatrix}$$

在上面的公式中，矩阵 AB 是矩阵 A 和矩阵 B 相乘的结果。

17.2　难解问题

可以有多种方式认为一个问题是难解的。例如，可能对理解问题本身的定义有困难。在一个大型数据采集和分析项目的开始阶段，项目开发者和客户可能对项目目标有一个模糊的认识，需要花费很多时间把项目目标梳理清楚。还有一种类型问题，理解问题本身并不困难，找到解决问题的算法却是非常困难的。例如，把英语口头交流的内容翻译成书面语言的问题，目标很容易定义，但是算法却很难实现。尽管自然语言处理算法很难编写，然而程序的运行时间却非常快。当前有许多实际系统在合理的运行时间限制内解决这类问题。

当一个计算机理论研究者使用"难解"这个词时，它不同于上面这些一般意义上的困难。贯穿这一节，"难解问题"表示问题最众所周知的算法的运行时间都开销巨大。难解问题的一个例子是河内塔问题。理解这个问题和它的算法都很简单。编写程序解决这个问题也不困难。但是，对于任何一个相对大一些的数值 n，要花费相当长的运行时间。试一试编写一个程序，解决一个 30 层的河内塔问题，就知道这个问题有多难解了。

河内塔问题要花费指数运行时间，即它的运行时间是 $\Theta(2^n)$。这与一个花费 $\Theta(n \log n)$ 时间或者 $\Theta(n^2)$ 时间的算法截然不同，它甚至与一个花费 $\Theta(n^4)$ 的算法也大不一样。这些算法的运行时间都是多项式运行时间的例子，因为这些方程中所有项的指数都是常数。回忆一下第 3 章，如果购买一台新型计算机，它的运行速度是原来运行速度的两倍，对于复杂性大小为 $\Theta(n^4)$ 的问题，可以在给定时间内解决这个问题，它的规模增长为 $2^{1/4}$。也就是说，即使它非常小，也是以一个乘数因子增长。对于任何以多项式表示运行时间的算法，这都是正确的。

如果购买一台速度是原来两倍的计算机，试图在给定时间内解决一个更大规模的河内塔问题会发生什么情况？由于河内塔问题的复杂性是 $\Theta(2^n)$，解决这个问题只能多增加一层！没有乘数因子，这对于任何指数算法都是正确的：处理能力的常数倍数的增长仅仅导致解决问题能力的定量增加。

多项式时间算法和指数时间算法还有其他一些根本区别。多项式时间算法对于组合和相加是封闭的。这样，顺序运行多个多项式时间程序，或者一个多项式时间程序多次调用其他

---

① 矩阵的转置操作就是把原矩阵中第 i 行、第 j 列的元素放到转置矩阵中的第 j 行、第 i 列中。对于一个 $n \times n$ 矩阵，这可以很容易地在 n^2 时间完成。

多项式时间程序,其最后的总运行时间也是多项式时间。而且,所有已知的计算机都是多项式时间相关的。也就是说,如果一个程序在一台计算机上是以多项式时间运行的,那么把这个程序移植到另一台计算机上运行,它也是多项式时间。

　　识别这种差异有一个很实际的原因。在实际应用中,大多数多项式时间算法是可行的,即可以在合理的时间范围内处理大量输入数据。相反,对于大多数指数时间算法,即使对于中等规模的输入,运行时间也大得难以接受。有人可能会说,对于高阶多项式时间算法的程序(例如 n^{100}),也是慢得难以忍受,而代价为 1.001^n 的指数时间算法的程序却是可以接受的。但是在实际情况中,几乎找不到具有非常高阶的多项式时间算法(基本上都在 4 阶以下),而对于指数时间算法,基本上没有常数 c[代价是 $O(c^n)$]接近于 1 的情况。因此,在实际情况中,多项式时间算法和指数时间算法之间没有很多灰色的过渡区域。

　　在这一章的其余部分,难解(hard)算法定义为以指数时间运行的算法,即对于某个常数 $c>1$,以 $\Omega(c^n)$ 时间运行的算法,下一节将给出难解问题的定义。

17.2.1　NP 完全性理论

　　设想一下有这样一台神奇的计算机,它解决问题的方式是从一个问题的所有可能解中找出一个正确的解。也可以用另一种方式看待这个问题,想象一下可以同时测试所有可能解的一台超级并行计算机。当然,这台神奇的(高并行性的)计算机可以做普通计算机能做到的任何事。它还能比普通计算机更快地解决一些问题。考虑这样一个问题:对于某个猜测的解,检测这个解是否正确,问题是这个过程是否能在多项式时间完成? 即使可能解的数目是指数级的,任何给定的解都可以在多项式时间检测出结果(相当于在多项式时间同时检查出所有可能的解),这样,问题就可以通过假想的神奇计算机在多项式时间解决。这个意思也可以从另一个角度来理解:如果不能通过猜测出正确解并检测它的方式在多项式时间得到问题的答案,通过其他方式也不可能在多项式时间得到答案。

　　"猜测"出问题的正确答案,或者并行检查所有可能的解以确定哪一个解正确,这一思想称为非确定性(non-determinism)。如果一个算法采用这种方式工作,这个算法就称为非确定性算法(non-deterministic algorithm)。如果问题的算法在一台非确定性计算机上以多项式时间运行,这样的问题都有一个特殊的名字:它是一个 NP 问题。这样,NP 问题就是能在一台非确定性计算机上以多项式时间解决的问题。

　　当然,并不是所有在常规计算机上需要指数运行时间的问题都是 NP 问题。例如,河内塔问题就不是 NP 问题,因为它对于 n 层盘子需要打印出 $O(2^n)$ 步移动。一台非确定性计算机不能花费更少的时间"猜测"并打印出正确答案。

　　另外,再考虑一下货郎担问题(TRAVELING SALESMAN Problem)。

TRAVELING SALESMAN(1)

　　输入:一个完全有向图 **G**,图中每条边都有赋正值的距离。

　　输出:包括每一个顶点的最短简单回路。

　　图 17.4 说明了这个问题。这里显示了 5 个顶点,还有边和每条边的相关代价。(为了简单起见,图 17.4 显示了一个无向图,假定一条边的两个方向的代价相同,尽管这不是必须

的。)如果货郎按照 ABCDEA 的顺序访问城市,他所
走过的总距离为 13。一条更好的路径是 ABDCEA,
其代价是 11。这个图的最佳路径是 ABEDCA,其代
价是 9。

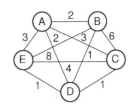

图 17.4　货郎担问题的图示。图中显示了 5 个
　　　　顶点和每对城市之间的边。问题
　　　　是从起始城市开始,访问所有城
　　　　市,每个城市只访问一次,再回
　　　　到起始城市,而使总代价最少

不能用一台非确定性计算机在多项式时间解
决这个问题。其问题在于,给出一个候选回路,尽
管可以很快检测出解是否是一个符合相应形式的
回路,也可以很快计算出路径长度,但是没有一种
简单的方法知道它实际上就是最短回路。然而,
可以解决这个问题的一个变体,它的形式是决策
问题(decision problem)。一个决策问题的解要么为“是”(YES),要么为“否”(NO)。货郎担
问题的决策问题形式如下:

TRAVELING SALESMAN(2)

　　输入:一个完全有向图 **G**,图中每条边都有其值为正数的距离和一个整数 k。

　　输出:如果有一个简单回路,其总距离 $\leq k$,并包含图 **G** 中的每一个顶点,那么就输
出 YES,否则输出 NO。

可以使用一台非确定性计算机在多项式时间解决这一版本的货郎担问题。非确定性算法
只是并行检查图中边的所有可能子集。如果边的某个子集是总长度小于等于 k 的相应回路,
答案就是 YES,否则答案就是 NO。这里只需要有某个子集符合要求就可以了,有多少子集
不符合要求并不重要。检查一个特定子集是否符合要求可以在多项式时间完成:把子集中的
各个边的距离累加,并验证这些边形成一个恰好访问每个顶点一次的回路。这样,检查算法
的运行时间就是多项式时间。但是,一共有 $2^{|E|}$ 个子集需要检查,因此这个算法不能在一台
普通计算机上转换成一个多项式时间算法。尽管许多计算机科学家已经对这个问题进行了多
年的广泛研究,但还是没有人能找到一个多项式时间算法,可以在一台普通计算机上解决货
郎担问题。

大量问题都具有这样的特性:知道有效率的非确定性算法,但是不知道是否存在有效率
的确定性算法。同时,也无法证明这些问题中的任何一个不存在有效率的确定性算法。这类
问题称为 $\mathcal{NP}$ 完全性($\mathcal{NP}$-complete)问题。有关 $\mathcal{NP}$ 完全性问题最奇怪、也最迷人的地方是,
如果有人对其中的一个问题找到了在普通计算机上以多项式时间运行的方法,那么经过一系
列归约,$\mathcal{NP}$ 中的所有其他问题也都可以在普通计算机上用多项式时间解决。

如果 $\mathcal{NP}$ 中的任何问题都可以在多项式时间被归约到问题 X,则该问题被定义为 $\mathcal{NP}$
难解($\mathcal{NP}$-hard)问题。这样,问题 X 就和 $\mathcal{NP}$ 中的任何其他问题一样难。问题 X 定义为
$\mathcal{NP}$ 完全性问题,如果

1. X 在 $\mathcal{NP}$ 中;而且
2. X 是 $\mathcal{NP}$ 难解问题。

把一个问题定义为 $\mathcal{NP}$ 难解问题的需求看起来是不可能的,但是实际上有几百个这样的
问题,其中包括货郎担问题。另一个这样的问题称为 K 团(K-CLIQUE)问题。

K-CLIQUE

　　输入: 一个任意无向图 **G** 和一个整数 k。

　　输出: 如果存在至少 k 个结点的完全子图,那么就输出 YES,否则输出 NO。

　　没有人知道 K-CLIQUE 问题是否有多项式时间算法,但是如果为 K-CLIQUE 问题或者货郎担问题找到了这样一个算法,那么就可以修改算法,在多项式时间解决另一个问题,并且也可以在多项式时间解决 $\mathcal{NP}$ 中的其他问题。

　　知道一个问题 P1 是 $\mathcal{NP}$ 完全性问题在理论上的一个主要好处是,可以使用它来说明另一个问题 P2 也是 $\mathcal{NP}$ 完全性问题。这可以通过找到一个从 P1 到 P2 的多项式时间归约来实现。由于已经知道 $\mathcal{NP}$ 中的所有问题都可以在多项式时间归约到 P1(通过 $\mathcal{NP}$ 完全性定义),现在就可以知道通过把问题先归约到 P1 再归约到 P2 的简单算法,也可以把所有问题都归约到 P2。

　　知道一个问题是 $\mathcal{NP}$ 完全性问题有一个非常实际的好处。如果对某个 $\mathcal{NP}$ 完全性问题找到了多项式时间算法,就可以对所有其他 $\mathcal{NP}$ 完全性问题找到多项式时间算法。其含义是

1. 由于还没有人找到这样的一个算法,它一定是非常困难的,甚至是不可解的;而且
2. 为一个 $\mathcal{NP}$ 完全性问题寻找多项式时间算法的努力可以扩展到所有 $\mathcal{NP}$ 完全性问题。

　　$\mathcal{NP}$ 完全性理论对于一般程序员有什么实际意义呢? 如果老板要求你提供一个快速算法来解决一个问题,如果回复说最佳算法是一个指数时间算法,他一定会很不高兴。但是如果能够证明这个问题是一个 $\mathcal{NP}$ 完全性问题,尽管他仍然会不高兴,但至少不会迁怒于你。因为所要解决的问题是一个 $\mathcal{NP}$ 完全性问题,意味着世界上最有才华的计算机科学家花费了近50年的时间尝试为这个问题寻找一个多项式时间算法,但是都已经失败了。

　　在普通计算机上使用多项式运行时间可以解决的问题称为 $\mathcal{P}$ 类问题。显然,只要简单地忽略非确定性能力,$\mathcal{P}$ 类问题中的所有问题在一台非确定性计算机上都可以在多项式运行时间解决。$\mathcal{NP}$ 中的一些问题是 $\mathcal{NP}$ 完全性问题。由于所有可以在多项式运行时间解决的问题都可以在指数运行时间解决,可以认为所有能够在指数运行时间或更少运行时间解决的问题构成一个更大的问题类。这样,就可以从图 17.5 中看到指数运行时间或更少运行时间的问题类了。

图 17.5　需要指数运行时间或者少于指数运行时间问题的层次结构,其中一些问题
可以利用非确定性计算机在多项式运行时间解决。在这些问题中,有一些是
$\mathcal{NP}$ 完全性问题,还有一些可以在普通计算机上花费多项式运行时间解决

是否 $\mathcal{P} = \mathcal{NP}$，这是理论计算机科学界还无法回答的最重要的问题。如果它们是相等的，就意味着货郎担问题和其他相关问题都有多项式时间算法。由于已经知道货郎担问题是 $\mathcal{NP}$ 完全性问题，如果发现了货郎担问题的一个多项式时间算法，那么 $\mathcal{NP}$ 中的所有问题都可以在多项式时间得到解决。相反，如果能证明货郎担问题有一个指数运行时间下限，就会知道 $\mathcal{P} \neq \mathcal{NP}$。

17.2.2 $\mathcal{NP}$ 完全性证明

要想证明某个问题是 $\mathcal{NP}$ 完全性问题，只需要证明 一个问题 H 是 $\mathcal{NP}$ 完全性问题。之后，要想证明任何问题 X 是 $\mathcal{NP}$ 难解问题，只要把 H 归约到 X 就可以了。当进行 $\mathcal{NP}$ 完全性证明时，最重要的是不要把归约方向搞反了。如果可以把候选问题 X 归约到已知的难解问题 H，这就表明可以利用问题 H 作为解决问题 X 的一个步骤。也就是说，已经找到了一个（已知）很难的方法来解决问题 X。然而，如果把已知的难解问题 H 归约到候选问题 X，这表明可以利用问题 X 作为解决问题 H 的一个步骤。而且如果已经知道问题 H 是难解的，那么 X 一定是难解的（因为如果问题 X 不是难解的，那么问题 H 也不是难解的）。

因此，这个理论至关重要的第一步是找到一个 $\mathcal{NP}$ 难解问题。一个问题是 $\mathcal{NP}$ 难解问题的第一个证明（因为是 $\mathcal{NP}$ 问题，所以是 $\mathcal{NP}$ 完全性问题）已经由 Stephen Cook 完成了。由于这一成就，Cook 获得了第一届图灵奖（图灵奖是计算机界的诺贝尔奖）。Cook 使用的"祖爷爷"级的 $\mathcal{NP}$ 完全性问题称为可满足性问题（SATISFIABILITY，简称 SAT）。

布尔表达式由布尔变量和相关操作符组成，这些操作符把各个布尔变量联系起来，操作符包括 AND（ $\cdot$ ）、OR（ + ）和 NOT（布尔变量 x 取反写为 $\bar{x}$ ）。所谓标识符（literal），是一个布尔变量或者对布尔变量取反。一个布尔项是一个或多个标示符通过 OR 操作结合在一起。假如 E 是包括变量 x_1，x_2，$\cdots$，x_n 的布尔表达式，定义联合范式（Conjunctive Normal Form，CNF）为由多个布尔项通过 AND 操作组合起来的布尔表达式。例如

$$E = (x_5 + x_7 + \overline{x_8} + x_{10}) \cdot (\overline{x_2} + x_3) \cdot (x_1 + \overline{x_3} + x_6)$$

就是联合范式，其中有 3 个布尔项。现在定义 SAT 问题如下：

SATISFIABILITY（SAT）

　　输入：包括变量 x_1，x_2，$\cdots$ 的联合范式的布尔表达式 E。

　　输出：如果存在一组值赋给各个变量，使得布尔表达式 E 为真，则输出 YES，否则输出 NO。

Cook 证明了 SAT 问题是 $\mathcal{NP}$ 难解问题。对 Cook 证明的详细说明超出了本书的讨论范围。但是可以简述其要点。任何决策问题 F 都可以变换为某个语言可接受的问题 L：

$$F(I) = \text{YES} \Leftrightarrow L(I') = \text{ACCEPT}$$

也就是说，如果一个决策问题 F 对于输入 I 的计算结果为 YES，那么就存在一个包含字符串 I' 的语言 L，其中 I' 是输入 I 的某种变形。相反，如果问题 F 对于输入 I 的计算结果为 NO，那么 I 的变形 I' 就不在语言 L 中。

图灵机是一个简单的计算模型，这个计算模型是用程序编写的语言接收器。有一种通用图灵机，它把对图灵机的描述和一个输入字符串作为输入，返回输入的图灵机在此字符串输入下的执行结果。这个图灵机就可以依次被看成布尔表达式，当且仅当图灵机在此字符串输

入时得到 ACCEPT, 布尔表达式才满足。Cook 在证明中使用了图灵机, 因为图灵机足够简单, 使得 Cook 能够开发出图灵机到布尔表达式的转换, 同时图灵机的功能又足够丰富, 它能够完成普通计算机能完成的任何功能。转换的意义在于, 图灵机可以完成的任何决策问题都可以由 SAT 问题完成。这样, SAT 就是 $\mathcal{NP}$ 难解的。

如前所述, 要说明一个决策问题 X 是 $\mathcal{NP}$ 完全性问题, 需要证明 X 在 $\mathcal{NP}$ 中(通常很简单, 通过给出一个多项式运行时间的非确定性算法来实现), 然后证明 X 是 $\mathcal{NP}$ 难解的。要证明 X 是 $\mathcal{NP}$ 难解的, 选择一个已知的 $\mathcal{NP}$ 完全性问题, 例如问题 A。找到一个多项式运行时间的转换, 它把问题 A 的任意一个实例 I 转换成问题 X 的一个实例 I'。然后说明一个从 SLN' 到 SLN 的多项式时间转换, SLN 是实例 I 的解答。下面的例子给出了如何证明 $\mathcal{NP}$ 完全性问题的一个模型。

3-SATISFIABILITY(3 SAT)

    输入: 满足 CNF 的一个布尔表达式 **E**, 表达式中的每一个布尔项都包含正好 3 个标识符。

    输出: 如果表达式满足, 则输出 YES, 否则输出 NO。

例 17.1   3 SAT 是 SAT 的一个特例。3 SAT 比 SAT 更容易吗? 如果能够证明它是 $\mathcal{NP}$ 完全性问题, 那 3 SAT 就不会比 SAT 更容易。

定理 17.1   3 SAT 是 $\mathcal{NP}$ 完全性问题。

证明: 证明 3 SAT 在 $\mathcal{NP}$ 中: (非确定性地)猜测各个变量的真值。猜测的正确性可以在多项式时间内验证。

证明 3 SAT 是 $\mathcal{NP}$ 难解问题: 需要一个从问题 SAT 到问题 3 SAT 的多项式运行时间的归约。令 $\mathbf{E} = C_1 \cdot C_2 \cdots C_k$, 它是问题 SAT 的任意一个实例。策略是把任何一个不是正好包含 3 个标识符的布尔项 C_i, 用一组正好包含 3 个标识符的布尔项代替。(回忆一下, 一个标识符可以是一个变量 x, 或者是变量 x 的取反 $\bar{x}$。令 $C_i = x_1 + x_2 + \cdots + x_j$, 其中 $x_1, x_2, \cdots, x_j$ 都是标识符。

1. $j = 1$, 因此 $C_i = x_1$, 用 C_i' 代替 C_i:

$$(x_1 + y + z) \cdot (x_1 + \overline{y} + z) \cdot (x_1 + y + \overline{z}) \cdot (x_1 + \overline{y} + \overline{z})$$

其中 y 和 z 是没有在 **E** 中出现的变量。显然, 当且仅当 (x_1) 满足, C_i' 也是满足的, 这就意味着 x_1 为 **true**。

2. $j = 2$, 因此 $C_i = (x_1 + x_2)$。把 C_i 替换为

$$(x_1 + x_2 + z) \cdot (x_1 + x_2 + \overline{z})$$

其中 z 是没有在 **E** 中出现的新变量。当且仅当 $(x_1 + x_2)$ 满足时, 新的布尔项对是满足的, 即 x_1 或 x_2 必须为 **true**。

3. $j > 3$, 把 $C_i = (x_1 + x_2 + \cdots + x_j)$ 替换为

$$(x_1 + x_2 + z_1) \cdot (x_3 + \overline{z_1} + z_2) \cdot (x_4 + \overline{z_2} + z_3) \cdot \ldots$$
$$\cdot (x_{j-2} + \overline{z_{j-4}} + z_{j-3}) \cdot (x_{j-1} + x_j + \overline{z_{j-3}})$$

其中 $z_1, \cdots, z_{j-3}$ 是新变量。

对每一个 C_i 进行相应的替换后，得到一个布尔表达式的结果，表明它是问题 3 SAT 的一个实例。当且仅当每一个原始布尔项是满足的，每一次替换就是满足的。这个归约很显然是多项式运行时间的。

对于前两种情况，很容易发现当且仅当结果布尔项是满足的，原始布尔项也是满足的。对于需要用多于 3 个标识符代替一个布尔项的情况，考虑下面的内容。

1. 如果 E 是满足的，那么 E' 也是满足的。假定 x_m 被赋值为 **true**，那么把 $z_t(t \leqslant m-2)$ 赋值为 **true**，把 $z_t(t \geqslant m-1)$ 赋值为 **false**，最后第三种情况中的所有布尔项都是满足的。

2. 如果 x_1，x_2，$\cdots$，x_j 都是 **false**，那么 z_1，z_2，$\cdots$，z_{j-3} 都是 **true**，但是那样 $(x_{j-1} + x_{j-2} + \overline{z_{j-3}})$ 是 **false**。

接下来定义顶点覆盖问题(VERTEX COVER)，在其他更深入的例子中使用。

VERTEX COVER

　　输入：图 G 和一个整数 k。

　　输出：如果图 G 中有一个不超过 k 个顶点的子集 S，使得图 G 中的每一条边至少有一个端点在 S 中，则输出 YES，否则输出 NO。

例 17.2　在这个例子中，利用两个图之间简单转换的问题。

定理 17.2　VERTEX COVER 是 $\mathcal{NP}$ 完全性问题。

证明：证明 VERTEX COVER 问题在 $\mathcal{NP}$ 中：简单猜测图的一个子集，在多项式运行时间确定这个子集实际上是否是 VERTEX COVER 的不超过 k 个顶点的一个子集。

证明 VERTEX COVER 是 $\mathcal{NP}$ 难解的：假定已知 K-CLIQUE 问题是 $\mathcal{NP}$ 完全性问题。(在下一个例子中将证明这个问题，现在就先接受这个事实。)

给定 K-CLIQUE 问题是 $\mathcal{NP}$ 完全性问题，需要找到一个多项式运行时间的转换，把 K-CLIQUE问题的输入转换成 VERTEX COVER 问题的输入，以及另一个多项式运行时间转换，把 VERTEX COVER 问题的输出转换成 K-CLIQUE 问题的输出。根据下面的观察，这实际上是很简单的过程。考虑一个图 G 及图 G 的一个顶点覆盖 S。用 S' 表示在 G 中却不在 S 中的顶点集合。S' 中的任何两个顶点之间没有边连接起来，因为如果不是这样，那么 S 就不是一个顶点覆盖了。用 G' 表示图 G 的反转图，也就是不在 G 中的边组成的图。如果 S 的大小为 k，那么 S' 在图 G' 中形成了一个大小为 $n-k$ 的团。这样，就可以把 K-CLIQUE 问题归约到 VERTEX COVER 问题，方法是通过简单地把图 G 转换成图 G'，并且要求 G' 有一个大小不超过 $n-k$ 的顶点覆盖。如果结果为 YES，那么图 G 中就有一个大小为 k 的团，否则就没有。

例 17.3　到现在为止，$\mathcal{NP}$ 完全性证明涉及相同数据类型的输入之间的转换，例如从布尔表达式到布尔表达式，从图到图。有时 $\mathcal{NP}$ 完全性证明则涉及在不同输入数据类型之间的转换，如下面的例子所示。

定理 17.3　K-CLIQUE 问题是 $\mathcal{NP}$ 完全性问题。

证明：K-CLIQUE 问题在 $\mathcal{NP}$ 中，因为可以猜测 k 个顶点的一个组合，在多项式运行时间确定它是否是一个团。现在通过 SAT 的一个归约，可以显示 K-CLIQUE 问题是 $\mathcal{NP}$ 难解问

题。下面的布尔表达式是 SAT 的一个实例:

$$B = C_1 \cdot C_2 \cdot \cdots \cdot C_m$$

其中的布尔项用下面的表示法表示出来:

$$C_i = y[i, 1] + y[i, 2] + \cdots + y[i, k_i]$$

其中 k_i 是布尔项 c_i 中的标识符数。通过下面的方法把它转化成 K-CLIQUE 问题的一个实例。建立一个图 **G**,

$$G = \{v[i, j] | 1 \leq i \leq m, 1 \leq j \leq k_i\}$$

即图 **G** 中的每一个顶点对应布尔表达式 **B** 中的一个标识符。在每一对顶点 $v[i_1, j_1]$ 和 $v[i_2, j_2]$ 之间连接一条边,当然,不包括下面两种情况:(1)它们是同一个布尔项中的两个变量($i_1 = i_2$),或者(2)它们是同一个变量的取反(例如,一个是变量的取反,另一个则未取反)。设 $k = m$,图 17.6 显示了此转换的一个例子。

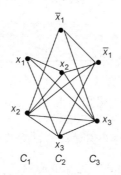

图 17.6   从布尔表达式 $B = (x_1 + x_2) \cdot (\bar{x}_1 + x_2 + x_3) \cdot (\bar{x}_1 + x_3)$ 中生成的图。第 1 个布尔项中的标识符标记为 C_1,第 2 个布尔项中的标识符标记为 C_2,每对顶点之间都有一条边,只有当两个顶点代表同一个布尔项中的标识符实例时,或者同一个变量取反时,它们之间才没有边。这样,标记为 $C_1 : y_1$ 的顶点就不会连接到标记为 $C_1 : y_2$ 的顶点(因为它们都是同一个布尔项中的标识符),当然也不会与标记为 $C_2 : \bar{y}_1$ 的顶点连接(因为它们是同一个变量值取反)

    当且仅当 **G** 有一个大小不小于 k 的团时,**B** 是满足的。**B** 是满足的意味着存在一种赋值为真的方式,使得对于每一个 i,至少有一个标识符 $y[i, j_i]$ 为真。因此,在大小 $k = m$ 的团中,这 m 个标识符就对应团中的 m 个顶点。相反,如果图 **G** 中包含一个大小至少为 k 的团,那么团的大小一定正好是 k(因为在团中没有两个顶点对应同一个布尔项中的标识符),而且对于团中的每一个 i,只有一个顶点 $v[i, j_i]$。存在一个真值赋值,使得每一个 $y[i, j_i]$ 为真。这个真值赋值就能够使得 **B** 满足。

    可以得出结论 K-CLIQUE 问题是 $\mathcal{NP}$ 难解问题,因而是 $\mathcal{NP}$ 完全性问题。

17.2.3   处理 $\mathcal{NP}$ 完全性问题

    发现你要解决的问题是 $\mathcal{NP}$ 完全性问题并不意味着就可以忘记它了。不管问题有多么复杂,货郎都要找到一条合理的路线去叫卖。如果面对一个必须要解决的 $\mathcal{NP}$ 完全性问题,你应该怎么办呢?

    有许多方法可以尝试。一种方法是只运行程序的一个小规模的数据实例。对于有些问题,这样做是不可接受的。例如,货郎担问题随着城市数目的增加,运算复杂性增长得非常快，以至于在问题规模超过 30 个城市时，就不能在一台现代计算机上解决它了。而在实际生活中，30 个城市的情况并不是一种非常罕见的情况。然而，$\mathcal{NP}$ 中的其他一些问题，尽管需要指数运行时间，但是运行时间却不是增长得非常快。这样，当问题的规模不算太大却很实用时，就可以利用指数时间算法解决问题。

考虑一下 16.1.1 节的背包问题（Knapsack problem）。如果把 n 个物品放到大小为 K 的背包中，有一个动态规划算法，其代价是 $\Theta(nK)$。然而，背包问题却是 $\mathcal{NP}$ 完全性问题。这有什么矛盾的地方吗？如果考虑到 n 和 K 之间的关系，就会发现其中根本没有矛盾。K 有多大？输入数据规模一般是 $O(n \lg K)$，因为项数比 K 小。这样，$\Theta(nK)$ 在输入规模上就是指数级别的。

如果物品的数目在"合理"的范围内，动态规划算法就是可用的。也就是说，当 nK 在几千的时候，可以成功地得到问题的结果。这样的算法称为伪多项式（pseudo-polynomial）时间算法。这个问题和货郎担问题有明显的不同，对于现有的算法，当 $n = 100$ 的时候，货郎担问题不可能解决。

解决 $\mathcal{NP}$ 完全性问题的第二种方法是解决这个问题的一个不太困难的特定实例。例如，图论中的许多问题是 $\mathcal{NP}$ 完全性问题，但是同样的问题应用到具有特定限制的图中却不太困难。例如，对于一般的图的顶点覆盖问题（VERTEX COVER）和 K 团问题（K-CLIQUE）是 $\mathcal{NP}$ 完全性问题，但是对于二分图（其顶点可以分成两个子集，分属于两个子集的任何两个顶点之间没有边）有一个多项式时间算法。2-SATISFIABILITY 问题（其布尔表达式中的每个布尔项最多有两个标识符）有多项式时间算法。有些几何问题在二维情况下有多项式时间算法，但是在三维或者更多维度的时候却是 $\mathcal{NP}$ 完全性问题。如果物品数目（和 K）的大小很"小"的时候，背包问题可以认为是多项式时间算法能够解决的问题。这里的"小"，意味着算法的运行时间和物品数目 n 之间的关系是多项式关系。

一般来说，如果想要确保对 $\mathcal{NP}$ 完全性问题得到正确答案，需要检测问题所有可能的解（指数规模）。然而，对于有些情况，通过某种组织方式，可以进行快速检测，甚至在某些特殊情况下，可以排除对大量可能解的检测。例如，动态规划（见 16.1 节）组织要解决问题各个子问题的处理过程，以便更好地完成工作。

如果要对整个解空间采用蛮力检索的方式，可以通过回溯（backtracking）的方法来访问组织到解答树中的所有可能解。例如，对于 SATISFIABILITY 问题，有 2^n 种可能的方法把真值赋给 n 个变量，这 n 个变量包含在需要满足的布尔表达式中。由于可以选择把第一个变量赋值为 **true** 或者 **false**，可以把这个情况看成一个解答树。这样，可以把第一个变量为 **true** 的解放到树的一个分支，而把其余的解放在另一个分支。可以通过一直深入树结构的一个分支来检测各个解，直至到达一点，发现解不可能正确（例如，如果当前一部分赋值会产生一个无法满足的表达式）。此时就进行回溯，移到树结构的上一级结点，然后进入另一个分支。如果又无法继续深入了，再根据需要返回来，进入树结构的其他分支，直到最终找到一个满足表达式的解，当然也可能遍历了树结构的每一个结点，也没有找到正确的解。在有些情况下，可以避免处理许多候选解，或者更快地找到解。也就是说，最终会访问到 2^n 个可能解中的大部分。

分支限界（Banch-and-Bounds）方法是回溯方法的一个扩展，它应用于优化问题（optimization problem），例如货郎担问题就需要找到遍历所有城市的最短路径。利用回溯法遍历解答树中的结点。可以存储当前找到的最优值。处理树结构的一个分支等同于决定用什么顺序访问城市。因此解答树中的任何结点都表示当前已经访问的一组城市。如果距离总和超出当前发现的最优值，那么就停止搜索这个分支的子树。此时可以立即返回，并处理其他分支。如果有一种方法能够找到一个比较好的(不一定是最优的)解，那么就可以把它作为初始限制值，从而有效地裁剪掉树结构的许多部分。

另一种处理方法是找到问题的一个近似解。有许多寻找近似解的方法。一种方法是使用启发式规则来解决问题，即基于一种并不是总能给出最佳答案的经验小窍门性质的算法。例如，可以使用启发式规则近似解决货郎担问题，从任意一个城市开始，然后总是找到下一个距离最短的没有访问过的城市。这样很少能给出最短路径，但是这个解已经足够好了。还有许多其他启发式规则为货郎担问题给出了更好的解。

有些近似算法对性能有保证，这样近似解就在最佳可能解的一定的百分比范围内了。例如，考虑一下顶点覆盖问题的一个简单的启发式算法：令 M 是图 **G** 的一个极大(不需要是最大)匹配。匹配表示每一对配对顶点(及其连接的边)中的每个顶点最多只能有一个配对顶点。极大匹配表示按照一定的顺序选取尽可能多的配对顶点，直到没有配对顶点可以选择。最大匹配表示对于一个给定的图找到最多的配对顶点。如果 OPT 是最小顶点覆盖的大小，那么 $|M| \leqslant 2 \cdot$ OPT，因为每个匹配边至少有一端一定在顶点覆盖中。

利用简单的启发式规则来保证一个解的运行时间上限的另一个更好的例子是装箱问题(BIN PACKING)。

BIN PACKING

输入：一组 0 到 1 之间的数值 x_1, x_2, $\cdots$, x_n，任意多个容积大小为 1 的箱子(每个箱子都不能盛累计超过 1 的多个数值)。

输出：把这组数值放到多个箱子里，使得箱子的总数最少。

现在已经知道装箱问题的决策形式(确定各个数值能否放到少于 k 个箱子中)是 $\mathcal{NP}$ 完全性问题。解决这个问题的一个简单的启发式规则是"首先适配"(first fit)方法。把第一个数放到第一个箱子中。如果第二个数能放到第一个箱子中，就放进去，否则就放到第二个箱子中。对于后续的每一个数值，都按照生成的次序把每个箱子走一遍，把这个数值放到第一个可放入的箱子里。箱子数(除了只有一个数值的情况以外)不会超过数值总和的两倍，因为每个箱子中盛放的数值至少是箱子容积的一半。然而，通过这个"首先适配"启发式规则得到的结果远不是最优的。考虑下列一组数值：6 个 $1/7 + \epsilon$，6 个 $1/3 + \epsilon$，6 个 $1/2 + \epsilon$，其中 ϵ 是一个很小的正数。如果组织得当，6 个箱子就可以放下。但是如果方法不对，可能最终需要 10 个箱子。

一个更好的启发式规则是"递减首先适配"方法。这种方法和原始的首先适配方法的差异是把箱子排序，哪个箱子盛放的数值大，哪个箱子就放在前面。这样，当决定把下一个数值放到哪个箱子中时，选择可以盛放这个数值的"最满"的箱子。这和 12.3 节讨论过的内存管理的"最佳适配"方法类似。与原始的首先适配方法相比，这种方法的意义不仅仅是提供更好的性能。可以证明，这个递减首先适配方法需要的箱子数不会超过最优箱子数的 11/9。这样，当使用这种启发式规则时，就可以对它的有效程度有了一个保障。

$\mathcal{NP}$ 完全性理论给出了一种方法，用于区分易于处理的问题和不易于处理的问题。回忆一下 15.1 节用于生成算法的算法,可以对疑似是 $\mathcal{NP}$ 完全性问题的那些问题进行分析。当面对一个新问题时,要检查它是否是易于处理的问题(也就是可以找到一个多项式时间算法),或者是不易于处理的问题(证明这个问题是 $\mathcal{NP}$ 完全性问题)。尽管证明某个问题是 $\mathcal{NP}$ 完全性问题实际上并不能确定性地把算法的运行时间的上限和问题的下限进行匹配,但是这也已经很不错了。一旦认识到一个问题是 $\mathcal{NP}$ 完全性问题,就知道下一步要做的事,要么重新定义问题,使其更简单,要么利用本节介绍的某个处理策略之一进行处理。

17.3 不可解问题

即使最专业的程序员有时也会编写出一些陷入死循环的程序。当然,当一个程序无法停止下来时,你无法确切地知道它只是一个运行得很慢的程序,还是一个处于死循环的程序。在等待"足够长的时间"之后,你就会终止它的运行。如果编译器能够检查这个程序,并且在运行它之前就告诉你这个程序可能会进入死循环,这该有多好啊!说得更具体一点,对于某个程序和一组特定的输入值,如果不实际运行这个程序就能知道程序运行这组输入数据是否能陷入死循环,那将是非常有用的。

但是,停机问题(Halting problem),正如它的名字一样是不可解的。没有一个计算机程序能够肯定地确定另外一个计算机程序 **P** 是否会对所有输入停机。也没有一个计算机程序能够肯定地确定任意一个计算机程序 **P** 是否会对一个指定的输入 I 停机。怎么会这样呢?程序员经常查看程序,确定程序是否会停机。当然这可以自动化实现。有些人认为任何程序都是可以分析的,作为对这些人的警告,在继续阅读之前仔细看一看下面的代码段:

```
while (n > 1)
  if (ODD(n))
    n = 3 * n + 1;
  else
    n = n / 2;
```

这是一段非常有名的代码。通过这段代码赋给 n 的一组值有时称为输入值 n 的 Collatz 序列(Collatz sequence)。这段代码对所有输入值 n 都会停下来吗?没有人知道答案。已经试过的每一个输入都会停止。但是它对所有输入都会停止吗?对于这段代码,由于不知道它是否会停止,也就不知道它的运行时间的一个上限。至于下限,可以很容易给出 $\Omega(\log n)$(见习题 3.14)。

我个人相信,某一天会有一个很聪明的人彻底分析清楚 Collatz 函数,并且彻底证明这段代码对于所有输入值 n 都会停止。完成这件事可能会为人类带来新的技术,并从总体上提高分析程序的能力。可是,来自可计算性(computability)——研究计算机不可能做什么的计算机科学分支——的证明,驱使人们相信总能找到另一个不能分析的程序。这是停机问题不可解的一个结果。

17.3.1 不可数性

在证明停机问题不可解之前,首先证明并不是所有的函数都是可以用程序实现的。这是因为程序的数目比所有可能的函数的数目要小得多。

如果一个集合中的每一个元素都可以唯一映射到一个正整数,那么就称这个集合是可数的(countable)(或者说是可数无限集,即集合中的元素有无限多个)。如果不可能把一个集合中的每一个元素都唯一映射到一个正整数,那么就称这个集合是不可数的(uncountable)(或者说是不可数无限集)。

要理解"映射到一个正整数"是什么意思,想象一下有一排水桶,桶的数目有无限多个,每个桶的标号为1,2,3,…。对于某个集合,把集合中的元素放到桶中,每个桶中最多放一个元素。如果能找到一种方法,把集合中的所有元素都对应地放到桶中,那么这个集合就是可数的。例如,考虑正偶数集合2,4,6,…。可以把一个正偶数 i 对应到第 $i/2$ 个桶中(或者,如果不介意跳过一些桶,那么就把 i 对应到第 i 个桶中)。这样,正偶数集合就是可数的。这看起来有些奇怪,尽管这两个集合都是无限集,直观上感觉好像正偶数集合比正整数集合"更少"。但是实际上正整数并不比正偶数更多,因为可以简单地通过把正整数 i 对应到正偶数 $2i$,使得每一个正整数都可以唯一地对应到一个正偶数。

另一方面,所有整数组成的集合也是可数的,尽管这个集合看起来比正整数集合"更大"。为了说明这个论断是正确的,可以这样建立对应关系:把0对应到正整数1,把1对应到正整数2,把 -1 对应到正整数3,把2对应到正整数4,把 -2 对应到正整数5,以此类推。一般来说,把正整数 i 对应到正整数 $2i$,把负整数 $-i$ 对应到正整数 $2i+1$。被对应的正整数永远不会用尽,而且可以确切地知道每一个整数对应到哪个正整数。因为每一个整数都有一个对应,所以整数集合是可数无限集。

程序的数量是可数的还是不可数的呢?可以把一个程序简单地看成一个字符串(包括特殊标记、空格和行分隔符)。假定一个程序中能出现的不同字符的数目是 P。(如果应用ASCII字符集,P 一定小于128,但是字符的实际数目并不重要。)如果字符串的数目是可数的,那么程序的数目当然也是可数的。可以按照如下方法把字符串对应到桶中:把空字符串对应到第一个桶中。现在,取出所有由一个字符组成的字符串,并把它们按照字母表或者ASCII码的顺序对应到接下来的 P 个桶中。接下来,取出所有由两个字符组成的字符串,再按照ASCII码顺序从左到右对应到接下来的 P^2 个桶中。同样把三个字符的字符串对应到桶中,然后是四个字符的字符串,以此类推。通过这种方式,任何给定长度的字符串都可以对应到某个桶中。

经过这个过程,任何有限长度的字符串最终都会分配到某个桶中。这样,由于任何程序只不过是有限长度的字符串,因此也要分配到某个桶中。因为所有的程序都可以对应到某个桶中,所以所有程序的集合是可数的。自然,桶中的大多数字符串并不是合法程序,但是这没有关系。重要的是对应于程序的字符串都在桶中。

现在考虑所有可能的函数的数量。为了简单起见,假定所有函数都有一个正整数值作为输入,然后产生一个正整数值的输出,这样的函数称为整数函数(integer function)。一个函数只是从输入值到输出值的一个映射。当然,并不是所有的计算机程序都把整数值作为输入值,并产生整数输出值。然而,计算机读或写的一切内容实质上都是一系列数字,只是可以把这些数字解释成字母或者其他内容。任何有用的计算机程序的输入和输出都可以编码为整数值,因此这个简单的计算机输入/输出模型很通用,可以覆盖所有可能的计算机程序。

现在希望看到是否可以把所有整数函数都对应到桶的无限集合中。如果能够做到,那么函数的数量就是可数的,也就可能把每一个整数函数对应到一个程序。如果整数函数的集合不能对应到桶的集合中,那么就一定有程序无法对应的整数函数。

把每一个整数函数想象成一个表,它有两个列和无限多个行。第1列列出从1开始的正整数。第 2 列的内容是当给定第 1 列的值作为输入时函数的输出值。这样，这个表就为每个函数明确地描述了从输入到输出的映射，把它称为函数表（function table）。

接下来，尝试把函数表对应到桶中。要进行对应，必须对函数进行排序，但是选择什么顺序并不重要。例如，第 1 个桶中存放总是返回 1 的函数，而不管这个函数的输入值是什么。第 2 桶中存放返回其输入的函数。第 3 个桶中存放把输入变成两倍再加 5 的函数。第 4 个桶中存放的函数看不出输入和输出之间的简单关系[①]。这 4 个函数对应到前 4 个桶中，如图 17.7 所示。

能把每一个函数都对应到桶中吗？答案是否定的，因为无论使用什么对应方法，总有办法创建一个新函数，这个函数无法对应到任何桶中。假如有人声称提出一种方法，可以把所有函数都对应到桶中，那么可以按照下面的方式建立一个新的函数，这个函数不可能对应到任何桶中。利用第 1 个桶对应的函数，给它输入值 1，得到输出值，把这个值称为 $F_1(1)$，把它加 1，并把结果作为新函数当输入值为 1 时的输出值。不管分配给新函数的其他值是多少，它一定不同于表中的第 1 个函数。因为这两个函数对于输入值 1，会得到不同的输出值。现在从表中的第 2 个函数得到输入值 2 的输出值 [称之为 $F_2(2)$]。把它加 1，并把结果作为新函数输入值 2 的输出值。这样，新函数一定不同于第 2 个函数，因为它们至少对于输入值 2 有不同的输出值。继续下去，对于所有的输入值 i，$F_{new}(i) = F_i(i) + 1$。这样，新函数至少在第 i 个位置不同于函数 F_i。这个构建不在表中的新函数的过程称为对角化（diagonalization）。由于新函数不同于其他的每一个函数，它一定不在表中。不管怎样把函数对应到桶中，这都是正确的，因此整数函数集合是不可数的。这里证明的意义在于明确并不是所有函数都可以对应到一个程序，一定有函数对应不到任何程序。图 17.8 说明了这个论证。

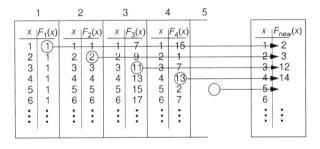

图 17.7　把函数对应到桶中　　　　　　图 17.8　整数函数集合是不可数的

17.3.2　停机问题的不可解性

尽管知道确实有一些函数无法通过计算机程序实现，这从理论上是很吸引人的，但是这是否能说明有一些实际应用中的函数确实无法用程序实现呢？毕竟，如果不能用程序实现的那些函数都是图 17.7 中第 4 个桶的那些没有实际意义的函数，那么这也就无关紧要了。现在来证明停机问题不可能通过任何计算机程序解决。证明采用反证法。

首先假定有一个名为 **halt** 的函数可以解决停机问题。显然，不可能编写出一些不存在的东西。如果确实存在解决停机问题的函数，这里就是它的一个合理的框架。函数 **halt** 有两个输入：一个代表程序或函数源代码的字符串，另一个代表输入字符串，人们希望能够确

---

① 不需要函数从输入到输出有明确的关系，函数只是从输入到输出的映射，对于如何确定这个映射并没有限制。

定输入的程序或函数是否能够在这个输入字符串上停下来。函数 **halt** 进行决策(其内容封装到名为 **PROGRAM_HALTS** 的函数中)。如果输入的程序或函数能够对于这个给定的输入停下来,函数 **halt** 就返回 **true**,否则就返回 **false**。

```cpp
bool halt(string prog, string input) {
  if (PROGRAM_HALTS(prog, input))
    return true;
  else
    return false;
}
```

现在看一看两个简单的函数,由于这里给出了完整的程序代码,它们显然是存在的:

```cpp
// Return true if "prog" halts when given itself as input
bool selfhalt(char *prog) {
  if (halt(prog, prog))
    return true;
  else
    return false;
}

// Return the reverse of what selfhalt returns on "prog"
void contrary(char *prog) {
  if (selfhalt(prog))
    while (true); // Go into an infinite loop
}
```

如果编写一个程序,它的唯一作用就是执行 **contrary**,那么把这个程序本身作为输入运行这个程序,会发生什么情况呢? 一种可能性是对函数 **selfhalt** 的调用返回 **true**;也就是说,**selfhalt** 表明 **contrary** 在其自身上运行时将会停机。在这种情况下,**contrary** 进入一个无限循环中(从而不会停下来)。另一方面,如果 **selfhalt** 返回 **false**,那么 **halt** 就已经表明了 **contrary** 不会在其自身上运行时停机,而 **contrary** 返回了,也就是说,它停下来了。这样一来 **contrary** 就与 **halt** 所说的矛盾了。

contrary 的动作在逻辑上与 **halt** 能够正确解决停机问题的假设不一致。人们并没有做出其他任何假设可能会导致这种不一致。这样,根据反证法,人们就证明了 **halt** 不能正确解决停机问题,从而没有程序能够解决停机问题。

现在既然已经证明了停机问题不可解,使用归约方法还可以证明其他一些问题也不可解。其策略是假设一个计算机程序能解决正在考虑的问题,然后使用这个程序解决另一个已经知道不可解的问题。

例17.4 考虑停机问题的下面一个变体。给定一个计算机程序,当输入为空字符串时它会停下来吗? 即没有输入时它会停下来吗? 要证明这个问题是不可解的,人们利用一个用于可计算性证明的标准技术:使用一个计算机程序修改另一个计算机程序。

证明: 假定有一个函数 **Ehalt**,它能够确定一个没有输入的程序是否会停机。回忆一下人们对停机问题的证明,其中涉及这样一个函数,它有两个参数,一个是代表程序的字符串,另一个是代表输入的字符串。考虑另一个函数 **combine**,它把一个程序 P 和一个输入字符串 I 作为参数。函数 **combine** 修改程序 P,把 I 作为它的一个静态变量 S 存储起来,并且进一步修改 P 中对函数输入的所有调用,使它们从 S 中得到输入值,把结果程序称为 P'。无须多想,任何一个普通的编译器只要加以修改就可以把一个计算机程序和输入字符串作为输入,产生出一个用这种方式修改的新的计算机程序。现在,把 P' 输入 **Ehalt**。如果 **Ehalt** 说 P' 会停下来,那么人们就知道 P 对于输入 I 将会停下来,也就是说,人们现在找到了一个解决原来停机问题的方法。人们所做的唯一假设就是 **Ehalt** 存在。因此，确定一个程序在没有输入时是否会停机就是不可解的。

例 17.5　对于任意程序 P，是否存在能使 P 停下来的输入？

证明：这个问题也是不可解的。假定有一个函数 **Ahalt**，对于一个给定的程序 P 作为输入，能够确定是否存在某些输入使得 P 停下来。人们可以修改编译器（或者编写一个函数作为程序的一部分），读取 P 和某个输入字符串 w，修改程序 P 把 w 硬编码到程序中，这样 P 就不读取任何输入了。把这个修改后的程序称为 P'。现在，P' 除了没有输入以外，其他方面和 P 完全一样，因为 P' 忽略了所有输入。然而，因为 w 现在已经内置于 P' 中了，所得到的 P' 的行为是 P 在输入字符串 w 时的行为。因此，当且仅当 P 针对输入字符串 w 能够停下来时，P' 能够针对任意输入停下来。现在把 P' 输入给 **Ahalt**。如果 **Ahalt** 确定 P' 对某些输入能够停下来，这就相当于确定 P 能够对输入 w 停下来。但这是不可能的。因此，**Ahalt** 不存在。

人类希望用计算机解决的许多问题都是不可解的。这些问题中有许多与程序的行为有关。例如，证明任意一个程序是"正确"的。也就是说，证明一个程序能够完成某一项功能是一个与程序行为有关的证明。这样，人们能够做的事就极其有限了。其他一些不可解的问题包括：

- 一个程序是否能够对每一个输入停止？
- 一个程序是否能够完成一项特定的功能？
- 两个程序是否完成同样的功能？
- 程序中的某一行代码是否会被执行？

这并不意味着不能编写一个计算机程序处理一种特殊情况，可能甚至对于大多数程序，人们感兴趣的是检测。例如，有些 C 语言编译器检查 **while** 循环的控制表达式是不是一个取值为 **false** 的常量表达式。如果是这样，编译器将发出警告，**while** 循环代码将永远不会被执行。然而，不可能编写出一个检查所有输入程序的计算机程序，使得当这个输入程序被赋予一个指定的输入值时，检查其中的某一行指定的代码是否会被执行。

另一个不可解的问题是一个程序中是否包含计算机病毒。"包含计算机病毒"是一种程序行为。因此，没有程序能够肯定地确定任意一个程序中是否包含计算机病毒。然而，有许多好的启发式规则可以用于确定一个程序中是否有可能包含计算机病毒，通常也能确定一个程序中是否已经包含了某些计算机病毒，至少是现在已经知道的那些病毒。实际的病毒检测程序做得很好，但是心怀恶意的人总能开发出病毒检测程序不能识别出来的新病毒。

17.4　深入学习导读

有关 $\mathcal{NP}$ 完全性理论的经典教材是 Garey 和 Johnston 合著的 *Computers and Intractability：A Guide to the Theory of $\mathcal{NP}$-completeness*［GJ79］。Lawler 等人编辑的 *The Traveling Salesman Problem* 讨论了许多方法，从而对这个特定的 $\mathcal{NP}$ 完全性问题找到一个在合理时间内解决问题的可接受的解法［LLKS85］。

有关 Collatz 函数的更多信息，请参见 B. Hayes 的文章"On the Ups and Downs of Hailstone Numbers"［Hay84］，以及 J. C. Lagarias 的文章"The $3x+1$ Problem and its Generalizations"［Lag85］。

对于可计算性和不可解问题领域的介绍, 请参见 James L. Hein 所著的 *Discrete Structures*, *Logic*, *and Computability* [Hei09]。

17.5 习题

17.1 考虑这样一个算法, 在一个数组中找到最大值元素: 首先排序数组, 然后选择最后(最大的)一项, 从而找到最大值元素。对于在一个数组中找到最大值元素的问题, 这个归约在问题的上下限方面说明了什么(如果有)? 为什么不能把排序问题归约为找到最大值元素的问题?

17.2 利用归约方法证明一个 $n \times n$ 矩阵的平方与两个 $n \times n$ 矩阵相乘的(渐近时间)代价一样高。

17.3 利用归约方法证明两个上三角 $n \times n$ 矩阵相乘和任意两个 $n \times n$ 矩阵相乘的(渐近时间)代价一样高。

17.4 (a)说明为什么利用从 1 到 n 的所有值相乘来计算 n 的阶乘的方法是一个指数时间算法。

    (b)说明为什么利用 Stirling 公式(见 2.2 节)近似计算 n 的阶乘的方法是一个多项式时间算法。

17.5 考虑一下这里解决 K-CLIQUE 问题的算法。首先, 生成正好包含 k 个顶点的所有顶点子集, 一共有 $O(n^k)$ 个这样的子集。那么检查一下这些子集导出的任何子图是否是完全的。如果算法的时间代价是多项式运行时间, 那么其意义何在? 为什么这不是 K-CLIQUE 问题的多项式时间算法。

17.6 对于下面的表达式, 利用 17.2.1 节描述的从 SAT 到 3 SAT 的归约, 写出它的 3 SAT 表达式, 这个表达式是满足的吗?

$$(a + b + \bar{c} + d) \cdot (\bar{d}) \cdot (\bar{b} + \bar{c}) \cdot (\bar{a} + b) \cdot (a + c) \cdot (b)$$

17.7 对于下面的表达式, 利用 17.2.1 节描述的从 SAT 到 K-CLIQUE 的归约, 画出它对应的图, 这个表达式是满足的吗?

$$(a + \bar{b} + c) \cdot (\bar{a} + b + \bar{c}) \cdot (\bar{a} + b + c) \cdot (a + \bar{b} + \bar{c})$$

17.8 图 **G** 的一个汉密尔顿回路(Hamiltonian cycle)是一个从起始顶点出发, 访问图中每个顶点一次, 并回到起始顶点的回路。汉密尔顿回路问题(HAMILTONIAN CYCLE problem)询问图 **G** 中是否包含一个汉密尔顿回路。假定汉密尔顿回路问题是 $\mathcal{NP}$ 完全性问题, 证明货郎担问题的决策形式也是 $\mathcal{NP}$ 完全性问题。

17.9 假定顶点覆盖问题是 $\mathcal{NP}$ 完全性问题, 找到一个从顶点覆盖问题到 K-CLIQUE 问题的多项式时间归约, 从而证明 K-CLIQUE 问题也是 $\mathcal{NP}$ 完全性问题。

17.10 按照下面的方法定义独立集合(INDEPENDENT SET)问题:

INDEPENDENT SET

    输入: 图 **G** 和一个整数 k。

    输出: 如果图 **G** 中存在一个不少于 k 个顶点的子集 **S**, 使得图 **G** 中没有一条边连接 **S** 中的任意两个顶点, 则输出 YES, 否则输出 NO。

假定 K-CLIQUE 问题是 $\mathcal{NP}$ 完全性问题, 证明独立集合问题也是 $\mathcal{NP}$ 完全性问题。

17.11 按照下面的方法定义划分(PARTITION)问题:

PARTITION

    输入: 一组整数。

    输出: 把这组整数划分成两个小组, 计算每个小组的各个整数累加之和, 使得两个小组的累加和相等, 如果存在这样的小组划分, 则输出 YES, 否则输出 NO。

（a）假定划分问题是 $\mathcal{NP}$ 完全性问题，证明 BIN PACKING 问题的决策形式也是 $\mathcal{NP}$ 完全性问题。

（b）假定划分问题是 $\mathcal{NP}$ 完全性问题，证明背包问题也是 $\mathcal{NP}$ 完全性问题。

17.12　如果已知一个问题 **P** 是 $\mathcal{NP}$ 完全性问题，有两个算法可以解决这个问题。对于每一个算法，问题 **P** 的有些实例需要多项式运行时间，其他实例则需要指数运行时间（对于实际中有这种情形的 $\mathcal{NP}$ 完全性问题，有许多基于启发式规则的算法）。对于一个确定的问题实例，事先无法知道其运行时间是多项式运行时间还是指数运行时间。然而，对于每一个运行实例，可以确切地知道，两个算法中至少有一个算法可以在多项式运行时间解决问题。

（a）对于这个问题，你能做些什么？

（b）你的算法的运行时间代价是什么？

（c）如果这个问题中描述的条件是存在的，那么对于 $\mathcal{P}=\mathcal{NP}$ 的问题会怎么样呢？

17.13　下面是背包问题的另一种形式，称之为精确背包（EXACT KNAPSACK）问题。给定一组物品，每一个物品的休积都有给定的整数大小，背包的大小为整数 k，是否存在物品的一个子集，这个子集中的所有物品正好可以放到背包中？

假定精确背包问题是 $\mathcal{NP}$ 完全性问题，使用归约方法证明背包问题也是 $\mathcal{NP}$ 完全性问题。

17.14　17.2.3 节的最后一部分给出解决新问题的一个策略，找到其多项式时间算法，或者证明其为 $\mathcal{NP}$ 完全性问题。把 15.1 节"设计算法的算法"提升一下，用其分辨并处理 $\mathcal{NP}$ 完全性问题。

17.15　证明实数集合是不可数的。使用的方法类似于 17.3.1 节证明整数函数集合不可数的方法。

17.16　使用类似于 17.3.2 节给出的归约方法，证明确定任意一个程序是否会打印输出的问题是不可解的。

17.17　使用类似于 17.3.2 节给出的归约方法，证明确定任意一个程序是否会执行程序中的某一条语句的问题是不可解的。

17.18　使用类似于 17.3.2 节给出的归约方法，证明确定任意两个程序是否会对同样的输入停止的问题是不可解的。

17.19　使用类似于 17.3.2 节给出的归约方法，证明确定是否存在某个输入，会使得任意两个程序都停止的问题是不可解的。

17.20　使用类似于 17.3.2 节给出的归约方法，证明任意一个程序是否会对所有输入都停止的问题是不可解的。

17.21　使用类似于 17.3.2 节给出的归约方法，证明任意一个程序是否会计算某个特定的函数的问题是不可解的。

17.22　考虑一个名为 COMP 的程序，它的输入是两个字符串。如果字符串相同，它返回 `true`。如果字符串不同，它返回 `false`。人们用于证明停机问题的论证为什么不能用于证明 COMP 不存在。

17.6　项目设计

17.1　实现顶点覆盖问题，即给定图 **G** 和整数 k，回答是否存在一个大小不超过 k 的顶点覆盖。首先使用穷举算法检查大小为 k 的所有可能的顶点集合，以找到一个可接受的顶点覆盖，并且对一组输入的图测量运行时间。然后使用你能想到的任何启发式规则，试着减少运行时间。接下来，通过找到形成顶点覆盖的最小顶点集合，试着找到这个问题的近似解。

17.2　实现背包问题（见 16.1 节）。对一组输入测量它的运行时间。这个问题的最大实际输入大小是什么？

17.3　实现货郎担问题的一个近似解，即给定一个图 **G** 和所有边的距离代价，找到访问图 **G** 中所有顶点的代价最小的回路。试一试各种启发式规则，以对大量输入的图找到最佳近似解。

17.4　编写一个程序，给定一个正整数 n 作为输入，打印出这个数的 Collatz 序列。对于具有很长的 Collatz序列的整数，可以发现什么？对于各种类型整数的 Collatz 序列长度，可以发现什么？

第六部分

附　　录

附录 A 实 用 函 数

下面是本书C++示例程序中用到的一些实用函数。

```cpp
// Return true iff "x" is even
inline bool EVEN(int x) { return (x % 2) == 0; }

// Return true iff "x" is odd
inline bool ODD(int x) { return (x % 2) != 0; }

// Assert: If "val" is false, print a message and terminate
// the program
void Assert(bool val, string s) {
  if (!val) { // Assertion failed -- close the program
    cout << "Assertion Failed: " << s << endl;
    exit(-1);
  }
}

// Swap two elements in a generic array
template<typename E>
inline void swap(E A[], int i, int j) {
  E temp = A[i];
  A[i] = A[j];
  A[j] = temp;
}
// Random number generator functions

inline void Randomize() // Seed the generator
  { srand(1); }

// Return a random value in range 0 to n-1
inline int Random(int n)
  { return rand() % (n); }
```

参 考 文 献

[AG06] Ken Arnold and James Gosling. *The Java Programming Language*. Addison-Wesley, Reading, MA, USA, fourth edition, 2006.

[Aha00] Dan Aharoni. Cogito, ergo sum! cognitive processes of students dealing with data structures. In *Proceedings of SIGCSE'00*, pages 26-30, ACM Press, March 2000.

[AHU74] Alfred V. Aho, John E. Hopcroft, and Jeffrey D. Ullman. *The Design and Analysis of Computer Algorithms*. Addison-Wesley, Reading, MA, 1974.

[AHU83] Alfred V. Aho, John E. Hopcroft, and Jeffrey D. Ullman. *Data Structures and Algorithms*. Addison-Wesley, Reading, MA, 1983.

[BB96] G. Brassard and P. Bratley. *Fundamentals of Algorithmics*. Prentice Hall, Upper Saddle River, NJ, 1996.

[Ben75] John Louis Bentley. Multidimensional binary search trees used for associative searching. *Communications of the ACM*, 18(9):509-517, September 1975. ISSN: 0001-0782.

[Ben82] John Louis Bentley. *Writing Efficient Programs*. Prentice Hall, Upper Saddle River, NJ, 1982.

[Ben84] John Louis Bentley. Programming pearls: The back of the envelope. *Communications of the ACM*, 27(3):180-184, March 1984.

[Ben85] John Louis Bentley. Programming pearls: Thanks, heaps. *Communications of the ACM*, 28(3):245-250, March 1985.

[Ben86] John Louis Bentley. Programming pearls: The envelope is back. *Communications of the ACM*, 29(3):176-182, March 1986.

[Ben88] John Bentley. *More Programming Pearls: Confessions of a Coder*. Addison-Wesley, Reading, MA, 1988.

[Ben00] John Bentley. *Programming Pearls*. Addison-Wesley, Reading, MA, second edition, 2000.

[BG00] Sara Baase and Allen Van Gelder. *Computer Algorithms: Introduction to Design & Analysis*. Addison-Wesley, Reading, MA, USA, third edition, 2000.

[BM85] John Louis Bentley and Catherine C. McGeoch. Amortized analysis of self-organizing sequential search heuristics. *Communications of the ACM*, 28(4):404-411, April 1985.

[Bro95] Frederick P. Brooks. *The Mythical Man-Month: Essays on Software Engineering, 25th Anniversary Edition*. Addison-Wesley, Reading, MA, 1995.

[BSTW86] John Louis Bentley, Daniel D. Sleator, Robert E. Tarjan, and Victor K. Wei. A locally adaptive data compression scheme. *Communications of the ACM*, 29(4):320-330, April 1986.

[CLRS09] Thomas H. Cormen, Charles E. Leiserson, Ronald L. Rivest, and Clifford Stein. *Introduction to Algorithms*. The MIT Press, Cambridge, MA, third edition, 2009.

[Com79] Douglas Comer. The ubiquitous B-tree. *Computing Surveys*, 11(2):121-137, June 1979.

[DD08] H. M. Deitel and P. J. Deitel. *C++ How to Program*. Prentice Hall, Upper Saddle River, NJ, sixth edition, 2008.

[ECW92] Vladimir Estivill-Castro and Derick Wood. A survey of adaptive sorting algorithms. *Computing Surveys*, 24(4):441-476, December 1992.

[ED88] R. J. Enbody and H. C. Du. Dynamic hashing schemes. *Computing Surveys*, 20 (2): 85-113, June 1988.

[Epp10] Susanna S. Epp. *Discrete Mathematics with Applications*. Brooks/Cole Publishing Company, Pacific Grove, CA, fourth edition, 2010.

[ES90] Margaret A. Ellis and Bjarne Stroustrup. *The Annotated C++ Reference Manual*. Addison-Wesley, Reading, MA, 1990.

[ESS81] S. C. Eisenstat, M. H. Schultz, and A. H. Sherman. Algorithms and data structures for sparse symmetric gaussian elimination. *SIAM Journal on Scientific Computing*, 2(2):225-237, June 1981.

[FBY92] W. B. Frakes and R. Baeza-Yates, editors. *Information Retrieval: Data Structures & Algorithms*. Prentice Hall, Upper Saddle River, NJ, 1992.

[FF89] Daniel P. Friedman and Matthias Felleisen. *The Little LISPer*. Macmillan Publishing Company, New York, NY, 1989.

[FFBS95] Daniel P. Friedman, Matthias Felleisen, Duane Bibby, and Gerald J. Sussman. *The Little Schemer*. The MIT Press, Cambridge, MA, fourth edition, 1995.

[FHCD92] Edward A. Fox, Lenwood S. Heath, Q. F. Chen, and Amjad M. Daoud. Practical minimal perfect hash functions for large databases. *Communications of the ACM*, 35(1):105-121, January 1992.

[FL95] H. Scott Folger and Steven E. LeBlanc. *Strategies for Creative Problem Solving*. Prentice Hall, Upper Saddle River, NJ, 1995.

[FZ98] M. J. Folk and B. Zoellick. *File Structures: An Object-Oriented Approach with C++*. Addison-Wesley, Reading, MA, third edition, 1998.

[GHJV95] Erich Gamma, Richard Helm, Ralph Johnson, and John Vlissides. *Design Patterns: Elements of Reusable Object-Oriented Software*. Addison-Wesley, Reading, MA, 1995.

[GI91] Zvi Galil and Giuseppe F. Italiano. Data structures and algorithms for disjoint set union problems. *Computing Surveys*, 23(3):319-344, September 1991.

[GJ79] Michael R. Garey and David S. Johnson. *Computers and Intractability: A Guide to the Theory of NP-Completeness*. W. H. Freeman, New York, NY, 1979.

[GKP94] Ronald L. Graham, Donald E. Knuth, and Oren Patashnik. *Concrete Mathematics: A Foundation for Computer Science*. Addison-Wesley, Reading, MA, second edition, 1994.

[Gle92] James Gleick. *Genius: The Life and Science of Richard Feynman*. Vintage, New York, NY, 1992.

[GMS91] John R. Gilbert, Cleve Moler, and Robert Schreiber. Sparse matrices in MATLAB: Design and implementation. *SIAM Journal on Matrix Analysis and Applications*, 13(1):333-356, 1991.

[Gut84] Antonin Guttman. R-trees: A dynamic index structure for spatial searching. In B. Yormark, editor, *Annual Meeting ACM SIGMOD*, pages 47-57, Boston, MA, June 1984.

[Hay84] B. Hayes. Computer recreations: On the ups and downs of hailstone numbers. *Scientific American*, 250(1):10-16, January 1984.

[Hei09] James L. Hein. *Discrete Structures, Logic, and Computability*. Jones and Bartlett, Sudbury, MA, third edition, 2009.

[Jay90] Julian Jaynes. *The Origin of Consciousness in the Breakdown of the Bicameral Mind*. Houghton Mifflin, Boston, MA, 1990.

[Kaf98] Dennis Kafura. *Object-Oriented Software Design and Construction with C++*. Prentice Hall, Upper Saddle River, NJ, 1998.

[Knu94] Donald E. Knuth. *The Stanford GraphBase*. Addison-Wesley, Reading, MA, 1994.

[Knu97] Donald E. Knuth. *The Art of Computer Programming: Fundamental Algorithms*, volume 1. Addison-Wesley, Reading, MA, third edition, 1997.

[Knu98] Donald E. Knuth. *The Art of Computer Programming*: *Sorting and Searching*, volume 3. Addison-Wesley, Reading, MA, second edition, 1998.

[Koz05] Charles M. Kozierok. The PC guide, 2005.

[KP99] Brian W. Kernighan and Rob Pike. *The Practice of Programming*. Addison-Wesley, Reading, MA, 1999.

[Lag85] J. C. Lagarias. The 3x + 1 problem and its generalizations. *The American Mathematical Monthly*, 92(1):3-23, January 1985.

[Lev94] Marvin Levine. *Effective Problem Solving*. Prentice Hall, Upper Saddle River, NJ, second edition, 1994.

[LLKS85] E. L. Lawler, J. K. Lenstra, A. H. G. Rinnooy Kan, and D. B. Shmoys, editors. *The Traveling Salesman Problem*: *A Guided Tour of Combinatorial Optimization*. John Wiley & Sons, New York, NY, 1985.

[Man89] Udi Manber. *Introduction to Algorithms*: *A Creative Approach*. Addision-Wesley, Reading, MA, 1989.

[MM04] Nimrod Megiddo and Dharmendra S. Modha. Outperforming lru with an adaptive replacement cache algorithm. *IEEE Computer*, 37(4):58-65, April 2004.

[MM08] Zbigniew Michaelewicz and Matthew Michalewicz. *Puzzle-Based Learning*: *An introduction to critical thinking, mathematics, and problem solving*. Hybrid Publishers, Melbourne, Australia, 2008.

[Pól57] George Pólya. *How To Solve It*. Princeton University Press, Princeton, NJ, second edition, 1957.

[Pug90] W. Pugh. Skip lists: A probabilistic alternative to balanced trees. *Communications of the ACM*, 33(6): 668-676, June 1990.

[Raw92] Gregory J. E. Rawlins. *Compared to What? An Introduction to the Analysis of Algorithms*. Computer Science Press, New York, NY, 1992.

[Rie96] Arthur J. Riel. *Object-Oriented Design Heuristics*. Addison-Wesley, Reading, MA, 1996.

[Rob84] Fred S. Roberts. *Applied Combinatorics*. Prentice Hall, Upper Saddle River, NJ, 1984.

[Rob86] Eric S. Roberts. *Thinking Recursively*. John Wiley & Sons, New York, NY, 1986.

[RW94] Chris Ruemmler and John Wilkes. An introduction to disk drive modeling. *IEEE Computer*, 27(3):17-28, March 1994.

[Sal88] Betty Salzberg. *File Structures*: *An Analytic Approach*. Prentice Hall, Upper Saddle River, NJ, 1988.

[Sam06] Hanan Samet. *Foundations of Multidimensional and Metric Data Structures*. Morgan Kaufmann, San Francisco, CA, 2006.

[SB93] Clifford A. Shaffer and Patrick R. Brown. A paging scheme for pointer-based quadtrees. In D. Abel and B-C. Ooi, editors, *Advances in Spatial Databases*, pages 89-104, Springer Verlag, Berlin, June 1993.

[Sed80] Robert Sedgewick. *Quicksort*. Garland Publishing, Inc., New York, NY, 1980.

[Sed11] Robert Sedgewick. *Algorithms*. Addison-Wesley, Reading, MA, 4th edition, 2011.

[Sel95] Kevin Self. Technically speaking. *IEEE Spectrum*, 32(2):59, February 1995.

[SH92] Clifford A. Shaffer and Gregory M. Herb. A real-time robot arm collision avoidance system. *IEEE Transactions on Robotics*, 8(2):149-160, 1992.

[SJH93] Clifford A. Shaffer, Ramana Juvvadi, and Lenwood S. Heath. A generalized comparison of quadtree and bintree storage requirements. *Image and Vision Computing*, 11(7):402-412, September 1993.

[Ski10] Steven S. Skiena. *The Algorithm Design Manual*. Springer Verlag, New York, NY, second edition, 2010.

[SM83] Gerard Salton and Michael J. McGill. *Introduction to Modern Information Retrieval*. McGraw-Hill, New York, NY, 1983.

[Sol09] Daniel Solow. *How to Read and Do Proofs*: *An Introduction to Mathematical Thought Processes*. John Wiley & Sons, New York, NY, fifth edition, 2009.

[ST85] D. D. Sleator and Robert E. Tarjan. Self-adjusting binary search trees. *Journal of the ACM*, 32:652-686, 1985.

[Sta11a] William Stallings. *Operating Systems: Internals and Design Principles*. Prentice Hall, Upper Saddle River, NJ, seventh edition, 2011.

[Sta11b] Richard M. Stallman. *GNU Emacs Manual*. Free Software Foundation, Cambridge, MA, sixteenth edition, 2011.

[Ste90] Guy L. Steele. *Common Lisp: The Language*. Digital Press, Bedford, MA, second edition, 1990.

[Sto88] James A. Storer. *Data Compression: Methods and Theory*. Computer Science Press, Rockville, MD, 1988.

[Str00] Bjarne Stroustrup. *The C++ Programming Language, Special Edition*. Addison-Wesley, Reading, MA, 2000.

[SU92] Clifford A. Shaffer and Mahesh T. Ursekar. Large scale editing and vector to raster conversion via quadtree spatial indexing. In *Proceedings of the 5th International Symposium on Spatial Data Handling*, pages 505-513, August 1992.

[SW94] Murali Sitaraman and Bruce W. Weide. Special feature: Componentbased software using resolve. *Software Engineering Notes*, 19(4):21-67, October 1994.

[SWH93] Murali Sitaraman, Lonnie R. Welch, and Douglas E. Harms. On specification of reusable software components. *International Journal of Software Engineering and Knowledge Engineering*, 3(2):207-229, June 1993.

[Tan06] Andrew S. Tanenbaum. *Structured Computer Organization*. Prentice Hall, Upper Saddle River, NJ, fifth edition, 2006.

[Tar75] Robert E. Tarjan. On the efficiency of a good but not linear set merging algorithm. *Journal of the ACM*, 22(2):215-225, April 1975.

[Wel88] Dominic Welsh. *Codes and Cryptography*. Oxford University Press, Oxford, 1988.

[Win94] Patrick Henry Winston. *On to C++*. Addison-Wesley, Reading, MA, 1994.

[WL99] Arthur Whimbey and Jack Lochhead. *Problem Solving & Comprehension*. Lawrence Erlbaum Associates, Mahwah, NJ, sixth edition, 1999.

[WMB99] I. H. Witten, A. Moffat, and T. C. Bell. *Managing Gigabytes*. Morgan Kaufmann, second edition, 1999.

[Zei07] Paul Zeitz. *The Art and Craft of Problem Solving*. John Wiley & Sons, New York, NY, second edition, 2007.

词 汇 表

80/20 rule 80/20 规则

A

abstract data type(ADT) 抽象数据类型

abstraction 抽象

accounting 计数

Ackermann's function 阿克曼函数

activation record 活动记录

aggregate type 聚合类型

algorithm analysis 算法分析

  amortized 均摊分析

  asymptotic 渐近

  empirical comparison 经验比较

  for program statements 程序说明

  multiple parameters 多重参数

  running time measures 运行时间衡量

  space requirements 空间要求

algorithm, definition of 算法定义

all-pairs shortest paths 每对顶点间的最短
  路径

amortized analysis 均摊分析

approximation 近似值

array 数组

  dynamic 动态

  implementation 实现

artificial intelligence 人工智能

assert 断言

asymptotic analysis 渐近分析

ATM machine 自动取款机

average-case analysis 平均情况分析

AVL tree 平衡二叉检索树

B

back of the envelope 信封背面

napkin 餐巾纸

backtracking 回溯

bag 包

bank 银行

basic operation 基本操作

best fit 最佳适配

best-case analysis 最佳情况分析

big-Oh notation 大 O 表示法

bin packing 装箱问题

binary search 二分法检索

binary search tree 二叉检索树

binary tree 二叉树

  BST 二叉检索树

  complete 完全的

  full 满的

  implementation 实现

  node 结点

  NULL pointers 空指针

  overhead 结构性开销

  parent pointer 父指针

  space requirements 空间要求

  threaded 穿线

  traversal 遍历

Binsort 分配排序

bintree 二叉树

birthday problem 生日问题

block 块

Boolean expression 布尔表达式

  clause 分句

  Conjunctive Normal Form 结合形式

  literal 标识符

Boolean variable 布尔变量

branch and bounds 分支限界

breadth-first search 宽度优先搜索

access cost 访问开销

    cylinder 柱面

    organization 组织

disk processing 磁盘处理

divide and conquer 分治法

document retrieval 文档检索

double buffering 双缓冲

dynamic array 动态数组

dynamic memory allocation 动态内存分配

dynamic programming 动态规划

E

efficiency 效率

element 元素

    homogeneity 同质性

    implementation 实现

Emacs text editor Emacs 文本编辑器

encapsulation 封装

enqueue 入队

entry-sequenced file 输入顺序文件

enumeration 枚举

equation 等式

equivalence 等价

    class 类

    relation 关系

estimation 估计

exact-match query 精确匹配查询

exponential growth rate 指数增长率

expression tree 表达式树

extent 范围

external sorting 外排序

F

factorial function 阶乘函数

    Stirling's approximation Stirling 近似

Fibonacci sequence Fibonacci 序列

FIFO list 先进先出表

file access 文件访问

file manager 文件管理器

file processing 文件处理

file structure 文件结构

first fit 首先适配

floor function 下取整函数

floppy disk drive 软盘驱动器

Floyd's algorithm Floyd 算法

flyweight 享元

fragmentation 分裂

    external 外界

    internal 内部

free store 自由存储

free tree 自由树

freelist 可利用空间表

fstream class **fstream** 类

full binary tree theorem 满二叉树定理

function, mathematical 函数,数学的

G

general tree 一般的树

    ADT 抽象数据类型

    converting to binary tree 转化为二叉树

    dynamic implementations 动态实现

    implementation 实现

    left-child/right-sibling 左子结点/右兄弟结点

    list of children 子结点表列表

    parent pointer implementation 父指针实现

    traversal 遍历

Geographic Information System 地理信息系统

geometric distribution 几何分布

gigabyte G,吉字节

graph 图

    adjacency list 邻接表

    adjacency matrix 相邻矩阵

    ADT 抽象数据类型

    connected component 连通分量

    edge 边

    implementation 实现

K

k-d tree　k-d 叉树

K-ary tree　*K* 叉树

kilobyte　千字节

knapsack problem　背包问题

Kruskal's algorithm　Kruskal 算法

L

largest common factor　最大公约数

latency　延迟

least frequently used（LFU）　最不经常使用算法

least recently used（LRU）　最近最少使用算法

LIFO list　后进先出表

linear growth　线性增长

linear index　线性索引

linear search　线性检索

link　链接

linked list　链表

LISP　Lisp 语言

list　线性表

　ADT　抽象数据模型

　append　添加

　array-based　基于数组的

　basic operations　基本操作

　circular　环状

　comparison of space requirements　空间需求的比较

　current position　当前位置

　doubly linked　双链接

　space　空间

　element　元素

　freelist　可利用空间表

　head　头结点

　implementations compared　实现的比较

　initialization　初始化

　insert　删除

link class　链表类

linked　链接的

　node　结点

　notation　表示法

　ordered by frequency　按照频率排序

　orthogonal　正交的

　remove　消除

　search　检索

　self-organizing　自组织

　singly linked　单链接的

　sorted　已排序的

　space requirements　空间要求

　tail　尾结点

　unsorted　未排序的

locality of reference　引用局部性原理

logarithm　对数

log*　对数

logical representation　逻辑展示

lookup table　查找表

lower bound　下限

　sorting　排序

M

map　地图

Master Theorem　主定理

matching　匹配

matrix　矩阵

　multiplication　乘法

　sparse　稀疏的

　triangular　三角的

megabyte　兆字节

member　成员

member function　成员函数

memory management　内存管理

　ADT　抽象数据类型

　best fit　最佳适配

　buddy method　伙伴方法

　failure policy　失败处理策略

　first fit　首先适配

proof　证明

  contradiction　矛盾

  direct　直接

  induction　归纳法

pseudo-polynomial time algorithm　伪多项式
时间算法

pseudocode　伪代码

push　入栈

quadratic growth　二次增长率

  quadratic　二次，半方的

queue　队列

  array-based　基于数组的

  circular　环状的

  dequeue　出队列

  empty vs. full　空与满

  enqueue　入队列

  implementations compare　比较实现

  linked　链接的

  priority　优先级

Q

Quicksort　快速排序

  analysis　分析

R

Radix Sort　基数排序

RAM　随机存储器

Random　随机

range query　查询范围

real-time applications　实时应用

recurrence relation　递归关系

  divide and conquer　分治法

  estimating　估计

  expanding　扩展

  Master Theorem　主定理

  solution　解

recursion　递归

  implemented by stack　用栈实现

  replaced by iteration　用迭代代替

reduction　归约

relation　关系

replacement selection　置换选择

resource constraints　资源约束

run（in sorting）　顺串，外排序中

run file　顺串文件

running-time equation　运行时间等式

S

satisfiability　可满足性

Scheme　模式

search　检索，搜索

  binary　二分法

  defined　定义的

  exact-match query　精确匹配查询

  in a dictionary　在一个字典中

  interpolation　插值法

  jump　跳跃

  methods　方法

  multi-dimensional　多维

  range query　范围查询

  sequential　顺序的

  sets　集合

  successful　成功的

  unsuccessful　不成功的

search trees　检索树

secondary index　二级索引

secondary key　辅码

secondary storage　二级存储

sector　扇区

seek　寻道

Selection Sort　选择排序

self-organizing lists　自组织线性表

sequence　序列

sequential search　顺序检索

sequential tree implementations　顺序树的
实现

serialization　序列化

set　集合

2-3 tree   2-3 树

type   类型

U

uncountability   不可数

UNION/FIND   并查操作

units of measure   计量单位

UNIX   Unix 系统

upper bound   上限

V

variable-length record   可变长记录

  sorting   排序

vector   向量

vertex cover   顶点覆盖

virtual function   虚函数

virtual memory   虚存

visitor   访问者

W

weighted union rule   加权合并规则

worst fit   最差适配

worst-case analysis   最差情况分析

Z

Zipf distribution   Zipf 分布

Ziv-Lempel coding   Ziv-Lempel 编码